Das Buch

Die Geschichte der Naturwissenschaften ist eine Geschichte von Denksystemen, die sich mit der Natur befassen. Die Vorstellungen aber, die sich die Menschen über die sie umgebende Natur machten, beeinflußten immer schon – nicht erst in der Neuzeit – ganz entscheidend die intellektuellen, künstlerischen, moralischen, kurz: die kulturellen Äußerungen einer Gesellschaft und ihrer Individuen.

Da Crombie in seinem materialreichen und fesselnd geschriebenen Buch hauptsächlich von den Anwendungen der Naturwissenschaften ausgeht, ist das Buch zugleich auch eine Kultur- und Sozialgeschichte des Mittelalters. Die Geschichte der Naturwissenschaften in der Antike ist ebenso wie die der Neuzeit häufig beschrieben worden. Über die dazwischenliegende Periode dagegen gibt es nur ein Standardwerk: das vorliegende Buch.

Alistair C. Crombie:
Von Augustinus bis Galilei
Die Emanzipation der Naturwissenschaft

Deutscher
Taschenbuch
Verlag

Aus dem Englischen übersetzt von
Hildegard Hoffmann (Teil 1) und
Hildegard Pleus (Teil 2)

Juni 1977
Deutscher Taschenbuch Verlag GmbH & Co. KG,
München
© 1959 Alistair Cameron Crombie
Titel der englischen Originalausgabe:
›Augustine to Galileo‹
© 1959 Verlag Kiepenheuer & Witsch, Köln · Berlin
Umschlaggestaltung: Celestino Piatti
Gesamtherstellung: C. H. Beck'sche Buchdruckerei,
Nördlingen
Printed in Germany · ISBN 3-423-04285-0

Inhalt

ERSTER TEIL

5.–13. Jahrhundert

Adelard von Bath · Die lateinischen Enzyklopädisten: Plinius, Boethius,
Cassiodor, Isidor von Sevilla · Frühe christliche Naturphilosophie: Neu-
platonismus, Symbolismus, Astrologie; Augustin von Hippo · Praktischer
Empirismus: Cassiodor; Bedas Kosmologie, Kalender; Angelsächsische Me-
dizin, *computus* · Nominalismus; Abaelard · Adelard von Bath; Physik in
Chartres; der *Timaios*

Griechisch-arabische Quellen des abendländischen Denkens; Indische Mathe-
matik · Macht über die Natur durch Magie und Naturwissenschaft; Roger
Bacon · Griechische Naturphilosophie und Christentum: Aristotelismus,
Averroës, Augustin, Schulen des 13. Jahrhunderts

Erklärung der Veränderung und Begriff der Substanz
Übersicht über die Behandlung dieses Themas · Begriff der Substanz; Plato
und Aristoteles; Physik, Mathematik, Metaphysik · Aristoteles' Erklärung
der Veränderung, »Natur«, vier Ursachen · Vier Arten von Veränderung;
neuplatonische Vorstellungen von der »ersten Materie«; Klassifizierungen
der Naturwissenschaften, Mathematik und Physik

ZWEITER TEIL

13.–17. Jahrhundert

Brüssel, Bradwardine · Olivi, Marchia, Die Bewegung von Wurfgeschossen und der freie Fall, die Übertragung von Kraft · Ockham · Buridan, der *impetus* in der irdischen und himmlischen Dynamik · Albert von Sachsen: die Flugbahn des Wurfgeschosses · Die Bewegung der Erde: persische Erörterungen, Nikolaus von Oresme, Albert von Sachsen, Nikolaus von Kues

Die im Text verstreuten Verweise – zum Beispiel: (Tafel V) – beziehen sich auf die der Originalausgabe beigegebenen Bildtafeln, die in unsere Ausgabe leider nicht übernommen werden konnten.

Vorwort

Eine der auffallendsten Entwicklungen in der wissenschaftlichen Literatur der letzten Generation, insbesondere seit dem Ende des zweiten Weltkriegs, ist die zunehmende Beschäftigung mit der Geschichte der Naturwissenschaft, sowohl von seiten der Fachhistoriker als auch eines breiteren Publikums von interessierten Laien. In Anbetracht der Tatsache, daß die Naturwissenschaft heute unbestritten eine zentrale Stellung in unserer Kultur einnimmt, ist dies wohl nicht überraschend; eine gewisse Kenntnis der Geschichte der Naturwissenschaft ist ein unentbehrlicher Bestandteil historischer Bildung geworden. Das große Interesse, das der in diesem Buch behandelten Periode entgegengebracht wird, ist gewiß nicht schwer zu erklären. Schon lange hätte man gern etwas über das naturwissenschaftliche Denken jener mittelalterlichen Jahrhunderte gewußt, in denen so viele Aspekte unserer Kultur, von der Theorie und Praxis des Rechts und der Regierung bis zu der Eigenart des Fühlens und der Technik in der Dichtkunst und den bildenden Künsten, sich entwickelten. Ich hoffe, daß auf den folgenden Seiten der Leser, der die Geschichte der mittelalterlichen Naturwissenschaft kennenlernen möchte – nicht bloß als Hintergrund der modernen Naturwissenschaften, sondern auch um ihrer selbst willen –, zumindest einen Wegweiser durch das Gewirr der Fragen finden wird. Die Geschichte der Naturwissenschaft in der Antike ist ebenso wie die der Neuzeit mehr als einmal in neueren Werken geschrieben worden, in Einzeldarstellungen wie auch als Teil allgemeiner Geschichten der Naturwissenschaft, aber es gibt noch keine kurze Sonderdarstellung der Geschichte der Naturwissenschaften in dieser dazwischenliegenden Periode, in der alles im Werden ist. Meine Absicht war es daher, mit dem vorliegenden Buch diese Lücke zu schließen.

Die Forschung des letzten halben Jahrhunderts hat schon lange ihr Urteil gesprochen über die Zeit, da Gerüchte über die mittelalterliche Naturwissenschaft, die nach dem Wiederaufleben des Interesses für die klassische Literatur im 15. Jahrhundert in Umlauf gesetzt wurden, als angemessener Ersatz für das Studium zeitgenössischer Quellen angesehen werden konnten. Auf den folgenden Seiten habe ich versucht, die Resultate der jüngsten Forschung zu verwerten, um im Rahmen einer in sich geschlossenen umfassenden Darstellung die Geschichte der abendländischen Naturwissenschaft von ihrem Verfall nach dem Zusammenbruch des Weströmischen Reiches bis zu ihrer erneuten Blüte im 17. Jahrhundert zu erzählen. Besonders habe ich hervorheben wollen, was ich für das eindrucksvollste Ergebnis der neueren Forschung halte: die Kontinuität der abendländischen wissenschaftlichen Tradition von der Zeit der Griechen bis zum 17. Jahrhundert und damit bis zum heutigen Tage. Zwar können sowohl die Ähnlichkeiten als auch die Unterschiede zwischen dem wissenschaftlichen Denken des Zeitabschnittes von Augustinus bis Galilei und der modernen Naturwissenschaft oft trügerisch sein, aber das ergibt sich als unvermeidliche Folge daraus, daß die mittelalterliche Naturwissenschaft ein Teil des großen Wagnisses der philosophischen Reformation ist, das die barbarischen Eindringlinge auf sich nahmen, als sie sich mühevoll an den klassischen Quellen heranbildeten. Wenn es den Anschein haben sollte, als hätte ich der Originalität der arabischen Naturwissenschaft in diesem Zeitraum zu wenig Aufmerksamkeit geschenkt, so liegt das nicht etwa daran, daß ich den unentbehrlichen Anteil der mittelalterlichen arabischen Kultur dieser Periode an der Weiterentwicklung der antiken Naturwissenschaft und an ihrer Übermittlung an den Westen unterschätzte, sondern daran, daß speziell die Geschichte der Naturwissenschaften in der Kultur des Abendlandes Gegenstand dieser Untersuchung ist. Eine ausführlichere Behandlung, zu ausführlich vielleicht für ein kurzes Buch, würde auch ein näheres Eingehen auf die Geschichte der Naturwissenschaften sowohl im Islam als auch in Byzanz einschließen.

Was ich den großen Bahnbrechern, deren grundlegende Forschungen in unserem Jahrhundert das erste Licht auf die mittelalterliche Naturwissenschaft warfen, Paul Tannery, Pierre Duhem, Charles Homer Haskins, Karl Sudhoff und der bibliographischen Gründlichkeit George Sartons verdanke, ebenso der kritischen Arbeit von jüngeren Gelehrten, besonders Lynn Thorndike, Alexander Koyré und Anneliese Maier, wird jedem kundigen Leser klar sein und muß in der Tat jedem, der dieses Gebiet studieren will, bewußt werden. Seit dem Kriege sind viele Spezialuntersuchungen über alle möglichen Gegenstände aus diesem Bereich erschienen und erscheinen immer noch in wachsender Zahl. Ich habe versucht, das Wesentliche von dem, was seit der ersten Auflage veröffentlicht worden ist, in dieser Neuauflage zu verarbeiten, ebenso verschiedene Änderungen meiner eigenen Auffassung.

Oxford, 6. Januar 1958

A. C. C.

Einleitung

Die Geschichte der Naturwissenschaft ist die Geschichte von Denksystemen, die sich mit der Natur befassen. In unserer modernen Zeit ist die Naturwissenschaft am deutlichsten gekennzeichnet durch die Möglichkeit einer Kontrolle der physikalischen Welt, die sich praktisch immer noch ausweitet. Aber lange bevor diese Möglichkeit geschaffen war, haben schon Menschen versucht, die Natur denkend zu begreifen. Die Erfindungen und praktischen Errungenschaften der angewandten Naturwissenschaft sind für den Historiker von ebensogroßem Interesse wie ihr Einfluß auf die Weltanschauung des Laien, der in Literatur, Kunst, Philosophie und Theologie festzustellen ist. Von noch größerem Interesse ist die innere Entwicklung des naturwissenschaftlichen Denkens. Die Hauptprobleme für den Historiker der Naturwissenschaft sind daher: Welche Fragen über die Natur sind zu bestimmten Zeiten gestellt worden? Wie konnten sie beantwortet werden? Und warum hat sich die menschliche Neugier mit diesen Antworten nur eine begrenzte Zeit lang zufriedengegeben? Welche Probleme haben die Naturforscher einer bestimmten Periode gesehen, welche nicht? Welche Grundzüge charakterisieren und begrenzen die Naturwissenschaft einer Periode – in der Naturphilosophie, in der wissenschaftlichen Methode, in der Methode der Beobachtung, des Experimentierens, der mathematischen Verfahren –, und welche Wandlung verschiebt die Gesichtspunkte in der folgenden? Wenn wir von der Mitte des zwanzigsten Jahrhunderts aus zurückschauen, mutet uns manches naturwissenschaftliche Denksystem seltsam an; verständlich wird es erst dann, wenn wir die Fragen erkennen, die zu beantworten es bestimmt war. Sie geben den Antworten ihren Sinn. Und das eine System ist dem andern nicht einfach deshalb gewichen, weil es durch neue Fakten überholt wurde, sondern im Grunde deswegen, weil die Forscher, veranlaßt durch irgend etwas, sei es durch neue Beobachtungen, sei es durch neue theoretische Vorstellungen, ihre ganze Position neu zu durchdenken, neue Fragen zu stellen, Voraussetzungen zu ändern, lang Vertrautes mit andern Augen anzusehen begannen.

Der Versuch, das Denken eines Zeitalters darzustellen, dessen Voraussetzungen und Probleme nicht mit unseren eigenen übereinstimmen, schließt immer heikle Fragen der Interpretation und der Bewertung ein. Viele Aspekte der Philosophie und der Naturwissenschaft, besonders in der Periode, die dieses Buch umspannt, sind nur voll verständlich im Gesamtzusammenhang des Denkens und der Zeitumstände, dem sie als Teile angehören. Die naheliegende Annahme, daß Philosophien verschiedener Perioden, die einander gleichen, tatsächlich identisch seien, und insbesondere, daß eine philosophische Ansicht oder Methode der Vergangenheit identisch sei mit einer gegenwärtig gültigen, ist bestimmt irreführend. Damit soll der Anteil früherer Philosophen an der Lösung von Problemen der Gegenwart keineswegs geleugnet werden; es ist aber etwas ganz anderes, sie aus dem Denken ihrer Zeit heraus zu verstehen. Das düstere metaphysische Drama der Aufklärung des 17. Jahrhunderts ist hier besonders aufschlußreich.

Das naturwissenschaftliche Denken der Vergangenheit ist aus demselben Grunde nicht weniger schwierig zu verstehen, aber seine Richtlinien unterscheiden sich von denen der Philosophie durch ein Charakteristikum, das bis zu einem gewissen Grade auch der Geschichte eigen ist. Im Gegensatz zu den anderen Disziplinen, die sich ebenfalls mit der Welt befassen, ist hier die Lösung der Probleme in Vergangenheit und Gegenwart nach Kriterien zu beurteilen, die in den meisten Fällen objektiv, allgemein anerkannt sind und die Zeiten überdauern. Dem Historiker der Naturwissenschaft würde unermeßlich viel entgehen, wenn er es unterließe, seine überlegene moderne Erkenntnis bei der Bewertung früherer Entdeckungen und Theorien anzuwenden. Doch gerade wenn er das tut, begibt er sich in die größte Gefahr. Der Fortschritt der Naturwissenschaft besteht ja eben darin, daß neue Entdeckungen gemacht und Irrtümer erkannt werden; darum ist die Versuchung fast unwiderstehlich, Entdeckungen der Vergangenheit einfach als Vorwegnahme und Beitrag zur Naturwissenschaft der Gegenwart anzusehen und die Irrtümer abzuschreiben, als ob sie zu nichts geführt hätten. Diese Versuchung, die im Wesen der Naturwissenschaft begründet ist, kann es uns zuweilen außerordentlich schwer machen, zu verstehen, wie Entdeckungen und Theorien wirklich zustande gekommen sind und wie sie zu ihrer Zeit von ihren Urhebern gesehen wurden. Das kann zu einer sehr heimtückischen Form von Geschichtsfälschung führen.

Wenn der Historiker der Naturwissenschaft den Ursprüngen einer

Entdeckung oder einer neuen Theorie nachgeht, so muß es sein Ziel sein, herauszufinden, welche Probleme die Geister erregten, *bevor* die Lösung gefunden war, welche Fragen sie stellten, was sie voraussetzten und erwarteten und was *sie* als Antwort und Erklärung betrachteten. Bei seinen Untersuchungen muß er nicht nur die erfolgreiche Arbeit in Betracht ziehen, die zu allen Zeiten Zustimmung fand, sondern auch die Theorien und Experimente, denen der Erfolg versagt blieb, totgeborene oder frühverstorbene Erklärungen, Experimente, die uns unsinnig und falsch vorkommen oder sogar schon den Zeitgenossen vorkamen. Diese können sogar noch aufschlußreicher sein, weil wir sie von vornherein ganz anders beurteilen als die großen Entdeckungen, die wir allzu selbstverständlich hinzunehmen gelernt haben. Die Ziele, Vorstellungen und Lösungen der Vergangenheit zu interpretieren, *wie sie in der Vergangenheit erlebt wurden*, das ist die eigentliche Aufgabe für den Historiker der Naturwissenschaft. Von allen Tätigkeiten des Menschen ist Denken die menschlichste; auch auf den Historiker des naturwissenschaftlichen Denkens läßt sich der berühmte Satz in Marc Blochs *Métier d'Historien* anwenden: »*L'historien ressemble à l'ogre de la fable. Là où il flaire la chair humaine, il sait que là est son gibier.*«

Die Periode, von der dieses Buch handelt, steht ganz besonders in der Gefahr eines unbewußten Verfälschtwerdens. An ihrem Ende hatte sich ein echter Umschwung im naturwissenschaftlichen Denken und ein gewaltiger Zuwachs an naturwissenschaftlichen Kenntnissen vollzogen; darüber hinaus aber wurde zum erstenmal Geschichte geschrieben in der Absicht, diese naturwissenschaftliche Revolution als Hilfe und als Begründung anderer Umwälzungen dieser Zeit zu benutzen. Für Voltaire und die nachfolgenden rationalistischen Historiker des 18. Jahrhunderts gab es keine Möglichkeit einer Verbindung zwischen der mittelalterlichen Philosophie und der triumphalen naturwissenschaftlichen Aufklärung, die sie in die Zeit von Galilei, Harvey, Descartes und Newton verlegten. Im gleichen Sinne stellte Comte für seine Anhänger des 19. Jahrhunderts die gefährliche These auf, Galilei und Newton seien die Vorläufer der positivistischen Aufklärung nicht durch das, was sie für ihre Ziele und Methoden *hielten*, sondern durch das, was – vielleicht ihnen selbst unbewußt – *wirklich* darin gelegen haben müsse, um die tatsächlichen Erfolge zu erzielen. Gewiß können Gegenwartsfragen zum Ansporn und wertvollen Führer für das Studium der Vergangenheit werden. Gewiß mag auch Comtes Unterscheidung für die philosophische Bewertung gültig sein. Es mag sogar richtig sein, daß in manchen Fällen ein Forscher etwas Bestimmtes zu tun glaubt, während er nachweisbar etwas ganz anderes tut, wie etwa Galilei bei seiner ersten Formulierung der Fallgesetze. Sicher ist es richtig, daß die eigentlichen Absichten eines Forschers und die Voraussetzungen, von denen er ausgeht, selten alle in seinen Schriften klar ausgesprochen sind; er mag sich ihrer tatsächlich oft nicht bewußt sein. Was er aussagt, kann spürbar unter dem Einfluß einer halbverstandenen zeitgenössischen Philosophie stehen; es kann auch eine grobe Rationalisierung seiner eigenen Verfahrensweise sein. Die Art und Weise, *wie* er seine Methoden *anwendet*, kann vielleicht sogar besser Aufschluß über seine wirklichen Gedanken geben als das, was er darüber sagt. Zur historischen Analyse, mit deren Hilfe wir das Vergangene rekonstruieren, gehört wesentlich die Interpretation. Aber eine Interpretation, die alle diejenigen Elemente des Denkens und Verfahrens als irreführend ausscheidet, die nicht in ihre jeweilige Philosophie passen oder die sich im Lichte späterer wissenschaftlicher Erkenntnis als Irrtümer erwiesen haben, erreicht nur, daß uns der unentbehrliche Nachweis für die tatsächliche Entwicklung des naturwissenschaftlichen Denkens und den eigentlichen Vorgang des Erfindens und Entdeckens verborgen bleibt. Und dadurch wird nicht nur die Geschichte verfälscht, sondern erhält auch der Naturphilosoph eine so falsche Darstellung der »Naturgeschichte« naturwissenschaftlichen Denkens, auf deren Gegebenheiten er angewiesen ist, daß er verhängnisvoller in die Irre gerät, als wenn er die Geschichte der Naturwissenschaften überhaupt nicht studiert hätte.

Die Naturwissenschaft wie *wir* sie heute kennen begann bei den Griechen. Im alten Babylonien, Assyrien und Ägypten, im alten Indien und China hatte sich zwar die Technologie zu manchmal erstaunlicher Höhe entwickelt, aber, so weit wir wissen, ohne die geringste naturwissenschaftliche Begründung. Das vielleicht bemerkenswerteste Beispiel dieser alten Technologie ist in den Methoden der Voraussage von Gestirnsbewegungen zu erblicken, die in den Keilschrifttexten der Babylonier und Assyrer erhalten sind; an Genauigkeit stehen sie in nichts den Methoden nach, die im 3. Jahrhundert v. Chr. in Griechenland von Aristarch von Samos entwickelt wurden. Aber die Babylonier und Assyrer boten keine natürliche Erklärung für die Phänomene, die sie mit solcher Sicherheit voraussagen konnten. Die Texte, die Ansätze enthalten, die Welt zu »erklären«, bringen Mythen, in denen die sichtbare Ordnung der Dinge einem System von Gesetzen zugeschrieben wird, dem sich die die Naturkräfte personifizierenden Götter nach freiem Willen beugen.

Die Griechen kamen auf ihrer Suche nach dem erkennbaren, unpersönlichen Bleibenden, das der Welt des Wechsels zugrunde liegen mußte, auf die geniale Idee, die wissenschaftliche Theorie allgemein anzuwenden. Sie setzten eine dauernde, gleichbleibende, abstrakte Ordnung voraus, aus der die wechselnde Welt der Beobachtung abgeleitet werden konnte. Die Mythen selbst wurden zu Theorien reduziert, ihre Wesenheiten nach den Erfordernissen der quantitativen Voraussage zugeschnitten. Um dieser Idee willen, für die ihre Entwicklung der Geometrie beispielhaft wurde, da sie ihr den präzisesten Ausdruck verlieh, muß die griechische Naturwissenschaft als Quelle aller folgenden angesehen werden. Sie war der Sieg der Ordnung abstrakten Denkens über das Chaos der unmittelbaren Erfahrung. Und es war ein bleibendes Merkmal des griechischen naturwissenschaftlichen Denkens, daß es ihm in erster Linie um Erkenntnis und Verständnis ging und nur sehr sekundär um praktische Anwendbarkeit.

Mit dem Christentum trat zu diesem griechischen Rationalismus die Vorstellung einer Natur sakramentalen Charakters, die geistliche Wahrheiten symbolisierte; beide Auffassungen sind bei Augustinus zu finden. Im frühen Mittelalter war man in der abendländischen Christenheit stärker bemüht, die in klassischen Zeiten gesammelten Fakten zu bewahren, als selbständige Interpretationen zu versuchen. Doch kam aus der sozialen Situation heraus während dieser Periode ein neues Element hinzu, eine dem praktischen Tun zugewandte Haltung, die eine Epoche technischer Erfindungen einleitete und auf die Entwicklung der naturwissenschaftlichen Apparatur von bedeutendem Einfluß war. Im frühen 12. Jahrhundert stellte man die Frage, wie die in der *Genesis* berichteten Ereignisse sich am besten aus rationalen Ursachen erklären ließen. Ein byzantinischer Autor des 12. Jahrhunderts, Johannes Tzetzes, prägte in seinem in Versen verfaßten *Buch der Historien* (VIII, 973) den Satz, von dem es heißt, Plato hätte ihn über das Tor der Akademie geschrieben: »Laßt keinen mein Haus betreten, der nicht der Geometrie kundig ist!« (s. Tafel XLIII). Als gegen Ende des 12. und im frühen 13. Jahrhundert die gesamte Überlieferung der griechischen und arabischen Naturwissenschaft, insbesondere die Werke des Aristoteles und Euklid, wieder zugänglich wurde, erstand aus der Ehe des technischen Empirismus mit dem Rationalismus der Philosophie und Mathematik eine neue, bewußt empirische Naturwissenschaft, deren Ziel es war, die rationale Struktur der Natur zu entdecken. Gleichzeitig boten die Werke des Aristoteles ein mehr oder weniger vollständiges naturwissenschaftliches Denksystem. Die übrige Geschichte der mittelalterlichen Naturwissenschaft besteht darin, die Auswirkungen dieses neuen Verhältnisses zur Natur herauszuarbeiten.

Nach und nach begriff man, daß die neue Naturwissenschaft nicht im Widerspruch zur Idee einer göttlichen Vorsehung stand, wenn sie auch vielerlei Haltungen gegenüber der Beziehung zwischen Vernunft und Glauben möglich machte. Aus inneren Gegensätzen – solchen zu andern Autoritäten und zu beobachteten Tatsachen – erwuchs schließlich eine radikale Kritik am aristotelischen System. Zur selben Zeit bewirkte die verstärkte Anwendung des Experimentes und der Mathematik einen Zuwachs an positivem Wissen. Zu Anfang des 17. Jahrhunderts zeitigte der systematische Gebrauch der neuen Experimentalmethoden und der mathematischen Abstraktion so auffallende Ergebnisse, daß diese Bewegung die »Naturwissenschaftliche Revolution« genannt worden ist. Diese neuen Methoden waren schon im 13. Jahrhundert aufgekommen, wurden aber erst von Galilei meisterhaft und erfolgreich benutzt.

Die Ursprünge der modernen Naturwissenschaft gehen mindestens bis ins 13. Jahrhundert zurück, aber vom Ende des 16. Jahrhunderts an nahm die naturwissenschaftliche Revolution ein geradezu atemberaubendes Tempo an. Die Wandlungen des naturwissenschaftlichen Denkens veränderten den Typus der Fragestellung derart, daß Kant von ihnen gesagt hat: »Ein neues Licht blitzte auf über allen Naturforschern.« Die neue Naturwissenschaft hatte auch eine tiefgehende Wirkung auf die Anschauungen des Menschen von der Welt und von sich selber; sie sollte in bezug auf die Gesellschaft eine Stellung einnehmen, wie sie früheren Zeiten unbekannt gewesen war. Ihre Wirkungen auf Denken und Leben waren in der Tat so groß und ungewöhnlich, daß die naturwissenschaftliche Revolution in der Kulturgeschichte mit dem Aufstieg der griechischen Philosophie im 6. und 5. Jahrhundert v. Chr. und mit der Ausbreitung des Christentums über das ganze Römische Reich im 3. und 4. Jahrhundert n. Chr. verglichen worden ist. Aus diesem Grunde ist das Studium der Wandlungen, die diese Revolution herbeiführten, die Geschichte der Naturwissenschaft vom frühen Mittelalter bis zum 17. Jahrhundert, für den Historiker von einzigartigem Interesse. Die Stellung der Naturwissenschaft in der heutigen Welt kann nicht wirklich verstanden werden ohne Kenntnis der Wandlungen, die sich in jener Zeit vollzogen haben.

Dieses Buch wird im ersten Kapitel einen kurzen Bericht geben über die Vorstellungen, die sich das christliche Abendland vom 5. bis 12. Jahrhundert von der natürlichen Welt machte, und dann im zweiten Kapitel zeigen, wie das im 13. Jahrhundert übernommene System naturwissenschaftlichen Denkens aus griechischen und arabischen Quellen stammte. Das dritte Kapitel soll eine Beschreibung dieses Systems geben und aufzeigen, was an Tatsachenmaterial und Modifizierungen im einzelnen im Laufe der hundert und mehr Jahre hinzugefügt wurde. Das vierte Kapitel befaßt sich mit dem Verhältnis der Technik zur Naturwissenschaft während des ganzen Mittelalters. Im fünften Kapitel wird über die Entwicklung der naturwissenschaftlichen Methodik und der Kritik an den Grundprinzipien des Systems berichtet, wie sie vom Ende des 13. Jahrhunderts bis zum Ende des 15. Jahrhunderts geübt wurde. So wurde der Weg für radikalere Änderungen im 16. und 17. Jahrhundert bereitet. Das letzte Kapitel ist der naturwissenschaftlichen Revolution selbst gewidmet.

Erster Teil

5.—13. JAHRHUNDERT

1

Die Wissenschaft im christlichen Abendland bis zur Renaissance des 12. Jahrhunderts

Das Spiel, des Kampfs Beginn und Erstlinge verschweigend,
anfängt im Mittelpunkt... TROILUS UND CRESSIDA

Der Gegensatz zwischen den naturwissenschaftlichen Ideen des frühen Mittelalters, d. h. etwa vom 5. bis zum frühen 12. Jahrhundert, und denen des späteren Mittelalters tritt am deutlichsten in einer Unterhaltung zutage, die zwischen dem weitgereisten Gelehrten und Kleriker des 12. Jahrhunderts, Adelard von Bath, und seinem zu Hause gebliebenen Neffen stattgefunden haben soll. Adelards Diskussionsbeitrag führt die gerade wiederentdeckten Ideen der alten Griechen und der Araber an; der seines Neffen repräsentiert die traditionelle Auffassung griechischer Ideen, wie sie seit dem Untergang des Römischen Reiches im christlichen Abendland bewahrt worden waren.

Das Gespräch ist aufgezeichnet in Adelards *Quaestiones Naturales*, die wahrscheinlich geschrieben wurden, nachdem er mit dem Studium der arabischen Naturwissenschaft begonnen, aber noch nicht jene Vertrautheit mit ihr erlangt hatte, die seine späteren Übersetzungen, wie die des arabischen Textes von Euklids *Elementen* und der astronomischen Tafeln von al-Khwarizmi, zeigen. Die Gesprächsthemen reichen von der Meteorologie bis zur Fortpflanzung des Lichts und des Schalls, vom Wachstum der Pflanzen bis zur Ursache der Tränen, die der Neffe aus Freude über die glückliche Heimkehr seines Onkels vergoß.

»Als ich unlängst, unter der Regierung von Heinrich, Wilhelms Sohn [Henry I., 1100-35], nach England zurückkehrte (ich war ja lange studienhalber meinem Vaterlande fern gewesen), war mir das Wiedersehen mit meinen Freunden sehr erfreulich. Nachdem nun bei unserer Zusammenkunft zunächst viele Fragen nach unserem Ergehen und dem von Freunden gewechselt worden waren, lag es mir natürlich besonders am Herzen, die Sitten unseres Volkes wieder kennenzulernen ...

Da es nun nach diesen Gesprächen nicht an Zeit fehlte, uns noch weiter zu unterhalten, regte ein Neffe von mir, der unter den Anwesenden war und der in naturwissenschaftlichen Fragen mehr zu verwirren als zu entwirren verstand, mich an, etwas aus meinen neuen arabischen Studien vorzutragen. Die übrigen stimmten ihm zu, und so unternahm ich die folgende Darstellung ...«

Der Neffe erklärte sich höchst erfreut über eine solche Gelegenheit, zu zeigen, daß er sein als Jüngling gegebenes Versprechen, fleißig Philosophie zu betreiben, gehalten habe, indem er die neuen Ideen mit seinem Onkel diskutierte, und sagte:

» ... Wenn ich nur als Zuhörer mich aufnehmend verhalten sollte, während du die Gedankengänge der Sarazenen ausführlich darlegst, von denen nicht wenige mir ziemlich überflüssig erscheinen wollen, könnte mir dann und wann die Geduld reißen, und darum werde ich dir bei deinen Ausführungen, wo es mir gut scheint, widersprechen. Freilich pflegst du ja jene schamlos zu rühmen und die unseren in herabsetzender Weise in der Wissenschaft gehässig bloßzustellen. Es wird also der Mühe wert sein: für dich, zu zeigen, daß deine mühevolle Arbeit erfolgreich gewesen ist, wenn du jetzt gut abschneidest, für mich, wenn ich dir mit einleuchtenden Argumenten entgegentrete, zu beweisen, daß ich mein Versprechen gehalten habe.«

Das naturwissenschaftliche Erbe des christlichen Abendlandes, hier repräsentiert durch den Diskussionsbeitrag des Neffen, war fast ausschließlich beschränkt auf Fragmente griechisch-römischer Gelehrsamkeit, wie sie in den Kompilationen der lateinischen Enzyklopädisten aufbewahrt worden waren. Die Römer selber hatten kaum irgend etwas Eigenes zur Naturwissenschaft beigetragen. Sie legten in der Bildung vor allem Wert auf die Redekunst. Aber einigen von ihnen war immerhin so viel daran gelegen, sich um das Verständnis der Welt der Natur zu bemühen, daß sie sorgfältige Sammlungen von Erkenntnissen und Beobachtungen griechischer Gelehrter anlegten. Eine der einflußreichsten dieser Kompilationen, die als Lehrbuch das ganze frühe Mittelalter überlebte, war die *Naturgeschichte des Plinius* (23–79 n. Chr.), die Gibbon als ein ungeheures Register beschreibt, in dem der Autor »die Entdeckungen, die Künste und die Irrtümer der Menschheit niedergelegt hat.« Es zitierte an die 500 Autoritäten. Beginnend mit dem allgemeinen System der Kosmologie, ging es über zu Geographie, Anthropologie,

Physiologie und Zoologie, Botanik, Landwirtschaft und Gartenbau, Medizin, Mineralogie und den Schönen Künsten. Bis zum 12. Jahrhundert, als Übersetzungen von griechischen und arabischen Werken in Westeuropa aufkamen, war die des Plinius die am weitesten verbreitete Sammlung naturkundlicher Fakten, und auf sie beriefen sich Generationen von späteren Autoren.

Die Mathematik und Logik des lateinischen Westens beruhte auf dem Werk des Boethius (6. Jahrhundert), der für diese Wissenschaften das getan hat, was Plinius für die Naturgeschichte getan hatte. Er stellte nicht nur grundlegende Abhandlungen über Geometrie, Arithmetik, Astronomie und Musik zusammen, die auf den Werken des Euklid, Nikomachos und Ptolemäus basierten, sondern er übersetzte auch die logischen Schriften des Aristoteles ins Lateinische. Von diesen Übersetzungen waren nur die *Kategorien* und *De Interpretatione* schon vor dem 12. Jahrhundert weitbekannt; bis dahin waren die Übersetzungen und Kommentare des Boethius die Hauptquelle für das Studium der Logik wie der Mathematik. Die Kenntnis der Mathematik war zum großen Teil auf die Arithmetik beschränkt. Die einzige vollständig erhaltene Abhandlung, die sogenannte Geometrie des Boethius, die erst aus dem 9. Jahrhundert stammt, enthielt nur Fragmente des Euklid und befaßte sich hauptsächlich mit praktischen Rechenoperationen, wie der Vermessung. Cassiodor (um 490-580) behandelte in seinen verbreiteten Schriften über die Freien Künste die Mathematik nur in sehr elementarer Weise.

Ein weiterer Kompilator des frühen Mittelalters, der dazu beitrug, die naturwissenschaftlichen Kenntnisse der Griechen im lateinischen Westen lebendig zu erhalten, war der westgotische Bischof Isidor von Sevilla (560-636). Seine *Etymologien*, die sich auf oft phantastische Ableitungen verschiedener Termini technici gründen, blieben viele Jahrhunderte hindurch beliebt als Quelle so manchen Wissens von der Astronomie bis zur Medizin. Für Isidor war das Weltall in seiner Größe begrenzt*, nur ein paar Jahrtausende alt und dem

---

* Die Kleinheit der Menschen im Weltall war übrigens ein oft behandeltes Thema, und der folgende Passus aus Boethius' *Vom Trost der Philosophie* (II,vii) war das ganze Mittelalter hindurch wohlbekannt: »Du hast aus astronomischen Beweisen gelernt, daß die ganze Erde, verglichen mit dem Weltall, nicht größer ist als ein Punkt, das heißt, verglichen mit der Sphäre

Untergang nahe. Die Erde habe, so dachte er, die Gestalt eines vom Ozean umschlossenen Rades. Rings um die Erde herum waren die konzentrischen Sphären, welche die Planeten und Sterne trugen, und jenseits der letzten Sphäre war der höchste Himmel, der Aufenthaltsort der Seligen.

Vom 7. Jahrhundert an war das christliche Abendland, was naturwissenschaftliche Kenntnisse anbetraf, fast ausschließlich auf diese Kompilationen angewiesen, zu denen noch die des Beda Venerabilis (675-735), Alkuin von York (735-804) und des Deutschen Hrabanus Maurus (776-856) hinzukamen. Jeder von ihnen schrieb unbekümmert von seinen Vorgängern ab.

Das seit dem 4. Jahrhundert allmählich zunehmende Eindringen der Barbaren in das Weströmische Reich hatte nicht geringe Materialzerstörungen und schließlich bedrohliche politische Unsicherheit verursacht, aber erst der Ansturm der mohammedanischen Eroberer auf das Ostreich im 7. Jahrhundert versetzte der Wissenschaft in der abendländischen Christenheit den schwersten Schlag. Die Eroberung großer Gebiete des Ostreichs durch die Araber bedeutete, daß das Hauptreservoir griechischer Wissenschaft jahrhundertelang für westliche Gelehrte durch die Unduldsamkeit und das gegenseitige Mißtrauen einander bekämpfender Glaubenslehren und durch den Riegel des Mittelmeeres unzugänglich war. In dieser geistigen Isolierung war vom christlichen Abendland kaum zu erwarten, daß es viel Schöpferisches zur Kenntnis des materiellen Universums beitrug. Alles, was der Westen tun konnte, war, die schon von den Enzyklopädisten gesammelten Fakten und Interpretationen zu bewahren. Daß überhaupt soviel bewahrt wurde trotz des allmählichen Verfalls der politischen Organisation und sozialen Struktur des Römischen Reiches unter dem Ansturm zuerst der Goten, Vandalen und Franken und dann im 9. Jahrhundert der Normannen, war der Gründung von Klöstern mit den ihnen angeschlossenen Schulen zu verdanken. Diese Entwicklung hatte in Westeuropa nach der Gründung von Monte Cassino durch Benedikt im Jahre 529

der Himmel hat sie sozusagen überhaupt keine Ausdehnung. Von diesem winzigen Eckchen nun ist nach Ptolemäus nur ein Viertel für Lebewesen bewohnbar. Wenn man von diesem Viertel die Meere, Sümpfe und anderen wüsten Gegenden abzieht, dann verdient der Raum, der für den Menschen übrig bleibt, sogar kaum noch, unendlich klein genannt zu werden.«

eingesetzt. Die Existenz derartiger Zentren ermöglichte eine zeit-
weilige Wiederbelebung der Wissenschaft, im 6. und 7. Jahrhundert
in Irland, in Northumbrien zur Zeit Bedas und im 9. Jahrhundert
im Reich Karls des Großen. Karl der Große lud Alkuin aus Northumbrien ein und machte ihn zu seinem Unterrichtsminister. Eine
der wichtigsten Reformen Alkuins war die Gründung von Domschulen. In einer solchen Schule hatte im 12. Jahrhundert, als dem
Lehrplan noch die Enzyklopädisten zugrunde lagen, Adelards Neffe
in Laon seine Bildung empfangen. Das Studium war beschränkt auf
die sieben Freien Künste, wie sie von Varro im ersten Jahrhundert
v. Chr. und 600 Jahre später von Martianus Capella definiert worden waren. Grammatik, Logik und Rhetorik bildeten die erste Stufe
oder das *Trivium,* und Geometrie, Arithmetik, Astronomie und
Musik das fortgeschrittenere *Quadrivium.* Als Lehrbücher dienten
die Werke des Plinius, Boethius, Cassiodor und Isidor. Im lateinischen Westen hatte sich in dem Zeitraum von Plinius bis zu den
Tagen, als Adelards Neffe in Laon studierte, eine bedeutende
Entwicklung vollzogen: die Assimilation des Neuplatonismus. Das
war von größter Tragweite, denn es bestimmte die kosmologischen
Anschauungen bis zur zweiten Hälfte des 12. Jahrhunderts. Durch
Augustinus (354-430) strömten die meisten Traditionen der griechischen Philosophie in das Denken des christlichen Abendlandes
ein; Augustinus aber stand unter dem starken Einfluß von Plato
und Neuplatonikern wie Plotin (um 203-270 n. Chr.). Sein Hauptziel war es, eine sichere Grundlage für die Erkenntnis zu finden, und
er fand sie in der Lehre von den »ewigen Ideen«, wie sie von den
Neuplatonikern und von Plato selber in der Pythagoreischen Allegorie, dem *Timaios,* dargelegt worden war. Nach dieser Lehre existierten ewige Formen oder Ideen abgesondert von irgendeinem materiellen Gegenstand. Der menschliche Geist war eine dieser ewigen
Wesenheiten, geschaffen, die anderen zu erkennen, wenn er wollte.
Im Erkenntnisprozeß lieferten die Sinnesorgane nur einen Reiz, der
den Geist anspornte, die überindividuellen Formen zu erfassen, die
das eigentliche Wesen des Universums ausmachten. Eine wichtige
Klasse solcher überindividueller Formen war die Mathematik.

»Wenn ich Zahlen wahrnehme durch ein körperliches Sinnesorgan«, sagte Augustinus in *De Libero Arbitrio* (Buch 2, Kap. 8, Abschnitt 21), »so bin ich dadurch doch nicht imstande, durch das

körperliche Sinnesorgan auch das Wesen des Trennens und Kombi-
nierens von Zahlen wahrzunehmen ... Und ich weiß nicht, wie
lange irgend etwas, was ich mit einem körperlichen Sinnesorgan be-
rühre, bestehen wird, wie z. B. dieser Himmel und diese Erde und
was immer ich für andere Körper in ihnen wahrnehme. Aber 7 und
3 sind 10, und nicht nur jetzt, sondern immer; auch sind 7 und 3
auf keine Weise und zu keiner Zeit nicht 10 gewesen, noch werden
7 und 3 zu irgendeiner Zeit nicht 10 sein. Darum habe ich gesagt,
daß diese unzerstörbare Wahrheit der Zahl allgemein ist, für mich
und für jeden, der überhaupt denkt.«

Im 9. Jahrhundert wiesen Gelehrte wie Johannes Scottus-Erigena
(† 877) aufs neue nachdrücklich auf die Bedeutung Platos hin. Er
benutzte – außer den Werken der lateinischen Enzyklopädisten und
anderer – Schriften griechischer Autoren, von denen einige der
wichtigsten Platos *Timaios* in der Übersetzung von Chalcidius aus
dem 4. Jahrhundert, mit dem Kommentar des Macrobius, und der
Kommentar des Martianus Capella aus dem 5. Jahrhundert waren.
Eriugena selber zeigte wenig Interesse für den Bereich der Natur
und scheint sich für diesbezügliche Fakten fast ausschließlich auf
literarische Quellen verlassen zu haben; aber die Tatsache, daß er
Plato in seine Quellen einbezog, für den auch Augustinus eine so aus-
geprägte Vorliebe gehabt hatte, gab etwa 400 Jahre lang dem Bild, das
man sich vom Weltall machte, eine platonische oder neuplatonische
Prägung, obgleich erst in der Schule von Chartres im 12. Jahrhundert
die mehr naturwissenschaftlichen Teile des *Timaios* in den Vordergrund des Interesses traten.

Im allgemeinen war die Gelehrsamkeit der abendländischen Christenheit, die repräsentiert wird durch die Anschauungen von Adelards Neffen, die lateinischen Enzyklopädisten und die Dom- und
Klosterschulen, vorwiegend theologisch und moralisch. Selbst im
klassischen Altertum waren sehr wenige Versuche gemacht worden,
wissenschaftliche Forschung zu betreiben um der »Früchte« willen,
wie Francis Bacon die Verbesserung der materiellen Lebensbedingungen nannte. Ziel der griechischen Wissenschaft war Erkenntnis gewesen, und unter dem Einfluß späterer antiker Philosophen,
wie der Stoiker, Epikureer und Neuplatoniker, war die natürliche
Wißbegierde fast völlig dem Wunsch nach ungetrübtem Frieden gewichen, der nur durch Erhebung des Geistes über die Abhängigkeit

von der Materie und dem Fleische gewonnen werden konnte. Diese heidnischen Philosophen hatten die Frage gestellt: Was ist wert, gewußt und getan zu werden? Darauf hatten auch christliche Lehrer eine Antwort: Alles das ist wert, gewußt und getan zu werden, was zur Gottesliebe führt. Die frühen Christen fuhren in der Vernachlässigung des natürlichen Wissensstrebens fort und neigten anfangs auch dazu, das Studium der Philosophie zu verunglimpfen, da es leicht dazu führen könnte, die Menschen von einem gottgefälligen Leben abzuziehen. Clemens von Alexandria machte sich im 3. Jahrhundert über diese Angst vor der heidnischen Philosophie lustig, die er mit der Angst eines Kindes vor Kobolden verglich; sowohl er als auch sein Schüler Origenes behaupteten, alles Wissen sei gut, da es ja eine Vervollkommnung des Geistes sei, und das Studium der Philosophie vertrage sich durchaus mit einer christlichen Lebensführung. Augustinus selber hatte in seinen gründlichen und umfassenden philosophischen Untersuchungen die Menschen aufgefordert, die vernunftgemäßen Grundlagen ihres Glaubens zu prüfen. Aber trotz dieser Autoren wurden im frühen Mittelalter naturwissenschaftliche Kenntnisse weiterhin als von sehr untergeordneter Bedeutung angesehen. Man war in erster Linie daran interessiert, in der Natur Illustrationen für moralische und religiöse Lehren zu finden. Vom Studium der Natur wurde nicht erwartet, daß es zu wissenschaftlichen Hypothesen und allgemeingültigen Resultaten führe, sondern daß es eindrucksvolle Symbole für geistliche Wahrheiten liefere. Der Mond war das Sinnbild der Kirche, die das göttliche Licht reflektiert, der Wind ein Bild des Heiligen Geistes, der Saphir wurde mit der göttlichen Kontemplation gleichgesetzt, und die Zahl 11, welche die 10 »übertritt«, bedeutete »Sünde«, weil die 10 die zehn Gebote repräsentierte.

Diese Symbolbesessenheit zeigt sich deutlich in den Bestiarien. Seit der Zeit Äsops waren Tierfabeln benutzt worden, um mannigfaltige menschliche Tugenden und Laster zu illustrieren, und diese Tradition wurde im 1. Jahrhundert n. Chr. von Seneca in seinen *Quaestiones Naturales* und von späteren griechischen Autoren fortgesetzt; sie erreichte ihren Höhepunkt im 2. Jahrhundert mit einem Werk alexandrinischen Ursprungs, das als *Physiologus* bekannt ist und als Muster für alle mittelalterlichen moralischen Bestiarien diente. In diesen Schriften waren aus Plinius zusammengelesene

Fakten aus der Naturgeschichte mit gänzlich mythischen Legenden
gemischt, um irgendeinen Satz der christlichen Lehre zu illustrieren.
Der Phönix war das Symbol des auferstandenen Christus. Der
Ameisenlöwe, entsprungen aus Löwe und Ameise, hatte zwei Naturen und konnte daher weder Fleisch noch Samenkörner essen und
ging elendig zugrunde, wie der Mensch, der versucht, zugleich Gott
und dem Teufel zu dienen. Der *Physiologus* erfreute sich ungeheurer Beliebtheit. Er wurde im 5. Jahrhundert ins Lateinische und
später in viele andere Sprachen, vom Angelsächsischen bis zum
Äthiopischen, übersetzt. Als Ambrosius im 4. Jahrhundert einen
Bibelkommentar schrieb, machte er großzügigen Gebrauch von Tieren als moralischen Symbolen. Noch im frühen 13. Jahrhundert
konnte Alexander Neckam in seinem *De Naturis Rerum*, in dem er
ein sehr beachtliches Interesse für naturwissenschaftliche Fakten
zeigte, den Anspruch erheben, daß er das Buch zum Zwecke moralischer Belehrung geschrieben habe. Im 12. Jahrhundert gab es viele
Anzeichen – z. B. in den Illustrationen gewisser Handschriften und
in den Beschreibungen des Lebens in der Wildnis von Giraldus
Cambrensis (um 1147–1223) u. a. – dafür, daß die Menschen jener
Zeit zwar fähig waren, die Natur sehr genau zu beobachten; aber ihre
Beobachtungen waren gewöhnlich nur Randbemerkungen im Zusammenhang einer symbolischen Allegorie, und nur auf diese kam
es ihnen an. Im 13. Jahrhundert drang diese Leidenschaft für mora-
lisierende Symbolik sogar in die Steinbücher ein, die in der Antike,
z. B. in den Werken des Theophrast (um 372–288 v. Chr.), Dioskurides
(1. Jahrhundert n. Chr.) und Plinius, und noch in den christlichen
Schriften von Isidor (7. Jahrhundert) oder Marbode, dem Bischof von
Rennes (12. Jahrhundert), sich mit dem medizinischen Wert oder den
magischen Eigenschaften von Steinen befaßt hatten.

Diese Voreingenommenheit für die magischen und astrologischen
Eigenschaften von Naturgegenständen war, zusammen mit der Suche
nach Moralsymbolen, das Hauptkennzeichen der naturwissenschaftlichen Einstellung des Abendlandes bis zum 13. Jahrhundert. Die
Werke des Plinius enthalten eine Fülle magischer Vorstellungen, und
eine besonders charakteristische, die Lehre von den Signaturen, nach
der jedes Tier, jede Pflanze, jedes Mineral irgendein Zeichen an sich
trägt, das die verborgenen Kräfte oder Anwendungsmöglichkeiten
anzeigt, hat sehr nachhaltig auf die populäre Naturgeschichte ein-

gewirkt. Augustinus mußte die ganze Kunst seiner Dialektik aufbieten, um die von der Astrologie implizierte Leugnung der Willensfreiheit zu bekämpfen, ohne daß er diesen Aberglauben zu besiegen vermochte. Isidor von Sevilla gab zu, daß in der Natur magische Kräfte existierten, und obwohl er einen Unterschied machte zwischen dem natürlichen Teil der Astrologie, der den Menschen dazu führte, die Bahnen der Himmelskörper zu erforschen, und dem abergläubischen Teil, der sich mit Horoskopen befaßte, ließ er doch gelten, daß diese Himmelskörper einen astrologischen Einfluß auf den menschlichen Körper hätten. Er riet den Ärzten, den Einfluß des Mondes auf das Leben der Pflanzen und Tiere zu studieren. Das ganze Mittelalter hindurch und noch bis ins 17. Jahrhundert hinein glaubte man, daß ein enger Zusammenhang zwischen dem Verlauf einer Krankheit und den Mondphasen und Bewegungen anderer Himmelskörper bestehe, obwohl sich in dieser Zeit immer wieder Schriftsteller wie Nikolaus von Oresme im 14. und Pierre d'Ailly im 15. Jahrhundert über die Astrologie lustig gemacht und den Einfluß des Himmels auf Hitze, Licht und mechanische Bewegung begrenzt hatten. Tatsächlich kam es zu einer engen Verbindung zwischen medizinischer und astronomischer Forschung*. Salerno und später Montpellier waren berühmt für beide, und in einer späteren Zeit hieß Padua sowohl Galilei als Harvey willkommen.

Ein Beispiel für diese astrologische Interpretation der Natur ist die Vorstellung von dem Entsprechungsverhältnis zwischen dem Weltall, dem Makrokosmos, und dem menschlichen Individuum, dem

---

* Vgl. den Prolog zu Chaucers *Canterbury Tales* (II. 411ff.):
»Bei uns war auch ein Doktor der Medizin,
in aller Welt gab's keinen so wie ihn,
was Medizin angeht und Chirurgie;
denn er war firm in der Astronomie.
Er nahm für den Patienten wohl in Acht
der Sternenstunden Gunst, durch magische Begabung.
Zum Glück konnte er wenden den Aszendenten
der Konstellationen für seinen Patienten.
Er kannte den Grund für jegliche Krankheit,
sei's Hitze, Kälte, Feuchte oder Trockenheit,
und wo sie erzeugt und aus welchem Saft;
er war ein höchst perfekter Praktikus.«

Mikrokosmos. Diese Theorie war schon im *Timaios* ausgesprochen und von den Stoikern in bezug auf die Astrologie weitergebildet worden. Die klassische mittelalterliche Formulierung dieses Glaubens wurde im 12. Jahrhundert von Hildegard von Bingen gegeben; sie nahm an, daß verschiedene Teile des menschlichen Körpers mit bestimmten Teilen des Makrokosmos verknüpft seien, so daß die »Säfte« durch die Bewegungen der Himmelskörper beeinflußt würden.

Gilson sagt von der Welt des frühen Mittelalters, deren Repräsentant Adelards Neffe ist: »Etwas zu verstehen und zu erklären hieß für einen Denker dieser Zeit: zeigen, daß es nicht das war, was es zu sein schien, sondern daß es ein Symbol oder Zeichen für eine tiefere Wirklichkeit war, daß es etwas anderes ankündigte oder bedeutete.« Aber dieses ausschließlich theologische Interesse an der Natur wandelte sich bereits, noch ehe die Schriften der griechischen und arabischen Naturphilosophen im christlichen Abendland vollständiger und allgemeiner bekannt wurden, was sich aus dem zunehmenden geistigen Kontakt mit der arabischen und byzantinischen Welt ergab. Ein Aspekt dieses weltanschaulichen Wandels zeigt sich in der wachsenden Aktivität der Komputisten, Ärzte und Verfasser von rein technischen Abhandlungen, deren Tradition das ganze frühe Mittelalter hindurch nicht unterbrochen worden war. Im 6. Jahrhundert hatte Cassiodor, als er in seinem Kloster ein Krankenhaus* einrichtete, in seiner *Institutio Divinarum Litterarum* (Buch I, Kap. 31), einige sehr genaue und praktische Ratschläge für den medizinischen Gebrauch von Kräutern gegeben:

»Lerne daher die Natur der Kräuter kennen und studiere fleißig die Methode, verschiedene Arten zu kombinieren ... Und wenn du nicht Griechisch lesen kannst, lies vor allem Übersetzungen des *Herbarium* von Dioskurides, der die Feldkräuter mit wunderbarer Exaktheit beschrieben und gezeichnet hat. Danach lies Übersetzungen von Hippokrates und Galen, besonders die *Therapeutica* ... und Aurelius Celsus' *De Medicina* und Hippokrates' *De Herbis et Curis* und verschiedene andere Bücher über die Arzneikunst, die ich durch Gottes Hilfe für dich in unserer Bibliothek bereitstellen konnte.«

---

* In Monte Cassino hatte auch Benedikt ein Krankenhaus gegründet. Die Krankenpflege wurde für alle derartigen Stiftungen als Christenpflicht angesehen.

Ein gutes Beispiel dafür, wie durch praktische Probleme die Bewahrung der Gewohnheit des Beobachtens begünstigt wurde, und zugleich ein gutes Bild vom Stand der lateinischen wissenschaftlichen Bildung vor der Zeit der Übersetzungen aus dem Griechischen und Arabischen bieten die Schriften Bedas. Die Hauptquelle für Bedas Vorstellungen von der Natur waren die Kirchenväter, besonders Ambrosius, Augustinus, Basilius der Große und Gregor der Große, ferner Plinius, Isidor und einige lateinische Schriften über den Kalender. Obwohl er Griechisch konnte, hielt er sich doch fast ausschließlich an lateinische Quellen. Bedas naturwissenschaftliche Schriften zerfallen in zwei Hauptklassen. Zur einen gehört, was er über allgemeine Kosmologie geschrieben hat, wobei er sich weitgehend von seinen Quellen abhängig zeigt, zur anderen zählen selbständigere Abhandlungen über einige spezielle praktische Probleme, vor allem solche des Kalenders.

Bedas Kosmologie ist interessant, weil sie zeigt, wie ein Gebildeter des 8. Jahrhunderts sich das Universum vorstellte. Er legte seine Ansichten in *De Rerum Natura* dar, das großenteils auf Isidors Buch gleichen Titels basiert, aber auch auf der *Naturgeschichte* des Plinius, die Isidor nicht gekannt hatte. Wegen seiner Kenntnis des Plinius und seiner kritischen Einstellung war Bedas Buch dem Isidors weit überlegen. Bedas Universum ist durch feststellbare Ursachen und Wirkungen geordnet. Während Isidor sich die Erde radförmig gedacht hatte, hielt Beda sie für eine feststehende Kugel mit fünf Zonen, von denen nur die zwei gemäßigten bewohnbar waren und nur die eine auf der nördlichen Halbkugel tatsächlich bewohnt war. Die Erde war umgeben von sieben Himmeln: der Luft, dem Äther, dem Olymp, dem Feuerraum, dem Firmament mit den Himmelskörpern, dem Himmel der Engel und dem Himmel der Dreifaltigkeit. Die Wasser des Firmaments trennten die körperliche von der geistigen Schöpfung. Die Körperwelt war zusammengesetzt aus den vier Elementen Erde, Wasser, Luft und Feuer, die nach Schwere und Leichtigkeit angeordnet waren. Bei der Schöpfung waren die vier Elemente, zugleich mit dem Licht und der Seele des Menschen, von Gott *ex nihilo* geschaffen worden, alle anderen Phänomene waren Kombinationen. Durch Plinius hatte Beda eine sehr viel detailliertere Kenntnis der griechischen Vorstellungen von den täglichen und jährlichen Bewegungen der Himmelskörper als Isidor. Er glaubte, daß das Firmament mit den Fixsternen sich um die Erde drehe und daß innerhalb des Firmaments die Planeten in einem Epizykelsystem kreisen. Er gab klare Darstellungen der Mondphasen und der Finsternisse.

Das Kalenderproblem hatten die Mönche von Iona mit dem Christentum nach Northumbrien gebracht, aber lange vor jener Zeit waren Methoden, das Osterdatum zu berechnen, ein Teil des *computus* genannten Schulwissens; sie gehörten zu den ersten praktischen Anwendungen der frühmittelalterlichen Naturwissenschaft.

Das Hauptproblem des christlichen Kalenders war daraus entstanden, daß er kombiniert war aus dem römischen julianischen Kalender, der auf der jährlichen Bewegung der Erde, bezogen auf die Sonne, basierte, und dem hebräischen Kalender, der auf den monatlichen Mondphasen beruhte. Das Jahr und seine Einteilungen in Monate, Wochen und Tage gehörten dem solaren julianischen Kalender an; Ostern aber wurde auf dieselbe Weise bestimmt wie das hebräische Passahfest, nämlich durch die Mondphasen, und sein Datum im julianischen Jahr variierte, innerhalb bestimmter Grenzen, von einem Jahr zum andern. Für die Berechnung des Osterdatums mußte man die Länge des Sonnenjahres mit der des Mondmonats koordinieren. Die Hauptschwierigkeit bei diesen Berechnungen war, daß die Länge des Sonnenjahres, des Mondmonats und des Tages inkommensurabel sind. Es gibt keine bestimmte Anzahl von Tagen, die in einer exakten Zahl von Mondmonaten oder Sonnenjahren völlig aufginge, und keine Zahl von Mondmonaten kann in einer exakten Zahl von Sonnenjahren völlig aufgehen. Wenn man also einen Kalender machen will, muß man, um die Mondphasen und das Sonnenjahr exakt aufeinander zu beziehen und ihr Verhältnis zueinander in Einheiten von ganzen Tagen auszudrücken, ein System von jeweils neu vorzunehmenden Anpassungen verwenden, das sich nach einem festgelegten Zyklus richtet.

Schon seit dem 2. Jahrhundert n. Chr. hatte die Verschiedenheit der Osterdaten, die das Ergebnis unterschiedlicher Berechnungsmethoden war, Anlaß zu Streitigkeiten gegeben und war für die Konzile der Folgezeit zum chronischen Problem geworden. Zu verschiedenen Zeiten und an verschiedenen Orten hatte man eine Reihe von Zyklen ausprobiert, um den Mondmonat mit dem Sonnenjahr zu verbinden, bis schließlich im 4. Jahrhundert ein 19-Jahre-Zyklus allgemein üblich wurde, nach dem 19 Sonnenjahre gleich 235 Mondmonaten angenommen wurden. Aber immer noch waren Differenzen möglich in der Art, wie dieser selbe Zyklus benutzt wurde, um das Osterdatum zu bestimmen, und selbst als im Zentrum endlich Übereinstimmung herrschte, konnten doch – und das geschah tatsächlich – rein technische Schwierigkeiten der Nachrichtenübermittlung dazu führen, daß in entfernten Provinzen wie Afrika, Spanien und Irland Ostern an anderen Tagen gefeiert wurde als in Rom und Alexandria.

Kurz vor Bedas Geburt hatte Northumbrien auf der Synode von Whitby viele Bräuche aufgegeben, welche die der irischen Schule angehörenden Mönche von Iona eingeführt hatten, darunter auch die Datierung des Osterfestes; man hatte sich Rom angepaßt. Doch immer noch verursachte die Frage, wie das Osterfest zu berechnen sei, viel Verwirrung, und nicht nur in Britannien. Beda wollte in seinen Abhandlungen zu dieser Frage – die erste war *De Temporibus*, geschrieben 703 für seine Schüler in Jarrow – Ordnung in diesen ganzen Problemkomplex bringen. Auf Grund von vorwiegend irischen Quellen, die ihrerseits auf einer guten Kenntnis früherer kontinentaler Schriften basierten, zeigte er nicht nur, wie der 19-Jahre-Zyklus zu benutzen sei, um Ostertafeln für die Zukunft zu berechnen, sondern er diskutierte auch allgemeine Probleme der Zeitmessung, der arithmetischen Rechenverfahren, der kosmologischen und historischen Chronologie, astronomische und verwandte Phänomene. Wenn er sich auch in Dingen, die er mit eigenen Augen hätte beobachten können, oft auf historische Quellen verließ – wie z. B. in seinem Bericht über die römische Mauer, die keine 10 Meilen von seiner Mönchszelle entfernt war –, war Beda doch kein kritikloser Abschreiber. Er versuchte, alle beobachteten Ereignisse auf allgemeine Gesetze zurückzuführen und innerhalb der Grenzen seines Wissens ein Bild der Zusammenhänge im Universum zu geben, das der Nachprüfung durch Beobachtung standhielt. Seine Darstellung der Gezeiten in *De Temporum Ratione* (Kap. xxix), das 725 vollendet wurde und die wichtigste seiner naturwissenschaftlichen Schriften ist, zeigt nicht nur den Tatsachensinn, den er mit seinen northumbrischen Landsleuten gemein hatte, sondern sie enthält auch die Grundelemente der Naturwissenschaft.

Aus seinen Quellen erfuhr Beda die Tatsache, daß die Gezeiten sich nach den Phasen des Mondes richten, und die Theorie, daß die Fluten durch die Anziehungskraft des Mondes verursacht werden.

Er diskutierte Spring- und Nippfluten. Dann wandte er sich Dingen zu, die »wir, die wir an der Küste des Meeres leben, das von Britannien geteilt wird, kennen«, und beschrieb, wie der Wind eine Flut beschleunigen oder verzögern könne, und sprach zum erstenmal das wichtige Prinzip aus, das heute als das der »Hafenzeiten« bekannt ist. Es besagt, daß die Gezeiten in bestimmten Intervallen hinter dem Mond zurückbleiben, die an verschiedenen Punkten derselben Küste verschieden sein können, so daß für jeden Hafen besondere Gezeitentafeln aufgestellt werden müssen. Beda schrieb: »Die an derselben Küste leben wie wir, aber nördlich von uns, sehen Ebbe und Flut vor uns eintreten, während man sie südlich von uns später sieht als wir. In jeder Gegend hält der Mond die Regel der Verbindung ein, die er ein für allemal eingegangen ist.« Darauf gründete Beda seine Behauptung, daß die Gezeiten mittels des 19-Jahre-Zyklus, den er an die Stelle des weniger exakten 8-Jahre-Zyklus des Plinius setzte, für jeden beliebigen Hafen vorausgesagt werden könnten. Nach Bedas Zeit wurden Gezeitentafeln oft den *Computi* angehängt.

Für seine Zeit war Bedas Naturwissenschaft eine bemerkenswerte Leistung. Sie trug wesentlich zur karolingischen Renaissance auf dem Kontinent bei und wurde in die Bildungtradition der von Alkuin von York für Karl den Großen gegründeten Domschulen aufgenommen. Bedas Abhandlungen über den Kalender blieben fünf Jahrhunderte lang maßgebende Lehrbücher und wurden sogar noch nach der gregorianischen Reform von 1582 benutzt. *De Temporum Ratione* ist immer noch eine der klarsten Darlegungen der Prinzipien des christlichen Kalenders.

Außer in Northumbrien vollzogen sich in England naturwissenschaftliche Entwicklungen auch in Wessex. Im 7. Jahrhundert wurde in Kent Astronomie und Medizin gelehrt; es gibt Zeugnisse für chirurgische Eingriffe, und Aldhelm, ein Abt von Malmesbury, schrieb metrische Rätsel über Tiere und Pflanzen. Aber besonders erwähnenswert ist das *Leech Book* (Arztbuch) von Bald, der offenbar Arzt war und während oder kurz nach der Regierungszeit König Alfreds lebte, der in dem Buch erwähnt wird. Das *Leech Book* gibt ein gutes Bild vom Stand der Medizin jener Zeit. Der erste Teil ist hauptsächlich therapeutisch; er enthält Kräuterrezepte, die von einer ausgedehnten Kenntnis einheimischer Pflanzen und Küchenkräuter

zeugen, für eine große Zahl von Krankheiten, die vom Kopf abwärts
aufgezählt sind. Es werden Tertian-, Quartan- und Quotidianfieber
unterschieden und »fliegendes Gift« oder »durch die Luft getragene
Ansteckung« erwähnt, d. h. epidemische Krankheiten ganz allgemein, ferner Pocken, Elephantiasis, wahrscheinlich die Beulenpest,
verschiedene Geisteskrankheiten und der Gebrauch von Dampfbä-
dern für Erkältungen. Der zweite Teil des *Leech Book* handelt hauptsächlich von inneren Krankheiten und geht auf die Symptome und
die Pathologie ein. Es scheint eine Kompilation griechischer Medizin
zu sein, vielleicht größtenteils aus der lateinischen Übersetzung der
Schriften Alexanders von Tralles, verbunden mit mancherlei direkter Beobachtung. Ein gutes Beispiel dafür ist die Schilderung des
»Seitenwehs« oder der Rippenfellentzündung. Viele der »Anzeichen«
oder Symptome darin sind von griechischen Schriftstellern beschrieben worden, aber einige sind selbständig beobachtet. Der angelsächsische Arzt kannte das Vorkommen von traumatischer Pleuritis und
die Möglichkeit, sie mit der idiopathischen Krankheit zu verwechseln,
was die antiken Autoren nicht gewußt hatten. Die Behandlung wurde
mit einem milden pflanzlichen Abführmittel eingeleitet, das durch
den Mund oder durch ein Klistier eingeführt wurde; darauf folgte
ein warmer Umschlag auf die schmerzende Stelle, ein Schröpfkopf
auf jede Schulter und das Einnehmen von verschiedenen Kräutern.
Viele andere Krankheiten werden noch beschrieben, z. B. Lungen-
schwindsucht und Leberabszesse, deren Behandlung, wenn nötig,
zu einem chirurgischen Eingriff führte. Aber im ganzen findet sich
wenig, was für klinische Beobachtung zeugt; der Puls wurde nicht
beachtet, und die Urinveränderungen, die für die Griechen und Römer maßgebende »Zeichen« waren, wurden kaum berücksichtigt.
Die angelsächsische Chirurgie stellt die gleiche Kombination von
Empirie und literarischer Tradition dar wie die Medizin. Beschrieben werden die Behandlung von gebrochenen Gliedern und Verrenkungen, die plastische Chirurgie der Hasenscharte und Amputationen
wegen Brand.

Bemerkenswert ist ferner ein Werk, das für das Streben der angelsächsischen Gelehrten spricht, ihr naturkundliches und medizinisches
Wissen zu vermehren: die wahrscheinlich aus den Jahren 1000 bis
1050 n. Chr. stammende Übersetzung des lateinischen *Herbarium*,
das, apokryph, dem Apulejus Barbarus oder Platonicus zugeschrie-

ben wird. Wie in den meisten frühen Kräuterbüchern beschränkt sich
der Text auf Namen, Fundort und medizinische Verwendung jedes
Krautes. Es finden sich keine Beschreibungen zur Erleichterung der
Identifizierung oder, wie in späteren Herbarien, Abbildungen, die
aus der Quelle der Handschrift, nicht nach der Natur kopiert wurden. Etwa 500 Namen kommen in diesem Kräuterbuch vor, was eine
ausgedehnte Pflanzenkenntnis beweist, und viele davon bezeichnen
einheimische Pflanzen, die nicht aus lateinischen Quellen bekannt
sein konnten.

Es gibt noch viele andere Beispiele für den Einfluß praktischer
Bedürfnisse auf die naturwissenschaftliche Forschung der Gelehrten.
Im 8. Jahrhundert erschien in Italien das erste bekannte lateinische
Manuskript über die Bereitung von Pigmenten, Goldmachen und
andere praktische Probleme, auf die der Künstler oder Buchmaler
stoßen konnte. Später befaßte sich auch Adelard in einer seiner
Schriften mit diesen Gegenständen. Auf dem Gebiet der Medizin begann man in den Domschulen Karls des Großen an den traditionellen Behandlungsmethoden nach Ratschlägen aus Büchern Kritik zu
üben; noch viel schärfere Kritik, unter Berufung auf die praktische
Erfahrung, findet sich in den *Practica* des Petrocellus aus der berühmten medizinischen Schule in Salerno. Auch die Komputisten
fuhren fort, bei ihrer Arbeit am Kalender eine Fülle von Erfahrungstatsachen und elementaren mathematischen Verfahren zu sammeln.
Das Problem der Berechnung des Osterdatums war der Hauptan-
trieb für die fortgesetzte Beschäftigung mit der Arithmetik; es wurden mannigfaltige Versuche zur Verbesserung der Technik gemacht,
vom Anfang des 8. Jahrhunderts, als Beda seine Chronologie und
sein »Fingerzählen« verfaßt hatte, bis zum Ende des 10. Jahrhunderts, als der Mönch Helperic sein arithmetisches Lehrbuch vollendete, und weiter bis zu den zahlreichen Handschriften über diesen
Gegenstand, die im 11. und 12. Jahrhundert erschienen. Die Berechnung von Daten weckte auch das Interesse für astronomische Beobachtungen. Genauere Beobachtungen wurden möglich, als Gerbert
und andere Gelehrte des 10. Jahrhunderts von den Arabern das
Astrolab kennenlernten. Das naturwissenschaftliche Hauptzentrum
jener Zeit war Lothringen. Knut, später Graf Harold und Wilhelm
der Eroberer bewogen lothringische Astronomen und Mathematiker,
nach England zu kommen, wo sie zu geistlichen Würden gelangten.

Diese anhaltende Beschäftigung mit praktischen Problemen war einer der Faktoren, die dazu beitrugen, daß eine neue Einstellung zur Natur den moralisierenden Symbolismus überwand. Ein weiterer, ebenso wichtiger Faktor war ein Wandel in der philosophischen Weltanschauung, der hauptsächlich auf Roscelin, den Nominalisten des 11. Jahrhunderts, und seinen Schüler Peter Abaelard (1079–1142) zurückzuführen ist. Ende des 11. Jahrhunderts eröffnete die Lehre des Roscelin den großen »Universalienstreit«, der dazu führte, daß man sich mehr dem individuellen materiellen Objekt als solchem zuwandte und es nicht wie Augustinus einfach als den Schatten einer ewigen Idee ansah. Die Debatte entzündete sich an einigen Bemerkungen des Boethius über das Verhältnis universeller Ideen, wie »Mensch«, »Rose«, »Sieben«, zu den individuellen Dingen einerseits und zu dem sie erkennenden Menschengeist andererseits. Existierte die universelle »Rose« in Verbindung mit individuellen Rosen oder als eine ewige Idee außerhalb der physischen Dinge? Oder hatte das Universelle kein Gegenstück in der realen Welt, war es eine reine Abstraktion? Eine der schärfsten Attacken gegen Augustinus' Standpunkt wurde von Roscelins Schüler Abaelard geritten, der fast genau gleichzeitig mit Adelard von Bath lebte. Seine dialektische Gewandtheit und sein Ungestüm trugen ihm den Spitznamen *Rhinocerus indomitus* ein. Abaelard übernahm nicht die Ansicht Roscelins, daß die Universalien lediglich Abstraktionen, bloße Namen seien, aber er wies darauf hin, daß, wenn die ewigen Ideen die einzige Realität seien, es keinen realen Unterschied zwischen individuellen Rosen oder Menschen geben könne, so daß zu guter Letzt alles gleich allem sein könne. Das Ergebnis dieser Kritik an der extremen augustinischen Auffassung des Universellen war, daß die Bedeutung des individuellen, materiellen Dinges in den Vordergrund rückte und die Beobachtung von Einzelheiten neuen Antrieb erhielt.

Die Wirkung dieses Wandels in der philosophischen Einstellung, der wachsenden Zahl von Abhandlungen über praktische Gegenstände und der durch die Araber vermittelten Wiederentdeckung griechischer Werke verrät sich deutlich in den Antworten, die Adelard von Bath auf die naturwissenschaftlichen Fragen seines Neffen gibt. Die erste der *Quaestiones Naturales* war:

»Warum sprießen die Pflanzen aus der Erde? Was ist die Ursache,

und wie kann es erklärt werden? Wenn zuerst die Oberfläche der
Erde glatt und unbewegt ist – was ist es, das dann bewegt wird, nach
oben drängt, wächst und Zweige ausbreitet? Wenn du trockenen
Staub aufliest und ihn fein gesiebt in einen irdenen oder bronze-
nen Topf tust und nach einer Weile Pflanzen aufsprießen siehst:
was für einer anderen Ursache kannst du das zuschreiben als der
unfaßbaren Wirkung des wunderbaren göttlichen Willens?«

Adelard gab zu, daß es sicherlich der Wille des Schöpfers sei, daß
Pflanzen aus der Erde sprießen sollten, aber er bestand auf seiner
Meinung, daß dieser Prozeß »außerdem nicht ohne eine natürliche
Ursache« vor sich gehe. Diese Meinung wiederholte er in der Antwort auf eine spätere Frage, als nämlich sein Neffe wissen wollte,
ob es nicht »besser« sei, »alle Vorgänge im Universum Gott zuzuschreiben«, da ja sein Onkel nicht für sie alle natürliche Erklärungen beibringen könne. Darauf antwortete Adelard:

»Ich ziehe von Gott nichts ab. Alles, was ist, ist von ihm und
durch ihn. Aber [die Natur] ist nicht verworren und systemlos, und
so weit die menschliche Erkenntnis vorgedrungen ist, sollte man auf
sie hören. Nur wenn sie gänzlich versagt, sollte man zu Gott seine
Zuflucht nehmen.«

Mit dieser Bemerkung begann die mittelalterliche Naturauffassung die große Wasserscheide zu überschreiten, die die beiden Zeitabschnitte trennt: den einen, in dem die Natur dazu da war, Illustrationen zu moralischen Betrachtungen zu liefern, und den andern,
in dem der Mensch die Natur um ihrer selbst willen zu erforschen
begann. Das wurde erst möglich, als Adelard »natürliche Ursachen«
forderte und erklärte, er könne nicht mit jemandem diskutieren, der
von den Autoren der Vergangenheit »am Halfter geführt« werde.

»Die heute berühmte Autoritäten genannt werden, sind es erst
dadurch geworden, daß sie ihre Vernunft gebraucht haben ... Deshalb: Wenn du überhaupt etwas von mir hören willst, so gib und
nimm Vernunftgründe an!«

Die erste Erklärung des Universums auf Grund natürlicher Ursachen, nachdem man der Versuche müde geworden war, es lediglich in der Bildersprache moralischer Symbole auszulegen, ging von
der Schule von Chartres aus und war weitgehend beeinflußt von der
Lehre Platos. Im frühen 12. Jahrhundert hatte man in Chartres neues
Interesse für die naturwissenschaftlichen Theorien gezeigt, die im

Timaios enthalten sind. Gelehrte wie Gilbert de la Porrée (um 1076 bis 1154), Thierry von Chartres († um 1155) und Bernard Silvester (um 1150) wandten den beim Bibelstudium auftauchenden naturwissenschaftlichen Problemen mehr Aufmerksamkeit zu, als bis dahin üblich gewesen war, und alle standen unter dem mächtigen Einfluß des Augustinus. Wie Adelard nahmen sie den gelehrten Autoritäten der Vergangenheit gegenüber eine unabhängige Haltung ein; sie verließen sich auf die eigene Vernunft und glaubten an den Fortschritt der Erkenntnis, wie Bernard schrieb: »Wir sind wie Zwerge, die auf den Schultern von Riesen stehen. So können wir mehr sehen als sie und können weiter sehen, nicht weil unsere Augen schärfer sind oder weil wir größer sind, sondern weil wir höher steigen können dank ihrer Riesengröße.«

Thierry stellte in seinem Werk *De Septem Diebus et Sex Operum Distinctionibus*, in dem er versuchte, die Schöpfung auf rationale Weise zu erklären, ausdrücklich fest, es sei unmöglich, den Bericht in der *Genesis* zu verstehen ohne die geistige Schulung durch das *Quadrivium*, d. h. ohne Beherrschung der Mathematik, denn von der Mathematik sei jede rationale Erklärung des Universums abhängig. Thierry interpretierte die Schöpfungsgeschichte so, daß am Anfang Gott den Raum oder das Chaos geschaffen habe, das für Plato präexistent gewesen und durch einen Demiurgen zur materiellen Welt gestaltet worden war. In den Schriften des Augustinus war der Demiurg durch den christlichen Gott ersetzt worden, und die Formen, die der materiellen Welt gegeben wurden, waren Widerspiegelungen der ewigen Ideen, die im Geiste Gottes ihr Dasein hatten.

Nach Platos *Timaios* waren die vier Elemente, aus denen alle Dinge im Universum gemacht waren, Erde, Wasser, Luft und Feuer, aus kleinen unsichtbaren Teilchen zusammengesetzt, die bei jedem Element eine besondere geometrische Gestalt hatten; dadurch hatte der Demiurg in die ursprünglich ungeordneten Bewegungen des Chaos Ordnung gebracht*.

---

* Die Vorstellung, daß die Materie aus kleinen Teilchen zusammengesetzt sei, war von verschiedenen griechischen Philosophen angenommen worden. So versuchten sie zu erklären, wie Veränderung möglich sei in einer Welt, in der die Dinge gleichwohl ihre Identität beibehielten. Im 5. Jh. v. Chr. hatte Parmenides die Philosophen in eine Sackgasse geführt; er wies darauf hin, daß die Annahme der früheren ionischen Schule, eine einzige ho-

Die Elemente waren wechselseitig umwandelbar durch Auflösung jeder geometrischen Form in andere. Aber ihre Hauptmassen waren in konzentrischen Sphären angeordnet um die Erde als Zentrum, dann folgte das Wasser, dann die Luft und schließlich das Feuer, so daß ein endliches sphärisches Universum gebildet wurde. Die Feuersphäre reichte vom Mond bis zu den Fixsternen und enthielt in sich die Sphären jener Himmelskörper und der dazwischenliegenden Planeten. Feuer war der Hauptbestandteil der Himmelskörper.

mogene Substanz — wie Wasser, Luft oder Feuer — sei das die Veränderung überdauernde Identische, tatsächlich jede Veränderung unmöglich machen würde, denn eine einzige homogene Substanz könne ja gar nichts anderes tun als homogen zu bleiben. Veränderung würde also das Entstehen von Etwas aus Nichts bedeuten, was unmöglich sei. Veränderung sei daher etwas Unbegreifbares. Um diese Schwierigkeit aus dem Weg zu räumen, hatten andere Philosophen im späteren 5. Jahrhundert angenommen, daß es mehrere Ursubstanzen gäbe und daß wechselnde Anordnungen dieser Ursubstanzen die in der sichtbaren Welt beobachteten Veränderungen hervorriefen. Anaxagoras sagte, daß jede Art Körper in homogene Teile oder »Samen« teilbar sei, von denen jeder die Eigenschaften des Ganzen beibehalte und seinerseits wiederum teilbar sei, und so fort bis ins Unendliche. Andererseits sagte Empedokles, wenn man mit den Körpern eine bestimmte Anzahl von Teilungen vornähme, so würde man auf die vier Elemente Erde, Wasser, Luft und Feuer stoßen; alle Körper seien gebildet aus Zusammensetzungen dieser Elemente, von denen jedes für sich fortdauernd und unveränderlich sei. Die Pythagoreische Schule nahm an, daß alle Objekte aus Existenzpunkten oder -einheiten zusammengesetzt seien und daß die Naturgegenstände aus Kombinationen solcher Punkte beständen, die den verschiedenen geometrischen Figuren entsprächen. Danach wäre es möglich gewesen, daß eine Strecke zusammengesetzt wäre aus einer endlichen Zahl derartiger Punkte; die pythagoreische Theorie brach zusammen, als man ihr Tatsachen entgegenhielt wie die, daß das Verhältnis der Diagonale zur Seite eines Quadrats nicht durch eine exakte Zahl ausgedrückt werden könne, sondern $\sqrt{2}$ sei, was für die Pythagoreer »irrational« war. Die Pythagoreer hatten in der Tat geometrische Punkte mit unendlich kleinen physischen Teilchen verwechselt, und das scheint der springende Punkt in Zenos Paradoxien zu sein. Die Atomisten Leukippos und Demokrit vermieden diese Schwierigkeit, indem sie zwar zugaben, daß geometrische Punkte keine Ausdehnung hätten und daß geometrische Größen bis ins Unendliche teilbar seien, aber sie vertraten die Auffassung, daß

Nach Thierry brachte das Feuer einen Teil der irdischen Gewässer
zum Verdampfen und zum Aufsteigen; so bildeten sie das Firmament, das die Wasser unterhalb des Firmaments von den Wassern
oberhalb schied. Diese Verringerung der Wasser, welche die zentrale Sphäre der Erde bedeckten, führte zum Auftauchen des trockenen Landes. Die Wärme der Luft und die Feuchtigkeit der Erde erzeugten Pflanzen und Bäume. Danach wurden die Sterne gebildet
als Zusammenballungen in den Wassern oberhalb des Firmaments,

die unendlich kleinen Urteilchen, aus denen die Welt bestehe, nicht geometrische Punkte oder Figuren seien, sondern physische Einheiten, die unteilbar, d. h. Atome seien. Nach den Atomisten bestand das Universum
aus Atomen, die sich unaufhörlich planlos in einem unendlichen leeren
Raum bewegten. Die Atome waren verschieden nach Ausdehnung, Gestalt,
Anordnung und Lage, und die Zahl der verschiedenen Gestalten war
unendlich. In ihren ständigen Bewegungen bildeten sie Wirbel, in denen
zuerst die vier Elemente, dann andere Körper hervorgebracht wurden
durch mechanische Verknüpfungen gleicher Atome, z. B. durch einen
Haken-und-Ösen-Mechanismus. Da die Zahl der Atome unbegrenzt war,
war auch die Zahl der möglichen Welten, die sie in dem unendlichen
leeren Raum bilden konnten, unendlich. Für die Atomisten bestand die
einzige »Wahrheit« in den Eigenschaften der Atome selbst: Festigkeit,
Gestalt und Ausdehnung. Alle anderen Eigenschaften, wie Geschmack,
Farbe, Hitze oder Kälte, waren nur Sinneseindrücke, die keine Entsprechung in der »Wirklichkeit« hatten. Die Pythagoreer und die Atomisten
stimmten in der Auffassung überein, daß das Erkennbare, Dauernde und
Wirkliche in der wechselnden Mannigfaltigkeit der physischen Welt etwas
sei, das sich in mathematischen Begriffen ausdrücken ließe. Das war auch
die Anschauung, die Plato im *Timaios* vertrat, wobei er weitgehend von
den Pythagoreern beeinflußt war. Bis zur Zeit Platos hatten also die griechischen Bemühungen, zu erklären, was Veränderung ist, das Ergebnis,
daß der Begriff der sich in der Veränderung erhaltenen Identität immer
klarer und faßlicher herausgearbeitet wurde. Diese Identität, die das
»Sein« oder die »Substanz« der physischen Dinge ausmachte, war von
etwas Materiellem in ein durch die Sinnesorgane nicht faßbares »Wesen«
(Essenz) verlegt worden. Für Plato war dieses Wesen die überindividuelle
(universale) Idee oder »Form«, die, wie er annahm, gesondert von den
physischen Dingen existierte als das Ziel ihres Strebens. Veränderung oder
»Werden« war ein Prozeß, durch den sinnlich faßbare Ebenbilder solcher
ewigen Formen in Raum und Zeit hervorgebracht wurden (s. Seite 270).

und die Hitze, die ihre nun einsetzenden Bewegungen entwickelten, brütete Vögel und Fische aus den irdischen Gewässern und Tiere aus der Erde selbst aus. Mit den Tieren kam auch der Mensch – geschaffen nach dem Bilde Gottes. Nach dem sechsten Tage wurde nichts mehr geschaffen, aber Thierry übernahm von Augustinus eine Theorie, die das spätere Erscheinen neuer Geschöpfe erklärte. Augustinus hatte zwei scheinbar einander widersprechende Berichte in der *Genesis* miteinander in Einklang gebracht: in dem einen wurden alle Dinge auf einmal geschaffen, während in dem anderen die Geschöpfe, die Menschen einbegriffen, nacheinander erschienen. Er hatte die im 5. Jahrhundert v. Chr. von Anaxagoras aufgebrachte und in der Folge von den Stoikern weiterentwickelte Vorstellung von schöpferischen Samen oder Keimen übernommen. Als Lösung des Widerspruches hatte er vorgeschlagen, daß im ersten Stadium der Schöpfung Pflanzen, Tiere und Menschen alle gleichzeitig im Keim oder in ihren »seminalen Ursachen« geschaffen wurden und daß sie im zweiten Stadium erst tatsächlich und nacheinander in Erscheinung traten.

Das Fallen und Steigen von Körpern wurde von den Platonikern in Chartres, dem *Timaios* folgend, erklärt durch die Annahme, daß Körper von gleicher Natur danach strebten, zusammenzukommen. Ein abgelöster Teil eines Elementes müsse also danach streben, sich seiner Hauptmasse wieder anzuschließen. Ein Stein falle zur Erdensphäre im Zentrum des Universums, während Feuer aufwärtsschieße, um die Feuersphäre an der äußersten Grenze des Universums zu erreichen. Diese platonische Schweretheorie war auch Eriugena bekannt, der die Ansicht vertrat, daß Schwere und Leichtigkeit mit dem Abstand von der Erde, dem Zentrum der Schwere, variieren. Auch Adelard von Bath war ein Anhänger dieser Schweretheorie und konnte die Wißbegierde seines Neffen dadurch befriedigen, daß er sagte, wenn man einen Stein in ein Loch fallen ließe, das durch das Zentrum der Erde hindurchginge, so würde er nicht weiter fallen als bis zum Zentrum der Erde.

Die Bewegung der Himmelskörper wurde durch die Annahme erklärt, daß das sphärisch gebaute Universum eine Eigenbewegung habe, ein ewiges gleichförmiges Umkreisen eines festen Zentrums, wie man es an der täglichen Rotation der Fixsterne sehen könne. Die verschiedenen Sphären, in welche die sieben »Planeten« Mond,

Sonne, Venus, Merkur, Mars, Jupiter und Saturn eingesetzt waren, drehten sich mit verschiedenen gleichförmigen Geschwindigkeiten, wie sie die beobachteten Bewegungen jener Himmelskörper vor Augen führten. Jede dieser Sphären hatte ihre eigene Intelligenz oder »Seele«, die Quelle ihrer Bewegungen.

Nicht nur die Kosmogonie und Kosmologie Thierrys und seiner Zeitgenossen war vom *Timaios* beeinflußt; auch ihre physikalischen und physiologischen Vorstellungen wurden durch ihn geprägt. Sie folgten Plato in der Annahme, daß es innerhalb des Universums keinen leeren Raum gebe. Der Raum war ein *plenum*, das heißt, er war ausgefüllt. Bewegung konnte deshalb nur dadurch stattfinden, daß jeder Körper den ihm benachbarten wegstieß und seine Stelle einnahm, in einer Art Wirbel. Funktionen wie Atmung und Verdauung hatte Plato als rein mechanische Prozesse, die auf der Bewegung von feurigen und anderen Teilchen beruhten, erklärt. Empfindungen wurden nach ihm hervorgebracht durch die Bewegungen von winzigen Teilchen in den Körperorganen. Die besondere Qualität einer zu einer beliebigen Klasse gehörenden Empfindung, z. B. eine besondere Farbe oder ein bestimmter Klang, erklärte er durch die dem äußeren Gegenstand innewohnenden, von seiner Struktur abhängigen Eigenschaften, die ihrerseits bestimmte physische Prozesse in dem betreffenden Sinnesorgan hervorriefen. Das Sehen fand, nach seiner Theorie, vermittels eines Sehstrahls statt, der vom Auge zum Objekt ausgesendet wurde, wobei die Farben Feuerteilchen von verschiedener Größe zugeschrieben wurden, die von den Objekten ausströmten und mit diesem Strahl in Wechselwirkung traten. Töne verband er mit der Bewegung von Luftteilchen, obwohl er die Rolle des Trommelfells nicht kannte. Die verschiedenen Arten von Geschmack oder Geruch setzte er in Beziehung zu der Eigenart der kleinen Teilchen, welche die Objekte zusammensetzten oder von ihnen ausgingen. Viele dieser Vorstellungen wurden von den Naturphilosophen des 12. Jahrhunderts übernommen. Der direkte Einfluß des *Timaios* zeigt sich in ihrem Glauben an die Unzerstörbarkeit der Materie und in ihrer Erklärung der Eigenschaften der Elemente durch die Bewegung kleiner Teilchen, deren Geschwindigkeit und Festigkeit komplementär waren, denn kein Körper konnte in Bewegung gesetzt werden ohne die entsprechende Gegenwirkung auf einen bewegungslosen Körper. Ein Philosoph des 12. Jahrhunderts,

Wilhelm von Conches, vertrat eine Form des Atomismus, die auf einer Kombination der Gedanken Platos mit denen des Lucretius beruhte.

Diese platonische Weltanschauung blieb von großem Einfluß bis zu den Tagen Roger Bacons, der als junger Mann um 1245 in seinen Vorlesungen über Physik noch auf dem Standpunkt der Schule von Chartres stand. Aber Chartres selbst war schon in Berührung mit den Übersetzerschulen gekommen, die in Toledo und in Süditalien an arabischen und griechischen Texten arbeiteten, und die ptolemäische Astronomie und aristotelische Physik wurden zuerst in Chartres freudig begrüßt. Wegen dieser Neuorientierung des abendländischen Denkens war das Gedankensystem, das Adelards Neffe vertrat, in der Mitte des 12. Jahrhunderts schon etwas antiquiert. Es sollte bald ersetzt werden durch die Ideen von Männern, die wie sein Onkel die Araber und Griechen studierten und die natürlichen Ursachen erforschten.

Griechisch-arabische Naturwissenschaften und abendländisches Denken

Die neue Naturwissenschaft, die im 12. Jahrhundert in das christliche Abendland einzusickern begann, war der Form nach großenteils arabisch, aber ihre Grundlage waren die Werke der alten Griechen. Die Araber bewahrten und vermittelten eine Fülle griechischer Gelehrsamkeit, und was sie selber hinzufügten, war vielleicht nicht so wichtig wie der Wandel in der Auffassung des Zweckes, um dessentwillen Naturforschung betrieben werden sollte.

Die Araber selber erwarben ihre Kenntnis der griechischen Naturwissenschaft aus zwei Quellen. Das meiste lernten sie wohl direkt von den Griechen des Byzantinischen Reiches, aber auch erst aus zweiter Hand, nämlich von den syrisch sprechenden nestorianischen Christen Ostpersiens. Im 6. und 7. Jahrhundert übersetzten nestorianische Christen in ihrem Zentrum Jundishapur eine Anzahl wichtiger griechischer wissenschaftlicher Werke, hauptsächlich über Logik und Medizin, ins Syrische, das seit dem 3. Jahrhundert als literarische Sprache Westasiens an die Stelle des Griechischen getreten war. Jundishapur blieb nach den arabischen Eroberungen noch eine Zeitlang das wichtigste naturwissenschaftliche und medizinische Zentrum des Islams; dort arbeiteten christliche, jüdische und andere Untertanen des Kalifen an der Übersetzung von Texten aus dem Syrischen ins Arabische. Damaskus und Bagdad wurden ebenfalls Zentren für diese Arbeit, und im frühen 9. Jahrhundert wurden in Bagdad auch Übersetzungen direkt aus dem Griechischen gemacht. Im 10. Jahrhundert standen fast alle naturwissenschaftlichen griechischen Texte, die in der westlichen Welt bekannt werden sollten, auf Arabisch zur Verfügung.

Als die Handelsbeziehungen zwischen den christlichen und islamischen Völkern langsam auflebten, drang auch das von den Arabern gesammelte Wissen allmählich in das Abendland vor. Im 9. Jahrhundert begannen Städte wie Venedig, Neapel, Bari und Amalfi, später auch Pisa und Genua, mit den Arabern Siziliens und des östlichen Mittelmeers Handel zu treiben. Im 11. Jahrhundert war ein

Benediktinermönch von Monte Cassino, Konstantin der Afrikaner, hinreichend vertraut mit der arabischen Naturwissenschaft, um eine Paraphrase des Galen und Hippokrates aus der medizinischen Enzyklopädie des persischen Arztes Haly Abbas († 994) verfassen zu können. Im 12. Jahrhundert ist bekanntlich Adelard von Bath durch Süditalien und sogar durch Syrien gereist; Anfang des 13. Jahrhunderts war Leonardo Fibonacci aus Pisa auf Geschäftsreisen in Nordafrika, wo er seine Kenntnis der arabischen Mathematik erwarb.

Die Hauptzentren, von denen aus sich die Kenntnis der arabischen und letztlich der griechischen Naturwissenschaft ausbreitete, waren Sizilien und Spanien. Toledo fiel 1085 an Alfons VI. und wurde um die Mitte des 12. Jahrhunderts, unter dem Patronat seines Erzbischofs, zum spanischen Zentrum der Übersetzungen vom Arabischen ins Lateinische. Die sehr große Zahl von Versionen, die man einem Manne wie Gerard von Cremona zuschrieb, legt die Vermutung nahe, daß eine Art Schule existierte. Die Namen bekannter Übersetzer, Adelard von Bath, Robert von Chester, Alfred von Sareshel (der Engländer), Gerard von Cremona, Plato von Tivoli, Burgundio von Pisa, Jakob von Venedig, Eugen von Palermo, Michael Scotus, Hermann von Kärnten, Wilhelm von Moerbeke, bezeugen den europäischen Charakter dieser Bewegung, wie auch ihre eigenen Worte – die Adelards sind typisch dafür – von der Leidenschaft zeugen, mit der die Gelehrten jener Zeit sich aufmachten, um die arabische Bildung für das christliche Abendland zu erobern. Viele der Übersetzungen waren Gemeinschaftsarbeiten, z. B. das Werk des spanischen Juden Johannes von Sevilla, der das Arabische in die Landessprache Kastilisch übersetzte, aus dem es dann von Dominicus Gundissalinus ins Lateinische übertragen wurde. Das älteste bekannte lateinisch-arabische Glossar ist in einem vielleicht aus dem 12. Jahrhundert stammenden spanischen Manuskript enthalten. Aber das Übersetzen griechischer und arabischer Texte wurde sehr behindert durch unzulängliche Beherrschung der betreffenden Sprachen, durch die Schwierigkeit des Stoffes und die komplizierte technische Terminologie. Die Übersetzungen waren oft wörtlich, und oft wurden Wörter, deren Bedeutung man nicht ganz verstand, einfach in ihrer arabischen und hebräischen Form übernommen. Viele dieser Wörter haben sich bis zum heutigen Tage erhalten, so z. B. Alkali,

Zirkon, Alembik (der obere Teil eines Destilliergefäßes), Sherbet, Kampfer, Borax, Elixier, Talk, die Namen von Sternen, wie Aldebaran, Altair und Beteigeuze, Nadir, Zenit, Azur, Zero, Ziffer, Algebra, Algorismus, Laute, Rebec (Streichinstrument des Mittelalters), Artischocke, Kaffee, Jasmin, Safran und Taraxakum. Solche neuen Wörter trugen dazu bei, den Wortschatz des mittelalterlichen Lateins zu bereichern, aber es ist nicht verwunderlich, daß diese mit befremdlichen Ausdrücken durchsetzten wörtlichen Übertragungen anderer Gelehrten zu Klagen Anlaß gaben. Viele der Übersetzungen wurden im 13. Jahrhundert auf Grund besserer Kenntnis des Arabischen überarbeitet, oder die Texte wurden unmittelbar aus dem Griechischen neu übersetzt.

In Sizilien erschienen außer Übersetzungen aus dem Arabischen einige der ersten Übertragungen unmittelbar aus dem Griechischen. Die Verhältnisse auf der Insel waren besonders günstig für den Gedankenaustausch zwischen arabischen, griechischen und lateinischen Gelehrten. Bis zum Fall von Syrakus im Jahre 878 war Sizilien von Byzanz regiert worden. Dann kam es für fast 200 Jahre unter die Herrschaft des Islams, bis 1060 ein normannischer Abenteurer mit einer kleinen Gefolgschaft Messina einnahm und seine Macht so erfolgreich behauptete, daß um 1090 die Insel ein normannisches Königreich geworden war, in dem lateinische, griechische und mohammedanische Untertanen zusammen lebten, unter Bedingungen, die für die Übersetzungsarbeit noch weit günstiger waren als die in Spanien.

Vom Ende des 12. bis zum Ende des 13. Jahrhunderts wurde immer mehr direkt aus dem Griechischen übersetzt und immer weniger auf dem Umweg über das Arabische; im 14. Jahrhundert hörte das Übersetzen aus dem Arabischen praktisch ganz auf, als Mesopotamien und Persien von den Mongolen überrannt wurden. Es ist behauptet worden, daß seit dem Ende des 12. Jahrhunderts ganze Schiffsladungen von griechischen Manuskripten von Byzanz nach Italien gekommen seien, obwohl man nur von wenigen mit Sicherheit nachweisen kann, daß sie diesen Weg genommen haben. Als der Vierte Kreuzzug sich gegen Byzanz richtete, das 1204 von den Kreuzfahrern eingenommen wurde, war eine der Folgen, daß viele Manuskripte in den lateinischen Westen gelangten. Im Jahre 1205 ermahnte Innozenz III. die Magister und Scholaren von Paris, nach Griechenland zu gehen

und das Studium der Literatur in deren Geburtsland wieder zu be-
leben, und Philipp August gründete ein Kolleg an der Seine, wo
Griechen aus Byzanz Latein lernen sollten. Im späteren 13. Jahrhun-
dert schrieb Roger Bacon eine griechische Grammatik. Wilhelm von
Moerbeke überarbeitete und vervollständigte auf Anraten des
Thomas von Aquin die Übersetzung fast sämtlicher Werke des
Aristoteles in einer wortgetreuen Übertragung direkt aus dem
Griechischen.

Um die Mitte des 12. Jahrhunderts waren unter den neuen Werken, die das europäische Wissen bereicherten, Aristoteles' *Logica
nova*, d. h. die *Analytica* und die anderen Werke über Logik, die
nicht in den längst bekannten Übersetzungen des Boethius, der
Logica vetus, enthalten waren, ferner Euklids *Elemente*, *Optik* und
Katoptrik und Heros *Pneumatica*. Aus dem 12. Jahrhundert stammt
auch die lateinische Version des pseudoeuklidischen *De Ponderoso
et Levi*, ein Werk griechischen Ursprungs, dem sowohl der Islam als
auch das christliche Abendland ihre Kenntnisse über das spezifische
Gewicht, den Hebel und die Waage verdankten. Im dritten Viertel
des Jahrhunderts übersetzte man die Hauptwerke des Ptolemäus,
Galen und Hippokrates, von denen Volksausgaben vor allem aus
Spanien kamen, und von Aristoteles die *Physik*, *De Caelo* und andere
Libri naturales sowie die vier ersten Bücher der *Metaphysik*. Im
frühen 13. Jahrhundert wurde die *Metaphysik* vollständig übertragen,
und um 1217 erschien *De Animalibus*, das die *Geschichte*, die *Teile*
und die *Zeugung der Tiere* umfaßte. Zur selben Zeit wurde das
pseudoaristotelische *Liber de Plantis* oder *De Vegetabilibus* übersetzt, das die moderne Forschung dem Nikolaus von Damaskus
(1. Jahrhundert v. Chr.) zugeschrieben hat und das, abgesehen von
den Kräuterbüchern, die auf Dioskurides und Apulejus zurückgehen,
die wichtigste Spezialquelle der späteren mittelalterlichen Botanik
war. Um die Mitte des 13. Jahrhunderts waren fast alle wichtigen
Werke der griechischen Naturwissenschaft in lateinischen Übersetzungen verfügbar (s. Übersicht Tabelle I unter 1). Einige Werke
wurden auch in verschiedene Landessprachen übersetzt, besonders ins Italienische, Kastilische, Französische und später ins
Englische.

TABELLE I

DIE HAUPTQUELLEN DER ANTIKEN NATURWISSENSCHAFT IM CHRISTLICHEN ABENDLAND ZWISCHEN 500 UND 1300 N. CHR.

Autor	Werk	Lateinischer Übersetzer und Original	Ort und Datum der lateinischen Übersetzung
1. Frühe griechische und lateinische Quellen			
Plato (428–347 v. Chr.)	*Timaios* (die ersten 53 Kapitel)	Chalcidius aus dem Griechischen	4. Jh.
Aristoteles (384–322 v. Chr.)	Einige logische Werke (*logica vetus*)	Boethius aus dem Griechischen	Italien, 6. Jh.
Dioskurides (1. Jh. n. Chr.)	*Materia Medica*	aus dem Griechischen	Etwa 6. Jh.
Anonymus	*Physiologus* (2. Jh. n. Chr. Alexandria)	aus dem Griechischen	5. Jh.
Anonymus	Verschiedene technische *Compositiones*	aus griechischen Quellen	früheste Handschriften 8. Jh.
Lucretius (um 95–55 v. Chr.)	*De Rerum Natura* (auszugsweise bekannt seit dem 12. Jahrhundert; der ganze Text wiederhergestellt 1417)		
Vitruvius (1. Jh. v. Chr.)	*De Architectura* (bekannt im 12. Jahrhundert)		
Seneca (4 v. Chr.–65 n. Chr.)	*Quaestiones Naturales*		
Plinius (23–79 n. Chr.)	*Historia Naturalis*		
Macrobius (schrieb 395–423)	*In Somnium Scipionis*		
Martianus Capella (5. Jh.)	*Satyricon, sive De Nuptiis Philologiae et Mercurii et de Septem Artibus Liberalibus*		

Boethius (480–524)	Werke über die Freien Künste, besonders Mathematik und Astronomie, und Kommentare zur Logik des Aristoteles und Porphyrius		
Cassiodor (um 490–580)	Werke über die Freien Künste		
Isidor von Sevilla (560–636)	Etymologiarum sive Originum		
Beda (673–735)	De Natura Rerum		
	De Natura Rerum		
	De Temporum Ratione		

2. Arabische Quellen von etwa 1000 an

Jabir ibn Hayyan Corpus (geschrieben im 9.–10. Jh.)	Verschiedene chemische Werke	aus dem Arabischen	12. und 13. Jh.
Al-Khwarizmi (9. Jh.)	Liber Ysagogarum	Adelard von Bath	frühes 12. Jh.
	Aldhorismi (Arithmetik)	aus dem Arabischen	
	Astronomische Tafeln	Adelard von Bath	1126
	(Trigonometrie)	aus dem Arabischen	
	Algebra	Robert von Chester	Segovia 1145
		aus dem Arabischen	
Alkindi († um 873)	De Aspectibus; De Umbris et de Diversitate Aspectuum	Gerard von Cremona	Toledo 12. Jh.
		aus dem Arabischen	
Thabit ibn Qurra († 901)	Liber Charastonis (über die römische Waage)	Gerard von Cremona	Toledo 12. Jh.
		aus dem Arabischen	
Rhazes († um 924)	De Aluminibus et Salibus (chemisches Werk)	Gerard von Cremona	Toledo 12. Jh.
		aus dem Arabischen	
	Liber Continens (medizinische Enzyklopädie)	Moses Faradi	Sizilien 1279
		aus dem Arabischen	

Autor	Werk	Übersetzer	Ort / Zeit
	Liber Almansoris (medizinisches Sammelwerk, auf griechischen Quellen beruhend)	Gerard von Cremona aus dem Arabischen	Toledo 12. Jh.
Alfarabi († 950)	*Distinctio super Librum Aristotelis de Naturali Auditu*	Gerard von Cremona aus dem Arabischen	Toledo 12. Jh.
Haly Abbas († 994)	Teil des *Liber Regalis* (medizinische Enzyklopädie)	Konstantin der Afrikaner († 1087) und Johannes der Sarazene aus dem Arabischen	Süditalien 11. Jh.
	Liber Regalis	Stephan vor Antiochia aus dem Arabischen	um 1127
Pseudo-Aristoteles	*De Proprietatibus Elementorum* (arabisches Werk über Geologie)	Gerard von Cremona aus dem Arabischen	Toledo 12. Jh.
Alhazen (um 965—1039)	*Opticae Thesaurus*	Aus dem Arabischen	Ende des 12. Jh.
Avicenna (980—1037)	Physikalischer und philosophischer Teil des *Kitab al-Shifa* (Aristoteles-Kommentar)	Dominicus Gundissalinus und Johannes von Sevilla, gekürzt aus dem Arabischen	Toledo 12. Jh.
	De Mineralibus (geologischer und alchemistischer Teil des Kitab al-Shifa)	Alfred von Sareshel aus dem Arabischen	Spanien um 1200
	Kanon (medizinische Enzyklopädie)	Gerard von Cremona aus dem Arabischen	Toledo 12. Jh.
Alpetragius (12. Jh.)	*Liber Astronomiae* (das aristotelische konzentrische System)	Michael Scotus aus dem Arabischen	Toledo 1217
Averroës (1126—1198)	Kommentare zu *Physica, De Caelo et Mundo, De Anima* und anderen Werken des Aristoteles	Michael Scotus aus dem Arabischen	frühes 13. Jh.
Leonardo Fibonacci aus Pisa	*Liber Abaci* (erster vollständiger Bericht über die Zahlen der Hindu)	unter Benutzung arabischen Wissens	1202

3. Griechische Quellen von etwa 1100 an

Hippokrates und seine Schule (5. und 4. Jh. v. Chr.)	Aphorismen	Burgundio von Pisa aus dem Griechischen	12. Jh.
	Verschiedene Abhandlungen	Gerard von Cremona und andere aus dem Arabischen	Toledo 12. Jh.
		Wilhelm von Moerbeke aus dem Griechischen	nach 1260
Aristoteles (384–322 v. Chr.)	Spätere analytische Schriften (Teil der Logica nova)	2 Versionen aus dem Griechischen	12. Jh.
	Meteorologica (Buch 4)	aus dem Arabischen Henricus Aristippus aus dem Griechischen	Toledo 12. Jh. Sizilien um 1156
	Physica, De Generatione et Corruptione, Parva Naturalia, Metaphysica (die ersten 4 Bücher),	Aus dem Griechischen	12. Jh.
	De Anima, Meteorologica (Buch 1–3), Physica, De Caelo et Mundo, De Generatione et Corruptione,	Gerard von Cremona aus dem Arabischen	Toledo 12. Jh.
	De Animalibus (Historia animalibus, De partibus animalium, De generatione animalium, ins Arabische übersetzt in 19 Büchern von el-Batric, 9. Jh.)	Michael Scotus aus dem Arabischen	Spanien um 1217–20
Aristoteles (384–322 v. Chr.)	Fast sämtliche Werke	Wilhelm von Moerbeke, neue oder überarbeitete Übersetzungen aus dem Griechischen	um 1260–71

Autor	Werk	Übersetzer	Ort/Datum
Euklid (um 330–260 v. Chr.)	Elemente (15 Bücher, 13 echt)	Adelard von Bath aus dem Arabischen	frühes 12. Jh.
		Hermann von Kärnten aus dem Arabischen	12. Jh.
		Gerard von Cremona aus dem Arabischen	Toledo 12. Jh.
		mehrere Überarbeitungen; Überarbeitung von Adelards Version durch Johannes Campanus von Novara	um 1254
	Optica und Katoptrica	aus dem Griechischen	wahrscheinlich Sizilien
	Optica	aus dem Arabischen	
	Data	aus dem Griechischen	
Apollonius (3. Jh. v. Chr.)	Conica	vielleicht Gerard von Cremona aus dem Arabischen (von dieser Übersetzung existiert heute nur ein kurzes Fragment von Buch 1 als Einleitung zu Alhazens *De Speculis Comburentibus*; aber Buch 2 war im 13. Jh. dem Witelo bekannt)	12. Jh.
Archimedes (287–212 v. Chr.)	De Mensura Circuli	Gerard von Cremona aus dem Arabischen	Toledo 12. Jh.
	Sämtliche Werke (außer der *Sandrechnung*, den *Lemmata* und der *Methode*)	Wilhelm von Moerbeke aus dem Griechischen	1269
	De Speculis Comburentibus		
Diokles (2. Jh. v. Chr.)	Pneumatica	Gerard von Cremona aus dem Arabischen	Toledo 12. Jh.
Hero von Alexandria (1. Jh. v. Chr.?)	Katoptrica (im Mittelalter dem Ptolemäus zugeschrieben)	Wilhelm von Moerbeke aus dem Griechischen	Sizilien 12. Jh. nach 1260

Pseudo-Aristoteles	*Mechanica (mechanische Probleme)* *Problemata*	aus dem Griechischen	frühes 13. Jh.
		Bartholomäus von Messina aus dem Griechischen	Sizilien um 1260
Pseudo-Aristoteles	*De Plantis* oder *De Vegetabilibus* (jetzt dem Nikolaus von Damaskus, 1. Jh. v. Chr., zugeschrieben)	Alfred von Sareshel aus dem Arabischen	Spanien, wahrscheinlich vor 1200
Pseudo-Euklid	*Liber Euclidis de Ponderoso et Levi* (Statik)	aus dem Arabischen	12. Jh.
Galen (129–200 n. Chr.)	Verschiedene Abhandlungen	Burgundio von Pisa aus dem Griechischen	um 1185
	Verschiedene Abhandlungen	Gerard von Cremona und andere aus dem Arabischen	Toledo 12. Jh.
	Verschiedene Abhandlungen	Wilhelm von Moerbeke aus dem Griechischen	1277
	Anatomische Abhandlungen	aus dem Griechischen	14. Jh.
Ptolemäus (2. Jh. n. Chr.)	*Almagest*	Gerard von Cremona aus dem Arabischen	Sizilien um 1160 Toledo 1175
	Optica	Eugen von Palermo aus dem Arabischen	um 1154
Alexander von Aphrodisias (schrieb 193–217 n. Chr.)	Kommentar zu den *Meteorologica*	Wilhelm von Moerbeke aus dem Griechischen	13. Jh.
	De Motu et Tempore	Gerard von Cremona aus dem Arabischen	Toledo 12. Jh.
Simplicius (6. Jh. n. Chr.)	Teil des Kommentars zu *De Caelo et Mundo*	Robert Grosseteste aus dem Griechischen	13. Jh.
	Kommentar zu *Physica*	aus dem Griechischen	13. Jh.
	Kommentar zu *De Caelo et Mundo*	Wilhelm von Moerbeke aus dem Griechischen	1271
Proklos (410–485 n. Chr.)	*Physica Elementa (De Motu)*	aus dem Griechischen	Sizilien 12. Jh.

Von allen diesen Schriften waren die einflußreichsten die des Aristoteles, der für die Naturphilosophie der Griechen und Araber das Fundament geschaffen hatte. Die Übersetzungen seiner Werke waren die Hauptursache für die um 1200 einsetzende Hinwendung des Bildungsinteresses zur Philosophie und Naturwissenschaft. Schon Johannes von Salisbury (um 1115–80) hatte beklagt, daß sie der Dichtkunst und Geschichte, die man in seiner Jugend gepflegt habe, vorgezogen würden.

Zu den wichtigsten Kenntnissen aus der Fülle griechischen Wissens, das die Araber, um eigene Beobachtungen und Kommentare vermehrt, dem Abendland überlieferten, gehörte die neue ptolemäische Astronomie (S. 75–86) und die dazugehörige Trigonometrie. Diese erreichte Europa durch Übersetzungen von Autoren wie al-Khwarizmi, al-Battani († 929) und al-Farangi (9. Jahrhundert). Aber diese Gelehrten hatten eigentlich den Prinzipien, auf denen das astronomische System des Ptolemäus beruhte, nichts Neues hinzugefügt. Im 12. Jahrhundert erweckte al-Bitruji, lateinisch als Alpetragius bekannt, das astronomische Werk des Aristoteles wieder zum Leben; doch auch hier gelangte der Araber nicht viel über den Griechen hinaus. Das eigentliche Verdienst der Araber war die Verbesserung von Beobachtungsinstrumenten und die Zusammenstellung von immer exakteren Tafeln sowohl für astronomische als auch für nautische Zwecke. Die berühmtesten wurden in Spanien ausgearbeitet, das seit dem Erscheinen der *Toledanischen Tafeln oder Canones Azarchelis* von al-Zarqali († um 1087) ein Zentrum der astronomischen Beobachtungen gewesen war, bis diese Tafeln unter König Alfons dem Weisen († 1284) durch andere, in derselben Stadt zusammengestellte, ersetzt wurden. Der Meridian von Toledo war lange Zeit maßgebend für die Berechnung im Okzident, und die *Alfonsinischen Tafeln* blieben bis zum 16. Jahrhundert im Gebrauch.

Die zweite große Menge wissenschaftlichen Materials, die dem Abendland aus griechischen Werken durch arabische Übersetzungen und Kommentare zugänglich gemacht wurde, bestand aus medizinischen Schriften. Auf diesem Gebiet trugen die arabischen Gelehrten, obwohl sie an den Grundprinzipien nicht viel änderten, einige wertvolle eigene Beobachtungen bei. Der größte Teil ihrer Kenntnisse stammte von Hippokrates und Galen und wurde sorgfältig aufbewahrt in den Enzyklopädien von Haly Abbas († 994), Avicenna

(980-1037) und Rhazes († 924)*. Aber die Araber konnten einige
neue Mineralien, wie z. B. Quecksilber, und eine Anzahl anderer
Arzneimittel zu der vorwiegend auf Kräutern basierenden *materia
medica* der Griechen hinzufügen, und Rhazes vermochte eigene Beobachtungen beizusteuern, wie in seiner Diagnose der Blattern und
Masern.

Bedeutender war die eigene Leistung der Araber auf den Gebieten
der Optik und Perspektive, denn obgleich schon die Werke des Euklid und Ptolemäus sich damit befaßt hatten, taten Alkindi († um
873) und Alhazen (um 965-1039) einen großen Schritt über das hinaus, was die Griechen gewußt hatten. Alhazen schrieb unter anderm
über sphärische und parabolische Spiegel, die *camera obscura*, Linsen und den Vorgang des Sehens.

Auf dem Gebiet der Mathematik vermittelten die Araber der
abendländischen Christenheit eine Fülle höchst wertvoller Kenntnisse, die den Griechen niemals zur Verfügung gestanden hatten,
obwohl hier die Araber nichts Eigenes schufen, sondern lediglich
dafür sorgten, daß die hochentwickelte Mathematik der Inder
weithin bekannt wurde. Anders als die Griechen, hatten die Inder
nicht so sehr die Geometrie als vielmehr die Arithmetik und Algebra
entwickelt. Die indischen Mathematiker, unter denen Aryabhata
(geb. 476 n. Chr.), Brahmagupta (geb. 598 n. Chr.) und später Bhas-
kara (geb. 1114) die bedeutendsten waren, hatten ein Zahlensystem
ausgebildet, in dem der Wert einer Ziffer durch ihre Stelle angezeigt
wurde; sie kannten den Gebrauch der Null, sie konnten Quadrat-
und Kubikwurzeln ziehen, sie verstanden sich auf die Bruchrech-
nung, kannten Probleme der Zinsrechnung, die Summation arithmetischer und geometrischer Reihen, die Lösung von bestimmten
und unbestimmten Gleichungen ersten und zweiten Grades, Permutationen und Kombinationen und andere Operationen der elementaren Arithmetik und Algebra. Sie entwickelten auch die trigonometri-

---

* Vgl. den Prolog zu Chaucers *Canterbury Tales* (II. 429 ff.):
»Wohl kannte er den alten Äskulap
und Dioskurides und Rufus auch,
Hippokrates den Alten, Haly und Galen,
Serapion, Rhazes und Avicenna,
Averroës, Damascenus und Konstantin,
Bernard und Gatesden und Gilbertin.«

sche Technik, um die Bewegung der Himmelskörper auszudrücken, und führten trigonometrische Sinustafeln ein.

Die wichtigste mathematische Errungenschaft, welche die Araber von den Indern übernahmen, war deren Zahlensystem. Die Übernahme dieses Systems war einer der ganz großen Fortschritte in der europäischen Wissenschaft. Der große Vorzug dieses Systems, das unserm heutigen zugrunde liegt, bestand darin, daß es das Symbol für Null enthielt; außerdem konnte jede beliebige Zahl einfach dadurch dargestellt werden, daß man die Ziffern in eine bestimmte Anordnung brachte, wobei der Wert einer Ziffer durch ihren Abstand von Null oder von der ersten Ziffer auf der linken Seite angezeigt wurde. Es hatte sehr große Vorteile gegenüber dem schwerfälligen römischen System. In dem neuen System, das die Araber von den Indern lernten, wurden die ersten drei Zahlen je durch einen, zwei, und drei Striche dargestellt, und die 4, 5, 6, 7, 9 und möglicherweise auch die 8 wurden wahrscheinlich abgeleitet aus den Anfangsbuchstaben der Wörter, durch die jene Zahlen im Indischen bezeichnet wurden. Einiges von diesem System hatten die Araber von den Indern dadurch kennengelernt, daß sie schon seit dem 8. Jahrhundert nicht unbedeutende Handelsbeziehungen mit ihnen unterhielten; ein ausführlicher Bericht darüber wurde im 9. Jahrhundert von al-Khwarizmi gegeben. Durch eine Verdrehung seines Namens wurde das System auf lateinisch als »Algorismus« bekannt.

Die indischen Zahlen wurden vom 12. Jahrhundert an allmählich in Europa eingeführt. Es war bezeichnend für die Neigung zum Praktischen bei den Mathematikern, daß al-Khwarizmi, dessen Werk von Adelard von Bath übersetzt wurde, selber sagte (nach der Wiedergabe von F. Rosen in seiner Ausgabe *The Algebra of Mohammed ben Musa*, London 1831, S. 3), er habe seine Arbeit auf das beschränkt, »was das Leichteste und Nützlichste in der Arithmetik ist, was die Menschen täglich brauchen bei Erbschaften, Legaten, Teilung, Prozessen, beim Handel und bei allen Geschäften, die sie miteinander machen, oder wo es um Landmessung, Kanalgraben, geometrische Berechnung und andere Objekte der verschiedensten Art geht.«

Später im selben Jahrhundert gab Rabbi ben Ezra, der Abstammung nach ein spanischer Jude, eine ausführliche Erklärung des arabischen Zahlensystems, insbesondere für den Gebrauch des Symbols Null. Gerard von Cremona erweiterte diese Erklärung. Aber erst im 13. Jahrhundert wurde das arabische System weit bekannt. Das war zu einem sehr großen Teil dem Wirken des Leonardo Fibonacci oder Leonardo von Pisa († nach 1240) zu verdanken. Leonardos Vater war ein Kaufmann in Pisa, der nach Bugia in der Berberei geschickt wurde, um eine Handelsniederlassung zu übernehmen. Dort scheint Leonardo eine ganze Menge über den praktischen Wert der arabischen Zahlen und über die Schriften des al-Khwarizmi gelernt zu haben. 1202 veröffentlichte er sein *Liber Abaci*, in dem er, was aus dem Namen nicht hervorgeht, den Gebrauch der arabischen Zahlen ausführlich erklärte. Er war persönlich nicht an Handelsarithmetik interessiert; sein Werk war in hohem Maße theoretisch. Nach seiner Zeit wurde es allmählich für italienische Kaufleute allgemein üblich, sich des arabischen oder indischen Zahlensystems zu bedienen.

Im 13. und 14. Jahrhundert wurde die Kenntnis der arabischen Zahlen im Abendland durch die populären Almanache und Kalender verbreitet. Weil die Daten von Ostern und den anderen Kirchenfesten für alle Ordenshäuser äußerst wichtig waren, war gewöhnlich in solchen Häusern mindestens ein Almanach oder Kalender zu finden. Schon 1116 war in Frankreich ein Kalender in der Landessprache verfaßt worden; isländische Kalender gehen ungefähr bis in dieselbe Zeit zurück. Diese Kenntnisse wurden gefördert durch volkstümliche Erklärungen des neuen Systems von Schriftstellern wie Alexander von Villedieu und John Holywood oder, wie er genannt wurde, Sacrobosco und sogar von Henri von Mondeville in einer chirurgischen Abhandlung. Um die Mitte des 13. Jahrhunderts erklärten zwei griechische Mathematiker das System den Byzantinern. Die indischen Zahlen vertrieben die römischen nicht mit einem Schlage, und außerhalb Italiens wurden bis zur Mitte des 16. Jahrhunderts vielfach noch römische Zahlen gebraucht. Aber um 1400 waren die arabischen Zahlen weit bekannt und wurden überall verstanden, zumindest unter Männern von Bildung.

Ein Gebiet, auf dem die Araber einen sehr wichtigen und selbständigen Beitrag zur Geschichte der europäischen Naturwissenschaft leisteten, war das der Alchimie, Magie und Astrologie. Das lag zum Teil daran, daß die Araber auf eine besondere Art an die Probleme der Natur herangingen, die für eine bestimmte, lange nachwirkende Tradition arabischen Denkens typisch war. In dieser Tradition war die Hauptfrage nicht, welche Aspekte der Natur die moralischen Zwecke Gottes am lebendigsten veranschaulichten oder welche natürlichen Ursachen für die Geschehnisse, die in der Bibel beschrieben oder in der alltäglichen Erfahrung beobachtet wurden, eine rationale Erklärung bildeten, sondern es ging um ein Wissen, das Macht über die Natur verleihen sollte. Die Forscher suchten nach »dem Lebenselexier, dem Stein der Weisen, dem Talisman, dem Bannwort, nach den magischen Eigenschaften der Pflanzen und Mineralien«. Die Antwort auf ihre Fragen war die Alchimie. Unter anderem war es der Wunsch, an dieser viel beredeten magischen Macht teilzuhaben, der die ersten Übersetzer aus dem Abendland in die Zentren arabischer Gelehrsamkeit, wie Toledo und Sizilien, trieb. Manche Gelehrte glaubten, daß schon die alten Griechen magisches Wissen besessen und in Geheimschriften und alchimistischen Symbolen verborgen hätten.

Vor dem 12. Jahrhundert geschriebene lateinische Werke waren keineswegs frei von Magie und Astrologie gewesen (s. oben S. 16 bis 19), aber bei den Arabern und den von ihnen beeinflußten lateinischen Autoren wucherten Magie und Astrologie geradezu tropisch. Es wurde nicht scharf geschieden zwischen Naturwissenschaft und dem Magischen oder Okkulten, denn physische und okkulte Ursachen wurden als gleich fähig anerkannt, physische Phänomene zu verursachen. Diese Auffassung hat Alkindi, ein arabischer Neuplatoniker des 9. Jahrhunderts, in seinem Werk *Über Sternstrahlen* oder *Die Theorie der magischen Kunst* klar ausgesprochen. Objekte am Himmel und auf der Erde bewirkten einen »Einfluß« durch Strahlen, deren letzte Ursache die himmlische Harmonie war. Auch der menschliche Geist vermochte dasselbe durch die Macht bestimmter Worte. Die Wirkungen der Strahlen variierten, wie man annahm, mit den Konfigurationen der Himmelskörper. »Himmlische Wirkkraft« wurde von fast allen lateinischen Autoren des 13. Jahrhunderts als Ursache anerkannt, und Roger Bacons berühmte Erörterung der alten Theorie der »Vermehrung der Arten« (Multiplikation der Species) ist verschieden interpretiert worden: als Beitrag zur Physik und als Schilderung astraler Einflüsse, die sich geradlinig fortpflanzen. »Wunder« wurden, wenn nicht als Werk von Dämonen und als solche böse, als mögliche Produkte okkulter Kräfte angesehen, die bestimmten Naturgegenständen innewohnten, d. h. als Wirkungen »natürlicher Magie«. An der Unterscheidung von böser und natürlicher Magie hielten eine Anzahl scholastischer Naturphilosophen, wie Wilhelm von Auvergne, Albertus Magnus und Roger Bacon, fest. Die Entdeckung okkulter Kräfte war eines der Hauptziele vieler mittelalterlicher Experimentatoren. Die Alchimisten hofften Metalle umzuwandeln, das menschliche Leben zu verlängern, möglicherweise auch so viel Macht über die Natur zu gewinnen, daß die Namen derer, die einen Diebstahl oder Ehebruch begangen hatten, offenbar wurden.

Bis weit ins 16. Jahrhundert hinein bestand eine enge Verbindung zwischen Magie und einer bestimmten Art des Experimentierens. Noch im 17. Jahrhundert führte Bischof Wilkins, einer der Gründer der Royal Society, in einem Buch über Mechanik, betitelt *Mathematische Magie* (Mathematicall Magick), unter den anerkannten Methoden menschlicher Fortbewegung auch das Durch-die-Luft-Getragenwerden durch Vögel oder Hexen an. Aber schon im 13. Jahrhundert waren viele Naturphilosophen des Abendlandes imstande, ihre Werke weitgehend von Magie freizuhalten. Albertus Magnus, Petrus Peregrinus und Rufinus sind mit ihren Beobachtungen und Experimenten Beispiele dafür. Roger Bacon (? 1214-92), dessen Streben nach Macht über die Natur als Forschungsziel zwar sicherlich ebenso wie sein Glaube an die okkulten Kräfte von Steinen und Kräutern den Bestrebungen und Voraussetzungen der Alchimie entstammte, hat dennoch eine Einstellung zum wissenschaftlichen Experiment entwickelt, die vielleicht die früheste ausdrückliche Bekundung einer praktischen Auffassung von den Zielen der Naturwissenschaft ist.

Mit ihm hat der abendländische Genius begonnen, die Magie von Tausendundeiner Nacht in die Errungenschaften einer angewandten Naturwissenschaft umzuwandeln.

In seinem *Opus Tertium*, Kap. 12, sagt Roger Bacon, nachdem er die spekulative Alchimie erörtert hat, weiter:

»Aber es gibt noch eine andere Alchimie, eine operative und praktische, die lehrt, wie man die edlen Metalle und Farben und viele andere Dinge durch Kunst besser und in größerer Fülle machen kann, als sie in der Natur gemacht sind. Und eine Naturwissenschaft dieser Art ist größer als alle vorhergehenden, weil sie größeren Nutzen bringt. Denn sie kann nicht nur Reichtum und sehr viele andere Dinge für das Gemeinwohl beschaffen, sondern sie lehrt auch, wie man Dinge entdeckt, die das menschliche Leben um viel größere Zeitspannen verlängern können, als auf natürlichem Wege erreicht werden kann ... Darum ist diese Naturwissenschaft von besonderem Nutzen, während sie gleichwohl durch ihre Werke die theoretische Alchimie bestätigt.«

In seiner Auffassung von dem, was an Nützlichem durch die Naturwissenschaft erreicht werden könnte, teilte Roger Bacon die Ansicht seines Zeitalters: Man werde die Zukunft exakter erkennen können als in den Sternen; die Kirche werde den Antichrist und die Tataren überwinden. Der höchste Wert der Wissenschaft werde es sein, im Dienste der Kirche Gottes, der Gemeinschaft der Gläubigen, die Christenheit zu schützen durch die Macht über die Natur und der Kirche beizustehen in ihrem Bekehrungswerk an der Menschheit; sie nämlich könne den Geist durch die naturwissenschaftliche Wahrheit zur Betrachtung des Schöpfers führen, wie er schon in der Theologie geoffenbart war, zu einer Betrachtung, in der alle Wahrheit eins wäre. In seiner Vorstellung von dem unmittelbaren Nutzen der Naturwissenschaft stand er jedoch beinahe auf dem Standpunkt des 19. Jahrhunderts.

»Als Nächstes«, sagt er in seiner *Communia Naturalium* von der Landwirtschaft, »kommt die spezielle Wissenschaft von der Natur der Pflanzen und aller Tiere, mit Ausnahme des Menschen, der auf Grund seiner Menschenwürde unter eine besondere Wissenschaft, Medizin genannt, fällt. Aber die erste in der Ordnung des Unterrichtens ist die Wissenschaft von den Tieren, die dem Menschen vorausgehen und für seinen Gebrauch notwendig sind. Diese Wissenschaft steigt zunächst hinunter zur Betrachtung jeder Art von Boden und der Produkte der Erde, wobei sie vier Arten von Böden unterscheidet, je nach dem, was für eine Ernte sie hervorbringen: Der eine Boden ist der, in den man Getreide und Hülsenfrüchte sät, ein anderer ist mit Wäldern bedeckt, wieder ein anderer mit Weiden und Heide, und wiederum ein anderer ist Gartenboden, in dem man Obstbäume und Gemüse, Kräuter und Wurzeln zur Nahrung wie auch zu medizinischen Zwecken zieht. Nun erstreckt sich diese Wissenschaft auf das vollständige Studium aller Nutzpflanzen, deren Kenntnis sehr unvollständig überliefert ist in Aristoteles' Abhandlung *De Vegetabilibus*; deshalb ist eine spezielle und ausreichende

Kenntnis der Pflanzen erforderlich, die in Büchern über die Landwirtschaft gelehrt werden sollte. Aber da die Landwirtschaft nicht
gedeihen kann ohne zahme Tiere, da auch die Nützlichkeit der Böden,
wie Wald-, Wiesen- und Heidebőden, nicht eingesehen werden kann,
wenn sie nicht wilde Tiere ernähren, da schließlich das Wohlbefin-
den des Menschen nicht erhöht werden kann ohne solche Tiere, deshalb erstreckt sich diese Wissenschaft auf das Studium aller Tiere.«

Bacon hat dies nicht weiter ausgeführt, aber seine richtige Einschätzung des möglichen Nutzwerts solcher Studien ist klar. Seine
Prophezeiungen über das Unterseeboot und den motorisierten Wagen in der *Epistola de Secretis Operibus*, Kapitel 4, sind wohlbekannt und ein weiteres Beispiel für die radikale Wendung zum Praktischen, die er den naturwissenschaftlichen Studien gab:

»Maschinen für die Schiffahrt ohne Ruderer können so gebaut
werden, daß die größten Schiffe auf Flüssen oder Meeren von einem
einzigen Mann mit größerer Geschwindigkeit fortbewegt werden
können, als wenn sie vollbemannt wären. Auch Wagen können so
gebaut werden, daß sie sich ohne Zugtiere mit unglaublicher Schnelligkeit bewegen; etwas derartiges waren unserer Meinung nach die
Sichelwagen, mit denen die Männer der Vorzeit kämpften. Auch
Flugapparate können so konstruiert werden, daß ein Mann in der
Mitte der Maschine sitzt und einen Motor in Schwung hält, durch
den künstliche Flügel die Luft schlagen wie bei einem fliegenden
Vogel. Auch eine Maschine von kleinem Ausmaß zum Heben
oder Senken enormer Gewichte – nichts nützlicher als so etwas in
Notfällen! Denn durch eine Maschine von drei Fingern Höhe und
Breite und noch geringerem Umfang könnte einer sich selber und
seine Freunde aus jeder gefährlichen Gefangenschaft befreien und
auf- und niedersteigen. Auch kann man leicht eine Maschine bauen,
durch die ein einziger Mann 1000 Männer gegen ihren Willen mit
Gewalt an sich ziehen kann, und andere Dinge desgleichen. Auch
können Maschinen gebaut werden, um ohne Gefahr im Meer und in
Flüssen zu gehen, sogar bis auf den Grund. Denn Alexander der
Große hat solche benutzt, damit er die Geheimnisse der Tiefe sehen
konnte, wie der Astronom Ethicus erzählt. Diese Maschinen sind
im Altertum gebaut worden, und sie sind sicherlich auch in unserer
Zeit gemacht worden, vielleicht mit Ausnahme der Flugmaschine,
die ich nicht gesehen habe; auch kenne ich niemanden, der sie ge-

sehen hätte, aber ich kenne einen Sachverständigen, der sich ausgedacht hat, wie man eine bauen kann. Solche Dinge könnte man
beinahe unbegrenzt herstellen, z. B. Brücken über Flüsse ohne Pfeiler
oder Stützen und Mechanismen und Motoren, wie es noch keine
gegeben hat.«

Bacon drängte auch auf eine Kalenderreform (wie schon sein Lehrer Grosseteste), und beschrieb, wie diese bewerkstelligt werden
könnte; doch seine Vorschläge sollten erst 1582 in die Praxis umgesetzt werden. Im späteren Mittelalter führten wissenschaftliche
Erkenntnisse, im Unterschied zu bloß technischen Faustregeln, zu
Verbesserungen in der Architektur und Chirurgie und zur Erfindung
der Brille, obwohl im allgemeinen die praktische Herrschaft über
die Natur, welche die Araber durch Magie zu erlangen gesucht hatten,
noch viele Jahrhunderte lang nicht erreicht wurde.

Von allem, was das christliche Abendland von der griechisch-
arabischen Wissenschaft erfuhr, hatte die Tatsache, daß die Werke
des Aristoteles, Ptolemäus und Galen ein geschlossenes rationales
System bildeten, das die Welt als Ganzes unter der Voraussetzung
natürlicher Ursachen erklärte, den stärksten Einfluß. Das System des
Aristoteles umspannte mehr als das, was man im 20. Jahrhundert
unter Naturwissenschaft versteht. Es war eine in sich geschlossene
Philosophie, die alles Existierende von der »ersten Materie« bis zu
Gott umfaßte. Aber gerade wegen seiner Geschlossenheit erregte das
aristotelische System viel Widerspruch im christlichen Abendland,
wo die Gelehrten schon ein gleichermaßen geschlossenes System auf
den Fakten begründet hatten, die in der christlichen Religion offenbart sind.

Außerdem standen einige Theorien des Aristoteles in direktem
Gegensatz zur christlichen Lehre. Zum Beispiel glaubte er, daß die
Welt ewig sei, und das war unvereinbar mit dem christlichen Begriff
des Schöpfer-Gottes. Seine Anschauungen waren doppelt verdächtig,
weil sie das Abendland zusammen mit arabischen Kommentaren
erreichten, die ihren absolut deterministischen Charakter noch betonten. Die arabische Interpretation des Aristoteles war stark gefärbt
durch den neuplatonischen Begriff der Seins-Kette, die sich von der
ersten Materie durch die unbelebte und belebte Natur, den Menschen,
die Engel und Intelligentien bis zu Gott als dem Ursprung von allem
erstreckt. Als Kommentatoren wie Alkindi, Alfarabi, Avicenna und

insbesondere Averroës (1126-98) aus der mohammedanischen Religion die Idee der Schöpfung in das aristotelische System einführten, interpretierten sie diese so, daß der freie Wille nicht nur für den Menschen, sondern sogar für Gott selber geleugnet wurde. Nach diesen Kommentatoren war die Welt nicht direkt von Gott erschaffen worden, sondern durch eine Hierarchie von notwendigen Ursachen, die mit Gott anfing und hinunterstieg durch mannigfaltige die himmlischen Sphären bewegende Intelligentien, bis die die Mondsphäre bewegende Intelligentia die Existenz eines besonderen aktiven Intellekts verursachte, der allen Menschen gemeinsam und die alleinige Ursache ihrer Erkenntnis war. Die Form der menschlichen Seele existierte in diesem aktiven Intellekt bereits vor der Schöpfung des Menschen, und nach dem Tode tauchte jede menschliche Seele wieder darin unter. Im Zentrum des Universums innerhalb der Sphäre des Mondes, d. h. in der sublunaren Region, wurden eine Urmaterie für alles, die *materia prima*, und darauf die vier Elemente erzeugt. Aus den vier Elementen wurden unter dem Einfluß der himmlischen Sphären die Pflanzen, die Tiere und der Mensch hervorgebracht.

Vieles in diesem System war für die abendländischen Philosophen im 13. Jahrhundert völlig unannehmbar. Es leugnete die Unsterblichkeit der individuellen menschlichen Seele. Es leugnete den freien Willen des Menschen und ließ Raum für die Interpretation allen menschlichen Verhaltens im Sinne der Astrologie. Es war starr deterministisch, indem es behauptete, Gott könne auf keine andere Weise gehandelt haben, als Aristoteles angab. Dieser Determinismus wurde für christliche Denker noch abstoßender durch die Haltung der arabischen Kommentatoren und insbesondere die des Averroës, der erklärte:

»Die Lehre des Aristoteles ist die Summe der Wahrheit, weil sie das Höchste darstellt, was menschliche Intelligenz erreichen kann. Es ist daher mit Recht gesagt worden, daß er geschaffen und uns gegeben wurde durch die Göttliche Vorsehung, auf daß wir wissen sollten, was zu wissen möglich ist.«

Zwar muß man hier die orientalische Neigung zum Übertreiben berücksichtigen, doch wurde dieser Standpunkt charakteristisch für die lateinischen Averroisten. Für sie war die Welt eine Emanation Gottes in der Weise, wie Aristoteles es beschrieben hatte, und kein anderes Erklärungssystem war möglich. Durch den extremen theolo-

gischen Rationalismus dieser Erklärung wurde den Gedanken des
Aristoteles tatsächlich nicht Gewalt angetan. Aristoteles hatte seine
ganze Naturwissenschaft und Metaphysik auf der Voraussetzung
aufgebaut, daß es möglich sei, das Wesen der Dinge und Gottes, der
die in der Welt zu beobachtenden Gesetzmäßigkeiten verursachte,
durch die Vernunft zu entdecken. Platos Einstellung war die gleiche,
obschon er sowohl über die dabei einzuschlagenden Verfahren der
Vernunft als auch über die Natur des zu entdeckenden »Wesens«
anders dachte. In seinem glänzenden *tour de force* in *De Caelo*,
Buch 2, Kap. 3, bot Aristoteles selber der averroistischen Interpretation seiner Kosmologie jede nur mögliche Stütze. Er suchte dort
zu beweisen, daß sein System nicht nur tatsächlich richtig sei, sondern auch notwendigerweise richtig sein müsse, denn es folgere allein
aus dem entdeckten Wesen und der Vollkommenheit Gottes. Alle
Dinge, so argumentierte er, existieren um der Zwecke willen, denen
sie dienen, und um der Vollkommenheit willen, nach der sie streben.
Gottes Tätigkeit sei ewig, und deshalb müsse es auch die Bewegung
des Himmels sein, der ein göttlicher Körper sei. »Darum wurde dem
Himmel ein runder Körper gegeben, dessen Natur es ist, sich immer
in einem Kreis zu bewegen...; und die Erde ist notwendig, weil
ewige Bewegung in einem Körper ewige Ruhe in einem anderen
notwendig macht.« Mit ähnlicher Beweisführung legte er dar, daß
die ganze reale Welt notwendig so sein müsse, wie er sie beschrieb
und erklärte, und der Natur der Dinge nach nicht anders sein könne.

Die Auseinandersetzung mit dem Aristotelismus im 13. Jahrhundert war durchaus nicht die erste Erfahrung, die christliche Denker
in dem Zusammenstoß zwischen griechischem Rationalismus und
christlicher Offenbarung gemacht hatten. Die sowohl von den Griechen als auch von den lateinischen Kirchenvätern des langen und
breiten diskutierte augustinische Analyse des Verhältnisses zwischen
Vernunft und Glauben war der Ausgangspunkt für die Behandlung
des Problems im mittelalterlichen Abendland. In einem berühmten
Abschnitt der *Bekenntnisse* hatte Augustinus beschrieben, wie er als
junger Mann mit den Methoden der griechischen Philosophie begonnen hatte, durch die Vernunft allein den Sinn des Daseins zu
ergründen, und wie seine Bekehrung ihn zu der Überzeugung geführt hatte, daß man ihn ganz unmittelbar durch den christlichen
Glauben erfassen könne. Aber er betonte nachdrücklich, daß es un-

möglich sei, etwas zu glauben, was man nicht verstanden habe, und daß die Meinung, es genüge, an die christliche Lehre zu glauben, ohne danach zu trachten, sie zu verstehen, eine Verkennung des wahren Glaubensziels sei. Damit fügte Augustinus zu den die gegebene Welt konstituierenden Daten der Erfahrung die der Offenbarung hinzu, und der christliche Philosoph hatte sich zu bemühen, die Natur und die Beziehungen beider durch rationale Untersuchung aufzuklären.

Aus dieser Zielsetzung ergab sich als dringlichstes und folgenreichstes Problem das der Beziehung zwischen den zwei gegebenen Quellen, der Offenbarung und der Erfahrung, der Heiligen Schrift und der Naturwissenschaft. Mit diesem befaßte sich Augustinus in seinem Kommentar *De Genesi ad Litteram*, dessen exegetische Methoden Galilei später erklären sollte. Augustinus stellte als Grundprinzip an den Anfang, daß wahr ist, was mit sich selber übereinstimmt, und zerschlug damit a priori jeden wirklichen Widerspruch zwischen den Gegebenheiten der Offenbarung, die definitionsgemäß auf Grund ihrer Quelle wahr sind, und den ebenso wahren Gegebenheiten der Beobachtung und der folgerichtigen Schlüsse. Wenn ein scheinbarer Widerspruch auftrat, so mußte er entstanden sein durch unser Mißverstehen der wahren Bedeutung einander widerstreitender Behauptungen, die, wie er sagte, nicht immer die buchstäbliche zu sein brauche, weder in der Heiligen Schrift noch in der Naturwissenschaft. Damit erhob sich die Frage der Interpretation, die sich vor allem mit dem Widerspruch zwischen der hebräischen Kosmologie der Heiligen Schrift – mit ihrer flachen Erde und der Himmelskuppel – und der kugelförmigen Erde und den Sphären der griechischen Astronomen zu befassen hatte. Bei der Behandlung derartiger Fragen hielt Augustinus es für unerläßlich, klar zu unterscheiden zwischen dem primären moralischen und geistlichen Zweck der Heiligen Schrift und den gelegentlichen Hinweisen auf die physische Welt. Die letzteren, sagte er in Übereinstimmung mit Hieronymus, entsprächen dem Urteilsvermögen der damaligen Zeit und seien deshalb nicht buchstäblich für wahr zu nehmen. Obwohl er selber keineswegs ein Naturforscher war, zeigen die Schriften des Augustinus doch eine hinlängliche Kenntnis der Astronomie und anderer Naturwissenschaften, die zu beherrschen er seinen Mitchristen dringend empfahl. Wenn Christen naturwissenschaftliche Fragen diskutierten, die Gestalt und Bewegung der Himmel oder die Erde, die Elemente, die Natur der Tiere, Pflanzen und Mineralien, sollten sie ganz besonders darauf achten, daß sie nicht die Geltung der Grundlehren der Religion dadurch aufs Spiel setzten, daß sie sich bei absurden Behauptungen in Fragen, für deren Entscheidung allein die Naturwissenschaft zuständig sei, auf das angebliche Zeugnis christlicher Schriften beriefen. Natürlich freute sich Augustinus, wenn er Aussagen der Heiligen Schrift durch die Naturwissenschaft bestätigt fand; aber er war streng bemüht, die Heilige Schrift durch Beobachtung und Vernunft vor möglichen falschen Auslegungen zu schützen und ohne Voreingenommenheit rein naturwissenschaftliche Fragen der naturwissenschaftlichen Untersuchung zu übergeben. In *De Genesi ad Litteram*, Buch 1, Kap. 18, schrieb er: »Wenn wir beim Lesen in der Heiligen Schrift auf Punkte stoßen, die dunkel und unserm Verständnis fernliegend scheinen, die im Lichte des Glaubens, von dem wir ganz durchdrungen sind, auf verschiedene Weise gedeutet werden können, dann dürfen wir uns nicht so eigensinnig an eine bestimmte Auslegung klammern, daß, wenn vielleicht eines Tages die Wahrheit gründlicher erforscht ist, diese Auslegung mit Recht zu Fall kommt, und wir mit ihr«. Diesen Satz hat Galilei zitiert, als er seine Zeitgenossen eindringlich ermahnte, sich ebenso zu verhalten. Aber die Geschichte des Problems bis zur Zeit Galileis zeigt, besonders seit im 13. Jahrhundert der mittelalterliche Aristotelismus hinzukam, daß ein solches Bemühen zwar helfen kann, die Konfliktmöglichkeiten zu verringern, aber gewiß nicht automatisch Antworten liefert auf alle Fragen, die aus den Widersprüchen zwischen den Kosmologien der Vernunft und denen der Offenbarung erwachsen. Überzeugt von der primären Wichtigkeit der christlichen apostolischen Überlieferung, erklärte Augustinus selber in Kapitel 21 von *De Genesi ad Litteram* auf das entschiedenste: Wenn Philosophen irgend etwas lehren sollten, was »unseren Heiligen Schriften, d. h. dem katholischen Glauben, widerspricht, dürfen wir ohne jeden Zweifel annehmen, daß es völlig falsch ist, und wir werden schon Mittel finden, dies zu beweisen«.

Das Suchen nach Möglichkeiten, die aristotelische Philosophie und die christliche Theologie miteinander in Einklang zu bringen, führte zu höchst interessanten und entscheidenden Entwicklungen in der Philosophie und theoretischen Naturwissenschaft des 13. und 14. Jahrhunderts. Nach anfänglichem Zögern und Stocken begannen sich drei Hauptrichtungen deutlich abzuzeichnen. Die erste war die der lateinischen Averroisten, die sich auf die unwiderlegbare rationale Wahrheit der aristotelischen Philosophie beriefen und daraus die Folgerung zogen, die christliche Theologie sei irrational oder sogar unwahr. Es scheint kaum zweifelhaft, daß ein Mann wie Jean de Jandun († 1328) eigentlich ein Ungläubiger war, aber seinen Unglauben geschickt hinter einer an Voltaire gemahnenden Ironie verbarg. Die christliche Lehre von der absoluten Willensfreiheit Gottes wurde, weil sie gleich bedrohlich für die christliche Theologie wie für die empirische Naturwissenschaft war, zum Ausgangspunkt der Kritik am averroistischen Rationalismus, wenn auch diese Kritik durch logische Argumentationen darüber, ob überhaupt notwendige rationale Wahrheiten über die Welt möglich seien, in die Enge getrieben wurde. Eine gemäßigte Richtung, z. B. die des Thomas von Aquin, akzeptierte die Rationalität der Naturwissenschaft, leugnete aber, daß es für Gott irgendeine Notwendigkeit geben könnte. Die extreme Richtung der Verteidiger des Glaubens trat im 14. Jahrhundert in Erscheinung, als z. B. William von Ockham die Bedrohung von seiten der Vernunft dadurch ausschied, daß er die Rationalität der Welt überhaupt leugnete und ihre Ordnung auf die Abhängigkeit des Geschehens von Gottes unerforschlichem Willen reduzierte.

Zu Anfang des 13. Jahrhunderts wurde Aristoteles kategorisch verdammt, aber um die Mitte des Jahrhunderts war er als der bedeutendste unter den Philosophen anerkannt. Im Jahre 1210 verbot der geistliche Provinzialrat in Paris, das schon gegen Ende des 12. Jahrhunderts an die Stelle von Chartres als größtes Bildungszentrum in Frankreich getreten war, die aristotelischen Anschauungen über Naturphilosophie oder Kommentare darüber zu lehren. 1215 wurde ein ähnliches Dekret gegen das Lesen seiner metaphysischen und naturwissenschaftlichen Werke erlassen; doch wurde darin das private Studium nicht verboten; auch galt das nur für Paris. Tatsächlich wurden an der Universität Toulouse Vorlesungen über diese Werke angekündigt. Weitere Verbote wurden bekanntgegeben, aber es war nicht möglich, ihre Befolgung zu erzwingen. 1231 bestimmte Papst Gregor IX. eine Kommission, um einige der naturwissenschaftlichen Schriften zu revidieren. 1260 begann Wilhelm von Moerbeke seine Übersetzung aus dem Griechischen. Hervorragende Lehrer wie Albertus Magnus (1193/1206–80) und sein Schüler Thomas von Aquin (1225–74) erläuterten die Werke des Aristoteles, und 1255 wurden seine wichtigsten metaphysischen und naturwissenschaftlichen Schriften von der Fakultät der Freien Künste in Paris als Examensaufgabe gestellt. In Oxford hielt der »neue Aristoteles« seinen Einzug, ohne amtlichem Widerstand zu begegnen. Schon in der ersten Dekade des 13. Jahrhunderts waren Vorlesungen über die neuen logischen und physikalischen Abhandlungen gehalten worden. Aber erst der Einfluß eines begeisternden Philosophen und Lehrers, Robert Grosseteste (um 1168–1253), begründete wirklich das anhaltende Interesse des mittelalterlichen Oxford für die neue Wissenschaft, für Mathematik und Logik ebenso wie für Sprachen und Bibelforschung. Als *Magister Scholarum* oder Rektor der Universität – vielleicht der erste, der dieses Amt (1214) bekleidete –, als Prediger bei den Franziskanern in Oxford und von 1235 an als Bischof von Lincoln, der Diözese, zu der Oxford gehörte, blieb Grosseteste die Hauptzierde und der Führer der Universität in ihren ersten Jahren (s. S. 247 ff.).

Das ganze Mittelalter hindurch bestanden voneinander abweichende philosophische Schulen des aristotelischen Systems nebeneinander. Im 13. Jahrhundert nahmen die Franziskaner in Oxford, die den Hauptzügen der augustinischen Lehre, wie der Erkenntnis- und Universalientheorie, treu bleiben wollten, in ihre Erklärung von Naturphänomenen, z. B. der Bewegungen der Himmelskörper, einige wichtige aristotelische Zusätze auf, aber sie zeigten sich oft feindselig gegen Aristoteles' Einfluß im allgemeinen. Zur selben Zeit vertrat in Oxford Roger Bacon einen anderen Aspekt franziskanischen Denkens: ein reges Interesse für die mathematische, physikalische, astronomische und medizinische Gelehrsamkeit des Aristoteles und der Araber, während ihre metaphysischen Anschauungen ihn weniger kümmerten. An der Universität Paris übernahmen schwarzröckige Dominikaner wie Albertus Magnus und Thomas von Aquin die Hauptprinzipien der aristotelischen Physik und Naturphilosophie (s. S. 62 ff.), verwarfen aber seinen absoluten Determinismus. Eine vierte Gruppe, repräsentiert durch Siger von Brabant, der ein kompromißloser Averroist war, vertrat eine völlig deterministische Interpretation des Universums. Eine fünfte Gruppe gab es an den italienischen Universitäten Salerno, Padua und Bologna, wo theologische Fragen weniger zählten als in England oder Frankreich und

wo Aristoteles und die Araber hauptsächlich wegen ihrer medizinischen Kenntnisse studiert wurden.

Daß Aristoteles dem christlichen Abendland annehmbar gemacht
wurde, ist neben Grosseteste vor allem Albertus Magnus und Thomas von Aquin zu verdanken. Das Hauptproblem, dem sie sich
gegenübergestellt sahen, war die Beziehung zwischen Glauben und
Vernunft. In seinem Versuch, diese Schwierigkeit zu lösen, stützte
sich Albertus wie Augustinus auf zwei Gewißheiten: die Wirklich-
keiten der offenbarten Religion und die Tatsachen seiner eigenen
persönlichen Erfahrung. Albertus und Thomas sahen in Aristoteles
nicht eine absolute Autorität, wie Averroës es getan hatte, sondern
einfach einen Führer zur Vernunft. Wo Aristoteles – sei es ausge-
sprochenermaßen oder durch die Interpretationen arabischer Kommentatoren – mit den Tatsachen der Offenbarung oder der Beobachtung in Konflikt geriet, mußte er sich geirrt haben: d. h. die Welt
konnte nicht ewig sein, die individuelle Menschenseele mußte un-
sterblich sein, Gott und Mensch mußten Willensfreiheit besitzen.
Albertus korrigierte ihn auch in einer Reihe von Punkten der Zoologie (s. S. 147–155). Aber Albertus und noch entschiedener Thomas
waren sich bewußt, wie schon ein Jahrhundert früher Adelard von
Bath, daß Theologie und Naturwissenschaft oft von verschiedenen
Standpunkten aus über dieselbe Sache sprachen, daß etwas zugleich
das Werk göttlicher Vorsehung und die Folge einer natürlichen
Ursache sein konnte. Auf diese Weise begründeten sie eine Unterscheidung zwischen Theologie und Philosophie, die jeder von beiden
die ihr angemessenen Methoden zuwies und ihren Geltungsbereich
sicherte. Es konnte keinen wirklichen Widerspruch geben zwischen
der Wahrheit, wie sie die Religion offenbart, und der Wahrheit,
wie sie die Vernunft erschließt. Albertus sagte, es sei besser, den
Aposteln und Kirchenvätern zu folgen, wo es sich um Religion und
Ethik handele. Aber in medizinischen Fragen glaube er lieber Hippokrates und Galen und in der Physik Aristoteles, denn sie wüßten
mehr über die Natur.

Die deterministische Interpretation der aristotelischen Lehre nebst
den Kommentaren des Averroës wurde 1277 vom Bischof von Paris,
Etienne Tempier, verdammt, und seinem Beispiel folgte im selben
Jahre der Erzbischof von Canterbury, John Pecham. Soweit dies die
Naturwissenschaft betraf, bedeutete es, daß im Norden des Abend-

landes die averroistische Interpretation des Aristoteles verboten war. Die Averroisten zogen sich nach Padua zurück, wo ihre Anschauungen zur Entstehung der Lehre von der doppelten Wahrheit führten, einer Wahrheit des Glaubens und einer anderen, u. U. ihr widersprechenden Wahrheit der Vernunft. Diese Verdammung des Determinismus ist von einigen modernen Gelehrten, vor allem von Duhem, als Markstein für den Beginn der modernen Naturwissenschaft angesehen worden. Die Lehre des Aristoteles beherrschte das Denken des späteren Mittelalters; aber mit der Verurteilung der averroistischen Auffassung, daß Aristoteles über Metaphysik und Naturwissenschaft das letzte Wort gesprochen habe, hatten die Bischöfe 1277 einen Weg für eine Kritik offengelassen, die ihrerseits das aristotelische System untergraben sollte. Die Naturphilosophen hatten jetzt nicht nur durch Aristoteles eine rationale Naturphilosophie erhalten, sie hatten infolge der Haltung der christlichen Theologen auch die Freiheit erlangt, ohne Rücksicht auf die Autorität des Aristoteles Hypothesen aufzustellen, innerhalb eines rationalen Rahmens empirische Methoden zu entwickeln und den Bereich wissenschaftlicher Entdeckungen auszuweiten.

3
Das naturwissenschaftliche Gedankensystem des 13. Jahrhunderts

ERKLÄRUNG DER VERÄNDERUNG UND BEGRIFF DER SUBSTANZ

Das System naturwissenschaftlichen Denkens, das die Christen des Abendlandes im 13. Jahrhundert kennenlernten, wurde ihnen in einer Sammlung von Übersetzungen aus dem Griechischen und Arabischen als ein größtenteils zusammenhängendes Ganzes überliefert. Es war ein System rationaler Erklärungen von einer Überzeugungskraft und Tragweite, die alles, was man früher im Abendland gekannt hatte, weit hinter sich ließ, ein System, dessen allgemeine Prinzipien tatsächlich die europäische Naturwissenschaft bis zum 17. Jahrhundert beherrscht haben. Dieses griechisch-arabische naturwissenschaftliche System wurde jedoch im 13. Jahrhundert nicht bloß passiv aufgenommen. Die geistige Aktivität, die sich im 12. Jahrhundert auf den Gebieten der Philosophie und der Technologie gezeigt hatte, wurde im 13. Jahrhundert darauf verwandt, die Widersprüche innerhalb des aristotelischen Systems selbst, Widersprüche zwischen Aristoteles und anderen Autoritäten, wie Ptolemäus, Galen, Averroës und Avicenna, und solche zwischen den verschiedenen Autoritäten und den beobachteten Tatsachen aufzudecken und nach Möglichkeit zu lösen. Die Gelehrten des Westens bemühten sich, die Natur verstehbar zu machen; sie bemächtigten sich des neuen Wissens als einer herrlichen, aber nicht endgültigen Erleuchtung des Geistes und als eines Ausgangspunktes für weitere Forschung.

Gegenstand dieses Kapitels soll das naturwissenschaftliche System des 13. Jahrhunderts sein. Es sollen die historischen Quellen im einzelnen aufgezeigt werden; was an Fakten und Modifikationen während des Jahrhunderts nach seiner Einführung hinzugefügt worden ist, wird besonders hervorgehoben werden. Diese Veränderungen waren zum größten Teil das Ergebnis der allmählichen Ausbreitung von Beobachtung, Experiment und Anwendung der Mathematik; sie wurden nicht zuletzt dadurch ermöglicht, daß man technische Erfahrungen erworben hatte. Es wird notwendig sein, in diesem Kapitel einige Aspekte der mittelalterlichen Technik zu berühren, wenn auch eine eingehendere Erörterung dieses Themas zweckmäßigerweise für das vierte Kapitel aufgehoben wird. Die experimentellen und mathematischen Methoden waren ihrerseits das Ergebnis einer bestimmten naturwissenschaftlichen Theorie, die exakte Methoden der Forschung und Erklärung forderte. Einige Hinweise darauf werden zum Verständnis des Folgenden notwendig sein; denn viele der neu hinzukommenden naturwissenschaftlichen Fakten, die in diesem Kapitel beschrieben werden sollen, ergaben sich aus der Anwendung dieser Theorie. Eine mehr ins einzelne gehende Behandlung der mittelalterlichen naturwissenschaftlichen Methode wird dem fünften Kapitel vorbehalten. Außer dem Zuwachs an Fakten erfuhr das naturwissenschaftliche System des 13. Jahrhunderts andere wichtige Veränderungen, bedingt durch eine Kritik vom rein theoretischen Standpunkt aus. In diesem Kapitel soll von den Wandlungen des Systems im einzelnen die Rede sein. Was sich als Folge der Kritik an seinen Grundprinzipien änderte, wird ebenfalls im fünften Kapitel behandelt. Diese radikale Kritik entsprang zum großen Teil der im 13. Jahrhundert einsetzenden Umwandlung der naturwissenschaftlichen Theorie und führte schließlich zu der Auffassung, daß die mathematische und experimentelle Methode auf das ganze Gebiet der Naturwissenschaften ausgedehnt werden müsse. Eben diese Auffassung rief die Revolution in der Naturwissenschaft hervor, die im 17. Jahrhundert ihren Gipfelpunkt erreichte. Deshalb werden, nachdem das gegenwärtige Kapitel sich mit dem naturwissenschaftlichen System selbst befaßt hat, die beiden folgenden Kapitel über die beiden Traditionen der Naturforschung, die technische und die theoretische, berichten, die den Übergang zu dem neuen naturwissenschaftlichen System des 17. Jahrhunderts ermöglichten.

Damit das System naturwissenschaftlichen Denkens, das im 13. Jahrhundert allgemein anerkannt war, dem Leser des 20. Jahrhunderts wirklich verständlich wird, muß er zunächst erkennen, welche Fragen zu beantworten dieses System bestimmt war. Der Naturphilosoph des 13. Jahrhunderts betrachtete die Erforschung der physischen Welt nur als Teil einer einzigen Bemühung: der Suche nach der Wirklichkeit und der Wahrheit. Zweck seiner Forschung war es, die dauernde und erkennbare Wirklichkeit hinter den Veränderun-

gen der durch die Sinnesorgane wahrgenommenen Welt zu entdecken.
Dasselbe Problem hatte ja die Philosophen im alten Griechenland
immer wieder beschäftigt; ihre Lösung war der Begriff der »Substanz«
als der im Wechsel sich erhaltenden Identität gewesen. Diese Identität hatte Plato als die überindividuelle »Form« eines Dinges (s. Fußnote S. 29) erkannt. Aristoteles hatte diese Idee der Form von Plato
übernommen, wenn auch mit verschiedenen wichtigen Modifikationen. Um die allgemeinen Prinzipien der Naturwissenschaft des 13.
Jahrhunderts zu verstehen, muß man sich also vergegenwärtigen,
daß es das Ziel der naturwissenschaftlichen Forschung war, die Substanz zu definieren, die den beobachteten Wirkungen zugrunde liegt
und sie verursacht.

Der aristotelische Substanzbegriff beherrschte die Naturwissenschaft des 13. Jahrhunderts. Deshalb geht man am besten von der
methodologischen Struktur der Naturwissenschaft, wie Aristoteles
sie auffaßte, aus. Nach Aristoteles war die naturwissenschaftliche
Forschung und Erklärung ein zweifacher Prozeß: erstens ein induk-
tiver, zweitens ein deduktiver. Der Forscher mußte anfangen mit
dem, was in der Reihenfolge des Erkennens das Frühere war, nämlich mit Sinneswahrnehmungen, und er mußte durch Induktion seine
Einzelbeobachtungen schrittweise immer allgemeineren Prinzipien
unterordnen, was ihn schließlich bis zur überindividuellen Form führen konnte. Diese Formen waren die erkennbare und reale Identität,
welche die beobachteten Veränderungen überdauerte und verursachte; daher waren sie, wenn auch noch so entrückt von sinnlicher
Erfahrung, »das Frühere in der Reihenfolge der Natur«. Ziel des
ersten, induktiven Prozesses in der Naturwissenschaft war es, diese
Formen zu definieren; denn eine solche Definition konnte zum Ausgangspunkt werden für den zweiten Prozeß, in dem dann durch
Deduktion gezeigt wurde, daß die beobachteten Wirkungen aus
dieser Definition folgten. Sie wurden erklärt, indem sie aus einem
vorangehenden und allgemeineren Prinzip, das ihre Ursache war,
bewiesen wurden. Die Definition der Form war notwendig, bevor
die Beweisführung beginnen konnte, weil alle Wirkungen als Attribute irgendeiner Substanz betrachtet wurden, und die Ursache einer
Wirkung war aufgezeigt, wenn man von der Wirkung sagen konnte,
sie sei das Attribut einer definierten Substanz. Diese Definition umfaßte dann alles an einem Ding: seine Farbe, Größe, Gestalt, seine

Beziehungen zu anderen Dingen usw. Kein Attribut, d. h. keine Wirkung oder kein Ergebnis, konnte existieren, wenn es nicht irgendeiner Substanz inhärent war, und eigentlich konnten Attribute und Substanz nur in Gedanken getrennt werden. Mit anderen Worten: Für Aristoteles bedeutete wissenschaftliche Beweisführung im wesentlichen, daß alle Wissenschaft auf Subjekt-Prädikat-Aussagen reduziert wurde. Diese Auffassung erwies sich als unzulänglich für die Behandlung vieler naturwissenschaftlicher Probleme, die sich nur in Beziehungsverhältnissen angemessen ausdrücken lassen. Das sollte die frühe Geschichte der modernen Lehre von der Bewegung zeigen.

Aristoteles beschrieb den Prozeß, durch den die Form induktiv ermittelt wurde, als einen Prozeß der Abstraktion von den durch die Sinne gelieferten Gegebenheiten. Nach ihm gab es drei Grade der Abstraktion, die drei verschiedene Aspekte der Wirklichkeit enthüllten. Diese entsprachen den Wissenschaften Physik (oder Naturwissenschaft), Mathematik und Metaphysik. Gegenstände der Physik waren Veränderung und Bewegung, wie sie sich an materiellen Dingen zeigen. Bei den Gegenständen der Mathematik wurde von Veränderung und Materie abstrahiert; sie konnten aber nur existieren als Attribute materieller Dinge. Die Metaphysik betrachtete immaterielle Substanzen mit unabhängiger Existenz. Diese Klassifizierung führte zu der wichtigen Frage nach der Rolle der Mathematik bei der Erklärung von Naturphänomenen. Die Gegenstände der Mathematik, sagte Aristoteles, seien abstrakte, quantitative Aspekte materieller Dinge. Daher gehörten zu den verschiedenen mathematischen Disziplinen bestimmte, ihnen untergeordnete physikalische Wissenschaften; denn eine mathematische Disziplin könne oft den Grund angeben für Beobachtungen von Phänomenen, die von den physischen Wissenschaften gemacht würden. So könne die Geometrie den Grund oder die Erklärung für Fakten aus der Optik und Astronomie liefern, und das Studium arithmetischer Proportionen könne die Tatsachen der musikalischen Harmonie erklären. Da die Mathematik von Veränderungen abstrahiere, könne sie kein Wissen von der *Ursache* der beobachteten Vorgänge vermitteln. Sie könne lediglich ihre mathematischen Aspekte beschreiben. Mit anderen Worten: Die Mathematik allein könne niemals eine adäquate Definition der Substanz oder, wie sie im Mittelalter genannt wurde, der »substantiellen Form« geben, die eine Veränderung verursacht, weil sie es nur mit mathematischen Attributen zu tun habe; eine adäquate Definition der verursachenden Substanz könne nur erreicht werden durch Berücksichtigung aller Attribute, der nichtmathematischen ebenso wie der mathematischen. Qualitative Unterschiede, wie solche zwischen Fleisch und Knochen, zwischen zwei verschiedenen Farben, zwischen Aufwärts-, Abwärts- und Kreisbewegung, können nach Aristoteles nicht einfach auf geometrische Unterschiede reduziert werden. Dies war ein Punkt, in dem Aristoteles von Plato und den griechischen Atomisten abwich.

Die Wissenschaft, die die Ursache von Veränderung und Bewegung zu erforschen hatte, war nach ihm die Physik. Indem er die Veränderung als solche erfaßbar zu machen suchte, bemühte sich Aristoteles, die Fehler zu vermeiden, die nach seiner Ansicht die Erklärungen mancher seiner Vorgänger hinfällig gemacht hatten (s. Fußnote S. 29). So konnte er die Veränderung nicht erklären als das Streben physischer Dinge, ihren ewigen Archetypen gleich zu werden, weil er die platonische Theorie, daß die Formen der physischen Dinge getrennt von ihnen existieren, ablehnte. Auch konnte er nicht auf die atomistischen Erklärungen zurückgreifen, daß Veränderung durch eine Umordnung der Atome im leeren Raum entstehe; denn er sah keinen Grund ein, warum es irgendeine Grenze geben sollte für die Teilung physischer Körper (oder überhaupt irgendeines *Kontinuums*, sei es des Raumes, der Zeit oder der Bewegung). Für ihn war der Begriff des leeren Raums, den die Atomisten als Leere oder »Nichtsein« zwischen den Atomen der Substanz oder des »Seins« angenommen hatten, unhaltbar. Es konnte kein »Nichtsein« geben. Seine eigene Erklärung der Veränderung bestand darin, daß er zwischen Sein und Nichtsein einen dritten Zustand der Potentialität einführte und daß er behauptete, Veränderung sei die Aktualisierung von Attributen, die der Möglichkeit nach in jedem gegebenen physischen Ding auf Grund seiner Natur enthalten seien. Attribute, die zu irgendeiner gegebenen Zeit der Möglichkeit nach vorhanden seien, seien ebenso ein Teil einer Substanz wie solche, die zu dieser Zeit aktuell in Erscheinung treten.

Aristoteles' Auffassung von der Ursache der Veränderungen wird verständlich, wenn man sich seine Diskussion der *Physis* oder »Natur« vergegenwärtigt; die Wissenschaft *Physik* war ja die Wissenschaft von der »Natur« in einem spezifischen und technischen Sinn. Plato hatte in einem berühmten Abschnitt in den *Gesetzen* (Buch 10) den Philosophen vorgeworfen, sie machten die Jugend den Göttern abspenstig durch ihre Lehre, dieses schöne Universum, die Regelmäßigkeit der himmlischen Bewegungen und die menschliche Seele seien »nicht durch irgendeinen Geist, nicht durch Gott, nicht durch Kunst *(techne)* entstanden, sondern, wie wir sagen könnten, durch Natur *(physis)* und durch Zufall *(tyche)*.« Plato dagegen bestand darauf, daß das materielle Universum das Werk der *Kunst* Gottes sei. Aristoteles machte in seiner *Physik* (Buch 2) diese Dreiteilung der Ursachen der Natur zum Ausgangspunkt für seine Rehabilitierung der *physis* und der Naturtheorien der vorsokratischen Philosophen.

Die älteren Philosophen, sagte er, hätten den Ausdruck *physis* ganz richtig zur Bezeichnung der Materie gebraucht, aus der die Dinge bestehen, aber da sie das Wort ausschließlich für die Materie benutzten, hätten sie es unmöglich gemacht, die Ursache der Veränderung zu erklären. Darum führte er einen neuen *Physis*-Begriff ein: ein aktives Prinzip, dessen spontane Tätigkeit die innere Quelle für das charakteristische und regelmäßige Verhalten eines jeden Dinges in der Natur sei, eine natürliche Spontaneität, die in allen wahrnehmbaren Körpern unmittelbar beobachtet werden könne. Auf die *Physis* oder »Natur« als spontane innere Ursache von Veränderung und Ruhe wandte Aristoteles den Begriff »Form« an; »Materie« schloß für ihn das passive Prinzip mit ein, das die *Potentialität* in sich barg, Attribute anzunehmen, die mit der Form aktuell werden. Die »Natur« eines Dinges im einen wie im anderen Sinne implizierte eine Substanz, der sie innewohnt; Form und Materie bestimmten die »Natur« der Substanz. Etwas verhielt sich »natürlich«, wenn es sich gemäß der Natur des ihm innewohnenden Prinzips der Veränderung verhielt; andernfalls war sein Verhalten ihm aufgezwungen, so, wenn ein Stein in die Höhe geworfen wurde entgegen seiner natürlichen Tendenz zum Fallen. Eine solche unnatürliche Bewegung wurde erzwungen oder zwangsläufig oder gewaltsam genannt.

Aus diesem Begriff einer zwiefältigen, sowohl aktiven als passiven Natur entsprangen weitere Probleme und Unterscheidungen, die von den Scholastikern diskutiert und weiterentwickelt wurden.

In erster Linie ging es darum, daß unter »natürlicher« Potentialität eine dem betreffenden Ding innewohnende verstanden wurde, die nach der seiner Natur gemäßen Realisierung strebt; mit anderen Worten: Sie implizierte Bewegung auf ein Ziel zu. Daher war die Anwendung des Begriffes einer finalen Kausalität wesentlich für die ganze aristotelische Naturauffassung. Die Substanz oder »substantielle Form« – die nicht nur der erfaßbare Anblick eines Dinges, sondern auch die aktive Ursache seines Verhaltens war – hatte eine natürliche Tendenz oder »Begierde«, ihre Natur oder Form zu erfüllen, sei es bei Lebewesen, sich vom Embryo zum Erwachsenen zu entwickeln, sei es bei irdischen Elementen, dem »natürlichen« Platz im Universum zuzustreben (s. S. 72–74). Die Verwirklichung dieses Ziels bedeutete den positiven Besitz der natürlichen Möglichkeiten in ihrer vollen Aktualität; so war die »Natur« die aktive Quelle nicht nur der natürlichen Veränderung oder Bewegung, sondern auch der natürlichen Erfüllung oder Ruhe.

Aber es ist klar, daß die passiven Möglichkeiten nur durch ein aktives Agens aktualisiert werden konnten, ein Prinzip, das Aristoteles in seiner *Physik*, Buch 7, in dem bekannten Axiom formulierte: »Alles, was bewegt wird, muß bewegt werden durch Etwas« (s. S. 73 f., 110 f., 283 ff.).

Dieses Agens konnte nach Aristoteles ein *innerer* Ursprung der Aktivität sein, z. B. bei Lebewesen, die sich selber bewegen, und eine spontane natürliche Aktivität bei unbelebten Substanzen, z. B. wenn ein Stein seiner Natur gemäß zu Boden fällt. Hier war die wichtige (und viel diskutierte) Unterscheidung zu machen zwischen den Bewegungen, die durch die Aktivität der »Seelen« lebender Wesen ins Dasein gerufen wurden, und den Bewegungen unbelebter Dinge, die nicht von diesen ausgingen, sondern von selbst abliefen, wenn die notwendigen äußeren Bedingungen gegeben waren. Die »Seele« eines Lebewesens war also die »bewirkende Ursache« seiner Bewegung; die bewirkende Ursache der spontanen Tätigkeit eines unbelebten Dinges dagegen war genaugenommen die wirkende Kraft, die es ursprünglich als gerade dieses Ding ins Dasein gerufen hatte.

Das Agens konnte aber auch etwas *Äußeres* sein in bezug auf den sich verändernden Körper, wie bei der erzwungenen oder »gewaltsamen« Bewegung, z. B. wenn ein Knabe einen Ball wirft, oder bei der natürlichen Veränderung, wenn potentielle Eigenschaften zu aktuellen werden durch Kontakt mit einer anderen Substanz, in der sie schon aktuell waren, z. B. wenn Holz, mit einem brennenden Feuer in Berührung gebracht, zu brennen anfängt.

Auf Grund dieser Überlegungen unterschied Aristoteles vier Arten von Ursachen, von denen zwei, die materielle und die formale, die in Veränderung begriffene Substanz definieren, und zwei, die bewirkende und die finale, die Bewegung tatsächlich hervorbringen. Was er mit jeder dieser Ursachen meinte, zeigt sich am besten an seiner Vorstellung von der Zeugung der Tiere. Er glaubte, daß das Weibchen weder Keim noch Ei beisteuere, sondern lediglich die passive Materie, aus welcher der Embryo gebildet werde. Diese passive Materie war die materielle Ursache. Die bewirkende Ursache war der Vater, dessen Same die Rolle eines Werkzeugs spielt, das den Wachstumsprozeß in Gang bringt. Der männliche Same trug der weiblichen Materie auch die spezifische Form zu, die bestimmte, was für eine Art Tier der Embryo werden würde. Diese Form war die formale Ursache; da sie den Endzweck der Entwicklung, den erwachsenen Zustand, repräsentierte, war sie auch die finale Ursache.

Alle Veränderungen jedweder Art – der Farbe, des Wachstums, der räumlichen Beziehungen oder irgendwelcher anderer Attribute – erklärte Aristoteles aus demselben Prinzip: daß aus potentiellen Eigenschaften aktuelle würden. Sogar die Eigenschaft, Verfinsterungen zu erleiden, war ein Attribut des Mondes, das in die Definition der Substanz des Mondes einbezogen werden mußte. Und es ist wichtig, sich immer zu vergegenwärtigen, daß der Begriff »Bewegung« *(motus)* nicht nur für die Ortsveränderung – lokale Bewegung – gebraucht wurde, sondern für jegliche Art von Veränderung.

Aristoteles unterschied vier verschiedene Arten der Veränderung: 1. räumliche Bewegung, 2. Zu- oder Abnahme, 3. Veränderung oder Wechsel der Qualität und 4. Veränderung der Substanz im Prozeß der Zeugung und der Fäulnis. Bei den ersten drei Arten blieb die wahrnehmbare Identität des Dinges voll und ganz erhalten; bei der vierten verlor es alle seine alten Attribute und wurde tatsächlich eine neue Substanz. Dies erklärte er dadurch, daß er die Idee der Substanz als sich erhaltender Identität bis an ihre ideelle Grenze trieb und sie als reine Potentialität auffaßte, die durch jedwede Form bestimmt werden konnte und keine unabhängige Existenz hatte. Diese reine Potentialität wurde von den mittelalterlichen Scholastikern *materia prima* genannt. Danach konnte jedes beliebige materielle Ding als durch eine Form bestimmte *materia prima* gedacht werden.

Der aristotelische Begriff der Unendlichkeit, in dieser Substanzidee begründet, sollte im 14. Jahrhundert zum Gegenstand bedeutsamer Auseinandersetzungen werden. Für Aristoteles war Unendlichkeit, gleich ob durch Teilung oder Hinzufügung von Zeit oder Materie entstanden, eine Potentialität, in der mit einbegriffen war, daß es für den betreffenden Prozeß keine angebbare Grenze gab. Die Zeit – sowohl Vergangenheit als auch Zukunft – konnte keine bestimmte Grenze haben, so daß die Dauer des Universums unendlich war. Aber jedes materielle Ding hatte eine bestimmte, durch seine Form festgelegte Größe. Bei der Erörterung, ob die Existenz eines unendlich kleinen Körpers möglich sei, sagte er, daß die Teilung materieller Dinge potentiell bis ins Unendliche fortgesetzt werden könne, aber diese Potentialität könne niemals aktuell werden. Ein unendlich großer materieller Körper, d. h. ein unendliches Universum, sei jedoch nicht einmal eine Potentialität, denn das Universum sei eine Sphäre von endlicher Größe.

Der von Aristoteles entwickelte Substanzbegriff war vom 13. bis zum 17. Jahrhundert die Grundlage aller Naturerklärung; aber auch als seine Lehre schon allgemein angenommen war, blieb sie immer noch Gegenstand der Kritik von Neuplatonikern. Der Hauptunterschied zwischen der aristotelischen Auffassung der Materie und der von Neuplatonikern wie Augustinus und Eriugena betraf das Wesen der Substanz, das die Substanzveränderung überdauerte. Für diese Neuplatoniker war die sich erhaltende Substanz aktuelle Ausdehnung, d. h. reine Potentialität (oder *materia prima*), bestimmt durch räumliche Dimensionen, und diese lag allen anderen Attributen materieller Dinge zugrunde; für Aristoteles aber war sie einfach reine Potentialität. Bei einigen arabischen Philosophen, wie Avicenna, al-Ghazzali und Averroës, und dem spanischen Rabbi Avicebron wandelte sich die neuplatonische Theorie der Materie derart, daß jedes materielle Ding eine »allgemeine Körperhaftigkeit« besaß, die es ausgedehnt machte; nach Avicebron erstreckte sich diese Körperhaftigkeit durch das ganze Universum. Das Bedeutsame an dieser Theorie war, daß sie die Möglichkeit bot, die Mathematik auf das gesamte Gebiet der Naturwissenschaften anzuwenden, wie z. B. die Spekulationen von Robert Grosseteste (um 1168-1253) zeigen. Er identifizierte die allgemeine Körperhaftigkeit der Neuplatoniker mit dem Licht, das auf Grund seiner Eigenschaft, sich von einem Punkt aus in alle Richtungen zu verbreiten, die Ursache aller Ausdehnung war. Seiner Meinung nach war das Universum aus einem Lichtpunkt entstanden, der durch Selbstausbreitung die Sphären der vier Elemente und die Himmelskörper erzeugte und der Materie ihre Form und Dimensionen verlieh. Hieraus schloß er, daß der physischen Realität die Gesetze der geometrischen Optik zugrunde lägen und daß die Mathematik für das Verständnis der Natur unentbehrlich sei.

Dieses Problem der Anwendung der Mathematik für die Naturerklärung blieb in der Tat eines der zentralen methodologischen Probleme und in vieler Hinsicht *das* Zentralproblem der Naturwissenschaft bis zum 17. Jahrhundert. Schon im 12. Jahrhundert hatte man beim Studium der Sieben Freien Künste der Mathematik einen bevorzugten Platz angewiesen. Zum Beispiel betonte Hugo von St. Viktor, der Verfasser einer der bedeutendsten, ausschließlich auf lateinischen Quellen beruhenden Klassifikationen der Naturwissenschaft, daß die Mathematik vor der Physik erlernt werden müsse und unerläßlich für sie sei, wenn auch die Mathematik sich mit Abstraktionen von physischen Dingen befasse. Im wesentlichen gleicher Ansicht war Dominicus Gundissalinus, der die einflußreichste, auf arabische Quellen zurückgehende Klassifikation der Naturwissenschaft des 12. Jahrhunderts verfaßte; die meisten seiner Ideen stammten von Alfarabi. Robert Kilwardby († 1279), der um die Mitte des 13. Jahrhunderts für seine Klassifikation der Naturwissenschaft sowohl lateinische als auch arabische Quellen benutzte, wandte ebenfalls der Beziehung der mathematischen Disziplinen zur Physik besondere Aufmerksamkeit zu, aber er blieb bei der aristotelischen Einteilung. Die Geometrie, sagte er, abstrahiere von allen Aspekten physischer Körper, mit Ausnahme der formalen Ursache, und betrachte diese allein; die Betrachtung bewegender Ursachen sei das Vorrecht der Physik. Mit dem zunehmenden Erfolg der Mathematik in der Lösung konkreter Probleme der Physik wurde die Realität der scharfen Trennungslinie, die Aristoteles zwischen den beiden Disziplinen gezogen hatte, allmählich immer zweifelhafter. Man kann in der Tat die gesamte Geschichte der Naturwissenschaft vom 12. bis 17. Jahrhundert unter dem Gesichtspunkt des schrittweisen Vordringens der Mathematik (im Verein mit der experimentellen Methode) in Gebiete, die bis dahin als ausschließliches Reservat der »Physik« gegolten hatten, betrachten.

KOSMOLOGIE UND ASTRONOMIE

Nicht nur die Substanztheorie des Aristoteles und seine naturphilosophischen Grundprinzipien, auch seine Vorstellung von der Struktur des Universums beherrschte das europäische Denken im 13. Jahrhundert. Die Kosmologie des Aristoteles gründete sich auf naive Beobachtung und gesunden Menschenverstand und ging von zwei Prinzipien aus: 1. das Verhalten der Dinge rühre von qualitativ bestimmten Formen oder »Naturen« her und 2. die Gesamtheit dieser »Naturen« sei so angeordnet, daß sie ein hierarchisch geordnetes Ganzes oder einen Kosmos bilde. Dieser Kosmos oder dies Universum stimmte in vielen Zügen mit dem Platos und der Astronomen Eudoxos und Kallippos (4. Jahrhundert v. Chr.) überein; sie alle hatten gelehrt, daß der Kosmos sphärisch sei und aus einer Anzahl konzentrischer Sphären bestehe, deren äußerste die Fixsternsphäre sei, und daß die Erde im Zentrum befestigt sei; aber das System des Aristoteles zeigte mannigfache Verfeinerungen.

Der aristotelische Kosmos war eine ungeheure, aber endliche Sphäre, die um den Erdmittelpunkt zentriert war und von der Fixsternsphäre begrenzt wurde, die auch das *primum movens*, »das erste Bewegende« der Scholastiker war, die Ursprungsquelle aller Bewegung innerhalb des Universums (Tafel I). Im Zentrum des Universums war die kugelförmige Erde befestigt, konzentrisch, wie von Zwiebelhäuten, von einer Reihe von Sphären umgeben. Zuerst kamen nacheinander die sphärischen Hüllen der drei anderen irdischen Elemente, Wasser, Luft und Feuer. Die Feuersphäre war umgeben von den Kristallsphären, in denen jeweils Mond, Merkur, Venus, Sonne, Mars, Jupiter und Saturn eingebettet waren und im Umlauf gehalten wurden, also von den Sphären der sieben »Planeten«. Jenseits der Sphäre des letzten Planeten kam die der Fixsterne und jenseits dieser letzten Sphäre – nichts.

So hatte jede Art von Körper oder Substanz in diesem Universum ihren natürlichen Platz und eine natürliche Bewegung in bezug auf diesen Platz. Alle Bewegung richtete sich nach einem festen Punkt, dem Zentrum der Erde im Zentrum des Universums, und es gab qualitative Unterschiede zwischen den Bewegungen eines gegebenen Körpers, je nach ihrer Richtung in bezug auf diesen Punkt. Das natürliche Verhalten von Körpern hing daher ebenso von ihrem jeweiligen Platz innerhalb des Universums wie von der Substanz, aus der sie zusammengesetzt waren, ab. Die Sphäre des Mondes teilte das Universum in zwei scharf unterschiedene Regionen, die irdische und die himmlische. Körper in der ersteren waren allen vier Arten der Veränderung unterworfen, und die ihnen natürliche Bewegungsart war geradlinig in Richtung auf ihren natürlichen Platz in der Sphäre des Elements, aus dem sie bestanden. An diesem Platz zu sein war die Erfüllung ihrer »Natur«, und dort konnten sie ruhen. Aus diesem Grunde erschienen einem auf der Erde stehenden Beobachter manche Substanzen, z. B. Feuer, dessen natürlicher Platz oben war, leicht, andere Substanzen dagegen, z. B. Erde, deren natürlicher Platz unten war, schwer. Diese Richtungen stellten ein absolutes Oben und Unten dar, und die Tendenz zur Auf- oder Abwärtsbewegung war abhängig von der Natur der Substanz, aus der ein Körper zusammengesetzt war. Plato hatte dieselbe Art von Bewegung angenommen, aber sie stark davon abweichend erklärt.

Jenseits der Sphäre des Mondes bestanden die Körper aus einem fünften Element oder der »Quintessenz«, die nicht erzeugt werden und nicht zugrunde gehen konnte und nur einer einzigen Art von Veränderung unterlag: der gleichförmigen Kreisbewegung, einer Bewegungsart also, die in einem endlichen Universum unendlich lange andauern konnte. Von dieser Art der Bewegung hatte Plato gesagt, sie sei die vollkommenste von allen; sein Grundsatz, daß die Bewegungen der Himmelskörper als gleichförmige Kreisbewegungen aufzufassen seien, beherrschte die Astronomie bis zum Ende des 16. Jahrhunderts. Die Sphären der Planeten und Sterne, die aus diesem himmlischen fünften Element bestanden, drehten sich um die im Mittelpunkt liegende Erde.

Bewegung als solche hatte Aristoteles, wie alle anderen Arten von Veränderung, als einen Prozeß des Werdens aus dem Zustand des Nichtvorhandenseins und der Potentialität (im Falle der Bewegung ist dies die Ruhe) zum In-Erscheinung-Treten angesehen. Ein solcher Veränderungsprozeß erforderte eine Ursache, und so brauchte jeder

sich bewegende Körper für seine Bewegung entweder ein ihm innewohnendes Bewegungsprinzip, wie im Falle der natürlichen Bewegung, oder einen Beweger von außen, wie im Falle der unnatürlichen
oder erzwungenen Bewegung (s. S. 66–69, 110 f., 283 ff.). Aristoteles
sagt darüber in der *Physik*, Buch 8, Kap. 4:

»Wenn also die Bewegung aller Dinge, die in Bewegung sind,
entweder natürlich oder unnatürlich und gewaltsam ist und alle
Dinge, deren Bewegung gewaltsam und unnatürlich ist, von etwas
bewegt werden, und zwar von etwas anderem als sie selber, und
wenn ferner alle Dinge, deren Bewegung natürlich ist, von etwas
bewegt werden – sowohl diejenigen, die durch sich selber bewegt
werden [nämlich Lebewesen], als auch diejenigen, die nicht durch
sich selber bewegt werden (z. B. leichte Dinge und schwere Dinge,
die entweder durch das bewegt werden, was das Ding als gerade
dieses ins Dasein rief und es leicht oder schwer machte, oder durch
das, was entfernte, was es hemmte und behinderte), dann müssen
alle Dinge, die in Bewegung sind, bewegt werden von etwas.«

Diese Schlußfolgerung, wie auch die Unterscheidung zwischen
leichten und schweren Elementen, rechtfertigte Aristoteles durch die
unmittelbare Beobachtung, daß die Körper tatsächlich zur Ruhe kommen, wenn nichts mehr sie antreibt, und daß, wenn man sie los-
läßt, manche Körper steigen und manche fallen. Von der Geschwindigkeit der Bewegung nahm er an, daß sie der bewegenden Kraft
oder Gewalt proportional sei.

Für die himmlischen Sphären war die Ursprungsquelle der Bewegung das *primum movens*, das sich selber bewegte, und zwar, wie
Aristoteles etwas dunkel sagte, durch »Streben« nach der ewigen un-
bewegten Aktivität Gottes, weshalb ewige gleichförmige Kreisbewegung die größtmögliche Annäherung an diesen Zustand sei, die
ein physischer Körper erreichen könne. Wenn dieses »Streben«
möglich sein sollte, mußte er voraussetzen, daß diese Sphäre irgendeine Art von »Seele« habe. In der Tat ordnete er allen Sphären
»Seelen« zu, und dies war der Ursprung der Hierarchie von Intelligenzen oder Bewegern, die der arabische Neuplatonismus den Sphären beiordnete. Die Bewegung wurde nach Aristoteles vom *primum
movens* der nächstfolgenden, in ihm enthaltenen Sphäre, dem *primum mobile*, mitgeteilt, und von diesem weiter den inneren Sphären.

Für irdische Körper, die sich in der sublunaren Region auf ihren natürlichen Platz zu bewegten, war der Beweger ihre eigene »Natur« oder »substantielle Form«, deren Erfüllung es war, an diesem Orte zu ruhen. Dort würden die Körper ewig bleiben, wenn es nicht noch zwei weitere Antriebskräfte gäbe: die Erzeugung von Substanzen außerhalb ihres natürlichen Platzes durch die Umwandlung eines irdischen Elements in ein anderes und »Gewaltsamkeit« von seiten eines Bewegers von außen her. Die letzte Ursache dieser beiden Triebkräfte war eigentlich dieselbe, nämlich das Vorrücken der Sonne in ihrem jährlichen Lauf um die Ekliptik, das, wie man sich vorstellte, periodische Umwandlungen von einem Element in ein anderes hervorrief (s. Abb. 3). Die Bewegung dieser neu erzeugten Elemente auf ihren natürlichen Platz zu war die Hauptquelle der »Gewaltsamkeit« in den Regionen, die sie durchliefen.

Diese Erzeugung von Elementen außerhalb ihres natürlichen Platzes war auch der Grund, weshalb die wirklichen Körper in der irdischen Region gewöhnlich nicht rein waren, sondern aus einer Mischung der vier Elemente zusammengesetzt. Z. B. waren Feuer oder Wasser Zusammensetzungen, in denen die reinen Elemente dieses Namens jeweils vorherrschten. Ferner glaubte man, daß die jährliche Bewegung der Sonne das den Jahreszeiten entsprechende Keimen, Wachsen und Hinwelken der Pflanzen und Tiere verursache. So wurde alle Veränderung und Bewegung im Universum letztlich durch das *primum movens* verursacht. Im weiteren Teil dieses Kapitels soll nun beschrieben werden, wie man nach der Einführung des aristotelischen Systems im 13. Jahrhundert etwa hundert Jahre lang die verschiedenen Arten von Veränderung erklärte, die in den verschiedenen Bereichen des Universums beobachtet wurden. Dabei wird zuerst von der Astronomie die Rede sein, dann von den Wissenschaften, die sich mit den Zwischenregionen befaßten, und schließlich von der Biologie.

Die Astronomie des 13. Jahrhunderts beschäftigte sich in theoretischer Hinsicht hauptsächlich mit der Streitfrage, was besser geeignet sei, die Phänomene zu erklären, physikalische oder mathematische Methoden. Jene fanden sich in den Erklärungen des Aristoteles, diese in denen des Ptolemäus; in Wirklichkeit war der Streit selbst schon alt. Er hatte in der Zeit der späteren Griechen begonnen und bei den Arabern mancherlei wechselnde Schicksale erlebt. Sowohl das ari-

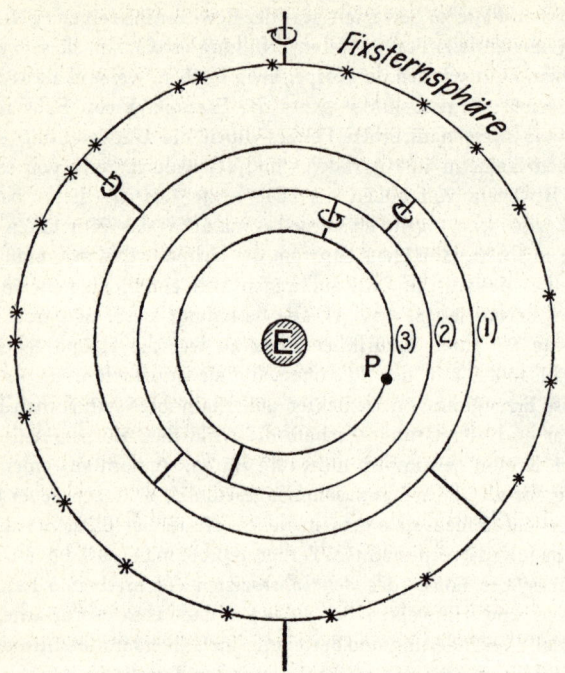

Abb. 1 *Das System konzentrischer Sphären, das Eudoxos und Aristoteles benutzten, um die Bewegung eines Planeten P zu erklären, wobei die Achsen alle auf der Ebene des Papiers liegen. Angenommen, P ist Saturn, dann ist die äußerste Sphäre die Fixsternsphäre, die täglich von Ost nach West um eine durch das Zentrum der feststehenden Erde E gehende Nord-Süd-Achse rotiert und das tägliche Auf- und Untergehen der »festen« Sterne und des Planeten erklärt. Innerhalb dieser Sphäre liegen drei weitere, welche die jährlichen Bewegungen des Planeten auf dem Hintergrund der festen Sterne der Fixsternsphäre erklären. Sphäre (1) erklärt die jährliche Bewegung des Planeten von West nach Ost in einem großen Kreis um den Zodiakus. Ihre Achse ist gegen die der Fixsternsphäre in ungefähr dem gleichen Winkel geneigt, wie ihn der Tierkreisgürtel mit dem Himmelsäquator, dem Äquator der Fixsternsphäre, bildet (vgl. Tafel 1 und Abb. 3). Die Sphären (2) und (3) erklären die jährlichen Haltepunkte und die Rück-*

stotelische als auch das ptolemäische System war zu Anfang des
13. Jahrhunderts im Abendland bekannt. Die Debatte wurde 1217
eröffnet durch Michael Scotus mit seiner Übersetzung des *Liber
Astronomiae* des arabischen Astronomen Alpetragius, der im 12.
Jahrhundert lebte. In diesem Buch hatte der Araber versucht, die
angesichts des exakteren Systems des Ptolemäus schwächer werdende
Position der aristotelischen Astronomie wieder zu stärken.

   Alle antiken und mittelalterlichen Systeme der Astronomie gründeten sich auf Platos Lehre, daß die beobachteten Bewegungen
der Himmelskörper als gleichförmige Kreisbewegungen aufzufassen
seien. Aristoteles hatte sich bemüht, durch sein System konzentrischer Sphären den Tatsachen gerecht zu werden. Die geometrischen
Verfeinerungen dieses Systems waren eigentlich Eudoxos und Kallippos entnommen; aber er hatte versucht, den geometrischen Konstruktionen, mit deren Hilfe sie die unregelmäßigen Bewegungen,
die Haltepunkte und Rückläufigkeiten der sieben »Planeten«, wie sie
sich für den Beobachter von den Fixsternen abhoben, erklärt hatten,
physikalische Realität zu verleihen. Eudoxos und Kallippos folgend,
schrieb er jedem Planeten nicht eine, sondern ein ganzes System
von Sphären zu (Abb. 1). Er setzte also voraus, daß die Achse der
Sphäre, die den betreffenden Planeten trug, selber im Innern einer
zweiten rotierenden Sphäre angebracht sei, deren Achse wiederum in
einer dritten und so fort. Dadurch, daß er eine hinreichende Anzahl
von Sphären voraussetzte, die Achsen in entsprechenden Winkeln

*läufigkeit des Planeten und auch eine Veränderung in der Breite. Die Pole
der Sphäre (2) liegen auf dem Tierkreisgürtel, d. h. dem Äquator von
Sphäre (1). Die Sphären (2) und (3) rotieren in entgegengesetzten Richtungen in gleichen Zeiten, wobei ihre Rotationsgeschwindigkeiten und der
Neigungswinkel der Achse von (3) mit der von (2) bei den verschiedenen Planeten variieren. Der Planet P wird auf dem Äquator von Sphäre (3)
getragen. Die kombinierte Bewegung von (2) und (3) bewirkt, daß P eine
Kurve beschreibt, bei den Griechen hippopede (»Pferdefessel«) genannt,
die eigentlich eine sphärische Achterkurve ist und die scheinbar schlingen-
förmige Bewegung recht gut wiedergibt. Die Sphären des nächsten Planeten, Jupiter, liegen dann innerhalb der den Saturn tragenden Sphäre. Dabei
wiederholt die äußerste Jupitersphäre die tägliche Rotation der Fixsternsphäre. Innerhalb des Jupitersphärensystems befinden sich die Sphären der
restlichen Planeten.*

anordnete und die Geschwindigkeitsgrade variierte, war er imstande, die Beobachtungen annähernd richtig darzustellen. Die Bewegung des *primum movens* wurde den inneren Sphären mechanisch vermittelt durch den Kontakt einer jeden Sphäre mit der in ihr enthaltenen; dieser Kontakt verhinderte auch, daß zwischen den Sphären ein leerer Raum entstand. Um zu vermeiden, daß etwa die Sphäre eines bestimmten Planeten ihre Bewegung allen Sphären unter ihr aufzwänge, führte Aristoteles zwischen dem System eines jeden Planeten und dem seines Nachbarplaneten Ausgleichssphären ein, die mit derselben Umlaufzeit um dieselbe Achse rotierten wie eine der Planetensphären des äußeren Systems, jedoch in entgegengesetzter Richtung. Alles in allem gab es 55 Planeten- und Ausgleichssphären und eine Fixsternsphäre, also insgesamt 56. Weitere Sphären wurden nach der Zeit des Aristoteles hinzufügt. Das *primum movens* wurde als eine besondere Sphäre außerhalb der Fixsternsphäre abgetrennt; einige mittelalterliche Autoren, wie z. B. Wilhelm von Auvergne (um 1180–1249), setzten jenseits des *primum movens* noch eine andere Sphäre an, das unbewegliche Empyräum, den Aufenthaltsort der Heiligen.

Alle Systeme, die das Universum aus einer Reihe konzentrischer Sphären bestehend dachten, hatten eine schwache Stelle: Man mußte die Entfernung eines jeden Himmelskörpers von der Erde als unveränderlich annehmen. Eine Anzahl deutlich sichtbarer Phänomene — insbesondere die offensichtlichen Helligkeitsschwankungen der Planeten, die offensichtlichen Veränderungen des Monddurchmessers und die Tatsache, daß Sonnenfinsternisse manchmal total, manchmal aber ringförmig sind — waren bei dieser Annahme unmöglich nur mit Hilfe der Bahnen zu erklären. Spätere griechische Astronomen hatten diese Tatsachen zu erklären versucht, indem sie andere Systeme erdachten. Das bedeutendste dieser Systeme war das im 2. Jahrhundert v. Chr. von Hipparch erfundene, das später, im 2. Jahrhundert n. Chr., von Ptolemäus übernommen wurde. Es war das genaueste und allgemein anerkannte astronomische System im klassischen Altertum und in der arabischen Welt. Die Abhandlung, in der Ptolemäus es beschrieben hatte und die im Mittelalter unter dem latinisierten arabischen Namen *Almagest* bekannt war, beherrschte das astronomische Denken des Abendlandes, soweit es mathematisch war, bis zur Zeit des Kopernikus.

Das von Ptolemäus im *Almagest* dargelegte System ist oft, z. B. von Heath und Duhem, als bloßes geometrisches Schema gedeutet worden, als Hilfsmittel, um beobachtete Phänomene zu erklären oder »die sichtbaren Erscheinungen zu retten«. Aber es kann nicht ohne Einschränkung behauptet werden, daß dies Ptolemäus' eigene Meinung war. Seine Voraussetzung, daß die Himmel der Form nach sphärisch sind und wie eine Sphäre rotieren, daß die Erde sich im Zentrum dieser Sphäre befindet und sich selber nicht bewegt, daß die Himmelskörper sich in Kreisen bewegen, war sicher nicht *willkürlich*, denn wenn er auch nicht den Versuch eines echten Beweises unternahm, bemühte er sich doch, sie so plausibel wie möglich zu machen. Tatsächlich ging Ptolemäus bei der Wahl seiner Voraussetzungen und Hypothesen keineswegs von willkürlichen Kriterien aus, vielmehr von physikalischen und metaphysischen Überlegungen, die er für empirisch wohlbegründet hielt. Was die physikalischen Vorstellungen betrifft, so war sein System im Grunde aristotelisch; der Einfluß des Aristoteles ist schon aus dem Vorwort zum *Almagest* zu ersehen. Aber Ptolemäus stützte ihn durch empirische Argumente, die zeigen, daß er sich ebenso auf die eigene Beobachtung verließ wie Aristoteles selber. Ein gutes Beispiel dafür ist seine Diskussion über die Unbeweglichkeit der Erde und seine Ablehnung der Theorie des Aristarch von Samos, daß die Erde sich um ihre Achse dreht und um die Sonne kreist, während Sonne und Fixsterne stillstehen. Ptolemäus gab zwar zu, daß diese Theorie es ermöglichen könne, die Bewegungen der Sterne auf mathematisch einfachere Weise zu berechnen, sie stehe aber so völlig im Widerspruch zu den unmittelbaren Wahrnehmungen, daß man sie ablehnen müsse. Er scheint niemals daran gedacht zu haben, die unmittelbaren Wahrnehmungen wegzuerklären.

Die mathematischen Gesichtspunkte seines Systems gründete er auf das Plato zugeschriebene Prinzip: »Wir glauben, daß es das Ziel des Mathematikers sein muß, alle Himmelserscheinungen als Ergebnisse regelmäßiger und kreisförmiger Bewegungen zu erweisen.« Dieses Prinzip wiederum suchte er durch Berufung auf die direkte Beobachtung zu rechtfertigen; denn alle Himmelskörper kehren ja in der Tat in ihren Bewegungen zu ihren ursprünglichen Stellungen zurück. Dennoch muß zugegeben werden, daß Ptolemäus in seiner Planetentheorie geometrische Schemata benutzte; Fragen der tatsächlichen physikalischen Planetenbahnen und die anerkannten Prinzi-

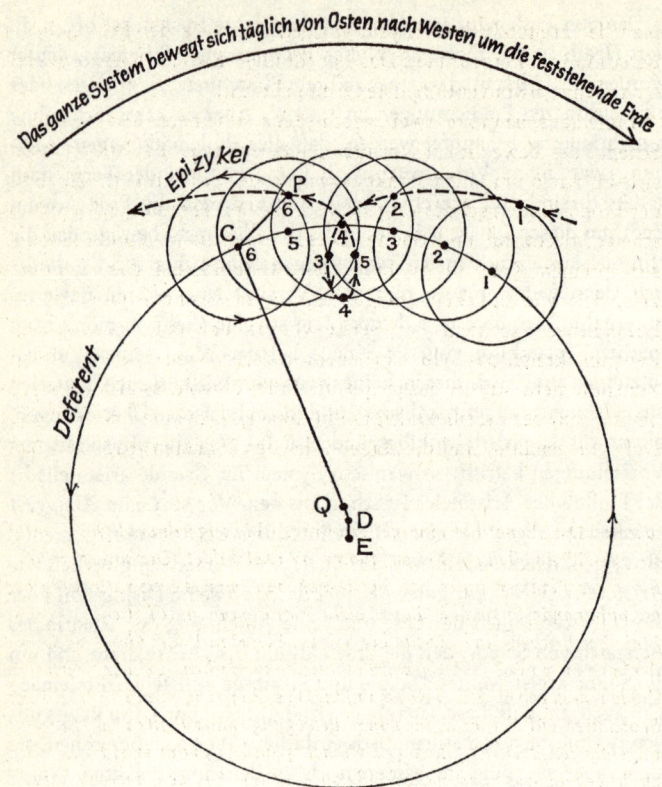

Abb. 2 *Das geometrische Schema des Epizykels für die Bewegung eines Planeten P nach dem ptolemäischen System. Die tägliche Bewegung aller Planeten entsteht dadurch, daß das ganze System an der täglichen Rotation der Fixsternsphäre von Osten nach Westen teilhat. Der unregelmäßige Lauf jedes Planeten um die Ekliptik, wie er von der Erde aus gesehen wird (vgl. Abb. 3), ist dargestellt unter der Voraussetzung, daß, während der Planet auf dem Epizykel mit dem Zentrum C läuft, dieses Zentrum seinerseits um den Deferenten mit dem Zentrum D kreist. Der letztere Punkt fällt nicht zusammen mit dem Zentrum der Erde E; C befindet sich in gleichförmiger Bewegung weder um D noch um E, sondern um einen dritten Punkt, den Äquanten Q. Mit Hilfe dieses punctum aequans soll die augenscheinlich nicht-gleichförmige Geschwindigkeit des Planeten wiedergegeben*

pien der aristotelischen Physik wurden durch sie der Exaktheit der
Berechnung untergeordnet. Das hat ihm den Ruf eines naturwissenschaftlichen »Konventionalisten« eingebracht.

Ptolemäus benutzte zwei verschiedene Schemata. Das erste, das
Schema des beweglichen Exzenters, setzte voraus, daß die Planeten
sich im Kreis um einen Punkt bewegen, der sich nicht im Zentrum
der Erde befindet, sondern irgendwo auf einer Verbindungslinie zwischen Erdzentrum und Sonne. Dieser exzentrische Punkt bewegte
sich in einem Kreis um die Erde. Das zweite Schema, das des Epizykels, der, wie Ptolemäus zeigte, das geometrische Äquivalent des
beweglichen Exzenters war, setzte voraus, daß ein Planet um ein
Zentrum kreist, das selber in einem anderen Kreise rotiert; dessen
Zentrum steht still in bezug auf die Erde, obwohl es sich nicht unbedingt auf der Erde befinden muß (Abb. 2). Der innere Kreis wurde
Deferent genannt, und der äußere, den den Planeten trug, *Epizykel.*

*werden. Der Planet hat eine gleichförmige Winkelgeschwindigkeit um Q,
so daß CQ in gleichen Zeiten gleiche Winkel bildet. Die unregelmäßige
Bahn des Planeten unter den Fixsternen, wie man sie von der Erde aus
an aufeinanderfolgenden Tagen sieht, wird dann durch die gestrichelte
Linie beschrieben, und die Stellungen des Planeten P auf dieser Bahn, die
denjenigen von C auf dem Deferenten entsprechen, werden durch die
Zahlen angegeben. Die »Haltepunkte« des Planeten, wenn er für einen
Beobachter auf der Erde in seiner Bewegung innezuhalten scheint, sind
ungefähr bei Position 3 und 5. Zwischen 3 und 5 scheint er sich rückwärts
zu bewegen, was man »Rückläufigkeit« nennt. Bei den oberen Planeten
Mars, Jupiter und Saturn, die jenseits der Sonne liegen, rotiert das Zentrum C des Epizykels um den Deferenten mit der jedem Planeten eigenen
Umlaufgeschwindigkeit um die Ekliptik, während der Planet jährlich auf
seinem Epizykel rotiert; das erklärt die jährlichen Unregelmäßigkeiten
(vgl. Tafel 1 und Abb. 20). Bei den unteren Planeten, Merkur und Venus,
ist es der Epizykel, der die Umlaufszeit des Planeten erklärt, und der
Deferent erklärt die jährlichen Unregelmäßigkeiten. Die Sonne selber
rotiert in einem exzentrischen Kreis ohne Epizykel. Die unteren Planeten
und der Mond erfordern etwas verwickeltere Schemata als die oberen. In
allen Fällen konnte die Genauigkeit erhöht werden, indem man weitere
Sphären hinzufügte, dem Deferenten zusätzliche Bewegungskomponenten
gab oder die Epizyklen vermehrte, wobei der Planet auf dem äußersten
Epizykel getragen wurde.*

Die Zahl der Kreise, die man annehmen konnte, um »die sichtbaren Erscheinungen zu retten«, war unbegrenzt. In einem Punkt, nämlich in der Annahme, daß die lineare Umdrehungsgeschwindigkeit des Epizykelzentrums auf dem Deferenten nicht gleichförmig zu sein brauche, emanzipierte sich Ptolemäus von Platos Grundsatz, es könnten nur gleichförmige Kreisbewegungen angenommen werden, – falls dieser Grundsatz auch für die Epizykelgeschwindigkeiten gelten sollte. Er bemühte sich jedoch, nicht von der Orthodoxie abzuweichen: er ließ die Winkelgeschwindigkeit um einen Punkt, den Äquanten, der sich innerhalb des Deferenten, doch nicht notwendigerweise in dessen Zentrum befand, gleichförmig sein.

Durch entsprechende Anordnungen von Kreisen war Ptolemäus imstande, eine im großen und ganzen sehr genaue Beschreibung der Bewegungen oder »Erscheinungen« der Planeten zu geben. Zur Erklärung eines anderen beobachteten Phänomens, des Vorrückens der Äquinoktien (d. h. der stetigen Zunahme der Länge eines Sterns bei unveränderter Breite), setzte er in einem weiteren Werk, in seinen *Planetenhypothesen*, voraus, daß es jenseits der Fixsternsphäre (der achten in seinem System) eine neunte Sphäre gebe, die der Fixsternsphäre ihre tägliche Bewegung von Osten nach Westen mitteile. Die Fixsternsphäre selber kreise zusammen mit den Planetensphären langsam in der der neunten Sphäre entgegengesetzten Richtung. Als man später das *primum movens* von der Fixsternsphäre abtrennte, wurde es zu einer von der neunten unterschiedenen zehnten Sphäre jenseits dieser neunten. Eine irrige Theorie, daß die Äquinoktien nicht vorrücken, sondern um eine Durchschnittsposition schwanken oder »zittern«, wurde im 9. Jahrhundert von einem arabischen Astronomen namens Thabit ibn Qurra verfochten; sie gab Anlaß zu beträchtlichen Streitigkeiten im 13.–16. Jahrhundert.

Als die Naturphilosophen des christlichen Abendlandes vor die Wahl zwischen dem »physikalischen« System des Aristoteles und dem »mathematischen« des Ptolemäus gestellt wurden, zögerten sie anfangs, wie schon die Griechen und die Araber vor ihnen. Ptolemäus selber hatte zunächst in seinem *Almagest* bestimmte astronomische Theorien als zweckdienliche geometrische Schemata behandelt, von denen er das einfachste, das mit den Wahrnehmungen vereinbar war, zu benutzen empfahl. Später schrieb er ein weiteres Buch, die *Planetenhypothesen*. Hier versuchte er ein System zu schaffen, das eine physikalische, mechanische Erklärung der Himmelsbewegungen geben sollte (Tafel II). Das ptolemäische System wurde im frühen 13. Jahrhundert schnell als das beste geometrische Hilfsmittel anerkannt, um die »sichtbaren Erscheinungen zu retten«; praktische Astronomen bevorzugten es als das einzige System, das als Grundlage von Zahlentabellen dienen konnte. Aber man suchte nach einem System, das sowohl die Wahrnehmungen bestätigen als auch die »wirklichen« Bahnen der Himmelskörper beschreiben und erklären könnte. In dieser Hinsicht waren Exzenter und Epizyklen des Ptolemäus offensichtlich unzulänglich; sein System stand im Widerspruch zu einer Anzahl wichtiger Grundsätze des einzigen damals bekannten brauchbaren Systems der Physik, des aristotelischen. Erstens ließ sich die Epizyklentheorie nicht vereinbaren mit Aristoteles' Theorie, daß die Kreisbewegung ein festes unbewegliches Zentrum erfordere, um das sie rotiert; zweitens hätte nach Ptolemäus' Erklärung des Vorrückens der Äquinoktien die Fixsternsphäre gleichzeitig zwei verschiedene Bewegungen haben müssen. Dem aber stand der aristotelische Grundsatz entgegen, daß einander widersprechende Attribute nicht gleichzeitig derselben Substanz zugeordnet sein können. Doch trotz dieser schwerwiegenden physikalischen Mängel war das ptolemäische System dem aristotelischen überlegen, weil es eine mathematische Beschreibung beobachteter Tatsachen bot.

Die Haltung diesem Dilemma gegenüber scheint in der zweiten Hälfte des 13. Jahrhunderts durch die Kommentare des griechischen Philosophen Simplicius (6. Jahrhundert n. Chr.) zu Aristoteles' *Physik* und *De Caelo* bestimmt zu sein. Ein von Simplicius in Buch 2, Kap. 2 seines Kommentars zur *Physik* zitierter Passus zeigt, daß es den Griechen der nacharistotelischen Zeit nicht gelungen ist, in einem einzigen System die Astronomie mit der Physik und Dynamik zu vereinigen. Er spricht deutlich aus, daß die Entdeckung des richtigen physikalischen Systems das letzte Ziel der Wissenschaft von der Bewegung im Himmel wie auf Erden sei:

»Alexander zitiert eine bestimmte Stelle aus Geminus' Überblick über die *Meteorologica* des Poseidonios; Geminus' Bericht, der von den Anschauungen des Aristoteles inspiriert ist, lautet wie folgt:

Es ist Sache der physikalischen Forschung, die Substanz des Himmels und der Sterne, ihre Kraft und Eigenschaft, ihr Entstehen und Vergehen zu untersuchen. Sie ist in der Lage, die Fakten ihrer Größe,

Gestalt und Anordnung sogar zu beweisen. Die Astronomie dagegen versucht nichts dergleichen, sondern beweist das System der Himmelskörper durch Überlegungen, die darauf basieren, daß der Himmel ein wirklicher Kosmos ist. Ferner berichtet sie uns über Gestalt, Größe und Entfernungen von Erde, Sonne und Mond, über Finsternisse und Konjunktionen der Gestirne sowie über die Eigenart und das Ausmaß ihrer Bewegungen. Insofern damit die Untersuchung von Quantität, Größe und Beschaffenheit der Form oder Gestalt verbunden ist, bedurfte sie dazu natürlich der Arithmetik und Geometrie. Die Dinge also, für die allein die Astronomie eine Erklärung zu geben beansprucht, kann sie mit Hilfe der Arithmetik und Geometrie beweisen. Nun werden in vielen Fällen der Astronom und der Physiker dieselbe Sache beweisen wollen, z. B. daß die Sonne von großem Umfang oder daß die Erde kugelförmig ist; aber sie werden nicht auf demselben Wege vorgehen. Der Physiker wird jedes Faktum dadurch beweisen, daß er Überlegungen anstellt über das Wesen oder die Substanz, über die Kraft, darüber, ob es besser ist, daß die Dinge so sind, wie sie sind, oder über Entstehung und Veränderung; der Astronom wird sie beweisen durch die Eigenschaften von Zahlen oder Größen oder durch das Maß der Bewegung und die Zeit, in der sie verläuft. Der Physiker wiederum wird in vielen Fällen durch die Betrachtung der schöpferischen Kraft an die Ursache herankommen; aber wenn der Astronom Fakten aus äußeren Bedingungen beweist, z. B. wenn er die Erde oder die Sterne für kugelförmig erklärt, ist er nicht berechtigt, daraus auf die Ursache zu schließen. Manchmal liegt ihm nicht einmal etwas daran, die Ursache ausfindig zu machen, z. B. wenn er über eine Finsternis redet. In anderen Fällen erfindet er in Form von Hypothesen gewisse Hilfsmittel, durch deren Voraussetzung die Wahrnehmungen bestätigt werden. Warum zum Beispiel scheinen Sonne, Mond und Planeten sich unregelmäßig zu bewegen? Darauf können wir antworten, daß ihre scheinbare Unregelmäßigkeit gerettet wird durch die Annahme, daß ihre Bahnen exzentrische Kreise sind oder daß die Sterne einen Epizykel beschreiben. Wir werden noch weitergehen und untersuchen müssen, auf wieviel verschiedene Arten diese Phänomene zustande kommen können, damit wir unsere Planetentheorie in Übereinstimmung bringen können mit jener Erklärung der Ursachen, die einer zulässigen Methode folgt. *Wir finden tatsächlich einen gewissen*

Mann* [Heraklides von Pontus], der aufgetreten ist und gesagt hat, daß selbst unter der Voraussetzung, die Erde bewege sich in einer bestimmten Weise, während die Sonne in einer bestimmten Weise ruhe, die augenscheinliche Unregelmäßigkeit in bezug auf die Sonne erklärt werden kann. Denn es gehört nicht zur Aufgabe eines Astronomen, zu wissen, was seiner Natur nach zur Ruhelage eingerichtet ist und welche Körper zur Bewegung tauglich sind. Er führt Hypothesen ein, unter deren Voraussetzung manche Körper in der Ruhe verharren, während andere sich bewegen, und erwägt dann, mit welchen Hypothesen die tatsächlich beobachteten Himmelserscheinungen übereinstimmen. Aber er muß seine Grundprinzipien, nämlich daß die Bewegungen der Sterne einfach, gleichförmig und geordnet sind, vom Physiker beziehen. Mit Hilfe dieser Prinzipien wird er dann beweisen, daß die rhythmische Bewegung aller Himmelskörper sich in Kreisen vollzieht, wobei einige sich in parallelen Kreisen drehen, andere in zu einander geneigten Kreisen.«

Soweit der Bericht von Geminus, oder von Geminus über Poseidonios, über die Unterscheidung zwischen Physik und Astronomie, worin der Kommentator den Ansichten des Aristoteles folgt.

Der Einfluß dieser Anschauungen ist deutlich zu sehen bei Thomas von Aquin. In der *Summa Theologica*, Teil 1, Frage 32, Artikel 1, weist er darauf hin, daß unterschieden werden müsse zwischen Hypothesen, die mit Notwendigkeit wahr sein müssen, und solchen, die lediglich den Tatsachen angepaßt sind. Physische (oder metaphysische) Hypothesen gehörten dem ersten Typus an, mathematische dem zweiten. Er sagt:

»Für alles kann man in zweifacher Weise ein System aufstellen. Der eine Weg ist eine Beweisführung wie in der Naturwissenschaft, wo man hinreichende Gründe beibringen kann, um zu beweisen, daß die Bewegungen der himmlischen Sphären immer von gleichförmiger Geschwindigkeit sind. Auf dem anderen Wege kann man Gründe anführen, die den aufgestellten Satz zwar nicht hinreichend beweisen, aber doch zeigen können, daß die Tatsachen ihn bestätigen. So wird in der Astronomie ein System von Exzentern und Epizyklen als gegeben angenommen, weil diese Voraussetzung die

---

* Die beschriebene Theorie ist eigentlich die des Aristarch von Samos. Die [englische] Übersetzung des ganzen Absatzes ist von Heath.

wahrnehmbaren Erscheinungen der Himmelsbewegungen erklärbar macht. Aber das ist kein hinreichender Beweis, weil möglicherweise auch eine andere Hypothese sie erklären könnte.«

Wenige Jahre später forderten Autoren wie Bernard von Verdun und Ägidius von Rom (um 1247-1316), astronomische Hypothesen müßten in erster Linie zur Erklärung der beobachteten Fakten dienen, und der Streit zwischen den aristotelischen »Physikern« und den ptolemäischen »Mathematikern« müsse durch Erfahrungsbeweise beigelegt werden. Nach Ägidius war, wenn eine Anzahl gleich möglicher Hypothesen vorlag, die einfachste zu wählen. Diese beiden Grundsätze, Rechtfertigung der Wahrnehmung und Einfachheit, blieben in der theoretischen Astronomie führend bis zur Zeit Keplers und darüber hinaus.

Gegen Ende des 13. Jahrhunderts wurde das konzentrische System des Aristoteles in Paris aufgegeben, weil es der praktischen Erfahrung nicht standhielt, und das ptolemäische System wurde allgemein angenommen. Dadurch daß man das Ergebnis der späteren Untersuchungen des Ptolemäus hinzunahm und die exzentrischen Planetensphären als körperhafte Sphären des fünften Elements betrachtete, wobei in jeder von ihnen die Epizyklen kreisen sollten, versuchte man dieses astronomische System mit der Physik in Einklang zu bringen.

Die Streitigkeiten zwischen den verschiedenen Astronomenschulen waren damit keineswegs beendet. Noch im 13. Jahrhundert hatte zumindest ein Astronom mit einer völlig neuen Hypothese einen Seitenweg einzuschlagen versucht. Pietro d'Abano äußerte in seinem *Lucidator Astronomiae* den neuen Gedanken, daß die Sterne nicht auf einer Sphäre getragen würden, sondern sich frei im Raum bewegten. Im 14. Jahrhundert diskutierten Jean Buridan und Nikolaus von Oresme die noch radikalere neue Vorstellung, daß statt der himmlischen Sphären die Erde sich drehe. Erwähnt wurde diese Theorie schon Ende des 13. Jahrhunderts in den Schriften des Franziskaners François de Meyronnes. Diese und andere neue Hypothesen, die im 14. und 15. Jahrhundert zur Debatte standen, mögen durch alte griechische Spekulationen angeregt worden sein, insbesondere durch das semiheliozentrische System, das im 4. Jahrhundert v. Chr. von Heraklides von Pontus angenommen wurde: Venus und Merkur kreisten um die Sonne, während die Sonne ihrerseits um die Erde kreiste. Dieses System wurde im Abendland durch die Schriften des Macrobius und des Martianus Capella bekannt. (Das völlig heliozentrische System des Aristarch von Samos aus dem 3. vorchristlichen Jahrhundert war im Mittelalter nicht bekannt, doch gab es Gelehrte, wie z. B. Thomas von Aquin, die wußten, daß Aristarch ein solches System gelehrt hatte.) Diese Neuerungen basierten zum großen Teil auf der im 14. Jahrhundert einsetzenden Kritik an den Grundlagen der aristotelischen Physik und sollen deshalb erst später besprochen werden (S. 270 ff.).

Was die praktische Astronomie des 13. Jahrhunderts angeht, so wurden die Beobachtungen hauptsächlich zu folgenden Zwecken angestellt: zum Anlegen von Tabellen für die Berechnung von Daten, besonders des Osterfestes, zur Bestimmung von Längen und Breiten und für astrologische Voraussagen. Mit den letzteren beschäftigten sich besonders die Italiener. Zunächst blieb die praktische Astronomie des christlichen Mittelalters in den Händen der Araber. Omar Khayyams Kalender von 1079 war bis zur gregorianischen Kalenderreform von 1582 unübertroffen an Genauigkeit, und arabische Instrumente, Beobachtungen, Tabellen und Karten behielten ihre Überlegenheit mindestens bis zur Hälfte des 13. Jahrhunderts. Von da an begann die abendländische Astronomie auf eigenen Füßen zu stehen. Eine ihrer frühesten selbständigen Feststellungen wurde sogar schon 1091 oder 1092 gemacht, als Walcher von Malvern in Italien eine Mondfinsternis beobachtete und durch die Entdeckung des Zeitunterschiedes zwischen seiner eigenen Beobachtung und der eines Freundes in Ostengland den Längenunterschied zwischen den beiden Orten bestimmte. Eine andere Methode der Längenbestimmung, die im 12. Jahrhundert von Gerard von Cremona vorgeschlagen wurde, bestand darin, daß man die Kulmination des Mondes beobachtete und aus der Differenz zwischen dieser und der nach den Tabellen für einen Norm-Ort, wie z. B. Toledo, zu erwartenden Stellung den Längenunterschied zwischen den beiden Orten berechnete. Aber die exakte Längenbestimmung setzte eine exakte Zeitmessung voraus, und diese wurde erst im 17. Jahrhundert möglich. Die Breitenbestimmung dagegen konnte mit einem Astrolab gemacht werden, indem man die Kulmination eines Sternes oder der Sonne beobachtete. Die Araber hatten präzise Breitenmessungen angestellt, wobei sie den Anfangsmeridian (Null) durch einen Punkt westlich von Toledo gehen ließen. Ihre Tafeln wurden für verschiedene Städte des Abendlandes bearbeitet, z. B. für London, Oxford und Hereford in England; von christlichen Gelehrten wurden weitere Beobachtungen gemacht.

Das Astrolab war das wichtigste astronomische Instrument sowohl der arabischen als der lateinischen Astronomen des Mittelalters. Es wurde »der mathematische Edelstein« genannt. In welchem Ausmaß es auch schon von griechischen Astronomen benutzt wurde, ist noch nicht geklärt. Hipparch (2. Jahrhundert v. Chr.) kannte die ihm zugrunde liegende Theorie der stereographischen Projektion, aber es ist möglich, daß er das Instrument selbst nicht gekannt hat; sicher ist jedoch, daß Ptolemäus (2. Jahrhundert n. Chr.) mit dem Instrument vertraut war. In späterer hellenistischer Zeit wurde das Astrolab, wahrscheinlich von Alexandria aus, sowohl nach Osten als auch nach Westen hin verbreitet. Die westlichen Astrolabien sind von dem maurischen, in Spanien gefundenen Typus abgeleitet. Gerbert erwähnt das Instrument im späten 10. Jahrhundert (falls das betreffende Werk ihm mit Recht zugeschrieben wird) und Radolf von Lüttich im frühen 11. Jahrhundert. Es wurde schon vor 1048 von Hermannus Contractus (dem Lahmen) beschrieben. Eine der besten Schilderungen dieses westlichen Typus hat in der zweiten Hälfte des 14. Jahrhunderts Geoffrey Chaucer in seiner *Abhandlung über das Astrolab* in englischer Sprache verfaßt.

Das Astrolab war hauptsächlich ein Instrument zum Messen des Abstandswinkels zwischen zwei beliebigen Gegenständen; so konnte es benutzt werden, um die Höhe eines Himmelskörpers zu bestimmen. Es bestand aus einer mit Gradeinteilung versehenen Metallscheibe (gewöhnlich aus Messing) mit einer Datumslinie und einem drehbaren Zeiger, *Alhidade* genannt, auf dem zwei Visiere waren (Tafel iv, v). Das Astrolab wurde an einem Ring oberhalb des Durchmessers rechtwinklig zur Datumslinie, die auf diese Weise die Horizontlinie war, aufgehängt. Während dieser Durchmesser immer senkrecht zur Erde blieb, wurde die *Alhidade* gedreht, bis sie auf den betreffenden Stern zeigte, dessen Höhe auf der um die Scheibe herumlaufenden Gradskala abgelesen wurde. Auf diese Weise war es möglich, die Zeit zu berechnen und den Norden zu bestimmen. Das Astrolab hatte den Vorteil, daß diese Werte von dem Instrument selbst abgelesen werden konnten. Für jede gegebene

Breite hat der Polarstern immer eine annähernd konstante Höhe, und die anderen Sterne umkreisen ihn. Auf der Rückseite der Scheibe des Astrolabs war eine vertikale stereographische Projektion der Himmelssphäre auf eine Ebene parallel dem Äquator, wie sie von einer bestimmten Breite auf der Erde aus beobachtet wird. Sie zeigte die Äquinoktien, die Wendekreise des Krebses und des Steinbocks, den Meridian, die Scheitelwinkel (Azimute) und die Höhenkreise (Almukantarat) (Abb. 3). So brauchte man für jede Breite eine besondere Scheibe. Wenn die beobachtete Höhe eines gegebenen Sterns auf der Scheibe in der entsprechenden Höhe markiert war, war jeder andere Stern in seiner korrekten Stellung. Über dieser Scheibe lag eine zweite, *Rete* genannt, die kunstvoll ausgeschnitten war und eine rotierende Sternkarte bildete. Ein Kreis auf der *Rete* stellte die Ekliptik dar und zeigte die Stellung der Sonne in bezug auf die Sterne für jeden Tag des Jahres an. Wenn die Sterne in ihrer richtigen Stellung waren, konnte also die Stellung der Sonne abgelesen werden. Die Verbindungslinie zwischen Sonne und Polarstern erhielt man dadurch, daß ein um den Polarstern rotierender Zeiger in Richtung auf die Stellung der Sonne gedreht wurde. Dies gab die Richtung der Sonne im Azimut und die Zeit an.

Das Astrolab war besonders für tropische Breiten geeignet, wo die Variation der Sonnenhöhe groß ist; deshalb wurde es viel von den Arabern benutzt, z. B. um die Gebetsstunden in den Moscheen zu bestimmen und die Azimute der Qibla, d. h. der Richtung auf Mekka, zu finden*. Trotzdem zeigen arabische Astrolabien, mit einer einzigen Ausnahme, kaum Fortschritte in der Entwicklung, im Gegensatz zu späteren westlichen, besonders des 16. Jahrhunderts. Die Ausnahme ist die sogenannte *Saphaea Azarchelis*, so genannt nach dem Astronomen al-Zarqali (11. Jahrhundert), aber nach Millàs Vallicrosa seinem Zeitgenossen in Toledo, Ali ben Khalaf, zuzuschreiben. Dieses Instrument hatte eine horizontale statt der vertikalen Projektion; dadurch war es möglich, eine einzige Scheibe für alle möglichen Breiten zu verwenden. Aber es hatte auch Nachteile und hat in der Tat niemals den älteren Typus verdrängt, wenn auch viele Instrumente, sowohl spanisch-maurische als auch spätere west-

* Ich möchte hier Herrn F. R. Maddison für seine Informationen über die Geschichte des Astrolabs danken.

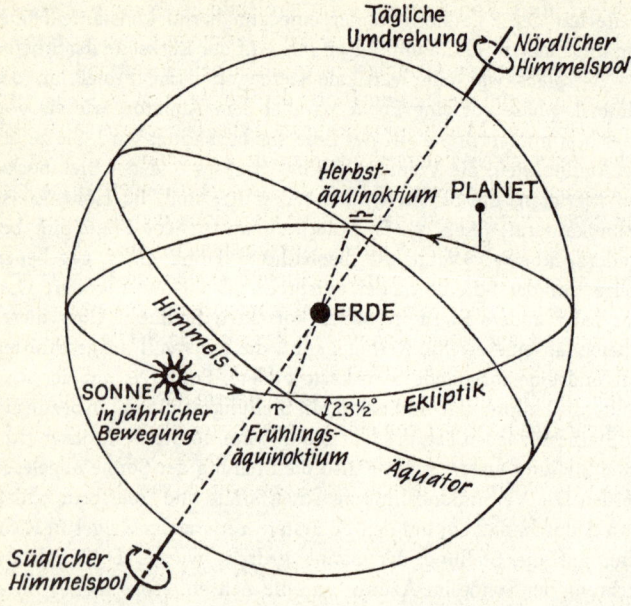

Abb. 3   Die Himmelssphäre. Der Beobachter auf der Erde betrachtet sich
als im Zentrum der Fixsternsphäre befindlich. Die Position eines Himmelskörpers kann dann durch Koordinaten bestimmt werden, die durch Systeme
von großen Kreisen festgelegt sind. Drei solcher Systeme wurden in der
Antike entwickelt. Das erste System ist auf die Himmelspole bezogen.
Durch diese Punkte auf der Fixsternsphäre geht die Achse, um die diese
Sphäre täglich zu rotieren scheint und die dieselbe ist wie die Erdachse.
Der Himmelsäquator und die Wendekreise des Krebses und des Steinbocks
entsprechen denen auf der Erde; die Kreise der Deklination und Rektas-
zension liefern Koordinaten für die Bestimmung der Lage eines Punktes
auf der Himmelssphäre und entsprechen der Breite und Länge. Die letztere
wird vom Frühlingsäquinoktium aus in Graden gemessen, von Westen
nach Osten. Das zweite System ist auf die Ekliptik bezogen. Die Sonne
und alle Planeten scheinen sich in einem großen Kreise zu bewegen, jedoch
mit verschiedenen Umlaufszeiten, wenn man sie gegen den Hintergrund
der Fixsterne auf der Fixsternsphäre beobachtet. Dieser Kreis, Ekliptik genannt, bezeichnet den Umlauf der Sonne, deren Bewegung die regelmä-
ßigste ist, um die Fixsternsphäre. Die Planeten wandern auf ihren Bahnen
nördlich und südlich des Sonnenkreises im Tempo ihrer individuellen Um-

liche, in ihrer Konstruktion beide Projektionen kombinierten. Die horizontale Projektion wurde im 16. Jahrhundert von dem flämischen Kartographen Gemma Frisius unter dem Namen *astrolabum* [sic!]*catholicum* wieder eingeführt; die Projektionen von Roias und de la Hire sind Modifikationen dieses Typs. Die spätesten europäischen Astrolabien stammen aus dem 17. Jahrhundert, aber in den arabischen Ländern wurden sie noch im 19. Jahrhundert angefertigt. Ihr großer Vorzug war, daß man sie als Zeitansager bei sich tragen konnte. Denn die Sonnenuhren, Instrumente, welche die Veränderung des Azimut-Winkels anzeigen und deshalb nord-südlich eingestellt werden müssen, konnten erst transportabel gemacht werden, als man sie mit einem Kompaß zu kombinieren verstand. Das geschah jedoch erst Ende des 15. Jahrhunderts.

Ein anderes Instrument, das im 13. Jahrhundert benutzt wurde, war der Quadrant, der von einem Italiener, Johannes Campanus von Novara († nach 1292), und von zwei Astronomen, die etwa gleichzeitig in Montpellier lebten, verbessert wurde. Um diese Zeit kam

laufszeiten. Die Ekliptik ist in einem Winkel von 23$\frac{1}{2}$ Grad gegen den Äquator geneigt, die beiden Schnittpunkte sind die Frühlings- und Herbstäquinoktien (die Äquinoktialpunkte). Die Himmelsbreite eines Punktes wird dann in Graden nördlich oder südlich der Ekliptik gemessen, die Himmelslänge in Graden vom Frühlingsäquinoktium aus in der Richtung der scheinbaren jährlichen Bewegung der Sonne von Westen nach Osten. Die traditionelle Einteilung der Ekliptik in zwölf gleiche Abschnitte zu je 30 Grad bestimmt die Zeichen des Tierkreises, beginnend mit dem Widder beim Frühlingsäquinoktium (vgl. Tafel 1). Das dritte System ist auf Horizont und Zenit des Beobachters bezogen. Der Beobachter auf der Erde kann nur die Himmelshälfte sehen, die über dem Horizont erscheint, der einen großen Kreis auf der Fixsternsphäre bildet. Auf diesen Kreis sind die Almukantarat, Kreise gleicher Höhe parallel zum Horizont, bezogen, und die Azimute, die durch den Zenit, senkrecht über dem Kopf des Beobachters, gehen und den Horizont rechtwinklig schneiden. Bei diesem Schema gibt es natürlich ein verschiedenes Koordinatensystem für jeden Standpunkt auf der Erdoberfläche, was bei der Konstruktion von Instrumenten wie Astrolabien und Sonnenuhren (s. S. 88 ff.) berücksichtigt werden mußte. Wenn in unserem Diagramm der mit »Ekliptik« bezeichnete Kreis der Horizont des Beobachters wäre, wäre sein Zenit senkrecht über der Erde, und der Meridian, der große Kreis, der durch die Himmelspole und den Zenit geht, wäre der Kreis, der hier die Sphäre begrenzt.

auch der Mauerquadrant in Gebrauch, der schon von alexandrinischen, arabischen und persischen Astronomen benutzt worden war.
Dieser wurde so angebracht, daß das eine Ende sich in gleicher Höhe
mit einem Loch in der Wand des Observatoriums befand. Ein be-
wegliches Visier wurde geschwenkt, bis es durch das Loch auf den
zu beobachtenden Himmelskörper eingestellt war, und der Winkel
wurde auf einer Skala abgelesen. Ferner konstruierte Campanus eine
Art Armillarsphäre, um die Stellungen der Planeten zu bestimmen.
Dieses Instrument bestand aus einer Armilla oder Ringkugel, die
in der Äquatorebene befestigt war, nebst anderen Ringen, die den
Horizont, den Meridian und die Ekliptik darstellten, so daß es eine
Art Modell der Himmelskugel war.

Mit derartigen Instrumenten bestimmte Wilhelm von St. Cloud,
ein Anhänger Roger Bacons und Begründer der Pariser Astronomenschule, aus der Höhe der Sonnenwendepunkte die Neigung der
Ekliptik im Jahre 1290 und die Breite seines Beobachtungspunktes
in Paris. Für die Neigung der Ekliptik errechnete er 23 Grad und
34 Minuten und für die Breite von Paris 48 Grad und 50 Minuten.
Die heutige Zahl für die Neigung der Ekliptik im Jahre 1290 ist 23
Grad und 32 Minuten; Wilhelm von St. Clouds Wert für die Breite
von Paris stimmt mit dem überein, der heute noch angenommen
wird. Er stellte auch Beobachtungen an, um die Meridianhöhe der
Sonne zu messen, wobei er sich in einem dunklen Raum aufhielt,
der durch eine kleine Öffnung einen Lichtstrahl einließ. Hieraus bestimmte er die Zeit des Frühlingsäquinoktiums. Ein anderer Franzose, Jean de Murs, benutzte in Evreux am 13. März 1318 für die
gleiche Feststellung einen mit Gradeinteilung versehenen Bogen mit
einem Radius von 15 Fuß.

Der Kalenderreform, auf die Grosseteste und Roger Bacon gedrängt hatten, wandte sich erneute Aufmerksamkeit zu, als die
Alfonsinischen Tafeln um 1293 in Paris bekannt wurden. Papst
Clemens VI. forderte Jean de Murs und Firmin de Belleval auf, zur Be-
richterstattung über dieses Projekt nach Avignon zu kommen, was
1345 geschah. Ein weiterer Bericht wurde von dem Kardinal Pierre
d'Ailly für das Konzil zu Konstanz (1414-18) abgefaßt. Noch miß-
traute man der Genauigkeit der *Alfonsinischen Tafeln*, und die Reform verzögerte sich um beinahe zwei Jahrhunderte. Doch als sie
endlich vollzogen wurde, legte man Zahlenwerte zugrunde, die weit-

gehend mit den schon im 14. Jahrhundert errechneten übereinstimmten.

Im 14. Jahrhundert wurden in Frankreich weitere Instrumente erfunden oder verbessert, und die Beobachtungen wurden in größerem Umfang fortgesetzt. Jean de Linières verfaßte einen Katalog der Positionen von 47 Sternen. Das war der erste Versuch der abendländischen Wissenschaft, einige der Sternorte zu korrigieren, die Ptolemäus im 2. Jahrhundert in seinem Katalog angegeben hatte. 1342 führte ein Jude, Levi ben Gerson von Montpellier, den Baculus Jacobi ein, einen Kreuzstab, der offenbar im 13. Jahrhundert von Jacob ben Makir erfunden worden war. Levi brachte eine diagonale Skala auf dem Instrument an. Der Kreuzstab wurde benutzt, um den Abstandswinkel zwischen zwei Sternen zu messen, oder als Navigationsinstrument, um die Höhe eines Sterns oder der Sonne über dem Horizont festzustellen. Er bestand aus einem Stab mit Gradeinteilung, auf dem im rechten Winkel ein Querstab angebracht war. Der Querstab wurde mit dem Stab ans Auge gehalten. Er wurde so lange verschoben, bis das Visier an dem einen Ende auf den Horizont und das Visier am anderen Ende auf den betreffenden Stern oder die Sonne eingestellt war. Durch Ablesen von der Grad-Skala auf dem Stab konnte man den Höhenwinkel des Sterns nach einer Winkeltabelle feststellen.

In der ersten Hälfte des 14. Jahrhunderts wuchs auch in Oxford, besonders im Merton College, eine wichtige Astronomenschule heran. Eines der Ergebnisse der dortigen Forschungsarbeit war die Entwicklung der Trigonometrie. Tangensfunktionen wurden benutzt von John Maudith (1310), von Thomas Bradwardine († 1349) und von Richard von Wallingford (um 1292-1335). Dieser übernahm die noch unsystematischen Methoden, die in der Trigonometrie von al-Zarqalis *Toledanischen Tafeln* angewandt wurden, und paßte sie den exakten Beweismethoden Euklids an. John Maudith und Richard von Wallingford sind die Bahnbrecher der abendländischen Trigonometrie; doch ist zu erwähnen, daß um dieselbe Zeit in der Provence eine bedeutende Abhandlung über diesen Gegenstand von Levi ben Gerson (1288-1344) in hebräischer Sprache erschien, die 1342 ins Lateinische übersetzt wurde. Eine große Verbesserung, die von diesen Autoren übernommen wurde, war die Anwendung des indisch-arabischen Verfahrens, das schon in den Tafeln al-Zarqalis und anderen

weitverbreiteten astronomischen Tafeln zu finden war, nämlich die
ebene Trigonometrie auf den Sinuslinien zu begründen anstatt auf
den Sehnen, wie es in der antiken, griechisch-römischen Tradition
seit Hipparch üblich gewesen war. Richard bearbeitete auch die *Alfonsinischen Tafeln* für Oxford und erfand mehrere Instrumente,
z. B. einen sorgfältig ausgearbeiteten *Rectangulus* zum Messen und
Vergleichen von Höhen und ein verbessertes *Equatorium*, das die
Planetenstellungen anzeigte.

Von dem lebhaften Interesse für Astronomie, das im 13. und 14.
Jahrhundert bestand, zeugen nicht nur diese Werke, sondern auch
die astronomischen Modelle, die damals konstruiert wurden. 1232
hatte Kaiser Friedrich II. vom Sultan von Damaskus ein Planetarium erhalten. Um 1320 konstruierte Richard von Wallingford eine
kunstreiche astronomische Uhr, auf der die Stellungen von Sonne,
Mond und Sternen und auch die Zeiten von Ebbe und Flut zu sehen
waren. Er hinterließ ein Handbuch mit der Gebrauchsanweisung für
dieses Instrument. Ein kunstvolles, durch Gewichte betriebenes Planetarium wurde von dem Uhrmacher Giovanni de'Dondi (geb. 1318)
verfertigt. Derartige Gegenstände wurden bald allgemein beliebt
als wissenschaftliches Spielzeug.

METEOROLOGIE UND OPTIK

Meteorologie und Optik, für uns zwei ganz verschiedenartige
Wissensgebiete, waren im 13. Jahrhundert zu einem einzigen zusammengefaßt, weil diese Wissenschaften sich mit Phänomenen befaßten, von denen man annahm, daß sie den Bereichen der Elemente
Feuer und Luft angehörten, die zwischen der Sphäre des Mondes
und der Erdkugel lagen. Diese Themen waren von Aristoteles in
seinen *Meteorologica* besprochen worden, der Hauptquelle der »Meteorologie« des 13. Jahrhunderts. Darin hatte Aristoteles als Ursache
für alle am Himmel sichtbaren Veränderungen, außer den Bewegungen der Himmelskörper, Veränderungen in jenen Regionen angenommen. Das Element Feuer war nicht die reale Flamme, sondern
eine Art Verbrennungsprinzip und als solches nicht selber sichtbar;
aber es war leicht entzündbar durch Bewegung. Die Erschütterungen
durch heiße trockene Ausdünstungen, die von der Erde aufstiegen,

wenn die Sonnenstrahlen sie berührten, verursachten in der Feuersphäre eine Reihe von Phänomenen wie Kometen, Meteore und
Nordlicht. Alle diese Erscheinungen mußten in der Region unter
dem Mond lokalisiert sein; denn jenseits davon konnte nichts mehr
erzeugt werden; der Raum war unvergänglich und konnte keine
andere Veränderung erleiden als kreisförmige Bewegung. In der
Sphäre des Elements Luft verursachten diese heißen trockenen Ausdünstungen Wind, Donner und Blitz und Donnerkeile. Kalte feuchte
Ausdünstungen hingegen, die entstanden, wenn die Sonnenstrahlen
auf Wasser fielen, verursachten Wolken, Regen, Nebel, Tau, Schnee
und Hagel. Eine besondere Gruppe von Phänomenen, die mit den
feuchten Ausdünstungen im Zusammenhang standen, waren Regenbogen, Höfe und Nebensonnen.

Das ganze Mittelalter hindurch wurden Kometen und ähnliche
auffällige Veränderungen am Himmel weiterhin als »meteorologische«
Phänomene eingeordnet, nicht als astronomische, d. h. als Erscheinungen, die in der sublunaren Region auftraten. Im 16. Jahrhundert lieferten genaue Messungen ihrer Positionen und Bahnen eindeutiges
Beweismaterial gegen die Richtigkeit der aristotelischen Ideen über
die Struktur des Universums. Kometen wurden im 13. und 14. Jahrhundert mehrmals beschrieben; dabei wurde von Grosseteste eine
höchst interessante Anspielung auf einen gemacht, der vielleicht der
Halleysche Komet gewesen sein könnte, dessen Erscheinen 1222 erwartet wurde*. Ein weiteres interessantes Zeugnis stammt von Roger Bacon, der glaubte, daß der schreckliche Komet vom Juli 1264
unter dem Einfluß des Planeten Mars erzeugt sei und ein Zunehmen
der Gelbsucht verursacht habe. Diese habe zu Übellaunigkeit geführt,
und das Ergebnis seien die damaligen und späteren Kriege und Un-
ruhen in England, Spanien und Italien gewesen!

Wetterbeobachtungen und Versuche zu astrologischen Wettervor-
hersagen, vor allem für die Landwirtschaft, waren seit dem 12. Jahrhundert üblich. Eine sehr bemerkenswerte Reihe von monatlichen
Wetterberichten wurde 1337–44 von William Merlee für die Gegend
von Oxford aufgezeichnet. Er gründete seine Versuche zur Wetter-
voraussage teils auf den Zustand der Himmelskörper, teils auf weniger
bedeutsame Anzeichen, wie das Zerfließen von Salz, die Tragweite

---

* H. C. Lummer, *Nature*, 1942, Band 150, S. 253.

des Schalls entfernter Glocken, die Aktivität der Flöhe und die besondere Schmerzhaftigkeit ihrer Stiche, was alles größere Feuchtigkeit anzeigte.

Den bemerkenswertesten Fortschritt machte im 13. und 14. Jahrhundert die Optik. Die Erforschung des Lichtes zog besonders jene an, die der augustinisch-neuplatonischen Philosophie zuneigten, und zwar aus zweierlei Gründen: Das Licht war für Augustinus und andere Neuplatoniker ein Analogon der göttlichen Gnade und der Erleuchtung des menschlichen Geistes durch die göttliche Wahrheit, außerdem aber ließ es sich zum Gegenstand mathematischer Erwägungen machen. Der erste bedeutende mittelalterliche Autor, der das Studium der Optik aufnahm, war Grosseteste. Er legte die Richtung der späteren Entwicklung fest. Grosseteste hielt das Studium der Optik für besonders wichtig, weil er glaubte, das Licht sei die erste »körperliche Form« der materiellen Dinge, dem sie nicht nur ihre räumliche Ausdehnung verdankten, sondern das auch das Urprinzip der Bewegung und der bewirkenden Kausalität sei. Nach Grosseteste konnten alle Veränderungen im Universum letztlich der Wirksamkeit dieser zugrunde liegenden körperhaften Form zugeschrieben werden. Die Fernwirkung eines Dinges auf ein anderes entstand durch die Ausbreitung von Kraftstrahlen oder, wie er es nannte, die »Multiplikation der Species« oder »Wirkkraft«. Damit meinte er die Fortpflanzung jeglicher Art von bewirkender Kausalität durch ein Medium, wobei der Einfluß, der von der Quelle der Kausalität ausging, einer Eigenschaft der Quelle entsprach, wie z. B. Licht von einem leuchtenden Körper ausging als eine »Species«, die sich beim Durchgang durch das Medium in einer geradlinigen Bewegung von Punkt zu Punkt vervielfältigte. Alle Formen bewirkender Kausalität, z. B. Hitze, astrologische Einwirkungen und mechanische Bewegung, schrieb Grosseteste dieser Ausbreitung der »Species« zu; die für ihre Erforschung geeignetste Form aber war das sichtbare Licht. Daher war das Studium der Optik von besonderer Bedeutung für das Verständnis der physischen Welt. Grossetestes Theorie der Multiplikation der Species wurde von Roger Bacon, Witelo, Pecham und anderen Autoren übernommen. Sie alle trugen das Ihre zur Optik bei, in der Hoffnung, nicht nur die Wirkungsweise des Lichtes aufzuklären, sondern auch das Wesen der bewirkenden Kausalität im allgemeinen. Zu diesem Zweck war die Anwendung der Mathematik unerläßlich, denn nach Aristoteles war ja die Optik der Geometrie untergeordnet, und der Fortschritt in der mittelalterlichen Optik wäre sicher unmöglich gewesen ohne die Kenntnis der *Elemente* Euklids und der *Kegelschnitte* des Apollonius. Das ganze Mittelalter hindurch und noch weit darüber hinaus wurde die aristotelische Unterscheidung zwischen den mathematischen und den physikalischen Aspekten der Optik beibehalten. Wie Grosseteste es in seiner Diskussion des Gesetzes der Reflexion formulierte, konnte die Geometrie beschreiben, was geschah, aber sie konnte nicht erklären, warum es geschah. Die Ursache des beobachteten Verhaltens des Lichtes, der Gleichheit des Einfalls- und des Reflexionswinkels mußte, wie er sagte, in der Natur des Lichtes selbst gesucht werden. Nur eine Kenntnis dieser physikalischen Natur würde es ermöglichen, die Ursache der Bewegung zu verstehen.

Die Hauptquellen der Optik des 13. Jahrhunderts waren, außer Aristoteles' *Meteorologica* und *De Anima*, die optischen Schriften des Euklid, Ptolemäus und Diokles (2. Jahrhundert v. Chr.) und die der arabischen Autoren Alkindi, Alhazen, Avicenna und Averroës. Aristoteles, dem es mehr auf die Ursache des Sehens ankam als auf die Gesetze, nach denen es vor sich ging, hatte geglaubt, daß Licht (oder Farbe) nicht eine Bewegung sei, sondern ein Zustand der Durchsichtigkeit in einem Körper, und daß es durch eine momentane qualitative Veränderung in einem potentiell durchsichtigen Medium hervorgebracht werde. Andere griechische Philosophen hatten es anders erklärt. So hatte Empedokles behauptet, Licht sei eine Bewegung, die Zeit brauche, um sich fortzupflanzen; Plato meinte, das Sehen könne durch eine Anzahl getrennter Strahlen erklärt werden, die vom Auge zu dem gesehenen Objekt ausgingen (s. S. 33). Im Gegensatz zu dieser Ausstrahlungstheorie hatten die Stoiker angenommen, das Sehen rühre von Lichtstrahlen her, die vom Objekt aus ins Auge eindrängen. Die eine oder andere dieser Strahlentheorien, die voraussetzten, daß das Licht sich geradlinig fortpflanze, war von Euklid, Ptolemäus und anderen griechischen Autoren übernommen worden; sie hatten die Optik so hoch entwickelt, daß sie an Rang ebenbürtig neben der Astronomie und Mechanik ihren Platz unter den am weitesten fortgeschrittenen Naturwissenschaften der Antike einnahm. Diese Forscher entdeckten, daß der Reflexionswinkel von Strahlen, die von einer Fläche zurückgeworfen werden, gleich dem Einfallswinkel ist. Ptolemäus, der den Brechungswinkel von Strahlen beim Übergang aus Luft in Glas und Wasser maß, beobachtete, daß der Brechungswinkel immer kleiner ist als der Einfallswinkel; aber er irrte in der Annahme, daß dies in einer konstanten Proportion der Fall sei. Daraus schloß er, daß die scheinbare Position eines Sterns wegen der Brechung des Lichtes durch die Atmosphäre nicht immer seiner wirklichen Position entspreche.

Auf der griechischen Optik bauten die Araber weiter, insbesondere Alhazen (965–1039), dessen Werk die Hauptquelle dessen war, was man in der mittelalterlichen Christenheit über Optik wußte. Alhazen gelangte zu einem besseren Verständnis nicht nur der geometrischen Optik, sondern auch des Sehvorgangs, obgleich er noch bei dem irrigen Glauben beharrte, daß die Linse der empfindende Teil des Auges sei. Er zeigte, daß der Brechungswinkel nicht proportional dem Einfallswinkel ist; er studierte sphärische und parabolische Spiegel, sphärische Aberration, Linsen und atmosphärische Brechung. Er vertrat auch die Ansicht, daß das Licht sich nicht momentan fortpflanze, und verwarf Platos Ausstrahlungstheorie, an der Euklid und Ptolemäus festgehalten hatten, zugunsten der Auffassung, daß das Licht vom Objekt her zum Auge komme, wo es durch die Linse »umgewandelt« werde. Auch die Kenntnis der Anatomie des Auges wurde von den Arabern verbessert; ihre diesbezügliche Informationsquelle war vor allem Rufus von Ephesus (1. Jahrhundert n. Chr.). Hervorragendes wurde hier von Rhazes und Avicenna geleistet. Averroës war der erste, der erkannte, daß nicht die Linse, sondern die Netzhaut das empfindende Organ des Auges ist, doch scheint er in dieser Frage keinen Einfluß auf spätere mittelalterliche Autoren gehabt zu haben (s. S. 483).

Unter denen, die im 13. Jahrhundert über Optik geschrieben haben, ist Grosseteste hervorzuheben, hauptsächlich wegen seines Versuches, die Gestalt des Regenbogens durch ein einfaches Phänomen zu erklären, das er experimentell studieren konnte: die Brechung des Lichtes durch eine sphärische Linse. Aristoteles hatte behauptet, der Regenbogen werde durch Reflexion an Wassertropfen in der Wolke verursacht, Grosseteste aber führte ihn auf Brechung zurück, doch glaubte er, diese werde dadurch verursacht, daß die ganze Wolke wie eine große Linse wirke. Wenn auch seine eigentliche Leistung auf dem Gebiet der Optik mehr darin bestand, den Wert der experimentellen und mathematischen Methode in das rechte Licht zu rücken, als darin, daß er das vorhandene positive Wissen wesentlich bereichert hätte, so hat er ihm doch auch ein paar wichtige Einzelheiten hinzugefügt. Auf ihn geht die Theorie der Doppelbrechung zurück, die bis zum 16. Jahrhundert die maßgebende Erklärung für die sphärische Linse oder das Brennglas blieb. Nach dieser Theorie wird das von der Sonne ausstrahlende Licht einmal beim Eintritt in die Linse gebrochen und zum zweitenmal beim Austritt auf der anderen Seite, wobei die kombinierten Brechungen die Strahlen in einem Brennpunkt sammeln. In seiner Schrift *De Iride* versuchte er auch, ein quantitatives Gesetz für die Brechung zu formulieren; die Arbeit des Ptolemäus darüber war ihm bekannt. Er behauptete, dieses Gesetz werde »uns durch Experimente gezeigt«, und er glaubte, daß es auch mit dem Ökonomieprinzip zu vereinbaren sei. Den Sehvorgang führte er auf vom Auge ausgehende Sehstrahlen zurück. Er sagte, wenn Strahlen von einem dünneren in ein dichteres Medium übergingen, halbiere der gebrochene Strahl den Winkel zwischen der Verlängerung des einfallenden Strahls und der Senkrechten auf der gemeinsamen Fläche in dem Punkt, wo der einfallende Strahl in das dichte Medium eintritt. Sehstrahlen, die von einem dichten in ein dünnes Medium übergingen, würden in entgegengesetzter Richtung gebeugt. Grossetestes »Gesetz« wäre durch einfache Experimente zu widerlegen gewesen; er benutzte es jedoch, um die Gestalt des Regenbogens zu erklären. Er war auch der erste lateinische Autor, der die Benutzung von Linsen empfahl, um kleine Gegenstände vergrößert zu sehen und entfernte näher heranzuholen. Tatsächlich trugen seine optischen Arbeiten dazu bei, daß Ende des 13. Jahrhunderts in Norditalien die Brille erfunden wurde (s. S. 217 und 227 f.).

Erwähnenswert ist ferner Grossetestes Versuch, eine geometrische und beinahe mechanische Auffassung von der geradlinigen Ausbreitung des Lichtes und des Schalls durch eine Serie von Wellen oder Pulsstößen zu formulieren. In seinem Kommentar zu der *Zweiten Analytik*, Buch 2, Kap. 4, beschrieb er, wie ein tönender Körper, wenn er kräftig angeschlagen wird, eine Zeitlang vibriert, weil seine heftige Bewegung und eine »natürliche Kraft« abwechselnd die Teile hin- und herbewegen, wobei jeder über die natürliche Lage hinausschießt. Diese Vibrationen teilen sich dem Urlicht mit, das als die erste »körperhafte Form« dem tönenden Körper innewohnt. »Wenn daher der tönende Körper angeschlagen wird und vibriert, muß eine ähnliche Vibration und ähnliche Bewegung stattfinden in der umgebenden angrenzenden Luft, und diese Erzeugung schreitet nach allen Richtungen geradlinig fort.« Wenn die Ausbreitung an ein Hindernis stößt, so ist sie gezwungen, »sich von neuem zu erzeugen, indem sie zurückkehrt. Denn die sich ausbreitenden Teile der Luft, die mit dem Hindernis zusammenstoßen, müssen sich notwendigerweise in der umgekehrten Richtung ausbreiten; so ist dieses Zurückprallen, das sich bis auf das in der feinsten Luft befindliche Licht erstreckt, der zurückkehrende Ton, und dies ist ein Echo.« Ebenso, wie das Echo durch das Urlicht, das der Luft innewohnende Urprinzip der Bewegung, fortgepflanzt wird, so wird ein reflektiertes Bild hervorgebracht durch das analoge »Zurückprallen« von sichtbarem Licht, und ähnlich wurde die Brechung erklärt.

Grossetestes bedeutendster Schüler, Roger Bacon, trug eine Reihe von Einzelheiten zur Kenntnis der Reflexion und Brechung bei, doch viele der von ihm beschriebenen Experimente waren Wiederholungen der schon von Alkindi und Alhazen durchgeführten. Er setzte Grossetestes methodologische Lehre fort. Auf experimentellem Wege gelangte er zu selbständigen Bestimmungen, z. B. der Brennweite eines Hohlspiegels, der von der Sonne beschienen wird; durch seinen Hinweis, daß die auf die Erde fallenden Sonnenstrahlen als parallel behandelt werden könnten, statt von einem Punkt ausstrahlend, ermöglichte er eine bessere Erklärung von Brenngläsern und parabolischen Spiegeln. Er war fest überzeugt von der Theorie, daß beim Sehen materielles Licht mit einer ungeheuren, wiewohl endlichen Geschwindigkeit von dem gesehenen Objekt ins Auge gelange. Aber er wies darauf hin, daß beim Sehakt etwas Psychisches sozusagen von dem Auge »ausgehe«. Für die Ausbreitung des materiellen Lichts gab er eine ähnliche Erklärung wie Grosseteste, daß sie nämlich nicht ein Weiterfließen einer Substanz sei wie beim Wasser, sondern eine Art Pulsstoß wie beim Klang, der sich von einem Teil zum anderen fortpflanze. In der »Multiplikation der Species« des Lichtes gab es nur diese eine Art der Aufeinanderfolge. Aber er bemerkte, daß das Licht sich viel schneller fortpflanze als der Schall; denn wenn jemand in einiger Entfernung etwas mit einem Hammer bearbeitet, so sehen wir den Schlag, bevor wir den Klang hören, und ebenso sehen wir den Blitz, bevor wir den Donner hören.

Bacon gab eine bessere Beschreibung der Anatomie des Wirbeltierauges (Tafel VI) und der Sehnerven als irgendein lateinischer Autor vor ihm und empfahl, daß jeder, der den Gegenstand studieren wolle, Rinder oder Schweine sezieren sollte. Er diskutierte bis ins einzelne die für das Sehen notwendigen Bedingungen und die Wirkungen verschiedener Arten und Anordnungen von einfachen Linsen (Abb. 4). Auf Grund der Theorie, daß die scheinbare Größe eines Gegenstandes abhängig ist von dem Winkel, unter dem er ins Auge fällt, versuchte er das Sehvermögen zu verbessern. Dazu benutzte er plankonvexe Linsen, deren Wirkweise er jedoch nur unvolkommen verstand. Seine wissenschaftliche Phantasie spielte ungehemmt mit den Möglichkeiten, durch entsprechende Anordnungen von Spiegeln oder Linsen kleine Gegenstände unendlich zu vergrößern und entfernte Objekte näher heranzuholen. Er war überzeugt, daß Julius Caesar in Gallien Spiegel aufgestellt hatte, mit denen er sah, was in England vor sich ging, und daß man mit Hilfe von Linsen Sonne und Mond herabsteigen und über den Köpfen von Feinden erscheinen lassen könnte; der unwissende Pöbel, sagte er, könne das nicht aushalten.

Bacons Versuch, die Ursache des Regenbogens zu entdecken, ist ein gutes Beispiel für seine Auffassung von der induktiven Methode (s. S. 259 ff.). Er begann damit, dem Regenbogen ähnliche Phänomene zu sammeln: Farben in Kristallen, in Tautropfen auf dem Gras, in Spritzern von Mühlenrädern oder Rudern, die von der Sonne beleuchtet oder durch ein Tuch oder mit zusammengekniffenen Augen gesehen wurden. Dann untersuchte er den Regenbogen selbst und bemerkte, daß er immer in Wolken oder Nebel auftrat. Durch eine Kombination von Beobachtung, astronomischer Theorie und Messungen mit dem Astrolab konnte er beweisen, daß der Bogen sich immer der Sonne gegenüber befand, daß das Zentrum des Bogens, das Auge des Beobachters und die Sonne immer auf einer geraden Linie lagen und daß ein ganz bestimmter Zusammenhang zwischen der Höhe des Bogens und der der Sonne bestand. Er zeigte, daß die vom Regenbogen zum Auge zurückkehrenden Strahlen mit den Einfallsstrahlen, die von der Sonne zum Bogen gingen, einen Winkel von 42 Grad bildeten. Um diese Fakten zu erklären, wandte er dann die Theorie an, die Aristoteles in seinen *Meteorologica* aufgestellt hatte: daß der Regenbogen die Basis eines Kegels bilde, dessen Scheitel-

punkt an der Sonne ist und dessen Achse von der Sonne durch das
Auge des Beobachters zum Zentrum des Bogens geht. Rücke die
Basis des Kegels am Himmel höher oder tiefer, je nach der Höhe der
Sonne, so entstehe dadurch ein größerer oder kleinerer Regenbogen.
Wenn sie genügend hoch gerückt werden könnte, würde der ganze
Kreis über dem Horizont erscheinen, wie bei Regenbogen in Wasser-
spritzern. Mit dieser Theorie erklärte er die Höhe des Bogens auf
verschiedenen Breiten und zu verschiedenen Jahreszeiten. Sie bedeu-
tet unter anderem, daß jeder Beobachter einen anderen Bogen sieht.
Dies bestätigte er durch die Beobachtung, daß, wenn er sich auf den
Regenbogen zu, von ihm weg oder parallel zu ihm bewegte, dieser
sich mit ihm bewegte, relativ zu Bäumen und Häusern. Er behauptete
auch, daß 1000 Männer in einer Reihe 1000 individuelle Regenbogen sähen und daß der Schatten jedes Mannes die Wölbung seines
Bogens halbiere. Die Farben und die Form des Regenbogens ständen

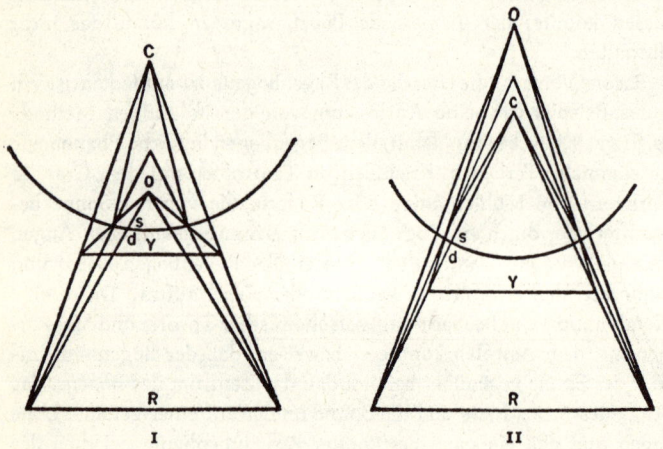

Abb. 4 *Diagramme aus dem Britischen Museum MS Royal 7. F. viii
(13. Jahrhundert). Illustrationen zu Roger Bacons Einteilung der Eigenschaften gekrümmter Brechungsflächen in* Opus Majus V. *Die Strahlen
gehen von jedem Ende des Objekts (res, R) aus, werden gebrochen an der
gekrümmten Oberfläche, die das optisch dünnere (subtilior, s) und dichtere
(densior, d) Medium, z. B. Luft und Glas, trennt, und treffen sich im*

also zu dem Beobachter in einer anderen Beziehung als die von feststehenden Gegenständen wie Kristallen. Was die Farben betrifft, so war ihre Behandlung bei Bacon ebensowenig überzeugend wie bei allen anderen Forschern vor Newton. Die Form schrieb er der Reflexion des Lichtes von sphärischen Wassertropfen in der Wolke zu; denn der Regenbogen erscheine für den individuellen Beobachter nur in den Tropfen, von denen aus die reflektierten Strahlen in seine Augen fielen. Mit dieser – übrigens falschen – Theorie erklärte er auch Höfe und Nebensonnen.

Einer der Anhänger Grossetestes im späteren 13. Jahrhundert, der Schlesier Witelo (geb. um 1230), beschrieb ähnliche Experimente wie die des Ptolemäus zur Bestimmung der Brechungswinkel des Lichts beim Übergang aus der Luft in Wasser und Glas, wobei die Einfallswinkel jeweils um 10 Grad größer wurden bis zu einem Maximum von 80 Grad. Alhazen hatte nichts von Messungen dieser Art be-

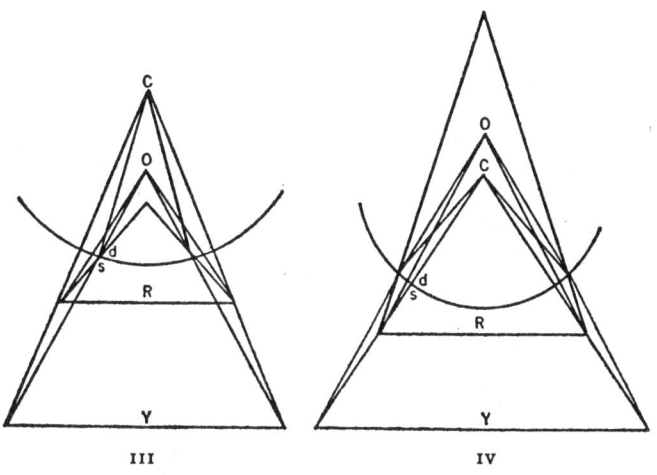

III   IV

Auge (oculus, o). Das Bild (ymago, y) wird auf einer Projektion dieser gebrochenen, in das Auge eintretenden Strahlen gesehen und vergrößert oder verkleinert, je nachdem, ob die konkave (I–IV) oder konvexe (V–VIII) Oberfläche dem Auge zugekehrt ist, ob das Auge auf der dünneren (I, II, V, VI) oder dichteren (III, IV, VII, VIII) Seite der Krümmung ist und ob das Auge auf derselben Seite ist wie das Zentrum der Krümmung (cen-

richtet; aber es scheint, daß Witelo einen Apparat, den Alhazen für einen anderen Zweck beschrieben hatte, verwendet hat. Er bestand aus einem zylindrischen Messinggefäß, auf dessen Innenseite ein Kreis mit 360 Graden und Minuten markiert war. Die lichtbrechenden Medien wurden in den Zylinder eingefüllt und die Messungen mit Hilfe eines Visiers und eines Loches an jedem Ende eines Durchmessers des mit Gradeinteilung versehenen Kreises vorgenommen*.

* Ausführliche Beschreibung s. A. C. Crombie, *Robert Grosseteste and the Origins of Experimental Science 1100-1700*, Oxford 1953, S. 220ff.

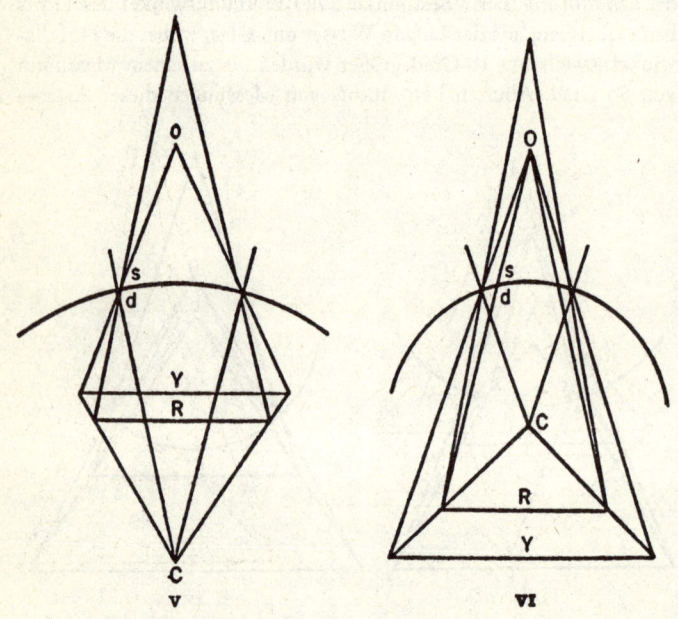

trum, C), auf der dem Gegenstand zu- oder abgewandten Seite (II, IV) oder ob das Krümmungszentrum auf der Seite des Objekts ist, auf der dem Auge zu- oder abgewandten Seite (V, VII). Eine Verwechslung der scheinbaren Größe und Nähe, die Bacon dazu verführte, ein verkleinertes Bild in I und ein vergrößertes in III zu zeichnen, wird in einem späteren Abschnitt des Opus Majus berichtigt. Dort weist Bacon darauf hin, daß »die

Witelos Tafel, die die Variationen der zusammengehörigen Einfalls-
und Brechungswinkel darstellt, ist insofern bemerkenswert, als sie
Ergebnisse von Beobachtungen zeigt, die in *beiden* Richtungen auf
der lichtbrechenden Oberfläche angestellt wurden. Diese sind sehr
aufschlußreich. Denn während z. B. die Resultate beim Übergang
des Lichts von der Luft ins Wasser leidlich exakt sind, sind die für
den umgekehrten Fall angegebenen Werte entweder sehr ungenau
oder ganz unmöglich. Es ist klar, daß er diese umgekehrten Messungen überhaupt nie gemacht hat, sondern seine Werte fälschlich
von dem Gesetz ableitete, daß der Betrag der Brechung in beiden
Richtungen derselbe ist. Er wußte auch nicht, daß es bei den höheren
Einfallswinkeln gar keine Werte für die Brechung gibt, weil alles

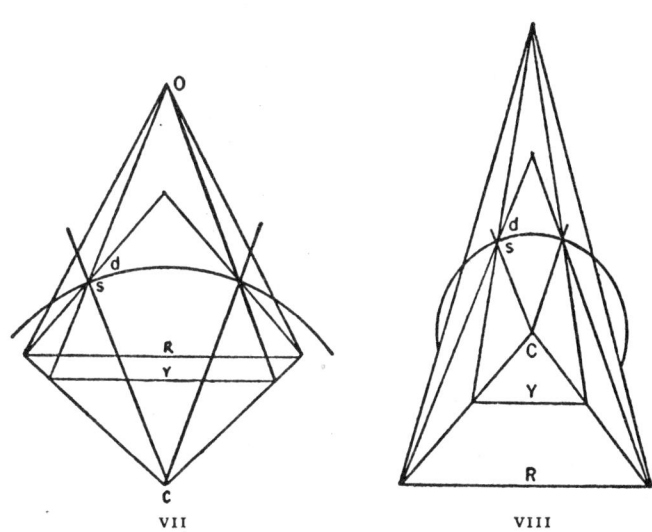

VII   VIII

*Größe des Gesichtswinkels bei diesen Erscheinungen der ausschlaggebende
Faktor« ist, d. h. die Winkel, unter denen das Objekt und das Bild in das
Auge fallen. Er empfahl eine konvexe Linse von der Form einer Halbkugel (VI) oder weniger als einer Halbkugel (V) als Hilfe bei Schwachsichtigkeit.*

Licht unterhalb der Berührungsfläche zwischen Wasser und Luft reflektiert wird. So ist Witelo die Entdeckung des wichtigen Phänomens der totalen Reflexion bei einem kritischen Winkel entgangen. Trotzdem ist seine Arbeit interessant. Er versuchte auch, seine Resultate in einer Reihe von mathematischen Theoremen auszudrücken, und wies darauf hin, daß der Brechungswinkel mit dem Einfallswinkel größer wird, daß aber jener immer geringer zunimmt als dieser. Diese Theoreme versuchte er mit Unterschieden in der Dichtigkeit der Medien in Beziehung zu setzen. Er erzeugte auch experimentell die Spektralfarben, indem er weißes Licht einen sechseckigen Kristall passieren ließ, und schloß daraus, zumindest implicite, daß die blauen Strahlen einen größeren Brechungswinkel hätten als die roten. Er nahm an, die Farbskala werde hervorgebracht durch fortschreitende Schwächung des weißen Lichts infolge der Brechung, die eine entsprechend zunehmende Mischung mit Dunkelheit vom Medium her zuließ. Dieselbe Erklärung war in der sogenannten *Summa Philosophiae* des Pseudo-Grosseteste gegeben worden, dem Werk eines englischen Autors aus dem Kreise Grosetestes. Witelo benutzte seine optischen Untersuchungen zu einer scharfsinnigen, aber falschen Erklärung des Regenbogens. Interessant ist auch seine Diskussion über die Psychologie des Sehens. Ein anderer englischer Autor, John Pecham († 1292), verfaßte ein brauchbares, leichtverständliches kleines Lehrbuch der Optik, in dem er aber kaum über die Darstellung des schon Bekannten hinausging. Einige beachtliche Fortschritte wurden von dem Deutschen Theoderich oder Dietrich von Freiberg († 1311) erzielt. Sein Werk über die Lichtbrechung und über den Regenbogen ist ein hervorragendes Beispiel für die Anwendung der experimentellen Methode im Mittelalter.

Unter denen, die vor Dietrichs *De Iride et Radialibus Impressionibus* über den Regenbogen geschrieben hatten, hatte Grosseteste die Gestalt des Bogens auf die Brechung des Lichtes zurückgeführt; Albertus Magnus und Witelo, die über viel größeres Wissen verfügten, hatten auf die Notwendigkeit hingewiesen, sowohl die Brechung als auch die Reflexion der Strahlen durch *einzelne* Regentropfen in Betracht zu ziehen. Dietrich selber vertrat die Theorie, daß der primäre Bogen dadurch verursacht werde, daß auf sphärische Regentropfen fallendes Licht in jedem einzelnen Tropfen gebrochen, an der Innenseite seiner Oberfläche reflektiert und beim Austritt wiederum gebrochen werde und daß der sekundäre Bogen durch eine weitere Reflexion vor der zweiten Brechung zustande komme. Diese Erklärung gilt auch heute noch; doch schreibt man sie gewöhnlich Descartes zu, dessen mathematische Darlegung dieser Theorie in jeder Hinsicht überlegen war. Die Entdeckung, die dieser Erklärung zugrunde lag, daß nämlich das Licht an der konkaven Innenseite der Oberfläche jedes Regentropfens reflektiert wird, machte Dietrich mit Hilfe von Experimenten an einem Regentropfenmodell in Gestalt eines kugelförmigen, mit Wasser gefüllten Glasgefäßes, wahrscheinlich einer Urinflasche, wie man sie zu medizinischen Zwecken benutzte, und an einer Kristallkugel*. Mit diesem Apparat zeigte er auch, daß die verschiedenen Farben des Regenbogens in einer konstanten Ordnung erscheinen, wenn man eine solche Kugel, die in entsprechender Stellung zur Sonne und zum Auge gehalten wird, auf- und niederbewegt. Wenn die Kugel etwa 11 Grad über dieser Stellung gehalten wurde, erschienen, wie er nachwies, dieselben Farben in umgekehrter Anordnung. So gelang es ihm, in weiteren Experimenten mit großer Exaktheit die Bahn der Strahlen zu verfolgen, die sowohl den primären als auch den sekundären Regenbogen hervorbrachten (Tafel VII, VIII, IX, X). Merkwürdig ist, daß er für den Winkel zwischen den Strahlen, die von der Sonne zum Bogen und vom Bogen zum Auge des Beobachters gingen, einen falschen Wert von 22 Grad angab und behauptete, er könne mit einem Astrolab gemessen werden. Denn der annähernd richtige Wert von 42 Grad, den Roger Bacon ermittelt hatte, war damals allgemein bekannt.

Auch die Farben des Regenbogens versuchte Dietrich experimentell zu erforschen. Er zeigte, daß die gleichen Farben, die man im Regenbogen sieht, dadurch erzeugt werden können, daß man Licht durch Kristallkugeln oder wassergefüllte Glaskugeln und durch sechseckige Kristalle fallen läßt, wobei entweder das Auge auf die abgewandte Seite der Kugel oder des Kristalls gerichtet oder das Licht weiter auf einen undurchsichtigen Schirm projiziert wird. Die Farben dieses Spektrums erschienen immer in derselben Reihenfolge: Rot der Einfallslinie am nächsten, dann Gelb, Grün und Blau – das waren die vier Hauptfarben, die er unterschied. Aus seiner Beschrei-

---

* s. Crombie, *Robert Grosseteste*, S. 223 ff., wo Dietrichs Zeichnungen sämtlich reproduziert sind.

bung geht hervor, daß er annahm, die Farben würden *innerhalb* des brechenden Körpers gebildet nach der Brechung an der ersten Oberfläche, die von den Strahlen getroffen wurde, nicht erst bei ihrem Austritt aus dem brechenden Körper. Zur Erklärung des Spektrums benutzte Dietrich die von Averroës in seinen Aristoteleskommentaren entwickelte Farbentheorie. Danach war die Entstehung der Farben abhängig von der Anwesenheit zweier Paare von einander entgegengesetzten Qualitäten: Helligkeit und Dunkelheit, Begrenztheit und Unbegrenztheit. Die beiden ersten waren formelle, die zweiten materielle Ursachen; der Grund für das Zustandekommen eines Spektrums lag darin, daß der Lichtstrom nicht aus geometrischen Linien bestand, sondern aus »Säulen« mit Breite und Tiefe, so daß verschiedene Teile des Lichtstroms beim Durchgang durch ein geeignetes Medium verschieden beeinflußt werden konnten. Wenn z. B. das Licht senkrecht auf die Oberfläche eines sechseckigen oder kugelförmigen Kristalls fiel, ging es ohne Brechung gerade hindurch und blieb vollkommen hell und unbegrenzt. Solches Licht blieb daher weiß. Aber Licht, das in einem Winkel auf die Oberfläche des Kristalls oder der Flasche fiel, wurde gebrochen und geschwächt, seine Helligkeit wurde durch ein bestimmtes Maß von Dunkelheit reduziert; es wurde durch die Begrenztheit der Oberfläche des brechenden Körpers beeinflußt. Die verschiedenen Kombinationen der auf den Lichtstrom einwirkenden Qualitäten verursachten also die Reihe der Farben, die nach der Brechung in Erscheinung traten, von der hellsten, Rot, bis zur dunkelsten, Blau, auch wenn der Kristall und das Wasser in der Flasche selbst nicht gefärbt waren, wie es etwa bei gefärbtem Glas der Fall war.

Dietrich führte eine ganze Reihe von Experimenten durch, um verschiedene Punkte seiner Theorie zu beweisen. Er machte die Feststellung, daß in den Strahlen, die durch einen sechseckigen Kristall oder durch eine mit Wasser gefüllte Glasflasche gebrochen wurden, das Rot der ursprünglichen Einfallslinie zunächst erschien, Blau am weitesten von ihr entfernt war. Er dachte nicht daran, die Farben wieder zusammenzusetzen, so daß sie das weiße Licht wiederherstellten, indem er sie durch einen zweiten, umgekehrt liegenden Kristall hindurchgehen ließ, wie das später Newton getan hat. Jedoch beobachtete er, daß, wenn der Schirm sehr nahe an den Kristall gehalten wurde, das auf ihn projizierte Licht kein Spektrum zeigte und weiß erschien. Zur Erklärung dieser Tatsache sagte er, das Licht sei in dieser Entfernung noch zu stark für die Dunkelheit und Begrenztheit, als daß diese einwirken könnten. Alles in allem stellte Dietrichs Werk einen bemerkenswerten Fortschritt sowohl in der Optik als auch in der experimentellen Methode dar. Das Verfahren, ein kompliziertes Phänomen wie die Gestalt und die Farben des Regenbogens auf eine Reihe einfacherer Probleme zu reduzieren, die jedes für sich durch eigens für sie ersonnene Experimente untersucht werden konnten, war besonders fruchtbar für die Zukunft. Dietrichs Theorie wurde nicht vergessen; sie wurde im späteren 14. Jahrhundert von Themon Judaei diskutiert, im 15. Jahrhundert von Regiomontanus, im 16. Jahrhundert an der Universität Erfurt und wahrscheinlich auch noch anderswo. In Erfurt gab 1514 ein gewisser Jodocus Trutfetter aus Eisenach Holzschnitte von Dietrichs Diagrammen des primären und sekundären Regenbogens heraus (Tafel x). Eine der Dietrichs ähnliche Erklärung des Regenbogens wurde 1611 von Marc Antonio de Dominis veröffentlicht, und diese war so gut wie sicher die Grundlage der viel ausführlicheren, 1673 erschienenen von Descartes.

Durch ein merkwürdiges Zusammentreffen wurde eine ähnliche Erklärung des Regenbogens auch von den zeitgenössischen arabischen Autoren Qutb al-din al-Shirazi (1236-1311) und Kamal al-din al-Farisi († um 1320) verfaßt. Die westlichen und östlichen Gelehrten scheinen ganz unabhängig voneinander gearbeitet, aber dieselben Quellen benutzt zu haben, hauptsächlich Aristoteles und Alhazen. Von al-Farisi stammt auch eine interessante Erklärung der Lichtbrechung, die er darauf zurückführte, daß die Geschwindigkeit des Lichts beim Durchgang durch verschiedene Medien sich in umgekehrter Proportion zu der »optischen Dichte« vermindert. Diese Erklärung deutet schon die im 17. Jahrhundert von den Anhängern der Wellentheorie des Lichts vorgetragene an. Ein weiteres interessantes Zusammentreffen war es, daß Dietrich die Theorie der *Camera obscura* oder Lochkamera zur selben Zeit verbesserte, als eine ähnliche Arbeit von Levi ben Gerson unternommen wurde. Beide wiesen nach, daß die Bilder, die sich ergaben, nicht durch die Gestalt des Loches beeinflußt wurden, und daß ein genaues Bild entstand, wenn die Öffnung ein bloßer Punkt war, daß aber eine Vielzahl einander nur teilweise überlagernder Bilder erschien, wenn das Loch größer war. Sie benutzten dieses Instrument, um Finsternisse und andere astronomische Phänomene, sowie die Bewegungen von Vögeln und Wolken zu beobachten.

Eine weitere Entwicklung der mittelalterlichen Optik ergab sich durch das geometrische Studium der Perspektive in Verbindung mit der Malerei. Die bewußte Anwendung der Zentralprojektion, zuerst nachweisbar auf den Gemälden des Ambrogio Lorenzetti von Siena in der Mitte des 14. Jahrhunderts, sollte im 15. Jahrhundert in der italienischen Malerei einen revolutionären Wandel hervorrufen.

MECHANIK UND MAGNETISMUS

Abgesehen von der Theorie der »Multiplikation der Species« des Lichts waren die einzigen nichtlebenden Ursachen räumlicher Bewegung in der irdischen Region, die das 13. Jahrhundert in Betracht zog, mechanische Einwirkung und Magnetismus; die einzigen natürlichen mechanischen Ursachen waren Schwere und Leichtigkeit. Im Mittelalter war die Mechanik neben Astronomie und Optik der Teil der Physik, auf den die Mathematik am erfolgreichsten angewandt wurde. Hauptquellen für die Mechanik des 13. Jahrhunderts waren die mathematischste aller Abhandlungen im Corpus Aristotelicum, die *Mechanica (Mechanische Probleme)*, die damals allgemein, aber zu Unrecht, Aristoteles selber zugeschrieben wurde, und eine kleine Anzahl spätgriechischer und arabischer Schriften. Auch die *Physik* des Aristoteles war für die Mechanik bedeutsam. Das ganze Gedankengut über Mechanik, das im 13. Jahrhundert zugänglich wurde, basierte ja eigentlich auf dem in jenem Werk behandelten Grundsatz, daß räumliche Bewegung wie andere Arten von Veränderung ein Übergang von der Möglichkeit zur Wirklichkeit sei. Ein solcher Prozeß erfordert notwendigerweise das fortgesetzte Wirken einer Ursache; wenn die Ursache zu wirken aufhört, so hört auch das Bewirkte auf. Alle sich bewegenden Körper bedurften danach für ihre Bewegung entweder eines ihnen innewohnenden »natürlichen« Prinzips, der »Natur« oder »Form«, das die natürliche Bewegung des Körpers veranlaßte, oder eines von dem Körper verschiedenen Bewegers von außen her, ohne den der Körper sich nicht bewegen konnte (s. oben S. 66 f., 73 f.). Ferner war die

Wirkung proportional der Ursache, so daß die Geschwindigkeit eines sich bewegenden Körpers variierte in direkter Proportion zu der Kraft oder »Wirkkraft«* der innewohnenden »Natur« oder des äußeren Bewegers; sie variierte für den gleichen Körper und die gleiche bewegende Kraft in verschiedenen Medien in umgekehrter Proportion zu dem Widerstand, den das Medium ihm entgegensetzte. Bewegung, Geschwindigkeit, wurde also durch zwei Kräfte bestimmt: eine entweder innere oder äußere, die den Körper antrieb, und eine andere außerhalb des Körpers, die ihm Widerstand bot. Bei Aristoteles gab es nicht den Begriff der Masse, d. h. des inneren Widerstandes, der eine Eigenschaft des sich bewegenden Körpers selbst ist; dieser Begriff sollte erst im 17. Jahrhundert zur Grundlage der Mechanik werden**. Bei fallenden Körpern war die Kraft oder Gewalt, die die Bewegung verursachte, das Gewicht; so folgte aus den obigen Grundsätzen, daß in jedem beliebigen Medium die Geschwindigkeit eines fallenden Körpers proportional seinem Gewicht war und daß ferner, wenn ein Körper sich in einem Medium bewegte, das keinen Widerstand bot, seine Geschwindigkeit unendlich groß sein mußte. Da in diesem Schluß eine Unmöglichkeit lag, sah Aristoteles in ihm ein weiteres Argument gegen die Existenz eines leeren Raumes.

Als die Mechanik des Aristoteles im 13. Jahrhundert im christlichen Abendland bekannt wurde, unterzog man sie wie seine übrigen naturwissenschaftlichen Ideen logischer und empirischer Prüfung. Dies führte im folgenden Jahrhundert zu radikaler Kritik an seiner dynamischen Theorie und ihren physikalischen Konsequenzen, wie z. B. der Unmöglichkeit eines leeren Raumes. Dadurch wurde der Weg bereitet für die ungeheure geistige Leistung, durch die Galilei und seine Anhänger im 17. Jahrhundert sich von den aristotelischen Grundsätzen frei machten und die mathematische Mechanik begründeten, die das Hauptcharakteristikum der Naturwissenschaftlichen Revolution war (s. S. 270–282).

Im 13. Jahrhundert war nicht der Dynamik, sondern der Statik

*Diese Kraft wurde gewöhnlich *virtus* genannt, d. h. Kraft oder Fähigkeit, etwas zu tun.

** Der Begriff der Masse wurde erst im 17. Jahrhundert aus der Annahme deduziert, daß die Fallgeschwindigkeit in einem Vakuum oder einem Medium, dessen Widerstand im Vergleich zu dem Gewicht des Körpers gering wäre, für alle Körper gleich sei.

und bis zu einem gewissen Grade auch der Kinematik, d. h. dem Studium der Bewegungsverhältnisse, die tiefstgreifende Entwicklung vorbehalten, besonders in der Schule des Jordanus Nemorarius. Dieser ist möglicherweise identisch mit Jordanus Saxo († 1237), dem zweiten Ordensgeneral des Dominikanerordens; aber das ist eine noch unentschiedene Frage. Aus dem aristotelischen Grundsatz, daß die Geschwindigkeit der bewegenden Kraft proportional sei, folgte, daß die bewegende Kraft proportional der Geschwindigkeit genannt werden konnte. Wenn, wie Aristoteles behauptet hatte, eine bestimmte bewegende Kraft einen bestimmten Körper mit einer bestimmten Geschwindigkeit bewegte, dann war zweimal soviel an Bewegungskraft erforderlich, um denselben Körper mit der doppelten Geschwindigkeit zu bewegen. Daher wurde die bewegende Kraft gemessen durch das Produkt aus dem Gewicht des bewegten Körpers und der ihm aufgezwungenen Geschwindigkeit. Dies hat man das »Axiom des Aristoteles« genannt. Dynamische und statische Vorstellungen wurden nicht klar unterschieden, weder von Aristoteles noch von dem Autor der *Mechanica* noch von dem Schreiber des griechischen *Liber Euclidis de Ponderoso et Levi* und den daraus abgeleiteten arabischen Werken, die der mittelalterlichen lateinischen Statik zugrundelagen. Aber aus dem oben angeführten Satz würde, in die Sprache der Statik übersetzt, folgen, daß die bewegende Kraft gleich dem Produkt aus dem Gewicht des bewegten Körpers und der zurückgelegten Entfernung wäre.

Aus diesen aristotelischen Gedankengängen und Fragmenten der alexandrinischen Mechanik, unter denen nur kleinere Werke des Archimedes waren, entwickelten Jordanus Nemorarius und seine Schule eine Reihe bedeutsamer Gedanken zur Mechanik, die im 17. Jahrhundert von Stevin, Galilei und Descartes aufgegriffen wurden. In den *Mechanica* war gezeigt worden, daß nach dem Axiom des Aristoteles die beiden Gewichte, die einander an den entgegengesetzten Enden eines Hebels ausbalancierten, umgekehrt proportional waren den Geschwindigkeiten, mit denen ihre Befestigungspunkte sich bewegten, wenn der Hebel verschoben wurde (Abb. 5).

In seinen *Elementa Jordani Super Demonstrationem Ponderis* lieferte Jordanus einen formalen geometrischen Beweis, dem er das Axiom des Aristoteles voranstellte, daß gleiche Gewichte in gleichen Abständen vom Unterstützungspunkt sich im Gleichgewicht befin-

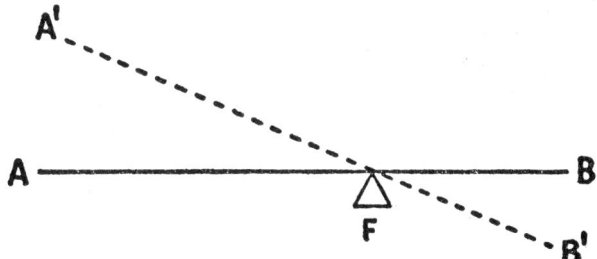

Abb. 5 *Die verschiedenen Gewichte A und B würden im Gleichgewicht sein, wenn sie so an dem Hebel befestigt wären, daß bei einer Drehung des Hebels um den Unterstützungspunkt F (fulcrum) das Verhältnis der Geschwindigkeiten A' : B' proportional dem Verhältnis der Gewichte B : A wäre.*

den. Im Verlauf dieser Beweisführung wandte er an, was man das »Axiom des Jordanus« genannt hat: daß die bewegende Kraft, die ein gegebenes Gewicht in eine bestimmte Höhe heben kann, ein k mal schwereres Gewicht $1/k$ mal so hoch heben kann. Dies ist der Ursprung des Prinzips der virtuellen Verschiebungen.

Die *Mechanica* enthielten auch den Begriff der zusammengesetzten Bewegungen. Dort wurde gezeigt, daß ein Körper, der sich mit zwei gleichzeitigen Geschwindigkeiten (V_1 und V_2) bewegt, deren Verhältnis zueinander konstant ist, sich auf der Diagonale (V_r) eines Rechtecks bewegt, dessen Seiten diesen Geschwindigkeiten proportional sind (Abb. 6); wenn das Verhältnis der Geschwindigkeiten

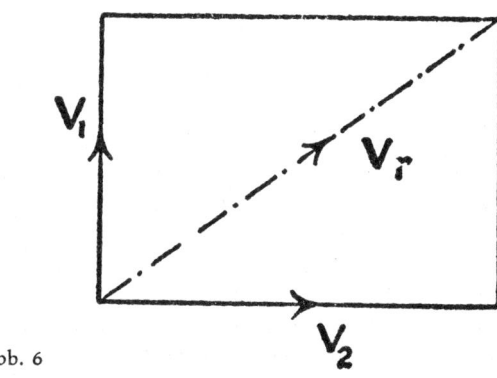

Abb. 6

variiert, wird die resultierende Bewegung nicht eine Gerade, sondern eine Kurve sein (Abb. 7).

Jordanus wandte diesen Begriff auf die Bewegung eines fallenden Körpers mit schräger Fallbahn an. Er zeigte, daß die eine bewirkende oder bewegende Kraft, durch die der Körper bewegt wird, in jedem beliebigen Augenblick in zwei zerlegt werden kann, nämlich die natürliche, abwärts zum Zentrum der Erde gerichtete Schwerkraft und eine »gewaltsame« horizontal wirkende Projektionskraft. Die Schwerkraftkomponente, die auf die Fallbahn wirkt, nannte er *gravitas secundum situm* oder »Schwerkraft in bezug auf die Position«; er zeigte, daß diese Komponente um so kleiner ist, je

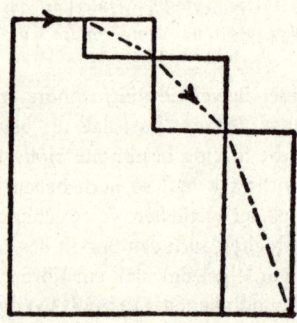

Abb. 7 *Die vertikalen durchmessenen Entfernungen nehmen in jeder der aufeinander folgenden Zeiteinheiten zu, während die horizontalen durchmessenen Entfernungen während der gleichen Zeiten konstant bleiben.*

schräger, d. h. je näher der Horizontalen, die Fallbahn ist. Die Neigung zweier Fallbahnen konnte verglichen werden, indem man die zurückgelegte Strecke an einer gegebenen horizontalen Strecke maß.

In einer anderen Abhandlung, *De Ratione Ponderis* oder *De Ponderositate*, die traditionsgemäß dem Jordanus zugeschrieben wird, aber möglicherweise von einem anderen Verfasser stammt, den Duhem in seinen *Origines de la Statique* den »Vorläufer Leonardos« genannt hat, wurden die Gedanken des Jordanus weiterentwickelt und auf das Studium des Winkelhebels und der Körper auf schiefen Ebenen angewandt. Das Problem des Winkelhebels war in den *Mechanica* falsch gelöst worden. Der Verfasser von *De Ratione Ponderis* zeigt für den Spezialfall, bei dem gleiche Gewichte an den Armen des Winkelhebels hängen, daß diese sich im Gleichgewicht befinden, wenn die horizontalen Abstände von der durch den Unterstützungspunkt gehenden Geraden gleich sind, wobei er wiederum, zum mindesten implicite, das Prinzip der virtuellen Verschiebungen anwandte. Vermutlich kannte er auch das allgemeinere Prinzip, dem der Begriff des statischen Moments zugrunde liegt: daß nämlich *beliebige* Gewichte sich im Gleichgewicht befinden, wenn sie umgekehrt proportional den horizontalen Abständen sind. So werden zwei Gewichte E und F an einem Hebel im Gleichgewicht sein, wenn sie sich zu ihren wirklichen Abständen BL und BR vom Unterstützungspunkt B umgekehrt proportional verhalten. Das heißt $E:F = BR:BL$. (Abb. 8).

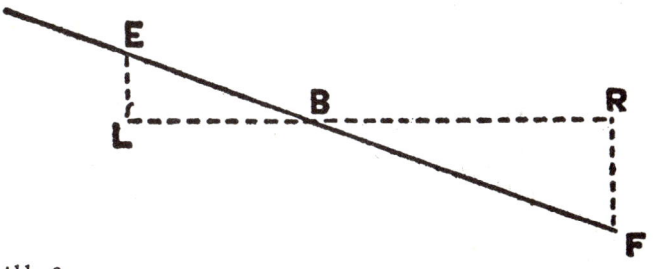

Abb. 8

Tatsächlich hatte bereits Hero von Alexandria in seinen *Mechanica*, Buch 1, Kap. 33, das Prinzip des Winkelhebels verallgemeinert; aber dieses Werk war dem Verfasser von *De Ratione Ponderis* nicht bekannt.

Zur Frage der Komponente der Schwerkraft, die auf Körper auf schiefen Ebenen wirkt, wies der Autor von *De Ratione Ponderis* darauf hin, daß die *gravitas secundum situm* eines Körpers an allen Punkten der Ebene die gleiche sei. Dann zeigte er nach dem Axiom des Jordanus, wie man diesen Wert bei Ebenen verschiedener Neigung vergleichen konnte. Er schloß:

»Wenn zwei Gewichte sich auf Ebenen verschiedener Neigung abwärts bewegen und die Gewichte direkt proportional den Längen der schiefen Ebenen sind, werden diese beiden Gewichte bei ihrer Abwärtsbewegung dieselbe bewegende Kraft haben.« (Duhem, *Origines de la Statique*, 1905, S. 146.)

Derselbe Satz wurde später von Stevin und Galilei bewiesen; ihnen könnte *De Ratione Ponderis* in dem gedruckten Text vorgelegen haben, der von Tartaglia herausgegeben und 1565 postum veröffentlicht worden ist. Diese Abhandlung enthielt auch das hydrodynamische Prinzip, das anscheinend von Strato (um 288 v. Chr.) stammt und besagt: Je kleiner der Teil einer Flüssigkeit ist, die mit einem gegebenen Gefälle fließt, desto größer ist die Geschwindigkeit seines Fließens.

Dieses Werk des Jordanus Nemorarius und seiner Schule war im 13. und 14. Jahrhundert weit verbreitet. Im 15. Jahrhundert schrieb Blasius von Parma eine Zusammenfassung. Wie Duhem nachgewiesen hat, wurde sie ausgiebig benutzt von Leonardo da Vinci. Sie wurde Ausgangspunkt für erstaunliche Fortschritte in der Mechanik des späten 16. und 17. Jahrhunderts.

Die zweite natürliche bewegende Kraft oder Gewalt, die neben der Schwerkraft die Physiker des 13. Jahrhunderts beschäftigte, war die magnetische Anziehung. Diese war Gegenstand eines der besten Beispiele experimenteller Forschung vor dem Ende des 16. Jahrhunderts. Im Jahre 1600 schrieb William Gilbert, daß er einem kleinen Buche, das am 8. August 1269 abgeschlossen worden war, sehr viel verdanke. Dieses Buch, die *Epistola de Magnete* des Petrus Peregrinus von Maricourt, in dem wichtige Abschnitte von Gilberts Arbeit vorweggenommen waren, hatte die Form eines Briefes an einen Landsmann des Verfassers in der Picardie; Peregrinus schrieb ihn, während er mit der Belagerungsarmee Karls von Anjou vor den Mauern der süditalienischen Stadt Lucca lag.

Gewisse Eigenschaften des Magneten waren schon vor den Untersuchungen des Petrus Peregrinus bekannt. Daß er Eisen anzog, hatte bereits Thales gewußt; diese Tatsache nannte man später das klassische Beispiel verborgener »Wirkkraft«. Seine Neigung, sich nach Norden und Süden zu orientieren, war den Chinesen bekannt und wurde, wohl von Arabern, die durch den Seeverkehr mit ihnen in Berührung gekommen waren, bei der Erfindung des Kompasses ausgenutzt. Die ersten Hinweise auf dieses Instrument in der mittelalterlichen lateinischen Literatur finden sich in Alexander Neckams *De Naturis Rerum* und anderen Werken um 1200, aber wahrscheinlich war es im Westen schon früher bei der Navigation benutzt worden. Kompasse mit schwimmenden und später mit auf einem Stift frei spielenden Nadeln wurden seit dem Ende des 13. Jahrhunderts sowohl von arabischen als auch von christlichen Seefahrern im Mittelmeer gebraucht, in Verbindung mit Portolan- oder »Kompaßkarten« (s. S. 203 ff.). Am Ende seiner Abhandlung beschrieb Petrus Peregrinus verbesserte Instrumente mit beiden Nadel-Typen (Tafel xi). Seine schwimmende Nadel wurde zusammen mit einer Windrose benutzt, die in 360 Grad eingeteilt war.

Peregrinus eröffnete seine Beobachtungen über Magneten mit folgender Ermahnung:

»Du mußt dir darüber klar sein, liebster Freund, daß der Erforscher dieses Gegenstandes die Natur der Dinge kennen muß und daß ihm die Himmelsbewegungen nicht unbekannt sein dürfen; er muß auch seine Hände geschickt zu gebrauchen verstehen, damit er durch die Handhabung dieses Steins bemerkenswerte Wirkungen vorweisen kann. Denn wenn er sorgfältig ist, wird er so in kurzer Zeit einen Fehler berichtigen können, was er mit Naturphilosophie und Mathematik allein in Ewigkeit nicht fertig brächte, wenn er nicht achtsam seine Hände gebrauchte. Denn bei derartigen Operationen bedürfen wir gar sehr des Fleißes unserer Hände, ohne den wir gewöhnlich nichts Vollkommenes zustande bringen können. Doch gibt es viele Dinge, die der Herrschaft der Vernunft unterstehen, die nicht durch die Hand völlig erforscht werden können.«

Dann ging er zu Erwägungen über, wie Magnetsteine zu erkennen sind, wie man ihre Pole bestimmt und Norden und Süden unterscheidet, kam zur Abstoßung gleicher Pole, zur Induktion, bei welcher der dem Pol des Magneten entgegengesetzte magnetische Pol im Eisen entsteht, zur Inversion der Pole, zum Zerbrechen einer Magnetnadel in kleinere und zu der Wirkung magnetischer Anziehung durch Wasser und Glas hindurch. Ein sehr hübsches Experiment wurde gemacht, um die Pole eines kugelförmigen Magnetsteins oder, wie er es nannte, *magnes rotundus*, zu bestimmen, an dem die Himmelsbewegungen veranschaulicht werden sollten. Eine Nadel wurde an die Oberfläche des Magneten gehalten und auf dem Stein eine Linie gezogen in der Richtung, welche die Nadel nahm. Die beiden Treffpunkte der Linien, die von verschiedenen Punkten aus gezogen wurden, waren dann die Pole des Magnetsteins.

Daß ein Magnet sich immer nach Norden ausrichtet, schrieb er weder den magnetischen Polen der Erde zu, wie später Gilbert in seiner Theorie von der Erde als einem großen Magneten, noch dem Polarstern, wie manche Zeitgenossen des Peregrinus. Er wies darauf hin, daß der Magnet nicht immer direkt auf den Polarstern zeigt. Auch könnte, wie er sagte, die Orientierung des Magneten nicht von vermuteten Magneteisensteinlagern in den nördlichen Regionen der Erde herrühren, denn Magneteisenstein würde auch in vielen anderen Gegenden abgebaut. Er glaubte, daß der Magnet auf die Himmelspole gerichtet sei, um welche die Himmelskugel sich dreht; auf Grund dieser Theorie erörterte er die Konstruktion eines *perpetuum mobile*. Aber ein Zeitgenosse, Johannes von St. Amand, kam am Schluß seines *Antidotarium Nicolai* der modernen Auffassung des Magnetismus schon nahe. Er sagte:

»Deshalb meine ich, daß im Magneten ein Grundriß der Welt ist, weil in ihm ein Teil ist, der die Eigenschaft des Westens in sich hat, ein anderer die des Ostens, wieder ein anderer die des Südens und noch ein anderer die des Nordens. Und ich sage, daß er in der Nord- und Südrichtung am stärksten anzieht, wenig in der Ost- und Westrichtung*.«

Petrus Peregrinus' Erklärung der Induktion des Magnetismus in einem Stück Eisen war auf die aristotelischen Prinzipien der Kausation gegründet. Der Magnetstein war ein aktives Agens, das sich das passive Eisen assimilierte, indem es dessen potentiellen Magnetismus aktuell machte. Diese Auffassung wurde weiter ausgeführt von Johannes von St. Amand. Er glaubte, daß, wenn ein Magnet auf die Pole der Erde zeigte,

»der südliche Teil das anzieht, was die Eigenschaft und Natur des Nordens hat, obgleich sie dieselbe spezifische Form haben, und dies kann nur geschehen durch eine Eigenschaft, die ausgeprägter in dem südlichen Teil vorhanden ist, die aber der nördliche potentiell hat, und dadurch wird seine Potentialität aktualisiert.«

Das Wirken der magnetischen Anziehung über eine Entfernung hin hatte Averroës erklärt als eine Form der »Multiplikation der Species«. Der Magnet veränderte die Teile des Mediums, z. B. Luft oder Wasser, wenn er sie berührte, und diese veränderten dann die ihnen nächsten Teile, und so weiter, bis die *species magnetica*

---

* L. Thorndike, *Isis*, 1946, Band 36, S. 156–157.

das Eisen erreichte, in dem eine bewegende Wirkkraft hervorgerufen wurde, die verursachte, daß es sich dem Magneten näherte. Diese Erklärung kommt schon dem Begriff der Kraftlinien von Faraday und Maxwell nahe, noch mehr aber Johannes von St. Amands Beschreibung eines »Stroms vom Magneten durch die ganze Nadel, die direkt über ihm angebracht ist«.

GEOLOGIE

Die Geologie des 13. Jahrhunderts befaßte sich vorwiegend mit den Lageverschiebungen bei den Hauptmassen der Elemente Erde und Wasser, den Bildungsfaktoren der Erdkugel im Zentrum des Universums, ferner mit dem Ursprung der Kontinente und Meere, der Berge und Flüsse und mit der Entstehung der Mineralien und Fossilien. Die drei Hauptquellen der mittelalterlichen Geologie waren Aristoteles' *Meteorologica* und zwei arabische Abhandlungen, die pseudoaristotelische *De Proprietatibus Elementorum* oder *De Elementis*, wahrscheinlich im 10. Jahrhundert geschrieben, und Avicennas *De Mineralibus* aus dem 10. Jahrhundert. Aristoteles ging nicht auf all die geologischen Fragen ein, die sich später aus seinen kosmologischen Theorien ergaben, aber er erkannte, daß Teile des Festlandes einst unter dem Meere und Teile des Meeresbodens einst trocken gewesen waren. Dies führte er hauptsächlich auf Erosion durch Wasser zurück. Er gab auch Erklärungen für die Entstehung der Flüsse und Mineralien. Flüsse entsprangen, wie er annahm, aus Quellen, die meist dadurch entstanden, daß durch Sonnenbestrahlung aus dem Meer Wasser verdunstete, aufstieg und Wolken bildete, die dann, wenn sie abgekühlt waren, wieder als Regen zur Erde fielen und in poröses Felsgestein einsickerten. Von dort rann das Wasser als Quelle hervor und kehrte in den Flüssen zum Meere zurück. Er glaubte auch, daß im Erdinneren Wasser durch Umwandlung anderer Elemente erzeugt werde. Mineralien bildeten sich nach Aristoteles durch Ausdünstungen, die im Erdinneren unter der Einwirkung der Sonnenstrahlen entstanden. Feuchte Ausdünstungen erzeugten Metalle, trockene Ausdünstungen »Fossilien«.

Einige spätere griechische Autoren hatten die Erosion durch Wasser als Beweis dafür angeführt, daß die Erde zeitlichen Ursprungs sei; denn – so argumentierten sie – wenn die Erde von Ewigkeit her existiert hätte, so wären alle Berge und anderen Landschaftsformen jetzt längst verschwunden. Dieser Ansicht wurde in anderen griechischen Werken widersprochen, z. B. in *Über den Kosmos*, das nach Ansicht einiger Forscher auf Theophrast* (um 327-287 v. Chr.) basiert. In diesem Werk wurde behauptet, es bestehe ein fluktuierender Ausgleich zwischen der Erosion durch Wasser und der Hebung neuen Landes durch unterirdisches Feuer, das zu seinem natürlichen Platz aufzusteigen bestrebt sei. Späte griechische Kommentatoren, wie Alexander von Aphrodisias (schrieb 193-217 n. Chr.), entwikkelten, wiederum aus den *Meteorologica*, eine rein »neptunische« Theorie. Nach dieser war die Erde einst ganz und gar von Wasser bedeckt gewesen, das dann durch die Sonnenwärme verdunstete, so daß das trockene Land zum Vorschein kam. Dabei wurde angenommen, daß eine allmähliche Zerstörung des Elementes Wasser stattfinde, was schon von gewissen griechischen Philosophen des 5. Jahrhunderts v. Chr. aus dem Vorhandensein von Binnenlandfossilien geschlossen worden war. Diese Philosophen scheinen in der Antike als einzige erkannt zu haben, daß Fossilien die Überreste von Tieren sind, die vor Zeiten in den damals die Fundorte bedekkenden Wassern gelebt haben. Das Vorkommen von Muscheln im Binnenland war auch von späteren griechischen Geographen allgemein auf ein partielles Zurückweichen des Meeres zurückgeführt worden, wie es z. B. durch die Verschlammung des Nils verursacht wurde. Aber von Muscheln, die auf Bergen gefunden wurden, glaubten sie, daß sie von zeitweiligen Überschwemmungen dort hingetragen worden seien. Die Entstehung der Berge wurde von den griechischen Kommentatoren der *Meteorologica* so erklärt, daß das Wasser, nachdem das Festland in vollkommen kugelförmiger Gestalt aufgetaucht war, Täler eingeschnitten habe, wobei die Berge ragend stehenblieben.

Irgendwann im 10. Jahrhundert wurde dieser reine »Neptunismus« aufs neue widerlegt von dem Verfasser des pseudoaristotelischen *De Elementis*, und Avicenna setzte in seinem *De Mineralibus* eine »plutonische« Entstehungstheorie der Berge an seine Stelle. Er war zwar auch der Ansicht, daß die Erde einmal mit Wasser be-

* Die einzige erhaltene geologische Schrift Theophrasts ist *Über Steine*.

deckt gewesen sei, aber das Auftauchen des trockenen Landes und
die Bildung der Berge war nach seiner Theorie manchmal durch
Sedimentbildungen unter dem Meere, öfter aber durch Vulkanaus-
brüche der Erde bei Erdbeben bewirkt worden, die durch unterirdisch
eingeschlossenen Wind entstanden. Der dabei emporgeschleuderte
Schlamm wurde dann in Gestein umgewandelt, teils dadurch, daß
er an der Sonne hart wurde, teils durch »Erstarren« von Wasser,
entweder in der Art, wie sich Stalaktiten und Stalagmiten bilden,
oder durch einen infolge von Hitze entstandenen Niederschlag oder
durch eine unbekannte »versteinernde Wirkkraft«, die in dem zu
Stein werdenden Schlamm erzeugt wurde. Pflanzen und Tiere, die
in dem Schlamm eingeschlossen waren, wurden in Fossilien verwandelt. Nachdem sie einmal gebildet waren, wurden die Berge von
Wind und Wasser zerfressen und nach und nach zerstört.

Avicennas Theorie wurde von Albertus Magnus in seinem *De
Mineralibus et Rebus Metallicis* (um 1260) übernommen. Er führte
die Vulkane als Beweise für eingeschlossenen unterirdischen Wind
an und schrieb die Erzeugung der »versteinernden Wirkkraft« dem
Einfluß der Sonne und der Sterne zu. Die Geologie des Albertus
stammte zum großen Teil aus den *Meteorologica*, aus *De Elementis*,
vielleicht auch aus *Über den Kosmos*, und aus Avicennas *De Mineralibus*. Er verarbeitete das, was seine Vorgänger gesagt hatten, zu
einer zusammenhängenden Theorie und machte auch eine Reihe
selbständiger Beobachtungen. In *De Mineralibus et Rebus Metallicis*, Buch 1, Traktat 2, Kap. 8, führte er Avicennas Bericht über die
Fossilien weiter aus:

»Es gibt wohl niemanden, der nicht erstaunt wäre, Steine zu finden, die sowohl außen als auch innen Abdrücke von Tieren aufweisen. Außen zeigen sie deren Umrisse, und wenn man sie aufbricht,
findet man die Gestalt der inneren Teile dieser Tiere. Avicenna
lehrte uns, die Ursache dieses Phänomens sei, daß Tiere ganz und
gar in Stein verwandelt werden können, besonders in Steinsalz.
Ebenso wie gewöhnlich Erde und Wasser das Material sind, aus
dem die Steine bestehen, so können, wie er sagt, auch Tiere zum
Material gewisser Steine werden. Wenn die Körper dieser Tiere sich
an Orten befinden, wo eine versteinernde Kraft *(vis lapidificativa)*
ausgedünstet wird, werden sie auf ihre Elemente reduziert und nehmen die jenen Orten eigentümlichen Eigenschaften an. Die in den

Körpern dieser Tiere enthaltenen Elemente werden in das in ihnen vorherrschende Element umgewandelt. Das ist das Element Erde, gemischt mit dem Element Wasser; dann verwandelt die versteinernde Kraft das Element Erde in Stein. Die verschiedenen äußeren und inneren Teile des Tieres behalten die Gestalt, die sie zuvor gehabt haben.«

In einem anderen Werk, *De Causis Proprietatum Elementorum*, Band 2, Traktat 3, Kap. 5, fährt er fort:

»Ein Beweis dafür ist, daß man Teile von Wassertieren und vielleicht von Schiffszubehör im Felsgestein von Bergeshöhlen findet, die ohne Zweifel vom Wasser dort abgesetzt sind, eingehüllt in anhaftenden Schlamm. Durch die Kälte und Trockenheit des Felsens wurden sie daran gehindert, vollständig zu versteinern. Deutliche Beweise dieser Art findet man in den Steinen von Paris, in denen man sehr oft runde mondförmige Muscheln antrifft.«

Albertus beschrieb viele Edelsteine und Mineralien aus eigener Anschauung, doch das Wesentliche seiner Mineralogie bezog er von Marbode. Er glaubte an viele der magischen Eigenschaften, die den Steinen zugeschrieben wurden. Auch verfaßte er eine Erklärung der Entstehung der Flüsse, die bis zum 17. Jahrhundert allgemein anerkannt war. Einige frühe griechische Autoren, wie Anaxagoras und Plato, hatten angenommen, im Erdinnern sei ein ungeheures Reservoir, aus dem die Quellen und Flüsse kämen. Das führte zu der – von gewissen Bibelstellen gestützten – Theorie, daß das Wasser sich in einem ununterbrochenen Kreislauf befinde, vom Meer durch unterirdische Höhlen und aufwärts im Innern der Berge, von da aus als Fluß wieder in das Meer zurück. Albertus machte sich diese Auffassung zu eigen. Auf Grund eigener geologischer Beobachtungen in der Gegend von Brüssel wandte er sich gegen die Theorie, daß ganze Ozeane plötzlich überflössen, und führte Gestaltveränderungen von Kontinenten und Meeren auf langsame Umformungen in begrenzten Gebieten zurück.

Andere Autoren des 13. Jahrhunderts beobachteten eine Anzahl anderer geologischer Phänomene. Die Gezeiten waren schon von dem Stoiker Poseidonios (geb. um 135 v. Chr.) zu den Mondphasen in Beziehung gesetzt worden, und wie die Menstruation der Frauen wurden sie allgemein astrologischen Einflüssen zugeschrieben. Im 12. Jahrhundert hatte Giraldus Cambrensis diese und andere Theorien mit eigenen Beobachtungen verbunden. Im folgenden Jahrhundert führte Grosseteste die Gezeiten auf Anziehung durch die »Wirkkraft« des Mondes zurück, die sich geradlinig mit seinem Licht fortpflanzte. Ebbe und Flut wurden, wie er sagte, dadurch verursacht, daß der Mond Nebel vom Meeresboden heraufzöge. Dieser dränge das Wasser nach oben, wenn der Mond aufging und noch nicht genug Kraft hatte, den Nebel durch das Wasser hindurchzuziehen. Wenn der Mond seinen höchsten Stand erreicht hatte, wurde der Nebel aufgelöst, und die Flut ging zurück. Die zweite, kleinere monatliche Flut hielt er für eine Auswirkung der Mondstrahlen, die von der Kristallsphäre auf die Rückseite der Erde reflektiert würden; denn diese Strahlen seien schwächer als die direkte Bestrahlung. Diese Erklärung wurde von Roger Bacon übernommen. Eine weitere Schrift aus der Schule Grossetestes, die *Summa Philosophiae* des Pseudo-Grosseteste, bietet eine gute Darstellung des zeitgenössischen Denkens über Geologie im allgemeinen und viele andere verwandte Gegenstände. In einem anderen Werk des 13. Jahrhunderts, der norwegischen Enzyklopädie *Konungs Skuggsja* oder *Speculum Regale*, werden Gletscher, Eisberge, Geiser und andere Phänomene beschrieben. Diese Schilderungen, wie auch die des Michael Scotus von heißen Schwefelquellen und vulkanischen Erscheinungen auf den Liparischen Inseln, bezeugen das weitverbreitete Interesse für lokale Geologie, das in den folgenden Jahrhunderten noch zunahm.

Der bedeutendste italienische Autor über Geologie war im 13. Jahrhundert Ristoro d'Arezzo. Es ist wahrscheinlich, daß er die Schriften des Albertus Magnus gekannt hat, doch hat er möglicherweise auch nur dieselben Quellen benutzt. Sicher ist jedenfalls, daß die italienische Geologie in den folgenden beiden Jahrhunderten durchweg von Albertus Magnus beherrscht war. Der italienischen Tradition gemäß war Ristoros *La Composizione del Mondo* (1282) stark astrologisch. Er erklärte das Auftauchen des trockenen Landes aus dem Meer durch Anziehung der Sterne, so wie Eisen von Magneten angezogen wird. Doch erkannte er auch andere Einflüsse an, wie Erosion durch Wasser, Anschwemmung von Sand und Kies durch die Meereswellen, das Absetzen von Sedimenten durch die Sintflut, Erdbeben, Kalkablagerungen aus bestimmten Gewässern und schließlich die Einwirkungen des Menschen. Er beobachtete und be-

schrieb die durch Erosion entstandenen eisenhaltigen zackigen
Schichten, die in den Apenninen über den Wasserablagerungen
weicherer Sandsteine, Tonschiefer und Konglomerate liegen. Er erkannte den maritimen Ursprung gewisser versteinerter Weichtierschalen und entdeckte, offenbar auf einer Bergbesteigung, einen
heißen Teich, in dem sein Haar beim Baden »versteinert« wurde.
Das Vorhandensein versteinerter Muscheln in Gebirgen führte er
nicht darauf zurück, daß sie an der Stelle versteinert waren, wo sie
einst gelebt hatten, sondern auf die Sintflut.

Im 14. Jahrhundert beschrieb der Uhrmacher Giovanni de' Dondi
die Salzgewinnung aus heißen Quellen und erklärte die Entstehung
dieser heißen Quellen aus unterirdischen Wassern; diese seien nicht,
wie Aristoteles und Albertus Magnus angenommen hatten, erhitzt
worden, weil sie über Schwefel flossen, sondern durch unterirdische
Feuer und Gase, die infolge der Erhitzung durch himmlische Strahlen entstanden waren. Die Erhitzung durch himmlische Wirkkraft
war auch eine der Erklärungen für das Feuer im Zentrum der Erde,
an das manche Alchimisten glaubten. Sie erklärten damit das Vorkommen metallischer Erze, die durch Kondensation aus metallhal-
tigen Dämpfen entstanden sein sollten, wie auch Vulkane und ähnliche Phänomene. Über geologische Dinge haben in Italien im 14.
Jahrhundert auch Dante (1265-1321), Boccaccio (1313-75) und
Paolo Nicoletti von Venedig († 1429) geschrieben, im 15. Jahrhundert Leonardo Qualea (um 1470) und Leon Battista Alberti (1404 bis
1472), die lokale Phänomene beobachteten. Alle italienischen Autoren
hielten sich bei der Erörterung dieses Gegenstandes entweder an Ristoros Erklärung, daß die Fossilien in den Bergen durch die Sintflut
dort hingetragen worden seien, oder sie leugneten deren organischen
Ursprung überhaupt und betrachteten sie entweder als von einer
durch himmlischen Einfluß hervorgebrachten plastischen oder for-
menden Wirkkraft spontan erzeugt oder einfach als Zufallsprodukte
oder »Spiele« der Natur.

In Paris entwickelten im 14. Jahrhundert Jean Buridan († nach
1358) in seinen *Quaestiones de Caelo et Mundo* und Albert von
Sachsen, auch Albertus Parvus genannt (um 1357), eine neue
Theorie zur Erklärung der Entstehung des Festlandes und der Berge.
Albert ging von einer eigenen Schweretheorie (s. S. 281) aus. Er
nahm an, daß die Erde dann an ihrem natürlichen Platz sei, wenn ihr

Schwerpunkt mit dem Zentrum des Universums zusammenfalle. Das Zentrum des Erdvolumens decke sich nicht mit ihrem Schwerpunkt, denn die Sonnenhitze bewirke, daß ein Teil der Erde sich ausdehne und über das umgebende Wasser hinausrage, das, weil es flüssig sei, mit seinem Schwerezentrum im Zentrum des Universums bleibe. Die Verschiebung der Erde relativ zum Wasser führe zur Entstehung trockenen Landes, während andere Teile von Wasser bedeckt blieben. So wurde die [später (1492) von Christoph Kolumbus umgestoßene] Hypothese gestützt, daß eine Meereshalbkugel und eine Landhalbkugel sich das Gleichgewicht halten. Das vorspringende Land werde dann vom Wasser in Tälern zerfressen, und die Berge bleiben übrig. Dies war die einzige Funktion, die Albert von Sachsen dem Wasser zuschrieb. Im Verein mit der Sonnenwärme verschob die Wassererosion wiederum den Schwerpunkt der Erde, der auf diese Weise ständigen kleinen Bewegungen unterworfen war, um mit dem Zentrum des Universums zusammenzufallen. Die Erosion durch das Wasser verursachte ständige Veränderungen der Grenzen von Land und Meer, sie spülte das Land ins Meer, dessen Boden infolge der Bewegungen des Erdschwerpunkts allmählich mitten durch die Erde hindurchsank und schließlich als trockenes Land auf der anderen Seite wieder zum Vorschein kam. Mit dieser Theorie der Erdverschiebung erklärte er das Vorrücken der Äquinoktien; Fossilien erwähnte er nicht.

Ein anderer Anhänger des Albertus Magnus im Norden, Konrad von Megenburg (1309–74), vertrat in seinem Werk *Das Buch der Natur* die Ansicht, daß Quellen und Flüsse einzig und allein vom Regen herrührten. Das hatte schon der römische Architekt Vitruv (1. Jahrhundert v. Chr.) gelehrt. Diese Erklärung wurde, wie auch die Bergtheorie Alberts von Sachsen und die Erklärung der Fossilien nach Albertus Magnus, von Leonardo da Vinci übernommen und über Cardano und Bernard Palissy dem 17. Jahrhundert überliefert.

CHEMIE

Die mittelalterliche Chemie war in ihren Anfängen eine empirische Kunst, aber im 13. Jahrhundert war sie schon auf dem Wege zu einem theoretischen System, das die besondere Art von Veränderung erklären sollte, mit der sich die Chemie befaßte: Veränderungen der Qualität und der Substanz von unbelebten Substanzen in der irdischen Region. Dieses theoretische System war so unentwirrbar verwoben mit der Alchimie, daß diese Verbindung vier Jahrhunderte lang den Charakter der chemischen Forschung bestimmte. Die Alchimie war ihrem Wesen nach empirisch, aber sie geriet in eine theoretische Sackgasse, weil sie ihre Aufmerksamkeit mehr auf Veränderungen der Farbe und des Aussehens richtete als auf Veränderungen der Masse. Daher brachte zwar die alchimistische Praxis eine Fülle nützlicher Kenntnisse, aber die alchimistische Theorie hatte der neuen Chemie, die im 17. Jahrhundert heranzuwachsen begann, wenig zu bieten.

Hauptquellen der praktischen Chemie waren im 13. Jahrhundert, abgesehen von der von Generation zu Generation weitergereichten praktischen Erfahrung, die lateinischen Übersetzungen einer Anzahl griechischer und arabischer Abhandlungen über Färben, Malen, Glasbereiten und andere dem Schmuck dienende Prozesse, Pyrotechnik, *materia medica*, Bergbau und Metallurgie, denen die folgenden Generationen jeweils vielleicht ein oder zwei neue Rezepte hinzufügten (s. S. 209–219). Die wenigen aus der Zeit vor dem 12. Jahrhundert erhaltenen lateinischen chemischen Manuskripte sind ausschließlich praktischen Inhalts. Aber etwa seit 1144, seit Robert von Chesters Übersetzung des *Liber de Compositione Alchemiae*, hielt die arabische Alchimie ihren Einzug in Westeuropa.

Die Alchimie scheint sich aus der Praxis ägyptischer Metallarbeiter in Verbindung mit den Theorien alexandrinischer Gnostiker und Neuplatoniker entwickelt zu haben. Diese Theorien gingen, abgesehen von dem aus dem *Timaios* übernommenen Begriff der *materia prima*, auf Aristoteles zurück. So verbanden die frühesten Alchimisten, wie die Gnostiker Zosimus und Synesios im 3. Jahrhundert n. Chr., Beschreibungen von chemischen Apparaten und praktischen Laboratoriumsarbeiten mit einer Erklärung des sichtbaren Universums als Ausdruck von Gestalten und Symbolen und mit dem Glauben an sympathetische Wirkungen, Fernwirkungen, himmlische Einflüsse, verborgene Kräfte hinter offenbaren Qualitäten und Zahlenmagie. Diese Ideen durchtränkten die Chemie vom 3. Jahrhundert n. Chr. bis zum 17. Jahrhundert; sehr häufig wurden sogar praktische Laboratoriumsversuche in einer dunklen Symbolsprache beschrieben, vielleicht um andere zu täuschen und die Geheimnisse verborgen zu halten. Zosimus gebrauchte als erster das Wort *chemeia*, die Kunst des Schwarzen Landes, Ägypten oder *Khem*, daraus entstand das arabische Wort *Alchimie* und das heutige deutsche Chemie. Hauptziel der Alchimie war die Herstellung von Gold aus unedlen Metallen. Der Glaube an die Möglichkeit, dieses Ziel zu erreichen, gründete sich auf die von Aristoteles entwickelte Theorie, daß eine Substanz durch Umwandlung ihrer primären Qualitäten in eine andere umgewandelt werden könne.

Aristoteles glaubte, das Werden und Vergehen substantieller Formen in der sublunaren Region geschehe auf verschiedenen Ebenen in einer Hierarchie von Substanzen. Die einfachsten Beispiele wahrnehmbarer Materie waren die vier Elemente; aber diese waren denkmäßig auflösbar in *materia prima*, bestimmt durch verschiedene Kombinationen der beiden Paare entgegengesetzter Urqualitäten oder Elementarprinzipien, die als »Formen« wirkten. Die wahrnehmbaren Substanzen unterschieden sich voneinander auf vielerlei Weise, z. B. nach Geruch, Geschmack oder Farbe. Aber alle waren für Aristoteles entweder heiß oder kalt, feucht oder trocken (flüssig oder fest). Diese vier Qualitäten waren daher primär, alle anderen waren sekundär und abgeleitet. Die vier Elemente wurden durch die Urqualitäten wie folgt bestimmt: heiß-trocken = Feuer, heiß-feucht = Luft, kalt-feucht = Wasser, kalt-trocken = Erde. Bei Empedokles waren die vier Elemente unveränderlich gewesen, aber nach Aristoteles konnte ein Element in ein anderes dadurch umgewandelt werden, daß Glieder der beiden Paare entgegengesetzter Urqualitäten beliebig kombiniert wurden. Von der alten Form (z. B. kaltfeucht) sagte man dann, sie sei korrumpiert worden, von der neuen (z. B. heiß-feucht), sie sei erzeugt. Solche substantiellen Veränderungen konnten eine Veränderung einer oder beider Qualitäten mit sich bringen; es konnten auch zwei Elemente zusammenkommen und ihre Qualitäten austauschen, um die beiden anderen zu erzeugen, wie z. B. Wasser (kalt-feucht) + Feuer (heiß-trocken) $\rightleftarrows$ Erde (kalt-trocken) + Luft (heiß-feucht) (Abb. 9). Letztere Art der Veränderung konnte natürlich nicht zwischen aufeinander folgenden Elementen stattfinden, denn dadurch kämen entweder zwei identische oder zwei entgegengesetzte Qualitäten zusammen, was *ipso facto* unmöglich war. In der chemischen Veränderung und Verbindung

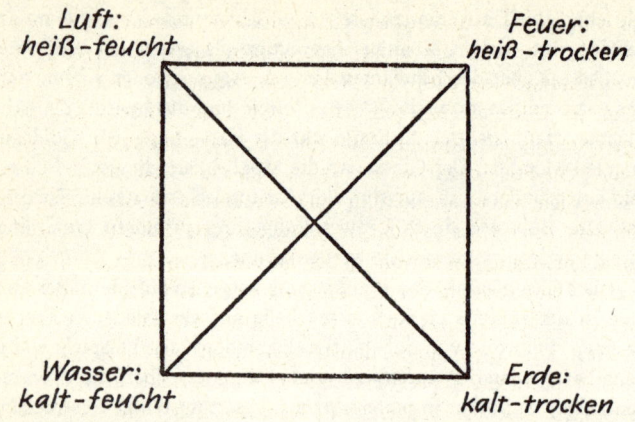

Abb. 9   *Die vier Elemente*

verschwanden also die sich verbindenden Substanzen mit ihren Eigenschaften, obwohl sie potentiell wiedererzeugbar blieben, und neue Substanzen mit neuen Eigenschaften entstanden aus ihrer Vereinigung. In einer Mischung dagegen behielten alle Substanzen ihre Eigenschaften; es entstand keine neue »substantielle Form«. Diese aristotelische Theorie, daß die Elemente umgewandelt werden könnten, legte den Gedanken nahe, daß man den Metallen, nachdem sie gewisser Attribute, oder vielleicht aller Attribute, beraubt und so auf die *materia prima* reduziert wären, die Attribute des Goldes geben könnte. Zu diesem Zweck bemühten sich die Alchimisten, ein Elixier, den »Stein der Weisen«, zu entdecken, der als Katalysator oder als Ferment wirken würde, wie Hefe auf den Teig.

Als im 7. Jahrhundert die Araber Alexandria einnahmen, überwog das magische Element in der griechischen Alchimie schon bei weitem das praktische. Die arabische Alchimie stammte zum größten Teil aus griechischen Quellen; aber die führenden arabischen Alchimisten gaben ihr aufs neue eine mehr praktische Richtung. Die ersten bedeutenden arabischen alchimistischen Dokumente wurden lange Zeit Jabir Ibn Hayyan zugeschrieben, der im 8. Jahrhundert gelebt haben soll. Aber die geistvollen Untersuchungen von Paul Kraus haben wenig Zweifel daran gelassen, daß sie in Wirklichkeit aus dem späten 9. und frühen 10. Jahrhundert stammen. Tatsächlich sind die Schriften, die unter dem Namen Jabirs umlaufen, aller Wahrscheinlichkeit nach das Werk einer Sekte, die sich dem Studium der Alchimie ergeben hatte, weil diese Wissenschaft ihrer Überzeugung nach sowohl Macht über die Naturkräfte als auch Reinigung der Seele bewirkte. Der Jabir, dem die Schriften zugeschrieben werden, ist wahrscheinlich eine rein legendäre Gestalt. In der Methode ihrer Untersuchungen bedeuten diese Schriften grundlegende Entwicklungen sowohl in der Theorie als auch in der Praxis.

»Die Hauptsache in der Chemie«, so zitiert E. J. Holmyard (Makers of Chemistry, Oxford 1931, S. 60), »ist, daß du praktisch arbeitest und Experimente durchführst, denn wer nicht praktisch arbeitet und keine Experimente macht, wird niemals auch nur den geringsten Grad der Meisterschaft erreichen. Aber du, mein Sohn, experimentiere, auf daß du Erkenntnis erlangest!«

Im Jabir-Corpus wird die aristotelische Theorie vertreten, daß die Mineralien aus Ausdünstungen in der Erde entstanden seien, hinzugefügt wird jedoch, daß bei der Metallbildung die trockenen Ausdünstungen zuerst Schwefel, die feuchten Quecksilber erzeugen und daß sich dann durch die darauf erfolgende Verbindung dieser beiden Substanzen Metalle bilden. Die Jabir-Sammlung enthält aber auch die Entdeckung, daß aus einer Verbindung von gewöhnlichem Schwefel und gewöhnlichem Quecksilber keine Metalle hervorgehen, sondern ein »roter Stein« oder Zinnober (Quecksilbersulfid). Daraus wird geschlossen, daß nicht diese, sondern hypothetische Substanzen, deren größtmögliche Annäherung sie darstellen, die Metalle bilden. Die vollkommenste natürliche Harmonie und Proportion der Verbindung erzeugt Gold; andere Metalle sind das Ergebnis entweder mangelnder Reinheit oder Proportion in den beiden Bestandteilen. Aufgabe der Alchimie ist es daher, solche Mängel zu beseitigen. Was die praktische Chemie betrifft, so enthalten die Jabir zugeschriebenen arabischen Manuskripte Beschreibungen des Destillationsprozesses, der Benutzung von Sand- und Wasserbädern, der Kristallisation, Kalzination, Lösung, Sublimation und Reduktion und praktischer Anwendungen, wie der Herstellung von Stahl, Farbstoffen, Lacken und Haarfärbemitteln.

Unter den anderen Arabern, die das christliche Abendland beeinflußten, waren die bedeutendsten Rhazes († um 924) und Avicenna

(980-1037). Rhazes gab nicht nur eine klare Darstellung der Apparatur zum Schmelzen von Metallen, zum Destillieren und zu anderen Operationen, sondern auch eine systematische Klassifikation der chemischen Substanzen und Reaktionen. Er kombinierte auch die aristotelische Theorie der *materia prima* mit einer Form des Atomismus. Avicenna ging zwar in seinem *De Mineralibus*, dem geologischen und alchimistischen Teil der *Sanatio (Kitab al-Shifa)*, nicht wesentlich über die chemischen Erkenntnisse seiner Vorgänger hinaus, aber er gab eine Übersicht über die anerkannten Theorien. Für die chemische Theorie war es schwierig, zu erklären, wie in einer chemischen Verbindung Elemente, die nicht mehr in ihr existent waren, wiedererzeugt werden konnten. Avicenna glaubte, die Elemente seien in der Verbindung nicht bloß potentiell, sondern aktuell vorhanden, aber die Frage beunruhigte die mittelalterlichen Scholastiker weiterhin. Avicenna griff auch die Goldmacher an. Zweifel an der Möglichkeit der Umwandlung in Gold hatte es schon seit der Zeit der Jabir-Schriften gegeben; Avicenna akzeptierte zwar die Theorie der Materie, auf der die Behauptung basierte, bestritt aber, daß die Alchimisten jemals mehr als akzidentelle Veränderungen, z. B. in der Farbe, zustande gebracht hätten. Dennoch blühte die esoterische und magische Kunst der Alchimie kräftig weiter – trotz des praktischen Sinnes eines Rhazes, mit dessen Hilfe die arabischen Chemiker Prozesse entwickelten wie die Läuterung von Metallen durch Cupellieren (d. h. Läutern in einer flachen Schale, der Cupella), wie die Lösung in Säuren und das Probieren von Gold- und Silberlegierungen durch Wiegen und Bestimmen des spezifischen Gewichtes, und trotz der Kritik des Avicenna. Die frühesten ins Lateinische übersetzten arabischen Werke umfaßten daher nicht nur Rhazes' Abhandlung über Alaune (oder Vitriole) und Salze und Avicennas *De Mineralibus*, sondern auch die magische *Tabula Smaragdina*.

Beide Aspekte der Alchimie wurden vom 13. Jahrhundert an im christlichen Abendland verbreitet, wenn auch Autoren wie Albertus Magnus sich im allgemeinen der Skepsis Avicennas in bezug auf das Goldmachen anschlossen. Die Enzyklopädien von Bartholomäus dem Engländer (um 1230-40), Vinzenz von Beauvais, Albertus Magnus und Roger Bacon enthielten eine Fülle chemischen Wissens aus lateinischen wie aus arabischen Quellen; die beiden letzteren scheinen auch einige praktische Vertrautheit mit Laboratoriumsverfahren gehabt zu haben. Vor Paracelsus, d. h. bis zum 16. Jahrhundert, kam man in der Theorie der Chemie nicht wesentlich über die Araber hinaus, aber in der praktischen Chemie wurden im späten Mittelalter einige wichtige Neuerungen eingeführt.

Der bedeutendste abendländische Beitrag zur praktischen Chemie waren wohl die neuen Destilliermethoden. Die überlieferte Form des Destillierapparates war im griechisch-römischen Ägypten entwickelt und von Zosimus und anderen frühen alchimistischen Autoren beschrieben worden. Sie bestand aus der Cucurbita, dem Gefäß, in das der zu destillierende Stoff eingefüllt wurde, dem Alembik oder Kopf des Destilliergefäßes, in dem die Kondensation vor sich ging, und dem Rezipienten, der das Destillationsprodukt nach der Kondensierung auffing (Abb. 10). Die Cucurbita wurde über einem Feuer oder in einem Sand- oder Wasserbad erhitzt. Modifikationen dieses Normaltyps wurden für verschiedene Zwecke angefertigt und von

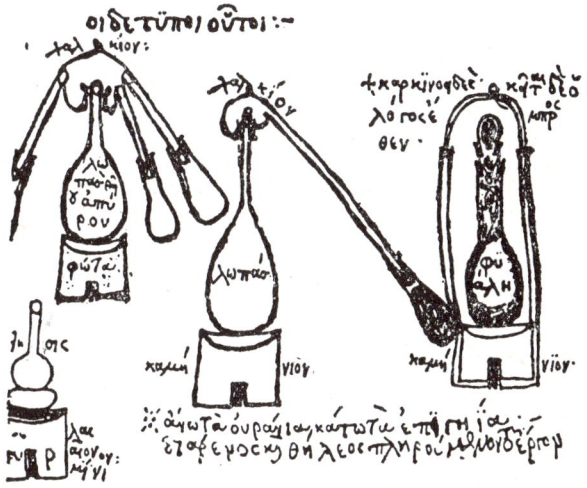

Abb. 10 *Typen von Apparaten zur Destillation und Sublimation (Alembiks) und zur Digestion, die von den griechischen Alchimisten gebraucht wurden, etwa 100-300 n. Chr. Ähnliche Typen blieben in Europa bis zum Ende des 18. Jahrhunderts im Gebrauch. Aus der Bibliothèque Nationale, Paris, MS Grecque 2327.*

den Arabern übernommen, die sie in Europa bekannt machten. Einige dieser frühen Formen, darunter der Mohrenkopftyp, bei dem der Alembik teilweise unter Wasser gesetzt wurde, um die Kondensation zu beschleunigen, wurden noch im 18. Jahrhundert benutzt. Der griechisch-römische Destillierapparat erforderte relativ hohe Temperaturen und war zweckmäßig für das Destillieren oder Sublimieren von Substanzen wie Quecksilber, Arsenik und Schwefel. Die Araber verbesserten ihn und führten die Galerie ein, einen Ofen, in dem mehrere Destillierapparate gleichzeitig erhitzt werden

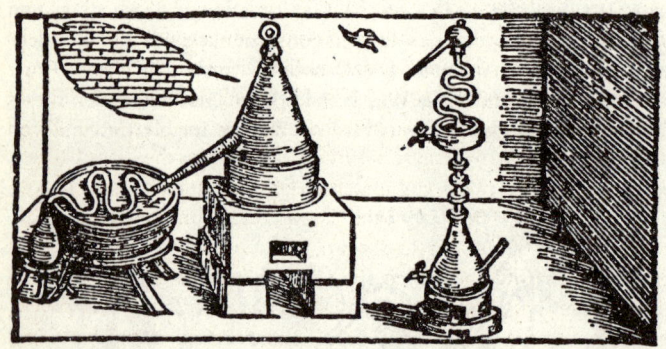

Abb. 11   *Destillierapparat mit* canale serpentium *oder* serpentes *(Kondensationsröhre). Aus V. Biringuccio,* Pirotechnica, *Venedig 1558 (1. Aufl. 1540).*

konnten, um Rosenöl oder Naphtha in großen Mengen herzustellen. Aber weder die Griechen noch die Araber entwickelten wirklich brauchbare Methoden zum Kühlen des Alembik, wodurch die Kondensation flüchtiger Substanzen wie Alkohol möglich geworden wäre. Dies scheint eine Errungenschaft des Westens gewesen zu sein (Abb. 11).

Als früheste bekannte Schilderung der Alkoholherstellung gilt der folgende Passus, der aus einem Manuskript der technischen Abhandlung *Mappae Clavicula* aus dem frühen 12. Jahrhundert übersetzt ist (Berthelot: *La Chimie au Moyen Age*, Band 1, S. 61):

»Wenn man einen reinen und sehr starken Wein mit drei Teilen Salz mischt und in für diesen Zweck geeigneten Gefäßen erhitzt, erhält man ein entflammbares Wasser, das verbrennt, ohne das Material zu verzehren [auf das es gegossen wird].«

Im 13. Jahrhundert wurde in Italien *aqua ardens*, das etwa 60 Prozent Alkohol enthielt, in einer einzigen Destillation, und *aqua vitae*, mit etwa 96 Prozent Alkohol, in einer wiederholten Destillation hergestellt. Die Kühlmethode, die im 13. Jahrhundert von dem Florentiner Arzt Taddeo Alderotti (1223-1303) beschrieben wurde, bestand darin, daß man die Röhre, die von dem Alembik zum Rezipienten ging, verlängerte und sie horizontal durch ein Gefäß mit Wasser gehen ließ. Die Einführung der Rektifikation durch Destillieren mit Kalkstein oder calx wird Raimundus Lullus (um 1233 bis 1315) zugeschrieben; weitere Verbesserungen der Kühlvorrichtung soll im 14. Jahrhundert der franziskanische Alchimist Johannes von Rupescissa († nach 1356) gemacht haben. Die meisten der frühen Destillierapparate waren wahrscheinlich aus Metall oder Ton, aber im frühen 15. Jahrhundert spricht der italienische Arzt Michael Savonarola (1384-1464) von gläsernen Destillierapparaten, die offensichtlich von Vorteil seien beim Destillieren von Substanzen wie mineralischen Säuren. Ende des 13. Jahrhunderts war der Alkohol ein wichtiger Stoff geworden. Er wurde als Lösungsmittel bei der Parfümbereitung und zum Ausziehen von Medizinen verwendet und von Ärzten wie Arnald von Villanova (um 1235-1311) als Arznei verschrieben. Man begann »gebrannte« Getränke neben Wein und Bier zu schätzen. Im 15. Jahrhundert waren die Destillateure bereits in einer Gilde zusammengeschlossen.

Der Destillierapparat wurde auch zur Gewinnung anderer Substanzen als Alkohol benutzt. Die frühesten Beschreibungen der Herstellung von Salpeter- und Schwefelsäure sind in einem lateinischen Manuskript aus dem späten 13. Jahrhundert enthalten, das den Titel *Liber de Investigatione Perfectionis* trägt. Es wurde Geber (latinisierte Form von Jabir) zugeschrieben und geht wahrscheinlich auf arabische Quellen zurück, enthält jedoch lateinische Zusätze. Im 13. Jahrhundert erschien ein neuer Typ des Destillierapparats zur Herstellung konzentrierter Säuren; der Hals der Cucurbita war verlängert und gebogen, um eine »Retorte« zu bilden und so die Destilliersäure zu hindern, das *lutum* oder den Kitt anzugreifen, mit dem die Fuge zwischen der Retorte und dem Alembik luftdicht gemacht wurde. Mineralische Säuren wurden in ziemlich großen

Mengen für Metallproben in der Metallurgie hergestellt. Im 16. Jahrhundert erschienen in den metallurgischen Schriften, z. B. von Agricola und Biringuccio, gute Beschreibungen des hierbei angewandten Verfahrens wie auch der Destillation von Schwefel, Quecksilber und anderen Stoffen. Die als Arzneien gebrauchten »Wässer« oder »Essenzen« organischer Substanzen, wie Pflanzen und getrocknete Kräuter, sogar Ameisen und Frösche, wurden auch durch Dampfdestillation gewonnen, ebenso wie durch Lösung in Alkohol. Spätestens im 16. Jahrhundert (Hieronymus Brunschwig) wurde erkannt, daß diese »Essenzen« die wirksamen Prinzipien der Arzneimittel waren.

Einige weitere Fortschritte in der praktischen Chemie erscheinen in einer anderen alchimistischen Abhandlung des späten 13. Jahrhunderts, die von Geber stammen soll, in der bekannten *Summa Perfectionis*. Auch diese war wahrscheinlich arabischen Ursprungs mit lateinischen Zusätzen. Sie enthält sehr klare, vollständige Beschreibungen chemischer Apparate und erprobter Praktiken für Versuche, Gold zu machen. Eingangs werden die Argumente gegen die Umwandlung in Gold diskutiert und widerlegt, dann geht der Verfasser zu der Theorie über, daß die Metalle aus Sulphur und Mercurius zusammengesetzt sind, und beschreibt die Bestimmung und die Eigenschaften jedes der sechs Metalle Gold, Silber, Blei, Zinn, Kupfer, Eisen. Es folgt eine Schilderung chemischer Methoden: Sublimation, Destillation, Kalzination, Lösung, Koagulation und Fixierung, eine Beschreibung der Natur verschiedener Substanzen und der Zubereitung einer jeden für ihre Umwandlung durch Elixiere. Endlich werden die Methoden der Analyse beschrieben, die feststellt, ob die Umwandlung geglückt ist. Diese Methoden umfassen die Cupellation, das Glühen, das Schmelzen, die Behandlung mit scharfen Dämpfen, die Beimischung brennenden Schwefels, die Kalzination und die Reduktion. Die *Summa Perfectionis* zeigt, daß die europäischen Alchimisten Ende des 13. Jahrhunderts beträchtliche Kenntnisse der chemischen Apparate und Prozesse besaßen. Es ist interessant, daß sie auch den Gebrauch der Waage (Abb. 12) bezeugt, z. B. in der Bemerkung, daß Blei an Gewicht zunimmt, wenn es kalziniert wird, weil »der Geist mit dem Körper vereinigt wird«. Wenn also die alchimistische Theorie in die Irre ging, weil die Aufmerksamkeit zu ausschließlich auf Veränderungen der Farbe und des Aussehens gerichtet war, so hat doch die Vertrautheit der Alchimisten mit der Waage zumindest den Weg bereitet für die Konzentration auf die Masse, auf der die moderne Chemie beruht.

Sowohl die magische als auch die praktische Alchimie stand im Abendland des späteren Mittelalters in voller Blüte. Die Suche der Alchimisten nach einer Formel, die Gesundheit und ewige Jugend, Reichtum und Macht verleihen sollte, ist der Ursprung von Sagen wie der vom Doktor Faustus. Die weite Verbreitung der mehr naturwissenschaftlichen Alchimie durch die großen Enzyklopädisten

Abb. 12 *Chemische Waage und Schmelzofen. Aus V. Biringuccio, Piro-*

des 13. Jahrhunderts führte vom 13. bis zum 17. Jahrhundert zum Erscheinen einer Fülle von Schriften, die das Goldmachen lehren wollten. Anfangs waren die Verfasser mehr oder weniger Gelehrte, aber später, im 14. und 15. Jahrhundert, Angehörige aller Klassen, wie Thomas Norton in dem *Ritual der Alchemie* [The Ordinall of Alchemy] (um 1477) sagt: »*Freimaurer* und *Kesselflicker* und arme *Küster*, *Schneider* und *Glaser* . . . und auch einfältige Pfuscher«; oft beriefen sie sich auf berühmte Namen, wie Albertus Magnus, Roger Bacon, Arnald von Villanova und Raimundus Lullus. Zeitweilig nahm das »Goldmachen« so überhand, daß weltliche und geistliche Fürsten es verboten, aus Besorgnis, der Wert des Geldes könnte darunter leiden.

BIOLOGIE

Die Fähigkeit, Bewegung und Veränderung zu erzeugen ohne einen Beweger von außen, d. h. die Kraft, sich selbst zu bewegen oder sich selbst zu verändern, war nach Aristoteles und der Denkweise des 13. Jahrhunderts das gemeinsame Merkmal, das alle Lebewesen von leblosen Dingen unterschied. Die allen Lebewesen gemeinsamen Arten der Bewegung oder Veränderung waren das Wachstum, die Einverleibung mannigfaltiger Stoffe in die Form des Organismus und die Weiterführung dieses Prozesses in der Fortpflanzung. Dies waren die einzigen Lebenstätigkeiten bei den Pflanzen. Ihre substantielle Form war daher eine »Ernährungsseele« (oder Lebensprinzip), die natürlich nicht etwas von der materiellen Pflanze selbst Getrenntes und Verschiedenes war, sondern ein innewohnendes Prinzip, die Ursache des beobachteten Verhaltens. Bei den Tieren kam zum Ernährungsvermögen noch das der Empfindung, d. h. die Fähigkeit, auf Umgebungsreize durch örtliche Bewegung zu reagieren; darum hatten sie eine »empfindende Seele«. Die Menschen unterschieden sich wiederum durch die Fähigkeit abstrakten Denkens und der Willensbetätigung, Merkmale einer »vernunftbegabten Seele«. Die Menschen besaßen auch Empfindungs- und Ernährungsvermögen; denn die höheren Seelenformen umfaßten die Tätigkeiten aller unter ihnen stehenden. So erkannte Aristoteles eine Hierarchie von lebenden Formen, die, wie er in der *Historia Animalium* (588 b 4) sagte, sich »stufenweise von leblosen Dingen zu animalischem Leben« erstreckte, von den ersten Lebensbekundungen in den niederen Pflanzen über die höheren Pflanzen zu den Schwämmen und anderen festsitzenden, kaum von Pflanzen zu unterscheidenden Tieren, weiter über die wirbellosen und Wirbeltiere, Affen und Pygmäen bis zum Menschen. Jeder Typus war vom anderen unterschieden und unveränderlich, da seine substantielle Form sowohl die bewirkende als die finale Ursache seiner besonderen körperlichen Betätigung war, gleich ob sie sich in Ernährung, Zeugung, Fortbewegung, Empfindung oder Denken äußerte.

Gegenstand der Biologie des 13. Jahrhunderts waren daher diese Tätigkeiten der verschiedenen Wesen in der Stufenleiter der lebendigen Natur. Je nachdem, wie man sie auffaßte, waren natürlich sowohl teleologische als auch mechanische Erklärungen möglich. Aristoteles und Galen hatten die Existenz und die Funktionen organischer Strukturen vom teleologischen Standpunkt aus betrachtet, und das hatte sie zu wertvollen Entdeckungen in bezug auf die gegenseitige Anpassung der Teile der Organismen und des Ganzen an die Umgebung geführt. Das Forschen nach dem Zweck oder der Funktion der Organe hat sicherlich im 13. Jahrhundert und später oft bedeutsame Erkenntnisse gezeigt. Ebenso sicher ist es manchmal mißbraucht worden, wie in den bis zur Ermüdung wiederholten Begründungen für die Existenz ganz unzulänglich beschriebener Strukturen, wie sie z. B. Guy de Chauliac gegeben hat.

Bis zum 13. Jahrhundert hatten sich die lateinischen Autoren aus medizinischen Gründen für Botanik, aus moralischen und didaktischen Gründen für Zoologie interessiert. Diese Einstellung war noch bis zum 17. Jahrhundert charakteristisch für die Naturgeschichte. Daß im 13. Jahrhundert die Biologie zur Wissenschaft wurde, die Beobachtung mit einem System natürlicher Erklärungen verband, war vorwiegend den Übersetzungen der biologischen Werke des Aristoteles, des pseudoaristotelischen *De Plantis* (einer Kompilation aus Aristoteles und Theophrast, die man im Mittelalter für ein Originalwerk von Aristoteles hielt) und verschiedener Abhandlungen Galens zu verdanken. Die Anthologie des Robert von Cricklade (Prior von St. Frideswide, Oxford, um 1141-71), Auszüge aus der *Naturgeschichte*, ist ein Zeugnis dafür, daß um die Mitte des 12. Jahrhunderts auch das Interesse für Plinius wieder wach wurde, und was die Araber, besonders Avicenna und Averroës, zu lehren hatten, wurde unverzüglich aufgenommen, sobald es bekannt wurde.

Die frühen Enzyklopädien aus dieser Zeit enthielten viele unglaubliche Geschichten. Alexander Neckam (1157-1217) wies z. B. die Sage, daß der Biber, aus dessen Hoden eine bestimmte Medizin gewonnen wurde, sich selbst kastriere, um seinen Jägern zu entkommen, als eine lächerliche Volksmeinung zurück; wohl aber teilte er den allgemeinen Glauben an den Basilisken, das Produkt eines von einer Kröte bebrüteten Hahneneis, und den, daß ein Tier den medizinischen Wert der Kräuter kenne, denn er sagt in *De Naturis Rerum*, Buch 2, Kap. 23:

»Von der Natur erzogen, kennt es die Wirkkräfte der Kräuter, obwohl es weder in Salerno Medizin studiert hat noch in den Schulen zu Montpellier gedrillt worden ist.«

Aber Neckam erhob nicht den Anspruch, ein Naturwissenschaftler zu sein. Wie Hildegard von Bingen (1098-1179), die außer ihrer mystischen Kosmologie in einem anderen, ihr vielleicht zu Unrecht zugeschriebenen Werk an die 1000 Pflanzen und Tiere mit ihren deutschen Namen aufzählte, glaubte er, daß der Sündenfall physische Auswirkungen auf die Natur gehabt und Mondflecken, Wildwerden der Tiere, Insektenplagen, Gifte und Krankheiten der Tiere verursacht habe; er erklärte rund heraus, daß er zu Lehrzwecken schreibe.

Diese didaktische Tendenz wurde in vielen der späteren Enzyklopädien beibehalten; aber auf anderen Gebieten bot sich Gelegenheit zur Beobachtung. So erwuchsen z. B. aus der Beschäftigung mit dem Ackerbau (s. S. 185 ff.) die Abhandlungen über Landwirtschaft von Walter von Henley (um 1250 ?) und Peter von Crescenzi (um 1306) und die Kapitel über Ackerbau in den Enzyklopädien von Albertus Magnus *(De Vegetabilibus et Plantis)* und Vinzenz von Beauvais *(Speculum Doctrinae)*. Crescenzis Abhandlung blieb bis zum Ende des 16. Jahrhunderts das europäische Standardwerk. *De Natura Rerum* (um 1228-44) von Thomas von Cantimpré enthält eine Schilderung der Heringsfischerei, der *Konungs Skuggsja* Beschreibungen von Seehunden, Walrossen und Walfischen; Albertus Magnus, dessen Pflichten als Provinzial der deutschen Dominikanerprovinz ihn auf weite Fußreisen führten, berichtet in *De Animalibus* über Wal- und Fischfang und über das Leben der deutschen Bauern. Reisende wie Marco Polo und William von Rubruck brachten Beschreibungen neuer Tiere und Pflanzen heim, z. B. von Wildeseln Zentralasiens und von Fettschwanzschafen, von Reis und Ingwer.

Aus dem Kreis der Naturforscher und Magier, die Kaiser Friedrich II. (1194–1250) an seinem Hof versammelte, ging eine Abhandlung über Pferdekrankheiten hervor; *De Arte Venandi cum Avibus* von Friedrich selbst ist eines der wichtigsten mittelalterlichen Werke über Zoologie. *Die Kunst der Falkenbeize,* die auf Aristoteles und verschiedene arabische Quellen zurückgeht, begann mit einer zoologischen Einleitung über die Anatomie und die Gewohnheiten der Vögel und beschrieb dann die Züchtung und Ernährung der Falken, die Abrichtung der Jagdhunde, die verschiedenen Falkenarten und Kraniche, Reiher und andere jagdbare Vögel. Wenn Friedrich andere Abhandlungen über die Falkenbeize heranzog, zögerte er nicht, sie als »verlogen und unzulänglich« zu bezeichnen und Ari-

stoteles einen Buchgelehrten zu nennen. Das Buch des Kaisers enthält 900 Illustrationen von verschiedenen Vögeln – einige davon
möglicherweise von Friedrich selbst –, die bis in die Einzelheiten des
Gefieders getreu nachgebildet sind. Den Darstellungen fliegender
Vögel liegt offensichtlich eine genaue und aufmerksame Beobachtung
zugrunde (Tafel XIII). Er sah sarazenischen Falknern zu und be-
fragte sie, beobachtete Reihernester, den Kuckuck und den Geier und
führte die Volkssage, daß die Ringelgänse aus Knospen bestimmter
Bäume ausgebrütet würden, ad absurdum. Er ließ sich solche Knospen bringen, und als er sah, daß sie nichts Vogelähnliches enthielten,
kam er zu dem Schluß, die Geschichte sei einfach entstanden, weil
die Gänse an so entlegenen Orten brüten, daß kein Augenzeuge je
dort hingekommen war. Er interessierte sich für die mechanischen
Bedingungen des Fliegens und für den Vogelzug, machte Experimente mit künstlicher Bebrütung von Eiern und bewies, daß Geier
sich nicht auf Fleisch stürzen, wenn ihnen die Augen verbunden
sind. Er zeichnete noch manches andere über das Verhalten von
Vögeln auf, z. B. wie die Falkenmutter ihren Jungen halbtote Vögel
gibt, um sie das Jagen zu lehren, und wie die Entenmutter und andere Nichtraubvögel sich verwundet stellen, um Fremde von ihren
Nestern wegzulocken. Auch beschrieb er die Lufthöhlungen der Knochen, die Struktur der Lungen und andere bis dahin noch nicht auf-
gezeichnete Merkmale der Vogelanatomie.

Andere Werke über die Falkenbeize, teils lateinisch, teils in der
jeweiligen Volkssprache, bezeugen, wie beliebt und verbreitet dieser Sport war. Aber auch die Menagerien jener Zeit erwiesen der
Zoologie manchen Dienst. Sie wurden von Königen, Fürsten und sogar von Städten gehalten, zur Belustigung – beispielsweise zur
Bärenhatz – oder als Kuriositäten; in Italien und im Osten hatte es
sie schon in der Antike gegeben. Friedrich II. führte auf seinen Reisen, sogar über die Alpen, eine Menagerie mit sich, zu der Elefanten,
Dromedare, Kamele, Panther, Löwen, Leoparden, Falken, Bartkäuze,
Affen und die erste in Europa erscheinende Giraffe gehörten. Im
Norden wurde die erste Menagerie im 11. Jahrhundert von norman-
nischen Königen in Woodstock gegründet. Im 14. Jahrhundert hiel-
ten die Päpste in Avignon eine große Sammlung exotischer Tiere.
Diese Vorläufer der modernen Zoologischen Gärten konnten die
Schaulust und Wißbegierde der Reichen befriedigen; der Zauber, den

die Tiere auf die Gemüter der ärmeren Leute ausübten, ist in der bekannten Beschreibung der Hauskatze in *Über die Eigenschaften der Dinge* von Bartholomäus dem Engländer, der angeblichen Quelle von Shakespeares Naturkenntnissen, zu spüren.

Eine ähnliche Freude an der Naturbeobachtung zeigen die Hunde, Füchse und Hasen und vor allem das Laubwerk der Kapitelle, Schlußsteine und des Gestühls in den Kathedralen von York, Ely oder Southwell. Da sieht man frisch und lebenswahr die Blätter, Blüten oder Früchte von Tanne, Eiche, Ahorn, Butterblume, Fingerkraut, Hopfen, Zaunrübe, Efeu und Hagedorn. Emile Mâle erkannte, wie er in *Die religiöse Kunst in Frankreich im 13. Jahrhundert* berichtet, in französischen gotischen Kathedralen »Wegerich, Aronstab, Ranunkel, Farn, Klee, Leberblümchen, Akelei, Kresse, Petersilie, Erdbeerpflanze, Efeu, Löwenmaul, Ginsterblüte und Eichenblatt«. Die Auffassung, daß die Natur geistliche Wahrheiten symbolisiere, führte im 12. und 13. Jahrhundert zu einer besonders intensiven Beobachtung.

> »Die Stechpalme trägt eine Rinde
> So bitter wie die Galle,
> Und Maria trug den süßen Jesus Christ,
> Um zu erlösen uns alle.«

Dieselbe Naturbeobachtung spricht aus den Illustrationen mancher Handschriften. Matthäus Paris beschrieb in seiner *Chronica Majora* (um 1250) eine Einwanderung von Kreuzschnäbeln (cancellata) und bildete den Vogel ab. Die Ränder der Manuskripte wurden vom 13. Jahrhundert an häufig bemalt mit naturalistischen Darstellungen von Blumen und vielerlei Tieren, Krabben, Muscheln und Insekten. Villard de Honnecourt, ein Architekt des 13. Jahrhunderts, streute in seine Architekturzeichnungen, perspektivischen Studien, Entwürfe für Kriegsmaschinen und ein *Perpetuum mobile* die Abbildung eines Hummers oder einer Fliege, einer Libelle, eines Grashüpfers ein, oder zwei Papageien auf der Stange, zwei Strauße, ein Kaninchen, ein Schaf, eine Katze, Hunde, einen Bären und einen Löwen »nach der Natur«. Er gab auch ein Rezept an, wie man die natürlichen Farben getrockneter Blumen (d'un herbier) bewahren könne. Wenn man seine Zeichnungen mit denen des ligurischen Manuskripts aus dem späten 14. Jahrhundert vergleicht, das früher einem gewissen Cybo

von Hyères zugeschrieben wurde, so läßt sich ermessen, welche Fortschritte die naturgetreue Illustration in dem Jahrhundert nach Villard de Honnecourt gemacht hat. Die Ränder dieses Manuskripts
zeigen Abbildungen von Pflanzen, Vierfüßlern, Vögeln, Mollusken
und Krebsen, Spinnen, Schmetterlingen und Wespen, Käfern und
anderen Insekten und Raupen. Besonders interessant ist die Tendenz,
solche Tiere auf einer Seite zusammenzustellen, die nach der heutigen Einteilung zu derselben Gruppe gehören (Tafel XIV).

Im Gegensatz zu der Naturtreue dieser Manuskripte stehen die
konventionellen Abbildungen vieler Enzyklopädien und Herbarien.
Singer hat die Pflanzenbilder in den letzteren eingeteilt in »naturalistische« und »romanische« Tradition. Die botanische Ikonographie
kann über den byzantinischen *Codex Aniciae Julianae* aus dem 6.
Jahrhundert bis zu Dioskurides zurückverfolgt werden, dessen
Werk wiederum auf dem Kräuterbuch des Cratevas (1. Jahrhundert
v. Chr.) basierte. Dieser machte, wie Plinius berichtet, farbige Zeichnungen von Pflanzen. Die Benediktinerklöster bestellten nicht nur
ausgedehnte Felder, sie pflanzten auch Küchen- und Arzneigär-
ten an, und der Verfasser eines Kräuterbuches, der von der geographischen Verbreitung der Pflanzen wenig Ahnung hatte, war gewöhnlich darauf angewiesen, in seinem eigenen Garten die von Dioskurides und dem *Herbarium* des Pseudo-Apulejus (wahrscheinlich 5.
Jahrhundert n. Chr.) erwähnten Pflanzen so gut es ging zu identifizieren. Da die in diesen Büchern vorkommenden mediterranen
Pflanzen oft gar nicht oder bestenfalls durch andere Arten derselben
Gattung vertreten waren, stimmten weder die Zeichnungen noch die
Beschreibungen dieser Lehrbücher mit dem überein, was der Kräu-
terbuchschreiber im Norden sehen konnte. In neuen Herbarien oder
neuen Abschriften von alten Texten stammten gewöhnlich die Illustrationen nicht von dem Verfasser des Textes; in der romanischen
Tradition wurden die Zeichnungen, für die der Schreiber Platz frei
ließ, mehr und mehr zu stilisierten Kopien. Diese Tradition, die von
Nordfrankreich ausging und sich aus einer entarteten Romanik entwickelt zu haben scheint, erlosch allmählich gegen Ende des 12. Jahrhunderts.

Naturgetreue Pflanzen- und Tierdarstellungen gab es ebenfalls das
ganze frühe Mittelalter hindurch, z. B. in den Mosaiken vieler Kirchen
in Rom, Ravenna und Venedig. Auch einige lateinische Kräuterbü-

cher des 11. und 12. Jahrhunderts wurden in diesem naturalistischen
Stil illustriert; ein schönes Beispiel dafür ist das Kräuterbuch aus
Bury St. Edmunds aus dem 12. Jahrhundert (Tafel XVI; vgl. Tafel XV).
Vom 13. Jahrhundert an nehmen die naturalistischen Illustrationen
stetig zu. Außer in den Kräuterbüchern erscheinen naturgetreue
Pflanzen- und Tierdarstellungen auf den Gemälden von Künstlern
wie Giotto (um 1276-1326) und Spinello Aretino (1333-1410). Im
15. Jahrhundert zeigen auch die Kräuterbuchillustrationen den Ein-
fluß des dreidimensionalen Realismus der Kunst in Italien und Flandern, der in den Zeichnungen von Leonardo da Vinci und Albrecht
Dürer zur Vollkommenheit gelangte. Ein hervorragendes Beispiel
ist das 1440 vollendete Herbarium des Benedetto Rinio, das der
Venetianer Andrea Amodio mit 440 herrlichen Tafeln illustrierte
(Tafel XVII). Sowohl die naturalistische als auch die romanische Tradition erhielt sich ohne Unterbrechung bis in die frühen gedruckten
Kräuterbücher hinein, mit denen die Geschichten der Botanik gewöhnlich anfangen.

Wenn man bedenkt, wie Text und Illustrationen zustandegekomm-
men sind, ist es nicht überraschend, daß beide manchmal wenig miteinander zu tun hatten. Der Text beschrieb etwa eine mediterrane
Species, die dem Verfasser der kopierten Quelle bekannt war, aber
die Illustrationen waren entweder rein formal oder nach einer einheimischen Species angefertigt, die der Zeichner kannte. Die Ärzte
verließen sich auf die Kräuterbücher, um Pflanzen mit bestimmten
pharmazeutischen Eigenschaften zu identifizieren; daher mußten die
Beschreibungen des Textes irgendwie verbessert werden. Sie waren
fast immer schwerfällig und häufig ungenau, und die Synonyma, die
von den Verfassern botanischer Lexika oder Pandekten angeführt
wurden, wie z. B. im 13. Jahrhundert von Simon von Genua und im
14. von Matthäus Sylvaticus (s. S. 155), bezogen sich manchmal überhaupt nicht auf dieselbe Pflanze, obwohl in diesen Zusammen-
stellungen allerhand selbständige Beobachtungen verarbeitet sind.
Eine klare, exakte und eindeutige Nomenklatur ist tatsächlich bis
zum 17. Jahrhundert überhaupt nirgends und von da an bis Linnäus
nur unvollkommen zu finden.

Nicht alle mittelalterlichen Kräuterbücher dienten rein pharmazeutischen Zwecken, auch waren ihre Beschreibungen nicht alle ungenau. Das *Herbarium* (um 1287) des Rufinus, das Thorndike kürz-

lich herausgegeben hat, war nicht nur ein medizinisches Kräuterbuch, sondern ein Botanikbuch, das die Pflanzen um ihrer selbst willen darstellte. Die Quellen des Rufinus waren Dioskurides, der dem Odo von Meung (Ende des 11. Jahrhunderts) zugeschriebene *Macer Floridus*, das *Circa Instans* des Salerner Arztes Matthäus Platearius, das führende Werk über Botanik im 12. Jahrhundert, und verschiedene andere Schriften. Rufinus ging, wie Thorndike nachgewiesen hat, über seine Quellen hinaus in »sorgfältiger, detaillierter Beschreibung der Pflanze selbst – ihres Stengels, ihrer Blätter und Blüte – und ebenso sorgsamer Unterscheidung ihrer verschiedenen Spielarten sowie im Vergleichen mit und Unterscheiden von anderer ähnlicher oder verwandter Flora. Ferner bemüht er sich, uns über andere Namen zu informieren, die einer bestimmten Pflanze gegeben werden, oder über andere Pflanzen, die mit demselben Namen bezeichnet werden.«

Wie in anderen Kräuterbüchern waren die Pflanzen fast alle in alphabetischer Reihenfolge angeordnet. Dioskurides hatte manchmal Pflanzen von ähnlicher Form schlecht und recht zu Gruppen zusammengestellt, wie Labiatae, Compositae oder Leguminosae. Dieselbe Tendenz ist ersichtlich in dem angelsächsischen *Herbarium* (um 1000 n. Chr.), einem Auszug aus Dioskurides und Pseudo-Apulejus; dort findet sich eine richtige Gruppierung von Doldenblütlern. Ernsthafte Bemühungen um eine Klassifizierung gehörten zur naturwissenschaftlichen Tradition des Nordens, wohingegen Rufinus, der in der italienischen medizinischen Tradition von Neapel und Bologna ausgebildet war, in jenen Tagen, da Manuskripte so kostspielig waren, nicht einmal Albertus Magnus' *De Vegetabilibus et Plantis* gekannt zu haben scheint.

Die botanischen und zoologischen Abschnitte der Enzyklopädien des 13. Jahrhunderts von Bartholomäus dem Engländer, Thomas von Cantimpré und Vincent de Beauvais waren zwar durchaus nicht arm an eigenen Beobachtungen, aber in dieser Hinsicht können sie sich dennoch nicht mit den Ausführungen des Albertus Magnus über seine eigenen selbständigen Untersuchungen während der Abfassung des Aristoteleskommentars messen. Im Mittelalter war die allgemein übliche Form der wissenschaftlichen Darstellung der Kommentar, in dem der Originaltext entweder klar aus dem Gesamtkomplex der kritischen Diskussion hervorgehoben oder in ihm eingeschlossen sein konnte. Die lateinischen Autoren des 13. Jahrhunderts hatten diese Form von den Arabern übernommen. *De Vegetabilibus et Plantis* (um 1250) war ein Kommentar zu dem pseudoaristotelischen *De Plantis*, das in der Übersetzung Alfreds von Sareshel bis zum 16. Jahrhundert die Hauptquelle der theoretischen Botanik war.

»In diesem 6. Buch«, bemerkt Albertus zu Beginn einer Besprechung der ihm bekannten einheimischen Pflanzen, »wollen wir mehr die Wißbegierde der Studierenden als die Philosophie befriedigen. Denn die Philosophie kann keine individuellen Besonderheiten diskutieren...Man kann keine Syllogismen machen über individuelle Naturdinge, über die allein die Erfahrung *(experimentum)* Gewißheit gibt.«

Die Exkurse des Albertus Magnus zeigen einen Sinn für Morphologie und Ökologie, wie er von Aristoteles und Theophrast bis Cesalpino und Jung nicht seinesgleichen hat. Sein vergleichendes Studium der Pflanzen erstreckte sich auf alle ihre Teile, Wurzel, Stamm, Blatt, Blüte, Frucht, Rinde, Mark usw., und auf ihre Gestalt. Er beobachtete, daß im Schatten wachsende Bäume größer und schlanker waren und weniger Zweige hatten als andere und daß an kalten und schattigen Orten das Holz härter war. Das schrieb er nicht dem Mangel an Licht zu, sondern dem Mangel an Wärme, welche die Tätigkeit der Wurzeln, Nahrung aus dem Boden zu ziehen, begünstige. Aristoteles hatte gelehrt, die Wärme des Bodens diene den Pflanzen als Magen; er nahm an, daß dort die Nahrung für sie verarbeitet würde, deshalb glaubte er, daß es bei den Pflanzen keine Abfallstoffe gebe. Albertus behauptete, daß der Saft, der Potenz nach also alle Teile der Pflanze, weil er sie mit Nahrung versorgte, in den Adern befördert werde, die wie Blutgefäße, nur ohne Puls, seien. Der Winterschlaf der Pflanzen werde dadurch verursacht, daß sich der Saft ins Innere zurückziehe.

Er stellte zwischen Dornen, die ihrer Natur nach dem Stamm gleich wären, und Stacheln, die sich nur an der Oberfläche entwickelten, einen Unterschied fest. Daraus, daß bei der Rebe manchmal eine Ranke an Stelle einer Traube wuchs, schloß er, daß eine Ranke eine unvollkommene Form der Traube sei. Bei der Boretschblüte unterschied er, allerdings ohne ihre Funktion als Fortpflanzungsorgane zu verstehen, den grünen Kelch, die Krone mit ihren Blatthüllen, die fünf Staubfäden *(vingulae)* und den Griffel in der Mitte. Er teilte die Blütenformen in drei Typen ein: vogelförmige wie Akelei, Veilchen und Taubnessel; pyramiden- oder glockenförmige wie die Winde und sternförmige wie die Rose. Er machte auch umfangreiche vergleichende Studien an Früchten, bei denen er »trockene« und fleischige unterschied, und beschrieb eine Menge Typen nach Struktur und Anordnung von Samen, Fruchthülle, Fruchtboden und danach, ob bei der Reife die Hülsen aufplatzten oder das Fleisch trocknete usw. Er wies nach, daß bei fleischigen Früchten das Fleisch den Samen nicht ernährte, und im Samen erkannte er den Embryo. Auch machte er in Buch 6, Traktat 1, Kap. 31 die Bemerkung:

»Auf den Eichenblättern bilden sich oft gewisse runde ballähnliche Objekte, die Gallen genannt werden. Wenn diese einige Zeit auf dem Baum sind, erzeugen sie in ihrem Innern einen kleinen Wurm, der durch das Verfaulen des Blattes ausgebrütet wird.«

Theophrast hatte in seiner *Untersuchung über die Pflanzen* vorgeschlagen, man solle das Pflanzenreich in Bäume, Sträucher, Unterholz und Kräuter einteilen, mit weiteren Unterabteilungen wie angebaute und wilde, blühende und blütenlose, fruchttragende und fruchtlose, das Laub abwerfende und immergrüne, ferner Land-, Sumpf- und Wasserpflanzen innerhalb dieser Gruppen. Seine Vorschläge waren ziemlich unbestimmt und nur tastende Versuche. Die allgemeine Einteilung des Albertus Magnus folgt den Grundzügen dieses Schemas. Dr. Agnes Arber hat in ihrem Buch über *Herbarien* zwar nicht bis ins einzelne ausgeführt, aber vermutet, daß ihm das folgende System vorgeschwebt haben könnte. Seine Pflanzen bilden einen Stufenbau von den Pilzen bis zu den Blütenpflanzen; in der letzten Gruppe hat er nicht ausdrücklich zwischen Monokotyledonen und Dikotyledonen unterschieden.

I. Blattlose Pflanzen (größtenteils unsere Kryptogamen, d. h. Pflanzen ohne echte Blüte)

II. Blattpflanzen (unsere Phanerogamen oder Blütenpflanzen und gewisse Kryptogamen)

1. Rinden bildende Pflanzen mit starrer Außenhülle (unsere Monokotyledonen, die nur ein Keimblatt haben)

2. Umkleidete Pflanzen mit Jahresringen, *ex ligneis tunicis* (unsere Dikotyledonen, die zwei Keimblätter haben)

a. Krautige

b. Holzige

Für das Auftreten neuer Arten hatten schon vor Albertus Magnus mehrere Naturphilosophen eine Erklärung versucht. In den Kosmogonien einiger früher Griechen waren Ansätze gemacht worden, die Ursache für den Ursprung des Lebens und die Mannigfaltigkeit der Lebewesen herauszufinden. So hatte Anaximander angenommen, alles Leben sei durch Urzeugung aus dem Wasser entstanden, und der Mensch habe sich aus dem Fisch entwickelt. Xenophanes führte Versteinerungen von Fischen und Seetang als Beweise dafür an, daß das Leben aus dem Schlamm entstanden sei. Empedokles glaubte an den Ursprung des Lebens durch spontane Zeugung aus der Erde: Zuerst erschienen die Pflanzen, und dann Teile von Tieren (einschließlich des Menschen), Köpfe, Arme, Augen usw., die sich vereinigten, wie es der Zufall wollte, und Gestalten aller Art hervorbrachten, mißgebildete und richtig zusammengesetzte. Die richtigen Gestalten vertilgten die Mißgeburten, und nachdem die Geschlechter sich differenziert hatten, zeugten sie ihresgleichen; dann hörte die Erde mit der Zeugung auf. Ähnliche Vorstellungen hatte Lukrez. Der Begriff der »Samen« in der Erde, auf die Adelard von Bath anspielte, ging zurück auf die stoische Vorstellung von *logoi spermatikoi*, die danach strebten, neue Arten belebter und unbelebter Dinge aus der noch nicht festgelegten Materie hervorzubringen. Die augustinische Theorie von der Erschaffung der Dinge in ihren *rationes seminales* oder »seminalen Ursachen« (s. S. 32), die im Mittelalter weit verbreitet war, stammte aus dieser Vorstellung. Sie hatte im 9. Jahrhundert eine Parallele bei den Arabern al-Nazzam und seinem Schüler al-Jahiz, die über die Frage der Anpassung und den Kampf ums Dasein nachdachten.

Alle diese Theorien außer der des Anaximander erklärten die Entstehung neuer Arten nicht durch Veränderung des Erbgefüges, sondern durch Zeugung aus einer gemeinsamen Wurzel, wie etwa der Erde. Einige antike Autoren jedoch, z. B. Theophrast, hatten angenommen, daß die existierenden Typen manchmal wandelbar seien. Dies übernahm Albertus und führte zum Beleg die Veredlung wilder Pflanzen und das Verwildern von Kulturpflanzen an. Er beschrieb fünf Möglichkeiten der Umbildung einer Pflanze in eine andere. Einige davon bedeuteten keine Artumwandlung, sondern lediglich die Aktualisierung potentieller Attribute, z. B. wenn Roggen an Größe zunahm und nach drei Jahren Weizen wurde. Andere bestanden darin, daß die substantielle Form zugrunde ging und eine neue entstand, wenn z. B. Espen und Pappeln anstelle eines gefällten Eichen- oder Buchenwaldes aufsprossen oder wenn eine Mistel aus einem dahinsiechenden Baum entsprang. Wie später Peter von Crescenzi glaubte auch er, daß neue Arten durch Pfropfen hervorgebracht werden könnten.

Im folgenden Jahrhundert wurden die Spekulationen über den Ursprung neuer Arten und die Abwandlung der schon vorhandenen von Heinrich von Hessen (1325-97) fortgeführt, der auf das Auftreten neuer Krankheiten hinwies, die das Erscheinen neuer Kräuter zu ihrer Heilung erforderten. Später gingen diese Überlegungen in die Naturphilosophien von Bruno, der auch von den Stoikern beeinflußt war, von Francis Bacon, Leibniz und den Evolutionisten des 18. Jahrhunderts ein. Den Erwägungen des Albertus Magnus und Heinrichs von Hessen über die Artumwandlung lag jeder Gedanke an Entfaltung, Entwicklung und Fortschritt des Universums, des Tierreichs und des Menschengeschlechts fern. Diese Vorstellung ist charakteristisch für die Neuzeit und hatte im mittelalterlichen Denken keinen Platz. Aristoteles hatte in seinen biologischen Werken einen Stufenbau der Natur beschrieben, aber darin gab es keine Aufwärtsentwicklung. Als Albertus diesen aristotelischen Stufenbau in sein botanisches und zoologisches System übernahm, behielt er, abgesehen von Zufällen und den bereits erwähnten Abwandlungsursachen, die Kontinuität der artbeständigen Fortpflanzung bei.

Sein Werk *De Animalibus* ist besonders in den Kapiteln über Fortpflanzung und Embryologie eines der besten Beispiele dafür, wie das System aus Erfahrungstatsachen und Naturerklärungen, das in den Übersetzungen griechischer Werke zugänglich geworden war, die Naturphilosophen des 13. Jahrhunderts dazu anregte, nun selber zu beobachten und von ihrer Sicht aus die Erklärungen abzuwandeln. Die ersten 19 der 26 Bücher von *De Animalibus* sind ein Kommentar, der den Text von Michael Scotus' Übersetzung der aristotelischen *Geschichte der Tiere, Teile der Tiere* und *Zeugung der Tiere* enthält. In seinem Kommentar verarbeitete Albertus auch Avicennas Kommentar zu diesen Werken, den *Canon* Avicennas, der auf Galen aufbaut, ferner lateinische Übersetzungen einiger Werke von Galen selbst. Die restlichen 7 von den 26

Büchern des Albertus bestehen aus seinen eigenen Diskussionen verschiedener biologischer Themen und Beschreibungen einzelner Tiere, die zum Teil Thomas von Cantimpré entnommen sind.

Für Aristoteles war die Fortpflanzung der spezifischen Form eine Ausdehnung des Wachstums. Denn da Wachstum die Verwirklichung der Form in dem einen Individuum war, war Fortpflanzung ihre Verwirklichung in dem neuen Individuum, das aus ihm hervorging. Albertus folgte Aristoteles in der Unterscheidung von vier Typen der Fortpflanzung: 1. geschlechtliche Fortpflanzung, bei der das männliche und das weibliche Prinzip getrennt in verschiedenen Individuen war, wie bei den höheren Tieren und im allgemeinen bei Tieren, die sich fortbewegen konnten; 2. geschlechtliche Fortpflanzung, bei der ein Individuum beide Prinzipien in sich vereint trug, wie bei Pflanzen und festsitzenden Tieren und einigen anderen, z. B. den Bienen; 3. Fortpflanzung durch Knospen, wie bei manchen Muscheln; 4. spontane Erzeugung, wie bei einigen Insekten, Aalen und den niederen Lebewesen im allgemeinen. Die Geschlechter der Pflanzen wurden erst von Camerarius (1694) klar unterschieden, obwohl schon Theophrast, Plinius und Thomas von Aquin diesen Punkt berührt hatten. Wie Aristoteles lehnte Albertus die auch von Galen vertretene hippokratische Theorie ab, daß beide Eltern an der Form beteiligt seien. Aristoteles hatte geglaubt, das Weibliche liefere nur die Materie (von der er annahm, sie sei die Substanz der monatlichen Reinigung – *menstruum* – bei den Säugetieren und der Dotter im Vogelei), aus der die immaterielle männliche Form den Embryo bilde. Albertus stimmte darin mit ihm überein, aber er folgte Avicenna in der Behauptung, daß das von dem Weiblichen erzeugte Material ein Same oder *humor seminalis* sei, etwas anderes als die Katamenien oder der Dotter, die, wie er sagte, nur Nahrung seien. Diesen Samen identifizierte er fälschlich mit dem Weißen des Eies. Das Spermatozoon wurde natürlich erst nach der Erfindung des Mikroskops entdeckt; er suchte den Samen des Hahns in dem Chalazion, einer Kornbildung am Augenlid. Ursache der Differenzierung der Geschlechter war seiner Meinung nach die männliche »Lebenswärme«, die das überflüssige Blut zu Samen »verkochen« konnte, wobei diesem die Artgestalt eingeformt wurde, während das weibliche Blut zu kalt war, um diese substantielle Veränderung zu bewirken. Alle anderen Unterschiede zwischen den Geschlechtern waren diesem gegenüber sekundär.

Diese Wirkungskraft der Lebenswärme ergab sich daraus, daß die beiden Paare von Urqualitäten heiß-kalt aktiv und trocken-feucht passiv waren. Das Herz war das Zentrum der Lebenswärme und das Zentralorgan des Körpers. Zu ihm, nicht zum Gehirn, das nach der Lehre des Aristoteles ein kühlendes Organ war, liefen die Nerven. Die Lebenswärme war die Quelle aller Lebensbetätigung. Sie war die Ursache des Reifens der Früchte, der Verdauung, die als eine Art Kochen angesehen wurde, und sie bestimmte die Stufe, zu der ein Tier heranwachsen sollte, nachdem es aus dem Mutter-leib ausgestoßen war. Die Vererbung hatte Aristoteles aus dem Grad des Überwiegens der männlichen Form über die weibliche Materie erklärt; weibliche Merkmale überwogen, wo die Lebenswärme des Männlichen schwach war. Mißbildungen wurden erzeugt, wenn die weibliche Materie für den betreffenden Zweck unzulänglich war und der bestimmenden Form widerstrebte. Die Lebenswärme, die Ari-stoteles in *De Generatione Animalium* (736 b 36) als »den Geist *[pneuma]*, der im Samen und Schaumartigen eingeschlossen, und das Naturprinzip im Geist, das dem Element der Sterne analog ist«, be-schrieben hatte, war, wie Albertus meinte, auch die Ursache der Ur-zeugung. Das Verfaulen der Form eines toten Organismus erzeugte die Formen niederer Geschöpfe, die dann die verfügbare Materie organisierten, wie im Mist erzeugte Würmer. Auch die Lebenswärme der Sonne verursachte spontane Zeugung, und die Araber und Scho-lastiker nahmen allgemein an, daß solche Formen von himmlischer »Wirkkraft« herrührten.

In der Frage, ob der männliche Same allein den Embryo forme, war Aristoteles anderer Meinung als Hippokrates und Galen; eben-so in der Frage, ob während des Embryonalzustands neue Merk-male entstehen oder ob sie alle schon im Samen vorgeformt seien und sich nur auszudehnen hätten. Hippokrates hatte eine Präfor-mationstheorie vertreten, die mit der Vorstellung einer Pangenese verbunden war, d. h. er glaubte, der Same stamme aus allen Teilen der elterlichen Körper und könne deshalb die Entstehung der gleichen Teile bei der Nachkommenschaft bewirken. Die Theorie, der Embryo sei ein Erwachsener *en miniature*, der sich nur zu entfalten brauche, setzte voraus, daß die sich später entwickelnden Teile schon in den

früheren existierten, daß alle im Samen vorhanden waren, dessen
Teile schon in dem betreffenden Erzeuger existierten, und deshalb
auch schon in dem Samen, aus dem der Erzeuger hervorgegangen
war, und so fort bis ins Unendliche. Aristoteles betrachtete ein solches *emboîtement*, solche Einschachtelung, als eine absurde Schlußfolgerung und hielt sich deshalb an die epigenetische Theorie, daß
die Teile *de novo* entständen, wenn die immaterielle Form die Materie des Embryos bestimmte und differenzierte. Er sagte, nachdem
der männliche Same auf die weibliche Materie eingewirkt habe, indem er sie zum Gerinnen brachte, entwickele sich der Embryo wie
eine komplizierte Maschine, deren Räder, einmal in Gang gesetzt,
die ihnen vorgeschriebenen Bewegungen beibehalten. Er beschrieb
die Entwicklung einer Reihe von Tieren und machte diese vergleichende Untersuchung zur Grundlage einer Klassifikation der Tiere.
Seine Bemerkung, die Entwicklung gehe in der Kopfregion schneller
vor sich, läßt an die moderne Theorie der axialen Gefälle denken;
mit seiner Darlegung, daß die allgemeineren den spezifischen Merkmalen vorausgingen, nahm er bereits von Baers Lehre vorweg. Er
hat auch die Funktionen der Placenta und der Nabelschnur richtig
verstanden.

Albertus ließ sich bei seinen eigenen embryologischen Untersuchungen von Aristoteles leiten*. Er hatte niemals Bedenken, das anzuerkennen, was er mit eigenen Augen gesehen hatte; er war
auch bereit, Theorien von anderen Autoritäten zu übernehmen und
z. B. wie Avicenna die Epigenese mit einer pangenetischen Theorie
zu kombinieren; Irrtümer in bezug auf Fakten schrieb er jedoch lieber den Kopisten als Aristoteles zu. Nach dem Beispiel des Aristoteles öffnete er Hühnereier in verschiedenen Zeitabständen und ergänz-
te *per anathomyam* und mit beachtlichem Verständnis dessen Beschreibung der Vorgänge, vom Erscheinen des pulsierenden roten Herz-
fleckens bis zum Auskriechen. Er studierte auch die Entwicklung von
Fischen und Säugetieren und erkannte die Ernährung des Fötus
richtig. Während Aristoteles gedacht hatte, die Puppe sei das Ei des
Insekts, von dem er glaubte, es entwickele sich aus dem mütterlichen Weibchen über Larve und Puppe (sein »Ei«) zum ausge-

---

* *In dem von H. Stadler herausgegebenen Text von Albertus' De Animalibus kann man den Originaltext mit den Zusätzen des Albertus verfolgen.*

wachsenen Tier, erkannte Albertus das wirkliche Insektenei, gleichfalls das der Laus. In *De Animalibus*, Buch 17, Traktat 2, Kap. 1 erweiterte er den Text des Aristoteles wie folgt:

»Zuerst sind die Eier etwas sehr Kleines, und aus ihnen werden Würmer erzeugt, die ihrerseits sich in Eimaterie [d. h. Puppen] verwandeln; aus denen entspringt dann die geflügelte Gestalt; es findet also vom Ei an eine dreifache Verwandlung statt, nämlich in den Wurm, und vom Wurm in eine Art Ei, und von diesem in etwas, das fliegt.«

Er sagte, daß in der Tat »die Erzeugung aller Tiere zuerst aus Eiern erfolgt«. Gleichzeitig glaubte er an spontane Zeugung. Er gab eine ausgezeichnete Schilderung der Insektenpaarung, und seine Beschreibung des Lebenslaufs eines Schmetterlings oder einer Motte in Buch 5, Traktat 1, Kap. 4 ist ein bemerkenswertes Beispiel gründlicher Beobachtung:

»Eine bestimmte Raupenart verbirgt sich in Ritzen, wenn die Sonne den Sommerwendekreis verläßt; sie verfault innerlich und wird von einer harten, hornigen, geringelten Haut umgeben. In dieser wird ein fliegender Wurm geboren, der vorne eine lange aufgerollte Zunge hat, die er in die Blumen steckt; sie saugt den Nektar heraus. Er entwickelt vier Flügel, zwei vorne und zwei hinten, und fliegt und wird vielfarbig und entwickelt mehrere Beine, aber nicht so viele, wie er hatte, als er noch eine Raupe war. Die Farben sind auf zweierlei Weise verschieden, entweder weisen verschiedene Arten verschiedene Farben auf, oder ein einziges Individuum trägt verschiedene Farben. Einige Genera sind weiß, einige schwarz und einige von den dazwischenliegenden Farben. Aber es gibt eine gewisse Art, die der letzteren Gattung angehört, bei der viele verschiedene Farben an demselben Individuum zu finden sind. Dieses so geflügelte und aus einer Raupe erzeugte Tier wird von manchen auf Lateinisch mit dem allgemeinen Namen *verviscella* genannt. Es fliegt gegen Ende des Herbstes und legt viele Eier, denn der ganze untere Teil seines Körpers von der Brust abwärts wird in Eier verwandelt, und beim Eierlegen stirbt es. Und dann kriechen aus diesen Eiern im nächsten Frühling wieder Raupen aus. Aber gewisse Raupen werden keine *verviscellae*, sondern versammeln sich an den Enden der Zweige von Bäumen und machen da Nester und legen Eier, und aus diesen entstehen im nächsten Frühling Raupen. Die von dieser Art breiten immer mittags das Nest in der Sonne aus. Aber die Art, die aus den fliegenden Formen entsteht, legt alle ihre Eier in Mauern und Ritzen in Holz und Hauswänden in der Nähe von Gärten.«

Die selbständigen Beobachtungen des Albertus erstreckten sich nicht nur auf die Fortpflanzung, sondern auch auf viele andere zoologische Phänomene. Thomas von Cantimpré hatte, obwohl er ein guter Beobachter war, in seinem *De Natura Rerum* (um 1228-44) ein ganzes Buch den Fabeltieren gewidmet. Albertus hingegen kritisierte die Geschichten vom Salamander, vom Biber und von der Ringelgans auf Grund eigener Beobachtung. Vom Phönix, dem Symbol der Auferstehung, sagte er, daß er mehr von mystischen Theologen studiert werde als von Naturphilosophen. Er gab ausgezeichnete Beschreibungen vieler Tiere des Nordens, die Aristoteles nicht gekannt hatte, und bemerkte die verschiedenen Farbtönungen des Eichhörnchens *(pirolus)*, die auf dem Wege von Deutschland nach Rußland von Rot zu Grau übergingen, und das Hellerwerden der Farbe bei Falken *(falcones)*, Dohlen *(monedulae)* und Raben *(corvi)* in kalten Klimazonen. Die Farbe hielt er als spezifisches Merkmal im Vergleich zur Form für wenig wichtig. Er beobachtete die Beziehung zwischen Körperbau und Art der Fortbewegung und wandte das aristotelische »Homologie«-Prinzip auf die Entsprechung der Vorderfußknochen beim Pferd und beim Hund an. Auch wies er nach, daß Ameisen, ihrer Fühler beraubt, ihren Richtungssinn verlieren, und schloß (irrtümlicherweise) daraus, daß die Fühler Augen hätten. Seine Kenntnis der inneren Anatomie war manchmal dürftig, doch sezierte er Grillen und beobachtete die Eierstockfollikel und Luftröhren. Er scheint das Gehirn und den Nervenstrang bei Krebsen und einiges über ihre Funktion bei der Bewegung erkannt zu haben. Er beobachtete, daß der Schalenwechsel der Krebse sich auch auf ihre Glieder erstreckte, und wies nach, daß diese sich neu bildeten, wenn sie amputiert wurden.

»Aber«, sagte er in Buch 7, Traktat 3, Kap. 4, »bei solchen Tieren wird selten der Unterleib wieder gebildet, weil in der Brücke, über der die Weichteile liegen, ihre Bewegungsorgane befestigt sind; eine bewegende Kraft *(vis motiva)* geht an dieser Brücke entlang, von dem Teil aus, der bei ihnen dem Gehirn entspricht. Darum, weil er der Sitz einer edleren Kraft ist, kann er nicht ohne Gefahr entfernt werden.«

Das System, nach dem Albertus die von ihm in Buch 23-26 beschriebenen Tiere einteilte, folgte den Hauptlinien des aristotelischen, das er noch etwas weiter ausbildete. Aristoteles hatte drei Grade von Ähnlichkeit im Tierreich erkannt: die »Species«, mit völliger Identität des Typus und nur akzidentellen, nicht erblichen Unterschieden zwischen den Individuen; das Genus, bestehend aus Gruppen, wie Fische oder Vögel; und das »große Genus«, das die morphologische Entsprechung oder Homologie von Schuppe und Feder, Fischgräte und Knochen, Hand und Klaue, Nagel und Huf umfaßte und für das die ganze Gruppe der Bluttiere (der heutigen Wirbeltiere) ein Beispiel war. Obwohl Aristoteles keine eigentliche Klasseneinteilung aufgestellt hat, sind doch die Hauptlinien seines Systems leicht zu erkennen, und auch Albertus hat sie gesehen. Da jede Species und jedes Genus viele Unterscheidungsmerkmale bot, war es möglich, sie auf vielerlei Weise zu gruppieren; Albertus hielt sich, wiederum wie Aristoteles, nicht an ein einziges System, sondern ordnete die Tiere manchmal auf Grund morphologischer oder reproduktiver Ähnlichkeit ein, manchmal faßte er ökologische Gruppen zusammen, wie Fliegende *(volatilia)*, Schwimmende *(natatilia)*, Laufende *(gressibilia)* und Kriechende *(reptilia)*. Hier ging er über Aristoteles hinaus, indem er die Einteilung der Wassertiere in zehn Genera vorschlug: *malachye* (Kopffüßler), *animalia mollis testae* (Krebse), *animalia duris testae* (Schalentiere), *yricii marini* (Seeigel), *mastuc* (Seeanemonen), *lignei* (Seesterne, Seegurken), *veretrale* (Pennatuliden oder Gephyreen?), *serpentini* (Borstenwürmer?), *flecmatici* (Medusen) und *spongia marina* (Schwämme). Bei einigen Tieren wiederholte oder verschlimmerte er Aristoteles' Irrtümer, wenn er z. B. die Wale den Fischen zuordnete und die Fledermäuse den Vögeln, obwohl er beobachtet hatte, daß die Fledermaus Zähne hat, und obwohl er selber (Buch 1, Traktat 2, Kap. 4) sagte, daß »sie der Natur der Vierfüßler nahesteht«.

Das System, das Albertus von Aristoteles übernahm, klassifizierte nach der Art der Fortpflanzung, d. h. nach dem von der Lebenswärme und -feuchtigkeit der Eltern abhängigen Grad der Entwicklung, der beim Verlassen des mütterlichen Körpers erreicht war. So waren die Säugetiere die wärmsten Tiere und brachten lebende

TABELLE II DAS ARISTOTELISCHE STUFENREICH DER NATUR

Der Mensch (vernünftige Seele)
Die Tiere (empfindende Seele)

Enaima (Bluttiere, modern: Wirbeltiere)

1. Mensch
2. Behaarte Vierfüßler (Landsäugetiere, klassifiziert nach: gespaltenem Huf, Zähnen usw.)
3. Cetacea (Seesäugetiere, von Albertus zu den Fischen gerechnet)
4. Vögel (geordnet nach Raubvögeln, Schwimmfüßlern usw.)
5. Schuppige Vierfüßler und Fußlose (Reptilien und Amphibien)
6. Fische (Gräten- und Knorpelfische)

Anaima (Blutlose, modern: Wirbellose)

7. Malacia (Kopffüßler)
8. Malacostraca (Krustentiere)
9. Entoma (Insekten, Tausendfüßler, Spinnen, Eingeweidewürmer usw., Albertus' *animalia corpora annulosa vel rugosa habentia*)
10. Ostracoderma oder Testacea (Mollusken außer Kopffüßlern; Seeigel, Manteltiere)
11. Zoophyten (Seegurken, Seeanemonen, Quallen, Schwämme)

Die Pflanzen (Ernährungsseele)

A. Lebendgebärende — a. mit vollkommenem Ei

B. Eierlegende (manchmal im Innern Eier, nach außen lebende Junge gebärend, wie manche Vipern und Knorpelfische) — b. mit unvollkommenem Ei

Eierlegende

C. Würmergebärende, gegliedert — c. mit unvollkommenem Ei

Erzeugt durch Zeugungsschleim, Knospung oder Urzeugung

Erzeugt durch Urzeugung

Erzeugt ohne geschlechtliche Differenzierung aus Samen oder Knospen (klassifiziert S. 145)

(A bis B stellt den nach dem Grad der Lebenswärme angeordneten Stufenplan der Ei- oder Embryotypen dar.)

Junge zur Welt, die vollkommene, nur kleinere Ebenbilder ihrer Eltern waren; Schlangen und Knorpelfische trugen Eier im Innern, gebaren aber lebende Junge; Vögel und Reptilien legten vollkommene Eier, d. h. Eier, die nicht mehr größer wurden, nachdem sie gelegt waren; Fische, Kopffüßler und Krustentiere legten unvollkommene Eier; Insekten erzeugten einen Scolex (Larve oder Vor»ei«), der sich dann zum »Ei« (Puppe) entwickelte; Schalentiere produzierten Zeugungsschleim oder pflanzten sich durch Knospen fort; im allgemeinen konnten Angehörige der niederen Gruppen durch Urzeugung entstehen. Die vollständige »aristotelische« Stufenleiter der lebenden Natur, wie Albertus sie erkannte und modifizierte, ist in Tabelle II dargestellt.

Nach dem 13. Jahrhundert wurde die beschreibende Botanik und Zoologie von Kräuterbuchverfassern und Naturforschern aus vielerlei Interessen weitergeführt. Das Kräuterbuch des Matthäus Sylvaticus, ein Wörterbuch der Arzneipflanzen oder *Pandectae* (1317) enthielt eine Fülle von Angaben aus eigener Beobachtung über Pflanzen verschiedener Orte, die er besucht hatte, oder über solche in der Sammlung einheimischer und ausländischer Pflanzen, die er in seinem botanischen Garten in Salerno zog. Dies ist der früheste bekannte nichtklösterliche Garten; von dieser Zeit an entstanden auch andere, besonders in Verbindung mit den medizinischen Fakultäten der Universitäten. Der erste dieser Art wurde 1350 in Prag angelegt. Im 14. Jahrhundert schrieben einige Chirurgen und Ärzte Kräuterbücher, z. B. in Italien Johannes von Mailand, in England John Arderne, in Schlesien Thomas von Sarepta. Johannes von Mailand illustrierte sein vor 1328 abgeschlossenes Kräuterbuch, *Flos Medicinae*, mit 210 Pflanzenzeichnungen. Thomas von Sarepta, der um 1378 als Bischof starb, ist besonders erwähnenswert, weil er in seiner Jugend ein Herbarium von getrockneten Pflanzen anlegte, die er an verschiedenen Orten, auch in England, gesammelt hatte. Ein anonymes, um 1380 in Vaud zusammengestelltes französisches Kräuterbuch ist interessant, weil es neue Mitteilungen über Schweizer Pflanzen enthält. Aber das bedeutendste Herbarium dieser Periode ist der von Benedetto Rinio 1410 in Venedig vollendete *Liber de Simplicibus* (s. S. 142). Außer den herrlichen Abbildungen von 450 einheimischen und ausländischen Pflanzen enthält dieses Kräuterbuch kurze botanische Anmerkungen mit Angaben über die für das Sam-

meln geeignete Jahreszeit, den als Heilmittel verwendbaren Teil
der Pflanze, die benutzten Quellen und den Namen jeder Pflanze
auf Lateinisch, Griechisch, Arabisch, Deutsch, in verschiedenen italienischen Dialekten und auf Slawisch. Venedig trieb zu jener Zeit
einen blühenden Arzneimittelhandel sowohl mit dem Osten als mit
dem Westen, und Rinios Kräuterbuch wurde in einer der Haupt-
apotheken aufbewahrt, wo es für den praktischen Zweck der Pflan-
zenidentifizierung benutzt werden konnte. Demselben medizinischen
Interesse verdanken auch die gedruckten Kräuterbücher, die im
späteren 15. Jahrhundert zu erscheinen begannen, ihre Entstehung
(s. S. 493 ff.).

Im 14. Jahrhundert ist unter anderen Naturforschern Crescenzi
hervorzuheben, dessen *Ruralia Commoda* reichhaltige Angaben über
alle möglichen einheimischen Pflanzen- und Tierarten sowie einen
besonderen Abschnitt über die Gärten (s. S. 88 ff.) bieten. Seine
Hauptquelle für landwirtschaftliche Kenntnisse waren die römischen
Autoren Cato der Ältere, Varro, Plinius und der von Burgundio von
Pisa übersetzte Teil der *Geoponica*, der von den Reben handelt; in
der biologischen Theorie richtete er sich nach Albertus und Avicenna.
Der deutsche Naturforscher Konrad von Megenburg ist bekannt als
Verfasser des ersten bedeutenden naturwissenschaftlichen Werkes
in deutscher Sprache: *Das Buch der Natur* (um 1350). Dieses war
im Grunde eine freie Übersetzung von Thomas von Cantimprés
De Rerum Natura, brachte aber einige neue Beobachtungen über den
Regenbogen, die Pest und verschiedene Tiere und Pflanzen. Es war
sehr verbreitet; die erste gedruckte Ausgabe (1475) war das früheste
Werk, in dem Pflanzenholzschnitte speziell zur Illustration des
Textes und nicht bloß als Schmuck dienen sollten. Diese Illustrationen waren wahrscheinlich nicht viel älter als der Druck, aber
schon im späten 14. Jahrhundert hatte der Naturforscher »Cybo von
Hyères« (s. S. 140 f.) in seinen Illustrationen eine sehr gute Beobachtungsgabe gezeigt. Auch Gaston de Foix, der 1387 seine berühmte
französische Abhandlung *Le Miroir de Phoebus* zu schreiben begann, die für die Jagd dasselbe bedeutete wie Kaiser Friedrichs II.
Schrift für die Falkenbeize, erwies sich als ausgezeichneter Natur-
beobachter. Dieses sehr beliebte Werk enthielt gute und praktische
Anweisungen zur Aufzucht von Hunden, Falken und anderen Jagd-
tieren, dazu eine Fülle von Mitteilungen über die Gewohnheiten des

jagdbaren Wildes, z. B. über den Hirsch, den Wolf, den Dachs und den Otter. Ein anderer französischer Autor, Jehan de Brie, bewies in einem 1379 für Karl V. geschriebenen Buch über »Schäferei«, daß sogar in Hofkreisen Interesse für die Natur zu finden war. In England erschien eine Reihe von Abhandlungen über ländliche Sportarten. Die berühmteste, das *Boke of St. Albans,* ist in zwei Auflagen 1486 und 1496 erschienen. Die zweite Auflage enthält eine der ersten ausführlichen englischen Beschreibungen des Fischfangs; ein älterer *Treatyse of Fysshynge with an Angle* (Traktat über das Fischen mit der Angel), auf dem das *Boke* basiert, stammt aus dem Anfang der zwanziger Jahre des 15. Jahrhunderts. Ein italienischer Autor zoologischer Schriften, Pier Candido Decembrio oder Petrus Candidus (1399–1477), schrieb 1460 eine Reihe von Tierschilderungen, denen im 16. Jahrhundert einige ausgezeichnete Illustrationen von Vögeln, Ameisen und anderen Tieren beigegeben wurden (s. Tafel xviii).

Im 14. und 15. Jahrhundert wurden auch zahlreiche theoretische Werke über Biologie geschrieben, meist in Form von Kommentaren zu verschiedenen Büchern von Aristoteles, Galen, Averroës oder Avicenna. Im 13. Jahrhundert hatte Ägidius von Rom (um 1247 bis 1316) eine Abhandlung über Embryologie verfaßt, *De Formatione Corporis Humani in Utero,* die zum großen Teil auf Averroës zurückging und in der er die Entwicklung des Embryos und den Zeitpunkt seiner Beseelung erörterte. Dieser Zeitpunkt war heiß umstritten; auch Dante beteiligte sich an der Diskussion. Er vertrat wie Augustinus und Averroës die Auffassung, daß die Seele zusammen mit dem Leib erzeugt werde, sich aber erst mit der ersten Bewegung des Embryos kundtue. Ein anderer Autor des 14. Jahrhunderts, der italienische Arzt Dino del Garbo († 1327), schrieb die Geburt und Entwicklung der Pflanzen und Tiere aus Samen einer Art Gärung zu und versuchte zu beweisen, daß die Samen der erblichen Krankheiten im Herzen lägen. Sein Landsmann Gentile da Foligno bemühte sich um die Herstellung mathematischer Beziehungen zwischen den Zeitpunkten der Bildung und Bewegung des Foetus und der Geburt des Kindes. Ein anderer Gegenstand besonderer Aufmerksamkeit war für die Scholastiker des 14. Jahrhunderts der Ursprung und das Wesen der Bewegung der Tiere; Autoren wie Walter Burley, Jean de Jandun und Jean Buridan diskutierten diese Frage in Kommentaren

zu Aristoteles' *De Motu Animalium.* Andere Teile des aristotelischen
De Animalibus wurden vom frühen 14. bis zur Mitte des 15. Jahrhunderts von verschiedenen Autoren kommentiert, von John Dims-
dale oder Teasdale in England bis zu Agostino Nifo in Padua. Unter
dem Titel *De Corde* oder *De Motu Cordis* erschien eine weitere Reihe
von Abhandlungen, die erste von Alfred von Sareshel. Das Problem,
ob bei der Zeugung beide Geschlechter Samen beisteuerten, tauchte
auch bei den Theoretikern auf, besonders im 15. Jahrhundert mit
dem Bekanntwerden des Lukrez (s. S. 339 f.), der die Theorie des zweifachen Samens verfochten hatte. Diese Diskussion ging bis ins 17.
und 18. Jahrhundert hinein in dem Streit zwischen den Animal-
kulisten und Ovisten weiter. Ende des 15. Jahrhunderts versuchte
Leonardo da Vinci einige dieser theoretischen Fragen auf experimentellem Wege der Lösung näher zu bringen, aber die eigentliche experimentelle Embryologie konnte sich erst im 19. Jahrhundert entwickeln.

Der Zweig der Biologie, der sich im 14. und 15. Jahrhundert am
reichsten entfaltete, war weder Botanik noch Zoologie oder Embryologie, sondern die Anatomie des Menschen. Der Hauptgrund für
das Anatomiestudium war sein praktischer Wert für den Chirurgen
und den Arzt (s. S. 228 f., S. 502 f.). Quellen für das anatomische
Wissen waren vor allem Galen (129–200 n. Chr.) und Avicenna, der
sich in den anatomischen Abschnitten seines *Kanons der Medizin*
selbst weitgehend auf Galen stützte. Gewisse abweichende anatomische Vorstellungen kannte man auch aus Aristoteles, wie z. B. aus
der von Albertus Magnus benutzten *Anatomia Vivorum* des Richard
von Wendover (frühes 13. Jahrhundert) ersichtlich ist. Gegen Ende
des 13. Jahrhunderts wurde ganz allgemein der gewöhnlich exaktere
Galen vorgezogen.

Galens anatomische Vorstellungen, die sich auf Sektionen von
Menschen- und Tierleichen gründeten, waren mit einem physiologischen System eng verbunden. Beides stammte nach seiner eigenen
Angabe zum Teil von seinen großen Vorgängern Herophilos und
insbesondere Erasistratos (3. Jahrhundert v. Chr.). Nach Galens
Lehre war das Gehirn (und nicht das Herz, wie Aristoteles gesagt
hatte) das Zentrum des Nervensystems; die Lebensfunktionen wurden mit Hilfe der drei Hauche (*spiritus* oder griechisch *pneuma*) und
der vier hippokratischen Säfte, die den vier Elementen entsprachen,

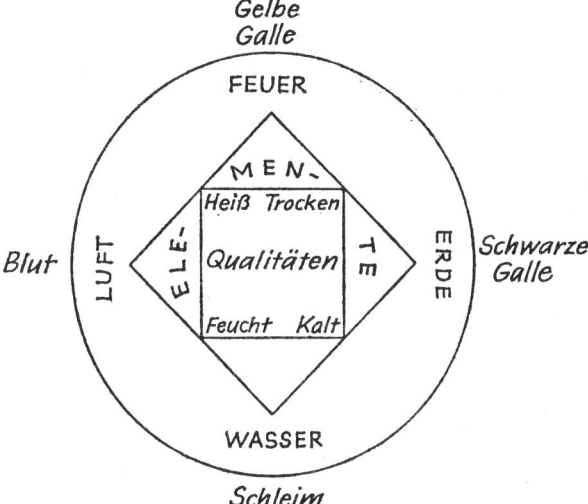

Abb. 13 *Die vier Säfte. Im Zyklus der Jahreszeiten ist die Reihenfolge der vorherrschenden Säfte: Blut (Frühling), Gelbe Galle (Sommer), Schwarze Galle oder Melancholie (Herbst), Schleim (Winter).*

erklärt (Abb. 13). Das Gleichgewicht dieser vier Säfte – Blut, Schleim (oder *pituita*, im Drüsengewebe befindlich), Schwarze Galle (oder *melancholia*, in der Milz befindlich) und Gelbe Galle (oder *chole*, in der Gallenblase befindlich) – war notwendig für das gesunde Funktionieren des Körpers; aber die Lebensfunktionen selbst kamen durch die Produktion und die Bewegungen der drei Hauche zustande, des »Naturhauchs« der Leber, des »Lebenshauchs« des Herzens und des »Seelenhauchs«* des Gehirns (Tafel xix). Diese entstanden letztlich aus der Nahrung und aus der Luft, die beim Atmen in die Lungen eingezogen wird; denn beim Einatmen drang nach Galens Auffassung das Lebensprinzip in den animalischen Kör-

---

* Der Ausdruck *spiritus animalis* bezieht sich auf die *anima*, den Atem, das Prinzip des animalischen Lebens; das griechische Äquivalent ist *pneuma psychikon*. Im Gegensatz zur *anima* steht in der scholastischen Terminologie der *animus*, das geistige Lebensprinzip, die vernunftbegabte Seele.

per ein. Diese physiologische Theorie mit ihren drei großen Systemen, deren jedes mit einem der drei Hauche und ihren Funktionen gekoppelt war, beherrschte ganz allgemein die Vorstellung von den anatomischen Strukturen und Verknüpfungen, bis sie von William Harvey umgestoßen wurde (s. S. 453 ff.).

Nach Galens Auffassung wurde die in den Magen gelangte Nahrung zuerst in Speisesaft verwandelt durch das, was man die erste »Kochung« nannte, einen Prozeß, der durch die angeborene Wärme des animalischen Körpers aktiviert wurde und den man sich analog dem häuslichen Kochen dachte. Die nutzlosen Teile der Nahrung wurden gleichzeitig von der Milz absorbiert, dort in Schwarze Galle verwandelt und durch den Darm ausgeschieden. Der Speisesaft selbst, eine weiße Flüssigkeit, wurde vom Magen und von den Därmen aus in der Pfortader* zur Leber befördert. Dort wurde er, in der zweiten Kochung, zu Venenblut, dem wichtigsten der vier Säfte, und durchtränkt mit einem allen lebenden Substanzen eingeborenen Pneuma, dem »Naturhauch«, dem Prinzip der Ernährung und des Wachstums.

Obwohl Aristoteles die Venen ebenso wie die Arterien richtig zum Herzen in Beziehung gesetzt hatte, glaubte Galen, daß die Venen ein gesondertes, der Struktur und Funktion nach von den Arterien völlig verschiedenes System bildeten und daß das Venensystem seinen Ursprung nicht im Herzen, sondern in der Leber habe. Er nahm an, es sei die Funktion des Venensystems, das mit Naturhauch und Nahrung versehene Venenblut aus der Leber zu allen Teilen des Körpers zu befördern. Die *vena cava* verglich er mit dem Stamm eines Baumes, dessen Wurzeln im Boden, der Leber, stecken und dessen Zweige sich ausbreiten wie die Venen. Diese Auffassung, daß Venen und Arterien zwei völlig verschiedenen physiologischen und anatomischen Systemen angehören, kennzeichnet den grundlegenden Unterschied zwischen Galens Theorie der Blutbewegung und

---

* Nur in diesem Blutgefäß fand eine gewisse Umkehrung der Strömung statt, indem ein Teil des Venenblutes von der Leber zurückfloß, um den »Naturgeist« und die Nahrung zum Magen und Gedärm zu befördern. Einem Mißverständnis zufolge haben neuere Historiker angenommen, daß im gesamten Venensystem das Blut »ebbend und flutend« gedacht worden sei, vgl. Donald Fleming, *Isis*, 1955, Bd. 46, S. 14 ff.

derjenigen, die Harvey an ihre Stelle setzte. Für Galen bestand die Funktion des Venenblutes darin, die Teile zu ernähren, zu denen es von der Leber aus floß. Der Prozeß, durch den die von den Venen absorbierte Nahrung in Fleisch verwandelt wurde, war sozusagen die dritte Kochung. Die Gesamtmenge des Blutes war nicht groß; es wurde fortwährend langsam von der Leber aus erneuert.

Von dem Blut, das die Leber in die *vena cava* entließ, gelangte etwas, nach Meinung Galens nur ein kleiner Bruchteil, in die rechte Herzseite. Galen glaubte, daß dieses Organ nur zwei Kammern, die Ventrikel, habe; die Aurikel sah er einfach als Erweiterungen der großen Venen an. Er hielt das Herz nicht für einen Muskel, weil es nicht wie ein wirklicher Muskel willkürlich bewegt werden kann, sondern unabhängig vom Willen unaufhörlich schlägt, vermöge einer besonderen Kontraktionsfähigkeit, der *vis pulsifica*, seiner Gewebe. Er nahm an, daß dieselbe Fähigkeit den Arterien eigen sei und sich im Puls kund tue. Galens Vorstellungen von der Tätigkeit des Herzens und des Arterienpulses wichen von denen des Aristoteles nicht weniger ab als seine Vorstellungen vom Venensystem. Beide hielten das Herz für das Zentrum der natürlichen oder angeborenen Körperwärme, die, wie Galen meinte, durch langsame Verbrennung erzeugt wurde, und beide glaubten auch, daß die aktive Bewegung des Herzens seine Ausweitung in der Diastole sei, nicht, wie Harvey später zeigte, seine Zusammenziehung in der Systole. Aristoteles schrieb diese Ausweitung der Wärme des Herzens selbst zu, die das Blut kochte und es veranlaßte, sich auszudehnen und in die Aorta überzuströmen und von dort aus in die Arterien und den Körper. Galen dagegen nahm an, daß die eigene *vis pulsifica* des Herzens die Ursache seiner Ausdehnung sei, *die das Venenblut aus der vena cava in das Herz ziehe*, und daß eine ähnliche aktive Ausweitung der Aorta und der Arterien das Arterienblut nebst dem Hauch *aus dem Herzen heraus- und in den Körper hinein*ziehe. Bei ihrer Ausweitung, so glaubte er, zöge der linke Ventrikel durch die venöse Arterie (Lungenblutader) auch Luft aus der Lunge ein und die Arterien zögen auf ähnliche Weise Luft durch die Haut ein. Er nahm in der Tat an, daß die Bewegungen der atmenden Lunge, des Herzschlags und des Arterienpulses sämtlich denselben Funktionen dienten: der Belebung und Verteilung des Arterienblutes und der Kühlung und Reinigung, die durch die Hitze des Herzens notwendig wurde.

Galen hatte eine beinahe vollständige Kenntnis der wesentlichen Anatomie des Herzens; er wußte, daß Klappen, die sich nur in einer Richtung öffnen, an den vier Öffnungen, die zu und von seinen Hohlräumen führen, das Durchfließen des Blutes regeln. Diese Klappen waren von Erasistratos (Tafel L) entdeckt worden. In *De Naturalibus Facultatibus (Über die natürlichen Fähigkeiten)*, Buch 3, Abschnitt XIII, schrieb Galen: »Die Natur hat die Herzöffnungen mit häutigen Anhängseln versehen, um zu verhindern, daß ihr Inhalt zurückgetragen wird.« Das bedeutete, daß die Richtung des Blutes beim Durchgang durch Herz und Lunge im allgemeinen vorwärts war. Das Blut, das aus der *vena cava* in den rechten Ventrikel gelangte (abgesehen von einer geringfügigen Menge, die durch die Klappe zurückrann), hatte dann zwei Möglichkeiten. Die Hauptmasse floß durch eine Klappe, die sich von dem Ventrikel nach außen in die arterielle Vene (heute Lungenarterie) öffnete. Bei der Zusammenziehung des Brustkorbs wurde dieses Blut, da ihm der Rückzug durch die Klappe von hinten abgeschnitten war, zwangsläufig in die Lunge geleitet, der es Nahrung zuführte; durch feine Kanäle floß es in die venöse Arterie (unsere Lungenvene), mit deren Verzweigungen die der Lungenarterie in Verbindung standen. Ob Galen glaubte, daß die Lungenvene dann das Blut in den linken Ventrikel leite, wird aus seinen Angaben nicht deutlich. Sicher ist jedoch, daß er annahm, sie befördere eingeatmete Luft oder irgend etwas aus der Luft Stammendes, das bei der Diastole aus der Lunge in die linke Herzkammer hineingezogen wurde. In entgegengesetzter Richtung wurde »rußartiger Abfall«, der bei der Verbrennung durch die innere Hitze entstanden war, aus dem linken Ventrikel zur Lunge geführt und von dort ausgeatmet. Diese Bewegungen bewirkten Kühlung und Reinigung des Herzens, und das betrachtete er als die Hauptfunktionen der Lunge. Der Gegenverkehr in der venösen Arterie wurde nach seiner Theorie durch die verhältnismäßige Unwirksamkeit der Mitralklappe ermöglicht, die sich nach dem Innern des Herzens öffnete. Hier lag eine der Schwierigkeiten, die William Harvey veranlaßten, das ganze galenische System zu überprüfen.

Außer dem, was in die arterielle Vene überging, wurde nach Galens Ansicht eine kleine Blutmenge aus dem rechten Ventrikel in den linken gepreßt, und zwar durch winzige Poren im *Septum*, der Scheidewand zwischen beiden. Im linken Ventrikel traf dieses Blut auf das

Pneuma, das in der venösen Arterie aus der Lunge herbeigeschafft wurde, und wurde dort zum »Lebenshauch« verarbeitet, dem Prinzip des animalischen Lebens, das sich in der eingeborenen Wärme manifestierte und von dem Arterienblut befördert wurde. Aus dem linken Ventrikel wurde das arterielle Blut in der Ausweitung der Aorta durch eine sich nach außen öffnende Klappe hinausgezogen. Es durchfloß die Aorta und wurde unter dem Einfluß des Pulses in den Arterien über den ganzen Körper verteilt, wobei es den Lebenshauch in alle Teile trug.

Einige der Arterien führten zum Kopf, wo das Blut in der *rete mirabile** an der Basis des Gehirns fein verteilt und mit einem dritten Pneuma, dem »animalischen Hauch«, beladen wurde. Blut und Pneuma waren in den Hirnhöhlen enthalten und wurden durch die Nerven, die Galen für hohl hielt, an die Sinnesorgane und Muskeln verteilt. Der animalische Hauch war die Grundlage der Sinneswahrnehmungen und willkürlichen Muskelbewegungen.

Es gab also drei Hauptorgane im Körper, und jedes war das Zentrum eines anatomischen Systems und einer physiologischen Funktion. Die Leber war das Zentrum des Venensystems und des »natürlichen« oder vegetativen Vermögens, das mit der Ernährung zu tun hatte; dieses System war nach Galens Auffassung (in völligem Gegensatz zu der seit Harvey) sowohl der Struktur als auch der Funktion nach von dem Arteriensystem, dessen Zentrum das Herz war, ganz verschieden. Die dickwandigen Arterien sahen ganz anders aus als die Venen; das Blut, das sie enthielten, unterschied sich vom Venenblut in Farbe und Flüssigkeitsdicke; das stimmte zu der Annahme, daß beide verschiedenen Funktionen dienten. Das Arteriensystem diente dem »vitalen« Vermögen, dessen Sitz das Herz war, der Ursprung der Lebenswärme, die von der Lunge gekühlt wurde. Das dritte Hauptorgan war das Gehirn, das Zentrum des Nervensystems und des »animalischen« oder psychischen Vermögens, mit den animalischen Hauchen, die einer venösen materiellen Psyche *(anima)* entsprachen und — jedenfalls stellten es scholastische Schriften so dar — als Verbindung zwischen dem materiellen Körper und der immateriellen Vernunftseele *(animus)* dienten.

---

* Eine Struktur an der Gehirnbasis, die bei einigen Tieren, z. B. beim Kalb, gut entwickelt ist, aber nicht beim Menschen.

Galen war wie die auf Herophilos und Erasistratos fußenden alexandrinischen Physiologen und Anatomen, in deren Schule er ausgebildet worden war, ein guter Beobachter und Experimentator. Er studierte die Anatomie der Knochen und Muskeln, wenn er auch bei den letzteren, wie später Vesalius, manchmal von sezierten Tieren, wie Berberaffen, Schlüsse auf den Menschen zog. Er scheint meistens an Tieren gearbeitet zu haben. Er unterschied zwischen sensorischen (»weichen«) Nerven, die vom Körper aus in das Rückenmark führen, und motorischen (»harten«) Nerven, die vom Rückenmark ausgehen. Er erkannte viele der Kopfnerven und machte Experimente mit dem Rückenmark, wobei er zeigte, daß Durchschneidungen zwischen verschiedenen Wirbeln bei lebenden Tieren verschiedene Wirkungen haben: sofortigen Tod, wenn der Schnitt zwischen dem ersten und zweiten Wirbel gemacht wurde, Aufhören der Atmung, Lähmung der Thoraxmuskeln und Lähmung der unteren Glieder, der Blase und der Därme, wenn er an verschiedenen Punkten weiter unten schnitt. Er hatte auch eine ziemlich gute Vorstellung von dem allgemeinen Verlauf der Venen und Arterien, deren Funktionen er experimentell untersuchte. Erasistratos hatte angenommen, die Arterien enthielten nur Luft, aber Galen wies nach, daß Blut herauskam, wenn ein Stück Arterie an beiden Enden abgebunden und dann hineingestochen wurde. Wenn daher auch seine falschen Vorstellungen, wie seine Theorie der Bewegungen des Blutes, Anatomen und Physiologen bis zum 16. und 17. Jahrhundert in die Irre führten, hat doch seine experimentelle Methode, mit der er Probleme wie die Erzeugung der Stimme durch den Kehlkopf, das Funktionieren der Niere oder die medizinischen Eigenschaften von Kräutern untersuchte, die Forscher gelehrt, diese Irrtümer zu überwinden.

Die mittelalterlichen Gelehrten, die zuerst Galens Werke lasen, konnten nur wenig Eigenes hinzufügen; aber vom 12. Jahrhundert an wurde erkannt, wie es in der *Anatomia Ricardi* aus Salerno heißt, daß »die Kenntnis der Anatomie für Ärzte notwendig ist, damit sie verstehen können, wie der menschliche Körper gebaut ist, um verschiedene Bewegungen und Tätigkeiten auszuführen«. Die großen Chirurgen des 13. und 14. Jahrhunderts bestanden darauf, daß praktische Kenntnisse in der Anatomie für ihr Handwerk unerläßlich seien. Henri von Mondeville († um 1325) z. B. erklärte, daß der Geist die Hand bei ihrem Tun belehren und die Hand ihrerseits den Geist lehren müsse, den allgemeinen Lehrsatz durch den speziellen Fall zu interpretieren. Im 12. Jahrhundert scheint in Salerno die Sektion von Tier- und Menschenleichen ein Teil der medizinischen Ausbildung gewesen zu sein; das früheste abendländische Werk über Anatomie ist die *Anatomia Porci* (Anfang des 12. Jahrhunderts), die einem gewissen Copho von Salerno zugeschrieben wird und die öffentliche Sektion eines Schweines beschreibt. Diesem Werk folgten im Laufe des 12. Jahrhunderts vier weitere aus Salerno, und das vierte, die *Anatomia Ricardi*, beschrieb als erstes die Anatomie des Menschen. Es fußte weitgehend auf literarischen Quellen und enthielt Beschreibungen des Auges, der motorischen und sensorischen Nerven, der Eihäute und anderer Strukturen, ähnlich denen, die Aristoteles und Galen gegeben hatten.

Im 13. Jahrhundert wurden die Sektionen in Bologna fortgesetzt, wo sich das erste Zeugnis für die Sektion eines Menschen in der *Chirurgia* des Chirurgen Wilhelm von Saliceto findet (1275). Dieses Werk war die erste abendländische topographische Anatomie und enthielt, obwohl großenteils auf lateinische Quellen zurückgehend, Beobachtungen eines praktischen Chirurgen, z. B. über die Thoraxorgane eines Mannes mit einer Brustverwundung und über die Adern in den Gelenken und im Unterleib, wie er sie bei Bruchleidenden gesehen hatte. Ein anderer italienischer Chirurg, Lanfranchi († vor 1306), der in Paris arbeitete, berichtete über anatomische Einzelheiten im Zusammenhang mit Wunden an vielen verschiedenen Teilen des Körpers. Weitere Gelegenheiten zum Sezieren menschlicher Leichen bot in Bologna der Brauch, *Post-mortem-Untersuchungen* vorzunehmen, um die Todesursache für juristische Zwecke festzustellen. Dieser Brauch wird Ende des 13. Jahrhunderts von Taddeo Alderotti († 1303) erwähnt, der auch Sektionen von Tieren beiwohnte; den ersten genauen Bericht über eine *Post-mortem-Untersuchung* hat 1302 Bartolomeo da Varignana gegeben. In einem Manuskript der Bodley-Bibliothek in Oxford (MS Ashmole 399, um 1290) aus ungefähr derselben Zeit ist eine Sektionsszene abgebildet. Später im 14. Jahrhundert wurden viele *Post-mortem-Sektionen* während der Pestzeit gemacht. Dasselbe Manuskript in der Bodley-Bibliothek enthält auch stilisierte Abbildungen der fünf Systeme, des Venen-, Arterien-, Skelett-, Nerven- und Muskelsystems, und die Abbildung eines Kindes im Mutterleib. Ähnliche Illustrationen finden sich in anderen Handschriften des 14. und 15. Jahrhunderts; sie sind von Sudhoff veröffentlicht worden.

Der Mann, der die Anatomie »wiederherstellte«, indem er öffentliche Sektionen von Leichen als regelmäßige Übung für Lehrzwecke einführte, war Mondino von Luzzi (um 1275-1326), ein Schüler Alderottis und Professor in Bologna. Mondinos *Anatomia* (1316) war das verbreitetste Lehrbuch der Anatomie, bis im 16. Jahrhundert das des Vesalius erschien; es ist heute noch in einer großen Anzahl von Handschriften und gedruckten Ausgaben erhalten. Mondino selber sezierte männliche und weibliche menschliche Leichen und bei einer bestimmten Gelegenheit auch eine schwangere Sau. Sein Buch war das erste, das speziell der Anatomie gewidmet und nicht bloß ein Anhang zu einem Werk über Chirurgie war. Es war ein praktischer Leitfaden für das Sezieren, in dem die Organe in der Reihenfolge beschrieben waren, wie sie geöffnet werden mußten, zuerst die des Unterleibs, dann die des Thorax und des Kopfes und zuletzt die Knochen, die Wirbelsäule und die Extremitäten. Diese Anordnung war durch die Notwendigkeit geboten, in Ermangelung guter Konservierungsmittel die am schnellsten verwesenden Teile zuerst zu sezieren und die Sektion in wenigen Tagen abzuschließen. Mondino benutzte auch an der Sonne getrocknete Präparate, um die allgemeine Struktur von Sehnen und Bändern zu zeigen, und mazerierte Leichen, um die Nerven bis in ihre Verästelungen zu verfolgen. Eine gute Schilderung des üblichen Verfahrens hat Guy de Chauliac in seiner *Chirurgia Magna* (1360) gegeben.

Obwohl Mondinos *Anatomia* auch selbständige Beobachtungen enthält, ist sie zum weitaus größten Teil von Galen, dem Byzantiner Theophilos (7. Jahrhundert) und arabischen Quellen abhängig. Der arabische Einfluß ist an seiner latinisierten arabischen Terminologie zu erkennen. Von den nichtarabischen Termini, die er gebrauchte, sind zwei noch heute üblich: Matrix und Mesenterium. Mondino sezierte nicht eigentlich, um Entdeckungen zu machen, sondern, wie ein moderner Medizinstudent, um sich mit den Lehren des Handbuchs praktisch einigermaßen vertraut zu machen. In seinem eigenen Lehrbuch gab er sowohl die Irrtümer als die richtigen Beobachtungen seiner Autoritäten weiter. Er glaubte, daß der Magen kugelförmig sei, die Leber fünf Lappen, der Uterus sieben Kammern und das Herz eine mittlere Kammer im Septum habe. Doch gab er eine

gute Darstellung der Bauchmuskeln und ist vielleicht der erste gewesen, der den Pankreasduktus beschrieben hat. In mindestens
einer seiner Theorien, nämlich dem Versuch, die Entsprechung der
männlichen und weiblichen Zeugungsorgane zu beweisen, folgte
ihm später Vesal. Von besonderem Interesse sind gewisse physiologische Vorstellungen Mondinos. Er glaubte, der Urin werde dadurch erzeugt, daß die Nieren das Blut filterten, und dem Gehirn
schrieb er die alte aristotelische Funktion zu, das Herz zu kühlen.
Überdies war das Gehirn das Zentrum des Nervensystems; er nahm
an, daß seine psychischen Funktionen in drei Ventrikeln lokalisiert
seien: Der vordere, ein Doppelventrikel, war der Sitz des *sensus
communis*, des »gewöhnlichen Verstandes«, nach der zeitgenössischen
Psychologie die Fähigkeit des Menschen, verschiedene Wahrnehmungen miteinander zu vergleichen; der mittlere Ventrikel war der
Sitz der Phantasie, der hintere der des Gedächtnisses. Die geistigen
Prozesse wurden durch die Bewegungen des »roten Wurms« (das ist
der Plexus chorioideus des dritten Hirnventrikels) gesteuert; er
öffnete und schloß die Durchgänge zwischen den Ventrikeln und
lenkte das Fließen der animalischen Hauche (Tafel LIII und S. 472).

Nach der Zeit Mondinos wurde in Bologna und anderen Städten
Norditaliens der Anatomieunterricht mit öffentlichen Sektionen
menschlicher Leichen und sogar mit selbständiger Forschungsarbeit
von einer Anzahl ausgezeichneter Ärzte fortgeführt: Guido da
Vigevano, Niccolò Bertruccio, Alberto de' Zancari, Pietro Torrigiano
und Gentile da Foligno. Guido da Vigevano, der in Pavia und auch
in Frankreich arbeitete, schrieb 1345 eine Abhandlung, die teils auf
Mondino und anderen Autoritäten, teils auf seinen eigenen Sektionen aufbaute. Sie ist interessant wegen ihrer Illustrationen, die
einen beträchtlichen Fortschritt in der Sektionstechnik gegenüber der
des frühen 14. Jahrhunderts zeigen (Tafel XX). Bemerkenswert daran
ist u. a., daß die Leiche an einem Galgen hängt, wie später auf vielen Illustrationen bei Vesal. Unter den anderen Ärzten in Padua ist
Gentile da Foligno hervorzuheben, weil er vermutlich als erster Gal-
lensteine beschrieben hat, und Niccolò Bertruccio wegen seiner Beschreibung des Gehirns. In Frankreich hatte Henri von Mondeville,
der mit Mondino in Bologna studiert hatte, schon 1308 systematische
Sektionen ausgeführt und beim Unterricht in Montpellier Karten
und ein Schädelmodell benutzt. In dem anatomischen Teil seines

medizinischen Handbuchs gab er eine gute Darstellung des Pfort-
adersystems. Mondevilles Definition der Nerven schließt Sehnen und
Bänder mit ein; es ist bemerkenswert, daß ein anderer berühmter
Lehrer in Montpellier, Bernard von Gordon († um 1320), angenommen zu haben scheint, daß die Nerven einen mechanischen Zug auf
die Muskeln ausübten. Bernard folgte griechischen Autoritäten, wenn
er glaubte, die Epilepsie werde dadurch verursacht, daß die Säfte die
Gehirndurchgänge blockierten und die Zufuhr von Luft in die Glieder störten. Guy de Chauliac, der in Bologna bei Bertruccio studiert
hatte, setzte den Unterricht mit öffentlichen Sektionen in Montpellier
fort; eine Handschrift seiner chirurgischen Abhandlung enthält ausgezeichnete Darstellungen der aufeinanderfolgenden Phasen von
Sektionen. Im 15. Jahrhundert begann man auch in anderen medizinischen Zentren öffentlich zu sezieren, 1405 in Wien und 1407 in
Paris. Weitere anatomische Illustrationen finden sich in der Handschrift einer Abhandlung des englischen Arztes John Arderne (um
1420) und in einem zwischen 1452 und 1465 geschriebenen deutschen Manuskript der *Chirurgia* des Bruno von Longoburgo, der im
13. Jahrhundert Arzt in Padua war. Mitte des 15. Jahrhunderts
scheint das Interesse für Anatomie etwa fünfzig Jahre lang gering
gewesen zu sein, vielleicht weil man sich allzusehr auf rein praktische
und nächstliegende chirurgische Erfordernisse konzentrierte; vielleicht auch, weil es an den Universitäten des Nordens, wo die Chirurgie
gering geachtet und die Anatomie von Professoren der Medizin gelehrt wurde, Brauch war, die Sektionen einem Diener zu überlassen,
während ein Prosektor die einzelnen Teile bezeichnete, statt daß der
Anatom selber die Sektion ausführte (s. S. 228–232). Diese Verzögerung des Fortschritts dauerte jedoch nicht lange, denn schon Ende
des 15. Jahrhunderts hatte Leonardo da Vinci mit seinen herrlichen
anatomischen Zeichnungen nach eigenen Sektionen begonnen, und
im frühen 16. Jahrhundert machte Achillini neue Entdeckungen. Als
1543 Vesal sein großes Werk veröffentlichte, war die anatomische
Forschung schon weit fortgeschritten (s. S. 499, 502–505).

Im Universum des 13. Jahrhunderts hatte der Mensch eine ganz
besondere Stellung. Er war sowohl Zweck und Endprodukt der materiellen Schöpfung als auch Zentrum des gesamten Stufenreichs
der Geschöpfe. Der Mensch, der »um seiner Würde willen unter
eine besondere Wissenschaft, Medizin genannt, fällt«, stand auf der

obersten Sprosse der Stufenleiter der materiellen Wesen und auf der untersten Sprosse der Stufenleiter der geistigen Wesen. Sein Körper war in dem ersten Bereich Produkt der Zeugung und dazu bestimmt, Verwesung zu erleiden; seine Seele war bei der Empfängnis oder, wie manche Autoritäten annahmen, zu einem späteren Zeitpunkt im Verlaufe der Schwangerschaft unmittelbar von Gott empfangen, der sie geschaffen und für das ewige Leben bestimmt hatte. So hatte der Mensch eine zentrale Stellung zwischen zwei Seinsordnungen inne, der rein materiellen Ordnung der Tiere, die über die Pflanzen bis zu den leblosen Dingen hinabreichte, und der rein geistigen Ordnung der Engel, die bis zu Gott hinaufreichte.

Als Folge dieser Anschauung von der besonderen Stellung des Menschen im Universum wurde der religiöse Charakter seiner naturwissenschaftlichen Forschung betont; es wurde gezeigt, wie er vor allen anderen Geschöpfen in der Lage sei, den Schöpfer dieser großen Seinskette, die sich nach oben und unten über ihn hinaus erstreckte, zu verehren, als Mittelglied dieser Kette, in der jedes Ding dazu da war, seine eigene Natur an seinem besonderen Platz zu erfüllen, allen aber aufgegeben war, den Herrn zu preisen. Von welcher Gesinnung die Naturwissenschaft des 13. Jahrhunderts beseelt war, hatte zu Anfang des Jahrhunderts Franziskus von Assisi, der Gründer eines Ordens, der dem naturwissenschaftlichen Denken im Abendland, besonders in England, so viele große Erneuerer schenken sollte, in die Worte gefaßt:

»Preis sei Dir, o Herr«, so begann er seinen Sonnengesang, »für alle Deine Geschöpfe, besonders für unseren Bruder Sonne, der den Tag bringt und mit ihm das Licht schenkt. Denn er ist ruhmreich und herrlich in seinem Glanz und tut Dich, Allerhöchster, kund.«

Genauso empfanden sicherlich auch Grosseteste, Roger Bacon und Pecham in Oxford; in Paris, Deutschland und Italien fühlte man das gleiche, und in dem anderen großen Mönchsorden, dem die Naturwissenschaft des 13. Jahrhunderts ihren größten Fortschritt verdankt, war zweifellos der Glaube lebendig, daß der *amor intellectualis dei* auch das Studium der Natur, der unermeßlichen kreisenden Himmelssphären und der kleinsten lebenden Geschöpfe, der Gesetze der Astronomie, der Optik und Mechanik, der Gesetze der biologischen Zeugung und chemischen Veränderung einschloß. Was Vinzenz von Beauvais in seinem *Speculum Majus,* Prolog, Kap. 6, schrieb, hätte ebensogut aus der Feder des Albertus Magnus oder manches anderen naturwissenschaftlichen Autors des 13. Jahrhunderts stammen können:

»Die Süßigkeit des Geistes zieht mich zu dem Schöpfer und Herrscher dieser Welt, denn ich folge Ihm mit größerer Verehrung und Ehrerbietung, wenn ich die Größe und Schönheit und Dauerhaftigkeit Seiner Schöpfung gewahre.«

Diese abendländische Vorstellung vom Wesen des Menschen hatte noch eine andere Auswirkung. Der Gedanke, daß der Mensch vernunftbegabt und frei in seinen Willensentscheidungen sei, führte im 13. Jahrhundert zur Ablehnung des griechischen und arabischen Determinismus. Das war für die Folgezeit von noch größerer Bedeutung.

Außer den Averroisten glaubten Ende des 13. Jahrhunderts nur wenige, daß Aristoteles in der Philosophie und Naturwissenschaft das letzte Wort gesprochen habe. Wenn auch alle zugaben, daß er ihnen das Gerüst für ihr naturwissenschaftliches Denksystem geliefert habe, so achteten die Theologen doch sehr darauf, daß weder der Mensch noch Gott in ein bestimmtes System eingezwängt wurde. Das freie Forschen, das dadurch möglich wurde, führte zu radikaler Kritik an vielen Grundprinzipien des 13. Jahrhunderts, ja sogar an Lehrsätzen, deren Gültigkeit damals für die christliche Religion selbst notwendig erschien (obwohl die meisten davon außerhalb der Naturwissenschaft lagen), selbst auf die Gefahr hin, daß radikale Ansichten gelegentlich zu Reibungen mit der kirchlichen Autorität führten. Innerhalb der Naturwissenschaft war wohl die wichtigste Folge dieser Kritik der Fortschritt in der wissenschaftlichen Methode und in der Auffassung von der wissenschaftlichen Erklärung; dies, zusammen mit der Entwicklung der Technologie, bildete die doppelte Spur, die über die Wasserscheide des 14. Jahrhunderts hinüber- und in vielen Windungen in die Welt des 16. und 17. Jahrhunderts hineinführte.

4
Technik und Naturwissenschaft
im Mittelalter

TECHNIK UND BILDUNG

Es ist oft darauf hingewiesen worden, daß sich die Naturwissenschaften am besten entwickeln, wenn das spekulative Denken des Philosophen und Mathematikers in engster Berührung mit der manuellen Geschicklichkeit des Handwerkers steht. Es ist auch gesagt worden, daß das Fehlen dieser Verbindung in der griechisch-römischen Welt und im mittelalterlichen Abendland einer der Gründe für die angebliche Rückständigkeit der Naturwissenschaften in jenen Zeiten war. Gewiß wurden die Handfertigkeiten von der Mehrzahl der Höchstgebildeten im klassischen Altertum verachtet und als Sklavenarbeit angesehen. Doch ob in der klassischen Antike die Trennung von Technik und Wissenschaft so vollständig war, wie manchmal angenommen worden ist, wird zweifelhaft angesichts von Zeugnissen wie z. B. der langen Reihe griechischer medizinischer Schriften, die von den ersten Teilen des sogenannten Hippokratischen Corpus bis zu den Werken Galens reicht, der militärischen Erfindungen und der dem Archimedes zugeschriebenen »Schraube«, der Abhandlungen über Baukunst, Maschinenbau und andere Zweige der angewandten Mechanik, die in hellenistischer und römischer Zeit von Ktesibios von Alexandria, Athenäus, Apollodorus, Hero von Alexandria, Vitruv, Frontinus und Pappus von Alexandria verfaßt wurden, oder schließlich der Werke über Landwirtschaft von Cato dem Älteren, Varro und Columella. Im Mittelalter läßt sich vieles zum Beweis dafür anführen, daß naturwissenschaftliche Theorie und Praxis in keiner Periode völlig getrennt verliefen und daß ihre Verbindung mit der Zeit immer enger wurde. Die Neigung der Gebildeten zu praktischer Betätigung mag einer der Gründe dafür gewesen sein, daß das Mittelalter eine Zeit technischer Neuerungen war, wenn auch die meisten davon wahrscheinlich von ungebildeten Handwerkern erfunden wurden. Und sicherlich wurden durch dieses Interesse an praktischen Ergebnissen viele theoretische Naturwissenschaftler ermutigt, konkrete und präzise Fragen zu stellen, zu versuchen, im Experiment Antwort zu erhalten und mit Hilfe der Technik genauere Meßinstrumente und Spezialapparate zu entwickeln.

Seit dem frühen Mittelalter zeigten die westlichen Gelehrten ein Interesse an gewissen Problemen, die nicht ohne technische Kenntnisse zu lösen waren. Schon in den ersten Benediktinerklöstern wurde Medizin studiert. Die lange Reihe medizinischer Werke, die im Laufe des Mittelalters und ohne Unterbrechung bis ins 16. Jahrhundert und in die Neuzeit hinein geschrieben wurden, ist eines der besten Beispiele für eine Tradition, in der empirische Beobachtungen in zunehmendem Maße mit Versuchen rationaler und theoretischer Erklärung verbunden wurden; sie brachte das Ergebnis, daß bestimmte medizinische und chirurgische Probleme tatsächlich gelöst wurden. Eine andere lange Reihe von Abhandlungen war seit der Zeit Bedas im 7. Jahrhundert über Astronomie geschrieben worden, und zwar zu rein praktischen Zwecken, wie der Festsetzung des Osterdatums, der Feststellung der geographischen Breite, der Bestimmung des wahren Nordpunkts und der genauen Zeit mit Hilfe eines Astrolabs. Selbst ein Dichter, wie Chaucer, vermochte einen ausgezeichneten praktischen Traktat über das Astrolab zu verfassen. Eine weitere Folge praktischer Abhandlungen befaßt sich mit der Herstellung von Pigmenten und anderen chemischen Substanzen, z. B. die *Compositiones ad Tigenda* und *Mappae Clavicula* aus dem 8. Jahrhundert, die später von Adelard von Bath herausgegeben wurden, die *Diversarum Artium Schedula* (frühes 12. Jahrhundert) von Theophilus dem Priester, der wahrscheinlich in Deutschland lebte, der *Liber de Coloribus Faciendis* von Peter von Saint Omer (spätes 13. Jahrhundert) und die Abhandlungen des Cennino Cennini und Johannes Alcherius aus dem frühen 15. Jahrhundert. Technische Abhandlungen gehörten zu den ersten, die aus dem Arabischen und Griechischen ins Lateinische übersetzt wurden; dies war die Arbeit von Gelehrten. Praktische Kenntnisse waren sogar der Hauptanreiz für die Gelehrten des Abendlandes, die sich zuerst – zur Zeit Gerberts, Ende des 10. Jahrhunderts – mit der arabischen Wissenschaft beschäftigten. Die Enzyklopädien des 13. Jahrhunderts von Alexander Neckam, Albertus Magnus und Roger Bacon enthalten eine Menge richtiger Angaben über den Kompaß, über Chemie, Kalender, Landwirtschaft und andere technische Dinge. Andere Autoren jener Zeit schrieben spezielle Abhandlungen über diese Gegenstände: Grosseteste und spätere über den Kalender, Ägidius von Rom in *De Regimine Principum* über die Kriegskunst, Walter von Henley und Peter von Crescenzi über die Landwirtschaft; Peregrinus im zweiten Teil von *De Magnete* über die Bestimmung der Azimute. Man mußte schon ein Gelehrter sein, um über Arithmetik schreiben zu können; doch dienten die meisten Fortschritte, die nach Fibonaccis Abhandlung über die indischen Zahlen gemacht wurden, den praktischen Bedürfnissen des Handels.

Im 14. Jahrhundert schrieb der italienische Dominikaner Giovanni da San Gimignano († 1323) eine Enzyklopädie für Prediger, in der er zur Verwendung als Beispiele in Predigten zahlreiche technische Themen behandelte: Landwirtschaft, Fischerei, Gartenbau, Wind- und Wassermühlen, Schiffe, Malen und Zeichnen, Festungsbau, Waffen, das Griechische Feuer, Schmieden, Glasmachen, Gewichte und Maße. Die Namen zweier anderer Dominikaner, Alessandro della Spina († 1313) und Salvino degl' Armati († 1317), sind mit der Erfindung der Brille verknüpft. Im 15. Jahrhundert erschien eine Reihe höchst interessanter Abhandlungen über militärische Technologie: Konrad Kyesers *Bellifortis*, geschrieben zwischen 1396 und 1405, ein Traktat von Giovanni de' Fontana (um 1410 bis 1420), das *Feuerwerksbuch* (um 1422), das Werk eines anonymen Ingenieurs in den Hussitenkriegen (um 1430) und das sogenannte »Mittelalterliche Hausbuch« (um 1480). Die Reihe wurde im 16. Jahrhundert mit den Abhandlungen von Biringuccio und Tartaglia fortgesetzt. Diese enthielten Anweisungen zur Herstellung von Kanonen und Schießpulver und erörterten Probleme der Kriegstechnik, die auch von anderen zeitgenössischen Autoren, z. B. Alberti und Leonardo da Vinci, behandelt wurden. Einige dieser Abhandlungen befaßten sich auch mit allgemeinen technischen Fragen, wie der Konstruktion von Schiffen, Dämmen und Spinnrädern. Die Bücher über praktische Chemie, die im früheren Mittelalter hauptsächlich aus Rezepten für Pigmente bestanden hatten, enthielten im 14. und 15. Jahrhundert Darstellungen der Destillation und anderer praktischer Verfahren und wurden im 16. Jahrhundert fortgesetzt mit Hieronymus Brunschwigs Büchern über Destillation, mit dem metallurgischen *Probierbüchlein* und Agricolas *De Re Metal-*

lica (s. S. 125 ff., S. 209 ff.). Die Beispiele für das technische Interesse der mittelalterlichen Gelehrten ließen sich noch beträchtlich vermehren. Sie zeigen, daß diese Gelehrten nicht nur theoretisch nach Macht über die Natur strebten, wie z. B. Roger Bacon, sondern sich auch die Kenntnisse zu verschaffen wußten, die zu praktisch verwertbaren Ergebnissen führten.

Ein Grund für dieses technische Interesse der Gebildeten liegt in der Ausbildung, die sie erhielten. Das weitverbreitete Handbuch der Naturwissenschaften von Hugo von St. Viktor († 1141), *Didascalicon de Studio Legendi*, zeigt, daß im 12. Jahrhundert der Begriff der Sieben Freien Künste zugleich eine Erweiterung und Spezialisierung erfahren hatte, so daß er verschiedene Arten technischer Kenntnisse mit umfaßte. Die mathematischen Fächer, die das Quadrivium bildeten, hatten schon mindestens seit der Zeit Bedas einen praktischen Zweck gehabt, aber seit dem frühen 12. Jahrhundert zeigte sich eine wachsende Tendenz zur Spezialisierung. Im *Didascalicon* folgte Hugo von St. Viktor einer abgewandelten Version der seit Aristoteles und Boethius traditionellen Klassifizierung der Wissenschaften; das Wissen ganz allgemein teilte er ein in Theorie, Praxis, Mechanik und Logik. In einer pseudohistorischen Darstellung des Ursprungs der Wissenschaften sagte er, sie seien aus den Bedürfnissen des Menschen heraus zuerst als eine Sammlung praktischer Verfahren entstanden, aus denen später formale Regeln abgeleitet wurden. Diese praktischen Verfahren begannen damit, daß der Mensch die Natur nachahmte: Er machte sich z. B. Kleider, indem er die Rinde nachahmte, mit der die Natur die Bäume bedeckt, oder die Schale, mit der sie die Schalentiere bekleidet. Jede der »mechanischen« Künste, die die »unechte« Wissenschaft der Mechanik bildeten und für alle wegen der Schwäche des menschlichen Leibes notwendigen Dinge sorgten, war auf diese Weise entstanden. Zur Mechanik rechnete Hugo sieben Wissenschaften: für die äußeren Bedürfnisse des Leibes die Herstellung von Kleidern und Waffen und die Schiffahrt, für die inneren Bedürfnisse die Landwirtschaft, die Jagd, die Medizin und die Schauspielkunst. Von jeder dieser Tätigkeiten gab er eine kurze Beschreibung.

Später im 12. Jahrhundert verfaßte Dominicus Gundissalinus eine andere beliebte Klassifizierung der Wissenschaften in *De Divisione Philosophiae*. Diese geht zum Teil auf arabische Quellen zurück, insbesondere auf Alfarabi, während Hugo nur die herkömmlichen lateinischen Quellen benutzt hatte. Gundissalinus teilte die Wissenschaften, einer anderen Form der aristotelischen Überlieferung folgend, in theoretische und praktische ein. Die theoretischen unterteilte er in Physik, Mathematik und Metaphysik, die praktischen in Politik oder die Kunst der Staatsregierung, die Kunst der Familienregierung, die den Unterricht in den Freien und Mechanischen Künsten einschloß, und die Ethik oder die Kunst der Selbstregierung. Die »handwerklichen« oder »mechanischen« Künste befaßten sich damit, aus Stoffen etwas für den Menschen Nützliches zu machen; der verwendete Stoff konnte entweder von lebenden Dingen stammen, z. B. Holz, Wolle, Leinen oder Knochen, oder von leblosen Dingen, wie Gold, Silber, Blei, Eisen, Marmor oder Edelsteine. Durch die mechanischen Künste wurden Mittel zur Befriedigung der Bedürfnisse der Familie beschafft. Jeder mechanischen Kunst entsprach eine theoretische Wissenschaft. Diese erforschte die Grundprinzipien, die von der betreffenden mechanischen Kunst in die Praxis umgesetzt wurden. So untersuchte die theoretische Mathematik die Grundprinzipien der Zahlen, die beim Rechnen mit dem Rechenbrett, z. B. beim Handel, benutzt wurden; die theoretische Musik erforschte in der Theorie die Harmonien, die von Stimmen und Instrumenten hervorgebracht wurden; die theoretische Geometrie befaßte sich mit den Grundprinzipien, die beim Messen von Körpern, bei der Landvermessung und bei der Auswertung der Ergebnisse von Beobachtungen der Bewegungen der Himmelskörper mit dem Astrolab und anderen astronomischen Instrumenten in der Praxis angewandt wurden; die Wissenschaft von den Gewichten erforschte die Grundprinzipien der Waage und des Hebels. Schließlich gab es die Wissenschaft von den »mathematischen Kniffen«, mit deren Hilfe die Ergebnisse aller anderen mathematischen Wissenschaften zu nützlichen Zwecken verwandt wurden: zum Setzen von Mauern, zum Bau von Meß- und Hebeapparaten, von Musik- und optischen Instrumenten und bei den Arbeiten des Zimmermanns.

Im 13. Jahrhundert wurden diese Ideen von bekannten Autoren, z. B. Roger Bacon, Thomas von Aquin und Ägidius von Rom, wieder aufgegriffen. Die Abhandlungen von Michael Scotus und Robert Kilwardby sind besonders interessant. Michael Scotus vertrat die Auffassung, daß jede der praktischen Wissenschaften mit einer theoretischen Wissenschaft verknüpft und die praktische Manifestation der entsprechenden theoretischen Wissenschaft sei. So entsprachen verschiedenen Zweigen der theoretischen »Physik« praktische Wissenschaften wie Medizin, Landwirtschaft, Alchimie, das Studium der Spiegel und die Navigation; den verschiedenen Zweigen der theoretischen Mathematik entsprachen praktische Künste wie Geldgeschäfte, das Zimmern, Schmieden und Mauern, das Weben, das Schuhmachen. Robert Kilwardbys weitverbreitete, Generationen hindurch immer wieder gelesene Abhandlung *De Ortu Scientiarum* brachte dieselbe Überzeugung von der Wichtigkeit der praktischen, auf nützliche Ergebnisse bedachten Seite der Wissenschaft zum Ausdruck. Von besonderer Bedeutung ist Kilwardbys pseudohistorische Darstellung der Entstehung der theoretischen Wissenschaften aus speziellen konkreten Problemen, die sich bei dem Bemühen, die physischen Bedürfnisse des Leibes zu befriedigen, ergaben. So bringt er zum Beispiel eine Version der alten griechischen Überlieferung, daß die Geometrie zuerst als praktische Kunst bei den Ägyptern aufgekommen sei, weil sie nach den Nilüberschwemmungen das Land vermessen mußten; Pythagoras habe sie in eine theoretische und mit Beweisführungen arbeitende Wissenschaft umgewandelt. Zu den »mechanischen« Wissenschaften rechnete er Landwirtschaft, Weinbau, Medizin, Tuchmachen, Waffenschmieden, Architektur und Handel. Roger Bacon gab eingehende Darstellungen verschiedener praktischer Wissenschaften, betonte, daß die Rechtfertigung der theoretischen Wissenschaften in der Nützlichkeit ihrer Ergebnisse bestehe, und hob die Notwendigkeit hervor, in jeden Unterrichtsplan das Studium der Verfahren der Handwerker und praktischen Alchimisten einzubeziehen.

Zwar konnte man jede Art von praktischer Ausbildung in den mechanischen Künsten nur in den Handwerkerzünften erwerben, doch spiegelten sich die Nützlichkeitsbestrebungen der mittelalterlichen Autoren über das Unterrichtswesen — oft in erstaunlichem Ausmaß — in den Kursen wider, die man an der Universität besuchen konnte. So wurde z. B. im 12. Jahrhundert an der medizinischen Fakultät in Salerno nach den Vorschriften König Rogers II. von Sizilien und Kaiser Friedrichs II. verlangt, daß der Medizinstudent einen fünfjährigen Kurs belegen müsse, der auch die Anatomie des Menschen und die Chirurgie umfaßte. Wenn er nach Absolvierung dieses Studiums eine Prüfung abgelegt hatte, durfte er erst praktizieren, wenn er ein weiteres Jahr bei einem ausgebildeten praktischen Arzt in der Lehre gewesen war. Seit dem Ende des 13. Jahrhunderts war für Medizinstudenten in Bologna die Anwesenheit bei einer »Anatomie« mindestens einmal jährlich vorgeschrieben; im 14. Jahrhundert widmete sich die medizinische Fakultät der Universität mehr und mehr der Chirurgie. Praktische Unterweisung in der Anatomie scheint seit dem Ende des 13. Jahrhunderts von den meisten medizinischen Fakultäten verlangt worden zu sein (s. S. 158 ff. und 228 ff.).

An den meisten Universitäten waren die Kurse in den »Künsten« bei den mathematischen Fächern sehr oft auf praktische Ziele eingestellt. Eine Liste von Büchern, die Thierry von Chartres im 12. Jahrhundert in Chartres zum Studium empfahl, weist einen hohen Prozentsatz von Werken über Landmeßkunst, Meßkunst und praktische Astronomie auf; eine Liste von Lehrbüchern, die Ende des 12. Jahrhunderts in Paris benutzt wurden, zeigt dieselbe auf die praktische Verwertbarkeit bedachte Einstellung. Zu Beginn des 13. Jahrhunderts dauerte das Studium der Freien Künste in Paris sechs Jahre, der akademische Grad des Lizenziaten konnte frühestens im Alter von zwanzig Jahren erworben werden; später wurde in Paris und an den meisten anderen Universitäten die Studiendauer von sechs Jahren auf manchmal sogar nur vier Jahre herabgesetzt. Der vorgeschriebene Studienplan umfaßte gewöhnlich die sieben Freien Künste und darauf die »drei Philosophien«, Naturphilosophie (d. h. Naturwissenschaft), Ethik und Metaphysik. In Paris bestand im 13. Jahrhundert eine Tendenz, die für die mathematischen Fächer aufgewandte Zeit zugunsten anderer Fächer, wie Metaphysik, zu verkürzen. In Oxford legte man besonderen Wert auf die mathematischen Fächer; zu den vorgeschriebenen Lehrbüchern gehörten z. B. nicht nur Boethius' *Arithmetik* und Euklids *Elemente*, sondern auch Alhazens *Optica*, Witelos *Perspectiva* und Ptolemäus' *Almagest*. Der Oxforder Lehrplan der Freien Künste ist auch insofern interessant, als er das Studium von Aristoteles' *De Animalibus* vorsah, außer den üblicheren *Physica, Meteorologica, De Caelo* und anderen Werken über »Naturphilosophie«. Eine ähnliche Betonung der Mathematik ist auch aus dem Studienplan der Freien Künste in Bologna ersichtlich, wo unter anderem ein Buch über Arithmetik mit dem Titel *Algorismi de Minutis et Integris* vorgeschrieben war, ferner

Euklid, Ptolemäus, die *Alfonsinischen Tafeln*, ein Regelbuch von Jean de Linières für die Benutzung astronomischer Tafeln, um die Bewegung der Himmelskörper zu bestimmen, und ein Werk über den Gebrauch des Quadranten. Auch einige deutsche Universitäten scheinen das Studium der Arithmetik, Algebra, Astronomie, Optik, Musik und andere mathematische Wissenschaften ernsthaft gepflegt zu haben. Ausgesprochen praktische Übungen und Laboratoriumskurse haben wohl an keiner mittelalterlichen Universität zum Lehrstoff der Freien Künste gehört, doch sind spezielle Astronomiekurse im 14. Jahrhundert in Oxford bezeugt. Wie aus dem Vorwort hervorgeht, schrieb Chaucer seinen Traktat über das Astrolab, um seinem Sohn den Gebrauch des Instruments zu erklären, das er ihm nach Oxford mitgab. Bestimmt hat man im Merton College astronomische Beobachtungen gemacht; es ist zumindest ein Fall bekannt – Richard von Wallingford und sein Planetarium –, daß ein Gelehrter sich seine Instrumente selber angefertigt hat (Tafel XXI).

Diese mathematische Schulung im Mittelalter trug wesentlich dazu bei, fortan physikalische Vorgänge in der Begriffssprache abstrakter Einheiten auszudrücken; man hatte erkannt, wie dringend notwendig es war, die Maßsysteme zu normen. Ohne diese Denkschulung wäre nie die mathematische Physik entstanden. Lewis Mumford hat anschaulich beschrieben, wie sich das mathematische Denken zuerst in Verbindung mit rein praktischen Erfordernissen entwickelte. Die Notwendigkeit der Zeitmessung für die kirchlichen Gottesdienste und den klösterlichen Tageslauf hielt das ganze Mittelalter hindurch das Interesse für den Kalender und die Einteilung des Tages in die ungleichen kanonischen Stunden wach; dagegen führten die weltlichen Bedürfnisse der Regierung und des Handels dahin, daß im bürgerlichen Leben überwiegend mit einem Tag von 24 gleichen Stunden gerechnet wurde. Mit der Erfindung der mechanischen Uhr (Ende des 13. Jahrhunderts), bei der die Zeiger die Zeit in Raumeinheiten auf dem Zifferblatt übersetzten, trat endgültig an die Stelle der »organischen«, wachsenden, nicht umkehrbaren Zeit, wie sie jeder erlebt, die abstrakte mathematische Zeit der Einheiten auf einer Skala, die der Welt der Wissenschaft angehört. Auch der Raum unterlag im späteren Mittelalter der Abstraktion. Seit der Mitte des 14. Jahrhunderts wurde in der italienischen Malerei die symbolische Anordnung der Gegenstände gemäß ihrer Bedeutung in der christlichen Hierarchie durch die Einteilung der Leinwand in ein abstraktes Schachbrettmuster nach den Gesetzen der Perspektive verdrängt. Neben den symbolischen Landkarten, wie der Hereforder *Mappa Mundi* von 1314, erschienen solche von Kartographen, auf denen der Reisende oder der Seefahrer seinen Standort auf einem abstrakten Koordinatensystem von Längen- und Breitengraden finden konnte. Der Handel ging im Laufe des Mittelalters von einer auf Waren und Dienstleistungen beruhenden Tauschwirtschaft zur Geldwirtschaft über, die mit abstrakten Einheiten, zuerst eines Gold- und Silbermünzsystems, später auch mit Kreditbriefen und Wechseln arbeitete. Probleme, die bei der Auflösung von Teilhaberschaften (einige wurden in Italien schon im 12. Jahrhundert diskutiert) und in Verbindung mit Zinsen, Diskont und Wechsel entstanden, waren häufig der Antrieb zu mathematischen Untersuchungen. Über Fragen einer Währungsreform wurden Abhandlungen geschrieben von akademischen Mathematikern wie Nikolaus von Oresme im 14. und Kopernikus im 16. Jahrhundert. Dieser Abstraktionsprozeß lenkte die Aufmerksamkeit auf die Systeme der gebräuchlichen Einheiten. Schon seit der angelsächsischen Zeit wurden in England Versuche gemacht, Maße und Gewichte zu normen; später war man bestrebt (in der Gesetzgebung unter Richard I.), die Einheiten, die – wie Fuß und Spanne – vom menschlichen Körper her genommen waren, durch Normmaße aus Eisen zu ersetzen. Auch bemühte man sich, die verschiedenen Systeme, die in verschiedenen Ländern und sogar in einem und demselben Lande nebeneinander bestanden, aufeinander abzustimmen. Eine Reihe von Abhandlungen wurde von Ärzten geschrieben, denen daran gelegen war, die Gewichts- und Volumeneinheiten für Arzneimittel zu normen.

Eines der interessantesten Beispiele dafür, daß eine mathematische Kunst eine eigene abstrakte Sprache entwickelt, um darzutun, wie ein genau berechenbarer praktischer Effekt erzielt werden kann, ist die Musik. Im Mittelalter wurde die Musiktheorie als Teil des *Quadriviums* studiert; in der Kirche würden Liturgien gesungen und Instrumente gespielt; weltliche Musik ist seit etwa 1100 bekannt. Manche Universitäten, wie Salamanca im 14. und Oxford im 15. Jahrhundert, verliehen sogar akademische Grade in Musik. So hatten mehrere Jahrhunderte lang die Gelehrten eine sehr genaue Kenntnis sowohl der theoretischen als auch der praktischen Seite dieser Kunst. Die Grundlage der mittelalterlichen Musik war das griechische Ton-artensystem, in dem die C-Dur-Tonart die einzige ist, die für Ohren des 20. Jahrhunderts nicht befremdlich klingt. Die griechische Musik war reine Melodie. Obwohl die Griechen Männer- und Knaben-chöre hatten, die in Intervallen von einer Oktave sangen, was »mega-disieren« genannt wurde, und obwohl sie auch auf Harfen in simul-tanen Oktaven spielten, war dies doch kaum Harmonie zu nennen; von Harmonie hatten sie keine wirkliche Vorstellung. Um eine Me-lodie aufzuzeichnen, benutzten die Griechen Buchstaben, die das Stei-gen und Fallen der Tonhöhe anzeigen sollten. Im 7. Jahrhundert n. Chr. wurden in der Kirchenmusik statt dessen Striche über die Worte ge-setzt, während der Rhythmus sich nach den Worten richtete. Dar-aus entwickelte sich das System der »Neumen«, die zur Bezeichnung der Tonhöhe auf ein Notensystem von parallelen, horizontalen Linien geschrieben wurden, wie im *Micrologus de Disciplina Artis Musicae* von Guido d'Arezzo (um 1030); dieser ist auch bemerkenswert als Urheber eines Notensystems, in dem die Stufen der Tonleiter durch die ersten Silben von sechs Zeilen eines Hymnus an Johannes den Täufer, ut, re, mi, fa, so, la, ausgedrückt werden.

Die frühe mittelalterliche Kirchenmusik war ausschließlich cantus planus, in dem die Töne fließende Zeitwerte hatten; mensurale oder rhythmische Musik, in der die Dauer der Töne durch exakte Be-ziehungsverhältnisse geregelt ist, scheint im Islam erfunden worden zu sein. Einige arabische Autoren, von denen Alfarabi einer der be-deutendsten ist, haben über Mensuralmusik geschrieben; im Laufe des 11. und 12. Jahrhunderts wurde die Mensuralmusik über Spanien und durch die Übersetzungen arabischer Musikwerke von christ-lichen Gelehrten wie Adelard von Bath und Gundissalinus in der Christenheit bekannt. Im 12. Jahrhundert erschien im christlichen Abendland das Notensystem, in dem der exakte Zeitwert jeder Note durch schwarze Rauten und Rauten auf kleinen Stielen bezeichnet wurde. Es wird erklärt in einer Abhandlung von John von Garland, der im frühen 13. Jahrhundert in Oxford studierte, ausführlicher noch in *Ars Cantus Mensurabilis*, die Franko von Köln (2. Hälfte des 13. Jahrhunderts) zugeschrieben wird. Den schwarzen Rauten wurden Häkchen angehängt anstelle der modernen Bezeichnung für Viertelnoten, weiße Noten wurden hinzugefügt, und schließlich wurde die sogenannte frankonische Notenschrift zu dem modernen, um 1600 durch Taktstriche und um 1700 durch Schlüsselzeichen vervollständigten System entwickelt. Das neue mensurale Notensystem ermöglichte es, den Rhythmus genau festzulegen, zwei verschiedene Rhythmen gleichzeitig zu singen und, nach der Einführung spezieller Notenbezeichnungen für Instrumente, auch zu spielen. Damit begann auch die Entfaltung der bis dahin unausgeschöpften Möglichkeiten der Harmonie.

Die Harmonie nahm im Westen ihren Anfang mit der Übung, zweistimmig die gleiche Melodie in verschiedener Tonhöhe zu singen, gewöhnlich in Quarten oder Quinten. Dieses System war in der Christenheit etwa 900 n. Chr. entwickelt worden und wurde *organum* oder »Diaphonie« genannt. Möglicherweise war etwas Ähnliches unabhängig im Islam ausgebildet worden, wo z. B. Alfarabi (10. Jahrhundert) die Dur-Terz und die Moll-Terz als Harmonien erkannte. Im 10. Jahrhundert wurden mehrere lateinische Abhandlungen über das *organum* geschrieben, eine der bekanntesten in den Niederlanden von einem gewissen Hucbald. Um 1100 erläuterten ein Engländer, John Cotton, und der vermutlich französische Autor der anonymen Abhandlung *Ad Organum Faciendum* ein neues *organum*, in dem die Stimmen in regelmäßigem Wechsel einmal dieselbe Melodie in verschiedenen Tonhöhen und dann verschiedene Melodien sangen, so daß eine kunstvoll variierte Folge zugelassener Harmonien entstand. Ende des 12. Jahrhunderts war der Diskant erschienen, dann fing man an, beide Stimmen kontrapunktisch zu führen. Etwa ein Jahrhundert später war die »neue Kunst« so weit entwickelt, daß der bekannte sechsstimmige englische Kanon »Sumer is icumen in« (Der Sommer ist gekommen), einer der frühesten, entstehen konnte. Um die Mitte des 14. Jahrhunderts gab es schon eine recht komplizierte Polyphonie, wie die von Guillaume de Machaut für die Krönung Karls V. in Reims (1364) komponierte *Messe* zeigt. Die Polyphonie wurde von Komponisten wie John Dunstable und Josquin des Prez im 15., Palestrina im 16. Jahrhundert noch weiter ausgebildet. Diese spätmittelalterlichen Komponisten entwickelten nicht nur die Vokalmusik, sie entdeckten auch die Möglichkeiten der Instrumentalmusik. Pfeifen, Trompeten und gezupfte Saiteninstrumente waren sehr früh bekannt, und die Orgel, die schon die Griechen gekannt hatten, erschien im 9. Jahrhundert wieder im Abendland.

Sie scheint in der modernen Durtonleiter gestimmt gewesen zu sein, und die Tasten wurden offenbar mit den Buchstaben des Alphabets benannt. Um dieselbe Zeit ermöglichte die Einführung des Bogens die Erzeugung eines ausgehaltenen Tons auf einem Saiteninstrument (Tafel XXII); im 14. Jahrhundert fing man an, Saiteninstrumente mit fester Tastatur zu spielen.

Bei all diesen Entwicklungen arbeiteten Musiktheoretiker und Komponisten eng zusammen; oft zeichneten sich Musiker auch in anderen Wissenschaften aus. Typische Ergebnisse dieser engen Zusammenarbeit des Theoretikers und des Praktikers sind die Schriften des englischen Mathematikers und Astronomen Walter von Odington (frühes 14. Jahrhundert), der seine musiktheoretische Abhandlung mit Beispielen aus eigenen Kompositionen illustrierte. Sein Zeitgenosse, der Mathematiker Jean de Murs, versuchte das mensurale System durch ein einziges Gesetz zu regeln, das die Längen der aufeinanderfolgenden Töne zueinander in Beziehung setzte; er experimentierte auch mit neuen Instrumenten, die dem Klavichord schon nahe kamen. Der hervorragendste Musiktheoretiker des 14. Jahrhunderts war Philippe de Vitry (1291–1361). Er bemühte sich um die Methoden und Bezeichnungen zur Festsetzung der Verhältnisse zwischen den damals bekannten Noten verschiedener Länge (*maxima* oder *duplex longa, longa, brevis, semibrevis, minima* und *semiminima*) und um Begriffe wie *crescendo* und *diminuendo*. Von Philippe de Vitrys eigenen Kompositionen sind die meisten verlorengegangen, aber Guillaume de Machauts *Messe* enthält praktische Beispiele für viele seiner theoretischen Neuerungen. Durch diese Kombination von Theorie und Praxis im späteren Mittelalter konnte die moderne rhythmische und harmonische Musik die Möglichkeiten des *organum* und der *Ars Cantus Mensurabilis* verwirklichen und sich zu einer Kunst entwickeln, von der man sagen kann, daß sie für die heutige abendländische Kultur ebenso charakteristisch ist wie die zur gleichen Zeit aufblühende Naturwissenschaft.

Die meisten technischen Grundverfahren, auf denen das Wirtschaftsleben sowohl der Antike als des Mittelalters beruhte, stammen aus vorgeschichtlicher Zeit. Der prähistorische Mensch hatte entdeckt, daß man Feuer und Werkzeuge benutzen und den Acker bestellen konnte, er hatte Tiere gezüchtet, gezähmt und angeschirrt, er hatte den Pflug, die Töpferei, Spinnen und Weben und die Verwendung organischer und anorganischer Farbstoffe erfunden, Metalle bearbeitet, Schiffe und Wagen mit Rädern gebaut, den Gewölbebau erfunden, Maschinen wie die Hebewinde, die Rolle, den Hebel, die Handmühle, den Drillbohrer und die Drehbank ersonnen, die Zahlen erfunden und die empirischen Grundlagen der Astronomie und Medizin geschaffen.

Zu diesem Grundstock an praktischen Kenntnissen kamen in der griechisch-römischen Welt einige wichtige Ergänzungen. Zwar lag das Schwergewicht dessen, was die klassische Kultur zur Naturwissenschaft beitrug, nicht auf dem Gebiet der Technik, sondern auf dem des spekulativen Denkens, doch stammt eine der bedeutendsten Leistungen, die jemals in der Technologie vollbracht worden sind, von den Griechen: ihr Versuch, Maschinen und andere Erfindungen und Entdeckungen ihrer Vorgänger rational zu erklären und so ihren Gebrauch weiteren Kreisen zu ermöglichen. So waren es die Griechen, die als erste die in Mesopotamien und Ägypten entwickelten praktischen technologischen Methoden des Rechnens und Messens in die abstrakten Wissenschaften Arithmetik und Geometrie umwandelten und als erste versuchten, die in der Astronomie und Medizin beobachteten Fakten mit Vernunftgründen zu erklären. Dadurch, daß sie Beobachtung und Theorie kombinierten, erweiterten sie den Bereich der praktischen Anwendung dieser Wissenschaften beträchtlich. Griechische Autoren waren es – von dem Verfasser oder den Verfassern der aristotelischen *Mechanica* und Archimedes bis zu Hero von Alexandria –, die den Hebel und andere Mechanismen zu erklären suchten. Hero verfaßte eine ausführliche Beschreibung der fünf »einfachen« Maschinen, mit denen ein gegebenes Gewicht durch eine gegebene Kraft bewegt werden könne, sowie einiger Kombinationen: Rad und Achse, Hebel, Rolle, Keil und Schraube ohne Ende. Diese galten bis zum 19. Jahrhundert als Grundlage aller Maschinenlehre. Die Griechen entwickelten auch die Grundprinzipien der Hydrostatik. Einige hellenistische und römische Autoren beschrieben zum erstenmal die verschiedenen Maschinenarten, die damals im Gebrauch waren. Als wichtigste sind zu nennen: Armbrust, Katapulte und andere ballistische Vorrichtungen, Wassermühlen, bei denen schon das Verfahren angewandt wurde, Kraft durch Getriebe-

räder zu übertragen, und (nicht ganz sicher) eine Windmühle, Schraubenpresse und Fallhammer, Saugheber, Vakuumpumpen, Druckpumpen und Archimedische Schraube, Blasebalg- und Wasserorgel, eine
Dampfturbine und ein durch fallende Gewichte betriebenes Puppentheater, die Wasseruhr und wichtige Meßinstrumente, wie Zyklo-
oder Hodometer, Vermessungsinstrumente, wie Diopter (ein von
Hero beschriebener Theodolit ohne Teleskop), ferner Kreuzstab,
Astrolab und Quadrant, die bis zur Erfindung des Fernrohrs im 17.
Jahrhundert die hauptsächlichsten astronomischen Instrumente blieben. Die meisten dieser Erfindungen waren griechischen Ursprungs.
Auf anderen technischen Gebieten, z. B. in der Medizin und in der
Landwirtschaft (wo die Römer anscheinend den Fruchtwechsel zwischen Getreide und Hülsenfrüchten eingeführt haben), kamen in
klassischer Zeit wichtige Neuerungen auf. Aber ob diese griechisch-
römischen technischen Schriften nun neue Verfahren beschrieben
oder nur solche, die von den weniger mitteilsamen Ägyptern, Babyloniern und Assyrern ererbt waren, – ihr Einfluß als Quelle technischen Wissens war im Mittelalter sowohl in der islamischen als auch
in der christlichen Welt von großer Bedeutung. Im Abendland blieb
er bis ins 17. Jahrhundert hinein wirksam.

In der Periode, die auf den Zusammenbruch des Weströmischen
Reiches folgte, ging ein beträchtlicher Teil der technischen Kenntnisse wieder verloren, und dieser Verlust wurde nur in geringem
Maße dadurch ausgeglichen, daß die eindringenden germanischen
Stämme einige neue Techniken mitbrachten. Doch etwa seit dem 10.
Jahrhundert ist ein allmählicher Zuwachs an technischen Kenntnissen im christlichen Abendland zu verzeichnen, teils dadurch bedingt,
daß man aus den Verfahren und Schriften der Byzantiner und
Araber (die oft klassischen Ursprungs waren) lernte, teils durch eine
langsam zunehmende Aktivität von Erfindern und Neuerern im
christlichen Abendland selbst. Was dadurch im Laufe des Mittelalters gewonnen wurde, ging nicht wieder verloren; es ist bezeichnend für die mittelalterliche Christenheit, daß sie technische Erfindungen, die in der klassischen Zeit bekannt gewesen, aber kaum
ausgenutzt oder nur als Spielerei betrachtet worden waren, industriell nutzbar gemacht hat. Die Folge war, daß schon um 1300 im
christlichen Abendland viele Techniken angewendet wurden, die im
Römischen Reich entweder unbekannt oder unentwickelt gewesen

waren. Um 1500 waren die fortschrittlichsten Länder des Abendlands auf den meisten Gebieten der Technik allen früheren Kulturen deutlich überlegen.

LANDWIRTSCHAFT

Grundlage des Wirtschaftslebens war im Mittelalter und noch bis zum Ende des 18. Jahrhunderts die Landwirtschaft; in der Landwirtschaft wurden auch die ersten mittelalterlichen Verbesserungen klassischer Verfahren eingeführt. Die römische Landwirtschaft, wie Cato und Varro sie im 2. und 1. Jahrhundert v. Chr. beschrieben haben, hatte in mancher Hinsicht ein hohes Niveau erreicht; Wein- und Olivenbau wurden intensiv betrieben, und man verstand sich sehr gut darauf, durch den Fruchtwechsel von Leguminosen und Getreide die Ernteerträge zu erhöhen. Mit dem Fall des Westreiches verfielen zunächst auch die landwirtschaftlichen Methoden, aber vom 9. und 10. Jahrhundert an begann ein neuer Aufstieg, der bis in die moderne Zeit anhielt. Die erste hervorragende Leistung des Mittelalters auf diesem Gebiet war das große Werk der landwirtschaftlichen Kolonisation. Herrscher des frühen Mittelalters, wie Theoderich der Große in Italien, die lombardischen Könige des 7. und 8. Jahrhunderts, Alfred der Große und Karl der Große, verfolgten die Politik, wie Orosius es ausdrückte, »die Barbaren an die Pflugschar zu gewöhnen«, sie dazu zu bringen, »das Schwert zu hassen«. Die landwirtschaftliche Kolonisation Europas, die in der karolingischen Zeit begann, das weiter nach Osten vordringende Fällen der germanischen Wälder, das Roden, Trockenlegen und Urbarmachen des waldreichen England und der überfluteten Marschen der Niederlande bis zu den trockenen Hügeln Siziliens und des christlichen Spaniens, unter der Leitung von Zisterziensern und Kartäusern, Feudalherren und städtischen Obrigkeiten, war im 14. Jahrhundert so gut wie abgeschlossen. Während dieser Zeit wurde Europa nicht nur in Besitz genommen und zivilisiert, auch seine landwirtschaftliche Produktion nahm infolge der verbesserten Methoden einen gewaltigen Aufschwung. Dadurch wurde eine stetige Bevölkerungszunahme und ein Anwachsen der Städte ermöglicht, wenigstens bis zum Auftreten des Schwarzen Todes im 14. Jahrhundert. Verschiedene Gegenden spezialisierten sich auf die Züchtung verschiedener Feldfrüchte und Tiere, auf die Produktion von Wolle und Seide, Hanf, Flachs, Färberpflanzen und anderen Grundstoffen zur Befriedigung der wachsenden Bedürfnisse der Industrie.

Die ersten Verbesserungen in der Landwirtschaft waren im 9. und 10. Jahrhundert die Einführung des schweren sächsischen Räderpfluges und eines neuen Systems der Fruchtfolge, zuerst in Nordwesteuropa. Der Gebrauch des schweren Räderpfluges mit Pflugmesser, horizontaler Pflugschar und Molterbrett (Tafel XXIII) anstelle des leichten römischen Pfluges ermöglichte die Kultivierung schwererer und fetterer Böden, ersparte Arbeit, da er das Querpflügen überflüssig machte, und führte in Nordeuropa zur Entstehung des Streifensystems bei der Feldereinteilung, im Unterschied zu dem älteren mediterranen Blocksystem. Da sechs oder acht Ochsen erforderlich waren, um diesen Pflug zu ziehen, brachte seine Einführung vielleicht auch in Nordwesteuropa den Zusammenschluß der Landbevölkerung zu Dörfern mit sich und die kommunale Organisation der Landwirtschaft wie im System der Grundherrschaft. Gleichzeitig mit dem Aufkommen des schweren Pfluges wurde in Nordwesteuropa das Fruchtwechselsystem verbessert, indem man nicht mehr zwei, sondern drei Felder benutzte, von denen jeweils eines brach lag. In der Zwei-Felder-Wirtschaft ließ man die eine Hälfte des Landes brach liegen, während auf der anderen Hälfte Korn angebaut wurde. In der Drei-Felder-Wirtschaft lag ein Feld brach, das zweite wurde mit Wintergetreide (Weizen oder Roggen) bestellt, das dritte mit einer Frühlingssaat (Gerste, Hafer, Bohnen, Erbsen, Wicken). Ein vollständiger Turnus umfaßte so jedesmal drei Jahre. Die Drei-Felder-Wirtschaft gelangte nach Süden hin nicht über die Alpen und die Loire hinaus, offenbar weil nur im Norden die Sommer feucht genug waren, um die Frühjahrssaat, die eigentliche Neuerung dieser Wirtschaft, rentabel zu machen. Selbst im Norden hielten sich bis zum Ende des Mittelalters beide Wirtschaften nebeneinander. Die Drei-Felder-Wirtschaft bewirkte eine deutliche Erhöhung der Ertragfähigkeit; in Verbindung mit dem verbesserten Pflug hat sie sicher zu der in der Zeit Karls des Großen einsetzenden Verschiebung des europäischen Kulturzentrums nach den Ebenen des Nordens beigetragen. Sicherlich war sie auch einer der Gründe für die zunehmende Verwendung des schnelleren, aber anspruchsvolleren, mit Getreide gefütterten Pferdes anstelle des mit Heu gefütterten Ochsen als Pflug- und Zugtier.

Im späteren Mittelalter wurden weitere Verbesserungen der Anbaumethoden eingeführt. Die Pflugschar wurde aus Eisen gemacht, die von Pferden gezogene Egge mit eisernen Zähnen ersetzte die älteren Methoden, die Erdschollen mit Rechen oder Hacken zu zerkleinern. Auch die Verfahren zur Dränierung niedrig gelegenen Landes wurden durch die Benutzung von Pumpen und ein Netz von Schleusen und Kanälen verbessert; die Rhein- und Rhône-Niederungen wurden durch Deiche gegen Überschwemmungen geschützt, und an den Küsten der Niederlande wurden große Gebiete der See wieder abgerungen. An der Nordseeküste befestigte man Sanddünen durch Anpflanzungen von Korbweiden, und auf den Dünen von Leiria in Portugal ließ König Dinis o Lavrador, der bis 1325 regierte, Kiefernwälder anpflanzen. In Spanien und Italien wurde die hydraulische Wissenschaft zur Konstruktion von Bewässerungsanlagen angewandt. Die bemerkenswertesten waren die Dämme und Wasserreservoire Ostspaniens und der berühmte lombardische »Naviglio Grande«, der zwischen 1179 und 1258 gebaut wurde und Wasser aus dem Lago Maggiore zur Bewässerung von über 35 000 Hektar Land an den Ufern von Oglio, Adda und Po ableitete. Unter der Leitung aufgeklärter Landwirte wurden auch die von Klöstern, Königen oder Städten angeordneten Methoden zur Wiederherstellung und Erhöhung der Fruchtbarkeit des Bodens verbessert. Thierry d'Hireçon, der die Güter von Mahout, Gräfin von Artois und Burgund, verwaltete und 1328 als Bischof von Arras starb, ist ein hervorragendes Beispiel dafür.

Aufzeichnungen über die landwirtschaftliche Theorie seiner Zeit finden sich in den Schriften von Albertus Magnus über Botanik, ferner bei Walter von Henley in England und Peter von Crescenzi in Italien und mehreren anderen Autoren, die zu rationalen Methoden zu kommen suchten, indem sie das Studium antiker römischer und arabischer Quellen mit dem der zeitgenössischen Praxis im christlichen Abendland verbanden. So schrieb Walter von Henley über das Düngen mit Mergel und Unkrautjäten, Albertus Magnus über das Düngen mit Mist. Walter von Henleys *Hosebondrie* (Landwirtschaft, um 1250) blieb bis zum Erscheinen von Sir Anthony Fitzherberts *Husbandrie* (1523) in England das Standardwerk über diesen Gegenstand. Die beste mittelalterliche Abhandlung über Landwirtschaft war entschieden Crescenzis *Ruralia Commoda* (um 1306). Sie war auf dem Kontinent ungeheuer beliebt, wurde in mehrere europäische Sprachen übersetzt, ist oftmals gedruckt worden und existiert noch heute in zahlreichen Handschriften. Crescenzi hatte in Bologna Logik, Naturwissenschaft, Medizin und schließlich Rechtswissenschaft studiert. Nachdem er eine Reihe juristischer und politischer Ämter innegehabt hatte, ließ er sich auf seinem Gut in der Nähe von Bologna nieder und schrieb gegen Ende seines Lebens die *Ruralia Commoda*. Dieses Werk war eine kritische Zusammenfassung von Büchern und eigenen Beobachtungen, in der Absicht geschrieben, dem intelligenten Landwirt eine vernünftige und praktische Darlegung aller Seiten seiner Tätigkeit zu geben, von der Biologie der Pflanzen (nach Albertus Magnus) bis zu der Anlage landwirtschaftlicher Gebäude und der Wasserversorgung. Er behandelte Gegenstände wie den Anbau von Getreide, Erbsen und Bohnen; Reben und ihre Weine, ihre verschiedenen Sorten, ihre Krankheiten und die Mittel dagegen; die Hege der Wälder; die Aufzucht von Klein- und Großvieh aller Art; Pferde und ihre Krankheiten; Jagd und Fischerei. Die selbständigsten Teile seiner Abhandlungen sind wohl seine eingehende Besprechung des Pfropfens von Reben und Bäumen und seine Beschreibung der die Pflanzen zerstörenden Insektenlarven. Seine Schilderung der Bienenzucht zeigt, daß die römischen Methoden nicht in Vergessenheit geraten waren.

Unter den Mitteln zur Bodenverbesserung war der Wert tierischen Düngers im Mittelalter durchaus bekannt. Das Vieh wurde vor dem Pflügen auf die Stoppelfelder getrieben, Schafe wurden eingepfercht, ihr Dünger wurde gesammelt und ausgestreut. Auch Kalk, Mergel, Asche, Torf und kalkhaltiger Sand wurden verwendet. Zwar wurde im christlichen Abendland fast überall die Extensivkultur mit dreijährigem Fruchtwechsel und Brache beibehalten, doch in den Niederlanden, in Nordfrankreich und Süditalien war es im 14. Jahrhundert allgemein üblich geworden, das Land nicht ein Jahr lang brach liegen zu lassen, sondern Rüben und Hülsenfrüchte zu pflanzen. Abgesehen von der Anreicherung des erschöpften Bodens hatte dies den Vorteil, daß man dadurch mehr Tiere durch den Winter bringen konnte; im frühen Mittelalter hatte man den größten Teil des Viehs zu Beginn des Winters abschlachten und das Fleisch einsalzen müssen, und die Pfluggespanne, die behalten wurden, hatte man mit Heu und Stroh gefüttert. Doch trotz dieser Verbesserungen blieben die Ernteaussichten in den meisten Gegenden des christlichen Abendlandes im Mittelalter gering, verglichen mit denen des 20. Jahrhunderts. Auf zwei Scheffel Weizensaat pro Acker hatte man in England zehn Scheffel Ertrag zu erwarten, und auf vier Scheffel Hafersaat zwölf bis sechzehn Scheffel. Eine nennenswerte Erhöhung der Erträge brachte erst die »wissenschaftliche Fruchtfolge« der landwirtschaftlichen Revolution des 18. Jahrhunderts.

Stetige Fortschritte machte die mittelalterliche Landwirtschaft auf andere Weise als durch Anbau- und Düngemethoden. Wachsende Beachtung wurde der Züchtung von Obstbäumen, Gemüsen und Blumen in Gärten zugewandt; neue Arten von Feldfrüchten wurden für besondere Zwecke eingeführt: Buchweizen oder »Sarazenenkorn«, Hopfen, Reis und Zuckerrohr für Speise und Trank, Ölpflanzen zur Nahrung und Beleuchtung, Hanf und Flachs, Kardendisteln, Färberwaid, Krapp und Safran, in Sizilien und Kalabrien sogar Baumwolle und Indigo zur Herstellung von Textilien. Leinen wurde zum Grundstoff der Papierherstellung, die sich im Laufe zweier Jahrhunderte allmählich immer weiter nach Norden ausbreitete, nachdem sie im 12. Jahrhundert aus dem Osten nach Südeuropa vorgedrungen war. Im 13. Jahrhundert wurde die spanische Methode der Papierfabrikation in Italien verbessert. Um diese Zeit wurden in Süditalien und Ostspanien Maulbeerbäume angepflanzt und Seidenraupen für die Industrie gezüchtet. Vom 14. Jahrhundert an übernahmen weite Gebiete Italiens, Englands und Spaniens die Schafzucht für den Wollhandel, während Preußen, Polen und Ungarn bereits als Getreideanbauer an die Stelle dieser Länder traten. Schafe waren im Mittelalter in vieler Hinsicht der wichtigste Viehbestand. Sie lieferten das Hauptrohmaterial für Textilien, sie gaben Fleisch und waren die ergiebigsten Lieferanten tierischen Düngers für die Felder. Für verschiedene Zwecke wurden bestimmte Rassen gezüchtet; man machte auch schon Versuche, durch Kreuzung und Zuchtwahl von Widdern die Rassen zu verbessern. Von den anderen Nutztieren waren Rinder hauptsächlich als Zugtiere geschätzt, doch auch des Leders, des Fleisches und ihrer Milch wegen, die zu Butter und Käse verarbeitet wurde. Nachdem im 14. Jahrhundert in den Niederlanden die Futterpflanzen eingeführt worden waren, wurden die ersten Kreuzungsexperimente gemacht. Schweine waren die wichtigsten Fleischlieferanten, doch wußte man auch das Schmalz und den Talg, der für Kerzen gebraucht wurde, zu schätzen. Federvieh gab es in Fülle; das gemeine Perlhuhn oder Indische Huhn wurde im 13. Jahrhundert eingeführt. Bienen hielt man des Honigs wegen, der an Stelle von Zucker benutzt wurde, und des Wachses wegen, das zur Beleuchtung diente.

Eine weitere wichtige Nahrungsquelle war im Mittelalter der Fisch, besonders der Hering, der von der Küstenbevölkerung an der Nord- und Ostsee gefangen und auf den Markt gebracht wurde. Heringe waren die Hauptnahrung der ärmeren Leute. Die Heringsverarbeitung nahm einen großen Aufschwung, als im 14. Jahrhundert eine neue Methode der Konservierung und des Versandes in kleinen Fässern erfunden wurde. Im 13. Jahrhundert wurden von Nordseeschiffern und Basken Wale gejagt; an der Küste wurden Austern- und Muschelbänke ausgebeutet.

Von allen Tieren, die im Mittelalter gehalten wurden, wurde das Pferd mit der größten Sorgfalt gezüchtet. Das Pferd war eine der wichtigsten außermenschlichen Kraftquellen. Es zog den Pflug, es diente gesattelt oder an den Wagen gespannt als Verkehrsmittel über Land, es wurde zur Jagd und zur Falkenbeize geritten, vor allem war es eine natürliche Kriegsmaschine. In der Antike war die Reiterei wegen der unzulänglichen Methoden des Anschirrens von zweitrangiger Bedeutung gewesen; aber die gesamte Reitkunst in Krieg und Frieden wurde im frühen Mittelalter umgewandelt durch die Erfindung der Steigbügel. Diese sind in China schon im 5. Jahrhundert n. Chr. bezeugt, in Ungarn im 6. Jahrhundert; bald danach wurden sie für die byzantinische Reiterei empfohlen. In Nordwesteuropa stammen die frühesten Funde aus schwedischen Wikingergräbern aus dem 8. Jahrhundert. Im 9. Jahrhundert sind Steigbügel zu sehen an den Schachfiguren, die Harun al-Raschid Karl dem Großen geschickt haben soll. Im 11. Jahrhundert waren Steigbügel allgemein im Gebrauch, die Sättel wurden tiefer und Sporen und Kandare kamen auf. Durch diese Mittel, das Reitpferd zu lenken, wurde der Kavallerieangriff mit Lanzen möglich und blieb mehrere Jahrhunderte lang die Basis der Kriegskunst. Die Rüstung wurde schwerer, darum mußte die Pferdezucht darauf hinzielen, daß die Tiere kräftig genug waren, um das gewaltige Gewicht tragen zu können. Pferdezucht betrieb man nach arabischen Methoden; die besten Werke über diesen Gegenstand und über die Pferdeheilkunde wurden noch im 14. Jahrhundert arabisch geschrieben. Gestüte wurden im christlichen Abendland von Herrschern gegründet, wie den Grafen von Flandern, den Herzögen der Normandie und den Königen beider Sizilien. Die Könige von Kastilien erließen Gesetze für die Viehzucht im allgemeinen. Die Araber hatten die Stammbäume in der mütterlichen Linie verfolgt, aber im Abendland scheint man schon seit dem 12. Jahrhundert sich nach der väterlichen Linie gerichtet zu haben; sicherlich sind von Zeit zu Zeit arabische Zuchthengste importiert worden. Im 13. Jahrhundert wurden mehrere spanische Werke über Pferdezucht und -heilkunde geschrieben; ein weiteres verfaßte einer der Ratgeber Friedrichs II. in Sizilien. Im 14. Jahrhundert findet sich ein Abschnitt über das Pferd in Crescenzis Abhandlung, und gegen Ende des Jahrhunderts wurden in Italien und Deutschland weitere tierheilkundliche Werke geschrieben.

Der Wert des Pferdes als Zugtier stieg mit der Einführung einer neuen Art der Anspannung, die es dem Tier ermöglichte, das Gewicht mit Hilfe eines steifen gepolsterten Kummets auf die Schultern zu nehmen statt auf den Hals, wie es bis dahin üblich gewesen war (Tafel XXIV). Im alten Griechenland und Rom wurden, nach Plastiken, Vasenmalereien und Münzen zu urteilen, die Pferde so angeschirrt, daß sie mit einem um den Hals gelegten Riemen zogen, so daß sie, je stärker sie anzogen, desto näher daran waren, sich selber zu erwürgen. Das moderne Kummet erschien im Abendland im späten 9. oder frühen 10. Jahrhundert, vielleicht aus China eingeführt. Zur selben Zeit kamen zwei andere Erfindungen auf, das genagelte Hufeisen, das das Ziehen erleichterte, und die Verlängerung der Seitenstränge für die Tandemanspannung, die es ermöglichte, ein Pferd vor das andere zu spannen, so daß eine unbeschränkte Zahl zum Fortbewegen schwerer Lasten verwendet werden konnte. Dies war mit der klassischen Methode, die Pferde Seite an Seite anzuspannen, nicht möglich gewesen. Eine andere, gleichzeitige Verbesserung war die Erfindung eines mehrfachen Jochs für Ochsen. Diese Erfindungen wandelten im 11. und 12. Jahrhundert das Leben im Abendland beinahe so stark wie die Dampfmaschine im 19. Jahrhundert. Sie ermöglichten es, das Pferd zum Ziehen des schweren Räderpfluges zu verwenden; die erste Abbildung davon ist auf einem Wandteppich von Bayeux zu sehen. Vielleicht auf Grund veränderter Wirtschaftsverhältnisse, vielleicht infolge des Einspruchs der Kirche war die Sklavenarbeit, die Grundlage der antiken Wirtschaft, im frühen Mittelalter immer seltener geworden. Die neuen Methoden, die Kraft der Tiere einzuspannen, und die zunehmende Ausschöpfung von Wasser- und Windkraft machten die Sklaverei schließlich ganz überflüssig.

DIE MECHANISIERUNG DER INDUSTRIE

Die weite Verbreitung der Wasser- und Windmühlen im späteren Mittelalter und das damit verbundene Ansteigen der Produktion leitete eine ganz neue Phase der Technik ein. Von dieser Periode an muß die wachsende Mechanisierung des Lebens und der Industrie datiert werden, die mit ihrer sich immer weiter steigernden Ausnutzung neuer Formen mechanischer Kraft die moderne Zivilisation kennzeichnet. Die Anfangsstadien der industriellen Revolution vor der Ausnutzung der Dampfkraft wurden durch Pferde- und Ochsen-, Wasser- und Windkraft herbeigeführt. Die in der Antike erfundenen mechanischen Vorrichtungen und Instrumente, Pumpen, Pressen und Katapulte, Treibräder, Getrieberäder, Fallhammer und die fünf kinematischen »Ketten« (Schraube, Rad, exzentrische Scheibe, Zahnrad und Rolle) wurden im späteren Mittelalter in einem bis dahin unbekannten Ausmaß verwendet. Eine kinematische »Kette«, die Kurbel, war in einfachster Form in spätklassischer Zeit bekannt. Sie wurde in einfachen Maschinen wie dem im Utrechter Psalter (Mitte des 9. Jahrhunderts) beschriebenen rotierenden Schleifstein benutzt. Die Kombination von Kurbel und Pleuelstange war eine mittelalterliche Erfindung. Obwohl es schwierig ist, ihre spätere Geschichte zu verfolgen, steht doch soviel fest, daß diese Maschine im 15. Jahrhundert allgemein gebraucht wurde. Mit Hilfe der Kurbel wurde es zum erstenmal möglich, eine Hin- und Herbewegung in eine rotierende umzuwandeln und umgekehrt, eine Technik, ohne die unsere modernen Maschinen unvorstellbar sind.

Die ältesten Wassermühlen wurden zum Kornmahlen benutzt,

doch vor ihnen waren schon im alten Sumer Wasserräder, die Reihen von Krügen in Bewegung setzten, zum Wasserschöpfen gebraucht worden. Es gab drei Arten dieser frühen Wassermühlen. Horizontale Mühlsteine auf einer vertikalen Achse, die durch am unteren Achsenende angebrachte Flügel gedreht wurden, sind seit dem 5. Jahrhundert aus Irland, Norwegen, Griechenland und anderen Gegenden bekannt; für die Antike sind sie nicht verbürgt. Ein zweiter Mühlentyp, bei dem ein vertikales unterschlächtiges Wasserrad einen Stößel durch einen Fallhammermechanismus betätigte, wird von Plinius beschrieben. Vitruv schildert ein unterschlächtiges Wasserrad, das durch Getrieberäder einen Mühlstein trieb. Dies ist das erste bekannte Beispiel für die Benutzung von Getrieberädern zur Kraftübertragung. Vier Jahrhunderte später beschrieb Pappus von Alexandrien ein auf einer Schnecke oder Wurmschraube rotierendes Zahnrad. Es ist bezeugt, daß die Römer auch oberschlächtige Räder benutzten, die den Vorteil hatten, daß sie sowohl durch das Gewicht des Wassers als auch durch die Kraft der Strömung getrieben wurden. Vom Mittelmeer aus verbreiteten sich die Wassermühlen nach Nordwesten; im 4. Jahrhundert n. Chr. wurden sie in ganz Europa zum Kornmahlen und Olivenpressen benutzt. Ausonius beschreibt im 4. Jahrhundert eine Säge mit Wasserantrieb, die an der Mosel zum Schneiden von Marmor gebraucht wurde. Im 11. Jahrhundert registrierte das Domesday Book 5000 Wassermühlen allein in England. Das erste Zeugnis für den im Mittelalter gebräuchlichen Mühlentyp stammt aus dem 12. Jahrhundert; für diese Zeit war das vertikale unterschlächtige Rad typisch. Oberschlächtige Räder erscheinen auf Illustrationen erst im 14. Jahrhundert (Tafel xxv), und noch Ende des 16. Jahrhunderts hatten sie den unterschlächtigen Typus keineswegs völlig verdrängt.

Mit der Verbreitung der Wassermühlen wurden auch die Methoden der Kraft-Übertragung und der Verwendung ihrer rotierenden Bewegung für spezielle Zwecke verbessert. Schon Illustrationen des 12. Jahrhunderts zeigen die Proportionen der Kron- und Zahnräder, die das Getriebe bildeten, so angepaßt, daß sie dem Mühlstein selbst in langsamer Strömung eine hohe Umlaufgeschwindigkeit gaben; der Gesamtmechanismus des Getrieberades wurde auch auf Mühlen übertragen, die durch andere Kräfte betrieben wurden. Auf Abbildungen vom Ende des 13. bis zum 16. Jahrhundert sind solche

Mühlen zu sehen, die durch Pferde oder Ochsen oder mit der Hand bedient werden; Bilder des 15. Jahrhunderts zeigen sie bei Windmühlen. Ende des 12. Jahrhunderts wurde die rotierende Bewegung des Wasserrades zum Betätigen von Fallhämmern beim Tuchwalken* und beim Zerquetschen von Färberwaid und beim Pressen der Eichenrinde für die Lederbereitung verwendet. Ende des 14. Jahrhunderts wurde der gleiche Mechanismus für Schmiedehämmer benutzt. Im 14. Jahrhundert kam der Trethammer auf, und im 15. Jahrhundert wurde ein Pochwerk zum Zerstampfen von Erz beschrieben. Im späten 13. Jahrhundert wurde das Wasserrad so eingerichtet, daß es auch Schmiedebälge betätigen konnte (Abb. 14), und wenn eine von Villard de Honnecourt skizzierte Vorrichtung gebraucht worden ist, hat es auch Sägemühlen zum Holzschneiden angetrieben. Im folgenden Jahrhundert existierten mit Sicherheit Sägemühlen mit Wasserantrieb. Im 14. Jahrhundert wurden Wasserräder und auch von Pferden bewegte Räder als Antrieb von Schleifsteinen für die Herstellung von Schneidewerkzeugen benutzt, im 15. zum Pumpen in Bergwerken und Salzgruben, zum Fördern mit Kurbel oder Winde in Bergwerken und als Kraftquelle für Eisenwalzwerke und Drahtziehmühlen, im 16. Jahrhundert auch für Seidenzwirnmühlen.

Windmühlen kamen viel später in Gebrauch als Wassermühlen. Die ersten zuverlässigen Berichte über Windmühlen stammen aus den Schriften arabischer Geographen, die im 10. Jahrhundert durch Persien reisten, doch mag es dort auch schon vorher Windmühlen gegeben haben. In diesen Aufzeichnungen werden Windmühlen mit horizontalen Flügeln beschrieben, die eine vertikale Achse antrieben, an deren unterem Ende ein horizontaler Mühlstein befestigt war. Die Windmühlen können durch die spanischen Araber, durch die Kreuzzüge oder durch den Handel zwischen Persien und der Ostsee, der bekanntlich über Rußland ging, von Persien nach Europa

---

* »Als sie ein wenig weiter um einen vorspringenden Felsen herumbogen, gewahrten sie deutlich ... sechs gewaltige Walkmühlenhämmer, die abwechselnd verschiedene Stücke Tuch droschen und dabei den schrecklichen Lärm machten, der in jener Nacht *Don Quixote* so viel Ängste und *Sancho* so viel Pein verursacht hatte.« (*Don Quixote*, 1603, Teil i, Buch 3, Abschnitt 6)

gelangt sein. Sicher ist, daß die ersten Windmühlen des Abendlandes im 12. Jahrhundert im Nordwesten erschienen, und zwar hatten diese vertikale Flügel, die eine horizontale Achse in Bewegung setzten. Wie immer auch ihre Frühgeschichte in Europa verlaufen sein mag, gegen Ende des 12. Jahrhunderts war die Windmühle in England, den Niederlanden und Nordfrankreich weit verbreitet; sie wurde besonders in Gegenden benutzt, wo es kein Wasser gab. Das mechanische Hauptproblem bei der Windmühle erwuchs aus der Notwendigkeit, die Flügel dem Wind darzubieten; bei den frühesten Mühlen ließ man das ganze Gebäude um einen Bock oder Ständer rotieren (Tafel XXVII). Das bedeutete, daß die Mühlen klein bleiben mußten; erst seit dem Ende des 15. Jahrhunderts wurde die Windmühle vergrößert und so gestaltet, daß sie wirklich leistungsfähig war. Damals neigte man die Achse in einem kleinen Winkel zum Boden, die Flügel wurden so angebracht, daß sie jeden Windhauch auffingen, eine Bremsvorrichtung wurde eingebaut und die Lage der Mühlsteine durch Hebel reguliert. Der gegen Ende des 15. Jahrhunderts in Italien entwickelte *Turm*typus der Windmühle, bei dem nur der obere Teil sich drehte, war die letzte bedeutsame Neuerung im Bereich der Antriebsmaschinen vor der Erfindung der Dampfmaschine.

Entwicklung und Anwendung dieser Maschinen brachte im Mittelalter die gleiche soziale und wirtschaftliche Umwälzung mit sich, die sich im 18. und 19. Jahrhundert noch einmal und in größerem Ausmaß vollziehen sollte. Schon im 10. Jahrhundert erhoben die Gutsherren Monopolansprüche für ihre Kornmühlen, die eine Geldeinnahmequelle waren; das führte zu einem langen Kampf zwischen den Gutsherren und den Gemeinden. 1207 zerstörten die Mönche von Jumièges als Gutsherren die Handmühlen in Viville; die Mönche von St. Albans zogen gegen die Handmühlen zu Felde vom Ende des 13. Jahrhunderts bis zum sogenannten Bauernaufstand (Peasants' Revolt) 1381, der großen Erhebung des englischen Landvolks unter der Führung von Wat Tyler. Die Mechanisierung des Walkens im 13. Jahrhundert führte zu einer Massenauswanderung der englischen Tuchindustrie aus den Ebenen des Südostens zu den Bergen des Nordwestens, wo Wasser zur Verfügung stand. Weberkolonien siedelten sich im Umkreis der Walkmühlen im Seendistrikt, im West-Riding- und im Stroudtal an. In Städten wie York, Lincoln,

London und Winchester verfiel die Tuchindustrie, die das feine schwarze Tuch, das Haupterzeugnis der englischen Industrie im 12. Jahrhundert, geliefert hatte. Die Unnachgiebigkeit der Grundbesitzer, die diese Mühlen eingerichtet hatten und darauf bestanden, daß das Tuch dorthin gebracht und nicht zu Hause mit Händen und Füßen gewalkt wurde, führte zu einem langdauernden Kampf, der in *Piers Plowman* anschaulich geschildert wird, und war sicherlich auch eine der Ursachen des Bauernaufstandes.

Die anderen Prozesse, die zur Tuchherstellung gehörten, wurden erst im 18. Jahrhundert so vollständig mechanisiert wie das Walken im 13. Dennoch gab es schon im Mittelalter die ersten Ansätze auch dazu. Die wichtigsten Arbeitsgänge der frühen Tuchmacherei waren: Kratzen und Kämmen mit der Hand, Spinnen mit der Hand von einem Spinnrocken auf eine Handspindel und Weben des so hergestellten Garns zu einem lockeren »Gewebe« auf einem mit Hand und Fuß bedienten Webstuhl. Das »Gewebe« wurde dann in Wasser gewalkt und dadurch verfilzt. Nach dem Walken kam das Tuch zum »Rauher«, der die Noppen mit Karden rauhte, und zum Scherer, der die losen Fäden abschnitt; dann war es, nach Ausbesserung kleiner Schäden, zum Verkauf fertig*. Die Mechanisierung des Spinnens begann im 13. Jahrhundert, als das Handspinnrad aufkam (Tafel XXVI). Das Zwirnen und Haspeln von Seide soll 1272 in Bologna mechanisiert worden sein. Ende des 13. Jahrhunderts wurden bestimmt schon verschiedene Garnsorten mit Rädern gesponnen. Um dieselbe Zeit trat das Spulrad auf, mit dem das gesponnene Garn regelmäßig um die Spule oder Garnrolle gewickelt wurde, die in das Weberschiffchen eingesetzt war. Mehrere Illustrationen aus dem 14. Jahrhundert zeigen dieses Rad im Gebrauch. In mechanischer Hinsicht ist es interessant als einer der frühesten Versuche, eine fortlaufende, rotierende Bewegung auszunutzen. Gegen Ende des 15. Jahrhunderts entwarf Leonardo da Vinci weitere Verbesserungen für Spinn- und Spul-

---

* In *Piers Plowman* (um 1362) findet sich eine Beschreibung des Tuchmachens (Ausg. W. W. Skeat, Oxford 1886, S. 466, B Text, Passus XV, Zeile 444 ff.): Das Tuch, das vom Weber kommt, ist nicht gut zu tragen, bevor es mit dem Fuß oder mit Schlägen gewalkt ist, gut gewaschen mit Wasser und mit Karden gekratzt, gepreßt und bearbeitet von des Schneiders Hand.

maschinen. Er skizzierte einen »Flügel«, durch den diese beiden Prozesse gleichzeitig vonstatten gehen konnten; ihm scheint eine durch Wasserkraft oder Pferdegöpel getriebene Maschinerie großen Ausmaßes vorgeschwebt zu haben. Auch zeichnete er eine durch Kraft angetriebene Rauhmaschine zum Aufrichten der Tuchnoppen mit Karden. Es ist tatsächlich niemals ein befriedigender Ersatz für Karden entdeckt worden, obwohl man schon Mitte des 15. Jahrhunderts, allerdings ohne Erfolg, eiserne Kämme zu benutzen versuchte. Der Spinnflügel kam um 1530 in Gebrauch, in einem Rad, das noch eine weitere Neuerung aufwies: den Antrieb durch Trittbrett und Kurbel. Spinn- und Rauhmaschinen mit Kraftantrieb sind anscheinend seit Ende des 16. Jahrhunderts in der italienischen Seidenindustrie in beträchtlichem Ausmaß benutzt worden; ausführliche Beschreibungen davon finden sich bei Zonca (1607) (Tafel xxx, xxxi).

Verbesserungen in der Weberei wurden in der Zeit zwischen dem Ende des Römischen Reiches und der Wiederbelebung der westlichen Seidenindustrie im 14. Jahrhundert vorwiegend in Byzanz, Ägypten, Persien und China erfunden, doch wurden sie im späteren Mittelalter vom Abendland sehr schnell übernommen. Sie hatten den Hauptzweck, das Weben gemusterter Seidenstoffe zu ermöglichen. Dazu war es nötig, daß man die einzelnen Fäden der zu bewegenden Kette auswählen konnte. Dies geschah durch zwei wesentliche Verbesserungen des Webstuhls: Erstens wurde der Trittwebstuhl konstruiert, der bessere Schaftlitzen hatte und später ein Rietblatt (den Kamm) erhielt, um dem Schiffchen eine Bahn zu schaffen, zweitens der Zugwebstuhl. Diese beiden Erfindungen scheinen in Ägypten etwa im 6. Jahrhundert n. Chr. existiert zu haben; sie gelangten wahrscheinlich über Italien in das christliche Abendland, vielleicht schon im 11. Jahrhundert. Von der Seidenweberei aus eroberten sie sich andere Zweige der Textilindustrie. Im 14. und 15. Jahrhundert wurden in Europa weitere kleinere Verbesserungen in der Webtechnik eingeführt; eine Erfindung des 16. Jahrhunderts war eine Maschine zum Stricken oder Strumpfwirken (das Stricken mit der Hand war schon ein Jahrhundert länger bekannt); ein Bandwebstuhl wurde um 1621 eingeführt. Aber zu gewaltigen Fortschritten in der Weberei kam es erst mit der Erfindung des Schnellschützen und des kraftgetriebenen Webstuhls. Zusammen mit der gleichzeitig fortschreitenden Mechanisierung des Spinnens ergab sich daraus, besonders in England, im 18. und frühen 19. Jahrhundert eine Umwälzung der gesamten Textilindustrie.

Ein anderes Gewerbe, das gegen Ende des Mittelalters sehr schnell mechanisiert wurde, war die Buchproduktion. Die Herstellung von Leinenpapier scheint im 1. Jahrhundert n. Chr. in China aufgekommen zu sein; von dort aus wurde sie über die islamischen Länder nach Westen verbreitet und erreichte im 12. Jahrhundert über Spanien und Südfrankreich das übrige Europa. Leinen war ein geeigneteres Material zum Drucken als das ältere kostbare Pergament und der spröde Papyrus. Die zum Drucken benutzten Tinten auf Ölbasis wurden zuerst wohl mehr von Malern entwickelt als von Kalligraphen. Pressen kannte man schon für die Weinbereitung und für den Stoffdruck. Das wesentlichste Element, die Type, verdankte ihre Entstehung der Geschicklichkeit von Holzschneidern und von Goldschmieden, die eine Technik des Metallgießens entwickelt hatten. Die Entwicklung der Type vollzog sich in drei Hauptstadien, zuerst in China und dann in Europa; doch weil die Verfahren hier und dort ganz verschieden waren, läßt sich schwer sagen, wie weit eine gegenseitige Beeinflussung stattgefunden hat. In China kam im 6. Jahrhundert n. Chr. der Blockdruck auf, wobei für jede Seite ein besonderer hölzerner Block geschnitten wurde, im 11. Jahrhundert das Drucken mit beweglichen hölzernen Schriftzeichen und im 14. mit beweglichen Metalltypen (in Korea). In Europa wurden 1147 im Kloster Engelberg zum erstenmal Holzschnitte für die kunstvollen Initialen von Handschriften benutzt; der Blockdruck erschien 1298 in Ravenna, und im 15. Jahrhundert war er in ganz Europa üblich; bewegliche Metalltypen kamen Ende des 14. Jahrhunderts auf, 1381 in Limoges, 1417 in Antwerpen und 1444 in Avignon. Die gegossenen Metalltypen hatten den Vorteil, daß von jedem einzelnen Buchstaben Hunderte von Kopien aus einer einzigen Matrize gegossen werden konnten, während die hölzernen Typen einzeln geschnitzt werden mußten. Von beweglichen Metalltypen wird in Europa zuerst aus den Niederlanden berichtet, doch zur Vollkommenheit entwickelt wurde das Drucken mit akkurat gesetzten, beweglichen Metalltypen in Mainz. Zwischen 1447 und 1455 führten Gutenberg und seine Mitarbeiter in Mainz anstelle der älteren Methode, die Typen in Sand zu gießen, zuerst die justierte Typenmatrize aus Metall zur Anfertigung von Bleitypen ein; dann verbesserten sie die Stempel und stellten Kupfertypen her. Dies waren die entscheidenden Erfindungen im Druckereiwesen, mit denen es möglich wurde, Bücher in großem Maßstab zu vervielfältigen.

Die sichtbarsten Ergebnisse mittelalterlicher Mechanik sind an den Bauwerken zu finden. Viele Techniken, deren sich der mittelalterliche Maurer bediente, um die statischen Probleme bei der Konstruktion großer Kirchen zu lösen, waren vollkommen selbständige Erfindungen. Es ist unmöglich zu sagen, wie weit der mittelalterliche Baumeister rein empirisch verfuhr und wie weit er die Ergebnisse der theoretischen Statik zu benutzen verstand; aber es ist bedeutsam, daß im späten 12. und im 13. Jahrhundert, gerade um die Zeit, als beim Bau der großen Kathedralen die schwierigsten Probleme auftauchten, Jordanus Nemorarius und andere die theoretische Statik wesentlich bereicherten. Es gibt zumindest *einen* Architekten des 13. Jahrhunderts, Villard de Honnecourt, der bewiesen hat, daß er geometrische Kenntnisse besaß. Die gotische Architektur entwickelte sich ursprünglich aus dem Versuch, auf die dünnen Wände des Hauptschiffs der Basilika, der gewöhnlichen Form der christlichen Kirche seit römischer Zeit, eine steinerne Decke zu setzen. Die Römer hatten nie mit den Problemen zu kämpfen gehabt, vor die der mittelalterliche Maurer gestellt war; denn sie bauten die Tonnen- oder Kreuzgewölbe über ihren Bädern aus Beton, und Kuppeln, wie die des Pantheons, aus horizontalen Backsteinschichten mit Mörtel. Wenn der Beton oder Mörtel hart wurde, war der Druck der Decke auf die Mauer sehr gering. Bei den mittelalterlichen Bauten, bei denen kein Beton oder Mörtel verwendet wurde, war das nicht so.

In Burgund versuchten die Maurer im 10. und 11. Jahrhundert ihre Kirchenschiffe mit Tonnengewölben im römischen Stil zu decken, aber sie machten die Erfahrung, daß der enorme Druck auf die Seitenmauern diese nach außen zu drängen drohte, selbst wenn sie sehr dick waren. Der erste Versuch, diese Schwierigkeit zu überwinden, bestand darin, daß man die Seitenschiffe beinahe so hoch baute wie das Mittelschiff und sie mit Kreuzgewölben deckte, die durch einander rechtwinklig schneidende Tonnengewölbe gebildet wurden. Die Kreuzgewölbe der Seitenschiffe wirkten dem Druck des Tonnengewölbes über dem Mittelschiff entgegen und übten selber, abgesehen von den Ecken, die durch massive Pfeiler gestützt werden konnten, einen sehr geringen Druck aus. Diese Bauweise hatte den Nachteil, daß die Kirche nur durch die Fenster der Seitenschiffe Licht erhielt. Wenn aber, wie in vielen Kluniazenserkirchen, die Decke des Mittelschiffs höher aufgesetzt wurde, um Fenster über den Seitenschiffen zu gewinnen, so brachen die Wände zusammen, weil sie nicht genügend gestützt wurden. In Vézelay und Langres wurde dadurch eine Lösung gefunden, daß man Kreuzgewölbe über dem Mittelschiff errichtete, wobei man zwei halbkreisförmige hölzerne Bogengerüste benutzte, um darauf die Diagonalen des Gewölbes zu konstruieren. Auf diese Weise konnte der Baumeister des 11. Jahrhunderts eine Decke über jedem quadratischen oder rechteckigen Raum wölben, mit einem eigenen Gewölbe über jedem Joch, das auf halbkreisförmigen, die Joche trennenden Quergurten ruhte.

Diese Anordnung hatte immer noch schwerwiegende Mängel. Die Form des Halbbogens, dessen Höhe gleich der Hälfte der Spannweite sein mußte, war völlig unelastisch; es bestand nach wie vor ein ungeheurer Seitenschub, so daß die Quergurte dazu neigten, sich zu senken. Eine beträchtliche Elastizität der Konstruktion und eine Reduzierung des Seitenschubs wurde durch die Einführung des Spitzbogens erreicht, der im Abendland im späten 11. Jahrhundert in Vézelay und anderen Kluniazenserkirchen erschien, später in der Île de France. Man nimmt an, daß er aus Kleinasien gekommen ist; dort war er im 9. Jahrhundert gebräuchlich. Mit Halbbögen dieser Art wurden im 12. Jahrhundert die Mauern mehrerer französischer Kirchen gestützt; eigentlich waren es Strebebögen, die nur unter dem Triforiumdach verborgen waren.

Ein weiterer Schritt zur Vollendung des Übergangs vom romanischen zum gotischen Gewölbe war getan, als man Kreuzbögen über den hölzernen Lehrgerüsten, die für die Konstruktion der Grate nötig waren, anbrachte; diese dienten als stabile Rippen (aus Säulen aufsteigend) und trugen die Wölbflächen. Diese Technik scheint im 11. und frühen 12. Jahrhundert in verschiedenen Teilen Europas angewandt worden zu sein; durch sie konnte im 12. Jahrhundert die wundervolle Gotik der Île de France entstehen. Sie gab der Gewölbekonstruktion große Elastizität und hatte zur Folge, daß jeder Raum von beliebiger Gestalt mit Leichtigkeit überwölbt werden konnte, sofern er sich in Dreiecke aufteilen ließ; außerdem konnten nun die Scheitelpunkte aller Bögen und Wölbungen in jeder gewünschten gleichen Höhe gehalten werden. Man entdeckte dann, daß die Kreuzrippen keine vollständigen Bögen zu sein brauchten, sondern daß man drei oder mehr Halbrippen benutzen konnte, die im Scheitelpunkt eines spitzen Gewölbes zusammenstießen. Nach der Einführung der Kreuzrippen entwickelten sich unterschiedliche Methoden, die Wölbfläche auszufüllen. Das führte zu ganz verschiedenen Gewölbekonstruktionen in Frankreich und England. Nach der französischen Methode wurde jedes einzelne Feld des Gewölbes gewölbt und bedurfte keiner Stütze. Nach der englischen Methode dagegen trugen die Felder sich nicht selbst, so daß weitere Rippen hinzugefügt werden mußten, um sie zu halten; so entstand das Fächergewölbe, wie es z. B. in der Kathedrale von Exeter und in der Kapelle des King's College in Cambridge zu sehen ist. Die verblüffendste aller Erfindungen zur Lösung der durch steinerne Gewölbe entstehenden Probleme war wohl der Strebebogen, der im 12. Jahrhundert in der Île de France eingeführt wurde. Im Gegensatz zu den englischen Baumeistern, die zunächst an der normannischen Tradition der dicken Mauern festhielten, reduzierten die französischen ihre Mauern so weit, daß sie fast nur noch Rahmen für die Glasfenster waren; dazu mußten sie irgend etwas ausfindig machen, das dem Druck des Mittelschiffgewölbes entgegenwirkte. Dies gelang ihnen 1135 in Poissy und später in Sens und St. Germain des Prés: sie führten einen Halbbogen über das Dach des Seitenschiffes hinaus bis dorthin, wo das Dach und die Mauer des Hauptschiffes zusammenstießen. Später bemerkte man, daß der Druck des Daches sich ein Stück weit die Mauer hinabzog; der Strebebogen wurde daraufhin, z. B. in Chartres und Amiens, verdoppelt, um diesem Druck zu begegnen. Diese Methode, dem Druck des Daches entgegenzuwirken, schuf ein neues Problem, denn sie setzte das Bauwerk einer beträchtlichen Ost-West-Spannung aus. Um es in dieser Richtung zusammenzuhalten, wurden die Mauerbögen und die Giebel über den Fenstern besonders verstärkt. Das gab den Fenstern französischer Kirchen, wie der Sainte Chapelle in Paris, eine Betonung, die sie in England niemals hatten.

Wahrscheinlich ergaben sich viele Erfindungen der Architekten des 12. und 13. Jahrhunderts aus Faustregeln. Die große Periode der mittelalterlichen Baukunst ist ganz besonders arm an Abhandlungen über diesen Gegenstand. Aber aus den Aufzeichnungen des Villard de Honnecourt, der Teile von Laon, Reims, Chartres und anderen französischen Kathedralen entworfen hat, geht hervor, daß der Architekt des 13. Jahrhunderts die sich ergebenden Probleme der Aufhebung von Druck und Gewicht viel besser zu verallgemeinern verstand, als man nach der Armut an theoretischen Schriften vermuten könnte. Die *Architectura* Albertis beweist, daß die Architekten im 15. Jahrhundert gute Kenntnisse in der Mechanik hatten. Diese Kenntnisse offenbaren sich noch deutlicher im späten 15. und frühen 16. Jahrhundert, als Leonardo da Vinci das Gewicht berechnete, das ein Pfeiler oder ein Säulenbündel von beliebigem Durchmesser sicher tragen kann; er versuchte auch, das Höchstgewicht zu bestimmen, mit dem ein Träger beliebiger Spannweite belastet werden kann. Im 16. Jahrhundert hatte Vitruv schon großen Einfluß auf die Baukunst, aber seine Bewunderer, z. B. Palladio, dessen *Architettura* 1570 veröffentlicht wurde, übertrafen ihn bei weitem an naturwissenschaftlichen Kenntnissen. Im 17. Jahrhundert waren Probleme wie das der Festigkeit von Materialien und der Stabilität von Bögen zum Forschungsgegenstand von Fachmathematikern wie Galilei, Wren und Hooke geworden; Wren und Hooke erhielten auch Aufträge als Architekten.

Beträchtliche Fortschritte wurden im Mittelalter auch im Schiffsbau gemacht, als man daranging, die Windkraft besser auszunutzen. Die beiden im mittelalterlichen Europa gebräuchlichen Schiffstypen stammten von der römischen Galeere und dem normannischen Langschiff ab. Sie hatten eine Anzahl gemeinsamer Merkmale: Beide waren lang, schmal und flach, mit einem einzigen Mast und einem Rahsegel; beide wurden mit einem Seitenruder am Heck des Schiffes gesteuert. Die erste Verbesserung war die Gaffeltakelung, wie sie an dem Lateinsegel zu sehen ist, das plötzlich auf griechischen Miniaturen des 9. Jahrhunderts auftaucht. Im 12. Jahrhundert gab es überall im Mittelmeer Lateinsegel; von dort aus verbreiteten sie sich nach Nordeuropa. Um die gleiche Zeit wurden die Schiffe breiter, ragten höher aus dem Wasser, die Anzahl der Masten nahm zu, und im 13. Jahrhundert erschien das moderne, am Achtersteven befestigte Steuerruder, eigentlich eine Verlängerung des Kiels (Tafel XXVIII). Diese Verbesserungen ermöglichten es, mit Erfolg gegen den Wind zu lavieren, machten Ruderer überflüssig und gestatteten es, Erkundungsfahrten weiter auszudehnen. Frühe Versuche zur

Mechanisierung von Schiffen, von denen nicht sicher ist, ob sie tatsächlich gebaut worden sind, zeigen die Anfang des 15. Jahrhunderts erschienenen Zeichnungen von Schiffen mit Schaufelrädern von Konrad Kyeser und dem sienesischen Ingenieur Jacopo Mariano Taccola. Auch Ramelli stellte 1588 ein Schiff mit Schaufelrad dar; eine andere Neuerung, ein Unterseeboot, wurde tatsächlich gebaut und 1614 auf der Themse mit Erfolg ausprobiert.

Eine Verbesserung des Transports auf Binnengewässern brachten im 14. Jahrhundert die Schleusentore in Kanälen; neue Möglichkeiten für den Transport über Land wurden dadurch eröffnet, daß man die Straßen mit Steinwürfeln pflasterte, die in lockere Erde oder Sand eingebettet wurden, und weiterhin durch Verbesserungen an Räderfahrzeugen, darunter die Erfindung des Schubkarrens (im 13. Jahrhundert). Auch die Landfahrzeuge suchte man zu mechanisieren. Schon 1420 beschrieb Fontana ein Veloziped. Ende des 16. Jahrhunderts sind offenbar in den Niederlanden Lastwagen konstruiert worden, die durch eine von Menschen bediente Maschinerie und durch Segel angetrieben wurden. Mit dem Fliegen hat man sich in Europa mindestens seit dem 11. Jahrhundert beschäftigt. Um diese Zeit soll Oliver von Malmesbury sich die Beine gebrochen haben bei einem Versuch, mit an Händen und Füßen befestigten Flügeln von einem Turm herabzuschweben. Auch Roger Bacon interessierte sich für das Fliegen. Leonardo da Vinci entwarf eine mechanische Flugmaschine, die wie ein Vogel die Flügel bewegte.

Ein wichtiger Fortschritt, der mit den Verbesserungen der Transportmethoden zusammenhing, war das Erscheinen der ersten guten Landkarten seit den Zeiten der Römer. Als außer Steuerruder und Kompaß, die im 12. Jahrhundert aufkamen, nun noch genaue Karten verfügbar waren, konnten die Schiffe auch auf offener See ihren Weg finden. Und so wurde, wie Mumford es ausdrückt, die Forschung in ihrem Bestreben ermutigt, die Lücken auszufüllen, die auf Grund rationaler Spekulationen über den Raum bis dahin vermutet worden waren. Die ersten genauen Karten waren im Mittelalter die *portolani* oder Kompaßkarten für Seeleute. Der früheste bekannte *portolano* ist die sogenannte *Pisanische Karte* aus dem späten 13. Jahrhundert; ihre verhältnismäßig hohe technische Vollendung läßt vermuten, daß es vorher schon andere gegeben hat, die verlorengegangen sind. Genuesische Seeleute sollen Ludwig dem Heiligen von Frankreich seine Position auf einer Karte gezeigt haben, als er 1270 nach Tunis übersetzte. Manches scheint darauf hinzudeuten, daß die *portolani* skandinavischen Ursprungs waren; doch die Araber hatten sicher schon in früher Zeit Seekarten, und auch von den Byzantinern, Katalanen und Genuesern wurden Seekarten entwickelt. Daß auf allen bekannten *portolani* das katalanische *legua* für Entfernungen gebraucht wird, rechtfertigt vielleicht den Prioritätsanspruch der Katalanen, aber dieser Brauch kann aus Bequemlichkeitsgründen auch später aufgekommen sein. Eindeutig ist die Frage nach dem Ursprung der *portolani* noch nicht beantwortet. Das Neue an den *portolani* gegenüber den alten traditionellen symbolischen *mappae mundi* besteht darin, daß sie als Führer durch ein spezielles Gebiet angefertigt wurden, und zwar von Männern der Praxis, die die unmittelbare Bestimmung von Entfernungen und Azimuten durch Log und Kompaß zugrunde legten. Gewöhnlich waren sie auf den Küstenstreifen beschränkt, Länge und Breite waren auf ihnen nicht angegeben. Sie waren mit einem Netz von Linien bedeckt, mit denen die Kompaßpeilung der Orte auf der Karte bezeichnet wurde. Die Kompaßlinien strahlten von einer Anzahl auf einer Kreislinie angeordneter Punkte aus, die den auf einer Windrose markierten Punkten entsprachen.

Andere genaue Karten, die außer dem Küstenstreifen auch Gebiete des Binnenlandes zeigten, wurden vom 13. Jahrhundert an von Gelehrten angefertigt. Um diese Zeit wandten sich Forscher wie Roger Bacon der realen Geographie zu. Bacon selber betätigte sich nicht praktisch als Kartograph, aber seine Annahme, daß zwischen Europa und China der Ozean nicht sehr breit sei, soll Kolumbus beeinflußt haben, der dies in Werken von Pierre d'Ailly und Äneas Sylvius wiederholt fand. Schon 1250 zeichnete Matthew Paris vier lesbare Karten von Großbritannien mit Einzelheiten wie der Römischen Mauer, Landstraßen und Städten. Zwischen 1325 und 1330 zeichnete ein unbekannter Kartograph eine bemerkenswert detaillierte und genaue Karte von England, die sogenannte »Gough-Karte«, jetzt in der Bodleianischen Bibliothek in Oxford, die schon Landstraßen mit Meilenangaben, wahrscheinlich nach Schätzungen von Reisenden, aufweist (Tafel XXXII). Um dieselbe Zeit zeichnete Opicinus de Canistris, der um 1352 gestorben ist, gute Karten von Norditalien, und 1375 fertigte die sogenannte Majorkanische Kartographenschule für Karl V. von Frankreich die berühmte *Katalanische Mappemonde* an, welche

die Vorzüge der *portolani* mit denen der Landkarten in sich vereinigte und Nordafrika und Teile von Asien mit einbezog (s. Tafel xxxiii).
Diese majorkanische Schule hatte eine Fülle von Informationsmaterial
über Seefahrt und Handel gesammelt und war der Vorläufer des
von Heinrich dem Seefahrer um 1437 in Sagres gegründeten Ko-
lonial- und Marineinstituts. Auf diesen frühen Karten ist keine Bezeichnung der Breite und Länge angegeben, obwohl die Breite vieler
Städte mit dem Astrolab bestimmt worden war (s. S. 87 ff.). In seiner
Geographia hatte schon Ptolemäus Karten auf einem vollständigen
Netz von Parallelen und Meridianen gezeichnet. Dieses Werk scheint
in der uns überlieferten Form zumindest teilweise eine spätere Kompilation zu sein; die Karten in den erhaltenen Handschriften stammen wahrscheinlich von byzantinischen Zeichnern des 13. und 14.
Jahrhunderts. Das Werk wurde wieder zugänglich gemacht und ins
Lateinische übersetzt von Giacomo d'Angelo, der seine Übersetzung
mit einigen ausgezeichneten, von einem Florentiner Künstler nach
dem griechischen Original gezeichneten Karten 1406 Papst Gregor XII.
und 1409 Papst Alexander V. widmete. Daraufhin machten sich die
Kartographen das ptolemäische Verfahren zu eigen. Gute Beispiele
sind Andrea Biancos Karte von Europa (1436) und die Karte von
Mitteleuropa, die unter den Manuskripten des Nikolaus von Kues
(1401–64) gefunden und 1491 gedruckt wurde. Der Weltatlas des
Ptolemäus wurde in zahlreichen Auflagen gedruckt, nachdem die
Geographia 1477 in Bologna zum ersten Male mit den Karten von
Ptolemäus veröffentlicht worden war. Diese Karten wurden von
italienischen Kartographen nachgezeichnet (vgl. Tafel xxxiv). Der
Atlas des Ptolemäus bewirkte eine allmähliche Wandlung der Kartographie, da er die Notwendigkeit eines für die exakte Kartographie
der Erde unerläßlichen genauen Längenmaßes für den Meridianbogen
vor Augen führte.

Bis zum Ende des 18. Jahrhunderts war Holz allgemein das wichtigste Material für Maschinen und überhaupt für Konstruktionen
gewesen. Die meisten Teile von Wassermühlen, Windmühlen, Spinnrädern, Webstühlen, Pressen, Schiffen und Fahrzeugen waren aus
Holz; Holz wurde noch bis ins 19. Jahrhundert hinein für die Getrieberäder in vielerlei Maschinen verwendet. Daher kam es, daß die
ersten Werkzeugmaschinen zur Holzbearbeitung entwickelt wurden,
und sogar an den Werkzeugen selbst war nur die Schneide aus

Metall. Von den Bohrmaschinen war der Drillbohrer seit der jüngeren Steinzeit bekannt. Der Bohrer wurde mit einer Schnur umwunden, die an den beiden Enden eines Bogens befestigt wurde, und durch Hin- und Herbewegen des Bogens wurde der Bohrer mit großer Geschwindigkeit in das Material getrieben. Dieser Drillbohrer wurde im späteren Mittelalter durch Bohrwinde und Bohreisen ersetzt; außerdem war eine Maschine zum Bohren von Pumpenrohren aus festen Baumstämmen bekannt. Die für akkurate Arbeit wichtigste Werkzeugmaschine, die Drehbank, ist vermutlich in irgendeiner Form schon in der Antike gebraucht worden, aber die Drehbank mit Wippe war wahrscheinlich eine mittelalterliche Erfindung. Die frühesten bekannten Abbildungen von derartigen Drehbänken erscheinen erst auf Skizzen von Leonardo da Vinci, aber sie müssen schon vorher im Gebrauch gewesen sein. Die Spindel wurde durch eine um sie herumgewickelte Schnur angetrieben wie beim einfachen Drillbohrer und unten an einem Trittbrett, oben an einer federnden Stange befestigt, welche die Schnur zurückschnellen ließ, wenn man den Fuß vom Trittbrett nahm. Leonardo zeigt auch eine Drehbank mit Schwungrad, die durch Schnurzug und Rad angetrieben wird, doch Schwungraddrehbänke mit Kurbel- und Trittbrettantrieb wurden erst vom 17. Jahrhundert an allgemein üblich. Auf diesen frühen Drehbänken wurde das Werkstück zwischen feststehenden Spitzen gedreht; um die Mitte des 16. Jahrhunderts entwarf Besson eine Leitspindeldrehbank, auf der das Werkstück in einem Futter befestigt war, das durch Kraft angetrieben wurde. Besson konstruierte auch eine primitive Schraubendrehbank (Tafel xxxv), die im 17. Jahrhundert verbessert wurde; besonders vorteilhaft war eine Änderung, die Uhrmacher einführten. Sie ließen nicht mehr das Werkstück über einem feststehenden Werkzeug rotieren, sondern das Werkzeug selbst an der Oberfläche des sich um die eigene Achse drehenden Werkstücks entlanggleiten. So wurden aus den frühen, zur Holzbearbeitung erfundenen Werkzeugmaschinen Werkzeuge entwickelt, mit denen präzise Metallbearbeitung möglich war.

Die frühesten ganz aus Metall bestehenden Maschinen waren Feuerwaffen und die mechanische Uhr; insbesondere die mechanische Uhr ist der Prototyp der modernen automatischen Maschinen, bei denen alle Teile genau vorausberechnet sind, damit ein exakt funktionierendes Ergebnis erzielt wird. Bei der mechanischen Uhr war die Anwendung der Getrieberäder, das Hauptproblem der frühen Maschinenlehre, bereits vollkommen gelöst.

Wasseruhren, wie die Klepsydra, bei denen die Zeit nach der Wassermenge, die durch ein kleines Loch tröpfelt, gemessen wurde, waren schon von den alten Ägyptern benutzt worden; die Griechen hatten sie dadurch verbessert, daß sie Vorrichtungen anbrachten, um die Stunden durch einen Zeiger auf einer Skala anzuzeigen und die Bewegung zu regulieren. Die von den Arabern und Christen entwickelten Wasseruhren basierten auf diesen griechischen Mechanismen und auf solchen des automatischen Marionettentheaters, das im Mittelalter beliebt war. Sie waren so zweckmäßig, daß noch im 18. Jahrhundert Wasseruhren in Gebrauch waren. Sie wurden durch einen Schwimmer betrieben, der in einem Becken aufgehängt war, das durch einen regulierenden Mechanismus gefüllt und entleert wurde; die Bewegung des Schwimmers wurde durch Seile und Rollen auf den Indikator, gewöhnlich eine Art Puppenspiel, übertragen. Im islamischen Orient waren sie manchmal sehr groß und wurden an Plätzen aufgestellt, wo das Volk sie sehen konnte; im Abendland wurden kleinere Uhren in den Klöstern benutzt, wo ein besonderer Aufseher mit ihrer Wartung betraut war. Zu seinen Pflichten gehörte es auch, die Uhr nachts nach Gestirnsbeobachtungen zu regulieren. Eine solche Uhr soll Gerbert für das Kloster in Magdeburg gemacht haben. Andere frühe Uhren arbeiteten mit einer brennenden Kerze; ein Alfons X. von Kastilien gewidmetes Werk aus dem 13. Jahrhundert beschreibt eine Uhr, die durch ein fallendes Gewicht betrieben wurde. Dieses wurde durch den Widerstand von Quecksilber reguliert, das durch kleine Öffnungen lief. Ähnliche Vorrichtungen wurden in einer langen Reihe astronomischer Mechanismen entwickelt – Planetarien, mechanisch rotierende Sternkarten usw. –, die ebenso zu den Vorläufern der mechanischen Uhr zu zählen sind wie die eigentlichen Zeitmesser. Keiner dieser Apparate hatte ein Getriebe.

Wesentliche Merkmale der mechanischen Uhren waren der Antrieb durch ein fallendes Gewicht, das eine Reihe von Getrieberädern in Bewegung setzte, und ein pendelnder Hemmungsmechanismus, der die Fallbeschleunigung des Gewichts verminderte, indem er es in kurzen Zeitabständen aufhielt. Die – jedenfalls im Abendland – früheste Abbildung eines Hemmungsmechanismus erscheint

Mitte des 13. Jahrhunderts an einem von Villard de Honnecourt gezeichneten Apparat, der einen Engel sich langsam so drehen lassen sollte, daß sein Finger immer auf die Sonne zeigte (Tafel XXXVI). Möglicherweise wurden bald darauf die ersten mechanischen Uhren gebaut. Es sind Zeugnisse dafür vorhanden, daß es so etwas wie mechanische Uhren in der zweiten Hälfte des 13. Jahrhunderts in London, Canterbury, Paris und anderen Orten, in der ersten Hälfte des 14. Jahrhunderts in Mailand, St. Albans, Glastonbury, Avignon, Padua und anderswo gegeben hat. Manche davon waren eher Planetarien zur Vorführung der Bewegungen der Himmelskörper als Uhren. Die wahrscheinlich frühesten richtigen Uhren, deren Mechanismus genau bekannt ist, sind die Uhr von Dover Castle, die gewöhnlich 1348 datiert wird, aber wahrscheinlich jünger ist (Tafel XXXVII), und Henri de Vicks Uhr, die 1370 in Paris im Palais Royal, jetzt Palais de Justice, aufgestellt wurde. Diese Uhren wurden durch eine Spindelhemmung mit einer Foliot-Unruhe reguliert. Die wesentlichen Bestandteile dieses Mechanismus waren ein Kronenrad mit sägeartigen Zähnen, denen sich abwechselnd zwei kleine Platten oder Scheiben auf einem Stab entgegenstellten, so daß das Rad ruckweise angehalten und losgelassen wurde. Der Foliot-Mechanismus diente zur Regulierung der Umdrehungsgeschwindigkeit des Kronen- oder »Hemmungs«rades und dadurch des ganzen Räderwerks, das in der Achse endete, welche die Uhrzeiger trug. Die Vervollkommnung dieser Spindelhemmung und Foliot-Unruhe bezeichnet einen Höhepunkt in der Uhrenkonstruktion, über den hinaus, was die Genauigkeit angeht, bis zur Anbringung des Uhrpendels im 17. Jahrhundert kein eigentlicher Fortschritt mehr zu verzeichnen ist, wenn auch in der dazwischenliegenden Zeit die Konstruktion beträchtlich verfeinert wurde. Die frühen Uhren waren ja meistens sehr groß, ihre Teile wurden von einem Grobschmied gemacht. De Vicks Uhr wurde von einem 500 Pfund schweren Gewicht in Gang gehalten, das in 24 Stunden 32 Fuß herabfiel, und hatte ein Schlaggewicht von fast ¾ Tonnen. Im 15. Jahrhundert wurden die Uhren kleiner und damit zum Gebrauch in den Häusern geeignet, Schrauben wurden zum Zusammenhalten der Teile verwendet, und gegen Ende des Jahrhunderts waren die ersten durch eine Feder getriebenen »Taschenuhren« zu sehen.

Diese frühen Uhren gingen ziemlich genau, wenn man sie jede

Nacht nach einem Stern regulierte; um 1500 hatten die meisten Städte
öffentliche Uhren an den Außenmauern von Klöstern oder Domen
oder an besonderen Türmen. Diese schlugen entweder einfach die
Stunden oder zeigten sie auch auf einem runden Zifferblatt an, auf
dem 12 oder 24 Abschnitte markiert waren. Ihre Anbringung an allen
sichtbaren Orten bewirkte, daß die sieben variablen liturgischen Stunden von den 24 gleichen Uhrstunden völlig verdrängt wurden. Allerdings hatten schon früh in der Antike die Astronomen den Tag in
24 gleiche Stunden eingeteilt, wobei sie die Stunden der Äquinoktien als Norm nahmen; dieses System hatte das ganze frühe Mittelalter hindurch, besonders im bürgerlichen Leben, neben dem kirchlichen System fortbestanden. Ein entscheidender Schritt wurde 1370
von Karl V. von Frankreich getan, als er anordnete, daß alle Kirchen in Paris die vollen und Viertelstunden nach der Zeit auf De
Vicks Uhr zu läuten hätten; von dieser Zeit an wurde die Einteilung
in gleichmäßige Stunden allgemein gebräuchlich. Auch die Einteilung
der Stunde in 60 Minuten und der Minute in 60 Sekunden wurde
im 14. Jahrhundert durchweg üblich und war schon 1345 ziemlich
verbreitet. Die Annahme dieses Einteilungssystems vollendete die
ersten Entwicklungsstadien der wissenschaftlichen Zeitmessung,
ohne die sowohl die späteren Errungenschaften der Physik als auch
die des Maschinenbaus kaum möglich gewesen wären.

ANGEWANDTE CHEMIE

Wenn das Holz, wie Lewis Mumford anschaulich gezeigt hat, »den
Fingerübungen des neuen Industrialismus diente«, so ist die
Entwicklung der modernen Maschinen, der Präzisionsinstrumente
und wissenschaftlichen Apparate unvorstellbar ohne die künstlichen
Produkte der chemischen Industrie, vor allem die Metalle und das
Glas (vgl. oben, S. 125 ff.).

Das Metall, in dessen Bearbeitung während des Mittelalters die
größten Fortschritte erzielt wurden, war Eisen. Schon in der Römer-
zeit waren die Gallier und Iberer tüchtige Eisenschmiede, und ihr
Wissen war niemals verlorengegangen. Im 13. Jahrhundert wurde
in vielen Gebieten Europas Eisen verarbeitet, in der Biscaya, in
Nordfrankreich und den Niederlanden, im Harz, in Sachsen und

Böhmen, im Forest of Dean, im Wald von Sussex und von Kent, in Derbyshire und Furness. Daß die Eisenbearbeitung im Mittelalter einen so hohen Stand erreichte, lag daran, daß leistungsfähigere Schmelzöfen in Gebrauch kamen, die es ermöglichten, bei höheren Temperaturen zu schmelzen. Das Heizmaterial war im Mittelalter wie im Altertum Holzkohle. Es werden zwar »Seekohlen« von Neckam erwähnt, es gab Kohlenbergwerke in der Nähe von Lüttich und Newcastle (von wo die Kohle in flachen Booten nach London befördert wurde), auch in Schottland gegen Ende des 12. Jahrhunderts und in den meisten größeren europäischen Kohlengebieten am Ende des 13. Jahrhunderts, aber erst im 17. Jahrhundert wurde eine Methode zur Benutzung der Kohle für die Eisenbearbeitung bekannt. Dud Dudley hatte sie um 1620 erfunden. Im Mittelalter wurde die Kohle vor allem zum Kalkbrennen verwendet, und schon 1307 war der Rauch in London zu einer solchen Plage geworden, daß man erwog, den Gebrauch von Kohlen in London zu verbieten. Verbessert wurden die Schmelzöfen im Mittelalter nicht durch besseres Brennmaterial, sondern durch Vorrichtungen zum Erzeugen von Gebläseluft. Die Holzkohlenproduktion für den ständig wachsenden Bedarf der Metallurgie – die Nachfrage nach Schwertern und Rüstungen, Nägeln und Hufeisen, Pflügen und Radkränzen, Glocken und Kanonen mußte befriedigt werden – war und blieb bis zum 18. Jahrhundert eine ernste Bedrohung für die Wälder Europas. In England scheint der Nutzholzmangel der Metallurgie im Wald von Sussex und Kent ein Ende bereitet zu haben.

Seit alter Zeit wurde der Zug für die Schmelzöfen einfach durch Windkanäle mit Unterstützung von Handblasebälgen erzeugt. Dieses Verfahren wurde in dem sogenannten Renn-Prozeß angewandt, bei dem das Eisenerz mit Holzkohle in kleinen Schmelzöfen erhitzt wurde; die Temperatur war darin nicht hoch genug, um das Eisen zu schmelzen, aber sie erzeugte eine poröse »Luppe« am Boden des Schmelzofens. Durch abwechselndes Erhitzen und Hämmern, wobei der Schmiedehammer mit Kraftantrieb in Aktion trat, wurde die Luppe zu schmiedbaren Eisenstangen verarbeitet, die gewalzt und zu Blechen geschnitten oder gespalten werden konnten; oder sie wurden durch eine Folge von immer kleiner werdenden Löchern in einer gehärteten Stahlplatte gezogen, um Draht zu formen. Auf die Stahlerzeugung verstand man sich im Abendland des Mittelalters sehr gut, doch der beste Stahl kam aus Damaskus, wo er in einem offenbar ursprünglich von den Indern entwickelten Verfahren hergestellt wurde. Später wurde Toledo für seinen Stahl berühmt.

Die Gebläsewinderzeugung wurde zunächst dadurch verbessert, daß man Luft unter dem Druck einer Wassersäule in den Schmelzofen einführte, eine Methode, die in Italien und Spanien schon vor dem 14. Jahrhundert angewandt wurde. Gebläseluft wurde auch durch Dampf erzeugt, der aus dem langen Hals eines mit Wasser gefüllten und erhitzten Gefäßes kam, und durch Blasebälge, die durch Trittbretter und mit Pferdekraft in Gang gehalten wurden, aber der größte Fortschritt war die Einführung von Blasebälgen mit Wasserantrieb (Abb. 14). Solche Gebläseschmelzöfen kamen 1340

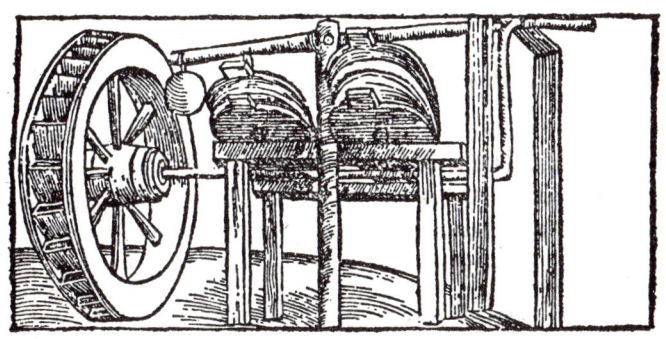

Abb. 14 *Schmiedeblasebälge mit Wasserantrieb. Aus V. Biringuccio,* Pirotechnica

in der Gegend von Lüttich auf und verbreiteten sich rasch bis zum Niederrhein, nach Sussex und Schweden. Diese neuen Schmelzöfen waren erheblich größer als die alten, und zum ersten Male war es möglich, Temperaturen zu erzeugen, die das Eisen zum Schmelzen brachten. So konnte man es direkt erhalten, statt in Gestalt der Luppe, die mit Hämmern bearbeitet werden mußte. Was aber das Wichtigste war: Mit den neuen Schmelzöfen konnte zum erstenmal Gußeisen in ausreichender Menge für den Handel erzeugt werden.

Von den übrigen Metallen wurden Blei und Silber, Gold, Zinn und Kupfer in verschiedenen Gebieten des Abendlandes abgebaut. Ende des 13. Jahrhunderts erschienen in Devon Läuteröfen mit wassergetriebenen Blasebälgen, um Silber von Blei zu scheiden. Das Blei wurde durch Erhitzen oxydiert, bis sich Bleiglätte bildete, die abgeschäumt oder durch den porösen Herd absorbiert wurde. Gold wurde in Böhmen, in den Karpaten und in Kärnten gewonnen. Zinn kam hauptsächlich aus den Bergwerken in Cornwall und wurde mit Kupfer zu Bronze, mit Kupfer und Galmei (wasserhaltigem kieselsaurem Zink) zu Messing für Glocken, Kanonen und monumentale oder ornamentale »Dinanderie« und mit Blei für Zinngeräte verarbeitet. Die Spezialisierung der Metallarbeit führte zur Entwicklung besonderer Gilden der Silber- und Goldschmiede, der Zinngießer, Grobschmiede, Gießer, Messerschmiede, Sporenmacher und Waffenschmiede, und die Fertigkeit im Schweißen, Hämmern und Schleifen, Ziselieren und Treiben erreichte ein sehr hohes Niveau. Es gab auch Spezialisten für die Herstellung von Nadeln, kleinen und großen Scheren, Fingerhüten, Gabeln, Feilen, Schneidewerkzeugen für Bauarbeiten, Nägeln, Schraubenmuttern und Bolzen, Schraubenschlüsseln, Uhren und Schlössern, und es wurden auch schon Normungsversuche gemacht. Im 11. Jahrhundert wurde der Messingdraht erfunden, und im 14. Jahrhundert gab es Stahldrahtziehereien, die durch Wasserkraft betrieben wurden. Die Geschicklichkeit dieser Fachleute ermöglichte die Herstellung von Gegenständen, deren Wert von der Exaktheit der Ausführung abhing, z. B. von Präzisionsinstrumenten wie dem Astrolab und der mechanischen Uhr. Weil es notwendig wurde, die Zusammensetzung der benutzten Legierungen zu kontrollieren, erfand man die Metallprobe, die den Grund legte für die quantitative Chemie. Die Metallprobe machte die Metallurgen mit dem Gebrauch der Waage vertraut; aus ihr entwickelten sich auch andere spezielle Zweige der Chemie, von denen einer der wichtigsten die Herstellung mineralischer Säuren war.

Unter den mittelalterlichen metallurgischen Verfahren, die ein ganz präzises Ergebnis forderten, sind das Glocken- und Kanonengießen vielleicht die interessantesten. Der erste europäische Bericht über den Glockenguß stammt aus dem frühen 12. Jahrhundert von Theophilus dem Priester; von dieser Zeit an machte die Kunst des Bronze- und Messinggießens schnelle Fortschritte, bis zu den Bronze-

grabmälern des 13. und 14. Jahrhunderts und so erlesenen Werken
wie den Südtüren des Baptisteriums in Florenz von Andrea Pisano
(1330) und den noch wunderbareren, etwa 100 Jahre später entstandenen Türen von Ghiberti. Große Bronzeglocken wurden zum erstenmal
im 13. Jahrhundert gegossen und waren im 14. schon zahlreich. Das Hauptproblem war die Abstimmung der Glocken auf
einander. Der Klang einer Glocke variiert mit den Proportionen
und der Menge des verwendeten Metalls, und wenn man auch zum
Schluß durch Abschleifen des Randes noch stimmen konnte, falls
der Klang zu tief war, und durch Abschleifen der Innenfläche des
Schlagrings, wenn der Klang zu hoch war, so mußte der Gießer doch
Größe und Proportionen exakt berechnen können, um der Glocke
schon, bevor er mit dem Gießen begann, den annähernd richtigen Ton
zu geben. Dafür muß jeder Glockengießer sein eigenes empirisches
System gehabt haben, so erforderte z. B. das System, nach dem
Glocken hergestellt wurden, deren Geläute auf Grundton, Terz,
Quinte und Oktave abgestimmt war, daß man ihnen Durchmesser in
den Proportionen 30, 24, 20, 15 und Gewichte in den Proportionen
80, 41, 24 und 10 gab. Die Mitarbeit der Wissenschaft in jener Zeit
zeigt der Versuch Walters von Odington (spätes 13. oder frühes 14.
Jahrhundert), ein rationales System zu erfinden, nach dem jede
Glocke 8/9 der nächstschwereren wiegen sollte. In der Praxis war
dieses System den von den Glockengießern empirisch erprobten
Methoden weit unterlegen.

Die frühesten Feuerwaffen erschienen im Westen in der ersten
Hälfte des 14. Jahrhunderts, aber wahrscheinlich wurden sie in
China schon etwa hundert Jahre früher hergestellt. Im Abendland
wie in China waren schon vorher beträchtliche Fortschritte in der
Herstellung anderer Schußwaffen erreicht worden. In Europa hatte
seit dem Ende des 12. Jahrhunderts die mit Gegengewichten arbeitende Blide die älteren Formen der Torsions- und Spannungswurf-
maschinen, die von den Römern oder Normannen übernommen
worden waren, allmählich verdrängt; im frühen 14. Jahrhundert
war die Armbrust eine ausgefeilte Waffe mit Visier und Abzugs-
mechanismus geworden, und der Langbogen war nicht weniger
wirksam und exakt gearbeitet. Die Verwendung von Schießpulver
als Ladung in einer leistungsfähigen Kanone war daher nur die letzte
einer Reihe von Verbesserungen, und die Feuerwaffen rückten nicht

unvermittelt an die Stelle anderer Schußwaffen, wenn sie auch Ende des 14. Jahrhunderts die Hauptwaffe der Artillerie geworden waren. Kanonen dürften in Europa bereits 1319 bei der Belagerung von Berwick und 1346 von den Engländern bei Crécy benutzt worden sein. Von der französischen Flotte, die 1338 England angriff, wird gesagt, daß sie »*un pot de fer à traire garros à feu*« hatte, und sicher wurden im folgenden Jahre bei der Belagerung von Cambrai und Puy-Guillaume in Périgord Kanonen verwendet. Sie wurden bestimmt auch von den Engländern 1347 bei der Belagerung von Calais eingesetzt; wie Froissart schreibt, verfügten die Engländer 1378 bei der Belagerung von St. Malo über 400 Kanonen, wahrscheinlich kleine Mörser.

Von den Bestandteilen des Schießpulvers ist der Salpeter wohl schon vor dem 1. Jahrhundert v. Chr. in China bekannt gewesen; um 1000 n. Chr. scheint man dort die Explosionswirkung durch die Kenntnis einer richtig proportionierten Mischung von Salpeter, Schwefel und Holzkohle vervollkommnet zu haben. Im Abendland waren andere Explosivgemische schon viel früher in der Kriegführung verwendet worden. 673 (und auch später) benutzten die Byzantiner eine verbesserte Form, »das griechische Feuer«, wahrscheinscheinlich ein Gemisch aus ungelöschtem Kalk, Naphtha und Pech aus Petroleum und Schwefel, gegen die Flotte der Araber bei der Belagerung von Konstantinopel. Das Schießpulver selber wurde in der zweiten Hälfte des 13. Jahrhunderts im Abendland bekannt, vielleicht durch die Mongolen aus China eingeführt. Roger Bacon weist in seinem *Opus Majus* und *Opus Tertium* auf ein explosives Pulver hin, dessen Wirkung sich erhöhe, wenn man es in eine Vorrichtung aus festem Material einschließe. Das früheste bekannte westliche Schießpulverrezept findet sich in einer lateinischen Handschrift des *Liber Ignium* (um 1300), das einem gewissen Markus dem Griechen, über den sonst nichts bekannt ist, zugeschrieben wird.

Europa überflügelte China sehr schnell in der Waffenerzeugung, nachdem es die Explosiv- und Antriebswirkung des Schießpulvers kennengelernt hatte. Die frühesten europäischen Geschütze wurden aus ähnlichem Metall gemacht wie die Glocken, oft von demselben Gießer; die wichtigsten Zentren der Herstellung waren Flandern, Deutschland und – in geringerem Umfang – England. Die früheste bekannte Abbildung eines Geschützes in Europa ist die eines kleinen *vaso* oder *pot de fer*, wie es genannt wurde, in einer Handschrift eines 1327 Edward III. gewidmeten Werkes von Walter von Milemete (Tafel XXIX). Um die Mitte des 14. Jahrhunderts wurden Geschütze aus kupferhaltigem Metall gegossen; Ende des Jahrhunderts wurden sie auch aus Stäben von Schweißeisen gemacht, die mit Eisenbändern zusammengehalten wurden. Im 15. Jahrhundert erreichten die Geschütze, besonders die aus Eisen, eine beträchtliche Größe. Die größten, die bekannt sind, waren die »Tolle Meg«, jetzt in Gent, die 197 Zoll lang ist, ein Kaliber von 25 Zoll hat, eine etwa 700 Pfund schwere Steinkugel schleuderte und annähernd 13 Tonnen wiegt, und die etwas kleinere »Mons Meg«, jetzt im Schloß zu Edingburgh. Diese frühen Geschütze waren alle Vorderlader und feuerten zuerst große runde Steine, später gußeiserne Kugeln. Bleikugeln wurden seit dem 14. Jahrhundert für kleinere Geschütze benutzt. Die Hinterladung wurde schon früh versucht, aber es war unmöglich, die Metallflächen mit der für die Erzeugung von gasdichten Verschlüssen erforderlichen Präzision zu glätten. Eine primitive Form von Zügen wurde bei Bronzegeschützen eingeführt, und im Laufe des 15. Jahrhunderts begann man, Geschütze und Geschosse zu normen. Das führte im frühen 16. Jahrhundert zu der von den Artillerieschulen in Burgos und Venedig propagierten Normung des Geschützwesens.

Ein großer Fortschritt in der Herstellung von Geschützen wurde im frühen 16. Jahrhundert durch die Einführung einer Methode erzielt, gegossene Bronze- oder Eisengeschützrohre so nachzubohren, daß das Rohrinnere aufs feinste geglättet werden konnte. Maschinen zum Holzbohren waren schon seit früher Zeit bekannt; bereits 1496 hatte der deutsche Mechaniker Philipp Monch eine sorgfältige Skizze eines mit Pferdekraft betriebenen Geschützbohrers gemacht. Auch Leonardo da Vinci skizzierte eine Bohrmaschine für Metallbearbeitung, und Biringuccio beschrieb und illustrierte eine von einem Wasserrad betriebene in seiner *Pirotechnica* (1540). Mit der Einführung von präzis gebohrten Läufen begann eine neue Ära in der Geschichte des Geschützwesens, die bis zum 19. Jahrhundert währte.

Die Erfahrungen, die man im späteren Mittelalter bei der Metallgewinnung gesammelt hatte, wurden auf andere Gebiete des Bergbaus übertragen, und der große allgemeine Bedarf an Mineralien hatte bedeutsame wirtschaftliche, politische und industrielle Folgen. Im 14. Jahrhundert gab es, abgesehen von Metallen und Kohle, einen nicht unbedeutenden Bergbau von Sulfaten in Ungarn, Steinsalz in Siebenbürgen, Galmei und Salpeter in Polen, Quecksilber in Spanien und im 15. Jahrhundert von Alaun in Toskana und im Kirchenstaat. Das Pumpen, die Bewetterung und die Förderung in immer tiefer liegenden Schichten machten den Bergbau zu einem kostspieligen Geschäft, das nur von einem Mann mit Kapital unternommen werden konnte. Schon 1299 verpachtete Eduard I. Silberbleigruben in Devonshire an die Frescobaldi, eine florentinische Kaufmanns- und Bankiersfamilie, die Eduard I. und II. von England, auch Philipp den Schönen von Frankreich finanzierten. Wohl das schlagendste Beispiel für Reichtum und Macht, die aus dem Bergbau gewonnen wurden, sind die Fugger. Aus kleinen Anfängen im 14. Jahrhundert hatten die Fugger im 16. Jahrhundert aus den Silberbleibergwerken in der Steiermark, in Tirol und Spanien ein derartiges Kapital angehäuft, daß sie in der Lage waren, die vielen großen Geschütze und Söldnertruppen zu finanzieren, die ein europäischer Herrscher wie Kaiser Karl V. brauchte.

Unter den industriellen Auswirkungen des wachsenden Metallbedarfs sind wohl am wichtigsten die Verbesserungen an Pumpen und schließlich Ende des 17. Jahrhunderts die Verwendung der Dampfkraft zum Auspumpen des Grundwassers, ferner die Versuche, Kohle in der Metallurgie zu verwenden, um dem zunehmenden Mangel an Holzkohle abzuhelfen, und Ersatzstoffe für Metalle wie das Zinn zu finden, das vor der Erschließung der Minen in der Neuen Welt und im Fernen Osten immer rarer wurde. Von diesen Ersatzstoffen war der für die Naturwissenschaft wichtigste das Glas, das seit dem 14. Jahrhundert zum Ersatz für Zinngerät als Haushaltsgeschirr hergestellt wurde.

Die Glasbereitung war schon in der Antike wohlbekannt; in verschiedenen Teilen des Römischen Reiches wurden vorzügliche Platten, Schalen, Flaschen und andere Haushaltsgegenstände hergestellt, und man beherrschte auch die Kunst der Glasgravierung. Im frühen Mittelalter gab es eine hochentwickelte Technik der Glasmacherei in Byzanz, in verschiedenen arabischen Zentren und, mehr im Verborgenen, auch im Abendland. Eine der besten Beschreibungen findet sich schon in der Abhandlung von Theophilus dem Priester aus dem

frühen 12. Jahrhundert; aber erst im 13. Jahrhundert begann die
Glasmacherei überall in Europa wieder aufzuleben. Das berühmteste
Zentrum war Venedig. Obwohl seit dem 13. Jahrhundert auch in
Spanien, Frankreich und England die Glasmacherei beträchtliche
Fortschritte machte, wurde außerhalb Italiens erst im 16. Jahrhundert in größerem Ausmaß Glas hergestellt.

Die meisten mittelalterlichen Glasgegenstände wurden geblasen
(Tafel xxxviii). Die Bestandteile, z. B. Sand, Pottasche und Mennige,
wurden in einem Schmelztiegel zusammengeschmolzen; wenn das
Material so weit abgekühlt war, daß es zähflüssig wurde, nahm man
mit dem Ende einer langen Stange ein Klümpchen heraus und ließ
es rotieren, oder es wurde geblasen und mit einer großen Zange
bearbeitet, bis das gewünschte Gefäß oder sonst ein Gegenstand
geformt war. Es konnte auch nochmals erhitzt und dann die Form
geändert werden. Wesentlich bei diesem Verfahren waren Geschicklichkeit, Schnelligkeit und Kontrolle der Temperatur, der das erkaltende Glas ausgesetzt war; davon hing die endgültige Festigkeit
ab. Für Tafelglas mußte der Sand frei von Eisenoxyd sein, und man
benötigte Kalziumkarbonat, Glaubersalz und Kohlenstoff in irgendeiner Form. Bei der Tafelglasherstellung verfuhr man so, daß eine
große Blase geblasen und zu einem langen hohlen Zylinder verarbeitet wurde, der von der Rampe, auf der der Glasbläser stand,
herabhing und schließlich aufgeschlitzt und flach gemacht wurde.
Bei dieser Technik war die Größe der Platte beschränkt.

Glas wurde im Mittelalter hauptsächlich für Fenster und Haushaltsgefäße verwendet. Gefärbte Glasfenster für Kirchen kamen im
frühen 12. Jahrhundert auf, bemaltes Glas im 14. Jahrhundert. Glasgefäße für Haushaltszwecke waren erst im 16. Jahrhundert allgemein üblich; bis dahin waren Zinn und glasierter Ton die gebräuchlichen Materialien, aber vom 14. Jahrhundert an setzte das
Glas sich immer mehr durch. Es ist bezeugt, daß schon im 13. Jahrhundert Glas für wissenschaftliche Apparate verwendet wurde.
Grosseteste und andere erwähnen optische Experimente mit einer
kugelförmigen Urinflasche, und im frühen 15. Jahrhundert wurde
der Destillierapparat aus Glas hergestellt. Mumford hat darauf hingewiesen, daß die Entwicklung der Chemie sehr behindert worden
wäre ohne die Glasgefäße, die beim Experimentieren indifferent bleiben und durchsichtig, relativ hitzebeständig, leicht zu reinigen und

zu verschließen sind. Optische Instrumente mit Linsen wären mitsamt den Wissenschaften, die sich vom frühen 17. Jahrhundert an mit ihnen entwickelten, ohne Glas unmöglich gewesen. Die Araber hatten schon im 11. Jahrhundert Linsen hergestellt; Linsen wurden im 13. Jahrhundert in den optischen Schriften der großen lateinischen Autoren diskutiert. Wenn auch die mittelalterlichen optischen Gläser nicht von so hervorragender Qualität waren wie die seit dem 18. Jahrhundert hergestellten, für die besonders reine Zutaten verwendet werden, so waren sie doch immerhin so gut, daß sie Ende des 13. Jahrhunderts die Erfindung der Brille ermöglichten (s. S. 227 f.).

Wie in der Metallurgie und Glasmacherei, so erwarben die mittelalterlichen Handwerker auch in anderen Zweigen der chemischen Industrie ein großes empirisches Wissen. Beachtliche Geschicklichkeit zeigten sie in der Beherrschung der Verfahren in der Töpferei, beim Ziegel- und Kachelnbrennen, beim Gerben und Seifensieden, beim Mälzen, bei der Hefedarstellung und Gärung in der Brauerei, bei der Gärung des Weins und beim Destillieren von Spirituosen. Die Salzgewinnung durch Auflösen des Rohmaterials in Wasser, Sieden der Sole und Ausfällen der Kristalle in offenen Pfannen war schon den Römern bekannt gewesen und wurde im Mittelalter an verschiedenen Orten, darunter Droitwich und Nantwich in England, betrieben. Groß war die Kunstfertigkeit im Färben von Wolle, Seide und Leinen mit Pflanzenfarbstoffen wie Färberwaid, Krapp, Färberwau, Flechten und einer roten Farbe, die aus »Greyne«, einem cochenilleähnlichen Insekt, gewonnen wurde, sowie im Fixieren der Farben mit Beizmitteln, von denen die gebräuchlichsten waren: Alaun, Pottasche aus Holzasche, Weinstein, der sich bei der Weingärung absetzte, Eisensulfat und »cineres« (vermutlich Barilla oder Natriumkarbonat). Die Traktate des 8.–16. Jahrhunderts über die Herstellung von Farbstoffen, Leim, Trockenmitteln und Lacken enthalten die verschiedensten Rezepte mit praktischen Anweisungen zur Herstellung chemischer Substanzen. In der Abhandlung von Theophilus dem Priester aus dem frühen 12. Jahrhundert finden sich Hinweise auf Ölfarben; doch erst Anfang des 15. Jahrhunderts wurden durch die van Eycks die Ölfarben so verbessert, daß sie schnell genug trockneten, um das gleichzeitige Auftragen mehrerer Farben zu ermöglichen. Die Maler und Buchillustratoren des Mittelalters lernten eine Menge verschiedener Farben vegetabilischen und mineralischen Ursprungs zu bereiten; ständig kamen neue Rezepte hinzu, z. B. das für »Mosaikgold«, ein Zinnsulfid, das um 1300 entdeckt wurde. Die übliche schwarze Tinte der mittelalterlichen Handschriften bestand gewöhnlich aus mit Leim gemischtem Lampenruß. Die Fertigkeit, die in diesen Gewerben erlangt wurde, gehört zu den Grundlagen der modernen Chemie.

MEDIZIN

Unter allen praktischen Künsten des Mittelalters ist wohl die Medizin diejenige, in der durch das Zusammenwirken von Hand und Geist, Erfahrung und Denken die eindrucksvollsten Ergebnisse erzielt worden sind. Die höheren Fakultäten an den mittelalterlichen Universitäten waren Theologie, Jura und Medizin, und nur in der Medizin konnte man nach Erlangung eines akademischen Grades eine weitere naturwissenschaftliche Ausbildung erhalten. Viele führende Naturwissenschaftler, von Grosseteste im 13. bis William Gilbert im 16. Jahrhundert, hatten Medizin studiert (s. S. 157 ff. und 175 ff.). Mediziner wie Grosseteste, Petrus Hispanus und Pietro d'Abano, die sich ebenso auf die logischen Schriften von Galen, Ali ibn Ridwan und Avicenna stützten wie auf Aristoteles, lieferten wichtige Beiträge zur Logik der Induktion und des Experiments, die bis zur Zeit Galileis, der selber sein Universitätsstudium mit der Medizin begann (s. S. 244 f.), die Naturwissenschaft nachhaltig beeinflußten. Es steht fest, daß die mittelalterlichen Ärzte in der praktischen Medizin empirische Lösungen für wichtige Probleme gefunden haben und daß ihnen die naturwissenschaftliche Grundhaltung der modernen medizinischen Praxis zu verdanken ist.

Nach dem Verfall des Römischen Reiches war die Medizin im Abendland großenteils Volksmedizin; aber Autoren wie Cassiodor und Isidor von Sevilla und die Benediktinerklöster hatten manches Wissensgut der griechischen Medizin bewahrt. Lateinische Abrisse von Teilen der Schriften des Hippokrates, Galen und Dioskurides waren bekannt, und in den Büchern für Hebammen blieb etwas von der gynäkologischen Tradition des Soranus (2. Jahrhundert n. Chr.) erhalten. Eine Wiederbelebung der medizinischen Bildung fand in

karolingischer Zeit in Chartres und anderen Schulen statt; im 10.
Jahrhundert erschienen die Leech-Books (Arztbücher) in England,
im 11. Jahrhundert die Schriften der Hildegard von Bingen in
Deutschland. Das eigentliche Aufleben der abendländischen Medizin
begann mit der im 11. Jahrhundert bezeugten Aktivität der medizinischen Schule von Salerno, die sich schon etwa hundert oder zweihundert Jahre früher allmählich herausgebildet hatte. Ob es an der
griechischen oder jüdischen Bevölkerung Salernos lag oder an den
Beziehungen, die Sizilien zu den Arabern hatte – sicher ist, daß
bereits vor 1050 Gariopontus häufig aus Hippokrates zitierte und
Petrocellus seine *Practica* geschrieben hatte. Um dieselbe Zeit
übersetzte Alphanus, der Erzbischof von Salerno, ein physiologisches Werk des Nemesios, betitelt *Premnon Fisicon,* aus dem Griechischen, und vor 1087 hatte Konstantin der Afrikaner Galens
Kunst der Medizin und *Therapeutica* sowie verschiedene Werke von
Haly Abbas und dem jüdischen Arzt Isaak Israeli aus dem Arabischen übersetzt. Die Schule von Salerno erlangte einen sehr guten
Ruf; Sudhoff nimmt an, daß ihre Lehrer praktizierende Ärzte waren,
die Medizin an Tiersektionen lehrten. Sicher hat im 12. Jahrhundert
die *Anatomia Ricardi* die Notwendigkeit anatomischer Kenntnisse
besonders fühlbar gemacht; die Copho zugeschriebene *Anatomia
Porci* schilderte die öffentliche Sektion eines Schweines. Gegen Ende
des 12. Jahrhunderts ging aus der Schule von Salerno der erste große
Chirurg des Abendlandes, Roger von Salerno, hervor, dessen Werk
im frühen 13. Jahrhundert von Roland von Parma (Tafel XXXIX)
weitergeführt wurde. Um die gleiche Zeit wurde das berühmte
Regimen Sanitatis Salernitanum verfaßt, das bis zum 16. Jahrhundert als Mustersammlung medizinischer Lehren galt.

Im 12. Jahrhundert begann auch Montpelliers Aufstieg als medizinisches Zentrum, und im 13. Jahrhundert rückten die medizinischen
Schulen von Montpellier, Bologna, Padua und Paris allmählich an
die Stelle Salernos. Der medizinische Unterricht an diesen Universitäten fußte auf verschiedenen Werken von Galen und Hippokrates
und von arabischen und jüdischen Ärzten; den Übersetzungen dieser Werke ins Lateinische war die Wiederbelebung der Medizin im
12. und 13. Jahrhundert hauptsächlich zu verdanken. Von den arabischen und hebräischen Schriften waren die bedeutendsten Avicennas
enzyklopädischer *Kanon der Medizin*, Isaak Israelis klassisches Werk

über Fieber und Rhazes' Abhandlungen, in denen Beschreibungen von Krankheiten wie Blattern und Masern zu finden waren. Albukasis, ein spanischer Araber des 10. Jahrhunderts, verfaßte das für die Frühzeit wichtigste Lehrbuch der Chirurgie; Schriften von Hunain ibn Ishaq (9. Jahrhundert) und Haly Abbas waren die Hauptquellen, durch welche die arabische Ophthalmologie bekannt wurde. Andere bedeutende Werke waren die des Byzantiners Theophilos (7. Jahrhundert) über den Puls und den Urin, deren Untersuchung im Mittelalter die gebräuchlichste diagnostische Methode war, und Dioskurides' *De Materia Medica.*

Die ärztliche Behandlung – soweit sie sich nicht einfach auf die hippokratische Methode beschränkte, den Patienten im Bett und der Natur ihren Lauf zu lassen – bestand im Mittelalter im wesentlichen in der Anwendung von Heilkräutern. In der griechischen Medizin stand hinter der Verordnung von Kräutern die physiologische Theorie, daß Krankheit auf gestörtem Gleichgewicht der vier Säfte beruhe, so daß »kühlende« Arzneien verabreicht wurden, um übermäßiger Hitze im Patienten entgegenzuwirken, «trocknende» Arzneien, um übermäßige Feuchtigkeit zu bekämpfen usw. (Abb. 13). Die Vorstellungen, die man sich auf Grund dieser Theorie von den Wirkungen der Arzneimittel machte, waren zuweilen wunderlich, aber seit der Zeit der Ägypter hatten die Ärzte in der Alten Welt ein großes empirisches Wissen erworben. Sie kannten die Wirkungen einer beträchtlichen Anzahl von Heilpflanzen, wie Minze, Anis, Fenchel, Rizinusöl, Meerzwiebel, Mohn, Bilsenkraut, Mandragora, und auch ein paar mineralische Arzneimittel, z. B. Alaun, Salpeter, Blutstein und Kupfervitriol. Ein gebräuchliches Räuchermittel war das Verbrennen von Horn mit Dünger zur Ammoniakbildung. Zu den Heilpflanzen, die den Griechen bekannt waren, kamen durch die Araber noch einige aus Indien hinzu: Hanf, Sennesblätter und Stechapfel, und mineralische Drogen, wie Kampfer, Naphtha, Borax, Antimon, Arsen, Schwefel und Quecksilber. Die abendländischen Ärzte fügten noch weitere Mittel hinzu. Schon im 12. Jahrhundert empfahl das sogenannte *Antidotarium Nicolai,* ein vor 1150 in Salerno verfaßtes Werk über Arzneimittel, den Gebrauch von *spongia soporifera* zur Anästhesie; Michael Scotus, der in Salerno studierte, gab als Rezept an: Opium, Mandragora und Bilsenkraut zu gleichen Teilen zerstoßen und mit Wasser gemischt. »Wenn man bei einem Menschen etwas sägen oder schneiden will, tauche man einen Lappen in diese Mischung und halte ihn an seine Nasenlöcher.« Moderne Experimente lassen vermuten, daß dies kein sehr wirksames Betäubungsmittel gewesen sein kann, und so wurden im Laufe des Mittelalters verschiedene Versuche gemacht, die Anästhesie zu verbessern, unter anderem im 16. Jahrhundert auch durch Alkoholdämpfe. Die Herstellung von Heilpflanzenauszügen mit Alkohol, die man heute Tinkturen nennt, wurde von Arnald von Villanova (um 1235–1311) entdeckt. Mineralien wie Arsenik, Antimon und Quecksilbersalze wurden von den Bologneser Ärzten Hugo († 1252–58) und Theoderich Borgognoni (1205–98) und auch von Arnald von Villanova und anderen regelmäßig in Arzneimitteln verwendet. Quecksilbersalben wurden zur Heilung verschiedener Hautkrankheiten sehr häufig verordnet; man hat auch damals schon den Speichelfluß beobachtet, den sie hervorriefen.

Ein Gebiet der Medizin, auf dem der Empirismus der mittelalterlichen Forschung sich als besonders fruchtbar erwies, war die Beobachtung der Wirkungsweise verschiedener Krankheiten. Eine große Anzahl von Krankheiten war von griechischen und arabischen Ärzten erkannt und beschrieben worden; diesen Kenntnissen wurden neue hinzugefügt, besonders durch die Aufzeichnung der *consilia* oder Krankengeschichten, die seit der Zeit des Taddeo Alderotti von Bologna (13. Jahrhundert) üblich wurde. Dieses Verfahren, *consilia* zu schreiben, war ein Teil des allgemeinen Strebens nach Genauigkeit bei der Vorlage von Beweismaterial, in der Theologie ebenso wie in den profanen Wissenschaften. Manchmal führte es zu einer Überbetonung der logischen Form auf Kosten der Beobachtung, wenn z. B. auf Grund von Berichten über Patienten, die der Arzt gar nicht gesehen hatte, *consilia* verfaßt und ärztliche Ratschläge erteilt wurden. Doch richtig angewandt und auf individuellen Krankengeschichten basierend, wie das bei Ärzten wie Alderotti und Arnald von Villanova im 13., Bernard von Gordon und Gentile da Foligno im 14. und Ugo Benzi im 15. Jahrhundert der Fall war, führte dieser Brauch zu ausgezeichneten Beschreibungen der Symptome und des Verlaufs von Krankheiten, wie der Beulen- und Lungenpest, der Diphtherie, des Aussatzes, der Schwindsucht, Tollwut, Zuckerkrankheit, Gicht, des Krebses, der Epilepsie, einer als *scabies grossa* oder *scabies variola* bekannten Hautkrankheit, die einige Historiker mit der Syphilis identifizieren, von Steinleiden und zahlreichen chirurgischen Fällen. Viele dieser *consilia* wurden im späten 15. und 16. Jahrhundert gedruckt. Die modernen Krankenberichte gehen auf sie zurück.

Die Grenzen, die den mittelalterlichen Ärzten gesteckt waren, bestanden nicht darin, daß sie die Krankheiten nicht erkennen konnten, sondern vor allem darin, daß sie sie oft nicht zu heilen vermochten. Sie wußten sehr wenig von der normalen und der pathologischen Physiologie oder von den Ursachen der meisten Krankheiten; manchmal wurden sie außerdem noch durch die aus der aristotelischen Philosophie stammende Gewohnheit irregeführt, jedes einzelne Symptom und sogar Wunden als Manifestationen einer besonderen »spezifischen Form« zu betrachten.

Eine gute Vorstellung von dem Stand des ärztlichen Wissens im 14. Jahrhundert kann man aus den zur Zeit des Schwarzen Todes von Ärzten geschriebenen Traktaten gewinnen. Diese Pest scheint um 1332 in Indien, wo ein arabischer Arzt sie beschrieben hat, ausgebrochen zu sein und sich nach Westen ausgebreitet zu haben. 1347 erreichte sie Konstantinopel, Neapel und Genua; 1348 war sie am Mittelmeer, 1349 im Norden und 1352 in Rußland auf ihrem Höhepunkt. Dann erlosch sie allmählich, aber kleinere Epidemien kehrten im Westen bis zum Ende des 14. Jahrhunderts in geringen Zeitabständen immer wieder und, wenn auch seltener, noch in den folgenden drei Jahrhunderten. Mehr als zwanzig Abhandlungen, die in den Jahren des Schwarzen Todes an verschiedenen Orten geschrieben wurden, zeigen die für die spätmittelalterliche Medizin überhaupt charakteristischen Merkmale: ein methodisches Eingehen auf die Probleme der Symptome, des Verlaufs, der Ursachen, der Ansteckung, der Vorbeugung und der Kur, eine Kombination also von tiefsinnigen Spekulationen, ausgehend von Ursachen, die im 20. Jahrhundert nicht mehr anerkannt werden, mit einigen sehr vernünftigen Gedanken über wirksame praktische Maßnahmen. Daß die Epidemie aus dem Osten kam, wurde allgemein erkannt; einige von den Traktaten enthalten eine vollständige Beschreibung der Symptome, z. B. die 1348 von Gentile da Foligno auf Ersuchen der Universität Perugia verfaßte Abhandlung und die 1360 von Guy de Chauliac, einem hervorragenden Vertreter der Schulen von Montpellier und Bologna und päpstlichen Leibarzt in Avignon, geschriebene *Chirurgia Magna*. Zu den Symptomen gehörten Fieber, Schmerzen in der Seite oder in der Brust, Husten, Atemnot und stark beschleunigter Puls, Bluterbrechen und das Erscheinen von Drüsenschwellungen in der Leistengegend, der Achselhöhle oder hinter den Ohren. Man unterschied Beulen- und Lungenpest. Einige Abhandlungen gaben als Frühsymptome an: Blässe und Ausdruck der Beklemmung, bitterer Geschmack im Munde, Dunklerwerden einer rötlichen Gesichtsfarbe und Prickeln der Haut über beginnenden Geschwüren, die beim Husten heftige Schmerzen verursachten.

Zu den natürlichen Ursachen der Seuche wurden die sorgfältig beobachteten astrologischen Einflüsse gerechnet, und es wurden Versuche gemacht, zukünftige Pestzeiten auf Grund von Planetenkonjunktionen vorauszusagen. Man nahm an, daß von diesen entfernten Ursachen Wirkungen auf näherliegende Ursachen ausgingen und insbesondere eine Verderbnis der Luft hervorgerufen wurde; aber auch andere Ursachen für diese Verderbnis wurden angeführt, z. B. Ausdünstungen bei dem Erdbeben von 1347 und das der Jahreszeit nicht entsprechende sehr feuchte Wetter. Wetterzeichen wie astrologische Zeichen wurden beobachtet als Hinweise auf einen Ausbruch der Pest; einige Autoren betonten allerdings, daß zwischen beiden und den Seuchen keine eindeutige Korrelation bestehe.

In bezug auf die Vorbeugung herrschte beträchtliche Unsicherheit. Die meisten Ärzte rieten zur Flucht als der einzigen zuverlässigen Vorsichtsmaßregel und, wenn diese unmöglich war, zu irgendeinem Schutz gegen verdorbene Luft, z. B. Meiden feuchter Orte, Verbrennen aromatischen Holzes im Hause, Unterlassen heftiger Anstrengung, die Luft in den Körper ziehe, und zu heißen Bädern, welche die Hautporen öffneten. Da man glaubte, daß die schlechten Dünste dadurch Pest verursachten, daß sie im Körper wie ein Gift wirkten, nahm man zur Vorbeugung verschiedene Gegengifte, wie Theriak, Mithridat oder pulverisierten Smaragd ein. Auch zum Aderlaß wurde geraten, um die natürliche Körperwärme herabzusetzen. Die üblichen Behandlungsmethoden waren: Aderlaß, um das Gift aus dem Körper zu schaffen, Verabreichung von Abführmitteln, Aufschneiden oder Ausbrennen der Beulen oder Auflegen eines starken Zugpflasters. Man war auch darauf bedacht, das Herz zu stärken.

Obwohl die Ärzte, die dem Schwarzen Tod entgegentreten mußten, in vieler Hinsicht für ihre Aufgabe dürftig ausgerüstet waren, kamen sie durch ihre Erfahrungen doch zu ernsthaftem Nachdenken über Probleme, die nie zuvor erörtert worden waren. Johannes von Burgund hat das an einer Stelle seiner um 1365 geschriebenen *Abhandlung über die epidemische Krankheit*, die A. M. Campbell in ihrem *Der Schwarze Tod und die Gelehrten* übersetzt hat, ausgesprochen:

»Überall in der Welt haben die heutigen Magister mehr Erfahrung mit Pestseuchen als alle Doktoren der Heilkunst und die Autoritäten von Hippokrates an, wie viele ihrer auch sein mögen. Denn ... keiner von ihnen hat eine so allgemein verbreitete oder anhaltende Epidemie gesehen, noch haben sie ihre Bemühungen durch lange Erfahrung erprobt, sondern was die meisten von ihnen über Seuchen sagen, das haben sie aus den Aussprüchen des Hippokrates bezogen. Deshalb haben die Magister unserer Zeit größere Erfahrung in diesen Krankheiten als alle, die uns vorangegangen sind, und es wird mit Recht gesagt, daß aus der Erfahrung Wissen kommt.«

Die folgenreichsten neuen Ideen der den Schwarzen Tod bekämpfenden Ärzte beziehen sich auf die Art der Übertragung der Seuche durch Ansteckung. Davon scheinen die Griechen kaum eine Vorstellung gehabt zu haben, da sie alle Seuchen auf eine einzige allgemeine Ursache, das *Miasma*, zurückführten. Im Mittelalter kam man zuerst im Zusammenhang mit dem Aussatz auf den Gedanken, daß spezifische Krankheiten durch Infektion oder Ansteckung erworben werden könnten; im 13. Jahrhundert nahm man dies auch schon von anderen Krankheiten an, wie Rose, Pocken, Grippe, Diphtherie und Typhus. Eine epidemische Tanzsucht, der Veitstanz, die sich im späten 14. und im 15. Jahrhundert über die germanischen Länder verbreitete, wurde auch als ansteckend erkannt. Die Absonderung der Aussätzigen ging auf das in der Bibel beschriebene Ritual der Isolierung zurück und war bei den Christen mindestens seit dem 5. Jahrhundert üblich. Im 12. Jahrhundert war die Lepra immer noch eine ernstliche Bedrohung; sie scheint damals etwas zugenommen zu haben, und in Frankreich soll auf je zweihundert Menschen ein Aussätziger gekommen sein. Aber seit dem Ende des 13. Jahrhunderts begann der Aussatz seltener zu werden. Die Ärzte lernten die Symptome genauer kennen; um die Mitte des 13. Jahrhunderts beschrieb Gilbert der Engländer die lokale Empfindungslosigkeit der Haut, eines der besten diagnostischen Symptome, und ein Jahr-

hundert später lenkte Guy de Chauliac die Aufmerksamkeit auf die
übermäßige Fettigkeit der Haut. Die Methoden der Diagnostik und
Isolierung waren so erfolgreich, daß im 16. Jahrhundert Europa fast
vollständig frei von Aussatz war und ähnliche Vorbeugungsmaß-
nahmen gegen andere ansteckende Krankheiten getroffen wurden.

Von den während des Schwarzen Todes geschriebenen Abhandlungen enthielten zwei, deren Verfasser spanische Araber waren, die
bemerkenswertesten Feststellungen über die Ansteckung. Ibn Kha-
tima von Almeria wies darauf hin, daß Leute, die mit einem Pest-
kranken in Berührung kamen, sich leicht dieselben Symptome zu-
zögen wie der Erkrankte; Ibn al-Khatib von Granada sagte, Ansteckung könne durch Kleider und Haushaltsgegenstände, durch
Schiffe, die aus einem verseuchten Ort kämen, und durch Menschen,
die, obwohl selber immun, die Krankheit weitertrügen, erfolgen.
Kaum weniger bemerkenswert ist das etwas frühere *Consilium* über
die Pest von Gentile da Foligno, der die Ausdrücke »Krankheits-
samen *(semina)*« (auch in Werken von Galen und Haly Abbas zu
finden) für das, was man heute »Keime« nennen würde, und *reliquae*
für die von Patienten hinterlassene Ansteckung benutzte. Manche
der von den den Schwarzen Tod bekämpfenden Ärzten angeführten
Ansteckungswege muten im 20. Jahrhundert seltsam an, z. B. wenn
auf Grund der optischen Theorie der »Multiplikation der Species«
angenommen wurde, daß die Pest durch einen Blick aus den Augen
des Patienten übertragen werden könne: Wenn der Kranke in
Agonie lag, wurde die giftige »Species« vom Gehirn durch die hohlen Sehnerven ausgestoßen. Aber lange bevor die Theorie der Krank-
heitskeime richtig verstanden war, hatten die Ärzte genug über Ansteckung gelernt, um den Regierungen Ratschläge über die zu er-
greifenden Vorsichtsmaßnahmen geben zu können.

Die erste staatliche Gesundheitskommission wurde 1343 in Venedig organisiert; 1348 erließen Lucca, Florenz, Perugia, Pistoia und
andere Städte Gesetze, um zu verhindern, daß infizierte Menschen
oder Waren in die Stadt kämen. Die ersten systematischen Bemühungen, Pestkranke zu isolieren, sind die Vorschriften, die um diese
Zeit in Ragusa in Dalmatien, in Avignon und Mailand erlassen
wurden. Ragusa erließ 1377 ein Gesetz, das eine dreißigtägige Isolierung *(trentina* genannt) aller Reisenden aus infizierten Gegenden
anordnete, Marseille verlängerte 1383 diese Periode auf 40 Tage für

Schiffe, die den Hafen anliefen, womit die *Quarantäne* entstand. Venedig eröffnete ein Quarantänehospital und erließ Vorschriften über die Lüftung infizierter Häuser, das Waschen und Sonnen des Bettzeugs, die Untersuchung der Haustiere und andere hygienische Maßnahmen. Die Militärhygiene hatte seit den frühen Kreuzzügen, als die Unkenntnis elementarer sanitärer Maßnahmen schwere Verluste zur Folge gehabt hatte, Beachtung gefunden; im 13. Jahrhundert erschienen mehrere Werke über Vorsichtsmaßregeln für Soldaten oder große Pilgerscharen. Die bedeutendsten waren eine von Adam von Cremona für Kaiser Friedrich II. verfaßte Schrift, eine kurze Abhandlung über Militärhygiene von Arnald von Villanova und das *Régime du Corps* von Aldobrandino von Siena. Mit den venetianischen Vorschriften begann die Sorge der Stadtobrigkeiten für das öffentliche Gesundheitswesen.

Bedeutende Fortschritte wurden im Mittelalter auf einem Spezialgebiet der Medizin, in der Augenheilkunde, erzielt. Staroperationen waren seit dem klassischen Altertum bekannt, und die Araber waren sehr geschickt in der Behandlung von Augenleiden. Sie verwendeten Zinksalben und führten schwierige Operationen aus, z. B. die Entfernung einer getrübten Linse. Das am meisten benutzte arabische Werk über Ophthalmologie wurde von einem Juden des 12. Jahrhunderts, Benvenutus Grassus, geschrieben und geht auf orientalische Quellen zurück. Im 13. Jahrhundert gab Petrus Hispanus eine sehr detaillierte Beschreibung verschiedener Zustände des grauen Stars und einen Bericht über die Operation mit Goldnadeln.

Die größte medizinische Leistung des Abendlandes war die Erfindung der Brille. Daß Schwachsichtigkeit und besonders die Behinderung beim Lesen am Abend als ernsthaftes Leiden empfunden wurde, bezeugen die vielen Salben und Augenwasser, die für diese Beschwerden verordnet wurden. Doch wenn auch sowohl bei den Christen als auch im Islam seit Jahrhunderten Linsen bekannt waren, sind erst Ende des 13. Jahrhunderts Brillen mit konvexen Linsen bezeugt, die zur Kompensierung der Weitsichtigkeit benutzt wurden. Roger Bacon hatte sie 1266–67 in seinem *Opus Majus* vorgeschlagen. Die Erfindung der eigentlichen Brille ist der Überlieferung nach mit den Namen zweier norditalienischer Dominikanermönche verbunden; aber wahrscheinlicher ist, daß die erste Brille bald nach 1286 von einem Unbekannten erfunden wurde und daß ein Mönch, Alessandro della Spina, der zusah, wie sie hergestellt wurde und selber eine konstruierte, von der Erfindung berichtete. Die Herstellung von Brillen stand schon früh in Verbindung mit der venetianischen Glas- und Kristallindustrie, und manchmal wurden die Brillen tatsächlich aus Kristall oder *Beryll* gemacht. Soviel bekannt ist, kommt ein Ausdruck für »Brille« zum erstenmal vor in einem Nachtrag zu Satzungen der venetianischen Kristallarbeiterzunft aus dem Jahre 1300, wo von *roidi da ogli* (»Scheiben für die Augen«) die Rede ist; im folgenden Jahr wird die Anfertigung von *vitreos ab oculis ad legendum* (»Gläser für die Augen zum Lesen«) erwähnt. 1300 findet man den Ausdruck *lapidos ad legendum*, der wohl Vergrößerungsgläser meint. Etwas später gibt es auch in anderen italienischen Dokumenten Hinweise auf Brillen; z. B. hinterließ 1322 ein florentinischer Bischof (zitiert von E. Rosen in einem Aufsatz im *Journal of the History of Medicine* 1956, Band 11, S. 204) »eine in vergoldetes Silber gefaßte Brille«. Früher hat man auch eine Angabe Bernards von Gordon aus dem Jahre 1303 auf Brillen bezogen, aber das erste absolut sichere medizinische Zeugnis datiert viel später: 1363 verschrieb Guy de Chauliac eine Brille als Mittel gegen schlechtes Sehen, nachdem Salben und Augenwasser ohne Erfolg angewendet worden waren. Um diese Zeit war die Brille sogar schon etwas ziemlich Alltägliches geworden, zum Beispiel schrieb Petrarca (1304–74) in seinen autobiographischen *Briefen an die Nachwelt:* »Lange Zeit hatte ich eine sehr scharfe Sehkraft, die, entgegen meinen Hoffnungen, mich verließ, als ich die Sechzig überschritten hatte, so daß ich zu meinem Verdruß mich mit einer Brille behelfen mußte.« Diese frühen Brillen hatten anscheinend alle konvexe Linsen; erst im 16. Jahrhundert sind, soweit uns bekannt ist, konkave Linsen bei Kurzsichtigkeit verwendet worden. Aus dem Abendland gelangte die Brille zu den Arabern und nach China.

Die Chirurgie begann ihren Aufstieg mit Roger von Salernos *Practica Chirurgia* (Ende des 12. Jahrhunderts). Roger scheint mehr von byzantinischen Ärzten, z. B. Aëtius und Alexander von Tralles (6. Jahrhundert) und Paul von Ägina (7. Jahrhundert) beeinflußt gewesen zu sein als von den Arabern. Er muß eine scharfe Beobachtungsgabe und solide praktische Erfahrung gehabt haben. So verstand er es, schlecht geheilte Knochen zu brechen und wieder richtig zusammenzufügen, er behandelte Blutungen mit blutstillenden Mitteln und

durch Abbinden, hatte eine zweckmäßige Methode, Verbände anzu-
legen, und beschrieb eine bemerkenswerte Technik der Bruchoperation. Sein Schüler Roland von Parma (frühes 13. Jahrhundert) bewies besondere Geschicklichkeit bei Kopfverletzungen und beschrieb
die Trepanation und die Elevation von Impressionsfrakturen. Er
erkannte auch die Notwendigkeit, seine Hände sauber und den Patienten warm zu halten. Diese Chirurgen arbeiteten überwiegend
als »Wundärzte«; in der Wundbehandlung folgten sie Galens Ratschlägen und förderten die Eiterung durch Verwendung fettiger
Salben.

Gegen diese Wundbehandlung wandten sich im 13. Jahrhundert
die norditalienischen Chirurgen Hugo und Theoderich Borgognoni
und im frühen 14. Jahrhundert der Franzose Henri von Mondeville, die alle in Bologna studiert hatten. Sie sagten, es sei nicht nur
unnötig, sondern auch schädlich, Eiter hervorzurufen; man solle die
Wunde einfach mit Wein reinigen, ihre Ränder durch Stiche zusammenhalten und sie dann der Natur zur Heilung überlassen. Ein
anderer italienischer Chirurg des 13. Jahrhunderts, Bruno von Longoburgo, forderte ebenfalls das Trocken- und Sauberhalten von
Wunden und sprach von Heilung *per primam et secundam inten-
tionem*. Weitere Fortschritte sind wiederum einem Italiener, Lanfranchi, zu verdanken, der in seiner *Chirurgia Magna* (1296) sagte,
daß durchschnittene Nerven zusammengenäht werden müßten, und
dem Flamen Jan Yperman († um 1330), der wie Mondeville ein
Militärchirurg war, viele verschiedene Fälle aus eigener Erfahrung
beschrieb und die Wichtigkeit von Betäubungsmitteln hervorhob.
Mondeville selbst erfand ein Instrument, mit dem er Pfeile und
Eisenstücke durch einen Magneten aus dem Fleisch zog. Solcherlei
Fortschritte machte die Chirurgie das ganze 14. und 15. Jahrhundert
hindurch; leider gab Mitte des 14. Jahrhunderts Guy de Chauliac
die antiseptische Wundbehandlung auf, und unter dem Einfluß seiner
Schriften kehrten die Chirurgen zu den Salben Galens und den von
ihm empfohlenen Eiterungen zurück.

Obwohl die Chirurgie im Mittelalter sich vorwiegend mit Wunden und Knochenbrüchen befaßte, erkannte man doch, daß auch gewisse andere Leiden chirurgische Behandlung erforderten, und brachte
es in einigen Operationen zu beachtlicher Geschicklichkeit. Die Stein-
operationen und der Kaiserschnitt waren seit dem klassischen Alter-

tum bekannt, die Araber hatten chirurgische Spezialinstrumente: Skalpelle, Nadeln und Faden, Sägen, Ohrenspritzen, Hebel und Zangen aller Art entwickelt. Schon um die Mitte des 13. Jahrhunderts erkannte Gilbert der Engländer, der 1250 Rektor der Universität Montpellier war, die Wichtigkeit der chirurgischen Behandlung bei Krebs; gegen Ende des 13. Jahrhunderts beschrieb der italienische Chirurg Wilhelm von Saliceto die Behandlung des Wasserkopfes bei Kindern. Mit einem Brenneisen wurde ein kleines Loch in den Kopf gebrannt, durch das die Flüssigkeit ablaufen konnte. Im frühen 14. Jahrhundert beschrieb Mondeville die Heilung von Darmwunden durch die antiseptische Methode und wies nachdrücklich auf die Notwendigkeit hin, bei Amputationen die Arterien zu unterbinden. Mondino gab ausgezeichnete Beschreibungen der Bruchoperation, sowohl mit als ohne Kastration; doch wie schwierig diese Operation war, ist daraus zu ersehen, daß Bernard von Gordon das Bruchband vorzog, das er als erster in der neueren Zeit beschrieben hat. Gentile da Foligno bemerkte, daß es kein antikes Werk über den Leistenbruch gebe, daß also Ärzte und Chirurgen sich auf ihre eigene Erfahrung verlassen müßten. Auch Guy de Chauliac zeigt in seiner *Chirurgia Magna* von 1360, daß er ein geschickter Chirurg und guter Beobachter gewesen sein muß; diese Abhandlung blieb ein maßgebendes Lehrbuch bis zur Zeit Ambroise Parés im 16. Jahrhundert. Er benutzte die *spongia soporifera* und war besonders geschickt in der Behandlung von Eingeweide- und Knochenbrüchen. Bei Schädelbrüchen beobachtete er den Austritt von Zerebrospinalflüssigkeit und die Wirkung des Drucks auf die Atmung, auch streckte er gebrochene Gliedmaßen mit Rollen und Gewichten. Einer seiner Zeitgenossen, der englische Chirurg John Arderne (1307-77), der den Schwarzen Tod in England beschrieben hat, berichtete über eine neue Spritze und andere Instrumente, die bei der Behandlung von Fisteln benutzt wurden; sein Landsmann John Mirfeld († 1407) beschrieb einen »tornellus« zum Einrenken bestimmter Knochenverschiebungen. Im 15. Jahrhundert führten die Brancas in Italien plastische Operationen zur Wiederherstellung von Nasen, Lippen und Ohren durch, die auf den römischen Arzt Celsus zurückgehen. Bei Nasenplastiken nahm man mit einer Schlinge Haut vom Oberarm, und das eine Ende des Hautlappens blieb so lange am Arm befestigt, bis die überpflanzte Haut auf der Nase angewachsen war. Auch der deutsche

Militärchirurg Heinrich von Pfolspeundt, der 1460 Schußwunden durch Feuerwaffen beschrieb, wandte die plastische Chirurgie an; ein anderer deutscher Militärchirurg, Hans von Gersdorff, schilderte 1517 einige kunstvolle mechanische Apparate zur Behandlung von Knochenbrüchen und Verrenkungen.

Fortschritte wurden im Mittelalter auch auf dem Gebiet der Zahnheilkunde erzielt. Die byzantinischen und arabischen Ärzte hatten die Karies erkannt, schadhafte Zähne behandelt, gefüllt und Extraktionen gemacht. Der englische Chirurg John von Gaddesden († 1361) beschrieb ein neues Instrument zum Zahnziehen. Guy de Chauliac verordnete Pulver aus Schulp und anderen Substanzen zum Zähneputzen und beschrieb Zahnersatz aus Stücken von Ochsenknochen oder menschlichen Zähnen, die mit Golddraht an den gesunden Zähnen befestigt wurden. Spätere mittelalterliche Autoren schilderten die Entfernung der verfaulten Teile mit einem Bohrer oder einer Feile und das Füllen des Loches mit Blattgold.

Im späten Mittelalter führten die Anforderungen der praktischen Chirurgie zur Intensivierung des Anatomiestudiums; vom 12. Jahrhundert an waren alle großen Chirurgen sich klar darüber, daß gute Chirurgie, gute Medizin überhaupt, unmöglich ist ohne anatomische Kenntnisse (s. S. 164–168). Viele Jahre lang hatte die Kirche den Geistlichen verboten, Blut zu vergießen, und damit auch die Ausübung der Chirurgie unmöglich gemacht; aus diesem Grunde war die Chirurgie an mittelalterlichen Universitäten niemals wie die allgemeine Medizin als Studienfach anerkannt. Das bedeutete, daß der Medizinstudent des Mittelalters zwar einigen theoretischen Unterricht in der Anatomie erhielt, aber wenn er wirklich anatomische und chirurgische Kenntnisse erwerben wollte, mußte er, wie Mondeville riet, bei einem praktizierenden Chirurgen arbeiten. Diese Verbannung der Chirurgie von den Universitäten, insbesondere von den französischen und englischen, hatte zur Folge, daß die Chirurgie bisweilen als bloßes Handwerk herumziehenden Badern überlassen wurde, die Stein-, Bruch- und Staroperationen ausführten und außer ihrer Lehrzeit bei einem Bader keinerlei Ausbildung besaßen. Nur in Italien fand die Chirurgie an den Universitäten Aufnahme; besonders in Bologna wurden *Post-mortem-Untersuchungen* durchgeführt, um die Todesursache festzustellen, und während der Pestzeit, um etwas über das Wirken dieser Krankheit herauszufinden. Im 15. Jahrhundert waren die meisten guten Chirurgen Italiener; in Italien begann auch gegen Ende dieses Jahrhunderts der rasche Fortschritt des Anatomiestudiums (s. S. 499 ff.).

Eine nicht nur für die Krankenpflege, sondern auch für den Erwerb von Kenntnissen aus der Beobachtung medizinischer und chirurgischer Fälle sehr hilfreiche Einrichtung war das Hospital. Im Altertum hatten die griechischen Ärzte die Patienten in ihren Häusern behandelt; es hatte Äskulaptempel gegeben, wo sich die Kranken versammelten, um Heilung zu finden, die Römer hatten Militärkrankenhäuser gebaut, und die Juden hatten den bedürftigen Kranken besondere Häuser zur Verfügung gestellt. Die Gründung einer großen Zahl von caritativen Hospitälern, wo Arme unterstützt und Kranke behandelt wurden, war eine Leistung der christlichen Kultur. Kaiser Konstantin soll das erste Hospital dieser Art gestiftet haben. Sie wurden in Byzanz sehr zahlreich; ein im 11. Jahrhundert gegründetes Hospital hatte z. B. insgesamt 50 Betten in getrennten Abteilungen für verschiedene Krankheiten, mit 2 Ärzten und anderem Pflegepersonal für jede Abteilung. Diese byzantinischen Hospitäler wurden von den Arabern nachgeahmt, die schon im 10. Jahrhundert in Bagdad ein Krankenhaus mit 24 Ärzten hatten. Im 13. Jahrhundert gab es in Kairo ein Krankenhaus mit vier Flügeln, je einem für Patienten, die an Fieber, Augenkrankheiten, Wunden und Diarrhöe litten, und einer gesonderten Frauenabteilung. Jede Abteilung hatte ihre eigenen Einrichtungen zur Bereitung von Medizinen und fließendes Wasser aus einem Springbrunnen.

Im Abendland hatten die meisten Klöster Infirmarien und Asyle; von speziellen Hospitaliterorden, wie den Johannitern von Jerusalem und den Brüdern vom Heiligen Geist, wurden Hospitäler gegründet. Viele davon waren Leprahäuser, und die Hospitalgründungen erfuhren einen mächtigen Auftrieb durch die Kreuzzüge, die wohl dazu beigetragen haben, die Lepra zu verbreiten. Als 1123 das St.-Bartholomäus-Hospital in London gegründet wurde, gab es bereits 18 Hospitäler in England. 1215, im Gründungsjahr des St.-Thomas-Hospitals, waren es schon etwa 170. Im 13. Jahrhundert entstanden 240 weitere Hospitäler, im 14. Jahrhundert 248 und im 15. Jahrhundert 91. In anderen Ländern war es ähnlich. 1145 gründeten die Brüder vom Heiligen Geist ein Hospital in Montpellier, das berühmt geworden ist; vom frühen 13. Jahrhundert an wurden auf

Anregung von Papst Innozenz III. in fast jeder Stadt des christlichen Abendlandes Heilig-Geist-Hospitäler gegründet. 1225 machte Ludwig VIII. von Frankreich eine Stiftung von 100 Sous für jedes der 2000 Leprahäuser in seinem Reich. Die Hospitäler des 13. Jahrhunderts waren gewöhnlich einstöckig und hatten geräumige Abteilungen mit Fliesenböden, großen Fenstern, Betten in abgeteilten Kabinen, reichlicher Wasserversorgung und Kanalisationseinrichtungen. Die frühesten Hospitäler waren mehr für die bloße Pflege der Kranken und Schwachen eingerichtet als für die Heilbehandlung, aber in den späteren Hospitälern wurden verschiedene Krankheiten isoliert und eine spezialisierte Therapie eingeführt.

Bemerkenswert ist, daß man in einigen mittelalterlichen Hospitälern immerhin versuchte, Geisteskranke zu verstehen und zu pflegen und psychische Störungen zu behandeln. Schon im 7. Jahrhundert hatte Paulus von Ägina ziemlich ausführlich die Ursachen und die Behandlung der »Melancholia« und »Mania« erörtert. 1203 wurden *furiosi frenetici* in einem der Kathedrale von Le Mans angeschlossenen Hospital aufgenommen. Später spezialisierten sich bestimmte Hospitäler auf Geisteskrankheiten, so das Royal Bethlehem oder Bedlam in London (Ende des 13. Jahrhunderts). Geistesstörungen führte man auf drei mögliche Ursachen zurück: physische, z. B. bei Tollwut und Alkoholismus, geistige, z. B. bei Melancholie und Aphasie, und geistliche, z. B. bei Besessenheit von Dämonen. Dementsprechend gab es auch drei Arten der Behandlung, zu der im günstigsten Falle auch der Versuch gehörte, dem Patienten die Ursache seines Leidens zum Bewußtsein zu bringen. Aber man sollte sich von der Wirksamkeit der mittelalterlichen Psychiatrie keine übertriebenen Vorstellungen machen, und ohne Zweifel gab es nur allzuoft dem Geisteskranken gegenüber bare Verständnislosigkeit im Verein mit Brutalität und frommer Verzweiflung. Noch 1671 erzählt uns René Bary in seinem Lehrbuch *La physique divisée en trois tomes*, daß bei Vollmond die Störungen der Geisteskranken am schlimmsten sind, daß die Engländer am 14. Tage des Monats die Irren in der Nazareth-Kirche in London schlagen, und daß »die Mathuriner der Beausse« dasselbe tun und die Irren auch nackt ausziehen, sie kneifen und sie Gott empfehlen. Zweifellos war auch der Arzt des Mittelalters nur zu häufig genau so weit entfernt von der Einfühlung und wissenschaftlichen Analyse, mit der Thomas Sydenham, ein

Zeitgenosse Barys und ein Pionier der modernen Psychiatrie, Fälle von Geisteserkrankungen behandelte.

Im ganzen genommen ist die mittelalterliche Medizin eine bemerkenswerte Leistung jenes empirischen Geistes, den man im Mittelalter überall im christlichen Abendland am Werke sieht. Das medizinische Wissen und Handeln gab wie die anderen damals eingeführten Techniken und Verfahren dem abendländischen Menschen eine Macht, die Natur zu beherrschen und seine eigenen Lebensbedingungen zu verbessern, wie man sie nie zuvor besessen hatte. Hinter dieser Erfindertätigkeit stand ohne Zweifel die physische und wirtschaftliche Notwendigkeit, doch, wie Lynn White 1940 in einem Artikel im *Speculum* hervorgehoben hat: »Diese ›Notwendigkeit‹ besteht an sich für jede Gesellschaft, aber nur im Okzident hat sie die Menschen so erfinderisch gemacht.« Notwendigkeit kann nur dann zum Antrieb werden, wenn sie erkannt ist, und unter den Ursachen dafür, daß Europa sie erkannte, ist eine der wichtigsten die Tradition der Tatbereitschaft in der abendländischen Theologie. Dadurch, daß diese Theologie den unendlichen Wert und die Verantwortlichkeit jedes einzelnen Menschen betonte, erhob sie die Sorge für jede unsterbliche Seele und, um der Seele willen, auch für die mildtätige Linderung körperlichen Leidens zum Verdienst; sie gab der Arbeit ihre Würde und dem Streben nach Neuerung seine Berechtigung. Der erfinderische Geist, der dadurch gefördert wurde, hat die praktische Geschicklichkeit und die geistige Beweglichkeit bei der Bewältigung technischer Probleme hervorgebracht, deren Erbe die moderne Naturwissenschaft ist.

Zweiter Teil

13.–17. JAHRHUNDERT

Methoden und Fortschritte
in der Naturwissenschaft des
späten Mittelalters

WISSENSCHAFTLICHE FORSCHUNGSMETHODEN
DER SPÄTEN SCHOLASTIKER

Die Ausweitung naturwissenschaftlicher Erkenntnisse und der Fortschritt der Technik im 13. und 14. Jahrhundert waren das Ergebnis angestrengter geistiger und praktischer Forschungsarbeit. Um die gleiche Zeit erwuchs aber aus dieser Arbeit auch die erste rein theoretische Kritik an Aristoteles, an seiner Theorie der Naturwissenschaft und seinen Fundamentalprinzipien. Diese Kritik führte später zum Umsturz des gesamten aristotelischen Systems der Physik. Sie entwickelte sich wesentlich aus dem eigentlich aristotelischen Denken selbst. So schreitet Aristoteles fast wie ein tragischer Held durch die Naturwissenschaften des Mittelalters. Von Grosseteste bis Galilei steht er im Mittelpunkt der Bühne, verführt die Geister durch die Magie seiner Anschauungen, wühlt ihre Leidenschaften auf, löst sie aus allen Bindungen. Am Ende aber, im gleichen Maße, in dem die wirklichen Konsequenzen seines Denkens offenbar werden, zwingt er sie, sich gegen ihn selbst zu wenden. Und aus den Tiefen seines eigenen Systems gibt er ihnen selber viele Waffen für diesen Kampf.

Bedeutsamer noch waren die Waffen neuer wissenschaftlicher Methoden, insbesondere die Anwendung von Induktion und Experiment, die Heranziehung der Mathematik zur Erklärung physikalischer Phänomene. Sie wandelten ganz allmählich die naturwissenschaftliche Fragestellung so um, daß tatsächlich Experiment und Mathematik eine Antwort zu geben vermochten. Von der Mitte des 16. Jahrhunderts an konnte diese neue Art der Fragestellung besonders auf dem Gebiet der Bewegungslehre wirksam werden. Gerade die aristotelische Auffassung von Raum und Bewegung erfuhr im späten Mittelalter die schärfste und radikalste Kritik. Daraus ergab sich, daß die Grundlagen seines ganzen naturwissenschaftlichen Systems (mit Ausnahme der Biologie) erschüttert wurden. So wurde der Weg frei für ein neues System, das mit Hilfe der experimentellen und mathematischen Methoden aufgebaut werden konnte. Mathematik und mathematische Physik erhielten im ausgehenden Mittelalter einen gewaltigen Auftrieb durch die Übersetzung einiger bis dahin unbekannter oder wenig bekannter griechischer Texte.

Wenn man wissenschaftliche Werke des Mittelalters liest, darf man nie vergessen, daß sie genau wie die Veröffentlichungen unserer Zeit innerhalb eines gegebenen Problemzusammenhanges und einer festgelegten Diskussionsweise verfaßt worden sind. Die akademische Auseinandersetzung mit Fragen der Naturwissenschaft, der Mathematik, der Logik, der Methode gehörte ursprünglich zum Studium der freien Künste; ein weiterer Kursus über besondere Gebiete der Naturwissenschaft war für Studenten der Medizin vorgesehen. Man diskutierte normalerweise in der Form des Kommentars, aus der sich im 14. Jahrhundert die Methode der Darlegung und Erörterung ganz bestimmter Probleme, der *quaestiones*, entwickelt hatte.

Den modernen Leser mag es verwirren, wenn ein Kommentar, eine Abhandlung die Diskussion von der Mitte des Problems her aufnimmt, wobei vorausgesetzt wird, daß der Hintergrund bekannt und die Art und Methode, eine Lösung vorzuschlagen, angemessen ist. Wissenschaftliche Schriften des Mittelalters sind durchaus nicht leicht verständlich und einfach zu lesen. Manche scheinen eigens dazu bestimmt, den Leser des 20. Jahrhunderts irrezuführen. Wir gehen mit Sicherheit fehl, wenn wir den Kommentar lediglich als Auslegung eines Textes von Aristoteles oder irgendeiner anderen »Autorität« auffassen. Er ist – und das gilt besonders für die *quaestiones* – das Mittel, mit dem Kritik geübt, Ergebnisse und Lösungen geboten werden. Ebenso falsch wäre es, die oft recht modern anmutenden Schlußfolgerungen in die Ausdrucksweise des 20. Jahrhunderts zu übertragen, ohne dabei den Zusammenhang mit den Voraussetzungen, aus denen sie entstanden sind, zu sehen und ohne die eigentlichen Fragen zu beachten, deren Antworten sie sein sollen. Vielleicht liegt das größte Hindernis eines historischen Verständnisses in der Tatsache, daß so manche Probleme der mittelalterlichen (und antiken) Wissenschaft sich mit ähnlichen Fragen der modernen Naturwissenschaft überschneiden.

Was im Verlauf des 12. Jahrhunderts immer stärker in das allgemeine Bewußtsein drang, war der Gedanke der rationalen Erklä rung in der Form des geometrischen Beweises, das heißt, die Vorstellung, daß eine Sache dann als bewiesen zu gelten habe, wenn sie von einem allgemeinen Prinzip abgeleitet werden könne; sie ermöglichte in der Folgezeit die rasche Erweiterung naturwissenschaftlicher Kenntnisse. Die wachsende Vertrautheit mit der aristotelischen Logik und der griechischen und der arabischen Mathematik hatte diese Entwicklung eingeleitet. Tatsächlich war ja die mathematische Beweisführung die große Entdeckung der Griechen gewesen; sie war die Grundlage ihrer beachtlichen Fortschritte nicht nur in der Mathematik und in einigen physikalischen Bereichen, wie Astronomie und geometrische Optik, sondern auch in der Biologie und in der Medizin. Wissenschaft wurde von ihnen begriffen als die Summe der möglichen Deduktionen aus unbeweisbaren Grundprinzipien.

Diese Auffassung findet sich im 12. Jahrhundert zunächst bei Logikern und Philosophen, die primär gar nicht um Naturwissenschaft bemüht waren; ihr Ziel war es vielmehr, die Grundbegriffe der *logica vetus*, der »frühen Logik« nach Boethius, später die der *Zweiten Analytik* des Aristoteles und verschiedener Werke von Galen herauszuarbeiten. Diese Logiker bedienten sich der – letzlich von Aristoteles stammenden – Unterscheidung zwischen der Erfahrungskenntnis einer Sache und dem rationalen Verstehen ihres Grundes, ihrer Ursache; womit sie die Erkenntnis eines zugrunde liegenden allgemeineren Prinzips meinten, aus dem sie die Sache ableiten konnten. So entwickelte sich diese bestimmte Form des Rationalismus als Teil einer allgemeinen intellektuellen Bewegung im 12. Jahrhundert. Nicht nur naturwissenschaftlich interessierte Schriftsteller, wie Adelard von Bath und Hugo von St. Viktor, sondern auch Theologen, wie Anselm, Richard von St. Viktor und Abaelard, versuchten nach dieser mathematisch-deduktiven Methode zu arbeiten. Für die Philosophen des 12. Jahrhunderts galt die Mathematik als Modell der rationalen Wissenschaft überhaupt, und da sie alle gute Schüler von Augustinus und Plato waren, hielten sie die Sinne für trügerisch und erwarteten Wahrheit allein vom Denken.

Dennoch dauerte es bis zum Beginn des 13. Jahrhunderts, bis die abendländische Mathematik ihres Rufes als Musterwissenschaft wirklich würdig war. Die praktische Mathematik, so wie sie im frühen Mittelalter in den Benediktinerklöstern betrieben und im ausgehenden 8. Jahrhundert in den Dom- und Klosterschulen Karls des Großen gelehrt wurde, war recht elementar; sie beschränkte sich auf das praktisch Verwendbare: Buchführung, Berechnung des Osterdatums und Landvermessung zu Kontrollzwecken. Als Gerbert gegen Ende des 10. Jahrhunderts die Abhandlungen des Boethius über diese Themen zusammenstellte, bewirkte er damit ein Wiederaufleben des Interesses für Mathematik wie auch für Logik. Bei Boethius findet sich eine elementare Vorstellung von der Behandlung theoretischer Probleme auf Grund der Zahleneigenschaften. Jedoch ist die sogenannte *Geometrie des Boethius* tatsächlich eine spätere Sammlung, die kaum mehr Gedanken von ihm enthält. Sie bringt einige euklidische Axiome, Definitionen und Schlußfolgerungen, besteht aber in der Hauptsache aus Beschreibungen des Abakus, der allgemein üblichen Berechnungsverfahren und praktischer Kontrollmethoden. Andere Quellen des mathematischen Wissens dieser Zeit, die Schriften von Cassiodor und Isidor von Sevilla, brachten auch nichts Neues (Seite 13 ff.).

Gerbert schrieb selbst eine Abhandlung über den Abakus; er verbesserte sogar den gebräuchlichen Typ. Im 11. und 12. Jahrhundert erfuhr die angewandte Mathematik eine Reihe weiterer Neuerungen. Dennoch blieb die abendländische Mathematik bis zum Ende des 12. Jahrhunderts im Bereich des praktisch Verwendbaren. Für praktische Zwecke konnten die Mathematiker des 12. Jahrhunderts die Schlußfolgerungen griechischer Geometer durchaus verwenden, aber sie waren nicht fähig, eine klare Beweisführung zu demonstrieren. Das ist verwunderlich, weil schon während des 11. Jahrhunderts die Theoreme des ersten Buches der *Elemente* von Euklid bekannt wurden und das ganze Werk in der Übersetzung von Adelard von Bath zu Beginn des 12. Jahrhunderts erschien. Wie im 11. Jahrhundert Geometrie betrieben wurde, zeigt der Versuch Frankons von Lüttich, den Kreis zu quadrieren, indem er Pergamentstücke zurechtschnitt, oder auch die Korrespondenz zwischen Reimbold von Köln und Radolf von Lüttich: Jeder bemühte sich vergeblich, zu beweisen, daß die Winkelsumme im Dreieck zwei Rechte beträgt, und den andern mit seinen erfolglosen Versuchen zu übertreffen. Viel Besseres wurde bis zum Ende des 12. Jahrhunderts nicht geleistet.

Irgendwie war die Situation in der Arithmetik günstiger, weil eine Abhandlung des Boethius über diesen Gegenstand erhalten geblieben war. So konnte z. B. Frankon zeigen, daß es unmöglich ist, die Quadratwurzel einer Nicht-Quadratzahl rational auszudrücken. Daß die bedeutendsten Ausweitungen der abendländischen Mathematik im 13. Jahrhundert sich auf dem Gebiet der Arithmetik und Algebra vollzogen, ist vor allem das Verdienst zweier genialer Gelehrten, die diese frühe Tradition aufgriffen und weiterentwickelten. Der erste war Leonardo Fibonacci von Pisa. Er gab 1202 in seinem *Liber Abaci* die erste vollständige lateinische Darstellung des arabischen oder indischen Zahlensystem (vgl. Seite 48). In späteren Werken bereicherte er die theoretische Algebra und Geometrie um einige selbständig erarbeitete neue Entdeckungen, wobei seine Grundkenntnisse aus arabischen Quellen stammten, aber auch von Euklid, Archimedes, Hero von Alexandria und von Diophantos (3. Jahrhundert v. Chr.), dem größten der griechischen Algebraiker. Fibonacci benutzte gelegentlich Buchstaben anstelle von Zahlen, um einen Beweis zu verallgemeinern. Er entwickelte die Unendlichkeitsrechnung und eine besondere Zahlenreihe, in der jede Zahl gleich der Summe der beiden vorangehenden ist (Fibonaccische Reihe); er erklärte eine negative Lösung als eine »Schuld«, benutzte die Algebra zur Lösung geometrischer Probleme (eine aufsehenerregende Neuheit!) und löste einige Probleme in bezug auf quadratische Gleichungen.

Der zweite geniale Mathematiker des 13. Jahrhunderts war Jordanus Nemorarius. Bei ihm ist kein arabischer Einfluß zu entdecken; er führte vielmehr die griechisch-römische Tradition der Arithmetik des Nikomachos und des Boethius weiter, insbesondere die Zahlentheorie. Jordanus pflegte Buchstaben zur Verallgemeinerung arithmetischer Probleme zu gebrauchen; er entwickelte bestimmte algebraische Probleme, die zu linearen und quadratischen Gleichungen führen. Auch als Geometer leistete er selbständige Arbeit. In seinen Abhandlungen diskutierte er alte Probleme, wie z. B. die Schwerpunktbestimmung eines Dreiecks, oder auch die erste allgemeine Beweisführung für die Fundamentaleigenschaft der stereographischen Projektion: daß nämlich Kreise als Kreise projiziert werden (vgl. Seite 111–116).

Nach Jordanus ist ein allgemeiner Aufschwung sowohl in der Geometrie als auch in anderen Teilgebieten der Mathematik festzustellen. Eine Reihe bedeutsamer neuer Erkenntnisse fügte sich an. Campanus von Novara gab 1254 eine neue Fassung der *Elemente* des Euklid heraus, die bis zum 16. Jahrhundert das Standardwerk blieb.

Darin bringt er – angeregt durch die Überlegung, daß der Winkel im Berührungspunkt einer Kurve mit ihrer Tangente kleiner ist als jeder Winkel zwischen Geraden – eine Studie über »stetige Mengen«. Mit Hilfe einer mathematischen Induktion, die zur *reductio ad absurdum* führte, bewies er auch die Irrationalität des »Goldenen Schnittes« oder der »Goldenen Zahl«, d. h. der Teilung einer Strecke in der Weise, daß das kleinere Teilstück sich zum größeren so verhält wie das größere zum Ganzen. Er berechnete auch die Winkelsumme eines in Sternform dargestellten Fünfecks. Die Tatsache, daß man gelernt hatte, sich des geometrischen Beweises zu bedienen, hatte im 14. Jahrhundert bedeutende Fortschritte zur Folge: John Maudith, Richard von Wallingford und Levi ben Gerson (vgl. Seite 93 f.) verbesserten die Trigonometrie, Thomas Bradwardine und seine Nachfolger im Merton-College, Oxford, Albert von Sachsen und andere in Paris und Wien erweiterten die Proportionslehre. Diese Arbeit über Proportionen entstand in enger Verbindung mit bestimmten physikalischen Fragen, über die später zu berichten sein wird. Das gleiche gilt für das hervorragende Werk des Nikolaus von Oresme über den Gebrauch der Koordinaten und die graphische Darstellung von Funktionen. Weiterhin wurden die Rechenmethoden innerhalb des indischen Zahlensystems während des 13. und 14. Jahrhunderts bedeutend verbessert. Inder und Mohammedaner hatten nur sehr ungenau multipliziert und dividiert. Das moderne Multiplikationsverfahren wurde in Florenz entwickelt, die moderne Divisionsmethode im späteren Mittelalter erfunden. Mit ihr wurde die Division, die bislang selbst für geschickte Mathematiker eine äußerst schwierige Aufgabe gewesen war, zu einer ganz gewöhnlichen Sache jeder Buchhaltung. Die Italiener, deren Interessen stark kommerzieller Natur waren, erfanden dazu das System der doppelten Buchführung und behandelten in ihren Arithmetikbüchern vorwiegend Fragen der Teilhaberschaft, des Wechselverkehrs, der Zins- und Zinseszins- und Rabattrechnung.

Als wesentliche abendländische Errungenschaften des 13. Jahrhunderts sind also anzusehen: die sich festigende Vorstellung von einer Wissenschaft, in der eine Tatsache bewiesen war, wenn sie von einem allgemeinen Grundprinzip abgeleitet werden konnte, und die gewaltige Verbesserung der mathematischen Methoden. Sie machten die Naturwissenschaft des 13. Jahrhunderts erst möglich. Aber die mittelalterlichen Naturphilosophen blieben in der Erforschung wissenschaftlicher Methoden nicht stehen. Sie sahen sich nun vor neue bedeutsame methodologische Fragen gestellt, die allgemeine Probleme wissenschaftlichen Denkens waren. Insbesondere erhob sich die Frage, wie man in der Naturwissenschaft zu den Grundprinzipien, zu den allgemeinen Grundsätzen gelangen sollte, aus denen die besonderen Tatsachen abzuleiten waren; wie man weiterhin – bei mehreren möglichen Theorien – die richtige von der falschen, die unvollständige von der vollständigen, die unannehmbare von der annehmbaren unterscheiden sollte. In der Auseinandersetzung mit diesen Problemen erforschten die mittelalterlichen Philosophen die logischen Beziehungen zwischen Tatsachen und zugrunde liegenden Prinzipien, Gegebenheiten und Beweismöglichkeiten; sie untersuchten den Prozeß der Aneignung wissenschaftlicher Kenntnisse, die Anwendung der induktiven und experimentellen Analyse zur Zerlegung eines komplexen Phänomens in seine Grundelemente und schließlich das Wesen der Kausalbeziehungen. Naturwissenschaft gestaltete sich durch sie immer mehr zu der im Prinzip sowohl induktiven und experimentellen als auch mathematisch erfaßbaren Wissenschaft. Sie entwickelten das logische Verfahren der experimentellen Untersuchung, das den wesentlichen Unterschied zwischen neuzeitlicher und antiker Wissenschaft charakterisiert. ·

Im klassischen Altertum hatten sich innerhalb des allgemeinen Schemas der darstellenden Wissenschaft mehrere ganz verschiedene Auffassungen über wissenschaftliche Methode herausgebildet. Die postulierende Methode Euklids ließ sich besonders wirksam auf die abstrakten Gegenstände der reinen Mathematik, der mathematischen Astronomie, Statik und Optik anwenden. Sie war im Grunde nicht experimentell. Lange Deduktionsketten folgten aus Voraussetzungen, die als gültig angenommen waren. Archimedes, ihr größter griechischer Vertreter, brauchte zur Erforschung seiner Probleme, selbst in der mathematischen Physik, keine wirklichen Experimente. Bei der Formulierung des Hebelgesetzes bezog er sich nicht auf das Experiment, sondern auf die Symmetrie. Bei komplizierten Gegenständen jedoch, besonders in der Astronomie, mußten die postulierten Hypothesen durch quantitative Schlußfolgerungen, die man – im Widerspruch zur Wahrnehmung – von ihnen abgeleitet hatte, geprüft werden.

Mit dieser Form des Argumentierens war die dialektische Methode Platons verwandt; der Beweis wurde so geführt, daß man eine Voraussetzung vorläufig annahm, um dann zu zeigen, daß sie entweder zu einem Widerspruch in sich oder zu einem Widerspruch mit einer für wahr gehaltenen Sache führte – oder nicht. Daraus ergab sich, ob die Voraussetzung anzunehmen oder zu verwerfen war. Das mathematische Äquivalent zu dieser Art der Beweisführung ist die bei griechischen Mathematikern sehr beliebte *reductio ad absurdum*.

Einige griechische Physiker, die nicht nur abstrakte mathematische Gegenstände, sondern auch die viel schwierigeren Probleme der lebenden und toten Materie zu durchdenken versuchten, griffen wieder zu einer Art postulierender Methode. Sie setzten theoretische, nicht wahrnehmbare Partikel voraus, aus denen sie eine theoretische Welt konstruierten – zum Vergleich mit der beobachteten Welt. Der berühmteste unter ihnen ist Demokrit mit seiner Theorie von den Atomen und dem leeren Raum. Eine ähnliche Auffassung findet sich in Platos *Timaios* (vgl. Seite 32 ff. und 39).

Im Gegensatz zu dieser abstrakt-theoretischen Verfahrensweise steht die streng empirische Methode des Aristoteles. Statt unsichtbare Wesenheiten zu postulieren, zerlegte er wahrnehmbare Dinge unmittelbar in ihre Teile und Prinzipien und rekonstruierte dann denkend die Welt aus den entdeckten Bestandteilen (vgl. Seite 64 f.). Bei dieser Methode waren die langen Deduktionsketten Euklids überflüssig; ihre Schlußfolgerungen kamen so nahe wie möglich an die Dinge heran, wie sie wahrgenommen wurden.

Wenn man die Geschichte des griechischen Denkens im Hinblick auf wissenschaftliche Methoden dramatisieren will, so sehe man es als einen Versuch der Mathematiker an, ein klar vorgeformtes Schema verbindlich allen aufzuzwingen und damit den Widerstand derer herauszufordern, die – insbesondere in der Medizin – die Rätselhaftigkeit der Materie tiefer erfahren hatten. Das Drama kann weiter verfolgt werden innerhalb der medizinischen Schriften des Hippokrates; es setzt sich fort bei den Physikern und Physiologen von Alexandria. Das eine Extrem war ein übertriebener Dogmatismus in bezug auf die Möglichkeit der Erkenntnis von Wirkursachen, das andere die Skepsis der Sophisten und der empirischen Medizin. Bis ins Mittelalter währte der Kampf, noch verstärkt durch die spätere Komplikation, daß die verfügbaren Übersetzungen selten eine klare

Einsicht in die wirklichen Auffassungen der klassischen Schriftsteller gestatteten. Grosseteste interpretierte Aristoteles bekanntlich im platonischen Sinne und fügte seiner Logik postulierende Beispiele Euklids ein.

Unter den antiken griechischen Schriftstellern, die das frühe 13. Jahrhundert kannte, hatten sich nur Aristoteles und ein paar medizinisch Interessierte, z. B. Galen, ernsthaft mit der induktiven und experimentellen Seite der Wissenschaft befaßt. Wohl hatten schon einige Schüler des Aristoteles im Lyzeum und in Alexandria, insbesondere Theophrast und Strato, die meisten allgemeinen Grundlagen der experimentellen Methode klar begriffen, und in der Schule der Medizin in Alexandria scheint das Experiment ständig praktiziert worden zu sein. Aber die Schriften dieser Autoren waren dem mittelalterlichen Abendland so gut wie unbekannt. Eine umwälzende Wirkung auf die griechische Wissenschaft hatten sie nicht einmal zu ihrer eigenen Zeit gehabt; den im Mittelalter aufkommenden Methoden dagegen war es vorbehalten, die Welt der Neuzeit umzuformen.

Auch unter den arabischen Gelehrten waren nur wenige um Experimente bemüht gewesen, so Alkindi und Alhazen, al-Shirazi und al-Farisi in der Optik, Rhazes, Avicenna und andere in der Chemie; einige medizinische Schriftsteller wie Ali ibn Ridwan und Avicenna hatten das Induktionsverfahren erweitert. Aber aus irgendwelchen Gründen war die arabische Wissenschaft niemals zu einer eigentlich experimentellen geworden; dennoch ist es sicherlich das arabische Beispiel gewesen, das christliche Schriftsteller wie Roger Bacon, Theoderich von Freiberg und möglicherweise Petrus Peregrinus zu den schon früher erwähnten Experimenten anregte.

Schon im 12. Jahrhundert, bevor sich die griechische Auffassung von Wissenschaft völlig durchgesetzt hatte, gab es abendländische Gelehrte, die in der Mathematik Beweise für notwendig hielten, wenn sie sie auch nicht liefern konnten, die ferner wenigstens grundsätzlich forderten, daß die Natur durch Beobachtung erforscht werden müsse. Der Ausspruch »nihil est in intellectu quod non prius fuerit in sensu« wurde zum Gemeinplatz; ein Naturphilosoph wie Adelard von Bath beschrieb einfach Experimente und führte wahrscheinlich auch einige durch. Zur gleichen Zeit stieg in der Gelehrtenwelt die Wertschätzung der praktischen Anwendungen in der Wissenschaft, der Genauigkeit und handwerklichen Geschicklichkeit in den praktischen Künsten ständig an (vgl. Seite 171 f.). Im 13. Jahrhundert waren dann theoretische Erklärung und mathematischer Beweis im Sinne der Griechen durch die Übersetzung klassischer und arabischer Werke so weit bekannt, daß die Philosophen den naiven Empirismus ihrer Vorgänger in die Vorstellung einer sowohl experimentellen als auch beweisführenden Wissenschaft umzuwandeln vermochten. Und es ist charakteristisch für sie, daß sie mit der Einbeziehung antiker und arabischer Wissenschaft in das abendländische Denken nicht nur ihren technischen Inhalt zu meistern, sondern auch ihre Methoden zu verstehen und vorzuschreiben versuchten. So sahen sie sich auf dem Wege zu einem neuen, ganz eigenen wissenschaftlichen Abenteuer.

Man darf aber nicht annehmen, diese philosophische Auffassung von Experimentalwissenschaft, wie sie ausführlich in Kommentaren zur *Zweiten Analytik* des Aristoteles und der darin gefundenen Probleme dargestellt ist, sei von festem, ehrlichem Vertrauen auf die experimentelle Methode getragen gewesen, wie das im 17. Jahrhundert der Fall war. Die mittelalterliche Wissenschaft verharrte im allgemeinen im Bereich der aristotelischen Naturtheorie; wenn Schlußfolgerungen aus dieser Theorie den Ergebnissen der neuen mathematischen, logischen und experimentellen Forschungen widersprachen, wurden sie keineswegs immer als falsch abgelehnt. Forscher des Mittelalters konnten mitten in ihrer sonst hervorragenden Arbeit plötzlich eine seltsame Gleichgültigkeit gegen genaue Messungen zeigen; sie konnten falsche Behauptungen über eine Sache aufstellen, die auf rein imaginären, von alten Schriftstellern übernommenen Experimenten beruhten, aber von der einfachsten Beobachtung zu korrigieren gewesen wären. Man darf auch nicht meinen, es sei immer das *Ergebnis* einer theoretischen Diskussion gewesen, wenn die neuen experimentellen und mathematischen Methoden bei der Untersuchung wissenschaftlicher Probleme angewandt wurden. In Wirklichkeit waren gerade die Beispiele der bewußten Anwendung dieser Methoden von geringem wissenschaftlichem Wert; dagegen findet man in den interessantesten wissenschaftlichen Abhandlungen vor allem des 13. Jahrhunderts, z. B. des Jordanus über Statik, des Gerard von Brüssel über Kinematik, des Petrus Peregrinus über Magnetismus, wenig oder überhaupt keine Diskussion über Fragen der Methode. Das

wiederum heißt nicht unbedingt, die Schriftsteller seien unbeeinflußt von solchen Diskussionen gewesen. Das Werk Gerards von
Brüssel zeigt sicherlich deutliche Einflüsse des Vorbildes Archimedes,
des größten griechischen Physikers, dessen Rolle in der Entwicklung
des wissenschaftlichen Denkens im Mittelalter heute noch Gegenstand der historischen Forschung ist*. Im 14. Jahrhundert ist der
Einfluß philosophischer Auseinandersetzungen mit der Methode auf
die Forschung offensichtlich und von großer Bedeutung. Aber die angeführten Beispiele zeigen doch, daß im Mittelalter wie auch in anderen Zeitaltern Diskussionen über Methode und tatsächliche wissenschaftliche Forschung in zwei getrennten Strömen fließen, wenn
auch ihre Wasser sich oft und gründlich mischen. Das ist sicherlich
in der nun folgenden Periode der Fall.

Einer der ersten, die die neue Theorie einer experimentellen Wissenschaft verstanden und benutzten, war Robert Grosseteste, der
eigentliche Begründer der wissenschaftlichen Tradition im mittelalterlichen Oxford und in gewisser Weise der neuzeitlichen intellektuellen Tradition in England. Grosseteste vereinigte in seinem Werk
die experimentellen und rationalen Überlieferungen des 12. Jahrhunderts und schuf eine systematische Theorie der Experimentalwissenschaft. Es scheint, daß er Medizin, Mathematik und Philosophie
studiert hat und also gut ausgerüstet begann. Seine Theorie der Wissenschaft gründete sich in erster Linie auf der aristotelischen Unterscheidung zwischen der Erkenntnis einer Sache *(demonstratio quia)*
und der Erkenntnis des Grundes für die Sache *(demonstratio propter
quid)*. Sie zeigte drei wesentlich verschiedene Aspekte auf: den induktiven, den experimentellen und den mathematischen; diese drei
charakterisieren alle Diskussionen über die Methodologie bis ins
17. Jahrhundert, ja bis auf den heutigen Tag.

Aufgabe der Induktion war es nach Grossetestes Auffassung, aus
der bekannten Wirkung die Ursache zu entdecken. Die Kenntnis besonderer physikalischer Tatsachen, so sagte er wie Aristoteles, wird
durch die Sinne erworben; was die Sinne wahrnehmen, sind zusammengesetzte Objekte. Induktion bedeutet nun, diese Objekte aufzu-
spalten in die Prinzipien oder Elemente, die sie gebildet haben oder

---

* Diese recht bedeutsame Angelegenheit wird zur Zeit von Prof. Marshall
Clagett untersucht. Vgl. Isis 1953, Band 44, Seiten 372, 374.

die ihr Verhalten verursachen. Er begriff Induktion als einen aufsteigenden Prozeß der Abstraktion, ausgehend von dem, was nach Aristoteles das uns besser Erkennbare ist, nämlich das mit den Sinnen wahrgenommene, zusammengesetzte Objekt, bis zu abstrakten Prinzipien, die in der Natur das Frühere, für uns aber zunächst das schwerer Erkennbare sind. Wir müssen induktiv von den Wirkungen zu den Ursachen vordringen, ehe wir deduktiv von der Ursache zur Wirkung kommen können. Wenn man also eine bestimmte Reihe beobachteter Tatsachen erklären wollte, so mußte man zu einer Feststellung oder Definition des Prinzips gelangen, der substantiellen Form, die sie verursachte. Grosseteste schrieb in seinem Kommentar über die *Physik* des Aristoteles: »Da wir ja mit Hilfe von Prinzipien nach Wissen und Verstehen suchen, um natürliche Dinge zu erkennen und zu verstehen, müssen wir zuerst die Prinzipien bestimmen, die allen Dingen zukommen. Der natürliche Weg für uns, Kenntnis von den Prinzipien zu erlangen, ist es, von allgemeinen Anwendungen aus zu diesen Prinzipien zu kommen, von Ganzheiten auszugehen, die eben diesen Prinzipien entsprechen ... Dann aber, da der Weg, Kenntnis zu erwerben, von allgemeinen zusammengesetzten Ganzheiten fortschreitet zu bestimmten Besonderheiten, von vollständigen Ganzheiten also, die wir ungenau kennen ..., können wir eben zu diesen Teilen zurückgehen, vermittels derer es möglich ist, das Ganze zu bestimmen und durch diese Bestimmung eine genaue Kenntnis des Ganzen zu erlangen ... Jedes Wirkende hat das, was es hervorbringen soll, schon in irgendeiner Weise in sich vorgeschrieben und geformt; darum hat die »Natur« als ein Wirkendes die natürlichen Dinge, die hervorgebracht werden sollen, schon irgendwie in sich vorgeschrieben und geformt. Diese Beschreibung und Form (descriptio et formatio) der hervorzubringenden Dinge, die in der Natur existiert, ehe sie hervorgebracht sind, nennen wir darum Kenntnis dieser Natur*.«

Alle Diskussionen über wissenschaftliche Methode setzen notwendig eine Naturphilosophie voraus, eine mehr oder weniger genaue Vorstellung von den Ursachen und Prinzipien, die mittels der Methode gefunden werden sollen. Grossetestes Philosophie der Natur

---

* Vgl. A. C. Crombie, *Robert Grosseteste and the Origins of Experimental Science 1100–1700*, Oxford 1953, S. 55.

war wesentlich aristotelisch – trotz des platonischen Einflusses, der daran zu erkennen ist, welch grundlegende Bedeutung er der Mathematik für das Studium der Physik zumißt. Ausschließlich innerhalb der Kategorien der vier aristotelischen Ursachen erblickte er die Definition von Prinzipien, die ein Phänomen erklären, in Wirklichkeit eine Definition der Bedingungen, die zu seinem Entstehen notwendig und hinreichend sind. Er schrieb in *De Natura Causarum* (veröffentlicht von L. Baur in seiner Ausgabe der philosophischen Werke Grossetestes in *Beiträge zur Geschichte der Philosophie des Mittelalters*, Münster 1912, Band 9, S. 121):

»Wir haben demnach vier Arten von Ursachen, und wenn sie existieren, muß von ihnen ein verursachtes Ding in seinem vollständigen Sein ausgehen. Denn ein verursachtes Ding kann nicht die Folge der Existenz irgendeiner anderen Ursache als dieser vier sein, und sie allein sind die Ursache, aus deren Existenz ein Weiteres folgt. Darum gibt es eine bestimmte Anzahl der Arten von Ursachen, die ausreichend ist.«

Grosseteste beschrieb, um zu dieser Definition zu kommen, zunächst einen zweifachen Prozeß, den er »Resolution und Composition« nannte. Diese Bezeichnungen sind einfach die lateinische Übersetzung der griechischen Wörter »analysis« und »synthesis«; sie sind von den griechischen Geometern, von Galen und späteren klassischen Schriftstellern übernommen worden*. Tatsächlich leitete

---

* Zur Geschichte dieser Ausdrücke und der »resolutiv-compositiven« Methode vergleiche Crombie: *Robert Grosseteste and the Origins of Experimental Science 1100–1700*, besonders S. 27–29, 52–90, 193–194, 297–318. Zur Methode in Platos Dialektik, d. h. in *Republik*, 6. Buch, vergleiche L. Brunschvicg: *Les Étapes de la philosophie mathématique*, 3. Auflage, Paris 1947, Seite 49 ff. Andere bedeutende griechische Diskussionen über Methode von Galen, *Techne* oder *Ars medica*, herausgegeben von C. G. Kühn *(Medicorum Graecorum Opera)*, Leipzig 1821, Band 1; von Pappos von Alexandria, *Collectio mathematica*, VII, 1–3, englische Übersetzung von T. L. Heath *History of Greek Mathematics*, Cambridge 1921, Band 2, S. 400 f. Siehe auch Hippokrates, *Techne* (The Art), englische Übersetzung von W. H. S. Jones (Loeb Classical Library) London und Cambridge (Mass.) 1923, und Archimedes, *Methode*, englische Übersetzung von T. L. Heath, Cambridge, 1912.

Grosseteste das Zentralprinzip seiner Methode von Aristoteles her, aber er entwickelte es weit über Aristoteles hinaus. Die Methode folgte einer bestimmten Ordnung. Im ersten Vorgang, der Resolution, zeigte er, wie die aufbauenden Prinzipien oder Elemente, die ein Phänomen bestimmen, nach Ähnlichkeit und Verschiedenheit auszusortieren und zu klassifizieren waren. Daraus ergab sich das, was er die nominelle Definition nannte. Zuerst sammelte er Beispiele für das zu untersuchende Phänomen und stellte fest, welche Eigenschaften allen gemeinsam waren. So kam er zu der »gemeinsamen Formel«, die bestätigte, was die Beobachtung empirisch als Beziehung erfaßt hatte, und vermutete eine Kausalbeziehung, wenn Eigenschaften häufig miteinander kombiniert auftraten. Danach begann der umgekehrte Prozeß: Die Feststellungen wurden so umgeordnet, daß die Beziehung des Allgemeinen zum Besonderen die der Ursache zur Wirkung war. Das heißt, er ordnete die Feststellungen in einer Kausalreihe an. Zur Illustration seiner Methode zeigte er, wie man zu dem gemeinsamen Prinzip kommen könne, das bei bestimmten Tieren Hörner verursacht. »Das«, so sagt er in seinem Kommentar zur *Zweiten Analytik*, Buch 3, Kapitel 4, »hängt damit zusammen, daß bei Tieren, denen die Natur keine anderen Mittel zur Arterhaltung anstelle der Hörner gegeben hat (wie z. B. dem Rotwild mit seiner schnellen Fluchtmöglichkeit und dem Kamel mit seinem massigen Körper), bestimmte Zähne des Oberkiefers fehlen. In den gehörnten Tieren hat die Materie, die dazu bestimmt war, Oberzähne zu bilden, Hörner ausgeformt.« Er fügt hinzu: »Die Tatsache, nicht beide Kiefer mit Zähnen besetzt zu haben, ist auch die Ursache für den Besitz mehrerer Mägen«, eine Wechselbeziehung, die er auf das schlechte Kauvermögen bei Tieren mit nur einer Zahnreihe zurückführte.

Neben diesem geregelten Prozeß, der mit Hilfe von Resolution und Composition das Kausalprinzip herausarbeitete, bestand für Grosseteste – wie für Aristoteles – auch die Möglichkeit, in einem plötzlichen Intuitionssprung mit wissenschaftlicher Phantasie ein Grundprinzip wiederholt beobachteter Tatsachen zu erkennen. In jedem Falle ergab sich dann die weitere Frage, wie man falsche von richtigen Theorien unterscheiden könne. Sie führte zur Anwendung von speziell angeordneten Experimenten; wo es aber nicht möglich war, sich natürlicher Voraussetzungen zu bedienen, z. B. bei der Erforschung von Kometen und anderen Himmelskörpern, wurden Beobachtungen notwendig, aus denen sich Antworten auf bestimmte Fragen ergeben konnten.

Grosseteste war der Auffassung, daß es der Naturwissenschaft unmöglich sei, eine vollständige Definition oder eine absolut sichere Kenntnis der Ursache einer Wirkung zu erlangen, was z. B. bei abstrakten Gegenständen der Geometrie – etwa den Dreiecken – durchaus möglich war. Ein Dreieck konnte durch bestimmte, ihm eigene Attribute vollständig definiert werden, z. B. als eine Fläche, die von drei geraden Linien begrenzt wird. Aus dieser Definition ließen sich all seine übrigen Eigenschaften analytisch ableiten, so daß Ursache und Wirkung reziprok waren. Bei materiellen Gegenständen war das nicht möglich, weil sich die gleiche Wirkung aus mehr als einer Ursache ergeben konnte; es war ausgeschlossen, alle Möglichkeiten zu kennen. Im 2. Buch, 5. Kapitel seines Kommentars zur *Zweiten Analytik* schrieb er: »Kann die Ursache aus der Kenntnis der Wirkung in der gleichen Weise gefunden werden, wie man die Wirkung aus ihrer Ursache folgernd zeigen kann? Kann eine Wirkung mehrere Ursachen haben? Denn wenn eine bestimmte Ursache nicht aus der Wirkung herzuleiten ist, es aber andrerseits keine Wirkung ohne Ursache gibt, so folgt daraus, daß eine Wirkung sowohl die eine Ursache als auch die andere haben kann, und darum hat sie möglicherweise mehrere Ursachen.« Grosseteste scheint der Meinung zu sein, daß es eine scheinbare Vielzahl von Ursachen geben könne, die wir mit den uns zur Verfügung stehenden Methoden und Kenntnissen nicht auf die eine wirkliche Ursache, in der die Wirkung eindeutig vorgeformt ist, zu reduzieren vermögen. »Darum gibt es«, schrieb er in Buch 1, Kapitel 11, »in der Naturwissenschaft ›minor certitudo‹, weil die Ursachen der unmittelbaren Beobachtung entzogen und die natürlichen Dinge veränderlich sind. Die Naturwissenschaft bietet ihre Erklärungen mehr als Wahrscheinlichkeit an, weniger als Wissenschaft. Nur in der Mathematik gibt es Wissenschaft und Beweis im strengsten Sinne.« Weil diese Ursachen, »erkennbar in der Natur, aber nicht für uns«, im Wesen der Dinge verborgen liegen und sich unserer direkten Einsicht entziehen, bedurfte es einer wissenschaftlichen Methode, um sie mit der größtmöglichen Gewißheit ans Licht zu bringen. Grosseteste glaubte auch, daß es durch Deduktionen aus mehreren neugefundenen Theorien und durch Ausmerzung anderer, deren Folgerungen von der Erfahrung widerlegt waren, möglich sei, näher an eine echte Erkenntnis derjenigen Kausalprinzipien heranzukommen, die tatsächlich für die Ereignisse in unserer Erfahrungswelt verantwortlich sind.

So sagt er in seinem Kommentar zur *Zweiten Analytik*, Buch 1, Kapitel 14:

»Auf diese Weise also wird der abstrakte Allgemeinbegriff aus den Einzeldingen mit Hilfe der Sinne gefunden ... Denn wenn die Sinne mehrmals zwei Einzelereignisse bemerken, von denen eines die Ursache des andern ist oder doch in irgendeinem Verhältnis zu ihm steht, und sie sehen nicht die Beziehung beider zueinander – wie es z. B. der Fall ist, wenn jemand häufig feststellt, daß der Genuß von Scammonium* mit der Ausscheidung von Gallenflüssigkeit verbunden ist, aber nicht sieht, daß das Scammonium Galle anzieht und abführt –, dann beginnt sich in ihm ein Drittes, Nichtwahrnehmbares zu formen, daß nämlich Scammonium die *Ursache* der Ausscheidung von Gallenflüssigkeit ist. Und erst wenn dieser Vorgang oft genug wiederholt und im Gedächtnis aufgespeichert ist, beginnt die Arbeit des Denkens als Folge der sinnlichen Wahrnehmungen, aus denen die Vorstellung sich aufbaut. Der Verstand fängt an zu fragen und zu bedenken, ob die Dinge wirklich so sind, wie die sinnlich bedingte Erinnerung sagt; so wird der Verstand zum Experiment geführt, indem er nämlich Scammonium zurückbehalten muß, nachdem alle anderen Galle abführenden Ursachen isoliert und ausgeschlossen sind. Hat er das viele Male getan mit dem sicheren Ausschluß aller anderen Galle abführenden Mittel, dann formt sich im Verstande ein Allgemeinurteil: Es gehört zum Wesen des Scammoniums, Galle abzuführen. Das ist der Weg, von der Sinneswahrnehmung zu einem universalen, experimentell belegten Prinzip zu kommen.«

Grosseteste gründete seine Methode der Elimination und Aussonderung des Falschen auf zwei Voraussetzungen hinsichtlich des Wesens der Wirklichkeit. Die erste war das Prinzip der Uniformität der Natur; es bedeutet, daß Bildungskräfte immer gleich sind in den Wirkungen, die sie hervorbringen. »Dinge gleicher Natur produzieren in gleichen Wirktätigkeiten, ihrer Natur entsprechend«, sagt er

---

* Abführmittel aus der Wurzel der Purgierwinde *(Calystegia)*.

in seiner Abhandlung *De Generatione Stellarum* (von Baur in seiner Ausgabe der philosophischen Werke von Grosseteste veröffentlicht). Aristoteles hat das gleiche Prinzip angenommen. Grossetestes zweite Voraussetzung war der Grundsatz der Wirtschaftlichkeit, eine Verallgemeinerung aus mehreren aristotelischen Angaben. Dieses Prinzip diente ihm einmal zur Beschreibung eines objektiven Charakteristikums der Natur, zum andern als pragmatisches Prinzip. »Die Natur arbeitet auf die kürzeste mögliche Weise«, sagt er in *De Lineis, Angulis et Figuris;* er benutzt diese als Argument zur Bekräftigung des Gesetzes von der Reflexion des Lichtes und seines eigenen »Gesetzes« von der Strahlenbrechung. Dazu sagt er in seinem Kommentar zur *Zweiten Analytik,* Buch 1, Kapitel 17:

»Diejenige Beweisführung ist besser, die bei gleichen sonstigen Umständen der Beantwortung einer kleineren Anzahl von Fragen zu einem vollständigen Beweis bedarf oder eine geringere Anzahl von Voraussetzungen und Prämissen erfordert, aus denen der Beweis hervorgeht . . ., weil wir so schneller zur Erkenntnis kommen.«

In diesem Kapitel wie auch anderswo spricht Grosseteste ausdrücklich davon, zur Erforschung der Natur die Methode der *reductio ad absurdum* anzuwenden. Seine Methode der Aussonderung des Falschen ist eine Anwendung dieses Verfahrens in einer empirischen Situation. Er benutzt sie in mehreren seiner kleineren wissenschaftlichen Werke, wo sie angemessen erscheint, z. B. in seinen Studien über die Natur der Sterne, über Kometen, das Himmelsgewölbe, die Wärme und über den Regenbogen. Ein gutes Beispiel findet sich in der Abhandlung *De Cometis;* er betrachtet darin nacheinander vier verschiedene Theorien früherer Schriftsteller, die das Erscheinen von Kometen erklären sollten. Die erste stammte von Beobachtern, die meinten, Kometen entständen durch die Reflexion von Sonnenstrahlen, die auf einen Himmelskörper fallen. Zwei Überlegungen, so sagt er, zeigen, daß diese Hypothese falsch ist: Erstens lautet eine andere physikalische Theorie, daß die reflektierten Strahlen nur dann sichtbar werden, wenn sie mit einem durchsichtigen Medium irdischer und nicht außerirdischer Natur verbunden sind; zweitens ist beobachtet worden, daß »der Schweif des Kometen sich nicht immer in der der Sonne entgegengesetzten Richtung erstreckt, wohingegen alle reflektierten Strahlen entgegen der Richtung der einfallenden Strahlen bei gleichen Winkeln verlaufen*«.

Die weiteren Hypothesen untersucht er ähnlich mit »Verstand und Erfahrung«, wobei alle verworfen werden, die dem widersprechen, was er als eine durch Erfahrung bestätigte, begründete Theorie ansieht, oder die durch Erfahrungstatsachen widerlegt sind (*ista opinio falsificatur*, wie er sagt). So kommt er zu der endgültigen Definition, die den Aussonderungsprozeß überlebt hat, daß »ein Komet veredeltes Feuer ist, angeglichen an die Natur eines der sieben Planeten«. Mit Hilfe dieser Theorie erklärt er dann eine Reihe weiterer Phänomene, einschließlich des astrologischen Einflusses von Kometen.

Noch interessanter ist Grossetestes Methode zur Erklärung der Gestalt des Regenbogens (vgl. Seite 98 f.). Er greift auf einfachere, experimentell erforschbare Phänomene zurück, Reflexion und Brechung des Lichtes, und versucht die Erscheinung des Regenbogens aus den Ergebnissen dieser Forschung abzuleiten. Seine eigene Arbeit über den Regenbogen bleibt im Elementaren stecken, dagegen ist die experimentelle Untersuchung dieses Gegenstandes durch Theoderich von Freiberg beachtlich sowohl wegen ihrer Genauigkeit als auch wegen der offensichtlich bewußten Erfassung der Möglichkeiten einer experimentellen Methode (vgl. Seite 106 ff.). Gleiche charakteristische Züge finden sich bei anderen Experimentalwissenschaftlern nach Grosseteste, z. B. bei Albertus Magnus, Roger Bacon, Petrus Peregrinus, Witelo und Themon Judaei, wenn sie auch fast alle elementare Fehler machten. Bei denen, die den Regenbogen untersuchten, ist der Einfluß Grossetestes besonders bemerkbar. So zielten z. B. die ersten Erkundungen Roger Bacons und Witelos dahin, die notwendigen und hinreichenden Bedingungen der Entstehung dieses Phänomens zu entdecken. Der »resolutive« Teil ihrer Untersuchungen gab ihnen eine Teilantwort, indem er die Species definierte, zu denen der

---

* Tatsächlich werden die Schweife der Kometen durch die Sonne zurückgeworfen, wenn auch die Winkel gewöhnlich anders sind als Winkel bei reflektiertem Licht. Gute Beispiele dieser Art von empirischer Analyse sind Aristoteles' Diskussionen über Kometen in der *Meteorologie* (Band 1, Kapitel 6) und seine Widerlegung der Pangenese in *De Generatione Animalium* (Band 1, Kapitel 17, 18).

Regenbogen gehört, und ihn von denen unterschied, zu denen er nicht gehört. Er gehört zu einer Species von Spektralfarben, die durch eine besondere Brechung des Sonnenlichtes entstehen, wenn es durch Wassertropfen hindurchgeht; das, betonte Bacon, ist verschieden z. B. von der Species der Farben in irisierenden Federn. Außerdem ist als eine weitere bestimmende Eigenschaft des Regenbogens anzusehen, daß er von einer gewaltigen Menge unzusammenhängender Tropfen erzeugt wird. »Denn«, schrieb Themon in seinem *Quaestiones super Quatuor Libros Meteorum*, Buch 3, Frage 14, »wo solche Tropfen fehlen, erscheint kein Regenbogen, auch kein Teil eines solchen, wenn auch alle anderen erforderlichen Bedingungen erfüllt sind«. Das ließ sich, seiner Meinung nach, mit Regenbogen in künstlichen Wasserstrahlen experimentell erproben. Roger Bacon hatte solche Experimente gemacht. Unter der Voraussetzung, daß die erforderlichen Bedingungen erfüllt waren – die Sonne sich in einer bestimmten Position in bezug auf die Regentropfen und den Betrachter befand –, mußte ein Regenbogen entstehen.

Nachdem diese Bedingungen definiert waren, sollte die nächste Stufe der Untersuchung ergeben, wie nun in Wirklichkeit aus ihnen ein Regenboden entstand; es mußte eine Theorie konstruiert werden, in die sie so eingegliedert wurden, daß davon eine Beschreibung des Phänomens abgeleitet werden konnte. Die beiden wesentlichen Probleme waren: erstens, zu erklären, wie die Farben durch Regentropfen zustande kamen, zweitens, wie sie in der Gestalt und Ordnung, die der Beobachter erblickte, zurückgesandt wurden. Besonders bedeutsam an der ganzen Untersuchung war die Verwendung von Regentropfenmodellen in Form von kugelförmigen Wasserflaschen, ferner das Verfahren der Bestätigung und Nichtbestätigung, dem jede Theorie unterzogen wurde, insbesondere durch die Begründer rivalisierender Theorien. Ein Beispiel: Nachdem die Entdeckung der differenzierten Brechung der Farben den Weg zur Lösung des ersten Problems gewiesen hatte, versuchte Witelo das zweite folgendermaßen zu lösen: Er setzte voraus, daß das Sonnenlicht im Durchgang durch einen Regentropfen gebrochen werde und daß dann die resultierenden Farben von der konvexen äußeren Oberfläche der dahinterliegenden Tropfen zu dem Betrachter zurückgestrahlt würden. Theoderich von Freiberg zeigte, daß diese Theorie nicht zu den beobachteten Wirkungen führen könne; vielmehr ergaben sie sich aus der von ihm entdeckten inneren Reflexion des Lichtes in jedem Tropfen. Damit löste er das Problem, das er sich selbst gestellt hatte, durch Theorie und Experiment. »Denn«, so schrieb er im Vorwort zu *De Iride*, »es ist die Aufgabe der Optik, zu bestimmen, was seine Ursache ist; zur Beschreibung des Regenbogens fügt sich die Art und Weise, wie in dem Licht, das von irgendeinem leuchtenden Himmelskörper zu einer bestimmten Stelle in einer Wolke geht und dann durch besondere Brechung und Reflexion der Strahlen von dort zum Auge geleitet wird, diese Konzentration hervorgerufen sein könnte.«

Ganz anders verlief die Anwendung der Mathematik in der Naturwissenschaft; allerdings war sie in vielen Fällen (wie im Falle Galileis) kaum von der experimentellen Methode und von den speziellen Beobachtungen zur Bestätigung oder Ablehnung einer Theorie zu trennen. Grosseteste selber sagt im Hinblick auf seine »Kosmologie des Lichtes« in der kleinen Schrift *De Natura Locorum* (vgl. Seite 71 und 95 f.): »Aus den Regeln und Prinzipien und Fundamentalsätzen . . . der Geometrie kann der sorgsame Beobachter natürlicher Gegebenheiten die Ursache aller natürlichen Wirkungen finden.« Diesen Gedanken führt er weiter aus in *De Lineis*: »Der Nutzen der Betrachtung von Geraden, Winkeln und Figuren ist deshalb so sehr groß, weil Naturphilosophie ohne diese unmöglich zu verstehen ist . . . Denn alle Ursachen natürlicher Wirkungen müssen durch Geraden, Winkel und geometrische Figuren ausgedrückt werden; es wäre unmöglich, anders Kenntnis vom Grunde dieser Wirkungen zu erlangen.«

Grosseteste sah die Physik als der Mathematik untergeordnet an in dem Sinne, daß Mathematik den Grund für beobachtete physikalische Tatsachen liefern konnte. Zugleich aber beharrte er auf der aristotelischen Unterscheidung zwischen den mathematischen und den physikalischen Voraussetzungen einer gegebenen Theorie und betonte die Notwendigkeit beider für eine vollständige Erklärung. Viele führende Gelehrte des Mittelalters nahmen dieselbe Haltung ein, in einer abgewandelten Form auch die meisten Schriftsteller des 17. Jahrhunderts. Die Mathematik konnte beschreiben, was vorging, konnte die mitwirkenden Abweichungen bei den beobachteten Ereignissen in eine Beziehung zueinander bringen; aber über die Wirkursachen, die eine Bewegung *hervorbrachten*, konnte sie nichts aussagen, weil es sich ja ausdrücklich um eine Abstraktion aus solchen

Ursachen handelte (vgl. Seite 71). So ist die Einstellung zur Optik und Astronomie im 13. Jahrhundert (vgl. Seite 96 ff. und 75 ff.).

Im Laufe der Zeit wurde die Beibehaltung kausaler »physikalischer« Erklärungen, meistens der qualitativen Physik des Aristoteles entnommen, mehr und mehr zu einem lästigen Hindernis. Der große Vorteil mathematischer Theorien bestand gerade darin, daß sie eine Beziehung zwischen Beobachtungen, die mit Meßinstrumenten gemacht waren, und ihren veränderlichen Begleitumständen herzustellen vermochten, so daß die Richtigkeit oder Unrichtigkeit dieser Theorien, auch die genauen Umstände ihres Versagens leicht experimentell festzustellen waren. Gerade diese Überlegung bewirkte den Triumph der ptolemäischen über die aristotelische Astronomie am Ende des 13. Jahrhunderts (vgl. Seite 86). Die Rolle der Mathematik in der naturwissenschaftlichen Forschung wurde also klar begriffen; im Gegensatz dazu war schwer einzusehen, was man mit einer Theorie »physikalischer« Ursachen anfangen sollte, wenn sie auch für die vollständige Erklärung der beobachteten Ereignisse theoretisch notwendig zu sein schienen. Außerdem bedeuteten manche Aspekte der aristotelischen Naturphilosophie eine wirkliche Behinderung bei der Anwendung der Mathematik. Vom Beginn des 14. Jahrhunderts an wurden Versuche unternommen, diese Schwierigkeiten zu umgehen, indem man, teils unter dem Einfluß eines wieder auflebenden Neuplatonismus, teils unter dem des »Nominalismus«, den Wilhelm von Ockham neu belebte, neue Systeme der Physik ausdachte.

Mehrere Schriftsteller nach Grosseteste verbesserten das Induktionsverfahren; das große und gleichbleibende Interesse an dieser rein theoretischen und logischen Frage ist ein gutes Kennzeichen für das intellektuelle Klima, in dem – bis zur Mitte des 17. Jahrhunderts – Naturwissenschaft betrieben wurde. Vielleicht erklärt es in etwa, warum die vielversprechenden Anfänge der Experimentalwissenschaft im 13. und frühen 14. Jahrhundert nicht zuwege brachten, was dem 17. Jahrhundert vorbehalten blieb. Vier Jahrhunderte lang, beginnend mit dem 13. Jahrhundert, war es das Zentralproblem der wissenschaftlichen Forschung, das Wirkliche, das Dauernde, das Verständliche hinter der sich wandelnden Welt der sinnlichen Erfahrung zu erkennen, ob nun diese Wirklichkeit etwas Qualitatives war, wie man es sich zu Beginn dieser Periode vorstellte, oder etwas

Mathematisches, wie Galilei und Kepler gegen Ende des Zeitabschnittes meinten. Gewisse Aspekte dieser Wirklichkeit mochten von der Physik enthüllt werden, andere von der Mathematik, wieder andere von der Metaphysik. Aber obwohl sie alle verschiedene Aspekte einer einzigen Wirklichkeit waren, konnten sie doch nicht alle in der gleichen Weise erforscht und mit gleicher Gewißheit erkannt werden. Aus diesem Grunde kam es vor allem darauf an, daß man sich in jedem einzelnen Fall über die angemessene Methode der Untersuchung und Beweisführung klar wurde und sich überlegte, wieviel jede von der zugrunde liegenden Wirklichkeit zu offenbaren imstande war. In den meisten naturwissenschaftlichen Schriften bis zur Zeit Galileis findet sich die methodologische Diskussion *pari passu* neben dem Bericht über eine konkrete Untersuchung. Hierin liegt ein notwendiger Teil der Bemühungen, deren Ergebnis schließlich die moderne Naturwissenschaft war. Vom Anfang des 14. bis zum Beginn des 16. Jahrhunderts zeigte sich bei den besten Denkern eine wachsende Tendenz, rein logische Probleme anzugehen, genauso, wie sie sich in einem andern Bereich immer mehr für eine zwar notwendige, aber rein theoretische Kritik an der aristotelischen Physik interessierten, sich aber um Beobachtungen nicht kümmerten (vgl. Seite 270 ff.).

Albertus Magnus war der erste nach Grosseteste, der ernstlich die Frage der Induktion diskutierte. Er tat es mit einem klaren Blick für die allgemeinen Prinzipien, wie man sie damals verstand; interessanter ist jedoch die Arbeit von Roger Bacon. Er sagt in Kapitel 2 des 6. Teiles seines *Opus Majus*:

»Diese Experimentalwissenschaft hat drei große Vorzüge gegenüber den anderen Wissenschaften. Erstens untersucht sie mit Hilfe des Experiments die ausgezeichneten Schlußfolgerungen aller Wissenschaften. Denn diese können zwar ihre Prinzipien durch Experimente herausfinden; aber ihre Schlüsse folgern aus Argumenten, die auf gefundenen Prinzipien basieren. Wenn sie aber ihre Schlußfolgerungen im einzelnen genau und vollständig erfahren sollen, so ist das nur durch die Hilfe dieser edlen Wissenschaft möglich. Es ist in der Tat wahr, daß die Mathematik universale Erfahrung bezüglich ihrer Schlüsse im Rechnen hat; sie werden gleicherweise in allen Wissenschaften, auch in der Experimentalwissenschaft, angewandt, weil keine ohne Mathematik auskommen kann. Aber wenn wir uns den Erfahrungen zuwenden, die ausschließlich in ihrer eigenen Disziplin genau, vollständig und gesichert sind, so müssen wir den Verfahrensweg jener Wisenschaft gehen, die die experimentelle genannt wird.«

Der erste Vorzug der Experimentalwissenschaft Roger Bacons bestand also darin, daß sie die Schlüsse mathematischer Beweisführungen bestätigte; der zweite darin, daß sie die deduktive Wissenschaft um Erkenntnisse bereicherte, zu denen sie selbst nicht kommen konnte, z. B. in der Alchimie; der dritte darin, daß sie Erkenntnisbereiche erschloß, die noch unentdeckt waren. Sie war, wie er zugab, ebensosehr einzelne, angewandte Wissenschaft, in der die Ergebnisse, sowohl der spekulativen wie der Naturwissenschaft, auf ihre praktische Nutzbarkeit hin erprobt wurden, wie auch eine induktive Methode. Seine Suche nach der Ursache des Regenbogens (vgl. Seite 101 ff.), mit der er den ersten Vorzug der Experimentalwissenschaft illustrierte, zeigt, daß er die wesentlichen Prinzipien der Induktion begriffen hatte: Der Forscher schritt von beobachteten Tatsachen weiter zur Entdeckung der Ursache und isolierte die wahre Ursache durch Elimination aller Theorien, die durch Tatsachen widerlegt waren.

Mit Roger Bacon wird das Programm einer Mathematisierung der Physik offenbar; außerdem zeichnet sich ein Wechsel im Gegenstand der wissenschaftlichen Forschung ab. Sie geht von der aristotelischen »Natur« oder »Form« zu Naturgesetzen im eigentlichen modernen Sinne über! Es klingt wie ein Echo Grossetestes, wenn Bacon in dem *Opus Majus*, Teil 4, Distinction 4, Kapitel 8, schreibt: »In den Dingen dieser Welt gibt es, was ihre Wirkursachen anbetrifft, nichts, was ohne die Macht der Geometrie erkannt werden könnte.« Wenn er über die »Multiplikation des Species« spricht, scheinen seine Worte eindeutig eine Beziehung zwischen diesem allgemeinen Programm und der Suche nach neuen Gesetzen herzustellen. In *Un fragment inédit de l'Opus Tertium* (herausgegeben von Duhem, Seite 90) schreibt er: »Daß die Gesetze *(leges)* der Reflexion und Brechung allen natürlichen Tätigkeiten gemein sind, habe ich in der Abhandlung über Geometrie gezeigt.« Er behauptete von sich, die Entstehung des Abbildes im Auge »durch das Gesetz der Brechung« bewiesen zu haben; dabei bemerkte er, daß die »Species des gesehenen Dinges« sich derart im Auge fortpflanzen müsse, »daß sie die Gesetze, denen die Natur in den Körpern dieser Welt gehorcht, nicht überschreite«. Normalerweise pflanze sich die »Species« des

Lichtes geradlinig fort, aber in den gekrümmten Nerven »zwinge die Macht der Seele die Species zur Aufgabe der allgemeinen Naturgesetze *(leges communes naturae)*, so daß sie sich verhalte, wie es ihrem Wirken entspricht« (ebenda Seite 78).

Von der Mitte des 13. Jahrhunderts an wurde in den verschiedenen Schulen der Medizin im Verlauf von drei Jahrhunderten eine beachtliche Reihe von Diskussionen über Induktion verfaßt. Darin zeigt sich eine deutliche Tendenz in Richtung auf die reine Logik. Galen hatte schon erkannt, daß es einer Methode bedürfe, um die Ursachen der beobachteten Wirkungen zu finden. Er unterschied die »Methode der Erfahrung« von der »rationalen Methode«. Wirkungen oder Symptome nannte er »Zeichen«. Er sagte, es sei Aufgabe der »Methode der Erfahrung«, induktiv von diesen »Zeichen« zu den Ursachen ihrer Entstehung vorzudringen; diese Methode gehe notwendig der rationalen Methode voraus, welche syllogistisch * von der Ursache zur Wirkung komme. Avicenna entwickelte Galens Gedankengänge in seinem *Canon der Medizin;* darin setzte er sich mit den Bedingungen auseinander, die zu beobachten waren, wenn man die Eigenschaften der Arzneimittel aus ihren Wirkungen erschließen wollte. Petrus Hispanus, der 1277 als Papst Johannes XXI. starb, nahm in seinem *Kommentar über Isaak,* einer Arbeit über Ernährung und Arzneimittel, diesen Gegenstand auf. Erstens, sagte er, müsse die verordnete Medizin frei von allen fremden Substanzen sein. Zweitens müsse der Patient, der sie einnehme, an der Krankheit leiden, für die sie eigens bestimmt sei. Drittens solle sie ohne jede Beimischung anderer Mittel verabreicht werden. Viertens solle sie den der Krankheit entgegenwirkenden Grad besitzen **. Fünftens müsse

---

* Der Syllogismus ist eine Form der Beweisführung, in der aus zwei gegebenen Urteilen mit einem gemeinsamen Mittelbegriff, den Prämissen, ein drittes Urteil abgeleitet wird, der Schluß. Ein Beispiel. *Erste Prämisse:* Jeder Körper, der einen undurchsichtigen Körper zwischen sich und seine Lichtquelle stellt, verliert sein Licht. *Zweite Prämisse:* Der Mond hat einen undurchsichtigen Körper zwischen sich und seiner Lichtquelle. *Schluß:* Also verliert der Mond sein Licht, d. h. er wird verfinstert. Auf diese Weise wird eine Mondfinsternis als Sonderbeispiel eines allgemeineren Prinzips erklärt.

** D. h., wenn die Krankheit eine bestimmte Eigenschaft, etwa die Hitze, ins Übermaß steigert, muß die Medizin das Gegenteil tun, nämlich eine kühlende Wirkung ausüben (Seite 158 ff.).

sie nicht nur einmal, sondern viele Male erprobt werden, und sechstens sollten die Versuche am geeigneten Körper ausgeführt werden, am Körper eines Menschen, nicht eines Esels. Was den fünften Punkt betrifft, so wiederholte ein Zeitgenosse, Johannes von St. Amand, die Warnung, daß eine Medizin, die fünf Menschen erhitze, nicht notwendig auf alle erhitzend wirken müsse; es sei ja möglich, daß diese Fünf alle von gemäßigter und kalter Konstitution seien, während ein heißblütiger Mensch die Medizin gar nicht als erhitzend zu empfinden brauche.

Vom Beginn des 14. Jahrhunderts an befaßte sich die medizinische Schule von Padua mit dem Thema der Induktion; unter dem Einfluß der Averroisten, denen es gelungen war, die ganze Universität zu beherrschen, war dort das Klima absolut aristotelisch. Diese Logiker der Heilkunst, angefangen von Pietro d'Abano in seinem berühmten *Conciliator* (1310), bis zu Zabarella im frühen 16. Jahrhundert, entwickelten die Methode der »Resolution und Composition« zu einer Theorie der Experimentalwissenschaft; allerdings war diese sehr verschieden von der Methode, gewöhnliche, alltägliche Ereignisse einfach zu betrachten, wie sie Aristoteles und einigen frühen Scholastikern zur Bestätigung ihrer wissenschaftlichen Theorien vollauf genügt hatte. Von Beobachtungen ausgehend, wurde der Komplex »aufgelöst« in seine Bestandteile: »das Fieber in seine Ursachen, da jedes Fieber von der Erhitzung entweder der Säfte oder des Gemütes oder der Gliedmaßen herrührt; weiterhin stammt die Erhitzung der Säfte entweder aus dem Blut oder aus dem Schleim usw., bis man schließlich auf die spezifische und deutliche Ursache stößt und zur Erkenntnis dieses Fiebers gelangt«.

So drückte es Jacopo da Forli († 1413) in seinem Kommentar *Super Tegni Galeni*, Text 1, aus. Anschließend wurden dann eine Hypothese ausgedacht, aus der die Beobachtungen erneut abgeleitet werden konnten. Diese abgeleiteten Folgerungen legten ein Experiment nahe, in dem die Hypothese zu verifizieren war. Die gelehrten Ärzte dieser Zeit benutzten eine solche Methode bei Leichenöffnungen auf der Suche nach dem Ursprung einer Krankheit oder der Todesursache, aber auch bei der klinischen Erforschung medizinischer und chirurgischer Fälle, über die dann in ihren *consilia* berichtet wurde. Galilei übernahm später zum logischen Aufbau seiner Wissenschaft vieles von seinen paduanischen Vorgängern und bediente sich ihrer technischen Spezialausdrücke. Allerdings ging er nicht so weit, sich der Schlußfolgerung eines späten Anhängers dieser Schule, Agostino Nifo (1506), anzuschließen: da die Hypothesen der Naturwissenschaft auf den Tatsachen beruhen, die sie erklären sollen, bestehe die ganze Naturwissenschaft aus nichts anderem als Mutmaßungen und Hypothesen. Die Averroisten in Padua gaben dem zweifachen Prozeß der Resolution und Composition den Namen *regressus*. Nifo setzte sich mit diesem »Regreß« auseinander; er begann mit der Suche nach der Ursache einer beobachteten Wirkung und schrieb in seiner *Expositio super Octo Aristoteles Libros de Physico* (erschienen 1552 in Venedig) Buch 1, Kommentar 4:

»Wenn ich die Worte des Aristoteles und die Kommentare des Alexander und Themistius, des Philoponus und Simplicius gründlicher bedenke, so scheint es mir, daß bei dem Regreßverfahren zur Beweisführung in den Naturwissenschaften der erste Prozeß, durch den die Auffindung der Ursachen in eine syllogistische Form gebracht wird, ein rein hypothetischer (coniecturalis) Syllogismus ist... Der zweite Prozeß aber erschließt den Grund, warum die Wirkung aus der gefundenen Ursache so und nicht anders ist. Dieser ist ein Beweis propter quid, der uns nicht *simpliciter*, sondern bedingt *(ex conditione)* zur Erkenntnis bringt – vorausgesetzt, daß es sich wirklich um die Ursache handelt, daß die Behauptungen stimmen, die sie als Ursache vorstellen, und daß nichts anderes die Ursache sein kann... Alexander... behauptet, daß die Erschließung der Kreisbogen von Epizyklen und Exzentrizitäten aus ihren Erscheinungsformen hypothetisch sei... Er nennt den entgegengesetzten Prozeß eine Beweisführung, die nicht schlechthin, sondern konditional zur Erkenntnis führt – unter der Bedingung, daß wir wirklich die Ursache vor uns haben und daß außer dieser keine andere Ursache möglich ist: Denn wenn diese Figuren existieren, dann tun es auch ihre Erscheinungsformen; aber ob irgend etwas anderes die Ursache sein kann, ist für uns nicht simpliciter erkennbar... Nun werdet ihr einwenden, daß dann die Naturwissenschaft überhaupt keine Wissenschaft sei. Darauf kann man antworten, daß die Naturwissenschaft nicht wie die Mathematik eine Wissenschaft schlechthin ist. Jedoch ist sie eine Wissenschaft *propter quid*, weil die durch einen hypothetischen Syllogismus gefundene Ursache den Grund darstellt, warum die Wirkung so und nicht anders ist. Daß etwas eine Ursache ist, läßt sich niemals so sicher feststellen wie die Tatsache, daß eine Wirkung existiert (quid est); denn die Existenz einer Wirkung wird von den Sinnen erkannt. Die Ursache bleibt eine Mutmaßung . . .«

Die gesamte prägalileische Tradition wissenschaftlicher Methoden von Padua ist durch Jacopo Zabarella (1533–1589) in einer Reihe von Abhandlungen zusammengefaßt worden. Er teilt die Auffassung, die sich seit dem 13. Jahrhundert herausgebildet hatte, daß naturwissenschaftliche Erklärungen hypothetisch seien; so schreibt er im 2. Kapitel von *De Regressu:* »Beweise werden von uns und für uns geführt, nicht für die Natur.« Im 5. Kapitel fährt er fort:

»Es gibt, so meine ich, zwei Dinge, die uns helfen, die Ursache deutlich zu erkennen. Eines ist das Wissen, *daß* es sie gibt; das macht uns bereit zu entdecken, *was* sie ist. Denn wenn wir eine Hypothese über die Materie aufstellen, können wir auch etwas mehr über sie herausfinden; wo wir keine Hypothese bilden, werden wir nie etwas erfahren . . . Wenn wir also eine Ursache meinen annehmen zu können, sind wir in der Lage, zu untersuchen und zu entdecken, was sie eigentlich ist. Die zweite Hilfe, ohne die dieses zuerst nicht genügen würde, ist der Vergleich der gefundenen Ursache mit der durch sie hervorgebrachten Wirkung – allerdings nicht mit der vollen Erkenntnis, daß dieses die Ursache und jenes die Wirkung ist, sondern eben nur ein Vergleich dieser Sache mit jener. So ergibt sich, daß wir allmählich dahin geführt werden, die Bedingungen für jene Sache zu erkennen; wenn eine der Bedingungen gefunden ist, hilft uns das, eine weitere zu entdecken, bis wir schließlich wissen: Dieses ist die Ursache jener Wirkung . . . Der Regreß besteht also notwendig aus drei Teilen. Der erste ist ein ›Beweis, daß‹: Wir werden von einer unklaren Erkenntnis der Wirkung zu einer unklaren Erkenntnis der Ursache geführt. Der zweite besteht in einer ›denkenden Betrachtung‹: Aus einer unklaren Kenntnis der Ursache kommen wir zu einer deutlichen, klaren. Der dritte ist Beweisführung im strengsten Sinne: Von der deutlich erkannten Ursache gelangen wir schließlich zur klaren Erkenntnis der Wirkung . . . Aus dem Gesagten ergibt sich, daß es unmöglich ist, etwas sicher als die Ursache einer bestimmten Wirkung zu erkennen, wenn wir nicht wissen, welches die Natur dieser Ursache ist und welche Bedingungen sie befähigen, eine solche Wirkung hervorzubringen.«

Zwei Oxforder Franziskanermönche, die am Ende des 13. Jahrhunderts und zu Beginn des 14. Jahrhunderts lebten, wurden durch ihren Beitrag zu den Diskussionen über Induktion von großer Bedeutung für die gesamte Naturwissenschaft. Mit ihnen, besonders mit dem zweiten, begann der radikalste Angriff gegen das aristotelische System von der Theorie her. Beide waren überzeugt von den natürlichen Gründen der Gewißheit in der Erkenntnis. Der erste, Johannes Duns Scotus (um 1266–1308), vereinigt in sich die Summe der Tradition oxfordschen Denkens über die »Theorie der Wissenschaft«, wie sie mit Grosseteste begonnen hatte und dann nach ihm durch Wilhelm von Ockham (um 1284–1349) ungestüm in neue Richtungen gelenkt wurde. Jeder der beiden legte seine wesentlichen Gesichtspunkte schon früh im Leben in einem theologischen Werk nieder, in den Kommentaren zu den *Sentences* von Petrus Lombardus.

Mit der sehr klaren Unterscheidung zwischen Kausalgesetzen und empirischen Verallgemeinerungen leistete Duns Scotus seinen bedeutsamsten Beitrag zum Problem der Induktion. Die Gewißheit der Kausalgesetze, die in der Erforschung der physikalischen Welt gefunden werden, sagte er, ist gewährleistet durch das Uniformitätsprinzip der Natur, das er als eine aus sich evidente Voraussetzung der induktiven Wissenschaft ansah. Wenn der Forscher auch nur eines der zu erforschenden Ereignisse durch Erfahrung erkennen konnte, so war er doch der Kausalbeziehung gewiß, die der beobachteten Korrelation zugrunde lag, »durch den folgenden, in seiner Seele ruhenden Satz: *Alles, was sich aus einer nicht freien* (d. h. nicht frei gewollten) *Ursache ereignet, wie in so vielen Fällen, ist die natürliche Wirkung dieser Ursache*« (Oxford-Kommentar, Buch 1, Distinktion 3, Frage 4, Artikel 2). Die befriedigendste wissenschaftliche Erkenntnis war die, deren Ursache bekannt war, wie z. B. im Falle einer Mondfinsternis. Sie war ableitbar aus dem Satz: »Ein undurchsichtiger Gegenstand, zwischen einen leuchtenden und einen beleuchteten Gegenstand gestellt, verhindert die Übertragung des Lichtes auf den zuvor beleuchteten Gegenstand.« Die Gewißheit, daß es eine Kausalbeziehung gab, war durch die Uniformität der Natur verbürgt – sogar dann, wenn die Ursache nicht bekannt war und man »bei irgendeiner feststehenden Wahrheit haltmachen mußte, wie in vielen Fällen, bei denen die Extreme häufig vereint erfahren werden, z. B. daß ein Kraut dieser oder jener Art beißend scharf ist«, das heißt also: sogar wenn es unmöglich war, über eine empirische Verallgemeinerung hinauszukommen.

Dagegen war Wilhelm von Ockham skeptisch in bezug auf die Möglichkeit, jemals einzelne Kausalbeziehungen zu erkennen oder jemals Wesenheiten im einzelnen zu definieren; dabei leugnete er keineswegs die Existenz von Ursachen oder die Existenz der Substanz, die über alle Veränderung hinweg sich selbst gleich bleibt. Er glaubte, daß der Erfahrung nach bestehende Beziehungen universale Gültigkeit besäßen auf Grund der Uniformität der Natur; wie Scotus hielt er diese für eine aus sich selbst evidente Voraussetzung der induktiven Wissenschaft. Seine Bedeutung in der Geschichte der Naturwissenschaft liegt zum Teil darin, daß er die Theorie der Induktion in manchen Stücken verbesserte, zum weit größeren Teil aber in seinem Angriff auf die zeitgenössische Physik und Metaphysik auf Grund neuer, von ihm angenommener methodologischer Prinzipien.

Ockhams Induktionsbegriff beruhte auf zwei Grundsätzen. Erstens: Die einzig sichere Erkenntnis der Erfahrungswelt war – wie er es nannte – »intuitive Erkenntnis«, erworben durch die Wahrnehmung individueller Dinge vermittels der Sinne. Er sagt in der *Summa Totius Logicae*, Teil 3, Abschnitt 2, Kapitel 10: »Wenn ein sinnlich wahrnehmbares Ding durch die Sinne erfaßt wird ... so kann der Verstand es auch erfassen.« Was er »reale Wissenschaft« nannte, enthielt nur Feststellungen über so erfaßte individuelle Dinge. Alles Übrige, alle Theorien, die zur Erklärung beobachteter Tatsachen konstruiert waren, gehörten zur »rationalen Wissenschaft«, in der Namen ausschließlich für Begriffe standen und nicht für etwas Reales.

Sein zweiter Grundsatz war der der Wirtschaftlichkeit, das sogenannte »Rasiermesser Ockhams«. Er wird schon von Grosseteste angeführt; nach Ansicht von Duns Scotus und einigen anderen Oxforder Franziskanern war es »unsinnig, mit vielen Wesenheiten zu arbeiten, wenn man mit wenigen auskommen konnte«. Dieses Prinzip ist in Ockhams Werken auf die verschiedenste Weise formuliert; in den *Quodlibeta Septem*, Quodlibet 5, Frage 5, findet sich die allgemeine Formel: »Eine Vielheit darf nicht ohne zwingende Notwendigkeit behauptet werden.« Der bekannte Satz *Entia non sunt multiplicanda praeter necessitatem* wurde erst im 17. Jahrhundert von einem Schüler des Duns Scotus, John Ponce von Cork, geprägt.

Ockhams Weiterentwicklung der Logik der Intuition gründete sich vor allem auf seine Anerkennung der Tatsache, daß »die gleiche Art von Wirkung aus vielen verschiedenen Ursachen erfolgen kann«; so sagt er in dem bereits erwähnten Kapitel der *Summa Totius Logicae*. Er formulierte bestimmte Regeln, nach denen Kausalbeziehungen zwischen Einzelfällen herzustellen waren, wie z. B. in dem folgenden Abschnitt aus *Super Libros Quatuor Sententiarum*, Buch 1, Distinction 45, Frage 1, D:

»Wenn ich auch nicht allgemein sagen will, was eine unmittelbare Ursache ist, so sage ich doch, daß dieses genügt, um eine unmittelbare Ursache zu sein: Wenn es nämlich anwesend ist, erfolgt die Wirkung; wenn es nicht anwesend ist, erfolgt unter gleichen sonstigen Bedingungen und Umständen die Wirkung nicht. Woraus folgt, daß jedes Etwas, das solch eine Beziehung zu etwas anderem hat, seine unmittelbare Ursache ist, allerdings vielleicht nicht *vice versa*. Es ist klar, daß dieses genügt, damit etwas die unmittelbare Ursache von etwas anderem ist; denn wenn nicht, so gibt es keine andere Möglichkeit, zu erkennen, daß etwas die unmittelbare Ursache von etwas anderem ist. Wenn nun, nachdem entweder die allgemeine oder die besondere Ursache entfernt ist, die Wirkung nicht eintritt, dann ist keine von beiden die totale Ursache; jede ist vielmehr eine partielle Ursache, weil keine, die aus sich selbst allein die Wirkung nicht hervorbringen kann, die Wirkursache ist. Folglich ist keine die totale Ursache. Es ergibt sich also, daß jede Ursache, die eigens als solche bezeichnet wird, eine unmittelbare Ursache ist; eine sogenannte Ursache, die, gegenwärtig oder abwesend, keinen Einfluß auf die Wirkung hat und die, unter anderen Umständen gegenwärtig, die Wirkung nicht hervorruft, kann nicht als Ursache angesehen werden. Das ist der Fall bei jeder anderen als der unmittelbaren Ursache, was hiermit induktiv gezeigt ist.«

Das läuft auf J. St. Mills Methode der Übereinstimmung und Verschiedenheit hinaus. Da eine einzige Wirkung verschiedene Ursachen haben konnte, war es notwendig, rivalisierende Hypothesen zu emilinieren.

»Also«, sagt Ockham im Prolog desselben Werkes, Frage 2, G, »laßt uns dieses als Hauptprinzip feststellen: Alle Kräuter der Art soundso heilen eine fiebernde Person. Man kann es nicht beweisen durch einen Schluß aus besser bekannten Sätzen; man weiß es vielmehr aus intuitiver Erkenntnis und vielleicht aus vielen Einzelfällen. Da man nun beobachtete, daß der Fiebernde nach dem Genuß solcher Kräuter geheilt war, da man außerdem alle anderen Ursachen der Heilung ausschalten konnte, erkannte man als evident, daß dieses Kraut die Ursache der Heilung war. Und damit hat man experimentelle Kenntnis von einer bestimmten Beziehung.«

Ockham bestritt die Möglichkeit, aus Grundprinzipien oder aus der Erfahrung beweisen zu können, daß jede gegebene Wirkung eine Endursache hat. »Das besondere Charakteristikum einer Endursache ist es«, sagt er in seinen *Quodlibeta Septem*, Quodlibet 4, Frage 1, »daß sie verursachen kann, ohne zu existieren«; »woraus folgt, daß diese Bewegung auf ein Ziel hin nicht wirklich, sondern bildlich gemeint ist«, schließt er in *Super Quatuor Libros Sententiarum*, Buch 2, Frage 3, G. Dieser Satz ist freilich ein Gemeinplatz und z. B. auch bei Albertus Magnus und Roger Bacon zu finden. Aber für Ockham waren nur unmittelbare und nächste Ursachen wirklich, und die »Totalursache« eines Ereignisses war die Zusammenfassung alles Vorhergehenden, das genügte, um das Ereignis zustande zu bringen.

Sein Angriff auf die zeitgenössische Physik und Metaphysik zerstörte den Glauben an die meisten Grundsätze, auf denen das physikalische System des 13. Jahrhunderts aufgebaut war. Besonders wandte er sich gegen die aristokratischen Kategorien der »Relation« und der »Substanz«. Seiner Ansicht nach besaßen Relationen – wie z. B. die, daß eine Sache im Raum oberhalb einer anderen sei – objektive Wirklichkeit allein nur für individuelle, wahrnehmbare Dinge, zwischen denen die Beziehung zu finden war. Relationen bedeuteten für ihn einfach Begriffe, die der Verstand gebildet hatte. Diese Auffassung war unvereinbar mit der aristokratischen Idee von einem Kosmos, dessen aufbauende Substanzen nach einem objektiven Ordnungsprinzip zusammengefügt waren; sie gab den Weg frei für die Vorstellung, daß alle Bewegung relativ ist in einem indifferenten geometrischen Raum ohne qualitative Unterschiede.

Was die »Substanz« betraf, meinte Ockham, Erfahrung lasse sich nur von Eigenschaften gewinnen; es könne nicht bewiesen werden, daß beliebige beobachtete Eigenschaften von einer besonderen »substantiellen Form« verursacht wären. Regelmäßige Folgen von Ereignissen waren für ihn einfach tatsächliche Folgen, und die primäre Aufgabe der Wissenschaft war es, diese Folgen durch Beobachtung festzustellen. Über einzelne Kausalverbindungen konnte man unmöglich Gewißheit erlangen, denn die Erfahrung ließ nur individuelle Objekte oder Ereignisse evident erkennen, niemals aber Beziehungen zwischen ihnen als Ursache und Wirkung. Z. B. trafen die Anwesenheit von Feuer und das Gefühl des Brennens zusammen, aber es war nicht zu beweisen, daß es irgendeine Kausalbeziehung zwischen beiden gab. Man konnte auch nicht beweisen, daß ein einzelner Mensch ein Mensch war und nicht ein von einem Engel belebter Leichnam. Im natürlichen Verlauf der Dinge war sinnliche Wahrnehmung nur bei existierenden Objekten möglich; aber Gott konnte eine Sinneswahrnehmung ohne Objekt ermöglichen. Das war ein Angriff auf die Wirkursächlichkeit, der Ockham schließlich zu revolutionären Behauptung über das Wesen der Bewegung führte (vgl. Seite 298 ff.).

Ein französischer Zeitgenosse Ockhams, Nikolaus von Autrecourt († nach 1350), brachte es zu einem noch höheren Grad von philosophischem Empirismus, wie er erst von David Hume im 18. Jahrhundert noch einmal erreicht werden sollte. Er leugnete die Möglichkeit, die Existenz von Substanz und Kausalbeziehungen überhaupt zu erkennen. Wie Ockham beschränkte er die evidente Gewißheit auf das, was durch »intuitive Erfahrung« und logisch notwendige Folgerungen erkannt wurde, und schloß (in einem Passus, von J. Lappe in *Beiträge zur Geschichte der Philosophie des Mittelalters*, 1908, Band 6, Teil 2, Seite 9, veröffentlicht): »Aus der Tatsache, daß ein Ding als existent erkannt ist, läßt sich nicht evident schließen, daß ein anderes Ding existiert« oder nicht existiert; woraus folgt, daß aus der Erkenntnis der Attribute die Existenz des Wesens unmöglich geschlossen werden kann. Weiter sagt er in *Exigit ordo Executionis*, herausgegeben von J. R. O'Donnell in *Mediaeval Studies* (1939, Band 1, Seite 237):

»Was die Dinge betrifft, die wir aus Erfahrung kennen – etwa so wie Rhabarber die Cholera heilen oder der Magnet Eisen anziehen soll –, so besitzen wir darüber nur eine Vermutung, die sich aus der Gewohnheit ergibt (solum habitus conjecturativus), aber keine Gewißheit. Wenn nun gesagt wird, wir hätten bei solchen Dingen auf Grund einer in der Seele ruhenden Voraussetzung die Gewißheit, daß das, was sich z. B. in vielen Fällen als Folge einer nicht frei gewollten Ursache ereignet, seine natürliche Wirkung ist – so frage ich, was ihr denn eine natürliche Ursache nennt. Wollt ihr damit ausdrücken, daß das, was viele Male in der Vergangenheit und bis heute etwas bewirkt hat, auch in Zukunft etwas bewirken wird, sofern es bestehen bleibt und angewendet wird? Dann ist die zweite [Prämisse] nicht bekannt. Denn selbst wenn etwas viele Male bewirkt worden ist, so ist doch nicht zu erkennen, daß es in Zukunft auf die gleiche Weise bewirkt werden muß.«

»Und darum«, sagt er in einem Abschnitt (veröffentlicht von Hastings Rashdall in *Proceedings of the Aristotelian Society*, N. S. Band 7), »welche Bedingungen wir auch immer als Ursache einer beliebigen Wirkung annehmen, wir wissen nicht mit Sicherheit, ob die erwartete Wirkung folgen wird, wenn diese Bedingungen erfüllt sind.«

Ein solches Forschen nach Evidenz in der Erkenntnis wirkte auf die Philosophie im allgemeinen derart, daß in den Diskussionen der Gelehrtenschulen das Interesse allmählich von den traditionellen Problemen der Metaphysik auf die erfahrbare Welt überging. Der Nominalismus oder besser »Terminismus« Ockhams wollte zeigen, daß in der natürlichen Welt alles bedingt ist und daß deshalb Beobachtungen notwendig sind, wenn man über sie etwas erfahren will.

Im mittelalterlichen Denken war und blieb die Beziehung zwischen Glaube und Verstand das zentrale Problem; die Haltung ihm gegenüber war sehr verschieden, je nachdem ob es sich um Schüler des Augustinus, Thomas, Averroës oder Ockham handelte. »Geist und Aufgabe« der frühmittelalterlichen Philosophie bestand darin, »daß der Glaube sich selbst zu verstehen bemüht war.« So drückte es R. McKeon in seinen *Selections from Medieval Philosophers* (Band 2, Seite IX f.) aus. In der Zeit von Augustinus bis zu Thomas von Aquin war die Philosophie vorangeschritten von der Betrachtung der Wahrheit als Spiegelung Gottes zu der Wahrheit in den Beziehungen der Dinge zueinander und zum Menschen, wobei ihr Verhältnis zu Gott der Theologie überlassen blieb. Ockham selbst trennte die Theologie scharf von der Philosophie: Jene leitete ihre Erkenntnis aus der Offenbarung ab, diese aus der sinnlichen Erfahrung als ihrem alleinigen Ursprung. Und während die Averroisten dahin gelangten, die Möglichkeit einer »doppelten Wahrheit« anzunehmen (vgl. Seite 61), suchten die Schüler Ockhams, z. B. Nikolaus von Autrecourt, eine Lösung des Problems in ihrer Lehre vom »Probabilismus« zu finden. Damit meinten sie, die natürliche Philosophie könne ein wahrscheinliches, aber nicht ein notwendiges System von Erklärungen bieten; wo aber dieses wahrscheinliche System den notwendigen Voraussetzungen der Offenbarung widersprach, war es als falsch anzusehen. Nikolaus versuchte selber, das wahrscheinlichste System der Physik zu finden, und begann damit einen kompromißlosen Kampf gegen das aristotelische System; er kam zu dem Schluß, daß das wahrscheinlichste System auf dem Atomismus beruhen müsse. Nach dieser Zeit wurden die Versuche aufgegeben, durch rational konstruierte Systeme Glaubens- und Denkinhalte zu vereinen. Statt dessen begann eine Periode wachsenden Vertrauens auf das buchstäblich genommene Wort der Bibel und schwindenden Zutrauens zur Lehre einer von Gott eingesetzten Kirche. Das ist die Zeit der spekulativen Mystiker Ekkehard (um 1260–1327) und Heinrich Seuse (um 1295–1365), der Empiriker und Skeptiker Nikolaus von Kues (1401–1464) und Montaigne (1533–1592). Nikolaus von Kues z. B. behauptete, daß es zwar möglich sei, immer näher zur Wahrheit vorzudringen, jedoch unmöglich, sie jemals endgültig zu ergreifen – genauso, wie man Figuren zeichnen könne, die sich mehr und mehr einem vollkommenen Kreis annäherten, jedoch keine so vollkommen zu zeichnen vermöge, daß nicht ein noch vollkommenerer Kreis möglich sei. Montaigne war noch skeptischer. Der Strom des skeptischen Empirismus fließt seit dem 14. Jahrhundert mächtig durch die abendländische Philosophie; er tut sein Werk, die Grundlagen der menschlichen Erkenntnis in den Mittelpunkt des allgemeinen Interesses zu rücken, und hat so zu den bedeutendsten Klarstellungen der wissenschaftlichen Methodologie beigetragen.

MATERIE UND RAUM IN DER PHYSIK
DES SPÄTEN MITTELALTERS

Im Verlauf des Kampfes, den das 14. Jahrhundert gegen Aristoteles und sein gesamtes System der Physik führte, wurde seine Lehre von Materie und Raum wie auch seine Bewegungstheorie aufs schärfste angegriffen. Aristoteles hatte die Möglichkeit der Existenz von Atomen, eines leeren Raumes, der Unendlichkeit und einer Vielheit von Welten geleugnet; aber als die Theologen 1277 seinen strengen Determinismus verurteilten, war der Weg zur Spekulation über diese

Gegenstände freigeworden. Mit der Berufung auf Gottes Allmacht argumentierten die Philosophen, Gott könne einen Körper erschaffen, der sich im leeren Raum bewege, oder auch ein unendliches Universum; sie dachten sich sogar aus, was sich ergeben würde, wenn Gott es wirklich täte. Uns scheint das eine seltsame Art, Naturwissenschaft zu betreiben, aber es ist nicht zu bezweifeln, daß sie damit tatsächlich der Naturwissenschaft näher kamen. Sie debattierten über die Möglichkeit vieler Welten, der beiden Unendlichkeiten, des Zentrums der Schwerkraft und außerdem über die Beschleunigung eines Körpers beim freien Fall, über die Flugbahn von Wurfgeschossen und über die Möglichkeit der Erdbewegung. Die Kritik an Aristoteles hatte mit vielen metaphysischen und »physikalischen« Einschränkungen aufgeräumt, die sein System dem Gebrauch der Mathematik in den Weg gestellt hatte. Darüber hinaus gingen viele der neuen Vorstellungen direkt in die Mechanik des 17. Jahrhunderts ein oder waren doch Grundlagen für Theorien, die dann in der neuen, aus Mathematik und Experiment geschaffenen Sprache ihren Ausdruck fanden.

Im Mittelpunkt aller Diskussion über Materie, Raum und Schwerkraft standen im 13. und 14. Jahrhundert die beiden Definitionen der Dimensionalität: die der Atomisten und Platons und die des Aristoteles (Seite 32 ff., 70–74). Plato legt im *Timaios* eine ausgesprochen mathematische Raumauffassung dar: Raum ist nach ihm Ausdehnung, unabhängig von Körpern, wenn auch Körper in ihm existieren und sich bewegen können; Raum ist Sammelbehälter für alle Dinge, so wirklich wie die ewigen Ideen und wirklicher als die in ihm enthaltenen Körper. Der Teil des Raumes, der von der Ausdehnung eines Körpers besetzt wird, galt für ihn als der »Ort« des Körpers, der nicht so ausgefüllte Teil als Vakuum. Das ist im wesentlichen die Auffassung der Atomisten.

Dagegen wandte Aristoteles in seiner *Physik* (Buch 4) ein, Dimensionen könnten nicht außerhalb von dimensionalen Körpern existieren. Er begriff Ausdehnung als eine quantitative Eigenschaft von Körpern: Kein Attribut kann außerhalb der Substanz, der es anhaftet, existieren (Seite 65 f.). Aristoteles behauptete ferner, die Raumauffassung Platos und der Atomisten sei unbrauchbar zur Erklärung der tatsächlichen Bewegungen von Körpern: Warum sollte z. B. ein gegebener Körper sich nach oben und nicht nach unten bewegen und umgekehrt? Seine eigene Erklärung der verschiedenen, an Körpern beobachteten Bewegungen war bestimmt durch seine Definition des »Ortes«. Dieser war primär die physikalische Umgebung des Körpers, die »innerste Begrenzung« dessen, was den Körper enthält. Nach Aristoteles' Meinung waren alle Körper, die das Universum ausmachen, miteinander in Berührung und bildeten so ein *Plenum*. Die eingeborene Vorliebe eines Körpers für eine bestimmte physikalische Umgebung innerhalb dieses *Plenums* war die Ursache der natürlichen Bewegungen, die an allen Körpern zu beobachten sind (Seite 66 ff., 110 f.). So begriff er also den »Ort« als ein physikalisches Umgebendes, das durch Zweckkausalität jeden Körper seinem Wesen gemäß bewegt. Er fügte noch ein geometrisches, räumliches Charakteristikum hinzu: daß nämlich jeder Ort im Universum in sich selbst bewegungslos sei. In *De Caelo* gibt er jedem der Orte, die das Universum als Ganzes ausmachen, eine Position im absoluten Raum, bezogen auf den Erdmittelpunkt, der im Mittelpunkt des Universums fixiert ist. Damit kommt er zu den Begriffen »oben« und »unten« als absoluten Richtungen vom Zentrum zur äußersten Begrenzung des Himmelsgewölbes.

Was in allen Gedankengängen des Aristoteles so bemerkenswert ist, seine empirische Konkretheit, kommt auch in seiner Definition von Dimensionalität und Ort zum Ausdruck. Die Physik des 14. Jahrhunderts ist weitgehend geprägt von dem neuauflebenden abstrakteren Denken Platos und der Atomisten.

Atomismus in der Form, wie er in Platos *Timaios*, in Lucrez' *De Rerum Natura* (vgl. Seite 339) und in den Werken anderer Griechen der Antike* zu finden ist, war von einigen Philosophen des 13. Jahrhunderts weiter ausgebaut worden. Grossesteste z. B. hatte gesagt,

---

* Die Weiterentwicklung der antiken Atomtheorie nach Plato und Aristoteles (für die Zeit bis Plato vergleiche Fußnote Seite 29 ff.) war weitgehend das Werk von Epikur (340–270 v. Chr.), Strato aus Lampsakus (um 288 v. Chr.) und Hero von Alexandria (1. Jahrhundert v. Chr.). Epikurs Theorie wird dargestellt in dem Gedicht *De Rerum Natura* von Lucretius Carus (etwa 95–55 v. Chr.). Er wandelte die Theorie Demokrits in zwei Punkten um: Erstens behauptete er, die Atome fielen im leeren Raum senkrecht je nach ihrem Gewicht; zweitens erfolge die gegenseitige Einwirkung der Atome untereinander, die zur Bildung von Körpern führe, als Ergebnis zufälliger »Abweichungen«, die Kollisionen zur Folge haben. Er nahm eine begrenzte Zahl von Gestalten an, aber eine unbegrenzte Zahl von Atomen

der endliche Weltraum sei entstanden durch unendliche »Multiplikation« von Lichtpunkten, Hitze entstehe durch ein Auseinanderfliegen von Molekularteilchen, das auf die Bewegung folge. Sogar Roger Bacon, der doch Aristoteles anhing und zu beweisen versuchte, daß sich aus dem Atomismus Widersprüche zur Mathematik ergeben müßten, etwa zur Unmeßbarkeit der Diagonale und Seite eines Quadrates (vgl. Fußnote Seite 29 ff.), stimmte mit Grosseteste darin überein, daß er Hitze für eine Form heftiger Bewegung hielt. Gegen Ende des 13. Jahrhunderts wurden atomistische Behauptungen von verschiedenen Schriftstellern übernommen. Scotus allerdings widerlegte sie in der Auseinandersetzung über die Frage, ob Engel sich in stetiger Bewegung von Ort zu Ort begeben könnten. Ähnliche Ansichten wurden im frühen 14. Jahrhundert von Thomas Bradwardine (um 1295–1349) widerlegt, z. B. die Vorstellung, ununterbrochen zusammenhängende Materie bestehe entweder aus *indivisibilia*, das

jeglicher Gestalt. Verschiedene Arten von Atomen hatten verschiedenes Gewicht, fielen aber alle mit gleicher Geschwindigkeit. Epikur übernahm das von einigen früheren Atomisten postulierte Prinzip, daß alle Körper beliebigen Gewichtes im leeren Raum mit gleicher Geschwindigkeit fallen. Geschwindigkeitsunterschiede fallender Körper in einem gegebenen Medium, etwa der Luft, waren auf Unterschiede in dem Verhältnis des Gewichtes zum Luftwiderstand zurückzuführen. Bei Zusammenstößen ballten sich die Atome zu kleinen Zweigen oder Geweihen zusammen; nur die Atome der Seele waren kugelförmig. Einem Einwand von Aristoteles, der mit der Veränderung von Eigenschaften in zusammengesetzten Körpern begründet wurde, begegnete er mit der Annahme, daß ein »zusammengesetzter Körper«, entstanden durch Zusammenschluß von Atomen, durchaus neue Eigenschaften erwerben könne, die das individuelle Atom nicht besaß. Die unendliche Anzahl von Atomen bewirkte eine unendliche Zahl von Universen im unendlichen Raum. Stratos Abhandlung *Über den leeren Raum* scheint der Ausgangspunkt für die Einleitung zu Heros *Pneumatica* gewesen zu sein. Strato versuchte atomistische und aristotelische Vorstellungen zu kombinieren; er hatte eine empirische Ansicht von der Existenz des leeren Raumes und benutzte sie, um den Unterschied in der Dichte verschiedener Körper zu erklären. Darin folgten ihm Philo in *De Ingeniis Spiritualibus* (das im Mittelalter nicht allzu bekannt war) und Hero. Dieser leugnete die Existenz eines stetig ausgedehnten Vakuums, nahm aber einzelne Vakuen zwischen den Körperpartikeln an und erklärte damit die Tatsachen, daß sich Luft zusammenpressen läßt, daß heißt aus unzusammenhängenden, voneinander getrennten Atomen, oder aus *minima*, das heißt Atomen, die stetig miteinander verbunden sind, oder aus einer unendlichen Zahl tatsächlich existierender Punkte.

Um die Wende des 13. Jahrhunderts erschien eine vollständige Atomlehre von Ägidius von Rom (1247–1316); sie leitete sich in ihren Grundlagen her aus Avicebrons Theorie, daß die Materie Ausdehnung sei, die sich nach und nach durch eine Hierarchie von Formen herausspezialisiert habe (vgl. Seite 70). Ägidius behauptete, Größe könne auf drei verschiedene Arten betrachtet werden: entweder als mathematische Abstraktion oder verwirklicht in einer unspezifizierten oder in einer spezifizierten stofflichen Substanz. Ein abstrakter Kubikfuß und ein Kubikfuß unspezifizierter Materie waren potentiell unendlich teilbar; bei der Teilung eines

Wein in Wasser diffundiert und ähnliche Phänomene. Beide führten auch Experimente aus, um die Unmöglichkeit eines ausgedehnten leeren Raumes zu beweisen. Aristoteles hatte bewiesen, daß die Luft ein Körper ist, indem er zeigte, daß ein Gefäß erst dann mit Wasser gefüllt werden kann, wenn man die Luft entfernt hat. Philo und Hero machten beide den Versuch, den auch Simplicius beschrieben hat: In einer Wasseruhr oder Klepsydra konnte das Wasser aus einem Gefäß nur auslaufen, wenn auf irgendeine Weise Luft eintreten konnte. Philo beschreibt zwei weitere Experimente zum Beweis des gleichen: Er befestigte eine Röhre an einer luftgefüllten Kugel und tauchte das Ende der Röhre unter Wasser. Wenn die Kugel erhitzt wurde, wurde die Luft durch die Röhre ausgestoßen; wenn man sie abkühlte, wurde durch das Zusammenziehen der Luft Wasser in die Kugel hineingezogen. Luft und Wasser blieben in Berührung, nirgendwo entstand ein Vakuum. Er stellte auch eine brennende Kerze in ein Gefäß, das ins Wasser gestülpt war, und zeigte, daß das Wasser im Gefäß ansteigt, sobald die Luft aufgezehrt ist. Der Atomismus war, abgesehen von diesen und einigen andern alexandrinischen Schriftstellern, z. B. dem Arzt Erasistratos, in der Antike nicht sehr angesehen. Dagegen wandten sich die Stoiker – wenn sie auch an die Möglichkeit eines leeren Raumes innerhalb des Universums und an einen unendlichen leeren Raum jenseits seiner Grenzen glaubten – und auch Schriftsteller wie Cicero, Seneca, Galen und Augustinus. Andere jedoch, Isidor von Sevilla, Beda, Wilhelm von Conches und mehrere arabische und jüdische Autoren, wie z. B. Rhazes (um 924) und Maimonides (1135–1204), diskutierten in ihren Werken kurz über Atomismus.

Kubikfußes Wasser erreichte man einen Punkt, an dem man nicht mehr Wasser, sondern etwas anderes vor sich hatte. Die geometrischen Argumente gegen die Existenz natürlicher *minima* waren darum belanglos. Nikolaus von Autrecourt ging soweit, die Deutung von Phänomenen als substanzielle Formen überhaupt aufzugeben, weil es unmöglich zu beweisen war, daß in einem Stück Brot außer den sinnlich wahrnehmbaren Akzidenzien noch etwas anderes steckte; er machte sich eine rein epikureische Physik zu eigen. So kam er zu dem naheliegenden Schluß, daß ein materielles *Kontinuum* aus kleinsten, nicht mehr wahrnehmbaren, unteilbaren Punkten zusammengesetzt sei, die Zeit aus unzusammenhängenden Augenblicken; jede Veränderung in natürlichen Dingen war seiner Ansicht nach die Folge von örtlichen Bewegungen, d. h. Zusammenballung und Zerstreuung von Partikeln. Er sah das Licht als eine Bewegung von Partikeln mit endlicher Geschwindigkeit an. Sicherlich standen einige dieser Schlußfolgerungen in Beziehung zu den theologischen Auseinandersetzungen über die Lehre von der Transsubstantiation; das zeigt aber, wie eng alle kosmologischen Fragen miteinander verknüpft waren und warum er gezwungen war, einige seiner Thesen zurückzuziehen. Diese Diskussionen lebten weiter in der nominalistischen Lehre des 15. und 16. Jahrhunderts, in den Schriften des Nikolaus von Kues und des Giordano Bruno (1548 bis 1600) und entwickelten schließlich die Atomtheorie, mit der das 17. Jahrhundert chemische Phänomene zu erklären versuchte.

Was nun das Problem des leeren Raumes betrifft – es ergab sich zum Teil aus der Frage, ob es eine Vielzahl von Welten gäbe und was zwischen ihnen liegen könnte, *wenn* es sie gäbe –, gingen manche Schriftsteller am Ende des 13. und Anfang des 14. Jahrhunderts so weit, zu behaupten, es sei ein Widerspruch zur Allmacht Gottes, wenn man sage, bei ihm könne es keine wirkliche Leere geben. So liest man bei Richard von Middleton (oder Mediavilla, um 1294) und Walter Burley (1275–1344). Nikolaus von Autrecourt ging noch weiter und behauptete die wahrscheinliche Existenz eines Vakuums: »Es gibt etwas, worin kein Körper existiert, worin aber jeder Körper existieren könnte«, sagt er in einem Kapitel, veröffentlicht von J. R. O'Donnell in *Mediaeval Studies* (1939, Band I, Seite 218). Die meisten Autoren jedoch schlossen sich den Argumenten des Aristoteles an und leugneten einen wirklich existierenden leeren Raum (vgl.

Seite 66 f.), wenn sie auch Roger Bacons Definition des leeren Raumes als mathematische Abstraktion gelten ließen. Dieser sagt in dem *Opus Majus* (Teil 5, Teil 1, Distinktion 9, Kapitel 2):

»In einem Vakuum existiert keine Natur, denn das Vakuum, richtig verstanden, ist nur eine mathematische Quantität in dreidimensionaler Ausdehnung, die *per se* existiert, ohne Wärme oder Kälte, Weichheit oder Härte, nicht locker und nicht dicht, ohne jede natürliche Eigenschaft, lediglich zur Ausfüllung des Raumes nicht nur zwischen den Himmelskörpern, sondern über sie hinaus. So setzten es die Philosophen vor Aristoteles fest.«

Physikalische Beweisgründe gegen die Existenz des leeren Raumes waren zum Teil von Griechen wie Hero und Philo übernommen worden, deren Versuche mit Kerze und Wasseruhr vielen Forschern bekannt waren, z. B. Albertus Magnus, Pierre d'Auvergne († 1304), Jean Buridan († um 1358) und Marsilius von Inghen († 1396). Bei ihnen wird ein weiteres Experiment erwähnt: Eine U-förmig gebogene Röhre mit verschieden langen Armen wird so ins Wasser gehalten, daß ihr kurzes Ende sich unter Wasser befindet; aus dem längeren Arm wird die Luft abgesaugt: das Wasser steigt darin hoch. Ein anderer Versuch: Bei einer Wasseruhr läuft das Wasser aus den Löchern am Grunde dann nicht hinaus, wenn das obere Loch mit dem Finger zugehalten wird. Das geschieht entgegen dem natürlichen Streben des Wassers, nach unten zu fließen. Albertus Magnus fand die Erklärung dafür in der Unmöglichkeit der Existenz eines leeren Raumes, da ja Wasser nur ausfließen konnte, wenn Luft eintreten und mit ihm in Berührung bleiben konnte. Roger Bacon gab sich mit solch einer negativen Erklärung nicht zufrieden. Er nannte als Endursache des Phänomens die Naturordnung, die keinen leeren Raum zuläßt; als Wirkursache bezeichnete er eine positive »Kraft universaler Natur«, in Anlehnung an die »allgemeine Körperlichkeit« Avicebrons (vgl. Seite 71 f.), die auf das Wasser drückt und es hoch hält. Eine ähnliche Erklärung hatte schon Adelard von Bath gegeben. Ägidius von Rom setzte später eine andere positive Kraft ein, *tractatus a vacuo* oder Saugkraft des Vakuums, eine universale Anziehungskraft, die den Kontakt zwischen Körpern wahrt und Unterbrechungen verhindert. Dieselbe Gewalt, sagte er, zwingt den Magneten, Eisen anzuziehen. John von Dumbleton (um 1331–1349) meinte, die Himmelskörper müßten notfalls, um miteinander in Berührung zu bleiben, ihre natürlichen Kreisbewegungen als Einzelkörper aufgeben und ihrer universalen Natur oder »Körperlichkeit« folgen, obgleich sie damit zu einer unnatürlichen, geradlinigen Fortbewegung gezwungen werden. Im 15. und 16. Jahrhundert war Roger Bacons Theorie als Ganzes in Paris vergessen; übrig blieb der eine Satz: »Die Natur verabscheut das Vakuum«, und der forderte den Spott Torricellis und Pascals heraus.

Interessante Diskussionen über die logischen Grundlagen der Mathematik ergaben sich aus der Möglichkeit der unendlichen Addition und Division von Größen. Richard von Middleton und später Ockham behaupteten, für den Umfang des Universums lasse sich keine Grenze bestimmen; es sei potentiell unendlich (vgl. Seite 71 f.), nicht wirklich unendlich, denn kein sinnlich wahrnehmbarer Körper könne wirklich unendlich sein. Diese letzte Schlußfolgerung, versuchte Richard von Middleton zu zeigen, war unvereinbar mit der aristotelischen Lehre von der Ewigkeit des Weltalls, von der Albertus Magnus und Thomas von Aquin gesagt hatten, sie könne mit dem Verstand weder bewiesen noch widerlegt werden, sei aber von der Offenbarung her abzulehnen. Richard folgerte: Unaufhörlich werden unzerstörbare menschliche Seelen erschaffen. Wenn das Universum von Ewigkeit her bestanden hätte, müßte es heute eine unendliche Menge solcher Wesen geben. Die Existenz einer wirklich unendlichen Menge ist unmöglich; also kann das Weltall nicht von Ewigkeit her bestanden haben. Aus der ganzen Diskussion ergab sich eine Überprüfung des Begriffes Unendlichkeit. Die kategorische Behauptung einer wirklich existierenden Unendlichkeit führte zu einem geometrischen Paradoxon, wie z. B. bei Albert von Sachsen in der Frage, ob es eine unendliche Spirallinie auf einem endlichen Körper geben könne. Das brachte Gregor von Rimini dazu, den Wörten »ganz«, »Teil«, »größer«, »geringer« eine ganz präzise Bedeutung zuzumessen. Er hob hervor, daß sie unterschiedliche Bedeutung haben je nachdem, ob sie sich auf endliche oder unendliche Größen beziehen, daß »Unendlichkeit« etwas anderes bedeutet, wenn man das Wort im distributiven Sinne nimmt, als wenn es kollektiv gemeint ist. Das *Centiloquium Theologicum* eines unbekannten Verfassers, früher Ockham zugeschrieben, befaßt sich mit diesem Problem. Das Werk zeigt in Schluß 17, C, daß der Autor eine logische Spitzfindigkeit erreicht, wie sie nur im 19. und 20. Jahrhundert in der mathematischen Logik von Cantor, Dedekind und Russel noch einmal zu finden ist.

»Es gibt keinen Einwand dagegen, daß der Teil seinem Ganzen gleich oder nicht geringer als das Ganze sei, weil das nicht ... nur intensiv, sondern auch extensiv festzustellen ist, ... denn im ganzen Weltall gibt es nicht mehr Teile als in einer Bohne, weil in einer Bohne unendlich viele Teile sind.«

Diese Diskussionen um Unendlichkeit und andere Probleme – z. B. über den maximalen Widerstand, den eine Kraft überwinden kann, oder den minimalen, den sie nicht zu überwinden vermag – schafften die logischen Grundlagen der Infinitesimalrechnung. Die mittelalterliche Mathematik bewegte sich in recht engen Grenzen; erst als die Humanisten das Augenmerk auf griechische Mathematiker, insbesondere Archimedes richteten, wurde der Fortschritt in der Mathematik möglich, der sich tatsächlich im 17. Jahrhundert vollzog.

In Verbindung mit dem Problem unendlicher Größen stand die Frage einer Vielzahl von Welten. 1277 verurteilte Etienne Tempier, Bischof von Paris, die Behauptung, es sei Gott unmöglich, mehr als ein Universum zu erschaffen. Das Problem wurde gewöhnlich zusammen mit dem der Schwerkraft und des natürlichen Ortes der Elemente diskutiert (vgl. Seite 72 f., 125 f.).

In *De Caelo* (Buch 1, Kap. 8) hatte Aristoteles die Möglichkeit einer mechanischen Deutung der Schwerkraft durch äußere Kräfte, die Körper hin und her stoßen, in Betracht gezogen. Aber er ließ den Gedanken wieder fallen, weil er überflüssig wurde, wenn die Bewegungen der Schwerkraft als Spontanbewegungen einer »Natur« in Richtung auf ihren natürlichen Ort hin angesehen wurden (Seite 66 f., 283 ff.). Diese Auffassung wurde gestützt durch die Autorität des Averroës, der die Schwerkraft als ein inneres Streben begriff, das zur »Natur«, zur »Form« eines Körpers gehört und seine Bewegung verursacht. Im 13. Jahrhundert war das dann die geläufige Vorstellung: Schwerkraft als innewohnende Eigenschaft, die natürliche Bewegung bewirkt. Albert Magnus und Thomas von Aquin z. B. übernahmen sie, wobei die Meinungen über die genaue Art und Weise, wie die »Form« einen Körper zur Bewegung bringt, weit auseinander gingen.

Aber schon damals gab es Naturphilosophen, die meinten, man

müsse über die natürliche Spontaneität der Form und die Endursächlichkeit des natürlichen Ortes hinaus nach einer weiteren Wirkursächlichkeit der Gravitation Ausschau halten. Einige Autoren verstanden darunter eine *äußere* Ursache. So wollten z. B. Bonaventura und Richard von Middleton dem natürlichen Ort eine anziehende *(virtus loci attrahentis)* und dem unnatürlichen Ort eine abstoßende Kraft zuschreiben. Roger Bacon entwickelte eine vollständige »Feld«-theorie zur Erklärung der Schwerkraft (Seite 70 f., 96–103, 297 f.). Er behauptete, der natürliche Ort übe End- und Wirkkausalität aus durch eine immaterielle Kraft *(virtus immaterialis)*, die von den Himmelskörpern komme und den ganzen Raum ausfülle. Schwerkraft und Überwindung der Schwerkraft seien beide diffuse immaterielle Kräfte, die zwar aus »himmlischer Kraft« stammen, ihre Wirkungen aber dadurch hervorbringen, daß sie an vielen natürlichen Orten stärker konzentriert sind. So lautet auch die Erklärung in der *Summa Philosophiae* des Pseudo-Grosseteste.

Eine noch extremere Form dieser Erklärung durch äußere Kräfte erscheint bei einigen Autoren des 14. Jahrhunderts. Sie begriffen den natürlichen Ort als totale Wirkursache der Gravitation. Buridan erwähnt in seinen *Quaestiones de Caelo et Mundo* (Buch 2, Frage 12) die Meinung »gewisser Leute« (aliqui), die sagen, der Ort sei die bewegende Ursache des schweren Körpers durch seine Anziehung, so wie der Magnet Eisen anzieht. Er bekämpfte diese Meinung aus Gründen der Erfahrung. Wenn schwere Körper im Fallen beschleunigt werden, sagte er, so muß die bewegende Kraft im gleichen Maße wie die Geschwindigkeit zunehmen (Seite 76 f., 110 f., 302 ff.). Wer nun annimmt, daß Anziehung durch den natürlichen Ort die bewegende Kraft sei, muß also voraussetzen, daß diese nahe bei dem natürlichen Ort größer ist als weiter entfernt von ihm, so wie es beim Magneten der Fall ist. Aber wenn man zwei Steine von einem Turm hinabwirft, einen von der Spitze und den anderen von einer tiefer gelegenen Stelle, so hat der erste in dem Augenblick, in dem beide einen Punkt, sagen wir einen Fuß über dem Erdboden, erreichen, eine viel größere Geschwindigkeit als der zweite. Die Geschwindigkeit kann also nicht einfach durch die Nähe zum natürlichen Ort bestimmt sein, sie hängt – welche Ursache sie auch haben mag – von der Länge der Fallstrecke ab. »Sie ist auch nicht dem Magneten und Eisen ähnlich«, schloß er, »denn wenn Eisen dem Magneten nahekommt, so bewegt es sich sofort schneller darauf zu, als wenn es noch weiter entfernt ist; das ist aber nicht der Fall bei schweren Körpern in bezug auf ihren natürlichen Ort*.«

Albert von Sachsen (um 1316–1390) erhob weitere Einwände dagegen, daß der natürliche Ort irgendwelche Kräfte, irgendeine *vis trahens* auf den sich auf ihn zu bewegenden Körper ausübe. Er wies darauf hin, daß ein schwerer Körper einer solchen Kraft größeren Widerstand entgegensetze als ein leichter; also müsse er langsamer fallen als der leichte Körper. Erfahrungsgemäß sei das Gegenteil der Fall.

In diesen Beweisführungen zeigt sich, welch große Schwierigkeiten die Probleme der Dynamik denen bereiteten, die sie zum erstenmal anpackten, während uns heute ihre Lösungen selbstverständlich scheinen.

Alle genannten Schriftsteller hielten an dem Prinzip fest, daß die Bewirkung einer Tätigkeit über eine Entfernung hinweg einfach unmöglich sei. Diejenigen, die die Analogie des Magneten bevorzugten, hatten gewöhnlich die Erklärung des Averroës im Sinn (vgl. Seite 117 f.). Nach dieser Theorie ist die das Eisen bewegende Kraft eine Eigenschaft, die ihm durch die *species magnetica* verliehen wird. Diese geht vom Magneten aus durch das Medium, wandelt das Eisen um und gibt ihm so die Fähigkeit, *sich selbst* zu bewegen. Damit bleibt das Grundprinzip der aristotelischen Dynamik bestehen, daß die bewegende Kraft den sich bewegenden Körper begleiten müsse.

Eine Ausnahme war Wilhelm von Ockham. Er erklärte kühn, wenn man den Augenschein bestätigen wolle, so sei es überflüssig, vermittelnde »Species« und bewirkende Kräfte zu postulieren, nur um nicht eine Wirkung über Entfernungen hinweg annehmen zu müssen; es gebe gar keinen Einwand gegen eine Wirkung auf die Entfernung als solche. Die Sonne bewirke unmittelbar etwas aus der Ferne, wenn sie die Erde erleuchte. Der Magnet, so behauptete er in seinem *Kommentar zu den Sentenzen* (Buch 2, Frage 18) »zieht [das Eisen] unmittelbar an, nicht mit Hilfe einer Kraft, die irgend-

---

* In Wirklichkeit erfahren Körper durch Magnetismus und Schwerkraft eine Beschleunigung, die umgekehrt proportional ist dem Quadrat der Entfernung.

wie im Medium oder im Eisen existiert; also wirkt er über die Entfernung hinweg unmittelbar und nicht durch ein Medium«. Das Grundprinzip, daß die bewegende Kraft den sich bewegenden Körper begleiten müsse, wurde von Ockham in seinem Angriff gegen die gesamte zeitgenössische Bewegungslehre sowieso als Voraussetzung abgelehnt (vgl. Seite 298–302).

In der Annahme, daß Wirkung über eine Entfernung hinweg möglich sei, hatte Ockham zumindest einen Anhänger unter den Autoren des 14. Jahrhunderts: John Baconthorpe. Er behauptete (zitiert von Dr. Mayer in *An der Grenze von Scholastik und Naturwissenschaft*, Seite 176, Fußnote), daß der Magnet »das Eisen wirklich anzieht«. Aber die allgemeine Meinung über Gravitation ging im 14. wie im 13. Jahrhundert dahin, sowohl die Wirkung über Entfernungen hin wie auch äußere Kräfte jeder Art abzulehnen. Sie hielt sich an die Auffassung von Aristoteles und Averroës, daß Schwerkraft ein inneres Streben sei. Beispiele dafür sind Jean de Jandun, Walter Burley, Buridan, Albert von Sachsen, Marsilius von Inghen. Buridan und andere bemühten sich, dieser inneren Ursache der Bewegung quantitative Genauigkeit zu geben; das führte zu den interessantesten Bewegungstheorien vor Galilei (vgl. Seite 302 ff., 384 ff.).

Dann erhob sich die Frage, welches der natürliche Ort eines Elementes, z. B. der Erde, sei, an dem es zur Ruhe kommt. Dabei unterschied Albert von Sachsen zwischen dem Zentrum der Masse und dem Zentrum der Schwerkraft. Das Gewicht jedes Stückes Materie ist konzentriert in seinem Schwerkraftzentrum; die Erde ist dann an ihrem natürlichen Ort, wenn ihr Schwerkraftzentrum mit dem Mittelpunkt des Universums zusammenfällt. Der natürliche Ort des Wassers liegt in einer Kugel rund um die Erde, so daß es auf die Oberfläche der Erde, die von ihm bedeckt wird, keinen Druck ausübt.

Buridan und Albert von Sachsen waren Aristoteliker und lehnten als solche die Erklärung der Schwerkraft durch äußere Kräfte ab. Aber die aristotelische Erklärung blieb auch nicht die einzige. Mit dem Wiederwachen des Platonismus besonders im 15. Jahrhundert fand sich in der pythagoreischen und platonischen Auffassung von Schwerkraft ein Argument für die Existenz mehrerer Welten. Im 5. Jahrhundert v. Chr. hatte der Grieche Stobäus in seinem *Eclogarum Physicorum*, Kapitel 24, gesagt:

»Heraklides von Pontus und die Pythagoreer behaupten, jeder der Sterne sei eine Welt, bestehe aus einer Erde, von Luft umgeben, und das Ganze schwimme im grenzenlosen Äther.«

Die Theorie der Schwerkraft, aus dem *Timaios* abgeleitet, besagte, die natürliche Bewegung eines Körpers bestehe darin, sich mit dem Element, zu dem er gehört, wieder zu vereinen, ganz gleich in welcher Welt das geschehe, wohingegen gewaltsame Bewegung das Gegenteil bewirkte (vgl. Seite 32 f.)! Wer die aristotelische Auffassung vom absoluten Raum ablehnte, schloß sich allgemein dieser Erklärung der Schwerkraft als Streben aller ähnlichen Körper, zusammenzufinden, als *inclinatio ad simile*, an. Der aristotelische Einwand, daß es keinen natürlichen Ort geben könne, wenn es mehrere Welten gäbe, wurde damit hinfällig. Die Materie konnte einfach zu der Welt hinstreben, die ihr am nächsten lag. Diese Theorie wird bei Jean Buridan erwähnt, der zwar den absoluten Raum des Aristoteles kritisierte, aber an dem natürlichen Ort festhielt. Übernommen wurde sie von Nikolaus von Oresme (vgl. Seite 300 f., 306–320) und später von dem führenden Platoniker des 15. Jahrhunderts, Nikolaus von Kues. Er nannte die Gravitation ein örtlich begrenztes Phänomen; jeder Stern sei ein Mittelpunkt der Anziehung und fähig, seine Teile zusammenzuhalten. Nikolaus von Kues glaubte auch, daß jeder Stern bewohnt sei wie die Erde. Albert von Sachsen hatte die Grundstruktur des aristotelischen Universums beibehalten; Ockham dagegen, der zwar wie Avicebron in den elementaren wie in den himmlischen Körpern die gleiche Materie annahm, sagte, Gott allein könne die himmlische Substanz verderben. Nikolaus von Kues erklärte: Es gibt überhaupt keinen Unterschied zwischen himmlischer und sublunarer Materie; da das Universum zwar nicht unendlich, aber doch ohne Grenzen ist, kann weder die Erde noch irgendein anderer Körper sein Mittelpunkt sein. Es hat keinen Mittelpunkt. Jeder Stern – auch unsere Erde ist einer – besteht aus den vier Elementen, die konzentrisch um eine zentrale Erde angeordnet sind; jeder ist getrennt für sich im grenzenlosen Raum aufgehängt, und zwar durch das genaue Gleichgewicht seiner leichten und schweren Elemente.

DIE LEHRE VON DEN WIRKENDEN KRÄFTEN
AM HIMMEL UND AUF ERDEN

Die Dynamik des Aristoteles enthielt eine Reihe von Behauptungen, die alle im späteren Mittelalter bestritten wurden. Da war zunächst seine Auffassung von örtlich begrenzter Bewegung. Er sah sie, wie alle Arten von Veränderung überhaupt, als einen Prozeß, bei dem die potentielle Bewegungsfähigkeit jedes Körpers durch ein bewegendes Agens aktualisiert wird (vgl. Seite 66 f., 72 f., 110 f.). Für die natürliche Bewegung ist dieses Agens ein innewohnendes Prinzip, das sich entweder als Wirkursache betätigt – wie die »Seele« in den Lebewesen – oder in einer besonderen Umgebung charakteristische Spontanbewegungen hervorruft, wie z. B. in der Bewegung von Körpern auf ihren natürlichen Ort hin. Jede Himmelskugel wird also von einer »Seele« bewegt, bei späteren Schriftstellern von einer »Intelligenz«, die die Kugel zum Kreisen bringt. Bei unnatürlicher oder erzwungener, »gewaltsamer« Bewegung ist das Agens immer ein Beweger von außen, der den Körper begleitet und ihm seine fremde Bewegungsart aufzwingt. Aber ob nun die Bewegung durch die natürliche Aktivität der »Natur« oder »Form« erzeugt oder durch ein äußeres Agens aufgezwungen wird, immer wird das wesentliche Prinzip beibehalten: Alles, was bewegt wird, muß durch ein Etwas bewegt werden. Fällt die Ursache weg, so bleibt die Wirkung aus. Dieser gesamten Auffassung von Bewegung lag eines zugrunde: Immer strebt sie einem Ende, einem Ziel zu, die Erde z. B. dem Ziel eines natürlich fallenden Steines. Unnatürliche Bewegung bedeutete dann, daß eine dem natürlichen Ziel fremde Bewegung auferlegt wird, die nur so lange dauert, wie das äußere Agens mit dem bewegten Körper in Berührung bleibt. Aristoteles glaubte ferner, daß die Geschwindigkeit eines sich bewegenden Körpers direkt proportional der bewegenden Kraft und umgekehrt proportional dem Widerstand des umgebenden Mediums sei. Daraus ergab sich das Gesetz

$$\text{Geschwindigkeit } (v) = \frac{\text{bewegende Kraft } (p)}{\text{Widerstand } (r)}$$

Daß Aristoteles selber sein »Gesetz« nicht so ausdrückte, bedeutet eine nicht unwichtige Begrenzung, die sich aus der griechischen Auffassung von Proportion und aus seinen eigenen vagen Formulierungen ergab. Nach griechischer Auffassung konnte eine Größe nur aus einer »echten« Proportion resultieren, d. h. aus einem Verhältnis zwischen »gleichen« Mengen, z. B. zwischen zwei Entfernungen oder zwischen zwei Zeiten. Ein Verhältnis zwischen zwei »ungleichen« Mengen, z. B. zwischen Entfernung *(s)* und Zeit *(t)* wurde nicht als eine Größe angesehen. Die Griechen gaben also in Wirklichkeit keine metrische Definition der Geschwindigkeit als einer Größe, die eine Proportion von Raum und Zeit darstellt, nämlich $v = k \cdot \frac{s}{t}$. Zu einer solchen metrischen Definition gelangten erst die scholastischen Mathematiker des 14. Jahrhunderts. Aristoteles selber konnte die Beziehungen zwischen Geschwindigkeit, Kraft und Widerstand nur so ausdrücken, daß er das Problem schrittweise anging:

$\dfrac{s_1}{s_2} = \dfrac{t_1}{t_2}$, d. h. die Beschleunigung ist gleichmäßig, wenn $p_1 = p_2$ und $r_1 = r_2$;

$\dfrac{s_1}{s_2} = \dfrac{p_1}{p_2}$, wenn $t_1 = t_2$ und $r_1 = r_2$;

$\dfrac{s_1}{s_2} = \dfrac{r_2}{r_1}$, wenn $t_1 = t_2$ und $p_1 = p_2$.

Dieses »Gesetz« des Aristoteles macht seine Ansicht offenbar, daß jede Zunahme der Geschwindigkeit in einem gegebenen Medium nur durch Zunahme der bewegenden Kraft bewirkt werden könne; ferner könnten im leeren Raum die Körper nur mit gleichbleibender Geschwindigkeit fallen. Diesen letzten Schluß hielt er für absurd; er benutzte ihn als Argument gegen die Möglichkeit der Existenz eines leeren Raumes. Seiner Ansicht nach fallen Körper verschiedenen Materials, aber gleicher Gestalt und Größe in einem gegebenen Medium mit der Geschwindigkeit, die ihrem jeweiligen Gewicht proportional ist.

Diese Definition und Klassifikation der Bewegung beruhte auf Erfahrung und bestätigte sich an vielen Alltagsphänomenen. Allerdings gab es bei dreien dieser Phänomene Schwierigkeiten, und diese wurden letztlich der mathematischen Formulierung, wie sie sich aus der Berechnung des Aristoteles ergab, zum Verhängnis. Erstens mußte sich nach seinem »Gesetz« bei jedem endlichen Wert von Kraft *(p)* und Widerstand *(r)* eine endliche Geschwindigkeit ergeben. Aber in Wirklichkeit vermochte die Kraft, wenn ihr Wert geringer war als der des Widerstandes, den Körper überhaupt nicht mehr zu bewegen. Das erkannte Aristoteles selber; er gestand Ausnahmen seines Gesetzes zu, z. B. in dem Fall, wenn ein Mann ein schweres Gewicht zu heben versucht und das nicht fertigbringt.

Zweitens: Woher kam der Zuwachs an bewegender Kraft, der zur Erzeugung der Beschleunigung eines frei fallenden Körpers erforderlich war? Aristoteles hatte gesehen, daß Körper, die in der Luft senkrecht herunterfallen, stetig beschleunigt werden; er erklärte es sich damit, daß ein Körper sich um so schneller bewege, je näher er seinem natürlichen Ort im Universum als dem Ziel und der Erfüllung seiner natürlichen Bewegung komme.

Drittens: Welche bewegende Kraft hielt ein Geschoß in Bewegung, nachdem es das den Wurf bewirkende Agens verlassen hatte? Wenn die Aufwärtsbewegung eines Steines nicht durch den Stein selbst geschah, sondern durch die werfende Hand – was war dann verantwortlich zu machen für seine fortgesetzte Bewegung, nachdem die Berührung mit der Hand aufgehört hatte? Was hielt einen Pfeil im Fluge, wenn er die Bogensehne hinter sich gelassen hatte? Aristoteles wies in seiner *Physik* auf das Problem hin und erwog zwei Lösungen, die des Plato und seine eigene. Plato hatte im *Timaios* den Körpern nur eine einzige Eigenbewegung zugeschrieben: die Bewegung in Richtung auf ihren besonderen Ort im Raum, dem Sammelbehälter aller Dinge. Diese Bewegung erklärte er mit der geometrischen Gestalt der Elementarkörper und der Erschütterung des Sammelbehälters durch die Weltseele. Für alle anderen Bewegungen machte er Zusammenstoß und wechselseitigen Austausch der Orte, *antiperistasis*, verantwortlich; ein Wurfgeschoß z. B. preßt im Augenblick des Abschusses die Luft vor sich zusammen; diese zirkuliert zum Hinterende des Geschosses und schleudert es vorwärts, und so geht es wirbelnd weiter. Aristoteles wandte dagegen ein, die Bewegung müsse doch aufhören, wenn nicht der ursprüngliche Beweger dem von ihm Bewegten außer der Bewegung auch die Fähigkeit verleihe, selbst ein Beweger zu sein. Darum erklärte er (in Buch 8, Kapitel 10 der *Physik*, 267a 4), die Bogensehne oder Hand teile der sie berührenden Luft eine bestimmte Eigenschaft mit: die »Macht, ein Beweger zu sein«; diese gebe den Impuls an die nächste Luftschicht weiter und so fort, so daß der Pfeil in Bewegung bleibe, bis schließlich die Kraft vergangen sei. Diese Kraft, sagte er, komme

daher, daß Luft (und Wasser), die vermittelnden Elemente, sowohl
schwer als auch leicht sein könnten, je nach ihrer wirklichen Umgebung. So könne die Luft ein Geschoß aufwärts bewegen entgegen
seiner natürlichen Bewegung. Wenn der wirkliche Raum leer wäre
(Buch 4 der *Physik*), würde nicht einmal erzwungene Bewegung
möglich sein; im leeren Raum könnte sich ein Geschoß nicht fortbewegen.

Von der klassischen Mechanik des 17. Jahrhunderts aus gesehen,
liegt der notorische Fehler der aristotelischen Mechanik darin, daß
sie die *Beschleunigung* nicht in der Unterscheidung von der Geschwindigkeit entsprechend zu behandeln vermochte. Die fundamentale Schwierigkeit ergab sich aus der Tatsache, daß die *Anfangs-
geschwindigkeit*, die Kraft, die notwendig ist, um einen Körper in
Bewegung zu setzen, für ihn kein Begriff war, weil er Bewegung
ausschließlich nach den Bedingungen von Geschwindigkeiten, die
eine Zeitlang andauern, analysierte. Seine Vorstellung von Kraft
war beschränkt auf die eine, die Bewegung über eine Zeitspanne
verursacht. Als man schließlich in der Lage war, Bewegung nach den
Bedingungen der Geschwindigkeit in einem Augenblick zu analysieren, waren seine Schwierigkeiten überwunden. So konnte Newton
zeigen, daß die gleiche Anfangskraft, die einen Körper in Bewegung
setzt, dann, wenn sie weiterwirkt, nicht nur fortgesetzte Geschwindigkeit erzeugt, sondern die gleiche konstante Veränderung der Geschwindigkeit, das heißt: stetige Beschleunigung. Im Folgenden sollen die einzelnen Schritte in Richtung auf die Lösung dieser Probleme aufgezeigt werden.

Die Dynamik des Aristoteles war schon in der Antike von Anhängern anderer Denkschulen kritisiert worden. Die griechischen
Atomisten hatten an dem Axiom festgehalten, daß beliebig schwere
Körper im leeren Raum alle mit der gleichen Geschwindigkeit fallen; Geschwindigkeitsunterschiede gegebener Körper in einem gegebenen Medium, z. B. Luft, ergeben sich aus den unterschiedlichen
Verhältnissen zwischen Widerstand und Gewicht (vgl. Seite 272,
Fußnote). Die alexandrinischen Mechanisten und die Stoiker glaubten auch an die Möglichkeit der Existenz eines leeren Raumes; Philo
hatte aber erklärt, die Unterschiede in der Fallgeschwindigkeit seien
auf verschiedene »Gewichtkräfte« (entsprechend verschiedenen »Massen«) zurückzuführen. Daraus hatte Hero einen weiteren Schluß

gezogen: Wenn zwei Körper gegebenen Gewichts miteinander verschmolzen werden, so muß die Fallgeschwindigkeit des neuentstandenen einen Körpers größer sein als die jedes einzelnen. Gegen die Fallgesetze sowohl des Aristoteles wie der Atomisten wandte sich im 6. Jahrhundert n. Chr. Johannes Philoponus von Alexandria, ein christlicher Neuplatoniker; er erklärte, im leeren Raum müsse ein Körper mit einer endlichen, seiner Schwerkraft entsprechenden Geschwindigkeit fallen, während in der Luft die endliche Geschwindigkeit proportional zum Widerstand des Mediums abnehme. Die kreisende Bewegung der Himmelskugeln seien ein Beispiel für eine endliche Geschwindigkeit ohne Widerstand. Philoponus legte auch dar, daß die Geschwindigkeiten in der Luft fallender Körper nicht einfach proportional ihrem Gewicht sein können; denn wenn ein schwerer und ein weniger schwerer Körper aus derselben Höhe hinabgeworfen werden, so ist der Unterschied zwischen ihren Fallzeiten erheblich geringer als der ihrer Gewichte. Er übernahm die aristotelische Theorie zur Erklärung der stetigen Beschleunigung, obwohl diese von anderen, späteren griechischen Physikern abgelehnt worden war. Einige unter ihnen hatten eine Art von Anpassung an die platonische Auffassung der *antiperistasis* versucht: der fallende Körper drückt die Luft nach unten; diese ziehe dann den Körper hinter sich her, und so fort, wobei die natürliche Schwerkraft durch die Zugkraft der Luft ständig vergrößert werde und zugleich ihrerseits diese Unterstützung ständig stärker anrege.

Philoponus scheint als erster gezeigt zu haben, daß das Medium nicht die Ursache der Bewegung eines Geschosses sein kann. Wenn es stimmt, daß die Luft den Stein oder den Pfeil vorwärtsträgt, warum – fragt er – muß dann die Hand den Stein überhaupt berühren, warum muß der Pfeil genau zum Bogen passen? Warum wird der Stein nicht durch heftiges Schlagen der Luft in Bewegung gesetzt? Warum läßt sich ein schwerer Stein weiter werfen als ein sehr leichter? Warum müssen zwei Körper nach einem Zusammentoß auseinanderfliegen und können nicht eng nebeneinander durch die Luft getragen werden? Diese Alltagsbeobachtungen ließen die kritischen Einwände gegen die aristotelische Dynamik sich nach und nach zu einem Berge auftürmen; Philoponus gelangte zu einer Alternativerklärung der »erzwungenen« Bewegung von Wurfgeschossen. Offensichtlich widersteht die Luft der Bewegung, sie erzeugt sie nicht.

Er hatte den neuartigen Gedanken, das Instrument des Wurfes verleihe dem Geschoß selber, also nicht der Luft, Bewegungskraft: »Eine gewisse unkörperliche Kraft muß dem Geschoß durch den Akt des Schleuderns mitgeteilt werden«, sagt er in seinem Kommentar zur *Physik* des Aristoteles (Buch 4, Kap. 8). Aber die bewegende Kraft oder »Energie« *(energeia)* sei nur erborgt und nehme ab infolge der natürlichen Strebungen des Körpers und des Widerstandes durch das Medium, so daß die unnatürliche Bewegung des Wurfgeschosses schließlich aufhöre.

Einige Gelehrte, darunter besonders Duhem, nennen diese Theorie des Philoponus den Ursprung gewisser mittelalterlicher Auffassungen, aus denen der moderne Begriff der Trägheit entstanden sei, der Ausgangspunkt der Revolution in der Bewegungslehre im 17. Jahrhundert (vgl. Seite 299, Fußnote). Wir werden später sehen, daß aus Gründen sowohl der tatsächlichen historischen Ableitung wie auch des besonderen Charakters des Bewegungsbegriffes die Sicht eines solchen ununterbrochenen Zusammenhanges erforderlich scheint. Tatsächlich war die Theorie, daß unnatürliche Bewegung aufrechterhalten werden könne durch eine bewegende Kraft, die sich dem Körper mitteilt, eine bedeutsame Neuheit. Sie erschien im 14. Jahrhundert wieder als *Impetus*-Theorie, wurde aber zuvor schon bei mehreren Autoren erwähnt. Philoponus selber wurde von Simplicius († 549) in dem Anhang zu seinem eigenen Kommentar zur *Physik* scharf angegriffen. Dieser wandte sich besonders dagegen, daß Philoponus das Fundamentalprinzip verwarf: daß nämlich alles, was unnatürlich bewegt wird, durch ein äußeres, von ihm berührtes Agens bewegt wird. Seine eigene Erklärung der Wurfbewegung war eine Weiterentwicklung der *antiperistasis*-Theorie. Er glaubte, das Geschoß und das Medium wirkten abwechselnd aufeinander ein, bis schließlich die bewegende Kraft erschöpft war. Zugleich bot er eine Erklärung für die Beschleunigung frei fallender Körper, indem er voraussetzte, ihr Gewicht nehme in dem Maße zu, wie sie sich dem Mittelpunkt der Erde nähern.

Unter den arabischen Gelehrten war Avicenna der erste, der die Theorie des Philoponus aufnahm und die dem Geschoß mitgeteilte Kraft definierte als »eine Eigenschaft, mit deren Hilfe der Körper das wegstößt, was ihn hindert, sich in jeder Richtung frei zu bewegen« (ins Englische übersetzt von S. Pines in *Archeion*, 1938, Band 21,

Seite 301). Auch er nannte dies eine »geborgte Kraft«, eine Eigenschaft, die das Wurfgeschoß vom Werfer empfängt, so wie dem Wasser durch ein Feuer Hitze gegeben wird. Avicenna änderte die Theorie in zwei wichtigen Punkten um. Erstens: Während Philoponus angenommen hatte, daß selbst im leeren Raum – wenn das möglich
wäre – die geborgte Kraft allmählich schwinden und die »erzwungene« Bewegung des Geschosses aufhören müsse, erklärte Avicenna,
diese Kraft und die von ihr erzwungene Bewegung werde auf unbestimmte Zeit andauern, wenn sie durch nichts behindert werde.
Zweitens versuchte er die bewegende Kraft zu praktischen Zwecken
quantitativ auszudrücken: Die Geschwindigkeit eines von einer gegebenen Kraft bewegten Körpers ist umgekehrt proportional seinem
Gewicht, und ein sich mit gegebener Geschwindigkeit bewegender
Körper legt (auch gegen den Widerstand der Luft) eine Strecke direkt
proportional zu seinem Gewicht zurück. Noch weiter entwickelt wurde
die Theorie durch Abu al-Barakat al-Baghdadi, Avicennas Schüler,
im 12. Jahrhundert. Er erklärte die Beschleunigung fallender Körper
durch die Zusammenballung des allmählich steigenden Zuwachses
an Kraft mit dem steigenden Zuwachs an Geschwindigkeit.

Schon Averroës legte in einer Diskussion die Grundzüge der Debatte fest, die während des 13. Jahrhunderts im Abendland begann,
und bediente sich dabei der wesentlichen Streitpunkte zwischen der
aristotelischen und dieser letztlich neuplatonischen Auffassung von
den Bewegungen, wie sie Philoponus als erster vertrat. Nach Philoponus' Ansicht war in allen Fällen bei fallenden Körpern und bei
Wurfgeschossen die Geschwindigkeit nur proportional der bewegenden Kraft; der Widerstand des Mediums verringerte bloß eine definitive endliche Geschwindigkeit. Dieses »Bewegungsgesetz« wurde
im 12. Jahrhundert von dem Spanier Arab Ibn Bagda (lateinisch:
Avempace) als ein Gegenstück zu dem des Aristoteles verteidigt. Die
aristotelische Formel wurde ersetzt durch diese: Geschwindigkeit
(v) = Kraft (p) – Widerstand (r). Avempace argumentierte folgendermaßen: Sogar im leeren Raum wird sich ein Körper mit endlicher
Geschwindigkeit bewegen; denn wenn auch kein Widerstand da ist,
so muß doch eine Entfernung überwunden werden. Er führte – wie
Philoponus – die Bewegung der Himmelskugeln als Beispiel einer
endlichen Geschwindigkeit ohne Widerstand an. Averroës griff in
seinem Kommentar zu Aristoteles' *Physik* nicht nur Avempaces Be-

wegungsformel an (die er für original hielt), sondern die ganze Konzeption der »Naturen«, auf der sie beruhte. Seiner Meinung nach lag Avempaces Fehler darin, daß er die »Natur« eines schweren Körpers so behandelte, als sei sie eine Wesenheit für sich, zu unterscheiden von der Materie des Körpers, als werde die Materie durch die »Form« als Wirkursache genauso bewegt, wie eine immaterielle Intelligenz die Himmelskugeln bewegt oder wie die »Seele« die Bewegungen eines Lebewesens verursacht. Averroës wandte sich ganz besonders gegen Avempaces Annahme, daß das Medium ein Hindernis für die natürliche Bewegung sei; das bedeute nämlich, daß alle wirklichen Körper sich unnatürlich bewegen, weil es eine Tatsache ist, daß alle sich in körperhaften Medien bewegen.

Die scholastischen Kommentatoren von Aristoteles' *Physik* und *De Caelo* nahmen als natürlichen Ausgangspunkt die Kommentare des Averroës, die den populärsten frühen lateinischen Ausgaben beigegeben waren. So wurde die kritische Darlegung von Avempaces Gedankengängen durch Averroës zum Ursprung noch größerer Abweichungen in den Bemühungen, ein Gesetz über die Geschwindigkeiten bei natürlichen Bewegungen zu formulieren. Sie bedeutete noch mehr als das. Man sagt, sie spiegele die gewaltige Spaltung in der Naturauffassung wider, die sich durch die ganze Geschichte der Philosophie zieht*. Philoponus und Avempace hatten wie Plato Wesen und Ursachen der Phänomene nicht aus der unmittelbaren Erfahrung heraus erforscht, sondern auf dem Umweg über Faktoren, die mit Hilfe des Verstandes aus der Erfahrung abstrahiert waren. Es mag möglich sein, daß tatsächlich alle beobachteten Körper sich in einem Medium bewegen; dennoch, meinten sie, müsse das *Gesetz* ihrer Bewegung nicht in der unmittelbaren Erfahrung, sondern in einer abstrakten Analyse gesucht werden. Dabei enthüllt sich die verstandesmäßig erfahrbare wirkliche Welt als eine geistige; ihr Produkt, in gewissem Sinne ihre »Erscheinung«, ist die ungeheure Mannigfaltigkeit der Erfahrungswelt. Dagegen identifizierte Averroës die wirkliche Welt mit dem direkt zu beobachtenden Konkreten und suchte das Gesetz der Bewegung aus den Gegebenheiten der Erfahrung in all ihrer Vielfalt abzulesen.

* Vergleiche E. A. Moody, »Galileo and Avempace«, *Journal of the History of Ideas*, 1951, Band 12.

Averroës' Beweisführung mußte zu dem Schluß kommen, daß die abstrakten Faktoren, in die wir unsere direkte Erfahrung zerlegen, unserer Denkweise angefügt werden und nicht den Dingen, die wir bedenken; daß diese Faktoren als bloße Begriffe oder gar nur Namen, nicht als Entdeckungen von etwas Wirklichem, angesehen werden. Dies ist die Streitfrage zwischen den »Nominalisten« und den »Realisten« im Mittelalter, zwischen den »Empiristen« und den »Rationalisten« des 17. und 18. Jahrhunderts. Sie kennzeichnet die gewaltigen Unterschiede in der Naturphilosophie, aber auch in der wissenschaftlichen Methode. Sicherlich sahen Averroës und seine abendländischen Schüler ihren engen Empirismus als echten Ausdruck aristotelischer Methoden an; Avempace dagegen wird von Albertus Magnus und Thomas von Aquin als Platoniker dargestellt, und Galilei nannte seine Methode der mathematischen Überhöhung einen Triumph Platos über Aristoteles. Von diesen beiden Gesichtspunkten aus sind die Methoden der Streitgespräche im 13. und 14. Jahrhundert zu betrachten, wobei festzustellen ist, daß positive Beiträge zur Lösung des Bewegungsproblems keineswegs nur von der einen Seite kamen.

Im 13. Jahrhundert bestimmten hauptsächlich philosophische Fragen die Diskussion; im 14. Jahrhundert konnte sich dann die Aufmerksamkeit stärker auf die mathematische und quantitative Formulierung der Bewegungsgesetze richten. Das Interesse kehrte sich vom *Warum* ab und wandte sich dem *Wie* zu. Fast ohne Ausnahme – die bemerkenswerteste ist Wilhelm von Ockham – diskutierten die Naturphilosophen auf der Grundlage des aristotelischen Prinzips: In Bewegung sein bedeutet von einem Etwas bewegt werden. Meinungsverschiedenheiten betrafen das Wesen der bewegenden Kraft in den Einzelfällen und das Zahlenverhältnis zwischen den verschiedenen Determinanten der Geschwindigkeit.

Albertus Magnus war der erste Scholastiker, der die Debatte zwischen Averroës und Avempace aufgriff. Er stellte sich hinter Averroës, mit ihm und nach ihm Ägidius von Rom und andere, bis im 14. Jahrhundert Thomas Bradwardine eine neue Version des aristotelischen »Gesetzes« über die Proportionalität von Geschwindigkeit, Kraft und Widerstand herausbrachte. Averroës hatte sich – wie schon Aristoteles selber – mit dem Einwand auseinandergesetzt, daß das Gesetz $v = \frac{p}{r}$ dann versage, wenn die Kraft den Widerstand nicht überwindet und die Bewegung überhaupt aufhört (vgl. Seite 283). Er hatte der Schwierigkeit beizukommen versucht, indem er sagte, Geschwindigkeit ergebe sich aus dem Übergewicht der Kraft über den Widerstand; einige lateinische Autoren des 13. Jahrhunderts glaubten, Bewegung entstehe nur dann, wenn $\frac{p}{r} > 1$. Thomas Bradwardine beschränkte in seinem *Tractatus Proportionum* (1328) die Anwendungsmöglichkeit der Proportion $\frac{p}{r}$ ausschließlich auf solche Fälle. Dabei gelang ihm der wohl früheste Versuch, zur Beschreibung der Bewegung algebraische Funktionen zu benutzen, zu zeigen, in welcher Beziehung die abhängige Veränderliche v zu den beiden unabhängigen Veränderlichen p und r steht.

Das aristotelische »Bewegungsgesetz« metrisch als eine Funktion zu formulieren, so daß es rechnerisch zu prüfen war, ist eine Errungenschaft von allergrößter Bedeutung, wenn auch weder Bradwardine noch einer seiner Zeitgenossen den Tatsachen entsprechend formulierte oder einen einzigen empirischen Test wirklich ausführte. Es war zunächst einmal erforderlich, die Geschwindigkeit als eine Größe, die das Verhältnis zwischen Raum und Zeit darstellt, metrisch zu definieren. Aristoteles war nicht nur daran gescheitert; seiner Methode fehlte auch die klare Unterscheidung zwischen der statischen und der kinematisch-dynamischen Analyse, d. h. zwischen der Analyse der Beziehungen von Kraft (p), Widerstand (r) und Entfernung (s) ohne Berücksichtigung der Zeit (t) und der Analyse, die die Zeit einbezieht (vgl. S. 111 f.). Als erster, wenigstens im Abendland, scheint Gerard von Brüssel eine rein kinetische Analyse der Bewegung in Angriff genommen zu haben. Seine Abhandlung *De Motu* ist, nach Clagett, vermutlich zwischen 1187 und 1260 entstanden. Vielleicht steht sie in irgendeiner Weise in Verbindung mit den Arbeiten des Jordanus; jedenfalls verrät sie den starken Einfluß von Euklid und Archimedes. Sie bedient sich gern der für Archimedes charakteristischen Beweisform der *reductio ad absurdum* (oder Beweis *per impossibile*) und der Exhaustionsmethode. In der Behandlung der Rotationsbewegung schlug Gerard einen Weg ein, der für die moderne Kinetik bezeichnend geworden ist. Er betrachtete die Darstellung ungleichmäßiger Geschwindigkeiten durch gleichmäßige als Grundaufgabe der Analyse. Zwar gelang es ihm nur ungenügend, die Geschwindigkeit als Verhältnis ungleicher Mengen zu definieren, aber seine Analyse schloß den Begriff der Geschwindigkeit unvermeidlich ein. Er scheint angenommen zu haben, daß die Schnelligkeit einer Bewegung durch irgendeine Zahl oder Menge bezeichnet werden könne und daß sie dadurch zu einer Größe wie Raum oder Zeit werde. Bradwardine setzte sich mit einigen Behauptungen Gerards im einzelnen auseinander. Wahrscheinlich hat *De Motu* die Aufmerksamkeit der Oxforder Mathematiker des 14. Jahrhunderts auf die kinematische Beschreibung der verschiedenen Bewegungen und auf die dazu notwendige metrische Definition der Geschwindigkeit gelenkt (vgl. Seite 328 ff.).

Mit der metrischen Formulierung konnte Bradwardine zeigen, daß die aristotelische Analyse und mehrere andere geläufige Formeln – darunter die des Avempace – mit den Tatsachen *bewegter Körper*, so wie er sie verstand, nicht übereinstimmten. Er verwarf sie alle, weil sie seinen physikalischen Voraussetzungen nicht entsprachen oder nicht für alle Werte gültig waren. An ihre Stelle setzte er eine Interpretation des »Gesetzes« von Aristoteles, die auf dem Theorem des Campanus von Novara (Kommentar zum 5. Buch des Euklid) basierte: Wenn $\frac{a}{b} = \frac{b}{c}$, dann ist $\frac{a}{c} = (\frac{b}{c})^2$. Das Gesetz des Aristoteles, meinte er, wolle aussagen, daß, wenn ein gegebenes Verhältnis $\frac{p}{r}$ eine Geschwindigkeit v erzeuge, dann müsse zur Verdoppelung der Geschwindigkeit das Verhältnis nicht $2 \cdot \frac{p}{r}$, sondern $(\frac{p}{r})^2$ werden; bei Halbierung der Geschwindigkeit sei das Verhältnis $\sqrt{\frac{p}{r}}$. Die Exponentialfunktion, die diese Beziehung ausdrückt, würde in moderner Terminologie $v = log\,(\frac{p}{r})$ lauten. Da der Logarithmus von $\frac{1}{1}$ Null ist, wird der Bedingung genügt, daß bei gleichen Werten für Kraft und Widerstand keine Bewegung erfolgt; außerdem ergibt die Formel eine stetige Veränderung von v, wenn $\frac{p}{r}$ sich der Eins nähert. Mit dieser Formulierung des Problems in einer Gleichung, die die Komplexität der Beziehungen sichtbar macht, hat Bradwardine einen bedeutenden Beitrag zur Methode der mathematischen Physik geleistet – wenn er auch den schweren (aber zu seiner Zeit keineswegs einzigartigen) Fehler beging, sein »Gesetz« niemals durch Messungen zu überprüfen. Seine Umschaltung der Diskussionsgrundlagen vom *Warum* zum *Wie* war von unmittelbarem und andauerndem

Einfluß. Seine Gleichung wurde von den Oxforder Mathematikern Heytesbury, Dumbleton und Richard Swineshead (vgl. Seite 328 f.) übernommen, ebenso von Buridan, Albert von Sachsen und Nikolaus von Oresme. Bis ins 16. Jahrhundert hinein hielt man sie allgemein für das echte »Bewegungsgesetz« des Aristoteles.

Thomas von Aquin war der erste und einflußreichste Kritiker des aristotelischen »Gesetzes«, der sich auf den Standpunkt des Avempace stellte. Die Frage, ob ein Körper sich im leeren Raum mit endlicher Geschwindigkeit bewege, war dabei der Hauptstreitpunkt. Der Aquinate bekräftigte in seinem Kommentar zur *Physik* Avempaces Argument, daß auch beim Fehlen jeglichen Widerstandes alle Bewegung Zeit brauche, weil sie ausgedehnten Raum durchschreite. Darum nahm er das »Gesetz« des Avempace, $v = p - r$, an. Er war sogar bereit, der Behauptung des Averroës zuzustimmen, daß damit ein »Element der Gewaltsamkeit« bei allen wirklichen natürlichen Bewegungen vorausgesetzt wird, weil ja alle von einem unnatürlichen Ort aus *starten*. Mit ihm verteidigten Roger Bacon, Peter Olivi (1245/49–1298), Duns Scotus und andere Gelehrte des 13. Jahrhunderts die Theorie des Avempace. Im 14. Jahrhundert wurde dessen »Gesetz« unter dem Einfluß von Averroës und Bradwardine einhellig verworfen; allerdings fand es gegen Ende des Jahrhunderts noch einmal einen Verteidiger in einem gewissen Magister Claius. Dieser erklärte, schwere Körper fielen im leeren Raum schneller als leichte, aber keiner könne jemals eine unendliche Geschwindigkeit erreichen. Dieser Ausdruck war identisch mit Avempaces Darstellung und wurde noch von Galilei in seinem frühen Werk über Dynamik benutzt.

Neben Avempaces quantitativer Analyse gab es im 13. Jahrhundert neue Versuche, die Ursache der Beschleunigung frei fallender Körper und der fortgesetzten Bewegung bei Wurfgeschossen zu finden. Natürlich konnte das Medium keine Rolle spielen, wenn die Bewegung *in vacuo* betrachtet wurde. Man streitet sich darüber, ob Thomas selber der Theorie zustimmte, daß das ursprüngliche Agens dem Geschoß eine Art von Kraft aufdrückt, eine *virtus impressa*, die als *Instrument* seiner fortgesetzten Bewegung wirkt. Es ist sicher, daß er darüber diskutierte; aber er unterschied auch klar zwischen natürlichen Bewegungskräften, z. B. der inneren Kraft des Wachstums, die dem Samen bei der Fortpflanzung gegeben ist, und der unnatürlichen äußeren Kraft, die ein Geschoß bewegt. Die letztere scheint er tatsächlich dem Medium zugeschrieben zu haben. Anders lautet die Erklärung bei Olivi in seinen *Quaestiones in secundum librum Sententiarum;* er spricht – im Rahmen einer Diskussion über Kausalität im allgemeinen und im Zusammenhang mit dem Problem der Fernwirkung – von »gewaltsamen Impulsen oder Strebungen, die vom Projektor ausgehen«, vergleichbar den natürlichen Impulsen von Schwere und Leichtigkeit. Die Geschoßbewegung führt er als Beispiel einer Tätigkeit an, die weder durch direkten Kontakt, noch durch das Medium bewirkt wird, sondern durch »Species« oder »Ebenbilder« oder »Eindrücke«, die dem Geschoß durch das Agens des Werfens eingeprägt werden und es nach der Trennung vom Werfer weiterbewegen. Tatsächlich war das eine Angleichung an die Theorie von der »Multiplikation der Species« von Grosseteste und Roger Bacon (Seite 71 f., 96 f., 278 ff.), ursprünglich eine neuplatonische Emanation, für die es wesentlich war, sich auf ein Ziel hin zu bewegen.

Unter den scholastischen Naturphilosophen scheint ein italienischer Schüler des Duns Scotus, Franciscus de Marchia, der erste gewesen zu sein, der eine Theorie der »eingeprägten Kraft« als Bewegungskraft im aristotelischen Sinne anbot, eine *vis motrix,* die nicht vom Ziel, sondern von dem werfenden Agens bestimmt wird. Marchia schloß sich dem Aquinaten an in der Diskussion über das Problem der Instrumentalursächlichkeit und gibt uns hierbei ein für die scholastische Naturphilosophie charakteristisches Beispiel, wie leicht es sich durch Analogie von der Theologie zur Physik übergehen läßt. Es handelte sich um die Frage, ob in den Sakramenten irgendeine Kraft liege, die Gnade bewirkt, oder ob diese direkt von Gott komme. Dabei schnitt Marchia die Frage der Wurfbewegung an, um zu zeigen, daß in den Sakramenten wie auch in Wurfgeschossen eine gewisse bleibende Kraft sei, die Wirkungen erzeugen könne. Die aristotelische Ansicht, daß die Wurfbewegung von der Luft verursacht werde, verwarf er und schloß, sie müsse erklärt werden »durch die Bewegung oder den Impuls einer Kraft *(virtus derelicta),* die vom ursprünglichen Beweger im Stein zurückgelassen wird«, also von der Hand oder der Bogensehne (zitiert bei Dr. A. Maier in *Zwei Grundprobleme der Scholastischen Naturphilosophie,* Seite 174). Marchia hob sorgfältig hervor, diese Kraft sei nicht eingeboren und auch nicht fortdauernd. Es sei eine akzidentelle, äußere und zwingende Eigenschaft, die nur eine gewisse Zeit andauere, da sie den natürlichen Strebungen des Körpers entgegenwirke. Die bewegende Kraft eines Geschosses ist, sagte er, eine »Form«, die weder ganz dauernd ist, wie z. B. weiße Farbe oder Feuerhitze, noch ganz flüchtig *(fluens, successiva)*, wie der Prozeß des Erwärmens und Bewegens, sondern etwas Dazwischenliegendes, das eine begrenzte Zeit hindurch andauert.

Die Tatsache, daß sich in den Schriften des Philoponus und des Avempace ein ähnliches »Bewegungsgesetz« und ähnliche Auffassungen über Bewegungskraft finden wie bei den Scholastikern des 13. und 14. Jahrhunderts, mußte natürlich die Historiker reizen, nach einer möglichen historischen Verbindung zwischen ihnen zu suchen. Sicherlich gehören sie fast alle der neuplatonischen Tradition an, aber eine dokumentarisch belegte Ableitung von dort her gibt es nicht. Die Schriften des Philoponus waren als solche dem Mittelalter höchstwahrscheinlich unbekannt. Die Kenntnis seiner Ansichten war infolge der unvollständigen und wenig klaren Darstellung des Simplicius (sein Kommentar über die *Physik* wurde im 13. Jahrhundert ins Lateinische übersetzt) äußerst begrenzt. Avicennas Gedanken über Wurfbewegung und »eingeprägte Kraft« fehlen in dem Teil seines Kommentars, der unter dem Titel *Sufficienta Physicorum* ins Lateinische übersetzt worden war; er enthält nur die ersten vier Bücher (Seite 41). Ein Schüler Avempaces, Ibn Tofail, hat, wie man weiß, Alpetragius stark beeinflußt, dessen Werk in lateinischer Übersetzung 1531 in Venedig als *Theorica Planetarum* erschien; er bringt eine klare Darstellung der Theorie des Philoponus, allerdings ohne seinen Namen zu nennen. Aber in der mittelalterlichen Übersetzung, die Michael Scot 1217 unter dem Namen *Liber Astronomiae* veröffentlichte, erscheint die Theorie in dem betreffenden Abschnitt bis zur Unkenntlichkeit gekürzt. Allen Anschein nach, schließt Dr. Maier, ist die Theorie der »eingeprägten Kraft« und die im 14. Jahrhundert darauffolgende des *Impetus* von den Scholastikern ganz unabhängig entwickelt worden, hauptsächlich im Verlauf ihrer Diskussionen über Instrumentalkausalität bei der Fortpflanzung und in bezug auf die Sakramente.

Nicht alle Naturphilosophen des 13. und 14. Jahrhunderts schlossen sich dieser Auffassung über die Ursache der Wurfbewegung an;

manche, z. B. Ägidius von Rom, Richard von Middleton, Walter Burley und Jean de Jandun, zogen die aristotelische Erklärung vor – wenn sie auch nicht zufriedenstellend war –, weil ihnen die Alternative noch weniger gefiel. Sie bezeichneten sowohl die von einer »Multiplikation der Species« verursachte Fernwirkung als auch die »eingeprägte Kraft« als gleichermaßen unmöglich. Der Autor des Buches *De Ratione Ponderis,* aus der Schule des Jordanus Nemorarius stammend (vgl. Seite 114 f.), hielt die Luft für die Ursache sowohl der fortgesetzten Geschwindigkeit als auch einer vermuteten Anfangsbeschleunigung von Wurfgeschossen. Noch im 16. Jahrhundert galt diese Theorie zum Teil als zutreffend, sogar bei Physikern wie Leonardo da Vinci, Cardano und Tartaglia.

In der Erklärung der Beschleunigung frei fallender Körper folgten viele Naturphilosophen immer noch entweder Aristoteles oder der Theorie von der Luft und der *antiperistasis.* Eine neue Darstellung brachte Roger Bacon. Er nahm an, daß in einem schweren Körper jeder Partikel dazu neigt, den kürzesten Weg zum Mittelpunkt des Universums hin zu fallen, daß aber zugleich jeder in Gefahr ist, durch die benachbarten Partikel von diesem geraden Wege abgelenkt zu werden. Die sich daraus ergebende gegenseitige Störung wirkt als innerer Widerstand, durch den die Bewegung, sogar im leeren Raum, wo es keinen äußeren Widerstand gibt, Zeit braucht. Damit widerlegte er das Argument des Aristoteles, daß die Zeit keine Rolle spiele.

Im 14. Jahrhundert gab es heftige Auseinandersetzungen über das Wesen der »Form«, die als physikalische Ursache der Bewegung galt, d. h. über das Wesen der bewegenden Kraft, die in all diesen Theorien als notwendig für den Zustand des In-Bewegung-Seins vorausgesetzt wurde. Die eine Ansicht, die gewöhnlich mit Duns Scotus in Verbindung gebracht wird, war die Theorie, daß Bewegung eine »fließende Form«, *forma fluens,* sei. Danach ist die Bewegung ein unaufhörliches Strömen, aus dem ein einzelner Zustand unmöglich zu isolieren ist; ein sich bewegender Körper ist demzufolge bestimmt durch eine Form, die sich sowohl von dem bewegten Körper selbst als auch von dem Ort oder Raum unterscheidet. Diese Theorie wurde von Jean Buridan und Albert von Sachsen beibehalten. Eine andere Auffassung besagte, die Bewegung sei ein »Ausfluß der Form«, *fluxus formae,* womit eine kontinuierliche Reihe unterscheidbarer

Zustände gemeint war. Gregor von Rimini nahm diese Theorie in einem bestimmten Sinne auf. Er identifizierte Bewegung mit dem Raum, in dem sie sich vollzog, und erklärte, während des Bewegens erwerbe der Körper von Augenblick zu Augenblick eine Reihe von einander unterschiedenen Ortseigenschaften.

Eine dritte Auffassung, die von einem völlig anderen Gesichtspunkt ausging, war die von Ockham. Seine logischen Untersuchungen hatten zum Hauptgegenstand die Definition der Kriterien, durch die die Existenz eines Dinges bestimmt wird (vgl. Seite 265–268). Nichts existiert wirklich, sagte er, außer den *res absolutae* oder *res permanentes*, individuellen Dingen, Substanzen, die durch sichtbare Eigenschaften bestimmt sind. In der *Summa Totius Logicae*, Teil 1, Kapitel 49, heißt es: »Außer den *res absolutae* ist kein Ding vorstellbar, weder aktuell noch potentiell.« Worte wie »Zeit« und »Bewegung« bezeichnen seiner Meinung nach keine *res absolutae*, sondern Beziehungen zwischen den *res absolutae*; sie bezeichnen etwas, was er *res respectivae* nannte, das keine wirkliche Existenz hat. Diese sorgfältige Analyse der aufeinander bezogenen Begriffe ist einer der bemerkenswertesten Züge bei Ockham, der ihm und den anderen »Terministen« viel bei der Aufklärung der philosophischen Streitfragen des 14. Jahrhunderts geholfen hat. In seinen *Summulae in Libros Physicorum*, Buch 3, Kapitel 7, sagt er: »Wenn wir uns genauer ausdrückten und Wörter wie ›Beweger‹, ›bewegt‹, ›beweglich‹ usw. gebrauchten, statt ›Bewegung‹, ›Bewegbarkeit‹ und ähnliche, die nach dem Sprachgebrauch und nach der Meinung vieler nichts Bleibendes bezeichnen, so wären viele Schwierigkeiten und Zweifel von vornherein beseitigt. Jetzt aber scheint es auf Grund dieser Ausdrucksweise, als sei Bewegung etwas Unabhängiges, ganz losgelöst von den bleibenden Dingen.«

Ockham wandte diese Begriffe auf die Probleme der Dynamik an und verwarf sogleich ganz und gar das aristotelische Grundprinzip, daß Bewegung verwirklichte Potentialität sei. Er definierte Bewegung als die ununterbrochene aufeinanderfolgende Existenz einer dauernden Identität an verschiedenen Orten. Für ihn war Bewegung ein Begriff, der außerhalb der bewegten wahrnehmbaren Körper keine Existenz hat. Man brauchte gar keine innewohnende Form als Ursache der Bewegung zu postulieren, keine reale Wesenheit außerhalb des bewegten Körpers, keinen Ausfluß und kein Strömen. Man brauchte nur festzustellen, daß ein bewegter Körper in jedem Augenblick eine andere räumliche Beziehung zu einem beliebigen sonstigen Körper hat. Zwar bedarf jede neue Wirkung einer Ursache, aber Bewegung ist keine neue Wirkung; sie bedeutet nichts anderes, als daß der Körper nacheinander an verschiedenen Orten existiert. Damit lehnte Ockham alle drei zu seiner Zeit geläufigen Erklärungen der Wurfbewegung ab: den Impuls der Luft, die Fernwirkung durch »Species« und die dem Geschoß verliehene »eingeprägte Kraft«. »Darum sage ich«, erklärte er in seinem *Kommentar zu den Sentenzen*, Buch 2, Frage 26, M, »daß das, was nach der Trennung des bewegten Körpers von dem ursprünglichen Werfer derart zu bewegen vermag, der Körper aus sich selbst ist *(ipsum motum secundum se)*, nicht irgendeine Kraft in ihm oder in Beziehung zu ihm *(virtus absoluta in eo vel respectiva)*. Denn es ist unmöglich, zu unterscheiden zwischen dem, was das Bewegen bewirkt, und dem, was bewegt wird *(movens et motum est penitus indistinctum)*. Wenn ihr sagt, eine neue Wirkung habe eine Ursache, so sage ich, die Ortsbewegung ist keine neue Wirkung im Sinne einer realen Wirkung..., weil sie nichts anderes ist als die Tatsache, daß der bewegte Körper an verschiedenen Stellen im Raum ist, derart, daß er nicht an irgendeiner einzigen Stelle ist, weil zwei einander widersprechende Aussagen nicht beide wahr sein können ... Zwar ist jeder Teil des Raumes, den der bewegte Körper durchmißt, neu im Hinblick auf den bewegten Körper, weil sich der Körper jetzt hindurchbewegt und es vorher nicht tat; jedoch im eigentlichen Sinne ist dieser Teil nicht neu ... Es wäre erstaunlich, wenn meine Hand durch die bloße Tatsache, daß sie bei der Ortsbewegung mit dem Stein in Berührung kommt, in diesem eine Kraft verursachen sollte*.«

Diese Darlegung erweiterte er in dem sogenannten *Tractus de Successivis*, herausgegeben von Boehner, durch Anwendung des Sparsamkeitsprinzips. In Teil 1 (Seite 45) stellt er fest:

»Bewegung ist keine Sache, die in sich grundverschieden ist von dem bleibenden Körper, weil es unsinnig ist, viele Wesenheiten in Anspruch zu nehmen, wenn man mit wenigen auskommen kann ...

---

* Aus dem lateinischen Text übersetzt, veröffentlicht durch Anneliese Maier, *Zwei Grundprobleme der Scholastischen Naturphilosophie*, Rom 1951, Seite 157 f.

Ohne dieses Zusätzliche kann man Bewegung sparen, und alles, was über Bewegung gesagt wird, sucht die Erklärung in der Betrachtung der einzelnen Bewegungsabschnitte. Denn es ist klar, daß Ortsbewegung folgendermaßen zu begreifen ist: Der Körper befindet sich an dem einen Ort und später an einem andern Ort; er schreitet also fort ohne Unterbrechung und ohne jedes Hilfsmittel außer dem Körper selbst und dem bewegenden Agens: so haben wir echte Ortsbewegung. Es ist darum unnütz, noch etwas anderes zu postulieren.«

Gleiches läßt sich, wie er sagt, auf Qualitätsveränderung, auf Wachsen und Vergehen anwenden (vgl. Seite 68 f.). Im 3. Abschnitt (Seite 121 f.) fährt er fort:

»Es ist klar, was unter ›jetzt vorher‹ und ›jetzt nachher‹ zu verstehen ist. Nehmen wir zunächst das ›jetzt‹: Dieser Teil des bewegten Körpers ist jetzt in einer bestimmten Stellung, – später läßt sich mit Recht sagen, daß er jetzt in einer anderen Stellung ist und so weiter. So ist es klar, daß ›jetzt‹ nicht eine neue Sache bezeichnet, sondern immer nur den bewegten Körper selbst, der in sich gleich bleibt, so daß er weder etwas Neues erwirbt noch etwas in ihm Existierendes verliert. In bezug auf seine Umgebung bleibt der bewegte Körper allerdings nicht immer derselbe. Darum ist es möglich, von ›vorher‹ und ›nachher‹ zu sprechen, zu sagen: ›Dieser Körper ist jetzt an der Stelle A und nicht an der Stelle B‹; später muß man sagen: ›Dieser Körper ist jetzt an der Stelle B und nicht an der Stelle A.‹ So werden Widersprüche durch die Aufeinanderfolge beseitigt.«

Es gibt Historiker, die bei Ockham den ersten Schritt zum Trägheitsprinzip*, der revolutionierenden Erkenntnis des 17. Jahrhunderts, zu sehen glauben, weil er das grundlegende aristotelische Prinzip *Omne quod movetur ab alio movetur* ablehnte. Indem er nämlich die Möglichkeit von Bewegung ohne eine besondere Bewegungskraft

---

* Nach dem Trägheitsprinzip verharrt ein Körper solange in einem Zustand der Ruhe oder der gleichförmigen, geradlinigen Bewegung, bis eine Kraft auf ihn einwirkt. Auf dieser Auffassung beruht die Mechanik Newtons. Für Newton ist die gleichförmige, geradlinige Bewegung eine Bedingung, ein Körperzustand, gleichbedeutend mit Ruhe. Zur Aufrechterhaltung dieses Zustandes bedarf es keiner Kraft. So ist das Trägheitsprinzip direkt entgegengesetzt dem aristotelischen, nach dem Bewegung kein Zustand, sondern ein Vorgang ist: Ein bewegter Körper muß stillstehen, wenn nicht eine bewegende Kraft ständig auf ihn einwirkt.

behauptete, eine Möglichkeit, die das aristotelische Prinzip formal ausschließt, eröffnete er sicherlich den Weg zum Trägheitsprinzip und zur Definition der Kraft als etwas, was den Zustand der Ruhe oder der gleichmäßigen Bewegung *ändert*, d. h. etwas, was Beschleunigung erzeugt. Die Vorstellung eines inneren Zusammenhangs zwischen Ockhams Bewegungsbegriff und der Auffassung des 17. Jahrhunderts erscheint noch zwingender, wenn man ihn in Verbindung mit den Meinungen anderer Autoren des 14. Jahrhunderts sieht. Nikolaus von Autrecourt z. B. bezog sich darauf in seiner Idee von der atomaren Natur des Kontinuums und der Zeit. Marsilius von Inghen lehnte ihn ab, diskutierte ihn aber in Verbindung mit dem Begriff des unendlichen Raumes und kam damit der »Geometrisierung des Raumes« im 17. Jahrhundert recht nahe. Nikolaus von Oresme hielt zwar an der *forma fluens* zur Erklärung der Bewegung fest, brachte aber als Neues den Gedanken, absolute Bewegung könne nur definiert werden in Beziehung zu einem unbeweglichen unendlichen Raum jenseits der Fixsterne, der mit der Unendlichkeit Gottes identisch sei. Von dort bis zu Newton, dem Physiker und Naturtheologen, ist der Sprung nicht so sehr weit.

Dennoch verläuft die Linie von Ockhams Bewegungsbegriff bis zum Trägheitsprinzip sowohl in logischer als auch in historischer Hinsicht keineswegs gerade. Man ist versucht, seine Feststellungen im Sinne Descartes' zu lesen, der ähnlich wie er behauptet, es sei kein Unterschied zu machen zwischen der Bewegung und dem in Bewegung befindlichen Körper. Dabei darf man aber nicht vergessen, daß für Descartes und für Newton die Veränderung der räumlichen Beziehungen beim Übergang vom Zustand der Ruhe in den Zustand der Bewegung eine neue Wirkung *war*. Und diese neue Wirkung bedurfte zu ihrer Erzeugung nicht nur irgendeiner Ursache, sondern einer ganz genau bestimmten. Aus Ockhams Bewegungsbegriff lassen sich unmöglich die wesentlichen Voraussetzungen für die Beibehaltung von Geschwindigkeit und Richtung ableiten, die dem modernen Trägheitsprinzip zugrunde liegen. Dennoch hatte Ockham die dynamischen Aspekte der Bewegung nicht etwa übersehen. In seiner *Expositio super Libros Physicorum*, in der er die Kontroverse zwischen den Anhängern des Averroës und des Avempace darstellt, verteidigt er die Behauptung des Aquinaten, daß Bewegung Zeit braucht, auch wenn kein Widerstand vorhanden ist, wobei die Zeitdauer von der Entfernung abhängt. Wo es aber einen materiellen Widerstand gibt, hängt die Zeit ab von dem Verhältnis zwischen Bewegungskraft und Widerstand. So unterschied er nach der geleisteten Arbeit das, was wir heute das kinetische Maß der Geschwindigkeit nennen, von dem dynamischen Maß der bewegenden Kraft. Die Verwirrung bei diesen Maßen ist ein weiteres Beispiel für die große Schwierigkeit, mit den (für uns) elementarsten mechanischen Begriffen umzugehen, eine Schwierigkeit, die auch das ganze 17. Jahrhundert noch nicht völlig überwand. Als Bradwardine Avempaces »Gesetz der Bewegung« ablehnte, benutzte er ähnliche Argumente wie Ockham; kaum zu übersehen ist dabei die gemeinsame Schwenkung vom »*Warum*« zum »*Wie*«, die Ockham als Logiker, Bradwardine als mathematischer Physiker vollzog.

Die bedeutsamste und einflußreichste neue dynamische Theorie des 14. Jahrhunderts war nicht Ockhams Werk, sondern das eines Physikers, dessen Anschauungen denen der »Terministen« völlig entgegengesetzt waren: Jean Buridan, zweimal Rektor der Universität von Paris zwischen 1328 und 1340. Er durchdachte in seinen *Quaestiones super Octo Libros Physicorum* und den *Quaestiones de Caelo et Mundo* die klassischen Probleme der Bewegung. Den bereits bestehenden Kritiken an den platonischen und aristotelischen Theorien der Wurfbewegung fügte er eine weitere hinzu: daß die Luft nicht verantwortlich sein könne für die Rotationsbewegung eines Mahlsteines oder einer Scheibe, da die Bewegung sogar dann andauerte, wenn eine Schutzwand dicht an den Körpern die Luft abschnitt. Gleicherweise wies er die Erklärung zurück, die Beschleunigung frei fallender Körper beruhe auf ihrer Anziehung an den natürlichen Ort; er hielt vielmehr daran fest, daß der Beweger den bewegten Körper begleiten müsse (vgl. Seite 280 ff.). Die Impetustheorie, mit der er die verschiedenen Phänomene der gleichbleibenden und beschleunigten Bewegung erklärte, basierte wie die frühere Theorie der *virtus impressa* auf den aristotelischen Prinzipien, daß jede Bewegung eine bewegende Kraft erfordert und daß die Ursache der Wirkung angemessen sein muß. In diesem Sinne war die Impetustheorie eher der historische Abschluß einer Entwicklungslinie im Bereich der aristotelischen Physik als der Anfang einer neuen Trägheitsdynamik, von der Buridan natürlich noch nichts wissen konnte, weil sie in der Zukunft lag. Aber unter dem Einfluß von Bradwardine formulierte

Buridan seine Theorie mit weit größerer quantitativer Genauigkeit als alle seine Vorgänger. In dieser Hinsicht weisen einige seiner wesentlichen Definitionen tatsächlich in die Zukunft.

Die bisherigen Erklärungen für die Beibehaltung der Bewegung eines Körpers versagten; darum schloß Buridan, der Beweger müsse dem Körper selbst einen gewissen Impetus aufdrücken, eine bewegende Kraft, durch die er sich solange weiterbewegt, bis er durch die Einwirkung unabhängiger Kräfte darin gehindert wird. In den Wurfgeschossen nehme dieser Impetus allmählich ab durch den Luftwiderstand und die natürliche, nach unten ziehende Schwerkraft; in frei fallenden Körpern werde er allmählich verstärkt durch die natürliche Schwerkraft und füge als Beschleunigungskraft neue Impetusstöße, eine zusätzliche Schwerkraft, zu den bereits erhaltenen. Gemessen werde der Impetus eines Körpers durch die Masse seiner Materie, multipliziert mit seiner Geschwindigkeit.

»Darum scheint mir«, schreibt Buridan in den *Quaestiones super Octo Libros Physicorum*, Buch 8, Frage 12, »wir müssen schließen, daß ein Beweger, wenn er einen Körper bewegt, diesem einen bestimmten *Impetus* aufdrückt, eine bestimmte Kraft, die diesen Körper in der Richtung weiterzubewegen vermag, die ihm der Beweger gegeben hat, sei es nach oben, nach unten, seitwärts oder im Kreis. Der mitgeteilte Impuls ist in dem gleichen Maße kraftvoller, je größer der Aufwand an Kraft ist, mit dem der Beweger dem Körper Geschwindigkeit verleiht. Durch diesen *Impetus* wird der Stein weiterbewegt, nachdem der Werfer aufgehört hat, ihn zu bewegen. Aber wegen des Widerstandes der Luft und auch der Schwerkraft des Steins, die ihn ständig in eine dem Streben des *Impetus* entgegengesetzte Richtung zwingen möchte, wird der *Impetus* immer schwächer. Darum muß die Bewegung des Steines allmählich immer langsamer werden. Schließlich ist der *Impetus* so weit geschwächt oder vernichtet, daß die Schwerkraft des Steines überwiegt und den Stein abwärts zu seinem natürlichen Ort bewegt.

Man kann, glaube ich, diese Erklärung akzeptieren, weil die anderen Erklärungen nicht richtig zu sein scheinen, während alle Phänomene mit dieser übereinstimmen.

Denn wenn man fragt, warum ich einen Stein weiter werfen kann als eine Feder, und warum ein Stück Blei oder Eisen der Hand genehmer ist als ein Stück Holz gleicher Größe, so sage ich: Der Grund liegt darin, daß in der Materie und durch sie alle Formen und natürlichen Neigungen aufgenommen sind. Je größer also die Masse an Materie ist, die der Körper enthält, desto mehr an *Impetus* kann er aufnehmen und desto größer ist die Intensität, mit der er ihn aufnehmen kann. Nun ist in einem dichten, schweren Körper mehr *materia prima* enthalten als in einem lockeren, leichten, auch wenn alles andere übereinstimmt*. Darum empfängt ein dichter, schwerer Körper mehr *Impetus* und nimmt ihn mit größerer Intensität auf [als ein lockerer, leichter Körper]. Gleicherweise kann eine bestimmte Masse Eisen mehr Hitze aufnehmen als die gleiche Menge Holz oder Wasser. Eine Feder bekommt einen so schwachen *Impetus,* daß dieser alsbald vom Luftwiderstand zerstört wird; wenn man ein leichtes Stück Holz und ein schweres Stück Eisen von gleicher Größe und Gestalt mit gleicher Geschwindigkeit wirft, so wird das Stück Eisen weiter fliegen, weil der ihm verliehene *Impetus* stärker ist und nicht so schnell abnimmt wie der schwächere *Impetus.* Aus dem gleichen Grunde ist es schwerer, ein großes Mühlrad mit großer Drehgeschwindigkeit zum Halten zu bringen, als ein kleineres Rad. Auch wenn alles übrige gleich ist, hat doch das größere Rad mehr *Impetus* als das kleinere. Und darum kann man auch einen Stein von einem oder einem halben Pfund Gewicht weiter werfen, als den tausendsten Teil dieses Steines. In diesem Tausendstel ist der *Impetus* so gering, daß er sehr schnell vom Luftwiderstand ausgelöscht wird.

Darin scheint mir auch der Grund zu liegen, weshalb der natürliche Fall schwerer Körper eine ständige Beschleunigung erfährt. Zu Beginn des Falles bewegte allein die Schwerkraft den Körper: er fiel langsamer. Aber im Verlauf des Bewegens teilte diese Schwerkraft dem schweren Körper einen *Impetus* mit, der zugleich mit der Schwer-

---

* Buridans *Materia prima* war wie die des *Timaios* schon ausgedehnt, mit Dimensionen ausgestattet. Die Masse an Materie war für ihn proportional dem Volumen und der Dichte. Duhem *(Etudes sur Léonard de Vinci,* 3. Serie, 1913, Seite 46–49) meint, er nähere sich dem Begriff der Dichte durch den diesem proportionalen Begriff des spezifischen Gewichtes. Das spezifische Gewicht war schon in dem griechischen, pseudoarchimedischen *Liber Archimedes de ponderibus* definiert; darin wurde gezeigt, wie die spezifischen Gewichte verschiedener Körper mit Hilfe des hydrostatischen Gleichgewichts oder des Areometers vergleichbar waren. Dieses Buch war im 13. und 14. Jahrhundert allgemein bekannt.

kraft den Körper bewegt. Daher wird die Bewegung schneller, und in dem Maße, wie sie schneller wird, wächst der *Impetus*. Es ist offensichtlich, daß die Bewegung stetig beschleunigt wird.

Jeder, der weit springen will, nimmt einen langen Anlauf, damit er schneller laufen und dadurch einen *Impetus* gewinnen kann, der ihn beim Sprung eine lange Strecke trägt. Im Laufen und Springen fühlt er sich keineswegs von der Luft bewegt; er empfindet vielmehr die Luft vor sich als starken Widerstand.

Nirgendwo findet man in der Bibel, daß es Intelligenzen gibt, die beauftragt sind, den Himmelskörpern die ihnen eigenen Bewegungen mitzuteilen; also ist es zulässig, zu zeigen, daß die Annahme solcher Intelligenzen durchaus nicht notwendig ist. Man könnte wohl sagen, daß Gott, als er das Weltall erschuf, jeden Himmelskörper nach seinem Gefallen in Bewegung setzte, indem er jedem einen *Impetus* mitgab, der ihn seither bewegt. Gott braucht diese Himmelskörper darum jetzt nicht mehr zu bewegen, abgesehen von seinem allwaltenden Einfluß, der das Zusammenspiel aller Phänomene bewirkt. Also konnte er am siebten Tage ausruhen von dem vollbrachten Werk und die Geschöpfe ihren wechselseitigen Ursachen und Wirkungen überlassen. Diese *Impetus,* die Gott den Himmelskörpern verlieh, sind im Laufe der Zeit weder abgeschwächt noch ausgelöscht worden, weil in Himmelskörpern keinerlei Neigung zu anderen Bewegungen besteht und weil kein Widerstand da ist, der den *Impetus* verschlechtern oder behindern könnte. Ich möchte all das nicht als Gewißheit hinstellen; wohl aber möchte ich die Theologen bitten, mich zu belehren, wie diese Dinge vor sich gehen können*.«

Man sagt, Buridan habe einen strategischen Schritt auf das Trägheitsprinzip zu getan, als er den *Impetus* eine *res permanens* nannte, eine andauernde, bewegende Kraft, die den Körper so lange in unveränderter Bewegung hält, als nicht andere Kräfte einwirken, die sie vermindern oder verstärken. In dieser Hinsicht bedeutete sein *Impetus* sicherlich eine Verbesserung gegenüber Marchias *virtus,* die nur *ad modicum tempus* andauerte. Gewiß gibt es auch auffallende Ähnlichkeiten zwischen einigen grundlegenden Definitionen in Bu-

---

* Nach der Übersetzung aus dem Lateinischen von Anneliese Maier, *Zwei Grundprobleme der Scholastischen Naturphilosophie,* Rom 1951, Seite 211 f.; die weiteren Stellen Seite 213–223.

ridans Dynamik und der des 17. Jahrhunderts. Buridans Maßangabe, der *Impetus* eines Körpers sei proportional der Menge der Materie und der Geschwindigkeit, erinnert an Galileis Definition des *impeto or momento*, an Descartes *quantité de mouvement* und sogar an Newtons *momentum* als dem Produkt aus Masse und Geschwindigkeit. Es ist richtig, daß Buridans *Impetus* beim Fehlen unabhängiger Kräfte die Himmelskörper im Kreis, die irdischen Körper in einer geraden Linie weiterbewegen soll, während Newtons *momentum* in allen Körpern nur in geradliniger Bewegung fortdauern soll und zur Abweichung in eine Kreislinie einer anderen Kraft bedarf. Aber in diesem Punkte stand Galilei nicht auf Newtons Seite, sondern irgendwo zwischen ihm und Buridan.

Eine gewisse Ähnlichkeit ist auch zwischen Buridans *Impetus* und Leibnizens »force vive« oder kinetischer Energie festzustellen. Zur Erklärung der Beschleunigung frei fallender Körper sagt Buridan in *Quaestiones de Caelo et Mundo*, Buch 2, Frage 12: »Man muß es sich so vorstellen, daß ein schwerer Körper Bewegung nicht nur von seinem ersten Beweger bekommt, sondern daß er auch in sich selbst einen gewissen *Impetus* zusammen mit jener Bewegung erwirbt und daß dieser die Kraft hat, zusammen mit der konstanten natürlichen Schwerkraft diesen gleichen Körper zu bewegen. Und weil dieser *Impetus* im gleichen Maße wie die Bewegung erworben wird, ist er um so größer und stärker, je schneller die Bewegung ist. Darum wird der schwere Körper anfangs nur durch seine natürliche Schwerkraft, also langsam, bewegt; später wird er durch dieselbe Schwerkraft und zugleich durch den erhaltenen *Impetus*, also schneller bewegt... und immer wieder schneller, in einer stetigen Beschleunigung, bis zum Ende.« Dieser *Impetus*, so schließt er, wird von einigen Leuten »akzidentelle Schwerkraft« genannt.

Natürlich ist es reizvoll, in zeitlich so weit auseinanderliegenden Systemen der Dynamik nach ähnlich lautenden Ausdrücken auszuschauen, aber es besteht die Gefahr, daß der Abgrund, der sie dem Inhalt nach voneinander trennt, dabei übersehen wird. Kann man wirklich behaupten, Buridans Formulierung der Impetustheorie schließe bereits die Definition des 17. Jahrhunderts ein, daß Kraft dasjenige ist, was die Geschwindigkeit nicht nur erhält, sondern auch ändert? Alles, was er über den *Impetus* gesagt hat, zeigt an, daß er ihn als eine aristotelische Ursache der Bewegung begriff, die der

Wirkung angemessen sein muß; wenn daher die Geschwindigkeit zunahm, wie in fallenden Körpern, mußte auch der *Impetus* wachsen. Es ist richtig, daß Buridans *Impetus* infolge seiner Ansätze zu quantitativen Formulierungen etwas mehr ist als eine aristotelische Ursache: eine Kraft oder Gewalt, die einem Körper eigen ist auf Grund der Tatsache, daß er sich in Bewegung befindet, daß er den Zustand der Ruhe oder Bewegung anderer Körper auf seinem Wege ändert. Es ist auch richtig, daß zwischen seiner Definition und der des *impeto* oder *momento* in Galileis *Zwei neue Wissenschaften* zuviel Ähnlichkeit besteht, als daß man annehmen könnte, Galilei habe ihm nichts zu verdanken (Seite 384 ff.). Aber wenn man Buridan im Rahmen seiner Zeit betrachtet, nicht als Vorläufer irgendeiner Sache in der Zukunft, dann wird es klar, daß er selbst seine Theorie lediglich als eine Lösung der klassischen Probleme ansah, die sich aus dem Wortlaut der aristotelischen Dynamik ergaben und von denen er nie loskam.

Das zeigt sich deutlich in Frage 9, Buch 12 seiner *Quaestiones in Libros Metaphysicae.* »Viele Leute glauben, daß das Wurfgeschoß, nachdem es den Werfer verlassen hat, von einem *Impetus* weiterbewegt wird, der ihm vom Werfer gegeben wurde, und daß es solange in Bewegung bleibt, wie der *Impetus* stärker als der Widerstand ist. Der *Impetus* würde unbegrenzt andauern *(in infinitum duraret impetus),* wenn er nicht verringert würde durch ein ihm widerstehendes Gegensätzliches oder durch eine Neigung zu entgegengesetzter Bewegung. In der Himmelsbewegung gibt es nichts widerstehendes Gegensätzliches; als Gott bei der Erschaffung der Welt jeder Himmelskugel die Geschwindigkeit gegeben hatte, die ihm beliebte, hörte er zu bewegen auf, und dennoch dauert die Bewegung für alle Zeiten an, weil jeder ein *Impetus* mitgegeben ist. Man kann mit Recht sagen, daß Gott am siebenten Tage von allen Werken, die er vollbracht hatte, ausruhte.« Sollte das nun bedeuten, daß der *Impetus* tatsächlich in allen Körpern für immer andauern würde, wenn keine Kräfte entgegenwirken? Das behauptet Buridan nur für die Himmelskörper, die sich von Natur aus stetig im Kreis bewegen. In irdischen Körpern dagegen wirkt dem *Impetus*, der z. B. einem Wurfgeschoß gewaltsam aufgezwungen wird, immer das natürliche innere Streben des Körpers nach seinem natürlichen Ort entgegen; dort will er zur Ruhe kommen. Mehr noch: Das grundlegende Gesetz der Dynamik, das Buridan in der Formulierung Bradwardines übernahm, besagt, daß Geschwindigkeit proportional ist der Kraft und dem Widerstand; wenn demnach kein Widerstand vorhanden wäre, müßte die Geschwindigkeit unendlich sein. Buridan war Empirist wie alle Aristoteliker; darum bemühte er sich nicht, die Wirkungen des *Impetus* als solchem von denen seiner Zusammenstöße mit Widerstand und natürlichen Strebungen zu abstrahieren. Er hielt sich an die Welt der Tatsachen, wie er sie sah. Das Prinzip der unveränderten Bewegung im leeren Raum erkannte er nicht.

Dennoch kann man sagen, daß in einem tieferen Sinne Buridan und seine Zeitgenossen die große kosmologische Reform des 16. und 17. Jahrhunderts bereits vorwegnahmen. Buridans Impetustheorie war ein Versuch, Bewegungen am Himmel und auf der Erde in einem einzigen System der Dynamik zu umfassen. Darin folgten ihm Albert von Sachsen, Marsilius von Inghen und Nikolaus von Oresme (Oresmius). Allerdings glaubte Oresmius, daß es im Bereich der Erde nur beschleunigte und verlangsamte Bewegung gäbe; er paßte die Theorie vom *Impetus* dem an und scheint ihn nicht für eine *res naturae permanentis* gehalten zu haben, sondern für etwas, was »nur eine gewisse Zeit lang andauert«. Im 14., 15. und 16. Jahrhundert wurde die Theorie in der einen oder anderen Form in Frankreich, England, Deutschland und Italien allgemein angenommen.

In bezug auf Fragen der irdischen Dynamik erklärte Buridan z. B. das Aufspringen eines Balles durch eine Analogie mit der Reflexion des Lichtes: der anfängliche *Impetus* presse den Ball beim Aufschlag auf den Boden mit Gewalt zusammen, die Ausdehnung gebe ihm einen neuen *Impetus*, der dann die Ursache des Hochspringens sei*. Eine ähnliche Erklärung gab er für das Vibrieren einer angeschlagenen Seite und für die Pendelbewegung.

Albert von Sachsen benutzte Buridans Theorie zur Erklärung der Wurfbahn eines Geschosses durch einen zusammengesetzten *Impetus*. Dieser Gedanke geht an sich zurück auf Hipparch, einen griechischen Astronomen des 2. Jahrhunderts v. Chr., dessen Bericht uns von Simplicius in seinem Kommentar zu *De Caelo* überliefert ist. Nach

---

* Im Gegensatz dazu erklärt Descartes in *La Dioptrique* die Reflexion und Brechung des Lichtes durch Analogie mit der Mechanik eines Balles (siehe Seiten 353, 484 f.).

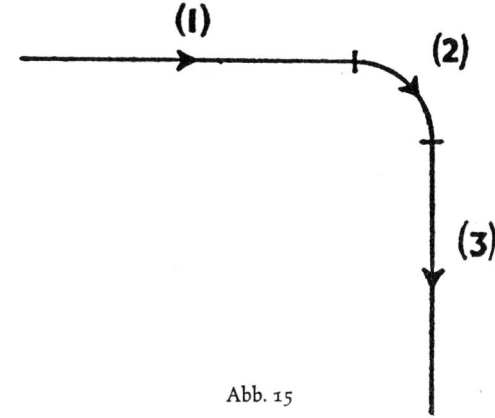

Abb. 15

aristotelischen Prinzipien kann ein Elementarkörper nur eine einzige einfache Bewegung in jedem Augenblick haben; denn eine Substanz kann nicht zwei entgegengesetzte Eigenschaften zugleich besitzen. Sie würden einander vernichten. Albert von Sachsen sah in der Wurfbahn eines Geschosses drei Perioden: (1) die Anfangsperiode einer ausschließlich gewaltsamen Bewegung, bei der der aufgezwungene *Impetus* die natürliche Schwerkraft auslöscht; (2) eine Zwischenperiode mit gemischtem *Impetus*, in der die Bewegung sowohl gewaltsam wie auch natürlich abläuft; (3) eine Endperiode mit rein natürlicher Bewegung, die vertikal nach unten führt, nachdem natürliche Schwerkraft und Luftwiderstand den aufgezwungenen *Impetus* überwunden haben (Abb. 15). Dem Luftwiderstand schrieb er einen bestimmten Reibungswert zu, selbst wenn das Geschoß sich in Ruhe befindet. In einem horizontal abgefeuerten Geschoß verläuft die Bewegung während der ersten Periode in horizontaler, gerader Linie, die in der zweiten Periode plötzlich gekrümmt wird und in der dritten vertikal abfällt. Wird das Geschoß vertikal nach oben abgefeuert, so kommt es in der zweiten Periode zur Ruhe *(quies media)*, um dann in der dritten, wenn die natürliche Schwerkraft den Luftwiderstand überwunden hat, herunterzufallen. Dieser Theorie schlossen sich Blasius von Parma († 1416), Nikolaus von Kues, Leonardo da Vinci und andere Schüler Alberts von Sachsen an; im 16. Jahrhundert wurde sie von Tartaglia in Übereinstimmung mit mathematischen

Prinzipien umgeändert, im 17. Jahrhundert schließlich von Galilei verworfen.

Der Gedanke, daß die Erde sich möglicherweise jeden Tag um ihre Achse drehe, gab Anlaß zur Entwicklung einer ganz neuen Dynamik der Himmelsregion. Er war im 13. Jahrhundert von zwei persischen Astronomen, al-Katibi und al-Shirazi, diskutiert und verworfen worden; zwischen ihnen und den lateinischen Autoren des 14. Jahrhunderts scheint es aber keine Verbindung zu geben. Für die letzteren umfaßte das Problem nicht nur die dynamische Erklärung des Fortdauerns einer Bewegung, sondern auch den Begriff des Raumes und den der Schwerkraft. Die bedeutendsten Diskussionen über die Möglichkeit der Erdbewegung und ihre Beziehung zu den bekannten Problemen stammen von Buridan und Oresmius. Die Häufigkeit, mit der sie die Pariser Verurteilungen von 1277 anführen, illustriert deutlich, welche gewichtige Rolle diese in der wissenschaftlichen Spekulation der Folgezeit spielten (vgl. Seite 271 f.).

Buridan erwähnt in seinen *Quaestiones de Caelo et Mundo*, viele Leute hielten die tägliche Erdumdrehung für wahrscheinlich, fügt aber hinzu, sie erörterten diese Möglichkeit als scholastische Denkübung. Er sah ein, daß durch direkte Beobachtung der Körper selbst nicht festzustellen war, ob Himmel oder Erde in Bewegung sind; aber die Bewegung der Erde lehnte er auf Grund von Beobachtungen ab. Zum Beispiel wies er darauf hin, daß ein abgeschossener Pfeil vertikal an den Ort zurückfällt, von dem er abgeschossen wird. Wenn die Erde sich drehe, sagte er, würde das unmöglich sein; auf den Einwand, die sich ebenfalls drehende Luft könne den Pfeil mit sich tragen, antwortete er, der *Impetus* des Pfeiles würde mit Sicherheit der Seitwärtsbewegung der Luft widerstehen.

Was Oresmius zur täglichen Erdrotation zu sagen hatte, war weit ausführlicher. Er diskutierte das Problem in seinem *Livre du Ciel et du Monde*, einem französischen Kommentar zu Aristoteles' *De Caelo*; er schrieb dieses Buch 1377 auf Befehl Karls V. von Frankreich, der ihn auch mit der Übersetzung der *Ethik* und *Politik* von Aristoteles aus dem Lateinischen ins Französische beauftragte*.

---

* Wie später Kopernikus, schrieb auch Oresmius eine außergewöhnlich scharfsinnige Abhandlung über Geld. Siehe *De Moneta* von Nikolaus von Oresme und *English Mint Documents*, übersetzt von C. Johnson, London und Edinburgh, 1956.

Karl V. war ein Liebhaber der Gelehrsamkeit und seiner Muttersprache. Sein *Cabinet de livres* im Louvre enthielt eine große Zahl von Büchern, die in seinem Auftrag in die Landessprache übersetzt worden waren, und er riet seiner Umgebung immer wieder, sie zu ihrer Belehrung und Freude zu lesen. Oresmius' Analyse des Gesamtproblems ist die detaillierteste und genaueste, die in der Zeit von den griechischen Astronomen bis zu Kopernikus überhaupt zu finden ist – wenn er sich auch am Ende seines *Livre du Ciel* zugunsten des geostatischen Systems entschied. Die Art, wie er dieses Gemisch aus naturwissenschaftlichen, philosophischen und theologischen Streitfragen behandelte, warf ihre Schatten voraus auf Streitschriften Galileis.

Eine der Fragen, die Oresmius in seiner Darlegung des geostatischen Systems anschnitt, war die der konstanten Sphärenbewegung. Seine Version der Impetustheorie ließ keine konstante Bewegung zu, darum griff er zurück auf die vage Vorstellung von einem Gleichgewicht zwischen »Bewegungseigenschaften und -kräften«, das Gott bei der Erschaffung der Welt den Himmelssphären verlieh, um der Schwerkraft *(pesanteur)* der Körper auf der Erde zu entsprechen und den Widerstand auszugleichen, der diesen Kräften *(vertus)* widerstrebt. Er sagte tatsächlich, diese Kräfte und Widerstände seien den »Intelligenzen«, die die Himmelskörper bewegen, bei der Erschaffung von Gott verliehen worden; die Intelligenzen bewegten sich mit den Körpern, deren Bewegung sie verursachten, und ständen zu ihnen im gleichen Verhältnis wie die Seele des Menschen zu seinem Körper. Die Himmelsmaschine verglich er mit einer Uhr und schloß in Buch 2, Kap. 2 des *Livre du Ciel:*

»Und diese Kräfte sind so sehr beherrscht, gedämpft und ausgeglichen durch die Widerstände, daß die Bewegungen ohne Heftigkeit ablaufen; und da keine Gewalt angewendet wird, ist es fast wie bei einer Uhr, die der Uhrmacher gemacht hat und dann ablaufen und sich allein bewegen läßt. So überließ Gott die Himmel ihrer stetigen Bewegung in Übereinstimmung mit der Proportionalität ihrer Bewegungskräfte zu ihren Widerständen und mit der geschaffenen Ordnung.«

Aber war es möglich, die Voraussetzungen zu akzeptieren, auf denen das geostatische System und die traditionellen Einwände gegen die Bewegung der Erde beruhten? Es war eine der wesentlichen

Voraussetzungen der aristotelischen Kosmologie, daß es im Mittelpunkt des Universums einen feststehenden Körper geben müsse, um den sich die Himmelskörper drehen und zu dem die natürlichen Bewegungen der irdischen Körper in Beziehung stehen. Dagegen argumentierte Oresmius, die Richtungen von Raum, Bewegung, natürlicher Schwerkraft und Leichtigkeit müßten alle, sofern sie beobachtbar waren, als relativ angesehen werden.

Er stimmte mit denen überein, die behaupteten, Gott könne kraft seiner Allmacht einen unendlichen Raum und so viele Welten erschaffen, wie er wolle. »Und darum«, schrieb er in Buch 1, Kap. 24 des *Livre du Ciel*, »liegt hinter dem sichtbaren Himmel ein leerer, körperloser Raum, der von dem gewöhnlichen erfüllten, körperlichen Raum absolut verschieden ist; genauso ist die Dauer, die wir Ewigkeit nennen, absolut verschieden von zeitlicher Dauer, selbst dann, wenn diese unaufhörlich ist... Weiterhin ist dieser oben genannte Raum unendlich und unteilbar; er ist die Unermeßlichkeit Gottes, ist Gott selber, geradeso wie die Dauer Gottes, die Ewigkeit, unendlich, unteilbar und Gott selber ist...«

Soweit nun in unserem Universum Richtungen tatsächlich zu unterscheiden waren, zeigte Oresmius, daß rechts und links, vorn und hinten, »diese vier Verschiedenheiten am Himmel nicht absolut und wirklich, sondern nur relativ zu unterscheiden sind, wie schon gesagt wurde« (Buch 2, Kap. 6). Nur oben und unten können absolut und wirklich unterscheidbar genannt werden, aber auch nur in bezug auf ein bestimmtes Universum. Wir können z. B. bei der Lichtbewegung und bei schweren Körpern oben und unten unterscheiden. »Darum sage ich, daß dieserart oben und unten nichts anderes bedeutet als die natürliche Ordnung schwerer und leichter Dinge, die so beschaffen ist, daß alle schweren Dinge, soweit das möglich ist, inmitten der leichten Dinge sind, ohne daß ein anderer unbeweglicher Ort für sie festgesetzt ist« (Buch 1, Kap. 24). Oresmius kombinierte diese pythagoreische oder platonische Schwerkrafttheorie mit der Vorstellung eines unendlichen Raumes und war dadurch in der Lage, ohne ein feststehendes Zentrum des Universums, auf das alle natürlichen Gravitationsbewegungen bezogen waren, auszukommen. Schwerkraft war für ihn einfach die Tendenz schwerer Körper, dem Mittelpunkt sphärischer Materienmassen zuzustreben. Bewegungen wurden durch Schwerkraft nur erzeugt in Beziehung auf ein bestimmtes Universum; es gab für ihn keine absolute Richtung der Schwerkraft, die auf den Gesamtraum anwendbar wäre.

Dann gab es also keinen Grund, weshalb die Erde, selbst wenn das Himmelsgewölbe sich dreht, notwendigerweise im Zentrum feststehen sollte. Oresmius zeigte am Beispiel eines sich drehenden Rades, daß die Kreisbewegung nur einen imaginären, mathematischen, ruhenden Mittelpunkt erfordere, wie in der Epizykeltheorie tatsächlich angenommen wird. Außerdem sagte er, zur Definition der Ortsbewegung gehöre es durchaus nicht, daß sie auf einen festen Punkt oder Körper bezogen sei. Zum Beispiel sei »jenseits des Universums ein Raum, der als unendlich und unbeweglich aufzufassen ist; es ist – ohne daß sich ein Widerspruch ergibt – möglich, daß das ganze Universum innerhalb dieses Raumes in gerader Linie fortbewegt wird. Die Behauptung des Gegenteils ist in Paris verurteilt worden. Das aber setzt voraus, daß es keinen anderen Körper gibt, dem das Universum bezüglich seines Ortes in irgendeiner Weise zugeordnet ist ... Wenn man sich weiterhin vorstellt, die Erde würde einen Tag lang in Tagesumdrehung durch den Raum bewegt, während das Himmelsgewölbe in Ruhe verharrt, und nach dieser Zeit wären die Dinge wie zuvor« (Buch 2, Kap. 8) – dann würde alles wieder so sein, wie es vorher gewesen ist.

Im 25. Kapitel des 2. Buches des *Livre du Ciel* sagt Oresmius, vorbehaltlich einer Berichtigung scheine es ihm möglich, die Auffassung beizubehalten, »daß die Erde sich in täglicher Umdrehung bewegt und das Himmelsgewölbe nicht. Erstens will ich darlegen, daß keine direkte Beobachtung *(expérience)* das Gegenteil beweisen kann; zweitens auch kein Vernunftgrund *(par raisons)*; und drittens werde ich Gründe angeben, die zugunsten dieser Auffassung sprechen.« Die Einwände gegen die Bewegung der Erde, die Oresmius zitierte, fanden sich alle schon bei Ptolemäus und wurden später gegen Kopernikus benutzt; er trat ihnen mit Argumenten entgegen, die wiederum von Kopernikus und Bruno benutzt wurden.

Der erste der Erfahrung entnommene Einwand war der, daß die Drehung des Himmelsgewölbes um die Polarachse tatsächlich beobachtet worden war. Oresmius zitierte daraufhin aus dem 4. Buch von Witelos *Perspective*, daß die einzige Bewegung, die beobachtet werden könne, relative Bewegung ist. »Ich nehme an, Ortsbewegung kann nur insoweit beobachtet werden, als ein Körper seine Position in bezug auf einen andern Körper ändert. Also, wenn ein Mensch sich im Boot A befindet, das sich gleichmäßig, schnell oder langsam bewegt, und er kann nichts um sich herum sehen außer einem zweiten Boot B, das sich in genau derselben Weise bewegt wie Boot A, so sage ich, diesem Menschen wird es scheinen, als ob sich keines der Boote bewege. Wenn A in Ruhe ist und B in Bewegung, wird es ihm scheinen, als bewege sich B; wenn A in Bewegung ist und B in Ruhe, wird es für ihn genauso aussehen: daß B sich bewegt. Ebenfalls, wenn A eine Stunde lang ruhig liegt, während B sich bewegt, dann für die nächste Stunde das Umgekehrte eintritt, daß A sich bewegt und B in Ruhe bleibt, so kann dieser Mensch unmöglich den Wechsel, die Veränderung bemerken; es wird ihm vielmehr scheinen, als ob B sich die ganze Zeit bewege. Das ist eine Erfahrungstatsache. Uns scheint es so, als ob der Ort, an dem wir uns befinden, immer in Ruhe und der andere immer in Bewegung sei, genauso wie ein Mensch in einem fahrenden Boot meint, daß die Bäume draußen sich bewegen. Wenn sich nun ein Mensch im Himmelsgewölbe befände und sich in regelmäßigem Tagesrhytmus bewegte, so müßte ihm scheinen, daß die Erde die tägliche Bewegung ausführe, so wie sich für uns auf der Erde das Himmelsgewölbe zu drehen scheint. Wenn sich entsprechend die Erde in täglicher Drehung bewegt und das Himmelsgewölbe nicht, dann glauben wir die Erde in Ruhe und das Himmelsgewölbe in Bewegung. Jede intelligente Person kann sich das vorstellen.«

Der zweite aus der Erfahrung kommende Einwand lautete: Wenn die Erde sich von West nach Ost durch die Luft dreht, dann müßte ständig ein starker Wind von Osten blasen. Darauf antwortete Oresmius, Luft und Wasser machten die Erdumdrehung mit, darum könne kein Wind entstehen. Vom dritten Einwand hatte sich Buridan überzeugen lassen: Wenn die Erde sich drehte, müßte ein Pfeil oder ein Stein, der vertikal nach oben geworfen wird, im Herunterfallen nach Westen abweichen; in Wirklichkeit fällt er aber auf die Stelle zurück, von der er hinaufgeschickt wurde. Bezeichnend ist die Antwort des Oresmius: Der Pfeil »wird mit der Luft, die er durchschneidet, und mit der ganzen Masse des vorher bezeichneten unteren Teiles des Universums, das sich in täglicher Umdrehung bewegt, sehr schnell ostwärts bewegt, und darum kehrt der Pfeil zu dem Ort auf der Erde zurück, von dem er abgesandt wurde«. Der Pfeil führte somit nicht eine einzige Bewegung aus, sondern zwei: eine vertikale auf Grund des Abschusses und eine Kreisbewegung, weil er sich auf dem rotierenden Globus befindet. Die tatsächlich vom Pfeil beschriebene Kurve wäre der eines Feuerteilchens *(a)* vergleichbar, das von einer Position zu einer höheren, den Himmelssphären näheren, aufsteigt. Das zeigte er an einem Diagramm: Das Feuerteilchen fliegt nicht einfach zu einer Position *b*, die direkt über *a* liegt, sondern im Aufsteigen wird es durch die Kreisbewegung seitwärts zur Position *c* getragen, die seitlich von *b* liegt. »Ich sage, daß genau wie bei dem vorher erwähnten Pfeil auch in diesem Falle die Bewegung von *a* zusammengesetzt *(composé)* genannt werden kann und teils aus einer geradlinigen, teils aus einer kreisförmigen Bewegung besteht. Denn der Bereich der Luft und die Region des Feuers, die von *a* durchmessen werden, bewegen sich nach Aristoteles im Kreise. Wäre das nicht so, so würde *a* geradewegs in der Linie *ab* aufsteigen; da aber *b* inzwischen in seiner täglichen Kreisbewegung zum Punkt *c* fortgeschritten ist, ergibt sich klar, daß *a* im Aufsteigen die Kurve *ac* beschreibt, daß also die Bewegung von *a* aus einer geradlinigen und einer kreisförmigen Bewegung zusammengesetzt ist. Die Bewegung des Pfeiles verläuft, wie schon gesagt, in genau der gleichen Weise als eine Zusammensetzung oder Mischung von Bewegungen *(composition ou mixcion de movemens)* . . .*.« Wie also einer Person auf einem fahrenden Schiff jede in bezug auf das Schiff geradlinige Bewegung auch geradlinig erscheinen wird, so scheint für eine Person auf der Erde der Pfeil vertikal zu dem Punkt zurückzufallen, von dem er abgeschossen wurde. Ob die Erde rotiert oder in Ruhe ist – dem Beobachter auf der Erde erscheint die Bewegung in beiden Fällen gleich. »Daraus schließe ich also, daß durch keine Beobachtung gezeigt werden kann, daß der Himmel sich in täglicher Bewegung dreht und daß die Erde es nicht tut.« Diese Auffassung von der Zusammengesetztheit von Bewegungen erwies sich später als eine der fruchtbarsten in Galileis Dynamik.

Rationale Einwände gegen die Erdbewegung kamen zumeist von dem aristotelischen Prinzip her, das in späterer Zeit Tycho Brahe gegen Kopernikus benutzte: daß nämlich ein Elementarkörper nur

---

* Das scheint unvereinbar mit der Einteilung der Geschoßbahn in drei Abschnitte (vgl. Seite 309).

eine einzige einfache Bewegung haben kann, was für die Erde eine geradlinige abwärts gerichtete Bewegung bedeutet. Oresmius behauptete nun, jedes Element, ausgenommen das Himmelsgewölbe, könne sehr wohl zwei natürliche Bewegungen haben; eine kreisförmig rotierende, wenn es sich an seinem natürlichen Ort befindet, und eine geradlinige, wenn es von ihm entfernt worden ist. Die »vertu«, von der die Erde drehend bewegt wird, ist ihre »Natur«, ihre »Form«; sie bewirkt ebenfalls die geradlinige Bewegung zurück zu ihrem natürlichen Ort. Auf den Einwand, die Rotation der Erde müsse die Astrologie zunichte machen, antwortete Oresmius, alle Kalkulationen und Tabellen könnten unverändert bestehenbleiben.

Was er an positiven Argumenten zugunsten der Erdumdrehung vorbrachte, geht darauf hinaus, daß dies einfacher und vollkommener sei als das Gegenteil – wiederum eine bemerkenswerte Vorwegnahme der ursprünglich platonischen Beweisgründe von Kopernikus und Galilei. Wenn die Erde sich drehe, sagte er, müßten alle scheinbaren Himmelsbewegungen gleichsinnig von Osten nach Westen ablaufen; der bewohnbare Teil des Globus läge auf seiner rechten, edleren Seite; die Himmel erfreuten sich des erhabenen Zustandes der Ruhe, und die Erde am Grunde wäre in Bewegung; die entfernteren Himmelskörper wären ihren Umdrehungen entsprechend langsamer als diejenigen in Erdnähe – im Gegensatz zum geostatischen System, in dem sie schneller ablaufen müßten. Überdies »sagen alle Philosophen, daß alles, was durch viele und große Operationen bewirkt wird, vergebens getan ist, wenn es durch weniger und kleinere Operationen erreicht werden könnte. Und Aristoteles sagt, ... daß Gott und die Natur nichts vergebens tun ... Wenn nun durch eine einzige kleine Operation, die tägliche Erdumdrehung, alle die Wirkungen, die wir sehen, erzeugt werden können und jeder Anschein bestätigt werden kann – durch eine Operation also, die geringfügig ist im Vergleich mit der Drehung des Himmelsgewölbes, ohne daß dabei die verschiedensten und unermeßlich großen Operationen sich multiplizieren –, so hätten Gott und die Natur solche Operationen für nichts und wieder nichts geschaffen und befohlen – und das wäre nicht schicklich, wie man so sagt.« Einer der Vorzüge der Einfachheit liegt darin, daß die neunte Sphäre überflüssig wird.

Im Verlauf der Diskussionen hatte Oresmius, der ja auch Bischof von Lisieux war, in Betracht gezogen, daß viele Stellen der heiligen

Schrift offensichtlich zugunsten des geostatischen Systems zu sprechen scheinen. Aber er deutete sie etwa so: »Man kann sagen, daß sie [die Hl. Schrift] sich in diesem Teil dem gewöhnlichen menschlichen Sprachgebrauch anpaßt, wie sie es an mehreren Stellen tut, z. B. wo geschrieben ist, daß Gott bereute, erzürnte und sich wieder beruhigte und dergleichen Dinge mehr, die alle nicht wörtlich zu nehmen sind.« Das erinnert uns wieder an Galilei. Und im gleichen Sinne behandelt Oresmius das berühmte Problem vom Wunder Josuas, er fand darin kein Argument gegen die Bewegung der Erde.

»Wenn Gott ein Wunder vollbringt, muß vorausgesetzt und festgehalten werden, daß er den normalen Lauf der Natur so wenig wie möglich stört, nur gerade soviel, wie es für das Wunder notwendig ist. Wenn man also sagen kann, daß Gott zu Josuas Zeiten den Tag verlängerte, indem er nur die Erde anhielt oder die untere Region, die so winzig klein ist, ein bloßer Punkt gegenüber den Himmeln, ohne daß das ganze Universum außerhalb dieses winzigen Punktes aus seinem Lauf und seiner Ordnung gebracht wurde – dann ist das viel vernünftiger ... Und von Ezechiels Zeiten, als die Sonne in ihrem Lauf rückwärts ging, läßt sich dasselbe sagen.«

Bei den vielen Argumenten, die Oresmius gegen die Kosmologie seiner Zeit vorgebracht hat, ist es etwas erstaunlich, daß er am Ende seines Kapitels zu ihr zurückkehrt. »Nichtsdestoweniger hält jeder daran fest – und ich denke es auch –, daß es [das Himmelsgewölbe] sich bewegt und nicht die Erde; denn Gott befestigte die Erde, so daß sie sich nicht bewegt *(Deus enim firmavit orbem terrae, qui non commovebitur*)*, trotz aller Beweisgründe für das Gegenteil. Denn diese sind Überzeugungsargumente, die keinen Evidenzbeweis erbringen. Aber wenn man alles bedenkt, was darüber gesagt worden ist, könnte man glauben, daß die Erde sich bewegt und nicht der Himmel, und es gibt nichts, was das Gegenteil beweist. Jedenfalls scheint dies auf den ersten Blick der natürlichen Vernunft genauso zu widersprechen wie unsere Glaubensartikel, alle oder einzelne, oder noch mehr. So kann auch das, was ich zu meinem Vergnügen *(par esbatement)* gesagt habe, in dieser Weise einen Wert gewinnen, indem es jene, die gerne mit Hilfe des Verstandes unseren Glauben

---

* Vulgata, Psalm 92.

in Frage stellen, widerlegt und zurückgewinnt.« Steht diese letzte
Bemerkung vielleicht in Beziehung zu dem Zweck, für den Oresmius,
wie er in seinem Schlußkapitel sagt, *Le Livre du Ciel* geschrieben
hatte? »Die Herzen junger Menschen von feiner und edler Intelligenz, voll Sehnsucht nach Wissen, anzuregen, zu erschüttern und zu
bewegen, damit sie – aus Liebe und Leidenschaft zur Wahrheit –
studieren, um mir zu widersprechen und mich zu berichtigen.« In
dieser für das abendländische Denken so grundlegenden, so leiden-
schaftlichen und heiklen Auseinandersetzung, von der Wiederentdeckung des Aristoteles im 13. Jahrhundert an bis zu Galileis Streitschriften über das Verhältnis des Verstandes zur Offenbarung, der
naturwissenschaftlichen Kosmologie zur biblischen, scheint Oresmius einen Standpunkt einzunehmen, der bei seinen Zeitgenossen
nicht ungewöhnlich war: den des gläubigen Christen und skeptischen
Philosophen. Er war bereit, seinen Verstand bedingungslos der Offenbarung unterzuordnen, ihn aber zur gleichen Zeit zu benutzen,
um den Verstand zu verwirren. »Und all dieses sage und erkläre ich,
ohne darauf zu bestehen, in großer Demut und Herzensangst, in
allzeit tiefer Verehrung der Majestät des katholischen Glaubens
und zu dem Zweck, die Neugier und Voreingenommenheit all derer
in Schach zu halten, die ihn zu ihrer eigenen Verwirrung verleumden
und bekämpfen möchten.«

Aber aus welchen Gründen auch immer Oresmius schließlich die
Kosmologie der Erdbewegung, die er mit so vielen Beweisgründen
gestützt hatte, fallen ließ – über seine endgültige Meinung läßt er
keinen Zweifel: »Aber mehr als ein einziges materielles Universum
hat es niemals gegeben und wird es niemals geben« (Buch 1, Kap. 24
des *Livre du Ciel*). Und dieses Universum war das anerkannte
geostatische des Aristoteles und des Ptolemäus. Tatsächlich war es ja
so – wie Oresmius klar begriff –, daß keines seiner Argumente positiv die Bewegung der Erde zu beweisen vermochte. Wie Galilei drei
Jahrhunderte später erklärte er schlicht und einfach, er habe gezeigt,
daß es unmöglich sei, das Gegenteil zu beweisen. Allerdings enthielt
sein Bewegungsbegriff nicht die dynamischen Potentialitäten, die
Galilei – wenn auch ohne Erfolg – in der kosmologischen Debatte
benutzte. Sein Begriff der relativen Bewegung gleicht vielmehr dem
des Descartes, weil das später so genannte Beharrungsvermögen der
Materie dabei völlig unbeachtet blieb. Er besaß kein Kriterium zur

Unterscheidung dynamisch möglicher und unmöglicher astronomischer Systeme.

Albert von Sachsen stellte in seinem *Quaestiones in Libros de Caelo et Mundo*, Buch 2, Frage 26, fest:

»Wir können in keiner Weise die Konjunkturen und Oppositionen der Planeten durch die Bewegung der Erde erklären, genausowenig wie die Eklipsen von Sonne und Mond.«

Oresmius hatte in Buch 2, Kap. 25 seines Kommentars gesagt, daß die Astrologie keineswegs von der Erdrotation angefochten werde. Tatsächlich würden »alle Konjunkturen, Oppositionen, Konstellationen, Zahlen und Einflüsse des Himmelsraumes in jeder Weise stimmen wie zuvor ... und die Bewegungstabellen wie alle anderen Bücher gültig bleiben bis auf das eine, in dem geschrieben steht, daß die tägliche Bewegung sich scheinbar am Himmel, in Wirklichkeit auf der Erde vollzieht.« Aus philosophischen und physikalischen Gründen behielten die Astronomen die geostatische Hypothese bei; die Naturphilosophen gingen über ein Spielen mit gegenteiligen Auffassungen nicht hinaus. Nikolaus von Kues (1401–1464) z. B. verwarf die Vorstellung, daß die achte Sphäre sich alle 24 Stunden zweimal um ihre Achse drehe, die Erde nur einmal. Die Abhandlung des Oresmius ist nie gedruckt worden; man weiß nicht, ob Kopernikus je etwas davon erfuhr. Dagegen verursachte die Frage einer Vielzahl von Welten, in der z. B. Leonardo da Vinci an der Seite des Nikolaus von Kues gegen Albert von Sachsen kämpfte, gegen Ende des 15. Jahrhunderts und noch lange nachher leidenschaftliche Debatten; und diese Autoren wurden in Norditalien gelesen, als Kopernikus in Bologna und Padua lebte. Nikolaus von Kues hatte der Dynamik des Buridan eine platonische Wendung gegeben, indem er der vollkommenen Kugelform der Sphären die Permanenz der Himmelsbewegung zufügte. In *De Ludo Globi* sagte er, die Kreisbewegung einer Sphäre um ihren Mittelpunkt dauere unbegrenzt fort; wie die Bewegung einer Billardkugel auf unbestimmte Zeit weiterläuft, wenn der Ball eine vollkommene Kugel ist, so habe Gott der Himmelskugel nur den ursprünglichen *Impetus* zu geben brauchen, und seither rotiere sie und halte die andern Sphären in Bewegung. Diese Erklärung paßte Kopernikus seinem System an. Er schrieb der Erde und den Planeten eine Jahresbewegung um die Sonne zu und lieferte damit das mathematische und physikalische Gegenstück zu Ptolemäus. Durch die Einbeziehung der Schwerkraft und anderer damit zusammenhängender Probleme erscheint sein Werk als direkte Weiterentwicklung der Gedanken seiner Vorgänger.

MATHEMATISCHE PHYSIK IM SPÄTEN MITTELALTER

Ein bedeutsamer Wandel vollzog sich, durch den die Mathematik in der physikalischen Forschung eine immer größere Rolle bekam; er bahnte sich an mit der Theorie, daß alle echten Unterschiede auf Verschiedenheiten innerhalb der Kategorie der Quantität zurückzuführen seien, daß z. B. die Intensität einer Qualität wie der Wärme in genau der gleichen Weise gemessen werden könne wie die Größe einer Quantität. Damit setzte sich die mathematische Physik des 17. Jahrhunderts wesentlich von der qualitativen Physik des Aristoteles ab. Die Entwicklung begann bei den Scholastikern des späten Mittelalters.

Wie es bei so vielen wissenschaftlichen Auseinandersetzungen geschah, wurde auch dieses Problem zuerst in einem theologischen Zusammenhang erörtert, und die dabei erarbeiteten Prinzipien wurden dann später auf die Physik angewandt. Peter Lombard eröffnete die Diskussion mit der Behauptung, die theologische Tugend der Caritas könne in einem Menschen wachsen und abnehmen, sie könne zu verschiedenen Zeiten mehr oder weniger intensiv sein. Wie war das zu verstehen? Es entwickelten sich zwei Denkschulen, die eine im Sinne der aristotelischen Auffassung von den Beziehungen der Qualität zur Quantität, die andere im entgegengesetzten Sinne.

Für Aristoteles gehörten Quantität und Qualität zu zwei absolut verschiedenen Kategorien. Eine Veränderung innerhalb der Quantität, z. B. beim Wachstum, wurde bewirkt durch Addition von entweder stetigen (Länge) oder unstetigen (Zahl) gleichartigen Teilen. Das Größere enthielt das Kleinere; eine Artveränderung gab es nicht. Eine Qualität dagegen, z. B. Wärme, konnte zwar in verschiedenen Graden von Intensität existieren; eine Qualitätsveränderung konnte aber durch Addition oder Subtraktion von Teilen nicht zustandekommen. Wenn ein heißer Körper einem anderen heißen beigegeben wurde, so war das Ganze nicht heißer. Eine Intensitätsveränderung innerhalb der Qualität bedeutete darum den Verlust eines Attributes,

z. B. einer Wärmeart, und den Erwerb eines neuen. Das war auch die Meinung des Aquinaten.

Jene Autoren des 14. Jahrhunderts, die in der Diskussion der Beziehung von Quantität und Qualität oder, wie man sagte, des »Stärker- und Schwächerwerdens von Qualitäten oder Formen« *(intensio et remissio qualitatum seu formarum)* gegen Aristoteles standen, behaupteten, wenn zwei heiße Körper in Berührung gebracht würden, addierten sich nicht nur die Hitzen beider, sondern auch die Körper selbst. Wäre es möglich, die Wärme eines Körpers von ihm abzuziehen und isoliert einem anderen Körper zuzufügen, so würde dieser wärmer werden. Desgleichen würde, wenn es möglich wäre, die Schwere des einen Körpers zu abstrahieren und der Masse eines anderen Körpers beizugeben, dieser schwerer werden. Derart wurde also festgestellt und von der Autorität Scotus' und Ockhams gestützt, daß die Intensität einer Qualität, wie z. B. Wärme, in numerischen Graden meßbar sei genau wie die Größe einer Quantität.

Aristoteles hatte physikalische Phänomene in nicht umkehrbare und qualitativ verschiedene Bestandteile zerlegt; aber die mathematische Physik führt die qualitative Verschiedenheit auf Unterschiede in der geometrischen Struktur, in Zahl und Bewegung zurück, mit anderen Worten: auf quantitative Unterschiede. Und in der Mathematik gilt die eine Quantität soviel wie die andere. »Ich stelle fest, daß nichts im Äußeren der Körper existiert, das in uns Geschmack, Geruch und Lautempfindung erregt außer der Größe, der Gestalt, der Anzahl und langsamen oder schnelleren Bewegungen.« Galilei legte später in *Il Saggiatore* (Frage 48) eine berühmte Erklärung nieder (vgl. Seite 530 f.), die mit der ebenso berühmten von Descartes übereinstimmte: »Qu'on me donne l'étendue et le mouvement, et je vais refaire le monde ... l'univers entier est un machine où tout se fait par figure et mouvement.« Dieser Gedanke findet sich ursprünglich bei Pythagoras und in Platos *Timaios;* er war im Mittelalter allgemein bekannt, und die Platoniker waren es, die ihn sowohl im Mittelalter als auch später im 17. Jahrhundert weiterführten.

Als z. B. Grosseteste seine Theorie von der »Multiplikation der Species« entwickelte (Seite 71 f., 95 f., 257 f.), unterschied er zwischen der physikalischen Tätigkeit, die »*Species* und *Virtus*« durch das Medium fortpflanzt, und den Empfindungen von Licht oder Wärme, die erzeugt werden, wenn diese auf die entsprechenden Sinnesorgane eines empfindenden Wesens einwirken. Die physikalische Tätigkeit, sagt er in *De Lineis,* ist unabhängig von allem, »was ihm begegnen könnte, ob es mit Sinneswahrnehmung ausgestattet ist oder nicht, ob es lebendig ist oder unbelebt; aber die Wirkung ändert sich mit dem Empfänger*«. Denn »wenn diese Kraft von den Sinnen aufgenommen wird, erzeugt sie eine irgendwie geistigere und edlere Wirkung; trifft sie andrerseits auf Materie, so hat sie eine materielle Wirkung, so wie die Sonne durch ein und dieselbe Kraft in verschiedenen Subjekten verschiedene Wirkungen hervorruft. Sie backt Lehm zusammen und schmilzt das Eis.« Hier setzt Grosseteste tatsächlich einen Unterschied zwischen primärer und sekundärer Materie voraus, und zwar in derselben sophistischen Art, wie es das 17. Jahrhundert tat. Dieser Unterschied wurde erst dann methodologisch und metaphysisch bedeutsam für die Physik, als die primären Qualitäten einer physikalischen Tätigkeit zugeschrieben wurden, die nicht direkt beobachtbar zu sein brauchte (vgl. Seite 374, 532 ff.).

Als fundamentale materielle Substanz und Kraft sah er das Licht an; seine physikalische Wirkweise begriff er als eine Folge von Impulsen oder Wellen, analog dem Klang. Und er versuchte, diese Tätigkeit und ihre verschiedenartigen Wirkungen in mathematischer Form auszudrücken (vgl. Seite 99 f.). Einen ähnlichen Unterschied zwischen Licht als Sinnesempfindung und Licht als physikalischer, geometrisch darstellbarer Aktivität machten auch Roger Bacon, Witelo und Theoderich von Freiberg. Kein einziger mittelalterlicher Schriftsteller scheint begriffen zu haben, daß die verschiedenen beobachteten Farben mit etwas Ähnlichem wie der »Wellenlänge« des Lichtes zusammenhängen könnten; wohl aber kamen jene, die sich mit Optik befaßten, auf den Gedanken, die Qualitätsunterschiede in den Lichtwirkungen müßten ihren Grund in quantitativen Verschiedenheiten des Lichtes selbst haben. Witelo und Theoderich von Freiberg sagten z. B., die Farben des Spektrums – jede eine besondere Farbart nach streng aristotelischer Regel – entständen durch zunehmende Abschwächung des weißen Lichtes in der Brechung (Seite 106 f.). Gros-

---

* »Uno modo agit, quicquid occurrat, sive sit sensus, sive sit aliud, sive animatum, sive inanimatum. Sed propter diversitatem patientis diversificantur effectus« (L. Baur, *Beiträge zur Geschichte der Philosophie des Mittelalters,* 1912, Band 9, Seite 60).

seteste bezog die Intensität von Licht und Wärme auf den Einfallswinkel der Strahlen und auf deren Konzentration. Johannes von Dumbleton versuchte dann, ein quantitatives Gesetz zu formulieren, das die Intensität des Lichtes zur Entfernung in Beziehung setzte.

Für Roger Bacon (Opus Majus, Teil 4, Distinktion 1, Kap. 2) war der Kernpunkt dies: »Alle Kategorien hängen von der Kenntnis einer Quantität ab, die mathematisch zu fassen ist, und deshalb ist die ganze Vortrefflichkeit der Logik von der Mathematik abhängig.« In medizinischen Schriften wurde es zum Gemeinplatz, Galens Behauptung zu diskutieren, daß Wärme und Kälte in numerischen Graden ausgedrückt werden sollten. Auf vielen verschiedenen Gebieten begann ein allgemeines Suchen nach der Darstellungsmöglichkeit qualitativer Unterschiede durch Begriffe, die quantitativ ausgedrückt und mathematisch behandelt werden konnten. Das Interesse der Scholastiker richtete sich selten direkt auf die Lösung aktueller wissenschaftlicher Probleme. Fast immer waren sie primär an Prinzipienfragen der Naturphilosophie oder der Methode interessiert; wenn einzelne wissenschaftliche Sonderprobleme erörtert wurden, geschah es zumeist, um eine allgemeinere quasiphilosophische Frage zu erläutern. Dennoch ist es durchaus möglich, in den Diskussionen des 14. Jahrhunderts den Ursprung einiger gewaltiger Fortschritte der mathematischen Physik zu finden, die erst im 17. Jahrhundert voll wirksam wurden. Zur gleichen Zeit wurde die Bewegung zum erstenmal mathematisch verarbeitet, und zwar in den Punkten, bei denen die statisch begriffene griechische Geometrie versagt hatte. So kam es zur Begründung der Wissenschaft von der Kinematik, d. h. der Analyse der Bewegung in Weg und Zeit.

Die neuen Methoden der mathematischen Physik entwickelten sich zunächst in Verbindung mit dem Gedanken funktioneller Abhängigkeit. Er ergibt sich als natürliche Ergänzung einer systematischen Erforschung der Begleitumstände bei Verschiebungen zwischen Ursache und Wirkung. Wenn man das zu erklärende Phänomen (wir sagen heute: die abhängige Veränderliche) als eine algebraische Funktion der notwendigen und hinreichenden Bedingungen (der unabhängigen Veränderlichen) ausdrückt, so läßt sich genau zeigen, wie Veränderungen des ersten mit den Veränderungen der letzteren zusammenhängen. Diese Methode erfordert, wenn sie praktisch nutzbar sein soll, systematische Messungen; deren gab es vor dem

17. Jahrhundert wenige und nur in großen Zeitabständen. Einige wurden allerdings gemacht, z. B. in der Astronomie und in Witelos Bericht über die systematische Veränderung der Brechungswinkel zusammen mit den Einfallswinkeln des Lichtes (vgl. Seite 106 f.). Im 14. Jahrhundert wurde die funktionale Abhängigkeit nur gedanklich entwickelt, im Prinzip, ohne wirkliche Messungen. Das aber ist bezeichnend für das Ausmaß des zeitgenössischen Interesses an dieser und den meisten übrigen Fragen der wissenschaftlichen Methode.

Für die Darstellung funktionaler Zusammenhänge wurden zwei Hauptmethoden erarbeitet. Die erste war die »Wort-Algebra«, wie sie Bradwardine in Oxford für seine Mechanik benutzte. Darin wurden Verallgemeinerungen durch Buchstaben des Alphabets anstelle von Zahlen für die veränderlichen Mengen ausgedrückt. Operationen wie Addition, Division, Multiplikation usw., die mit diesen Mengen vorgenommen wurden, sind in Worten beschrieben und nicht wie in der modernen Algebra durch Symbole dargestellt (vgl. Seiten 292 ff., 360 ff.). Von Bradwardine übernahmen in Oxford zahlreiche Verfasser von Abhandlungen über »Proportionen« diese Methode; weiterhin schloß sich im Merton-College um 1330–1340 eine Gruppe an, die *calculatores*, insbesondere William von Heytesbury (1313–1372), Richard Swineshead (um 1344–1354), Verfasser des *Liber Calculationum* und speziell bekannt als *calculator**, und John von Dumbleton (um 1331–1349). Keiner dieser Oxforder scheint sich für die dynamischen Aspekte der Bewegung interessiert zu haben; Swineshead und Dumbleton haben vielmehr, wohl unter dem Einfluß von Ockham und Bradwardine, die Theorie abgelehnt, ohne jedoch die

---

* Ich bin Dr. J. A. Weisheipl zu Dank verpflichtet für die folgende Anmerkung: Dieser Richard Swineshead ist nicht zu verwechseln mit zwei Zeitgenossen, John und Roger, die auch den Ortsnamen Swineshead tragen. Es scheint, daß John, auch ein Fellow vom Merton-College (1343–1355), Anwalt wurde; Schriften von ihm sind nicht bekannt. Roger schrieb die Abhandlung *De Motibus Naturalibus* »datus Oxonie ad utilitarem studencium« (Erfurt MS Amplon. F. 135, f. 47) und wahrscheinlich auch das recht bekannte Lehrbuch der Logik *De Insolubilibus Obligationibus* vor 1340. Weiter ist nichts über ihn bekannt. Vielleicht wurde er Benediktinermönch in Glastonbury und Magister der Heiligen Theologie, der *subtilis Swynyshed, proles Glastoniae*, aus dem Gedicht Richard Tryvytlams in *Collectanea*. Sein Todesjahr ist mit 1365 angegeben in British Museum MS Arundel 12, f. 80.

Impetustheorie Buridans anzunehmen. Die Methoden Bradwardines wurden in Paris weiterentwickelt, im Zusammenhang mit einer physikalischen Theorie der Dynamik. Alle nennenswerten Autoren, die sich mit dem *Impetus* befaßten, verraten seinen direkten Einfluß; alle arbeiteten mit seiner dynamischen Funktion: Buridan selbst, Oresmius, Albert von Sachsen, Marsilius von Inghen.

Mit den Oxforder Methoden wurde nun das Problem, Qualitätsänderungen quantitativ auszudrücken, das Problem der *intensio et remissio qualitatum seu formarum* oder »Breite der Form« *(latitudo formarum)* angegangen; Zweck der Methode war es hier, das Ausmaß, in dem eine Qualität, eine »Form«, zu- oder abnahm, mit Hilfe einer festen Skala in Zahlen auszudrücken. Jede variable Quantität oder Qualität in der Natur war eine »Form«, z. B. Ortsbewegung, Wachsen und Vergehen, jede Art von Qualität, Licht und Wärme. Die Intensität *(intensio)* oder »Breite« einer Form war der numerische Wert, der ihr zukam. So konnte man von dem Zahlenverhältnis sprechen, nach dem sich die *intensio*, z. B. Geschwindigkeit oder Wärme, in bezug auf eine andere, unveränderliche Form, die »Ausdehnung« *(extensio)* oder »Länge« *(longitudo)*, z. B. Entfernung oder Zeit oder Menge der Materie, änderte. Die Veränderung wurde »gleichförmig« genannt, wenn – wie bei der gleichmäßigen örtlichen Bewegung – in gleichen Zeitintervallen gleiche Strecken zurückgelegt wurden. Ungleichförmig war sie, wenn – wie bei beschleunigter oder verzögerter Bewegung – in gleichen Zeitabschnitten ungleiche Strecken zurückgelegt wurden. Eine solche »ungleichförmige« Veränderung konnte »gleichförmig ungleichförmig« sein, wenn eine gleichmäßige Beschleunigung oder Verzögerung stattfand; sonst war sie ungleichförmig ungleichförmig.

Die zweite Methode zur Darstellung von Funktionsbeziehungen war eine geometrische, graphische Methode; sie entwickelte sich aus den vielen Überlegungen zu dem Verhältnis von *intensio* und *extensio*. Schon die Griechen und Araber hatten zuweilen Algebra in Verbindung mit Geometrie benutzt, und der Gedanke, die Position eines Punktes durch rechtwinklige Koordinaten zu bestimmen, war Geographen und Astronomen seit den klassischen Zeiten vertraut. Die graphische Darstellung der Intensitätsgrade einer Qualität gegenüber der *extensio* durch geradlinige Koordinaten war bereits im frühen 14. Jahrhundert in Oxford und Paris üblich. Die *extensio* wurde durch eine horizontale Gerade dargestellt *(longitudo)*; dann stellte sich jeder Intensitätsgrad, der einer gegebenen *extensio* entsprach, durch eine senkrechte Vertikale *(latitudo vel altitudo)* von bestimmter Höhe dar. Die Linie, die die Spitzen dieser »Breiten« miteinander verband, konnte verschiedene Gestalt annehmen. Zum Beispiel, wenn Geschwindigkeit (»Intensität oder Breite der Bewegung«) gegen Zeit (»Länge«) gestellt wurde, mußte die gleichförmige Geschwindigkeit sich in einer horizontalen Geraden darstellen, die in der Höhe der betreffenden Geschwindigkeit verlief; gleichförmig ungleichförmige Geschwindigkeit (d. h. gleichmäßige Beschleunigung der Verzögerung) wurde durch eine Gerade dargestellt, die mit der Horizontalen einen Winkel bildete; ungleichförmig ungleichförmige Geschwindigkeit (d. h. wechselnde Beschleunigung oder Verzögerung) ergab eine Kurve.

Dumbleton benutzte diese geometrische Methode als einer der ersten; er diskutierte den Gegenstand in seiner *Summa Logicae et Philosophiae Naturalis*, einer breit angelegten kritischen Auseinandersetzung mit den meisten Themen der zeitgenössischen Physik. Im zweiten Teil dieses Werkes* macht er einen bemerkenswerten Unterschied zwischen einer wirklichen Qualitätsänderung und einer dem Namen nach, wobei er feststellt, es ändere sich in Wirklichkeit gar kein Bestandteil einer Qualität, jeder Intensitätsgrad sei eine Species für sich; die mathematische Methode gebe bloß eine quantitative und »nominale« Darstellung solcher Verschiedenheiten. Im 5. Teil der *Summa* geht er mit dieser Methode an die Frage heran, wie die Intensität oder Aktionsstärke des Lichtes je nach Entfernung von der Lichtquelle variiert. In jener Periode gibt es nur ganz wenige Autoren, deren Beweisführung man so schwer zu folgen vermag wie der Dumbletons. Dennoch – im Verlaufe einer endlosen Folge von Behauptungen, Einwänden, Einwänden gegen die Einwände beginnt er tatsächlich mit der Analyse einiger Grundfragen der Optik, die erst im 17. Jahrhundert beantwortet werden konnten. Er sagt, die Intensität des Lichtes in einem gegebenen Punkte sei direkt proportional der Stärke der Lichtquelle und umgekehrt proportional der »Dichte« des Mediums. Bei gegebener Lichtquelle und gegebenem

---

* Cambridge MS Peterhouse 272; Oxford MS Merton 306; beide 14. Jahrhundert.

Medium nehme die Intensität des Lichtes mit der Entfernung ab, aber nicht »gleichförmig ungleichförmig«, d. h. nicht in einfacher Proportion. Erst Kepler formulierte in seiner Schrift *Ad Vitellionem Paralipomena* (1604) zum erstenmal das photometrische Gesetz: Die Intensität des Lichtes ist proportional dem umgekehrten Quadrat der Entfernung von der Lichtquelle (vgl. Seite 427 f.).

In Paris bedienten sich Albert von Sachsen und Marsilius von Inghen der graphischen Methode zur Darstellung der »Breite der Form« in Verbindung mit kinematischen Problemen; die bedeutendsten Fortschritte sind jedoch Oresmius zu verdanken. Oresmius erwies sich in vielen Fällen als origineller Mathematiker. Er fand den Begriff der Brechungskräfte (weiterentwickelt durch Stevin, vgl. S. 361 f.) und gab Gebrauchsregeln zu ihrer Handhabung. Man sagt auch, er habe Descartes vorweggenommen und die analytische Geometrie erfunden. Aber abgesehen von der strittigen Frage, ob Descartes das Werk des Oresmius überhaupt direkt oder indirekt gekannt hat, ergibt sich aus dem Werk selbst, daß Oresmius ganz andere Ziele im Auge hatte als die Mathematiker des 17. Jahrhunderts.

Wie allgemein üblich stellte Oresmius die *extensio* durch eine horizontale Gerade dar und machte die Höhe der Senkrechten proportional der *intensio*. Ihm ging es darum, die »Quantität einer Qualität« mit Hilfe einer geometrischen Figur von gleicher Gestalt und gleichem Flächeninhalt darzustellen. Für ihn bedeuteten Eigenschaften der Darstellungsfigur Eigenschaften der Qualität selbst, allerdings nur dann, wenn diese bei allen geometrischen Umwandlungen unveränderliche Charakteristika der Figur blieben. Er versuchte sich sogar darin, diese Methode auch auf dreidimensionale Figuren anzuwenden. Die horizontale *longitudo* des Oresmius war darum nicht genau gleich der Abszisse in der Cartesischen analytischen Geometrie; er interessierte sich für die Figur als solche, nicht so sehr dafür, die Positionen eines Punktes in bezug auf geradlinige Koordinaten zu bestimmen. In seinem Werk gibt es nirgendwo eine systematische Zusammenfassung von algebraischer Beziehung und graphischer Darstellung, bei der etwa eine Gleichung mit zwei Veränderlichen eine spezifische Kurve bestimmt, die gebildet wird von den gleichzeitig variablen Werten der *longitudo* und der *latitudo* oder umgekehrt. Dennoch bedeutet sein Werk einen Schritt vorwärts zur Erfindung der analytischen Geometrie und zur Einführung des Bewegungsbegriffes in die Geometrie, der der griechischen Geometrie gefehlt hatte. Seine Methode ermöglichte es, lineare Veränderungen der Bewegung korrekt darzustellen.

Nach den zuvor gegebenen Definitionen ist die Geschwindigkeit eines Körpers, der sich mit gleichmäßiger Beschleunigung fortbewegt, im Hinblick auf die Zeit gleichförmig ungleichförmig. Heytesbury definierte in seinen *Regulae Solvendi Sophismata* Beschleunigung als die »Geschwindigkeit der Geschwindigkeit« und nannte die gleichmäßige Beschleunigung und die gleichmäßige Verzögerung eine Bewegung, in der innerhalb gleicher Zeitabschnitte gleiche Zuwachsraten an Geschwindigkeit erworben oder verloren werden. Er gab auch eine Analyse und Definition der Augenblicksgeschwindigkeit, als deren Maß er – wie später Galilei – den Raum angab, den ein Punkt durchlaufen würde, wenn er sich eine gegebene Zeitlang mit der Geschwindigkeit eines festgesetzten Augenblickes bewegen könnte. Mit diesen und anderen Definitionen lieferten Heytesbury und seine Zeitgenossen vom Merton-College kinematische Beschreibungen verschiedener Bewegungsformen; eine davon sollte sich als besonders bedeutsam erweisen. Vor 1335 (Datum von Heytesburys *Regulae*) war in Oxford folgendes entdeckt worden: Eine gleichmäßig beschleunigte oder verzögerte Bewegung ist – was den in gegebener Zeit durchmessenen Raum anbetrifft – gleich einer uniformen Bewegung, deren Geschwindigkeit der Augenblicksgeschwindigkeit der beschleunigten oder verzögerten Bewegung im Zeitmittel gleich ist. Das wurde von Heytesbury*, Richard Swineshead und Dumbleton arithmetisch bewiesen. Oresmius gab später den folgenden geometrischen Beweis *(De Configurationibus Intensionum* oder *De Configuratione Qualitatum*, Teil 3, Kap. 7):

»Jede gleichförmig ungleichförmige Qualität hat die gleiche Quantität wie die gleichförmige desselben Subjektes, entsprechend dem Grade des Mittelpunktes. Mit ›entsprechend dem Grade des Mittelpunktes‹ meine ich den Fall, daß die Qualität linear ist. Für eine Flä-

---

* Der Beweis findet sich in *De Probationibus Conclusionum* (Venedig 1494), das Heytesbury zugeschrieben wird. Aber die Authentizität dieses Werkes ist nicht unumstritten. Swinesheads Beweis steht in dem *Liber Calculationum*, Dumbletons Beweis in der *Summa*. Beide sind mit Sicherheit nach Heytesburys *Regulae* geschrieben.

chenqualität müßte es heißen: ›entsprechend dem Grade der Mittel-
linie . . .‹

Wir wollen diese Behauptung für eine lineare Qualität beweisen:

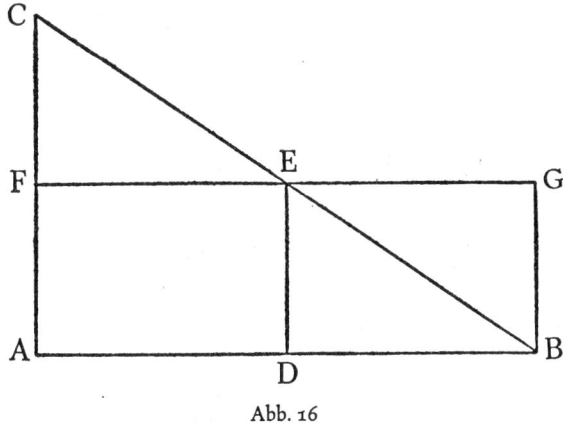

Abb. 16

Wir haben eine Qualität, die durch ein Dreieck ABC dargestellt
werden kann (Abb. 16). Es ist eine gleichförmig ungleichförmige
Qualität, die im Punkte B gleich null wird. D ist der Mittelpunkt der
Linie, die das Subjekt darstellt. Der Grad der Intensität in diesem
Punkt ist durch DE dargestellt. Die Qualität, die diesen Grad überall hat, kann durch das Viereck AFGB dargestellt werden . . . Nun
sind nach dem ersten Buche des Euklid, Behauptung 26, die Dreiecke
EFC und EGB einander gleich. Also ist das Dreieck, das die gleichförmig ungleichförmige Qualität darstellt, gleich dem Viereck AFGB,
das die gleichförmige Qualität gemäß dem Mittelwert darstellt. Die
beiden Qualitäten, eine dargestellt durch das Dreieck, die andere
durch das Viereck, sind also einander gleich; was zu beweisen war.

Für eine gleichförmig ungleichförmige Qualität, die mit einem bestimmten Wert abschließt, ist die Beweisführung genau die gleiche . . .

Von der Geschwindigkeit kann genau dasselbe gesagt werden wie
von einer linearen Qualität; nur muß man statt ›Mittelpunkt‹ notwendigerweise sagen ›mittlerer Zeitpunkt der Geschwindigkeits-
dauer‹.

Es ist also evident, daß jede beliebige gleichförmig ungleichförmige Qualität oder Geschwindigkeit gleichzusetzen ist einer gleichförmigen Qualität oder Geschwindigkeit*.«

Die Auseinandersetzung mit kinematischen Problemen spielte sich im 14. Jahrhundert fast ausschließlich im theoretischen Bereich ab. Speziell in Oxford wurden Problemfragen gestellt *secundum imaginationem*, als imaginäre Möglichkeiten zum Zweck der theoretischen Analyse, ohne jede empirische Anwendung. In Paris wurde der physikalische und dynamische Inhalt direkt nutzbar gemacht für eine kinematische Betrachtung der echten natürlichen Bewegung; aber lange Zeit wurde das Thema behandelt, ohne daß man sich um Beobachtung oder Experiment bemühte. Ein gutes Beispiel dafür ist die Behandlung der Kinematik durch Albert von Sachsen *(Quaestiones in Libros de Caelo,* Buch 2, Frage 14). Er diskutiert zuerst die verschiedenen Möglichkeiten, wie die natürliche Geschwindigkeit eines frei fallenden Körpers mit der Zeit und dem durchmessenen Raum zunehmen könnte, und schließt dann, daß die Fallgeschwindigkeit in direkter Proportion zur Länge des Fallweges zunehmen müsse**. Diese irrige Meinung verführte noch Galilei in seinen Anfängen, bis er dann die richtige Lösung fand: daß die Geschwindigkeit in direkter Proportion zur Zeitdauer des Falles wächst. Das besagt mit anderen Worten, daß ein frei fallender Körper sich gemäß Heytesburys Definition der gleichmäßig beschleunigten Geschwindigkeit bewegt (vgl. Seite 377 ff.). Diese richtige Lösung steckt im Grunde schon in der Auffassung Alberts von Sachsen, der wie Buridan sagte, je länger eine Bewegung dauere, desto mehr *Impetus* sei erforderlich und desto größere Geschwindigkeit werde erreicht. Aber das sagte er nicht im Zusammenhang mit dem kinematischen Problem; es ist auch keineswegs erwiesen, daß er selbst ahnte, was an kinematischen Überlegungen in seiner Dynamik enthalten ist. Das richtige Gesetz der Beschleunigung beim freien Fall wurde zuerst – mit beträcht-

---

* Übersetzt aus dem Lateinischen, veröffentlicht von H. Wieleitner, *Bibliotheca Mathematica,* 3. Auflage, 1914, Band 14, Seite 230 f.
** Einige Schriftsteller glauben, Albert von Sachsen habe schon das richtige Fallgesetz als weitere Möglichkeit angedeutet; seine technische Ausdrucksweise scheint das jedoch nicht zu bestätigen, vgl. M. Clagett, *Isis,* 1953, Band 44, Seite 401.

licher Verwirrung – von Leonardo da Vinci ausgesprochen, später eindeutig von dem spanischen Scholastiker Domingo de Soto und schließlich mit seinen quantitativen Ableitungen von Galilei.

Mit Sicherheit steht das Werk der beiden erstgenannten Autoren direkt oder indirekt auf dem ihrer Pariser und Oxforder Vorgänger des 14. Jahrhunderts. Auch Galilei war mit der Kinematik und Dynamik des 14. Jahrhunderts vertraut. Die *calculatores* vom Merton-College erfreuten sich lange Zeit großer Popularität, zuerst in Paris und in Deutschland, im 15. und 16. Jahrhundert in Italien, besonders in Padua, und im 16. Jahrhundert erneut in Paris. Etwa von 1480 bis 1520 veröffentlichten die neuen Druckpressen, besonders in Venedig und Paris, Ausgaben der bedeutendsten Schriften von Heytesbury, Richard Swineshead und Bradwardine, von Buridan und Albert von Sachsen. Die Hauptschriften des Oresmius wurden nicht publiziert, aber es war durchaus möglich, auf indirektem Wege von seinen kinematischen Theoremen zu erfahren. Galilei erwähnt in seinen *Juvenilia* vermutlich Anmerkungen zu den Vorlesungen seines Lehrers Francesco Bonamico zu Pisa, unter anderen mittelalterlichen Physikgelehrten Burley, Heytesbury, Calculator, Albert von Sachsen und Marliani, was natürlich nicht besagen muß, daß er ihre Bücher gelesen hat. Er nennt auch Ockham und Soto, Philoponus und Avempace, aber die Namen Buridan und Oresmius erscheinen nicht bei ihm.

Was Albert von Sachsen nur zögernd zu erkennen begann, erklärte Soto 1545 ganz entschieden: Die Geschwindigkeit beim freien Fall ist der Zeit proportional; sie ist »gleichförmig ungleichförmig«, d. h. gleichförmig beschleunigt. Auch die gewaltsame Bewegung eines vertikal in die Höhe geschleuderten Wurfgeschosses nannte er »gleichförmig ungleichförmig«, in diesem Falle nur gleichförmig verzögert. In beiden Fällen benutzte er die »Regel der mittleren Geschwindigkeit« und wandelte dadurch den qualitativen Unterschied zwischen natürlicher und erzwungener Bewegung mit mathematischen Mitteln um*. Als Galilei schließlich das richtige Fallgesetz fand und »die intime Verwandtschaft zwischen Zeit und Bewegung« auf-

---

* Ein weiterer fundamentaler Gesichtspunkt bei fallenden Körpern, daß nämlich die Beschleunigung für alle Körper, gleich welcher Substanz, gleich ist, wurde erst von Galilei und auch von ihm nur allmählich erkannt.

hellte (*Zwei neue Wissenschaften*, dritter Tag, 1638), bediente er sich des Theorems von Oresmius zu seiner Beweisführung (vgl. Seite 383).

Aber zwischen Galileis Untersuchungen des freien Falles und denen seiner Vorgänger liegt eine Welt von Verschiedenheit, die sich am besten in dem Gegensatz der Interessenrichtungen zeigt. Wo die Scholastiker des 14. Jahrhunderts mögliche Formen der Bewegung diskutiert hatten, mit nur gelegentlichen Hinweisen auf empirische Aktualität, richtete Galilei sein Augenmerk fest auf die in der Natur tatsächlich stattfindenden Bewegungen als eigentlichen und wirklichen Gegenstand, dessen Aufklärung der hauptsächliche, wenn nicht einzige Zweck der theoretischen kinematischen Analyse war. »Denn jeder kann einen willkürlichen Bewegungstyp erfinden und seine Besonderheiten diskutieren«, schrieb Galilei in seinem berühmt gewordenen Abschnitt (*Zwei neue Wissenschaften*, dritter Tag); und die Eigenschaften dieser Bewegungen und Kurven auf Grund ihrer Definition können durchaus von Interesse sein, wenn man ihnen in der Natur auch nicht begegnet. »Aber wir haben beschlossen, die Erscheinungsformen von Körpern, die mit Beschleunigung fallen, so zu betrachten, wie sie in der Natur vorkommen, und die Definition der beschleunigten Bewegung so zu gestalten, daß sie die Wesenszüge der beobachteten beschleunigten Bewegungen offenbar macht.« Und das, schloß er, sei ihm schließlich gelungen und bestätigt worden durch die genaue Übereinstimmung seiner theoretischen Definition mit den Resultaten der Experimente, die er mit einer auf schräger Ebene abwärtsrollenden Kugel gemacht habe (vgl. Seite 378 ff.).

Die Anstrengungen des 14. Jahrhunderts, ein quantitatives Äquivalent für qualitative Verschiedenheit zu finden, führten zu echten Neuentdeckungen sowohl im Bereich der mathematischen als auch der physikalischen Tatsachen. So weitete sich die Physik infolge der nun aufkommenden physikalischen Messungen aus; allerdings liefen hier die Gedanken den praktischen Möglichkeiten voraus, weil diese durch den Wirkungsbereich und die Genauigkeit der verfügbaren Instrumente bestimmt waren. Ockham z. B. sagte, die Zeit könne nur in dem Sinne objektiv betrachtet werden, daß man die aufeinander folgenden Positionen eines in gleichmäßiger Bewegung befindlichen Körpers zähle und dies benutze, um die Dauer der Bewegung oder des Ruhezustandes anderer Körper zu messen. Die Bewegung der Sonne könne als Maß der Bewegungen auf der Erde dienen, aber letztlich beziehe sich alle Bewegung auf die Sphäre der Fixsterne, die schnellste und gleichmäßigste Bewegung, die es gebe. Andere Gelehrte erarbeiteten Systeme, um die Zeit in Bruchteilen *(minutae)* zu messen; die Einteilung der Stunde in Minuten und Sekunden war schon früh im 14. Jahrhundert im Gebrauch. Mechanische Uhren waren im 13. Jahrhundert aufgekommen, aber sie waren zu ungenau, als daß sie kleine Zeitintervalle hätten messen können; so bediente man sich weiterhin der Wasseruhr und des Stundenglases. Die genaue Messung längerer Zeiträume wurde erst möglich, als Huygens 1657 die Pendeluhr erfunden hatte.

Die Physiker waren auch vertraut mit der Darstellung von Wärme und Kälte in numerischen Graden. Galen hatte als Nullpunkt eine »neutrale Wärme« vorgeschlagen, die weder heiß noch kalt war. Nun war aber das einzige Mittel, Wärmegrade zu unterscheiden, die direkte Sinneswahrnehmung, und eine Person von feurigem Temperament empfände diese »neutrale Temperatur« wahrscheinlich als kalt – oder umgekehrt. Darum schlug er vor, als Standardwärmegrad eine Mischung aus gleichen Mengen der heißesten (kochendes Wasser) und kältesten (Eis) möglichen Substanzen zu nehmen. Aus diesen Überlegungen hatten die arabischen und lateinischen Physiker den Gedanken einer Gradskala entwickelt; eine, die von 0 bis 4 Grad Wärme oder Kälte reichte, war im Gebrauch. Von Medikamenten nahm man an, daß sie in ihrer erwärmenden oder kühlenden Wirkung etwas Entsprechendes bedeuteten, und gab ihnen ihren Platz auf der Skala. Die Naturphilosophen benutzten eine Skala von 8 Graden für jede der vier Primärqualitäten. Obwohl man bei all diesen Versuchen, Wärmegrade zu bestimmen, genau wußte, daß Wärme die Körper ausdehnt, blieben doch die Sinne noch das einzige Thermometer. Überdies lag in der Auffassung selber ein fundamentaler Fehler, weil man immer Kälte *und* Wärme messen wollte. Erst mußte die klassische Vorstellung von Gegensatzpaaren, heiß – kalt, oben – unten usw., ersetzt werden durch gleichlaufende lineare Maße, ehe ein brauchbares Maßsystem für die Gesamtphysik möglich wurde. Dies geschah zuerst in der Mechanik, und die moderne Wärmemessung folgte nach (vgl. Seite 385, Fußnote).

Neben Wasseruhr und Stundenglas, der mechanischen Uhr, den bereits beschriebenen astronomischen Instrumenten und »mathematischen Instrumenten«, wie Reißschiene, Kompaß und Zirkel, waren im 14. und 15. Jahrhundert nur Zollstock, Flüssigkeitsmaße, Waagen und Gewichte als Richtmaße für Länge, Hohlraum und Gewicht, wie sie der Handel benötigte, zur Verfügung. Alchemisten und Metallprüfer benutzten ebenso gleicharmige wie ungleicharmige Waagen.

Im Laufe des 15. Jahrhunderts ging die führende Rolle in der europäischen Wissenschaft von den englischen und französischen Universitäten auf Deutschland und Italien über; neue Anregungen für Messungen und Experimente in der Naturwissenschaft wurden gegeben. Schon im 14. Jahrhundert hatte man versucht, die Beziehungen zwischen den Elementen auf einer Tafel graphisch darzustellen, ferner die Proportionen der Elemente und die Grade der Primärqualitäten für jedes Metall usw. (Quecksilber, Schwefel, Arsen, Ammoniak) zu bestimmen. Nikolaus von Kues schlug im 4. Buche seiner *Idiota, De Staticis Experimentis*, vor, solche Probleme durch Wiegen zu lösen. In seinen Schlüssen liegt schon der Gedanke von der Erhaltung der Materie.

»*Idiot* ... Wenn man ein Stück Holz wiegt, es nachher verbrennt und die Asche wiegt, so erfährt man, wieviel Wasser zuvor in dem Holz war, denn es gibt nichts, das Gewicht hat, außer Wasser und Erde. Weiterhin erkennt man durch das verschiedene Gewicht des Holzes in Luft, Wasser und Öl, um wieviel das Wasser im Holz schwerer oder leichter ist als klares Quellwasser und wieviel mehr Luft darin ist. Gleichermaßen durch die Verschiedenheit des Gewichtes von Aschenresten, wieviel Feuer in ihnen ist, und von Elementen durch eine noch genauere Mutmaßung, obwohl wirkliche Genauigkeit immer unerreichbar bleibt. Und was ich vom Holz gesagt habe, kann auch mit Kräutern, Fleisch und anderen Dingen angestellt werden.

Orator. Man sagt wohl, es gäbe kein reines Element. Wie läßt sich das mit der Waage beweisen?

Idiot. Wenn ein Mann einen Zentner Erde in eine große irdene Schüssel tut, dann Kräuter und Samen nimmt, sie wiegt und in den Topf pflanzt oder sät und sie darin solange wachsen läßt, bis er nach und nach ganz allmählich einen Zentner von ihnen hat, dann wird er, wenn er zum Schluß die Erde wieder wiegt, finden, daß sie sich nur ganz wenig verringert hat. Daraus sollte er schließen, daß alle genannten Kräuter ihr Gewicht vom Wasser haben. Das Wasser also, das in die Erde eingefügt (oder eingeprägt) wurde, wird erdgemäß und durch die Einwirkung der Sonne auf die Kräuter verdichtet (oder in ein Kraut verdichtet). Wenn man dann die Kräuter zu Asche verbrennt, sollte man nicht aus der Verschiedenheit der Gewichte erraten, wieviel mehr Erde gefunden wird als der Zentner, und dann schließen, daß das Wasser alles zuwege gebracht hat? Denn die Elemente sind Teil für Teil ineinander umwandelbar, so wie wir sehen, daß in einem Glase, das wir in den Schnee stellen, die Luft sich in Wasser verdichtet und im Glase fließt*.«

De Staticis Experimentis enthält noch weitere Anregungen zur Verwendung der Waage. Eine davon vergleicht das Gewicht von Kräutern mit dem von Blut und Urin und soll zum Verständnis der Heilwirkung von Medikamenten dienen. Eine solche Untersuchung – allerdings auf andere Weise – findet sich an in dem *Liber Distillandi* des Hieronymus Brunschwig aus dem Jahre 1500. Dort wird festgestellt, daß die Wirkung der Heilmittel von reinen Prinzipien, »Geistern« oder »Quintessenzen«, abhängt, die mit Hilfe von Destillation und anderen chemischen Methoden extrahiert werden können. Nikolaus von Kues gab auch ein Richtmaß für den Pulsschlag an: die Zeit, die nötig ist, ein gegebenes Gewicht an Wasser durch ein gegebenes Loch laufen zu lassen. Die Reinheit eines Goldstückes oder eines anderen Metalls, sagte er, lasse sich feststellen, indem man nach dem Archimedischen Prinzip das spezifische Gewicht bestimme. Die Waage könne auch die »Kraft« eines Magneten messen, der ein Stück Eisen anzieht; in der Gestalt eines Hygrometers, eines Wollfadens mit einem daran befestigten Gewicht, diene sie zur Bestimmung des »Gewichtes« der Luft. Leon Battista Alberti (1404 bis 1472) und Leonardo da Vinci (1452–1519) machten den gleichen Vorschlag. Nach Nikolaus von Kues konnte die Luft auch »gewogen« werden, indem man die Wirkung des Luftwiderstandes auf fallende Gewichte bestimmte; und die Zeit war meßbar durch das Gewicht von Wasser, das durch ein kleines Loch rann.

»Warum sollte nicht ein Mann, der einen Stein von einem hohen Turm fallen läßt und in der Zwischenzeit Wasser aus einem engen Loch in einen Behälter rinnen läßt, dann das ausgeflossene Wasser wiegt und dasselbe mit einem Stück Holz gleicher Größe tut, durch die Verschiedenheit der Gewichte von Wasser, Holz und Stein zur Erkenntnis des Gewichtes der Luft gelangen?«

---

* Cusanus, *The Idiot in Foor Books*, London 1650.

Nikolaus von Kues drückte sich oft etwas unbestimmt aus; man will fast nicht glauben, daß er das letzte Experiment beschrieben haben soll, ohne die Dynamik fallender Körper einzubeziehen. Dieses Problem wurde – anregend und unzulänglich zugleich – von dem italienischen Gelehrten Giovanni Marliani († 1483) bearbeitet. Er entwickelte die Bradwardinesche Umänderung des Bewegungsgesetzes von Aristoteles. Bei der Kritik an dem aristotelischen Gesetz erwähnte er Experimente des Jordanus Nemorarius, die auf dynamischen Ableitungen aus der Statik beruhten; sie waren in der Oxforder Tradition lebendig geblieben und durch den *Tractatus de Ponderibus* des Blasius von Parma († 1416) in Italien bekanntgeworden. Marliani stellte in seinem Werk *De Proportione Motuum in Velocitate* fest, daß die Periode eines Pendels mit abnehmender Länge kleiner wird und daß die Schnelligkeit, mit der Kugeln eine geneigte Ebene hinunterrollen, mit dem Neigungswinkel zunimmt. Aber die darin steckenden genauen quantitativen Beziehungen bestimmte er nicht. Seine Hauptkritik an dem Bewegungsgesetz des Aristoteles und des Bradwardine richtete sich gegen deren innere Widersprüche, und die von ihm beschriebenen Versuche sind zweifellos zum größten Teil »erdachte Experimente«.

In der Astronomie kam man besser voran durch Georg Peurbach (1423–1461) und Johannes Müller oder Regiomontanus (1436–1476). Peurbach lehrte in Wien und war an der Revision der *Alfonsinischen Tafeln* beteiligt. Wie schon einige Schriftsteller des 14. Jahrhunderts bemerkte er, daß es Vorteile hatte, den Sinus statt der Sehne zu benutzen, und stellte eine Sinustafel für die Sinus von je 10 zusammen, Regiomontanus kannte das Werk des Levi ben Gerson (vgl. Seite 93); er schrieb eine später sehr einflußreiche Abhandlung über Trigometrie und berechnete darin eine Sinustabelle für jede Minute und eine Tangenstabelle für jeden Winkelgrad. Ein Lehrbuch, das Peurbach auf Grund von griechischen Quellen begonnen hatte, vollendete er, das *Epitome in Ptolemaei Almagestum*, das 1496 in Venedig gedruckt wurde. Ein weiteres Werk Peurbachs, seine *Theoricae Novae Planetarum*, 1472 oder 1473 in Nürnberg veröffentlicht, ist interessant wegen seiner Diagramme des Systems der festen Sphären. Ein Schüler des Regiomontanus, Bernhard Walther (1430–1504), der im Nürnberger Observatorium mit ihm zusammen arbeitete, benutzte als erster zu wissenschaftlichen Messungen eine Uhr, die durch ein hängendes Gewicht angetrieben wurde. In dieser Uhr war das Stundenrad mit 56 Zähnen ausgestattet, so daß jeder Zahn eine Zeitspanne von mehr als einer Minute darstellte.

Es gibt eine Kontinuität der historischen Entwicklung von der mathematischen Physik des 14. Jahrhunderts bis zu der des 16. und 17. Jahrhunderts, wobei die überwältigende Bedeutung des Begriffswandels, der sich mit der Trägheitsdynamik vollzog, hervorzuheben ist. Die genaue Art und Weise, wie diese Kontinuität zustande kam, stellt ein schwieriges Problem dar, für das manches Spezialstudium aufgewendet worden ist. Daß sich grundlegende Unterschiede der philosophischen Ziele und Methoden aus der neuen Dynamik ergaben, ist keine Frage. Es war Galilei, der diese Veränderungen begründet hat; sie werden an späterer Stelle ausführlich behandelt werden. Aber im Vergleich mit der Physik des 17. Jahrhunderts waren der des 14. Jahrhunderts durch die mangelhafte Technik des Experimentierens und der Mathematik Grenzen gesetzt. Die im 13. Jahrhundert so glänzend begonnene experimentelle Methode hatte bei der Übertragung in die allgemeine Praxis versagt; die gesamte Naturwissenschaft war von einer wilden Leidenschaft für die Logik angesteckt, und das alles beweist, daß die Tatsachengrundlage der theoretischen Diskussionen doch oft sehr schmal war. So wurde die mathematische Darstellung der qualitativen Intensität in der sogenannten »Kunst der Breiten« zum Anlaß für naive Übertreibungen, genauso wie ähnliche sich daraus ergebende Versuche im 17. und 18. Jahrhundert den Mechanismus für alles verantwortlich zu machen. Oresmius z. B. weitete die Impetustheorie auch auf die Psychologie aus. Einer seiner Schüler, Heinrich von Hessen (1325–1397), bezweifelte, daß die Proportionen und Intensionen der Elemente einer gegebenen Substanz überhaupt im einzelnen erkennbar seien, und zog ernsthaft die Möglichkeit in Betracht, daß eine Pflanze oder ein Tier aus dem Leichnam einer anderen Art erzeugt werden könne, z. B. ein Fuchs aus einem toten Hund. Denn wenn auch die Anzahl der Permutationen und Kombinationen ungeheuer war, so konnten sich die Primärqualitäten im Laufe der Verwesung doch in die Proportionen irgendeines anderen Lebewesens umwandeln. Dumbleton und andere Autoren hatten ausführlich über die Breiten moralischer Qualitäten, wie Wahrheit, Glaube, Vollkommenheit, diskutiert. Gentile da Foligno († 1348) übertrug die Methode auf Galens Physiologie; Jacopo da Forli gab sich im 15. Jahrhundert mit anderen daran, das auszuarbeiten, wobei Gesundheit als eine Qualität wie die Wärme aufgefaßt und in Zahlen ausgedrückt wurde. Solche sorgfältig ausgearbeiteten und in der Praxis sterilen Anwendungen einer Methode offenbaren die Lächerlichkeit von Humanisten wie Luis Vives (1492–1540) und Pico della Mirandola (1463–1494). Erasmus (1467–1536) stöhnte jedesmal, wenn er an die Vorlesungen dachte, die er an der Universität hatte über sich ergehen lassen müssen. Ein ähnliches geometrisches Wunschbild kam 1540 noch einmal auf, als Rheticus erklärte, die Medizin könne zu der gleichen Vollkommenheit gelangen, wie Kopernikus sie der Astronomie geschenkt habe. Und noch einmal erscheint es bei Descartes.

DIE KONTINUITÄT DER NATURWISSENSCHAFT
VOM MITTELALTER BIS ZUM 17. JAHRHUNDERT

Heute geben manche Forscher zu, daß der Humanismus des 15. Jahrhunderts, der von Italien ausgehend sich nordwärts ausbreitete, eine Unterbrechung in der Entwicklung der Naturwissenschaft bedeutete. Die »Wiedergeburt der Wissenschaft« lenkte das allgemeine Interesse von der Materie zum literarischen Stil; ihre Anhänger rühmten sich, den Fortschritt der vorausgehenden drei Jahrhunderte zu ignorieren, und wendeten sich ganz zurück zur klassischen Antike. Es war eine absurde Einbildung, die die Humanisten dahin führte, ihre unmittelbaren Vorgänger zu beschimpfen und den Sinn ihrer Worte zu verdrehen, weil sie lateinische Konstruktionen gebraucht hatten, die Cicero nicht bekannt waren, und eine Propaganda auszustreuen, die bis in die jüngste Zeit hinein die historische Meinung mehr oder weniger beherrscht hat. Dieselbe Einbildung gestattete ihnen auch, bei den Scholastikern Anleihen zu machen, ohne sie anzuerkennen. Diese Angewohnheit war fast allen großen Gelehrten des 16. und 17. Jahrhunderts eigen, den Katholiken wie den Protestanten; es bedurfte der Arbeiten von Duhem, Thorndike, Maier, um zu zeigen, daß ihre Behauptungen über geschichtliche Dinge nicht nach dem Nennwert beurteilt werden können.

Der literarische Aufbruch leistete der Naturwissenschaft aber auch einige große Dienste. Der wesentlichste war wohl die Vereinfachung und Klärung der Sprache. Diese vollzog sich allerdings hauptsächlich im 17. Jahrhundert, besonders im Französischen, aber auch – unter dem Einfluß der Royal Society – im Englischen. Der unmittelbarste Dienst bestand in der Bereitstellung der Mittel zur Entwicklung der mathematischen Technik. So viele Probleme, die man in Oxford, Paris, Heidelberg oder Padua mit dem Wortschatz der Logik und der einfachen Geometrie diskutiert hatte, waren in ihrer Weiterentwicklung und physikalischen Ausnutzung sehr behindert durch den Mangel an mathematischen Kenntnissen. Für den mittelalterlichen Universitätsstudenten war es ungewöhnlich, über das erste Buch des Euklid hinauszukommen; obwohl das indisch-arabische Zahlensystem bekannt war, schrieb man die römischen Ziffern bis ins 17. Jahrhundert hinein weiter – die Mathematiker natürlich nicht! Z. B. waren Fibonacci, Jordanus Nemorarius, Bradwardine, Oresmius, Richard von Wallingford und Regiomontanus weit besser vorgebildet; sie lieferten selbständig neue Beiträge zur Geometrie, zur Algebra und Trigonometrie. Aber es gab keine stetige mathematische Tradition, die mit der der Logik vergleichbar wäre. Die neuen Übersetzungen der Humanisten, durch die neuerfundene Druckerpresse in die Öffentlichkeit gebracht, machten den Reichtum der griechischen Mathematik für jeden greifbar. Einige dieser griechischen Autoren, z. B. Euklid und Ptolemäus, waren schon in den vorangegangenen Jahrhunderten studiert worden; andere, wie Archimedes, Apollonios und Diophantos, lagen in früheren Übersetzungen vor, waren aber nicht allgemein studiert worden. Unter den Werken über angewandte Mathematik waren die *Cosmographia* und die *Geographia* des Ptolemäus mehrmals gedruckt, aber der *Almagest* war erst im 16. Jahrhundert in der Zusammenfassung des Regiomontanus erschienen. Wenige astronomische Schriften der Araber waren gedruckt. Die Werke des Aristoteles waren in den meisten Ausgaben veröffentlicht, manche glossiert von Averroës und anderen Kommentatoren.

Die Naturauffassung geriet unter den Einfluß eines systematischen Atomismus, wie er sich in dem Gesamttext von Lucrez' *De Rerum Natura* fand, den ein Humanist, Poggio Bracciolini, 1417 in einem Kloster entdeckt hatte. Die Gedanken des Lucrez waren bis dahin sicherlich nicht ganz unbekannt gewesen. Sie tauchen z. B. in den Schriften von Hrabanus Maurus, Wilhelm von Conches und Nikolaus von Autrecourt auf. Es scheint aber nur ein Teil der Dichtung aus Zitaten in den Büchern der Grammatiker bekannt gewesen zu sein. Das Gesamtwerk wurde im späteren 15. Jahrhundert und noch oft nachher gedruckt.

Nicht nur die Mathematik und die Physik, auch die Biologie zog Nutzen aus den Texten und Übersetzungen, die von den Humanisten veröffentlicht wurden. Ihre Druckerpresse machte die Werke von Autoren schnell greifbar, die entweder – wie Celsus (um 14–37 n. Chr.) – bis dahin unbekannt oder – wie Theophrast – nur aus zweiter Hand bekannt waren; auch neue Übersetzungen von Aristoteles, von Galen und Hippokrates erschienen. Hippokrates wurde anstelle von Galen zur führenden Hauptgestalt in der Medizin, sehr zum Vorteil der empirischen Praxis. Die *Naturgeschichte* des Plinius wurde mehrfach gedruckt, *De Materia Medica* von Dioskurides zweimal. Es gab viele Ausgaben von arabischen medizinischen Schriften in lateinischer Übersetzung: Avicenna, Rhazes, Mesue, Serapion. Auf eine seltsame Weise wirkten die neuen Texte als Stimulans für das Biologiestudium, denn die humanistischen Scholaren mit ihrer übertriebenen Anbetung der Antike fühlten sich sogar bewogen, Tiere, Pflanzen und Mineralien zu bestimmen, soweit sie bei den Klassikern erwähnt waren. Wie begrenzt ihre Motive waren, fanden schließlich die heraus, die wirklich zum Biologiestudium angeregt wurden, denn ihnen enthüllten sich die Grenzen klassischer Kenntnisse. Noch mehr zeigte sich das bei den neuen Entdeckungen in Fauna und Flora, die das Ergebnis geographischer Untersuchungen waren, ferner in der Zunahme praktischer anatomischer Kenntnisse bei den Chirurgen und in den Fortschritten der biologischen Illustrationen als Folge einer naturalistischen Kunstauffassung. Aber gerade das, worum es dem Humanismus ursprünglich ging, lenkt das Augenmerk auf ein Charakteristikum aller Zweige der Naturwissenschaft im 16. und frühen 17. Jahrhundert. Diese extravagante Verehrung alles Antiken, diese tiefe Ehrerbietung vor den Texten des Aristoteles oder des Galen erweckte eine sarkastische Feindseligkeit in den zeitgenössischen Forschern, die gerade dabei waren, die Augen aufzutun und die Welt ganz neu zu sehen. Und der Beginn dieser neuen Naturwissenschaft fällt ins 13. Jahrhundert.

Was während des Mittelalters im Abendland zur Entwicklung der Naturwissenschaft entscheidend beigetragen hat, kann folgendermaßen zusammengefaßt werden:

1. Auf dem Gebiet der wissenschaftlichen Methode ergab sich durch die Wiedererweckung des griechischen Gedankens einer theoretischen Beweisführung in der Wissenschaft, insbesondere der »Euklidschen« Form, und ihre Anwendung in der mathematischen Physik das Problem, wie Theorien aufzubauen und zu beweisen waren. Die Grundkonzeption der wissenschaftlichen Erklärung, wie sie die mittelalterlichen Naturwissenschaftler vertraten, stammte von den Griechen und war im wesentlichen der heutigen gleich. Wenn ein Phänomen genau beschrieben war, so daß seine Wesenszüge entsprechend bekannt waren, dann wurde es erklärt durch Rückbeziehung auf einige wenige allgemeine Prinzipien oder Theorien, die alle ähnlichen Phänomene miteinander verbanden. Das Problem des Verhältnisses zwischen Theorie und Experiment, das sich hierbei stellte, wurde von den Scholastikern analysiert, indem sie ihre Methoden der »Resolution und Composition« entwickelten. Beispiele für den Gebrauch der scholastischen Methoden der Induktion und des Experiments finden sich im 13. und 14. Jahrhundert in der Optik und Magnetik. Sie umfaßten Alltagsbeobachtungen ebenso wie eigens geplante Experimente, einfache Gedankengebilde und »erdachte« Experimente, aber auch rein imaginäre, unmögliche Experimente.

2. Ein weiterer Beitrag zur wissenschaftlichen Methode war die Ausweitung der Mathematik auf die physikalische Wissenschaft in ihrer Gesamtheit, wenigstens dem Prinzip nach. Aristoteles hatte in seiner Theorie von der Unterordnung einer Wissenschaft unter die andere die Anwendung der Mathematik eingeschränkt, indem er die erklärende Rolle der Mathematik scharf von der der »Physik« unterschied. Die sich vollziehende Wandlung löschte diese Unterscheidung nicht aus; sie führte vielmehr eine Veränderung in der wissenschaftlichen Fragestellung herbei. Einer ihrer Hauptgründe war der Einfluß der neuplatonischen Naturauffassung, die letztlich mathematisch war und in der Feststellung gipfelte, daß der Schlüssel zur physikalischen Welt in der Erforschung des Lichtes zu finden sei. Natürlich schöpften die Forscher des Mittelalters die Auffassung nicht aus, aber sie begannen doch, weniger Interesse für die »physikalische« oder metaphysische Frage der Ursachen aufzubringen und so zu fragen, daß eine mathematische Theorie innerhalb der Reichweite experimenteller Bestätigung ihnen Antwort geben konnte. Beispiele für diese Methode finden sich in der Mechanik, Optik und Astrono-

mie des 13. und 14. Jahrhunderts. Durch die Mathematisierung der Natur und der Physik konnte die unzutreffende klassische Vorstellung von Gegensatzpaaren überwunden und durch die moderne Auffassung der homogenen linearen Messung ersetzt werden.

3. Neben solchen methodischen Überlegungen und oft in Verbindung mit ihnen setzte sich gegen Ende des 13. Jahrhunderts eine grundsätzlich neue Auffassung in der Frage von Raum und Bewegung durch. Die Griechen hatten eine Mathematik der Ruhe aufgebaut; während des 13. Jahrhunderts war die Statik bedeutend fortgeschritten, und diese Entwicklung hatte sich mit Hilfe der archimedischen Methoden vollzogen, bei denen man von einer Idealmenge, wie etwa der Länge eines gewichtlosen Waagebalkens, ausging. Das 14. Jahrhundert sah die ersten Bemühungen um eine Mathematik der Veränderung und Bewegung. Die verschiedenartigsten Elemente trugen zur Konstruktion dieser neuen Dynamik und Kinematik bei; die Vermutung z. B., daß der Raum unendlich und leer sein könne, unterminierte den aristotelischen Kosmosbegriff mit seinen qualitativ verschiedenen Richtungen und führte zu dem Gedanken der relativen Bewegung. Der wichtigste neue Begriff war der des *Impetus*, und bezeichnend für diesen war die Maßangabe, nach der die Quantität des Impetus proportional war der Quantität der Materie in dem Körper und der Geschwindigkeit, die diesem verliehen wurde. Bedeutend waren auch die Überlegungen über die Fortdauer des Impetus beim Fehlen eines Widerstandes von seiten des Mediums und der Schwerkraft. Der *Impetus* war immer noch eine »physikalische« Ursache im aristotelischen Sinne; Ockham, für den die Bewegung ein Zustand war, der keine fortgesetzte Wirkursache erforderte, machte einen weiteren Schritt vorwärts, vielleicht auf die Trägheitsvorstellung des 17. Jahrhunderts zu. Mit der *Impetustheorie* versuchte man eine Reihe von Problemen zu klären, z. B. die Bewegung von Wurfgeschossen und fallenden Körpern, von Springbällen und Pendeln, aber auch die Rotation der Himmelskörper und der Erde. Der Begriff der relativen Bewegung ließ die Möglichkeit der Erdbewegung zu; Einwänden dagegen, die sich auf das Argument der losgelösten Körper stützten, begegnete man mit dem Begriff der »zusammengesetzten Bewegung«, den Oresmius formulierte. Auch die kinematische Erforschung der Beschleunigung setzte im 14. Jahrhundert ein, und die Lösung eines Einzelproblems, nämlich das eines Körpers, der sich mit

gleichförmiger Beschleunigung bewegt, wurde später auf fallende Körper übertragen. Im 14. Jahrhundert standen zum erstenmal auch die Natur als Kontinuum und die Frage der Maxima und Minima im Mittelpunkt der Überlegungen.

4. Auf dem Gebiet der Technologie erlebte das Mittelalter beachtliche Fortschritte. Mit neuen Methoden zur Ausschöpfung von Tier-, Wasser- und Windkraft wurden neue Maschinen entwickelt, die oft erstaunliche Präzision erforderten. Einige technische Erfindungen, wie die mechanische Uhr und die Vergrößerungslinsen, standen zum wissenschaftlichen Gebrauch bereit. Meßinstrumente, wie Astrolab und Quadrant, erfuhren auf Grund des allgemeinen Strebens nach genauen Messungen viele Verbesserungen. In der Chemie kam die Waage allgemein in Gebrauch. Empirische Untersuchungen erzwangen in ihrem Fortschreiten die Entwicklung von Spezialapparaten.

5. In der Biologie gab es technische Fortschritte. Es entstanden wertvolle Werke über Medizin und Chirurgie, über Symptome von Krankheiten, Beschreibungen der Flora und Fauna verschiedener Regionen. Die Klassifikation begann, und die naturalistische Kunst schuf die Möglichkeit genauer Naturbilder. Aber der bedeutsamste Beitrag dieser Zeit zur theoretischen Biologie ist doch wohl der Gedanke einer Rangordnung in der belebten Natur. Die Geologie stützte sich auf Beobachtung, und von einigen Forschern wurde schon die wahre Natur der Fossilien erkannt.

6. Aus der Frage nach dem Zweck und Wesen der Naturwissenschaft sollen zwei mittelalterliche Gesichtspunkte hervorgehoben werden: erstens der Gedanke, daß es der Zweck der Naturwissenschaft sei, zum Nutzen des Menschen Macht über die Natur zu gewinnen; er wird im 13. Jahrhundert zum erstenmal ausdrücklich erwähnt. Zweitens findet sich insbesondere bei den Theologen der Gedanke, weder das Wirken Gottes noch das Denken des Menschen lasse sich in ein einzelnes spezielles System naturwissenschaftlichen oder philosophischen Denkens pressen. Er hat vielerlei Wirkungen auf alle Zweige der Wissenschaft gehabt; in der Naturforschung deckte er die Relativität aller wissenschaftlichen Theorien auf und erwies, daß jede von ihnen durch eine andere zu ersetzen war, wenn die rationalen und experimentellen Methoden es erforderten.

So entwickelte sich inmitten des mittelalterlichen Gedankensystems ein Wachstum neuer Methoden, das die aristotelische Kosmologie von innen her aufbrach und zerstörte. Zwar setzten gewisse späte Scholastiker dieser Zerstörung des alten Systems einen starken Widerstand entgegen, besonders solche, denen der Humanismus eine allzu tiefe Verehrung der antiken Texte eingepflanzt hatte, und jene, die das alte System zu fest mit theologischen Doktrinen verknüpft hatten. Dennoch läßt sich nicht daran zweifeln, daß das Aufkommen dieser experimentellen und mathematischen Methoden im 13. und 14. Jahrhundert den ersten Anstoß gab zu der historischen naturwissenschaftlichen Revolution, die im 17. Jahrhundert ihren Höhepunkt erreichte.

Aber alles in allem genommen war doch die Naturwissenschaft Galileis, Harveys und Newtons etwas völlig anderes als die des Grosseteste, Albertus Magnus und Buridan. Nicht nur ihre Ziele waren – manchmal insgeheim und manchmal offensichtlich – verschieden, nicht nur ihre Erfolge unendlich größer; ja, es verband sie nicht einmal eine ununterbrochene Kontinuität der historischen Entwicklung. Gegen Ende des 14. Jahrhunderts war die brillante Periode scholastischer Originalität zu Ende. In den folgenden 150 Jahren brachten Paris und Oxford in der Astronomie, Physik, Medizin und Logik nur kümmerliche Anhängsel an frühere Schriften zustande. Es gab im 15. Jahrhundert in Deutschland einen oder zwei originelle Denker wie Nikolaus von Kues und Regiomontanus. Italien war etwas besser daran, aber nicht durch seine Universitäten, sondern durch eine neue Gruppe von »Ingenieur-Künstlern« wie Leonardo da Vinci. Allgemeines Interesse und intellektuelle Originalität offenbarten sich in der Literatur und in der Bildhauerkunst weit mehr als in der Naturwissenschaft.

Abgesehen von allem anderen zeigen die Naturforscher des 17. Jahrhunderts durch ihre ungleich erfolgreichere Arbeit und Zuversicht, daß sie nicht *einfach* die frühen Methoden aufgriffen, nur besser handhabten. Die historische Tatsache einer wissenschaftlichen Revolution im 17. Jahrhundert bedarf keiner besonderen Betonung; ebensowenig kann die Existenz einer ursprünglichen, neuen wissenschaftlichen Bewegung im 13. und 14. Jahrhundert bezweifelt werden. Das Problem ist, in welcher Beziehung beide zueinander stehen. Muß man die neue Wissenschaft des 17. Jahrhunderts, ungeachtet all dessen, was zuvor geschehen ist, als einen vollständig neuen Beginn sehen, wie einige Historiker in der Vergangenheit behauptet haben?

Entsprang die »neue Philosophie«, die »physiko-mathematische experimentelle Gelehrsamkeit« der frühen Royal Society ohne Vorbilder den Köpfen von Galilei, Harvey, Francis Bacon, Descartes? Auch wenn man die großen und fundamentalen Unterschiede zwischen dem mittelalterlichen Denken und dem des 17. Jahrhunderts zugibt, so weisen doch die ebenso auffallenden Ähnlichkeiten beider darauf hin, daß man der Wissenschaft des 17. Jahrhunderts gerechter wird, wenn man sie als die zweite Phase eines intellektuellen Aufbruchs betrachtet, der im 13. Jahrhundert im Abendland begann, als die Philosophen den großen klassischen Autoren Griechenlands und des Islam begegneten.

Dann ist zu fragen, was denn die Gelehrten des 16. und 17. Jahrhunderts tatsächlich über die Arbeit des Mittelalters wußten und wie man im einzelnen die Übereinstimmung und die Unterschiede ihrer Zielsetzungen charakterisieren könnte.

Was die erste Frage betrifft, so zeigen die Produkte der frühen Druckpressen, daß die Hauptwerke des Mittelalters sehr schnell verfügbar waren, was wiederum beweist, daß ein akademisches Interesse an ihnen vorhanden war. Soweit es sich übersehen läßt, druckten die ersten Pressen am Ende des 15. und am Anfang des 16. Jahrhunderts in Venedig, Padua, Basel und Paris genau das, was zuvor handschriftlich reproduziert worden war. Ein großer Teil dieser Druckerzeugnisse war wissenschaftlichen Charakters und umfaßte Ausgaben der klassischen und arabischen Standardwerke in lateinischer Übersetzung sowie mittelalterliche Schriften. Eine große Verbesserung gegenüber den alten Handschriften bedeutete die Veröffentlichung kritischer Gesamtausgaben.

Mit einigen – allerdings bemerkenswerten – Ausnahmen waren die bedeutendsten wissenschaftlichen Schriften des Mittelalters durch Druck greifbar geworden. Darunter waren – ohne daß sie im einzelnen aufgeführt werden sollen – die Hauptschriften über wissenschaftliche Methode und Philosophie der Wissenschaft von Grosseteste, Albertus Magnus, Thomas von Aquin, Roger Bacon, Duns Scotus, Burley, Ockham, Nikolaus von Kues, und den italienischen Averroisten von Pietro d'Abano bis zu Nifo und Zabarella im frühen 16. Jahrhundert. Die dynamischen und kinematischen Schriften von Bradwardine, Heytesbury, Richard Swineshead, Buridan, Albert von Sachsen und Marliani wurden alle mehr als einmal gedruckt, ebenfalls einige mathematische Schriften von Oresmius. Nicht gedruckt wurde dessen bedeutende Abhandlung *De Configurationibus Intensionum* und das *Livre du Ciel*. Auch Dumbletons Schriften blieben Manuskript. Über Statik erschien 1553 das *Liber Jordani de Ponderibus*, und Tartaglia veröffentlichte 1565 *De Ratione Ponderis* aus der Schule des Jordanus Nemorarius. Die optischen Schriften von Grosseteste, Roger Bacon, Witelo (zusammen mit Alhazens Abhandlung), Pecham und Themon Judaei fanden alle ihre Herausgeber. Die bemerkenswerteste Ausnahme ist Theoderich von Freibergs *De Iride;* wenn auch 1514 in Erfurt ein Bericht über die Theorie des Regenbogens erschien. Die *Epistola de Magnete* des Petrus Peregrinus wurde im 16. Jahrhundert zweimal, 1558 und 1562, gedruckt, fand aber keinen Herausgeber. Trotzdem war die Schrift Gilbert bekannt und wurde von ihm anerkannt. Das populärste astronomische Lehrbuch war Sacroboscos *Sphäre*, aber auch andere astronomische Tafeln und entsprechende mathematische Berechnungen wie die des Jean de Linières, Jean de Murs, Peurbach und Regiomontanus erschienen in ansehnlicher Menge im Druck. Chaucers *Abhandlung über den Astrolabus* wurde gedruckt, Richard von Wallingfords Manuskripte nicht. Das gleiche Schicksal hatten die Schriften des wirklich bedeutenden Mathematikers Leonardo da Fibonacci.

Unter den Biologen des Mittelalters war Albertus Magnus der hervorragendste; sein Werk *De Animalibus* erschien im Druck, ebenso seine geologischen und chemischen Arbeiten. An sonstigen biologischen Schriften wurden gedruckt *Die Kunst der Falkenbeize* des deutschen Kaisers Friedrich II. und die Arbeiten von Thomas von Cantimpré, Peter von Crescenzi und Konrad von Megenburg. Die Kräuterbücher von Rufinus und Rinio blieben ungedruckt; dagegen wurden andere Werke dieser Art, z. B. die *Pandectae* des Matthäus Sylvaticus, und neue Kräuterbücher in Latein und in den Landessprachen gedruckt (vgl. Seite 493 ff.). Das populärste naturgeschichtliche Buch war *On the Properties of Things* von Bartholomäus dem Engländer. Abhandlungen über Anatomie, Chirurgie und Heilkunde, z. B. von Mondino, Guy de Chauliac, Arnald von Villanova, Gentile da Foligno und John of Gaddesden wurden mehrfach gedruckt, teilweise in mehreren Sprachen. Dagegen blieben ausgezeichnete Schriften desselben Gebietes, wie die von Henri von Mondeville und Thomas von Sarepta, unveröffentlicht. In der Chemie und Alchemie wurden die Arbeiten von Arnald von Villanova und die dem Raimundus Lullus zugeschriebenen gedruckt, ebenso eine Anzahl praktischer Abhandlungen über verschiedene Gegenstände, z. B. die von Brunschwig, Agricola und Biringuccio, die eine Menge über die frühe Praxis der Chemie aussagen.

Das Ausmaß des Interesses an diesen mittelalterlichen Schriften war individuell verschieden. Kopernikus und Vesal lehnten sich stark an die Klassik an, darum schenkten sie dem Druck von Autoren des Mittelalters wenig Aufmerksamkeit; andere führende Köpfe verfuhren sicherlich anders. Zum Beispiel schrieben die italienischen Anatomen Achillini und Berengario da Carpi Kommentare zu Mondinos Anatomie (vgl. Seite 502). Mathematiker und Philosophen wie Tartaglia, Cardano, Benedetti, Bonamico und auch der junge Galilei studierten und lehrten die Impetustheorie und andere Darstellungen der mittelalterlichen Dynamik und Statik. In England sammelte Dr. John Dee Handschriften, besonders die mathematischen und physikalischen, von Grosseteste, Roger Bacon, Pecham, Bradwardine und Richard von Wallingford; Robert Recorde empfahl den Studenten der Astronomie die Schriften von Grosseteste und anderen Oxforder Autoren. Dee und Recorde waren, wie auch Thomas und Leonard Digges, frühe Anhänger der Kopernikanischen Theorie; alle betrachteten ihre Arbeit als eine Wiederkehr der großen Tage von Oxford im 13. und 14. Jahrhundert. Leonard Digges, der die bahnbrechende Arbeit seines Vaters über Teleskope beschrieb, bezeichnete darin Roger Bacon als Autorität in der Optik. Leonardo da Vinci, Maurolyco, Marc Antonio de Dominis, Giambattista della Porta, Johann Marcus Marci und Christopher Scheiner, sie alle bezogen sich auf Roger Bacon, Witelo und Pecham. Kepler schrieb seinen Kommentar zu Witelo und verbesserte dessen Tabellen der Brechungswinkel; Snells Arbeit über das Brechungsgesetz scheint von der Herausgabe Witelos und Alhazens durch Friedrich Risner, 1572, angeregt worden zu sein. Viele andere optische Schriften des 17. Jahrhunderts, die des Descartes, Fermat, James Gregory, Emanuel Maignan und Grimaldi, kommen aus derselben Quelle. Descartes erwähnt zwar sehr selten, wem er etwas verdankt, aber sein Buch *Meteores* ist nach genau derselben Ordnung aufgebaut wie die *Meteorologie* des Aristoteles; in mancher Hinsicht kann man es als einen der letzten mittelalterlichen Kommentare zu jenem vielbesprochenen Werk bezeichnen (vgl. Seite 482–485).

Das mag genügen, um darzutun, daß die führenden Gelehrten des 16. und frühen 17. Jahrhunderts die Schriften ihrer mittelalterlichen Vorgänger sehr wohl gekannt und benutzt haben. Für die Biologie, deren Hauptvertreter im Mittelalter Albertus Magnus ist, gilt das gleiche. Auch in den Auffassungen von wissenschaftlicher Methode und Beweisführung sind die Anklänge an mittelalterliche Arbeiten durchaus ersichtlich, deutlich z. B. in der Art, wie Galilei die Methode der »Resolution und Composition« benutzte, um das Verhältnis zwischen Theorie und Experiment klarzumachen oder die »euklidische« Form wissenschaftlicher Beweisführung zu entwickeln. Dasselbe gilt für die neuplatonische Auffassung der Natur als etwas im Grunde Mathematisches, die zuerst in Grossetestes »Kosmologie des Lichtes« auftaucht und auf die verschiedenste Weise die Gedankengänge von Galilei, Kepler und Descartes durchzieht. Aber ist die Übernahme und Fortsetzung der Ziele und Methoden der Scholastik alles, was die Forscher des 17. Jahrhunderts leisteten? Sicherlich taten sie viel mehr, wie das folgende Kapitel im einzelnen zeigen wird. Ein besonders charakteristisches Merkmal soll hier hervorgehoben werden, um den Wesensunterschied zu verdeutlichen.

Die wissenschaftlichen Doktrinen des Mittelalters wurden fast ausschließlich in akademischen Diskussionen entwickelt, die fast alle auf die Lehrbücher zurückgingen, wie sie an der Universität im Gebrauch waren. Es ist durchaus möglich, daß die Kommentare und *Quaestiones* zu den Gegenständen dieser Bücher sich bereits weit von den Originalen des Aristoteles oder Ptolemäus oder Euklid oder Alhazen oder Galen entfernt hatten, ganz entkamen sie ihnen niemals. Wahr ist, daß die akademischen Wissenschaften außerhalb der Universitäten in die Praxis umgesetzt wurden: die Astronomie in den Kalender und seine Reform, die Arithmetik in den Wechselverkehr der Handelshäuser, die Anatomie, Physiologie und Chemie in die praktische Arbeit der Chirurgie und Medizin. Wahr ist auch, daß sich auf Gebieten außerhalb der Universitäten Entwicklungen vollzogen, die von entscheidender Bedeutung für die Wissenschaft werden sollten; z. B. in der Technologie, in der Kunst und Architektur mit ihrer wachsenden Tendenz zum Naturalismus. Die Gründe für den Fortschritt der Wissenschaften innerhalb der Universitäten und für die Ausbreitung des Universitätssystems als solches müssen im Zusammenhang mit den Ursachen für die Entstehung von Nationalstaaten als Folge der Ausweitung eines kapitalistischen Wirtschaftssystems gesehen werden; denn dieses konnte die Männer, die außerhalb der Universitäten technologische und künstlerische Werte schufen, sinnvoll beschäftigen. Aus ihnen wurden die »Ingenieur-Künstler« des 15. und 16. Jahrhunderts, die »virtuosi« und unabhängigen gelehrten Herren des 17. Jahrhunderts; sie übernahmen die Führung in der Wissenschaft und machten aus ihr mehr ein Arbeitsfeld der Accademia dei Lincei oder der Royal Society oder der Académie Royale des Sciences als der Universitäten. Das geschah trotz der Tatsache, daß die führenden Leute in diesen wissenschaftlichen Gesellschaften vielfach Universitätslehrer waren, die dann allerdings das neue Wissen wiederum in die Universitäten zurückbrachten.

Aber im 13. und 14. Jahrhundert vollzog sich die Entwicklung der Wissenschaft noch ganz im Rahmen der Universität, sowohl innerhalb der Fakultät der Freien Künste, die ihren Studienplan auf die neuen Übersetzungen aus dem Griechischen und Arabischen und auf einige technische Abhandlungen über angewandte Mathematik ausgedehnt hatte, als auch innerhalb der höheren Fakultäten der Medizin und Theologie. Die Männer der Wissenschaft waren Kleriker und akademische Lehrer. Sie verraten ihre akademische Herkunft in allen Abhandlungen, die sie hinterlassen haben, jenen unliterarischen Schriften, aus denen sich die große Sammlung von Handschriften und frühen Drucken zusammensetzt, die ihr Gedankengut enthält. Es gab unter ihnen originelle und geniale Denker. Aber sie sahen die großen wissenschaftlichen und kosmologischen Probleme, mit denen sie sich befaßten, selten als rein wissenschaftliche Fragen an. Das größte von allen Problemen war das Verhältnis der christlich-theologischen Kosmologie auf der Basis der Offenbarung zu der Kosmologie einer rationalen Wissenschaft, die von der Philosophie des Aristoteles beherrscht war. Es ist zwar in der Behandlung einzelner Fragen gute wissenschaftliche Arbeit geleistet worden ohne Bezugnahme auf Theologie, Philosophie oder Methodologie, aber die zentrale Entwicklung der mittelalterlichen Wissenschaft vollzog sich im Rahmen einer eng an die Theologie angeschlossenen Philosophie unter der Führung von Klerikern.

Daraus ergab sich, daß die Wissenschaft im Mittelalter nahezu immer auch Philosophie der Wissenschaft war. Zweifellos wird es ähnliche Wesenszüge in jedem Zeitalter geben, das Richtung und

Gegenstand der Forschung bestimmt; ganz ausgeprägt war das im 17. Jahrhundert der Fall, z. B. im Gedankengut und in den Kontroversen von Galilei, Descartes und Newton. Im Gegensatz zu den Gelehrten des Mittelalters ebenso wie des 17. Jahrhunderts wissen die Forscher des 20. Jahrhunderts im allgemeinen, wie sie die Probleme angehen, welche Fragen sie der Natur stellen und welche Methoden sie anwenden müssen, um Antworten darauf zu erhalten. Nur bei den tiefsten und allgemeinsten Problemen, wenn der Gang des Beweises in eine Sackgasse zu führen scheint, wird heutzutage die Philosophie zu Hilfe genommen und stört dann den gleichmäßigen Ablauf der großen wissenschaftlichen Arbeit, die wirklich getan wird.

Aber zwischen den Zielen der mittelalterlichen Philosophie der Wissenschaften und denen jeder Philosophie der Wissenschaft seit Galilei besteht eine Grundverschiedenheit. Die letztere ist *primär* damit befaßt, den Prozeß und Fortschritt der Wissenschaft an sich zu erhellen und zu erleichtern. Seit Galilei richtet sich das Hauptinteresse der Forschung auf die ständig wachsende Menge konkreter Probleme, die von der Wissenschaft gelöst werden können; wenn philosophische Untersuchungen angestellt werden, geschieht das gewöhnlich, weil gewisse konkrete und spezifisch wissenschaftliche Probleme nur durch eine gründliche Reform der fundamentalen Prinzipien gelöst werden können. Genau diesen Zweck verfolgten Galilei und Newton mit ihren Abstechern in die Philosophie. Aber mittelalterliche Naturphilosophen waren *primär* wenig an den konkreten Problemen der Erfahrungswelt interessiert, dagegen sehr an der Art, wie die Naturwissenschaft Erkenntnis bewirkte, wie sie in die allgemeine Struktur ihrer Metaphysik paßte und wie sie – sollte sie sich so weit vorwagen – mit der Theologie zurechtkam. Viele wissenschaftliche Probleme wurden als Analogien zur Illustration eines theologischen Problems aufgedeckt; so war es bei der Instrumentalkausalität und der *Impetus*theorie. Die Tatsache, daß sie im Hinblick auf etwas anderes aufgegriffen wurden, ist zweifellos ein Grund mit dafür, daß sie im Verlauf der Weiterentwicklung so oft vollkommen wieder fallengelassen wurden.

Von dem Gegensatz läßt sich im allgemeinen sprechen; er ist sicher nicht ausschließlich vorhanden gewesen. Im 18. Jahrhundert waren z. B. Berkeley und Kant gar nicht primär an der Wissenschaft interessiert, sondern an dem Zusammenstimmen der Newtonschen Kosmologie mit der Metaphysik; im 13. Jahrhundert scheinen Jordanus, Gerard von Brüssel und Petrus Peregrinus frei von allen philosophischen Interessen nur um die Probleme als solche bemüht gewesen zu sein. Aber wenn das zuvor Gesagte wirklich das allgemeine intellektuelle Klima mittelalterlicher Wissenschaft charakterisiert, dann erklärt es vieles, was bei sonst ausgezeichneter Arbeit verwirrend und unbegreiflich erscheint. Es erklärt z. B. den Abgrund zwischen der oft wiederholten, strengen Forderung nach empirischer Verifikation und den vielen Behauptungen, die niemals durch Beobachtungen überprüft wurden; was schlimmer ist: das Sichzufriedengeben mit imaginären, entweder unrichtigen oder unmöglichen Experimenten; was noch schlimmer ist: die falschen Zahlen, die Gelehrte vom Format eines Witelo oder Theoderich von Freiberg angeblich als Resultate von Messungen angaben, die in Wirklichkeit nie gemacht worden waren. Es gibt natürlich auch Beispiele von mittelalterlicher Wissenschaft, die nicht mit solchen Fehlern behaftet sind; aber eine Besonderheit dieser Periode war es eben, daß sie sich selbst bei wohldurchdachten Untersuchungen ereigneten. Der Eindruck bleibt, daß der Forscher an bloßen Details der Tatsachen und Messungen einfach nicht interessiert war. Das heftige Bemühen um die Theorie und Logik der Experimentalwissenschaft und ihr Verhältnis zu einer philosophischen Naturauffassung steht in auffallendem Gegensatz zu der vergleichsweise seltenen wirklichen Experimentaluntersuchung. Verständlich wird das Ganze nur, wenn man die mittelalterlichen Naturphilosophen nicht als verhinderte moderne Naturwissenschaftler sieht, sondern eben als Philosophen. Ihr Bericht über experimentelle Untersuchungen sollte oft nichts anderes sein als eine Denkübung hinsichtlich dessen, was man in dem einen Zweig der Philosophie tun konnte, in dem anderen nicht. Das hatte gewiß die wünschenswerte Wirkung, die Probleme der Naturwissenschaften zu erhellen und sie aus dem Zusammenhang mit der Metaphysik und Theologie zu isolieren. Was tatsächlich bei einem Experiment herauskam, interessierte sie weniger.

Das hätte für die abendländische Wissenschaft verhängnisvoll werden können. So ausgezeichnet ihre allgemeine Charakterisierung der Methodologie der Experimentalwissenschaft auch war, sie brachte es mit sich, daß die Methodologen sehr selten ihre Methoden einer praktischen Prüfung unterzogen. Darum führten sie sie kaum je präzise oder wirklich angemessen durch. In ihren Werken findet sich eine Fülle von richtungslosen Versuchen und einfachen Alltagsbeobachtungen. Es gab keine allgemeine Tendenz, die experimentelle Untersuchung als eine bestätigende Prüfung einer Reihe von genau und quantitativ formulierten Hypothesen zum Zwecke der Neuformulierung einer Gesamttheorie aufzufassen. Auch die besten Beispiele experimenteller Untersuchungen blieben isoliert, ohne Wirkung auf die erdachten Lehren vom Licht oder vom Kosmos. Man erachtete sie als ausreichend, um die Methode zu veranschaulichen, und die Methodologie war Ende und Ziel ihrer selbst. Das wäre zu einer Sackgasse geworden, hätte nicht Galilei mit seinen Zeitgenossen die Interessenrichtung umgekehrt und die Gegenstände der experimentellen Untersuchungen um ihrer selbst willen betrachtet. Erst dadurch, daß die Forscher des 17. Jahrhunderts das sehr ernst nahmen, den einzelnen Tatsachen in Experiment und Messung und Berechnung, so wie sie in der Natur exemplifiziert waren, ihre Aufmerksamkeit zuwandten, gelangten sie zu ihrer radikalen Umwälzung des ganzen theoretischen Rahmenwerks von Physik und Kosmologie; die Naturphilosophen des Mittelalters hatten nur kleine, begrenzte Bezirke verbessern können. Wenn es stimmt, daß etwa für die Zeit Galileis eine fundamentale Änderung der Interessen und der Grundkonzeption der Wissenschaft anzusetzen ist, kann noch ein weiterer Punkt die Generallinie der Wandlung aufzeigen. Als vielleicht stärkster Wesenszug der mittelalterlichen Philosophie der Wissenschaft läßt sich die neuplatonische Auffassung erkennen, daß die Natur letztlich mathematisch erklärt werden kann; ihr Einfluß reicht bis ins frühe 17. Jahrhundert. Im Mittelalter war dieser Glaube besonders auf dem Gebiet der Optik wirksam gewesen. Im weiten Raum des Platonismus, ermutigt durch die Geschichte des ersten Tages in der *Genesis*, hatten die führenden Denker des 13. und 14. Jahrhunderts ihre Aufmerksamkeit auf die Erforschung des Lichtes konzentriert und darin den Schlüssel zu den Geheimnissen der physikalischen Welt gesehen; die beste wissenschaftliche Arbeit vollbrachten sie darum auf dem Gebiet der Optik. Aber wie in der aristotelischen Klassifikation gehörte die Optik, zusammen mit der Astronomie und Musik, zu den *mathematica media*, der mathematischen Wissenschaft, die, auf die physikalische Welt angewandt, sich einerseits von der reinen Mathematik unterschied, andererseits von der Physik, der Wissenschaft von den »Naturen« und Ursachen. Die Denker des Mittelalters verspürten kein überwältigendes Verlangen, diese Unterscheidung aufzugeben. Und so wurde aus der mathematischen Physik niemals eine universale Wissenschaft, die die aristotelische Physik überflüssig gemacht hätte.

Vielleicht geschah es mit besonderer Absicht, daß Descartes, der mittelalterlichste unter den Forschern des 17. Jahrhunderts, weil er am meisten von einer Naturphilosophie durchdrungen war, sein reformierendes kosmologisches Werk *Le Monde, ou Traité de la Lumière* nannte. Aber seine Physik beruhte nicht auf einer Theorie des Lichtes; seine Theorie des Lichtes entstand vielmehr aus seinem Bewegungsbegriff. Die Physiker des 17. Jahrhunderts erblickten in der Erforschung der Bewegung, nicht des Lichtes, den Schlüssel zur Physik. Dort fanden sie ihn dann auch, sehr zu ihrer Genugtuung.

Als sie der Erforschung der Bewegung statt anderer Aspekte der Natur besonderes Gewicht gaben, trafen sie gewiß eine glückliche Wahl. Aber schon Aristoteles hatte, wie auch die Aristoteliker des Mittelalters, das Studium der Bewegung zur Grundlage seiner Physik gemacht. Die Wahl der Physiker im 17. Jahrhundert war also nicht zufällig, der Erfolg ihrer Untersuchungen war es ebensowenig. Als sie die empirischen Phänomene der Bewegung ernsthaft als Problem angriffen und seine Lösung bis ans Ende durchdachten, blieb ihnen nichts anderes übrig, als die ganze Kosmologie neu aufzubauen, neue mathematische Techniken zu erfinden und ein ausschlaggebendes Beispiel für die Methoden der Naturwissenschaft als solche zu setzen. Das war, so mag hier angedeutet werden, der Sieg der weltlichen *virtuosi* des 17. Jahrhunderts über die Kleriker der mittelalterlichen Universitäten, denen sie in anderer Hinsicht so viel verdankten.

Revolution des naturwissenschaftlichen Denkens im 16. und 17. Jahrhundert

DIE ANWENDUNG MATHEMATISCHER METHODEN IN DER MECHANIK

Wie es im 16. und 17. Jahrhundert zu einer Revolution der Wissenschaft kam, ist leichter zu verstehen als die Gründe, warum sie überhaupt stattfinden mußte. Sie kam dadurch zustande, daß Fragen gestellt wurden, deren Antworten im experimentellen Bereich lagen, daß diese Fragen sich auf physikalische, nicht metaphysische Probleme richteten, daß das Interesse sich auf genaue Beobachtung der Dinge innerhalb der natürlichen Welt konzentrierte und sich mehr auf das Zusammenspiel ihrer Verhaltensweisen als auf ihre innerste Natur bezog, mehr auf naheliegende Ursachen als auf Wesensformen und ganz besonders auf alle die Aspekte der physikalischen Welt, die sich mathematisch ausdrücken lassen. Charakteristische Eigenschaften, die sich wiegen und messen ließen, konnten verglichen werden; sie konnten als Länge oder Zahl ausgedrückt und darum in einem vorhandenen System der Geometrie, Arithmetik oder Algebra dargestellt werden. Daraus ließen sich Folgerungen ableiten; diese wieder enthüllten neue Beziehungen zwischen den Ereignissen, die durch Beobachtungen bestätigt werden konnten. Die übrigen Aspekte der Materie wurden übersehen.

Das Tempo des wissenschaftlichen Fortschrittes wurde gewaltig beschleunigt durch systematische Anwendung der experimentellen Methode. Man erforschte die Phänomene nun unter vereinfachten und kontrollierten Bedingungen. Die mathematische Abstraktion machte neue Klassifizierungen der Erfahrung und die Entdeckung neuer Kausalgesetze möglich. Das Erstaunliche bei der wissenschaftlichen Revolution ist, daß sie ihre Anfangsstadien, in gewissem Sinne die allerbedeutendsten, durchmachte, ehe die neuen Meßinstrumente, Teleskop und Mikroskop, Thermometer und Präzisionsuhr, erfunden waren, die später als unerläßlich gelten für genaue und zufriedenstellende Antworten auf die Fragen, die nun in den Vordergrund wissenschaftlichen Denkens rückten. Die Revolution vollzog sich in ihren Anfangsstadien viel mehr durch eine systematische Umwandlung der Denkrichtung, der Art von Fragen, die gestellt wurden, als durch eine Bereicherung der technischen Ausrüstung. Warum es zu einer solchen Umwälzung der Denkmethoden kam, ist nicht ersichtlich. Es war nicht einfach die Fortsetzung des seit dem 13. Jahrhundert wachsenden Interesses für Beobachtung, für experimentelle und mathematische Methoden; denn die Veränderung fand mit einer völlig neuen Schnelligkeit statt und besaß eine Durchschlagskraft, die sie das gesamte abendländische Denken beherrschen ließ. Es ist auch keine hinreichende Erklärung, wenn gesagt wird, hier zeige sich einfach der Erfolg der Arbeit der scholastischen Philosophen bis zum 16. Jahrhundert an der induktiven Logik und mathematischen Philosophie oder das Ergebnis einer Wiedergeburt des Platonismus im 15. Jahrhundert. Und genausowenig kann man darin allein die Wirkung eines neuen Interesses an einigen bis dahin kaum bekannten griechischen Texten, wie die des Archimedes, sehen, wenn auch von dort das mathematische Denken sicherlich angeregt wurde.

In den sozialen und wirtschaftlichen Bedingungen des 16. und 17. Jahrhunderts waren bestimmt viele Beweggründe und Gelegenheiten gegeben, die der Wissenschaft Anreiz geben konnten. Zu Beginn des 16. Jahrhunderts zeigten berühmte Gelehrte ein lebhaftes Interesse am Studium der technischen Vorgänge im Handwerk; dadurch kam zum Geist des Philosophen die Geschicklichkeit des Handwerkers. Luis Vives befürwortete in *De Tradendis Disciplinis* (1531) ein ernsthaftes Studium der Künste des Kochens, Bauens, des Kleidermachens; er forderte mit Nachdruck, daß Scholaren nicht auf die Handwerker herabsehen dürften und sich nicht zu schämen brauchten, wenn diese ihnen die Geheimnisse ihres Handwerks beibrächten. Zwei Jahre später regte Rabelais an, daß es für einen jungen Prinzen eigens den Ausbildungszweig geben müsse, zu lernen, wie die Gegenstände des gewöhnlichen Lebens gemacht werden. Rabelais beschrieb, wie Gargantua mit seinem Lehrer Goldschmiede und Juweliere, Uhrmacher, Alchemisten, Münzpräger und viele andere Handwerker besuchte. 1568 erschien in Frankfurt ein lateinisches Lesebuch für Schulkinder, das ebenso von Achtung vor der Handwerkskunst erfüllt war; denn es enthielt eine Reihe lateinischer Verse, von denen jeder ein anderes Handwerk beschrieb, z. B. einen Drucker, einen Papiermacher, einen

Zinngießer oder einen Drechsler. Es war ein bezeichnender Fortschritt, daß im 16. Jahrhundert auch Abhandlungen gelehrter Männer über die verschiedenen technischen Prozesse berichteten, darunter *De Re Metallica* (1556) von Georg Bauer (1490–1555), der sich Agricola nannte, über Bergbau und Metallurgie, Abhandlungen von Besson, Biringuccio, Ramelli und Zonca im frühen 17. Jahrhundert (Seite 172 bis 174). Dieses Interesse an der technischen Beherrschung der verschiedenen Handwerke ist bei Francis Bacon (1561–1626) sehr klar ausgedrückt, zunächst in *The Advancement of Learning* (1605), später in dem *Novum Organum*. Bacon war der Meinung, daß die Techniken oder die mechanischen Künste, wie er sie nannte, gerade deshalb aufgeblüht seien, weil sie fest in Tatsachen begründet sind und im Lichte der Erfahrung abgewandelt werden. Andrerseits habe das wissenschaftliche Denken deshalb aufgehört voranzuschreiten, weil es von der Natur getrennt und vom praktischen Experiment ferngehalten worden sei. Seiner Ansicht nach war die Gelehrsamkeit der Scholastiker »Spinnweb ohne Substanz und ohne Nutzen«; ein neues humanistisches Wissen müsse auf das Wohl des Menschen gerichtet sein. Descartes war genau der gleichen Meinung. Im 16. Jahrhundert wurden Mathematiker wie Thomas Hood (1582–1598) und Simon Stevin (1548–1620) von den Regierungen eigens angestellt, um Probleme der Schiffahrt und des Festungsbaues zu lösen. Im letzten Teil des 17. Jahrhunderts interessierte sich sogar die Royal Society für die Technik verschiedener Handwerke in der Hoffnung, daß die gesammelten Informationen den Spekulationen der Scholaren eine solide Grundlage verschaffen könnten, aber auch von praktischem Wert für die Mechanik und die Handwerker selbst sein würden. So wurden Abhandlungen über verschiedene Gegenstände gesammelt; Evelyn schrieb einen *Discourse of Forest – Trees and the Propaganda of Timber*, Petty schrieb über das Färben, Boyle einen Aufsatz mit dem Titel: *That the Goods of Mankind may be much increased by the Naturalist's Insight into Trades*. Eine englische Geschichte des Handwerks wurde nicht geschrieben, aber der Gedanke lag nahe, und fast hundert Jahre später veröffentlichte die Pariser Akademie der Wissenschaften zwanzig Bände über Handwerk und Kunstgewerbe.

Es gibt gewiß auch Beispiele dafür, daß dieses lebhafte Interesse der Gelehrten an technischen Fragen die Wissenschaftler zu fundamentalen Problemen führte. Tartaglia (1500–1557) kam durch den

Versuch, den Abschußwinkel zu berechnen, der die größte Schußweite ergab, zur Kritik an der gesamten aristotelischen Bewegungstheorie; er bemühte sich um neue mathematische Formulierungen, die aber erst von Galilei gefunden wurden. Die Erfahrungen der Erbauer von Wasserpumpen sollen Galilei und Torricelli zu den Experimenten veranlaßt haben, durch die das Barometer erfunden wurde; und das Gerücht, holländische Linsenschleifer hätten ein Fernrohr erfunden, brachte Galilei dazu, die Brechungsgesetze zu studieren, damit er selbst eines konstruieren konnte. Descartes schrieb seine *Dioptrique* (1637) ausdrücklich zu dem Zweck, ein wissenschaftliches Fundament zur Herstellung von Fernrohren und Brillen zu liefern. Galilei und Huygens verfaßten ihre grundlegenden Werke über das Pendel, weil bei der immer weiteren Ausdehnung von Ozeanreisen ein genaues Meßwerkzeug zur Bestimmung der Längengrade dringend notwendig geworden war.

Die Existenz von Motiven und Gelegenheiten – auch wenn sie wissenschaftliche Grundprobleme in den Vordergrund schoben – erklärt noch nicht die intellektuelle Umschichtung, die den Forschern die Lösung dieser Probleme erst möglich machte. Bis heute ist die Geschichte des Zusammenwirkens von Motiven, Gelegenheiten, Fertigkeiten und geistigen Wandlungen, das die Revolution der Wissenschaft zustande brachte, noch nicht geschrieben.

Der innere Umbau des wissenschaftlichen Denkens im 16. und 17. Jahrhundert hatte zwei wesentliche Aspekte, den experimentellen und den mathematischen. Gerade jene Zweige der Wissenschaft, die sich am besten für Messungen eigneten, entwickelten sich am offensichtlichsten. In der Antike war die Mathematik mit gutem Erfolg in der Astronomie, Optik und Statik angewandt worden; die mittelalterlichen Scholastiker fügten dem – weniger erfolgreich – die Dynamik hinzu. Diese Wissenschaftszweige hatten auch im 16. und 17. Jahrhundert die größten Fortschritte zu verzeichnen. Besonders die erfolgreiche Anwendung der Mathematik auf die Mechanik wandelte die ganze Naturauffassung um und führte zum Zusammenbruch des aristotelischen Systems der Kosmologie. Erst nachdem die Forscher wie die Griechen ihre neuen Methoden mit Erfolg an diesen abstrakten und verhältnismäßig handlichen Problemen erprobt hatten, vermochten sie an die viel schwierigeren Geheimnisse der toten und lebenden Materie heranzugehen. Erst im 19. Jahrhundert konnten sich Chemie, Physiologie, die Lehre von Elektrizität und Magnetismus in ihren Leistungen mit der Newtonschen Mechanik vergleichen (vgl. Seite 243 f., 552 f.).

Leonardo da Vinci gehört zu den ersten, die die Natur mathematisch auszudrücken versuchten. Er erhielt seine erste Ausbildung in Florenz, der Stadt des Platonismus; später wirkte er in Mailand und anderen norditalienischen Städten mit aristotelischer Tradition. Fast alle seine physikalischen Begriffe stammen von scholastischen Autoren, wie Jordanus Nemorarius, Albert von Sachsen und Marliani; aber er war fähig, ihre mechanischen Vorstellungen weiterzuentwickeln, weil er die neue Begegnung mit griechischen Mathematikern wie Archimedes erfahren hatte. Dessen Werk *Über das Gleichgewicht von Flächen* lag ihm im Manuskript vor.

Unter den antiken Mathematikern hatte Archimedes am erfolgreichsten mathematische Berechnungen mit experimenteller Untersuchung kombiniert; das machte ihn zum Vorbild für das 16. Jahrhundert. Er arbeitete nach der Methode, bestimmte und begrenzte Probleme auszuwählen; vielleicht sagt man richtiger, es war mehr eine mathematische Bearbeitung von Idealmengen als praktische Messung. Er formulierte Hypothesen, die er entweder auf euklidische Weise als Axiome ansah, die keines Beweises mehr bedurften, oder die er durch einfache Experimente verifizieren konnte. Dann leitete er Folgerungen daraus ab und bewies sie grundsätzlich experimentell. So beginnt er das oben genannte Werk mit den Axiomen, daß gleiche Gewichte, in gleichen Entfernungen aufgehängt, im Gleichgewicht sind, daß gleiche Gewichte, in verschiedenen Entfernungen aufgehängt, nicht im Gleichgewicht sind; das Gewicht an dem längeren Arm sinkt herab usw. Diese Axiome enthalten das Prinzip des Hebels oder, was dasselbe bedeutet, des Gravitätszentrums; daraus leitete Archimedes dann zahlreiche Folgerungen ab.

Die Mechanik Leonardos beruhte wie die seiner Vorgänger auf dem aristotelischen Axiom, daß die Kraft der Bewegung proportional ist dem Gewicht des bewegten Körpers und der diesem mitgeteilten Geschwindigkeit. Von Jordanus Nemorarius und seiner Schule war dieses Axiom weiterentwickelt worden, um das Prinzip der virtuellen Geschwindigkeit oder Arbeit auszudrücken und es dann, zusammen mit dem Begriff des statischen Moments, auf den Hebel und die schiefe Ebene anzuwenden. Das griff Leonardo auf und arbeitete weiter daran. Er erkannte, daß der effektive (oder potentielle) Arm einer Waage die Linie ist, die durch den Drehpunkt geht und rechtwinklig auf die Linie trifft, die durch das Gewicht verläuft. Weiter stellte er fest, daß ein runder Körper sich auf einer geneigten Ebene solange bewegt, bis er den Punkt erreicht, an dem sein Gravitätszentrum vertikal über dem Berührungspunkt liegt; die richtige Aussage des Jordanus über das Gleichgewicht auf einer schiefen Ebene wies er allerdings als eine unrichtige, von Pappus übernommene Lösung zurück. Allerdings erkannte er, daß die Geschwindigkeit einer Kugel, die auf schräger Ebene abwärtsrollt, gleichförmig beschleunigt ist; er zeigte, daß die Geschwindigkeit eines fallenden Körpers bei einem gegebenen vertikalen Fall sich um das gleiche Maß erhöht, wie wenn er eine Schrägung hinabrollt. Auch das wurde ihm klar, daß zur Feststellung der Bewegungskraft nur die vertikale Komponente berücksichtigt zu werden braucht und daß das Prinzip der Arbeit unvereinbar ist mit unaufhörlicher Bewegung. Er sagte, wenn ein Rad eine Zeitlang durch eine gegebene Menge Wasser bewegt werde, so höre dieser Vorgang auf, wenn dem Wasser nichts hinzugefügt noch eine größere Fallgeschwindigkeit verliehen werde. Aus dem Prinzip der Arbeit und des Hebels entwickelte er die Theorie des Flaschenzuges und anderer Maschinen. In der Hydrostatik erkannte er das Fundamentalprinzip, daß Flüssigkeiten den Druck fortpflanzen und daß die Arbeit des Bewegers gleich der des Widerstandes ist. In der Hydrodynamik entwickelte er das Prinzip, daß beim Fall die Geschwindigkeit einer strömenden Flüssigkeit um so größer ist, je kleiner der Querschnitt des Durchgangsrohres ist; dieses war in der Schule des Jordanus von Strato abgeleitet worden.

Leonardos Dynamik beruhte auf der Theorie vom *Impetus*, der seiner Ansicht nach den bewegten Körper in gerader Linie weitertrug. Aber er erweiterte (wie Cardano, Tartaglia und andere Mechanisten des späten 16. Jahrhunderts) die aristotelische Auffassung durch den Zusatz, daß die von einem Geschoß nach Trennung von dem Werfer angenommene Geschwindigkeit von der Luft abhängig sei. Von Albert von Sachsen übernahm er die Einteilung der Geschoßbahn in drei Abschnitte, vermutete aber, daß die tatsächliche Bewegung eines Körpers doch wohl die Resultante aus zwei oder mehr verschiedenen Kräften oder Geschwindigkeiten sein müsse. Das Prinzip des zusammengesetzten *Impetus* wandte er mit dem des Schwerkraftmittelpunktes auf eine Reihe von Problemen an, darunter den Stoß und den Vogelflug.

Zusätzlich zu diesen Untersuchungen in der Mechanik bediente sich Leonardo der griechischen Geometrie auch, um die Theorie der Linsen und des Auges zu verbessern; diese hatte er einer Ausgabe von Pechams *Perspectiva Communis* aus dem Jahre 1482 entnommen. Er machte gewisse Fortschritte, aber wie seine Vorgänger verlegte er die Sehfunktion in die Linsen statt in die Netzhaut und konnte nicht verstehen, wieso das umgekehrte Bild auf der Netzhaut mit dem vereinbar sein könnte, was wir von der Welt wirklich sehen. Wie sehr er dem Gedanken der idealen Messung ergeben war, zeigt sich an den wissenschaftlichen Instrumenten, die er zu verbessern oder zu erfinden bemüht war: eine Uhr, ein Hygrometer, ähnlich dem des Cusanus, zur Messung der atmosphärischen Feuchtigkeit, ein Hodometer, ähnlich dem des Hero, zur Schätzung einer zurückgelegten Strecke, ein Anemometer zur Messung der Windkraft. Er schrieb kein Buch, und seine unlesbaren Spiegelschriftnotizen, die mit Skizzen bedeckt waren, wurden erst viel später, zum Teil erst im 19. Jahrhundert, entziffert und veröffentlicht. Trotzdem war sein Werk auch der direkten Nachwelt nicht verloren. Im 16. Jahrhundert wurden seine Manuskripte kopiert; seine Gedanken zur Mechanik wurden von Geronimo Cardano (1501–1576) gestohlen und kamen vielleicht an Stevin und durch Bernardino Baldi an Galilei, Roberval und Descartes. Der Spanier Juan Baptiste Villalpando machte sich seine Ansichten über das Zentrum der Schwerkraft zunutze; von ihm aus wurden sie durch die ausgedehnte Korrespondenz des gelehrten Minoritenmönchs Marin Mersenne dem 17. Jahrhundert übermittelt.

Die Naturphilosophen nach Leonardo bauten die leistungsfähige mathematische Technik, die mit der Wiederentdeckung und Veröffentlichung einiger bis dahin unbekannter oder wenig studierter griechischer Texte möglich geworden war, noch weiter aus. Die früheste lateinische gedruckte Ausgabe von Euklid erschien 1482 in Venedig; Archimedes, Apollonius und Diophantos wurden durch Francesco Maurolyco (1494–1575) lateinisch herausgegeben, Euklid, Apollonios, Pappos, Hero, Archimedes und Aristarch durch Federigo Commandino (1509–1575).

Die ersten Fortschritte in mathematischer Technik hatte die Algebra zu verzeichnen. In der umfassenden gedruckten *Algebra* des Luca Pacioli (1494) war das Problem der kubischen Gleichungen enthalten (mit Kubikzahlen wie x^3); Tartaglia, dessen wirklicher Name Nicolo Fontana von Brescia war, löste sie als erster. Geronimo Cardanos früherer Diener und Schüler Lodovico Ferrari (1522–1565) löste zum erstenmal Gleichungen vierten Grades (mit x^4). Die allgemeine Zahlentheorie war bis ins 19. Jahrhundert noch zu begrenzt, als daß sie die Lösung von Gleichungen fünften Grades (mit x^5) erlaubt hätte. Aber François Viëta (1540–1603) fand schon eine Methode, Zahlenwerte der Wurzeln von Polynomen zu berechnen; er führte das Reduktionsprinzip ein. Auch der englische Mathematiker Thomas Harriot (1560–1621) entwickelte die Theorie der Gleichungen. Den frühen Mathematikern waren negative Wurzeln unbegreiflich erschienen. Albert Girard (1595–1632) dehnte als erster den Zahlenbegriff auf imaginäre Mengen wie $\sqrt{-1}$ aus, die in der Zahlenreihe von Null bis Unendlich nach beiden Richtungen hin keinen Platz hatten. Zur gleichen Zeit verbesserte sich die Symbolsprache der Algebra. Bei Viëta waren die Buchstaben für Unbekannte und Konstante ein wesentlicher Bestandteil der Algebra. Stevin erfand die heutige Bezeichnung von Potenzen und führte die gebrochenen Exponenten ein. Seine Symbole wurden später von Descartes in die einheitliche Form x^2, x^3 usw. gebracht. Verfahren, die zuvor in Worten ausgedrückt worden waren, hatten sich seit dem Ende des 15. Jahrhunderts allmählich in Symbolen wie $+$, $-$, $=$, $>$, $<$, $\sqrt{}$ usw. durchgesetzt, so daß in den ersten Jahrzehnten des 17. Jahrhunderts Algebra und Arithmetik im großen und ganzen bereits in die heute gebräuchliche Form gebracht waren.

Um dieselbe Zeit vollzogen sich bedeutsame Fortschritte in der Geometrie, der erste war die Einführung der analytischen Geometrie, der zweite das Hervortreten der Infinitesimalrechnung. Schon Nikolaus von Oresme hatte einen Schritt in Richtung auf die analytische Geometrie getan, und man kann annehmen, daß Descartes, der nie erwähnte, wem er Dank schuldete, diese Arbeit gekannt hat. Der Mann, dem Descartes in dieser Sache wohl am meisten verdankte, war Pierre de Fermat (1601–1665); dieser hatte die Gleichwertigkeit von algebraischen Ausdrücken und geometrischen Figuren aus Ortspunkten, die sich in bezug auf Koordinaten bewegen, begriffen. Descartes entwickelte in seiner *Geometrie* (1637) die von seinen Vorgängern erfundene Methode zu voller Leistungsfähigkeit. Er ließ eine dimensionale Begrenzung nicht gelten; dadurch, daß er Ausdrücke zweiten oder dritten Grades (x^2, y^3) durch Linien darstellte, konnte er geometrische Probleme in eine algebraische Form bringen und sie mit Hilfe der Algebra lösen. So ließen sich auch Bewegungsprobleme fruchtbar entwickeln, wenn eine Kurve als Gleichung dargestellt werden konnte. Descartes zeigte auch, daß alle Kegelschnitte des Apollonios in wenigen Gleichungen zweiten Grades enthalten sind.

Seine analytische Geometrie beruhte auf der Annahme, daß eine Strecke einer Zahl gleichzusetzen sei; das hätte kein Grieche akzeptiert. Auch ein weiterer Fortschritt in der Mathematik des frühen 17. Jahrhunderts ging von einer ähnlichen pragmatischen Unlogik aus. Archimedes hatte zum Vergleich geradliniger und gekrümmter Figuren die Exhaustionsmethode benutzt. Der Flächeninhalt einer gekrümmten Figur wurde bestimmt durch die Inhalte einbeschriebener und umbeschriebener geradliniger Figuren, die durch Vermehrung der Seitenzahlen der Kurve angenähert wurden. Kepler hatte zur Bestimmung des Flächeninhalts einer Ellipse den Begriff des unendlich Kleinen in die Geometrie eingeführt, und Bonaventura Cavalieri (1598–1647) benutzte diesen Begriff, um aus der archimedischen Methode die des Unteilbaren zu entwickeln. Er betrachtete Linien als eine Zusammensetzung aus unendlich vielen Punkten; Flächen waren aus unendlich vielen Linien zusammengesetzt und Körper aus einer unendlichen Anzahl von Flächen. Die relative Größe zweier Flächen oder zweier fester Körper war dann durch Summation einer Reihe von Punkten oder Linien leicht zu finden. Diese Methode ging unmittelbar von physikalischen Problemen aus, im Gegensatz zu Descartes' analytischer Geometrie, die erst ganz am Ende des 17. Jahrhunderts in der Physik angewandt wurde. Später entwickelten Newton und Leibniz daraus die Infinitesimalrechnung.

Aristoteles hatte entgegen der pythagoreischen Theorie des Plato behauptet, die Mathematik sei zwar brauchbar, um die Beziehungen zwischen gewissen Vorgängen zu definieren, könne aber über die Wesensart physikalischer Dinge und Vorgänge nichts aussagen; denn sie sei eine Abstraktion, die irreduzible qualitative Unterschiede von der Betrachtung ausschließen müsse, obwohl diese tatsächlich existieren. Nach Aristoteles war die Erforschung physikalischer Körper und Vorgänge eigentlicher Gegenstand der Physik und nicht der Mathematik. Er kam zu wesentlichen Unterscheidungen nicht nur zwischen irreduzibel verschiedenen, durch die Sinne wahrgenommenen Qualitäten, sondern in der Betrachtung der Bewegung auch zu solchen zwischen natürlicher und erzwungener Bewegung, Schwerkraft und Schwerelosigkeit, irdischer und himmlischer Substanz. Diesen Gesichtspunkt hat Euklid mit ihm gemein; Tartaglia übernahm ihn in seinem Kommentar über die *Elemente*. Nach ihm unterscheidet sich der Gegenstand der Physik, der der Sinneswahrnehmung zugänglich ist, von dem Gegenstand der geometrischen Beweisführung. Es sei z. B. ein physikalischer Flecken unendlich teilbar, ein geometrischer Punkt aber, dem jede Dimension fehlt, seit laut Definition unteilbar. Der Stoff der Geometrie sei die stetige Menge, Punkt, Linie, Volumen; ihre Definitionen seien lediglich Verfahrenshilfen. Die Geometrie befasse sich nicht mit dem, was existiert; sie könne mit physikalischen Eigenschaften wie Gewicht oder Zeit nur dann umgehen, wenn diese durch Meßinstrumente in Strecken umgesetzt wären. Ihre Prinzipien seien durch Abstraktion von materiellen Dingen abgeleitet, daher könnten deren erwiesene Ergebnisse auf diese wiederum angewandt werden. So könne die Physik wohl Nutzen aus der Mathematik ziehen, besitze aber im übrigen ein unabhängiges, nichtmathematisches Gebiet für sich.

Mit dem wachsenden Erfolg der Mathematik bei der Lösung konkreter physikalischer Probleme wurde das rein physikalische Reservat immer kleiner. Die praktizierenden Geometer des 16. Jahrhunderts kamen darauf, mit genau arbeitenden Meßinstrumenten festzustellen, ob das, was sich in mathematischen Beweisen bestätigte, auch in der physikalischen Wirklichkeit stimmte. Tartaglia z. B. ging von dem aristotelischen Prinzip aus, daß ein Elementarkörper in jedem beliebigen Augenblick nur eine einzige Bewegung ausführen könne (wären es zwei, so würde eine die andere auslöschen). Als er dann die Flugbahn eines Geschosses bei vertikalem Abschuß mathematisch untersuchte, mußte er feststellen, daß das Geschoß *unmittelbar* nach Verlassen des Geschützrohres unter der Wirkung der Schwerkraft abzusinken begann. Er mußte also zugeben, daß die natürliche Schwerkraft durch den *Impetus* nicht ganz aufgehoben wird. Cardano (der auch Leonardos Überlegungen über die Waage und die virtuelle Geschwindigkeit weiterentwickelte) ging noch einen

Schritt weiter. Er unterschied in der Mechanik zwischen mathematischen Beziehungen und bewegenden Kräften oder Prinzipien, dem eigentlichen Gegenstand der »Metaphysik«, und übernahm die alten Formen solcher Kräfte. Er widersprach in allem der willkürlichen Einteilung der mathematischen Materie in irreduzibel verschiedene Klassen, wie etwa den drei verschiedenen Phasen einer Geschoßbahn. Derselben Ansicht war Viëta.

Das alte Problem der Wurfgeschosse wurde im 16. Jahrhundert wieder aktuell, als verbesserte Typen von Bronzekanonen mit genau gebohrtem Lauf die gußeisernen Ungetüme des 14. und 15. Jahrhunderts zu ersetzen begannen und in Deutschland ein wirkungsvolleres Schießpulver hergestellt wurde. Zur selben Zeit wurden auch die Handwaffen verbessert, besonders in den Abschußvorrichtungen. Vom Ende des 15. Jahrhunderts an wurde die alte Methode, das Pulver durch eine brennende Zündschnur, die an das Zündloch gebracht wurde, zu entladen, abgeschafft und durch neue Erfindungen ersetzt. Zuerst kam das Zündschloß, bei dem durch Druck auf einen Abzug die brennende Zündschnur heruntergedrückt wurde. So war es in der Hakenbüchse, der gebräuchlichsten Infanteriewaffe seit der Schlacht von Pavia 1525. Dann kam das Zündrad mit Pyrit anstatt der Zündschnur, das allerdings wenig gebraucht wurde, weil es zu gefährlich war. Schließlich kam 1635 der Feuerstein in Gebrauch, mit ihm die Flinte der Soldaten Marlboroughs und Wellingtons. Probleme der theoretischen Ballistik gab es bei den Handwaffen nicht, wohl aber bei den schweren Geschützen. Als deren Reichweite durch stärkeres Pulver größer wurde, ergaben sich ernste Probleme der Zielsicht. Tartaglia wandte für diese viel Zeit auf; die Erfindung des Geschützquadranten wird ihm zugeschrieben. In der Folgezeit beschäftigten sich Galilei, Newton und Euler mit Fragen dieser Art, aber erst in der zweiten Hälfte des 19. Jahrhunderts wurden auf Grund von Experimenten genauere ballistische Tabellen angefertigt.

Giovanni Battista Benedetti (1530–1590) gehörte ebenfalls zu den Mathematikern und Physikern des 16. Jahrhunderts, die die aristotelischen Theorien einer kritischen Prüfung unterzogen und einige darin steckenden Widersprüche aufdeckten. Er wußte von der Kritik, die Aristoteles' Ansichten über fallende Körper schon zu griechischen Zeiten erfahren hatten (Seite 286 f.). Er stellte sich eine Anzahl Körper von gleichem Gewicht vor, die zusammen herunterfallen, erst verbunden und dann getrennt. Die Tatsache, daß sie miteinander verbunden sind, schloß er, kann ihre Geschwindigkeit nicht ändern. Ein Körper von dem Ausmaß der ganzen Anzahl wird darum mit derselben Geschwindigkeit fallen wie jeder einzelne seiner Komponenten. Deshalb müssen alle Körper von gleichem Material (oder von gleicher »Natur«), gleich welcher Größe, mit der gleichen Geschwindigkeit fallen. Allerdings machte er den Fehler, die Geschwindigkeiten von Körpern gleichen Volumens, aber verschiedenen Materials ihrem Gewicht proportional zu setzen. Von Archimedes beeinflußt, hielt er das Gewicht für proportional der relativen Dichte in einem gegebenen Medium*. Damit benutzte er das gleiche Argument wie Philoponus, um zu beweisen, daß die Geschwindigkeit im leeren Raum nicht unendlich sein kann (vgl. Seite 287 f., 297). Benedetti glaubte auch, daß die natürliche Schwerkraft in einem Wurfgeschoß von dem *Impetus* des Fluges nicht ganz eliminiert werden könne; wie Leonardo behauptete er, der *Impetus* bringe nur Bewegung in gerader Linie hervor; allerdings könne eine Kraft ablenkend wirken, wie z. B. die »Zentripetalkraft« einen Stein, der an einer Schnur im Kreise geschwungen wird, davon abhält, in Richtung der Tangente fortzufliegen.

Immer mehr wandten sich die Physiker des 17. Jahrhunderts von den qualitativen »physikalischen« Erklärungen des Aristoteles ab und den mathematischen Formulierungen des Archimedes wie auch der experimentellen Methode zu. Wenn auch ihre Ausdrucksweise nicht immer klar war, ihr Gefühl meinte doch gewöhnlich das Richtige. Wie Archimedes versuchten sie eine genau umrissene Hypothese aufzustellen und der Prüfung durch Erfahrung zu unterziehen. Auf diese Weise begann Simon Stevin mit der Annahme, daß unaufhörliche Bewegung unmöglich sei, und kam zu einer klaren Anerkennung der Grundprinzipien von Hydrostatik und Statik. In der Hydrostatik gelangte er zu dem Schluß, daß jede gegebene Wassermenge in all ihren Teilen im Gleichgewicht sei; wäre sie das nicht, so müßte sie in ständiger, nicht aufhörender Bewegung sein. Diese Theorie benutzte er dann, um zu zeigen, daß der Druck einer Flüssig-

---

* Das Archimedische Prinzip besagt, daß ein schwimmender Körper soviel wiegt wie die von ihm verdrängte Flüssigkeit; sinkt er, so nimmt sein Gewicht im gleichen Maße ab.

keit auf den Grund eines Gefäßes nur von der Tiefe abhängt und unabhängig von Gestalt und Volumen ist. Punkte gleicher Potenz sind die in gleicher Horizontalebene gelegenen.

Unter der gleichen Voraussetzung der Unmöglichkeit ständig fortdauernder Bewegung erklärte er auch, warum eine Seilschlinge, an der in gleichen Abständen Gewichte angebracht sind, sich nicht bewegt, wenn sie über ein dreieckiges Prisma gehängt wird (Abb. 17).

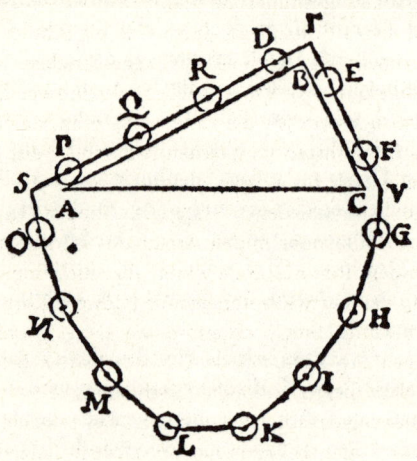

Abb. 17   *Stevins Nachweis des Gleichgewichtes bei schiefen Ebenen. Aus* Beghinselen des Waterwichts, *Leyden, 1586.*

Er zeigte, daß sich in dem oberen Teil der Seilschlinge nichts bewegt, auch wenn der hängende Abschnitt verschoben wird, solange die Grundfläche des Prismas horizontal liegt. Von dieser Tatsache aus kam er zu dem Schluß, daß Gewichte auf schiefen Ebenen sich dann im Gleichgewicht befinden, wenn sie proportional sind zur Länge ihrer Unterstützungsfläche, geschnitten von der Horizontalen. Dieselbe Schlußfolgerung steht schon in *De Ratione Ponderis*, verfaßt im 13. Jahrhundert, veröffentlicht 1565 (vgl. Seite 114 f.). Sie impliziert den Begriff des Dreieckes oder Parallelogramms der Kräfte, mit dem Stevin an kompliziertere Maschinen heranging.

Galileo Galilei (1564–1642) scheint ein wichtiges statisches Prinzip gelehrt zu haben, das sich aus dieser Arbeit Stevins ergab, allerdings in seinen Anfängen schon von Albert von Sachsen stammt: daß nämlich eine Gruppe miteinander verbundener Körper – wie die auf Stevins schräger Ebene – sich nur dann in Bewegung setzen kann, wenn das aus der Annäherung ihres gemeinsamen Mittelpunktes an den Mittelpunkt der Erde resultiert. Dann ist die geleistete Arbeit gleich dem bewegten Gewicht, multipliziert mit dem vertikalen Abstand. Eine präzise Formulierung und fruchtbare Anwendung auf die Physik fand dieses Prinzip erst durch Galileis Schüler Torricelli.

Ein Experiment, das auch Galilei zugeschrieben wird, war von Stevin durchgeführt worden. Er ließ zugleich zwei Bleikugeln, die eine zehnmal so schwer wie die andere, aus zehn Meter Höhe auf ein Brett fallen. Sie schlugen im gleichen Augenblick auf. Er behauptete nun, das gelte auch für Körper gleicher Größe, aber verschiedenen Gewichtes, d. h. verschiedenen Materials. Ähnliche Experimente waren schon seit Philoponus in den Aristoteles kritisierenden Schriften erwähnt worden; ihre Resultate waren aber nicht immer gleich, weil die Wirkung des Luftwiderstandes auf leichtere Körper verschieden eingeschätzt wurde. Stevin erkannte wie seine Vorgänger, daß die Beobachtungen sich nicht mit dem aristotelischen Bewegungsgesetz vertrugen. Nach diesem sollte die Geschwindigkeit direkt proportional der Bewegungsursache sein – das ist bei fallenden Körpern ihr Gewicht – und umgekehrt proportional dem Luftwiderstand. Die dynamischen Folgerungen aus seinen Beobachtungen erarbeitete Stevin jedoch nicht.

Galilei ist es, der für die Übertragung der experimentellen und mathematischen Methoden auf das gesamte Gebiet der Physik verantwortlich ist; er hat die geistige Umwandlung zuwege gebracht, durch die zuerst die Dynamik und später die ganze Naturwissenschaft in eine Richtung gelenkt wurde, aus der es keine Umkehr mehr gab. Die Dynamik des 17. Jahrhunderts wurde durch den Begriff der Trägheit revolutioniert: Gleichförmige Bewegung in gerader Linie ist einfach ein Körperzustand, gleichbedeutend mit Ruhe. Dagegen ist die aristotelische Bewegungsauffassung ein Prozeß des Werdens, der zu seiner Aufrechterhaltung einer ständigen Wirkursache bedarf. Das Problem der Fortdauer einer Bewegung blieb im Gespräch, weil diese aristotelische Vorstellung hinter den meisten

Einwänden gegen die kopernikanische Theorie von der Erdrotation stand. Vielleicht kann man die Frage, ob die Theorie des Kopernikus auf Wahrheit beruhe, das Hauptproblem der Wissenschaft des späten 16. und frühen 17. Jahrhunderts nennen. Diese Theorie zu beweisen war die große Leidenschaft im Leben Galileis. Zu diesem Zwecke versuchte er, alle naiven Induktionen aus der Alltagserfahrung, also die Grundlagen der aristotelischen Physik, beiseite zu lassen und die Dinge auf eine ganz neue Weise zu betrachten.

Damit bewirkte er eine Akzentverschiebung, die wichtig genug, aber nicht ganz neu war, denn jedes ihrer beiden Hauptmerkmale war in einer früheren Tradition schon dagewesen. Sie bewies ihren Wert dadurch, daß sie nun in der schnellen Lösung der verschiedensten wissenschaftlichen Probleme Früchte trug. Als erstes schob er alle Diskussionen über »essentielle Naturen«, die Hauptgegenstand der aristotelischen Physik gewesen waren, beiseite und konzentrierte sich auf die Beschreibung dessen, was er beobachtet hatte, d. h. der Phänomene. Das ist deutlich zu erkennen in seinem *Dialog, die zwei Grundsysteme der Welt betreffend* (1632); im Verlauf des Zweiten Tages antwortet Salviati (d. h. Galilei selbst) folgendermaßen auf die Behauptung des Aristotelikers Simplicio, jedermann wisse, daß es die Schwerkraft sei, die den Fall der Körper verursache:

»Das stimmt nicht, Simplicio; du solltest sagen, jedermann wisse, daß es Schwerkraft genannt wird. Aber ich frage dich nicht nach dem Namen, sondern nach dem Wesen der Sache. Davon weißt du nicht das Geringste mehr als vom Wesen des Bewegers der kreisenden Sterne. Von dem Namen will ich absehen. Er ist der Sache angehängt worden und uns vertraut und gebräuchlich nach all den Erfahrungen, die wir tausendmal am Tage damit machen. In Wirklichkeit verstehen wir nicht, welches Prinzip oder welche Kraft es ist, die den Stein abwärts bewegt. Ebensowenig begreifen wir, was ihn nach oben bewegt, wenn er den Schleuderapparat verlassen hat, oder was den Mond kreisen läßt. Wir haben lediglich, wie ich schon sagte, der ersten Sache den besonderen und definitiven Namen Schwerkraft gegeben, während wir für die zweite den allgemeineren Ausdruck der eingeprägten Kraft *(virtu impressa)* benutzen, die letzte nennen wir eine – entweder *helfende* oder *mitteilende* – *Intelligenz;* und als Ursache unendlich vieler anderer Bewegungen bezeichnen wir die ›Natur‹.«

Diese Haltung gegenüber sogenannten Ursachen verdankte Galilei dem Nominalismus, der im 15. Jahrhundert die averroistischen Schulen in Norditalien erobert hatte. Wörter wie »Schwerkraft«, meinte er, sind nichts als Namen für gewisse beobachtete Regelmäßigkeiten; die erste Aufgabe der Wissenschaft muß es sein, nicht nach unauffindbaren »Essenzen« zu suchen, sondern diese Regelmäßigkeiten zu ordnen, naheliegende Ursachen zu entdecken, d. h. jene voraufgehenden Ereignisse, die bei gleichen sonstigen Bedingungen immer und allein die gegebene Wirkung hervorgerufen haben. »Sieh zu, was es Neues an der Waage gibt«, erklärt Salviati im Zweiten Tag der *Zwei Grundsysteme*, »darin liegt notwendig die Ursache der neuen Wirkung.« Im Vierten Tag fährt er fort (und spricht dabei aus, was J. S. Mill die Methode der begleitenden Variationen* nennt): »So sage ich, wenn es stimmt, daß eine bestimmte Wirkung nur eine einzige Grundursache haben kann, und wenn zwischen Ursache und Wirkung eine feste und konstante Verbindung besteht, dann muß es bei jeder festen und konstanten Veränderung in der Wirkung auch eine feste und konstante Veränderung in der Ursache geben. Da nun die Veränderungen, die zu verschiedenen Zeiten des Jahres und des Monats bei den Gezeiten des Meeres eintreten, ihre festen und konstanten Perioden haben, muß sich dieser regelmäßige Wechsel auch gleichzeitig in der Primärursache der Gezeiten vollziehen. Nun bestehen aber die Veränderungen der Gezeiten in nichts anderem als in ihrem Ausmaß, d. h. im Steigen und Fallen des Wassers, in stärkerer oder schwächerer Flut. Darum ist es notwendig, daß die Primärursache der Gezeiten, was sie auch sein mag, zu den angegebenen Zeitpunkten ihre Kraft vermehrt oder verringert... Wenn wir also an der Identität der Ursache festhalten wollen, müssen wir die Veränderungen in diesen Additionen und Subtraktionen finden, die sie zur Erzeugung der von ihnen abhängigen Wirkungen mehr oder weniger fähig machen.«

Diese Aussage zeigt, daß Galileis Methode immer Messungen voraussetzt. Dafür gibt er eine weitere, mehr qualitative Illustration in seiner geistvollen Antwort (*Il Saggiatore*, Frage 45):
»Wenn Sarsi mich auf das Wort des Suidas hin glauben machen

---

* Francis Bacon nannte dies die Methode der »Grade oder des Vergleichs«, vgl. Seite 521 f.

möchte, daß die Babylonier Eier kochten, indem sie sie schnell in einer Schlinge herumwirbelten, so will ich ihm das glauben; aber ich muß betonen, daß die Ursache einer solchen Wirkung weit von dem entfernt liegt, was sie meinen; um die wirkliche Ursache herauszufinden, argumentiere ich folgendermaßen: Wenn eine Wirkung, die anderen zu anderen Zeiten gelungen ist, bei uns nicht eintritt, so folgt daraus mit Notwendigkeit, daß unserm Experiment etwas fehlt, was die Ursache für das Gelingen des früheren Versuches war, und wenn nur eine einzige Sache fehlt, ist sie allein die wirkliche Ursache. Nun fehlt es uns nicht an Eiern, auch nicht an Schlingen und starken Burschen, die sie im Kreise schwingen können. Dennoch wollen die Eier nicht kochen, und wenn sie zuvor heiß waren, so kühlen sie um so schneller ab. Nichts fehlt uns also als das eine: daß wir Babylonier sind; daraus folgt, daß die Tatsache, Babylonier zu sein, die Ursache der hartgekochten Eier ist, und nicht die Reibung der Luft. Und das ist es, was ich beweisen wollte.«

Bei Entdeckung naheliegender Ursachen, so meint Galilei, beginnt die Wissenschaft mit Beobachtung, und Beobachtung hat das letzte Wort. Er zeigte – in Übereinstimmung mit der Logik des späten Mittelalters, der Methode der »Resolution und Composition« –, wie man durch Analyse der Erfahrungen zu allgemeinen Theorien kommen, die Bedingungen variieren, die Ursachen isolieren (wie in dem obenangeführten Beispiel) und Theorien durch das Experiment bestätigen oder als falsch erweisen kann. Er unterschied die Untersuchungsmethode des Aristoteles von seinem Verfahren, die Schlüsse darzubieten, und sagte im Ersten Tag der »*Grundsysteme*«:

»Ich bin überzeugt, daß er zuerst mit Hilfe der Sinne, der Experimente und Beobachtungen soviel Gewißheit wie möglich für seine Schlüsse erlangte und nachher nach Mitteln suchte, sie zu beweisen. Denn das ist der normale Verlauf in den demonstrativen Wissenschaften; man folgt ihm, denn wenn der Schluß richtig ist, wird man bei Anwendung der resolutiven Methode auf eine bereits erwiesene Voraussetzung stoßen oder zu einem Prinzip kommen, das *per se* bekannt ist. Wenn aber der Schluß falsch ist, so wird man endlos weitergehen können, ohne jemals auf eine schon bekannte Wahrheit zu treffen – man begegnet höchstens einer Unmöglichkeit, einer offenbaren Absurdität. Man braucht nicht daran zu zweifeln, daß Pythagoras schon lange, bevor ihm der Beweis gelang, für den er die

Hekatombe opferte, genau wußte, daß im rechtwinkeligen Dreieck das Quadrat über der dem rechten Winkel gegenüberliegenden Seite gleich den Quadraten über den beiden andern Seiten ist. Die Gewißheit von der Richtigkeit des Schlusses hilft nicht im geringsten bei der Auffindung des Beweises im Sinne der demonstrativen Wissenschaften. Aber welcher Art die Methode des Vorgehens bei Aristoteles auch war, ob der Beweis *a priori* und die Sinneswahrnehmung *a posteriori* kam oder umgekehrt – es genügt, daß er, wie er oft gesagt hat, die Sinneserfahrung jedem Argument vorzog.«

In dem Zweiten Tag fährt er fort: »Ich weiß genau, daß ein einziges Experiment oder ein schlüssiger Beweis des Gegenteils ausreicht, um sehr viele wahrscheinliche Argumente zu vernichten*.«

Galileis wissenschaftliche Methode zeigt sich in dieser Bewertung des Experiments deutlich verwandt mit der der scholastischen Philosophen von Oxford und Padua, die Aristoteles im Sinne der platonischen Dialektik interpretiert hatten und bei empirischen Situationen von der *reductio ad absurdum* Gebrauch machten (vgl. Seite 244, 253). Auch in der Verwendung »erdachter Experimente« – zwar keiner unmöglichen, imaginären – folgte Galilei einer schon bewährten Praxis. Einen höchst bedeutsamen Schritt vorwärts machte er allerdings: Er bestand – wenigstens im Prinzip – darauf, systematische, genaue Messungen zu machen, so daß die Regelmäßigkeiten in den Phänomenen qualitativ bestimmt und mathematisch ausgedrückt werden konnten.

Die Bedeutung dieses Fortschritts ist von ihm selber in seinen Erläuterungen zu William Gilberts Schrift über den Magnetismus (vgl. Seite 421) im Dritten Tag der *Zwei Grundsysteme* aufgezeigt worden: »Ich will seine Methode des Philosophierens – bei einer gewissen Ähnlichkeit mit der meinen – so erklären, daß ihr angeregt werdet, ihn zu lesen. Ich weiß, daß ihr einseht, wie sehr die Kenntnis von Einzelvorgängen die Erforschung der Substanz und des Wesens der Dinge erleichtert; darum wünsche ich, ihr würdet euch sorgfältig und gründlich informieren über die Vorgänge und Eigenschaften, die einzig beim Magneten und nicht in anderen Steinen oder Körpern

---

* Anscheinend hat Galilei geglaubt, die Wissenschaft schreite immer durch eine Reihe von Alternativen voran, die alle durch ein entscheidendes Experiment bestimmt werden.

zu finden sind. Ich habe das höchste Lob, die größte Bewunderung und ein wenig Neid diesem Autor gegenüber, der etwas so Erstaunliches gestaltete, ein Sache, mit der unzählige hochbegabte Männer umgegangen sind, ohne daß sie ihr Aufmerksamkeit geschenkt haben ... Aber was ich Gilbert gewünscht hätte, das wäre, daß er ein wenig mehr Mathematiker wäre, um insbesondere gründlich in der Geometrie zu schürfen; diese Disziplin würde bewirkt haben, daß er jene Gründe, die er als *verae causae* der richtigen Schlüsse aus seinen Beobachtungen einsetzte, etwas weniger bereitwillig als entscheidende Beweise angenommen hätte. Um es offen zu sagen: Seine Gründe sind nicht entscheidend und ermangeln jener Beweiskraft, die ohne Frage denen eigen sein muß, die als notwendige und ewige wissenschaftliche Ergebnisse gelten sollen.«

Galilei kam durch seine Forderung nach Messung und mathematischer Formulierung dahin, seine streng experimentelle Methode mit einem zweiten charakteristischen Merkmal seines wissenschaftlichen Arbeitens zu kombinieren: dem Versuch, die beobachteten Regelmäßigkeiten mathematisch abstrakt auszudrücken, in Begriffen, von denen die Beobachtungen abgeleitet werden konnten, bei denen Einzeldinge aber nie wirklich beobachtet zu sein brauchten. In ihren Folgerungen konnte die hypothetische Abstraktion dann quantitativ erprobt werden. Galileis Methode der Abstraktion war explizite eine Anpassung an die postulierende Methode von Archimedes und Euklid. Sie war von revolutionärer Bedeutung für sein eigenes Werk und damit für die ganze Geschichte der Wissenschaft. Solche Abstraktionen waren unter dem Einfluß derselben griechischen Tradition schon im Mittelalter bei einigen Untersuchungen angewandt worden, z. B. bei der »idealen Waage« mit schwerelosen Armen, bei den mathematischen Formulierungen in bezug auf das Bewegungsproblem und in der Astronomie bei den geforderten geometrischen Apparaten zur »Bestätigung des Augenscheins«. Die Mathematisierung von »Form« und »Substanz« nach dem Vorbild von Demokrit und Plato, wie sie in der Optik des 13. Jahrhunderts zu finden ist, kennzeichnet einen weiteren Aspekt der Abstraktionsmethode, den Galilei später ausschöpfte. Wegen der Stärke des aristotelischen Einflusses war die ganze vorgalileische Wissenschaft praktisch beherrscht von naiven und direkten Verallgemeinerungen der alltäglichen Erfahrung. Galilei konnte in der Anwendung seiner Methode der mathematischen

Abstraktion eine feste Form der Untersuchungstechnik schaffen. Ein Phänomen wurde erforscht durch speziell arrangierte Experimente, bei denen alle nicht zur Sache gehörigen Elemente ausgeschaltet waren, so daß es in seinen einfachsten quantitativen Beziehungen zu anderen Phänomen überprüft werden konnte. Erst nachdem diese festgestellt und in einer mathematischen Formel ausgedrückt waren, wurden die ausgeschalteten Faktoren wieder zugefügt, d. h. die Theorie wurde auf Bereiche übertragen, die dem Experimentieren nicht so leicht zugänglich waren.

In Galileis Augen war es ein wesentlicher Aktivposten des Kopernikanischen Systems, daß Kopernikus dem naiven Empirismus des Aristoteles und des Ptolomäus entwachsen war und Theorien gegenüber, die »den Augenschein bestätigen« sollten, eine kritischere Haltung einnahm. Salviati sagt am Dritten Tag der *Zwei Grundsysteme:*

»Ich kann die Höhe der Intelligenz jener Männer nicht gebührend bewundern, die es [das kopernikanische System] empfangen haben – und es für wahr halten, die mit der Entschiedenheit ihres Urteils ihren eigenen Sinnen derart Gewalt angetan haben, daß sie nun vorziehen, was ihr Verstand ihnen diktiert, gegenüber dem, was ihre Sinneserfahrung offenbar als das Gegenteil darstellt . . . Meine Bewunderung ist grenzenlos, wenn ich bedenke, wie in *Aristarch* und *Kopernikus* der Verstand solch einen Angriff auf ihre Sinne unternehmen konnte, daß er sich zum Herrscher über ihren Glauben machte.«

Galilei glaubte, durch die mathematischen Theorien, von denen er die Beobachtungen ableitete, die bleibende Wirklichkeit, die Substanz hinter den Phänomenen darzustellen. Diese Meinung stammte zum Teil aus dem Platonismus, der seit dem 15. Jahrhundert in Italien, besonders in Florenz, populär war. Ein wesentliches Element dieses pythagoreischen Platonismus war der Gedanke, daß das Verhalten der Dinge ganz und gar das Produkt ihrer geometrischen Struktur sei; er setzte sich bei den Erfolgen der mathematischen Methode im 16. Jahrhundert immer stärker durch. Im Zweiten Tag der *Zwei Grundsysteme* behauptet Simplicio, er stimme mit dem Urteil des Aristoteles überein, daß Plato zu sehr in die Geometrie vernarrt gewesen sei. Er sagt: »Schließlich sind diese mathematischen Spitzfindigkeiten ganz schön im Abstrakten, aber sie haben keinen Sinn, wenn sie auf die sinnlich wahrnehmbare physikalische Materie angewandt werden.« Darauf legt Salviati dar, daß mathematische Schlüsse im Abstrakten und Konkreten genau gleich sind. »Es wäre allerdings etwas ganz Neues, wenn die in abstrakten Zahlen aufgestellten Berechnungen und Verhältnisse später den Gold- und Silbermünzen und anderen konkreten Handelswaren nicht entsprechen würden. Weißt du, was vor sich geht, Simplicio? Der Rechner, der Kalkulationen für Zucker, Seide, Wolle macht, muß die Kisten, die Säcke und anderes Packmaterial abziehen; genauso muß der Mathematiker, wenn er im Konkreten die Wirkungen erkennen will, die er im Abstrakten bewiesen hat, die materiellen Hindernisse ausschalten; kann er das tun, so versichere ich dir, daß die Dinge genauso übereinstimmen wie die arithmetischen Berechnungen.«

Die ganze Wissenschaft war bis Ende des 17. Jahrhunderts von dem Glauben durchdrungen, sie könne in der objektiven Natur eine wirkliche, dem Verstand zugängliche Struktur finden, ein *ens reale*, nicht bloß ein *ens rationis*. Kepler glaubte, er selbst sei auf dem Wege, eine mathematische Ordnung zu entdecken, die die erkennbare Struktur der wirklichen Welt bewirke. Galilei sagte (Erster Tag der *Zwei Grundsysteme*), der menschliche Verstand sei der mathematischen Grundsätze »so absolut sicher . . . wie die Natur selbst«. Galilei hatte zwar die eine Art von »essentiellen Naturen« verjagt, nach denen die Aristoteliker suchten, eine andere Art ließ er durch die Hintertür wieder herein. Mathematische Physik, behauptete er, könne mit dem Nichtmathematischen nicht umgehen; was nicht mathematisch sei, sei subjektiv (vgl. Seite 321 f., 530 f.). So versicherte er in *Il Saggiatore*, Frage 6:

»Die Philosophie ist in dem großen Buch niedergeschrieben, das vor unseren Augen immer offen liegt, ich meine das Universum. Aber wir können es erst lesen, wenn wir die Sprache gelernt haben und mit den Zeichen vertraut sind, in denen es geschrieben ist. Es ist in der Sprache der Mathematik geschrieben, und seine Buchstaben sind Dreiecke, Kreise und andere geometrische Figuren; ohne diese Mittel ist es dem Menschen unmöglich, auch nur ein einziges Wort zu verstehen.«

Gerade in seiner Einstellung zu diesen »primären Qualitäten« unterschied sich Galilei, der Platoniker, von Plato selber. Plato hatte gelehrt, die physikalische Welt sei eine Kopie, ein Ebenbild einer transzendenten Idealwelt mathematischer Formen; es sei eine ungenaue Kopie, und darum biete die Physik keine absolute Wahrheit, sondern »eine wahrscheinliche Darstellung«, wie er im *Timaios* schrieb. Galilei erklärte im Gegensatz dazu, die reale physikalische Welt *bestehe tatsächlich* aus den mathematischen Wesenheiten und ihren Gesetzen, und diese Gesetze seien im einzelnen mit absoluter Sicherheit erkennbar. In dem Übergangsstadium des zeitgenössischen wissenschaftlichen Denkens verfolgte seine Analyse der wissenschaftlichen Methode zwei Hauptzwecke. Einerseits wollte er zeigen, daß die aristotelischen Erklärungen überhaupt keine Erklärungen waren, sondern Antworten auf falsch gestellte Fragen und den behandelten Problemen ganz und gar unangemessen. Er wollte die ganze aristotelische Opposition gegenüber der neuen mathematischen Physik, der Dynamik und gegen Kopernikus beseitigen, indem er die Auffassung des Aristoteles von den realen Wesenheiten der physikalischen Welt mit ihren verschiedensten irreduziblen natürlichen Qualitäten, natürlichen Positionen im Weltraum und natürlichen Bewegungen widerlegte. Andrerseits wollte er zeigen, wie man die richtigen Lösungen finden könne, die wahren Erklärungen für das Wesen und die Struktur der physikalischen Welt; wie man Gründe beibringen könne zum Beweis, daß diese Erklärungen auch wirklich stimmen. Beides brauchte er für sein Programm der Neugestaltung von Fragen, die zu stellen waren, wenn man eine richtige und universelle mathematische Lehre von der Bewegung aufbauen wollte.

Der Platonismus Galileis war also von der gleichen Art wie der, nach dem Archimedes im 16. Jahrhundert der »platonische Philosoph« genannt worden war. Mit Galilei erhielten die mathematischen Abstraktionen Gültigkeit als Feststellungen über die Natur, weil sie Lösungen von physikalischen Einzelproblemen darstellten. Diese Methode der Abstraktion aus der unmittelbaren und direkten Erfahrung und der Verbindung beobachteter Vorgänge durch mathematische Beziehungen, die ihrerseits der Beobachtung nicht zugänglich waren, brachte ihn zu Experimenten, auf die der alte Empirismus des gesunden Menschenverstandes nicht hätte kommen können. Seine Suche nach den mathematischen Gesetzen der Phänomene, wie der Beschleunigung schwerer Körper, der Schwingung eines Pendels, der Flugbahn einer Kanonenkugel, geschah in der traditionellen »euklidischen« Weise. Er suchte nach Prämissen, aus denen die

Gegebenheiten der Phänomene abzuleiten waren. So baute er seine Theorien nach dem euklidischen Muster auf und nannte sie »argomento ex suppositione«. Galilei war sich als Wissenschaftler der Probleme in Methode und Philosophie durchaus bewußt. In seinen beiden Hauptwerken, *Zwei Grundsysteme* und *Mathematische Diskurse und Demonstrationen, zwei neue Wissenschaften betreffend* (1638), finden sich mancherlei Anspielungen darauf. In einem Brief an Pierre Carcavy (1637) beschrieb er seine Methode ausführlich. Da es unmöglich war, mit allen beobachteten Eigenarten eines Phänomens zugleich fertigzuwerden, reduzierte er es zunächst intuitiv auf seine wesentlichen Bestandteile. Nach dieser »Resolution« der wesentlichen mathematischen Beziehungen, die einer gegebenen Wirkung innewohnen, stellte er eine »hypothetische Voraussetzung« auf, aus der er die Folgerungen, die sich ergeben mußten, ableitete. Diese zweite Stufe nannte er »Composition«. Schließlich kam eine, ebenfalls »Resolution« genannte, experimentelle Analyse von Einzelbeispielen der untersuchten Wirkung; so wurde die Hypothese durch den Vergleich der von ihr abgeleiteten Konsequenzen mit der Beobtung getestet. Wesentlich für das ganze Verfahren war die Abstraktion. Wenn z. B. ein sich bewegender Körper dynamisch untersucht werden sollte, so wurde daraus eine bestimmte Menge von Materie, die sich um ihren Schwerpunkt konzentriert und einen gegebenen Raum in gegebener Zeit durchmißt. So abstrahiert und definiert, ging das »physikalische Objekt« in die dynamischen Theoreme ein. Alle Fragen nach der »Natur« des Objekts im aristotelischen Sinne fielen fort. Auf diese Weise brachte Galilei eine genaue Formulierung des Bewegungsbegriffes zustande, auf den Ockham und Buridan in etwa hingewiesen hatten. Die methodologische Bedeutung der Unterscheidung zwischen primären und sekundären Eigenschaften wird ersichtlich in der kinematischen Betrachtung der Bewegung in Beziehung zur Geschwindigkeit.

Ein gutes Beispiel für die galileische Methode ist seine Arbeit über das Pendel. Er abstrahiert, was an der Situation unwesentlich ist, »Luftwiderstand, Schnur oder andere Zufälligkeiten«, und ist dadurch in der Lage, das Pendelgesetz zu demonstrieren, daß nämlich die Schwingungsperiode vom Schwingungsbogen unabhängig und der Quadratwurzel der Länge einfach proportional ist. Nachdem das bewiesen ist, kann er die zuvor ausgeschlossenen Faktoren wieder einführen. Er zeigt z. B., daß der Grund, warum ein wirkliches Pendel, dessen Schnur eine gewisse Schwere besitzt, zur Ruhe kommt, nicht einfach der Luftwiderstand ist, sondern die Tatsache, daß jede Partikel der Schnur als ein kleines Pendel wirkt. Der Abstand vom Aufhängungspunkt ist bei allen verschieden, darum haben sie verschiedene Frequenzen und behindern einander.

Ein weiteres Beispiel bietet seine Untersuchung frei fallender Körper, eine der Grundlagen der Mechanik des 17. Jahrhunderts. Galilei suchte nach einer Definition der Bewegung, die es ihm möglich machen sollte, Bewegung zu messen. Dabei ließ er die aristotelische Auffassung, daß Bewegung ein Prozeß sei, der in jedem Augenblick eine Ursache erfordert, völlig außer Betracht. Auch die aristotelischen Kategorien der Bewegung, die auf rein »physikalischen« Prinzipien basierten und noch von Cardano und Kepler übernommen wurden, kümmerten ihn nicht. In *Zwei Grundsysteme* sagt er:

»Wir wollen Geschwindigkeiten gleich nennen, wenn die durchmessenen Räume die gleiche Proportion haben wie die Zeiten, in denen sie durchmessen wurden.«

Damit schloß er sich Physikern des 14. Jahrhunderts wie Heytesbury und Swineshead an, deren Werke gegen Ende des 15. Jahrhunderts gedruckt und in Galileis Jugendjahren in Pisa gelehrt worden waren. Er versuchte wiederum, das Problem unter einfachen und experimentell kontrollierten Bedingungen zu erforschen, z. B. mit Kugeln, die eine geneigte Ebene hinunterrollen. Nach den ersten vorbereitenden Beobachtungen analysierte er die mathematischen Beziehungen zwischen nur zwei Faktoren, Raum und Zeit, und schloß alle anderen aus. Dann konstruierte er seine »hypothetische Voraussetzung«, eine mathematische Hypothese, aus der er Folgerungen ableiten konnte, die im Experiment zu erproben waren. Und weil (wie Salviati im Zweiten Tag der *Zwei Grundsysteme* sagt) »die Natur nicht viele Dinge aufwendet, wenn sie etwas mit weniger erreichen kann«, wählte er die einfachste mögliche Hypothese. Im Dritten Tag der *Zwei Grundsysteme*, »Über die Ortsbewegung«, gab er die Definition der gleichförmig beschleunigten Bewegung: eine Bewegung, die »wenn sie aus der Ruhe kommt, in gleichen Zeitintervallen gleichen Zuwachs an Geschwindigkeit erwirbt«. Das, sagte er, nehme er als einen der Gründe, weil die Natur »nur solche Mittel verwendet, die höchst allgemein, einfach und leicht sind«.

Seine experimentelle Verifikation bestand aus einer Reihe von Messungen, die die variierenden Begleitumstände an dem durchmessenen Raum und der verstrichenen Zeit aufwiesen. Waren die Konsequenzen aus seiner Hypothese bestätigt, so erachtete er diese Hypothese als eine richtige Wiedergabe der natürlichen Ordnung; wenn nicht, so versuchte er weiter, zu einer Hypothese zu kommen, die sich bestätigen ließ. Dann wurde der Einzelfall, z. B. die beobachteten Tatsachen über fallende Körper, erklärt, indem er zeigte, daß dies die Konsequenz eines allgemeinen Gesetzes sei. Gegenstand der Wissenschaft war für Galilei die Darstellung von besonderen Beobachtungstatsachen als Folgerungen solcher allgemeinen Gesetze und der Aufbau eines ganzen Systems von solchen Gesetzen, in denen das Besondere eine Konsequenz des Allgemeinen ist. Bei alledem stand die Intuition an erster Stelle, eine Intuition aristotelischen Stils, aber auf einen bestimmten Zweck hin umgewandelt. Geistige Intuition, Abstraktion und mathematische Analyse entdeckten die hypothetischen Möglichkeiten; das Experiment wurde notwendig, um aus diesen die falschen Hypothesen auszusondern und die eine richtige zu identifizieren und zu bestätigen. Eine so verifizierte Hypothese gab eine wahre, intuitive Einsicht in die Einzelheiten der realen Struktur unserer physikalischen Welt.

Wie Galilei an die physikalischen Probleme heranging, ist an der Deduktion der kinematischen Gesetze frei fallender Körper in *Zwei Grundsysteme* deutlich zu erkennen. Salviati wendet sich von der Vorstellung ab, gewisse physikalische Ursachen könnten für die Tatsachen verantwortlich sein, und konzentriert sich auf den kinematischen Aspekt des Problems.

»Die Gegenwart scheint nicht die geeignete Zeit zu sein, die Ursache der Beschleunigung bei natürlicher Bewegung zu erforschen; darüber sind von verschiedenen Philosophen verschiedene Meinungen geäußert worden. Die einen erklären sie mit der Anziehung durch den Mittelpunkt, die anderen mit der gegenseitigen Abstoßung der kleinsten Teilchen des Körpers, wieder andere mit einer gewissen Spannung in dem umgebenden Medium, das sich hinter dem fallenden Körper zusammenschließt und ihn von einer Position zur nächsten treibt. Nun, all diese Phantasien und noch andere sollten untersucht werden; aber es lohnt die Mühe nicht. Gegenwärtig verfolgt unser Autor nur den Zweck, ein paar der Eigenschaften der

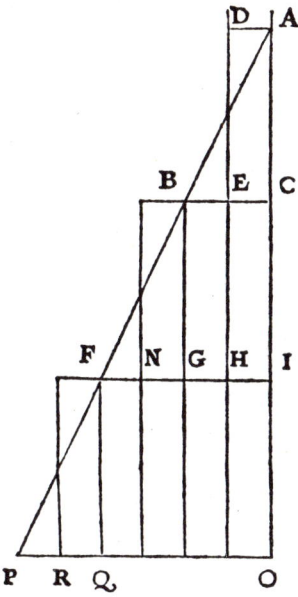

Abb. 18 *Diagramm aus Galileis Beweis. Bei einem Körper, der mit gleich-förmiger Beschleunigung fällt, nehmen in gleichen Zeitabständen AC, CI, IO die zurückgelegten Entfernungen (dargestellt durch die Flächen ABC, CBFI, IFPO) wie 1, 3, 5 usw. zu. In moderner Terminologie: Für v = at beweist Galilei, daß s = ¹/₂ at². Aus* Discorsi e dimostratione matematiche intorno a due nuove scienze, *Bologna, 1655 (1. Ed. Leiden, 1638), Dritter Tag.*

beschleunigten Bewegung zu untersuchen und zu beweisen (was auch immer die Ursache dieser Beschleunigung sein mag). Er meint eine Bewegung, bei der das Geschwindigkeitsmoment vom Augenblick des Aufbruchs aus der Ruhe an proportional zur Zeit stetig wächst; das bedeutet dasselbe, wie wenn man sagt, der Körper erhalte in gleichen Zeitintervallen gleichen Zuwachs an Geschwindigkeit. Und wenn wir herausfinden, daß die Eigenschaften der beschleunigten Bewegung, die später zu beweisen sind, in frei fallenden und beschleunigten Körpern realisiert sind, so können wir schließen, daß die angenommene Definition sich auf eine solche Bewegung schwerer Körper erstreckt und daß deren Geschwindigkeit entsprechend der Zeit und der Dauer der Bewegung wächst.«

Dieser Abschnitt zeigt einen klassischen Wendepunkt in der Geschichte der Naturwissenschaft an; er wurde 1638 geschrieben. Galilei hatte nicht von vornherein so klar gesehen, daß die Beschleunigung beim freien Fall erst definiert und die Definition als Tatsache verifiziert werden mußte, ehe überhaupt an eine dynamische Erklärung herangegangen werden konnte. An dem Maße, in dem sich das bei ihm klärte, läßt sich der Fortschritt ersehen, den er von der ersten Bearbeitung des Problems in Pisa an bis zum ausgereiften Verständnis seiner späteren Jahre in Padua machte; dorthin ging er 1592. Hier eröffnete sich ihm der Weg zur eigentlichen Dynamik und zur unvollständigen, aber richtigen Formulierung des Trägheitsbegriffes. Sie war die Hauptleistung seiner Florentiner Zeit; wohin er 1610 unter besonderer Förderung durch den Großherzog von Toscana zurückkehrte.

In früheren Diskussionen über den freien Fall waren die kinematischen und dynamischen Aspekte des Problems niemals unterschieden worden. Die einen wurden immer als Ableitungen aus den anderen dargestellt; so waren beide inadäquat, was sogar in Sotos richtiger Formulierung des kinematischen Gesetzes zu beobachten ist (vgl. Seite 331 f.). Keiner war bislang auf den Gedanken gekommen, das kinematische Gesetz unabhängig von jeder Dynamik zu ermitteln. Auch Galilei folgt in seinen ersten Schriften (um 1590), einer Abhandlung und einem Dialog, die beide den Titel *De Motu* tragen, dieser Tradition. Ziel dieser frühen Aufsätze war es, die dynamische Theorie und das Bewegungsgesetz des Aristoteles zu widerlegen, die dieser als Argumente gegen die Möglichkeit einer Bewegung im leeren Raum benutzt hatte; wesentliche Voraussetzung dabei war, daß die Bewegung die Resultante einer Proportion zwischen Kraft und Widerstand darstellt (vgl. Seite 283 ff.). Galilei kritisierte die Dynamik des Aristoteles, besonders seine Erklärungen der Geschoßbewegung und des freien Falles, ähnlich wie Buridan, Albert von Sachsen und ihre Schüler es getan hatten; statt dessen bot er Erklärungen an, die sich mehr an die Dynamik Avempaces und an die pythagoreische oder platonische Auffassung der relativen Schwerkraft anlehnen. Er behauptete, eine konstante Bewegungskraft müsse im ausgedehnten Raum auch ohne Widerstand, z. B. im leeren Raum, eine endliche gleichförmige Geschwindigkeit erzeugen; wenn ein widerstehendes Medium vorhanden sei, so werde es einfach diese endliche Geschwindigkeit um ein ganz bestimmtes Ausmaß reduzieren. Die Bewegung eines Wurfgeschosses sei darum im leeren Raum möglich; zu erklären sei sie durch die Theorie der *virtus impressa*. Über den freien Fall sagte er, jede Art von Körper besitze eine endliche natürliche Geschwindigkeit, bestimmt durch seine innere »Natur« oder spezifische Schwerkraft; diese Geschwindigkeit werde realisiert im leeren Raum, wo es keinen Widerstand gibt. In einem Widerstand leistenden Medium werde diese natürliche Geschwindigkeit um ein bestimmtes Ausmaß verringert, das von der relativen spezifischen Schwerkraft des Körpers und vom Medium abhänge; wäre die Kraft des Mediums die stärkere, so müsse der Körper in die Höhe steigen. Dabei ergab sich die Frage, warum denn schwere Körper beschleunigt werden, wenn sie aus dem Ruhezustand fallen. Galilei nahm an, daß in beiden Fällen, sowohl bei einem nach oben geworfenen Körper als auch bei einem, der sich oberhalb seines natürlichen Ortes in Ruhe befindet, durch das Abrücken vom Mittelpunkt eine aufwärts gerichtete *virtus* erworben werde. Im Fallen des Körpers werde diese *virtus* nach und nach reduziert, so daß der Körper nach unten hin beschleunigt werde, bis die dieser Richtung entgegengesetzte *virtus* völlig ausgelöscht sei; danach falle der Körper weiter mit einer konstanten, seiner Schwerkraft entsprechenden Geschwindigkeit. Zu dieser Zeit stimmte Galilei ganz und gar nicht mit seinen Vorgängern überein, z. B. mit Oresmius, der angenommen hatte, die Beschleunigung beim freien Fall werde unbegrenzt fortgesetzt. Er stützte sich vielmehr unabhängig auf eine antike Theorie des Hipparch.

Diese Pisaner Aufsätze zeigen, daß Galilei einer kinematischen Betrachtungsweise der Bewegung noch sehr fern war, weil ihm der dazu notwendige Begriff der Trägheit fehlte. Er kritisierte zwar Aristoteles in der üblichen Manier, hielt aber an dessen Grundvoraussetzungen fest, daß eine konstante Geschwindigkeit eine konstante bewegende Kraft erfordere und daß eine beschleunigte Geschwindigkeit einen entsprechenden Zuwachs an Wirkkraft erfahren müsse. Ein weiteres Beispiel der gleichen Art ist aus seinem Bericht über die Experimente zu ersehen, bei denen er verschiedene Gewichte von einem »hohen Turm« hinunterfallen ließ. Galileis Schüler und

Biograph Vincenzio Viviani brachte sie mit dem Schiefen Turm von Pisa in Verbindung, aber es ist durch nichts erwiesen, daß er diese Experimente vom Schiefen Turm aus unternommen hat; es liegt viel näher, daß es sich um »erdachte Experimente« handelte. Er wendet sich scharf gegen die aristotelische Annahme, daß die Fallgeschwindigkeit dem Gewicht proportional sei und spricht nicht nur von zwei Steinen, einer doppelt so groß wie der andere, die von einem hohen Turm geworfen werden, sondern auch von zwei Bleikugeln, eine hundertmal so schwer wie die andere, die vom Mond herunterfallen. Er macht sich lustig über die Vorstellung, daß der eine Stein doppelt so schnell fallen solle wie der andere, die eine Bleikugel hundertmal so schnell wie die andere. Galileis Hauptargument zum Beweis, daß Körper gleichen Materials, aber verschiedener Größe mit gleicher Geschwindigkeit fallen, ist in Wirklichkeit genau dasselbe, das schon Benedetti benutzt hatte: Das Ganze kann nicht schneller fallen als jeder seiner Teile (vgl. S. 364 f.). Aber das stimmte nicht für Körper aus verschiedenem Material, z. B. ein Stück Blei und ein Stück Holz. Sie sollten mit den Geschwindigkeiten fallen, die ihren »Naturen« gemäß sind. Er schreibt in *De Motu*: »Wenn sie von einem hohen Turm fallengelassen werden, kommt das Blei dem Holz um ein gutes Stück zuvor; das habe ich oft erprobt ... O wie leicht lassen sich echte Beweise auf richtigen Prinzipien aufbauen!«

Zwei andere Italiener, Giorgio Coresio (1612) und Vincencio Renieri (1641) machten diese Experimente tatsächlich vom Schiefen Turm aus; sie fanden heraus, daß auch bei Körpern von gleichem Material der schwerere zuerst unten ankommt, wenn sie aus genügender Höhe abgeworfen werden. Coresio schloß daraus sogar, daß Aristoteles' »Gesetz« stimme und die Geschwindigkeit dem Gewicht proportional sei; Renieri, der genaue Zahlen angab, zeigte etwas ganz anderes. Er unterbreitete Galilei seine Resultate; dieser bezieht sich in seinem *Dialog* auf ihn. In einer ausführlichen Diskussion dieses Gegenstandes in *Zwei Grundsysteme* hatte Galilei festgestellt, daß bei diesen Experimenten der tatsächliche Unterschied der Geschwindigkeiten etwas völlig anderes sei, als was man nach dem aristotelischen »Gesetz« erwarten könne. Er war sich auch bewußt, daß die Resultate mit den Erwartungen seiner neuen Dynamik ebensowenig übereinstimmten: zu diesem Zeitpunkt hatte er die »Naturen« als Ursachen der Bewegung aufgegeben und neigte zu der Annahme, daß alle Körper beliebigen Materials mit der gleichen Geschwindigkeit fielen. Der Widerspruch zwischen Experiment und Theorie beeindruckte Galilei nicht; er machte eine Abstraktion von der empirischen Wirklichkeit und sagte, die Theorie stimme für den freien Fall in einem Vakuum. In einem Widerstand leistenden Medium, wie z. B. Luft, werde ein leichter Körper mehr verzögert als ein schwerer. Gleiche Resultate, grundverschiedene Erklärungen! Es ist schon lange nicht mehr möglich, das Experiment mit dem Schiefen Turm – auch wenn Galilei es selbst gemacht hat – als entscheidend oder gar neuartig anzusehen.

Die erste Andeutung, daß Galilei eine erfolgreiche Wendung zur kinematischen Behandlung der Probleme gemacht hatte, erscheint 1604 in seinem berühmten Brief an Paolo Sarpi; darin sagt er, er habe bewiesen, daß die Strecken, die ein fallender Körper durchmißt, sich zueinander verhalten wie die Quadrate der entsprechenden Zeitabschnitte. Um diese Zeit muß er angenommen haben, daß die Beschleunigung sich unbegrenzt fortsetze oder es doch tun würde, wenn es keinen Luftwiderstand gäbe; dieser, erklärte er in *Zwei Grundsysteme*, tendiere dahin, die Geschwindigkeit auf einen Höchstwert zu limitieren. Sein Theorem, heute als $s = \frac{1}{2} at^2$ bekannt, hat er, wie er behauptet, aus dem Axiom abgeleitet, daß die Momentangeschwindigkeit proportional der durchfallenen *Strecke* ist. Zum Beweis bediente er sich der mittelalterlichen Methode der variierenden Qualitäten; er nahm das Integral, die »Geschwindigkeitsquantität« des Oresmius (die Fläche ABC in Abb. 2) zur Darstellung des durchfallenen Weges (Abb. 2). Duhem zeigt aber, daß Galilei tatsächlich zu seiner Beweisführung gar nicht, wie er irrtümlich sagte, dieses unmögliche Axiom angenommen hatte, das schon Soto widerlegte; zugrunde liegt vielmehr das andere, daß die Momentangeschwindigkeit *der Zeit* proportional ist. Ein Verwischen der Unterschiede war in dieser Zeit einer nur wenig klaren Kinematik und Mathematik leicht. Isaak Beeckman und Descartes machten genau denselben Fehler.

Wahrscheinlich hatte Galilei um 1609 seinen Irrtum erkannt und sowohl das richtige Beschleunigungsgesetz als auch das Raumtheorem formuliert; veröffentlicht wurden sie erst 1632 in *Zwei Grundsysteme*. Es ist möglich, daß er schon 1604 zur Überprüfung des Gesetzes das Experiment mit einer Bronzekugel, die eine schräge Ebene hinunterrollte, gemacht hat. Er beschreibt es in *Zwei neue*

Wissenschaften (1638) und legt wieder den mathematischen Beweis dar. Weil er keine genau gehende Uhr hatte, definierte er gleiche Zeitabschnitte als solche, bei denen gleiche Mengen von Wasser durch ein kleines Loch in einen Eimer liefen; er nahm eine im Verhältnis zu dem durch das Loch ausrinnenden Wasser sehr große Menge, so daß der Druck nur unwesentlich geringer wurde. Mit diesem Experiment bestätigte er Definition und Gesetz des freien Falles; weitere Theoreme leitete er daraus ab.

Dieses berühmte Experiment unterscheidet – was seine empirische Seite betrifft – Galileis Darstellung von allen früheren Versuchen, das Problem des freien Falles zu lösen; die Tatsache, daß Galilei nichts von wirklichen individuellen Messungen berichtet, sondern nur die daraus gezogenen Schlüsse angibt, ist ein bezeichnendes Merkmal der Zeit, die noch kein System kannte, um wissenschaftliche Ergebnisse darzustellen. Mersenne glückte es nicht, dieselben Resultate zu bekommen, als er Galileis Experiment ein paar Jahre später wiederholte; vielleicht beweist sich damit Galileis Vertrauen zur mathematischen Intuition, der er seinen wissenschaftlichen Erfolg mindestens ebenso verdankt wie seinen Experimenten. Und gerade weil es ihm gelang, das Gesetz der Beschleunigung und das Raumtheorem innerhalb der theoretischen Struktur zu erkennen, die durch den neuen Begriff des Beharrungsvermögens geschaffen war, wurden diese zur Grundlage der klassischen Dynamik und können als Galileis größte Leistung angesehen werden, für die er selbst sie auch hielt.

Der Bewegungsbegriff in *De Motu* ist im Grunde noch der Trägheitsvorstellung entgegengesetzt; es gibt darin allerdings auch schon Anwendungen der »platonischen« Technik der Abstraktion, in denen der Trägheitsbegriff sich ankündigt. Einige seiner Überlegungen implizieren den Fortfall einer stetigen, bewegenden Kraft zur Aufrechterhaltung der konstanten Geschwindigkeit, z. B. diskutiert er die Situation einer Kugel, die auf einer unendlichen horizontalen Fläche rollt, also eine Bewegung ausführt, die weder natürlich noch erzwungen ist und durch eine unendlich kleine Kraft erzeugt werden kann, oder die eines Körpers, der im leeren Raum mit konstanter endlicher Geschwindigkeit fällt – in beiden Fällen handelt es sich um Abstraktionen von der empirischen Wirklichkeit. Später in Padua gab er die Theorie der *virtus impressa* zur Erklärung von Wurfbewegung und natürlicher Beschleunigung auf zugunsten einer neuen Theorie des *impeto* oder *momento*. Aber Galileis *impeto* gehörte zu einer andern Begriffswelt als Buridans *impetus*. Der Impetus als bewegende Kraft wurde in Galileis neuer Dynamik überflüssig. Die ungenaue Vorstellung einer durch ihn bewirkten Beibehaltung der Bewegung wurde nun analysiert zu erkennbaren Feststellungen über das Gesetz der Trägheit (von Galilei allerdings noch unvollkommen verallgemeinert) und der Erhaltung des Bewegungsmoments.

In *Zwei Grundsysteme*, Zweiter Tag, läßt Galilei Salviati fragen, »ob es im Bewegbaren nicht außer der natürlichen Neigung zur entgegengesetzten Richtung noch eine andere innere und natürliche Eigenschaft (qualità) gibt, die Widerstand gegen die Bewegung leistet. So sage mir noch einmal: Glaubst du nicht, daß z. B. die Tendenz schwerer Körper, sich abwärts zu bewegen, gleich ist ihrem Widerstand gegen ein Aufwärtsgetriebenwerden?« Worauf Sagredo antwortet: »Ich glaube, daß es genauso ist, und aus diesem Grunde sieht man zwei gleiche Gewichte auf einer Waage in Ruhe und im Gleichgewicht; die Schwere des einen widersteht dem Gehobenwerden durch die Schwere, mit der das andere, das herunterdrückt, es zu heben sucht.«

Diese Aussage enthält in noch unanalysierter Form die Unterscheidung zwischen dem Gewicht, der Kraft, die einen fallenden Körper bewegt, und der Masse, dem inneren Widerstand gegen die Bewegung, die Isaak Newton (1642–1727) klar ausspricht*. Galileis

---

* Ausgehend von der aristotelischen Diskussion um das Problem der größeren oder geringeren Dichte hatte das 14. Jahrhundert das Prinzip aufgestellt, daß die *quantitas materiae* eines Körpers in allen Umwandlungen konstant bleibt. Ägidius von Rom prägte den Ausdruck *quantitas materiae*. Im Anschluß an das Werk von Roger Swineshead (der von *massa elementaris* sprach), von Heytesbury und Dumbleton entwickelte Richard Swineshead eine genaue Darstellung der mathematischen Meßbarkeit der *quantitas materiae* als Bruch aus Dichte durch Volumen. Mit Buridan wurde daraus ein dynamischer Begriff (vgl. Seite 304, Fußnote). Für die Scholastiker blieb aber das Gewicht *(pondus)* eine Eigenschaft, die nur »schwere« Körper besaßen; darum war es ihnen niemals möglich, Gewicht als eine Größe anzusehen, die der Masse proportional ist, wie Newton es tat. Auch für diese Information bin ich Dr. Weisheipl zu Dank verpflichtet; vgl. Seite 324, Fußnote.

Annahme impliziert tatsächlich, daß im Vakuum alle Körper mit der gleichen Beschleunigung fallen müssen, wobei Unterschiede des Gewichts durch gleiche Unterschiede in der Masse genau ausbalanciert werden (Seite 111, Fußnote). Für Galilei war es unmöglich, diese Unterschiede klar zu treffen; denn für ihn bedeutete Gewicht immer noch eine innewohnende Tendenz nach unten und nicht etwas, das von einer *äußeren* Verwandtschaft mit einem anderen anziehenden Körper abhängt. So hatten Gilbert und Kepler es z. B. in Analogie zum Magnetismus behauptet (vgl. Seite 424 ff.), und Newton verallgemeinerte es zu der Theorie von der universalen Gravitation. Dennoch verhalf die Annahme, daß es einen inneren Widerstand *(resistanza interna)* gegen die Bewegung gebe, die für Gewicht und Masse eines Körpers gleich ist, Galilei zu seiner Definition und zur Inangriffnahme des Problems von der Beibehaltung der Bewegung in der Weise, daß der Trägheitsbegriff nun nicht mehr zu vermeiden war.

Der Gedanke, daß das, was in der Bewegung bestehenbleibt, das Produkt aus Gewicht und Geschwindigkeit sei, kam ihm aus der Beobachtung, daß auf einer Waage ein großes Gewicht, nahe beim Drehpunkt angebracht, im Gleichgewicht schwingt mit einem kleineren, das entsprechend weiter vom Drehpunkt entfernt ist. Er nannte das Produkt *impeto* oder *momento*, womit er nicht die Ursache der Bewegung meinte, wie Buridans *Impetus*, sondern ihre Wirkung und ihr Maß. Das Problem des Beharrens einer Bewegung war also das Problem des Beharrens dieses *momento*. In *Zwei neue Wissenschaften*, Dritter Tag, nimmt er an, das Moment eines gegebenen Körpers, der eine reibungslose schiefe Ebene hinunterfällt, sei nur proportional dem vertikalen Abstand und unabhängig von der Schrägung. Daraus schließt er weiter, daß ein Körper, der eine geneigte Fläche hinunterrollt, ein Moment erwirbt, das ihn eine andere Fläche bis zur gleiche Höhe hinauftreibt. Das schwingende Pendelgewicht ist ein solcher Körper; wird es in C (Abb. 19) losgelassen, so steigt es zur gleichen Horizontale DC wieder auf, ganz gleich, ob über den Bogen BD oder, wenn die Schnur von Nägeln E oder F festgehaltean wird, über die steileren Bögen BG oder BI. Dieses Resultat erklärt er folgendermaßen:

»Weiterhin möchten wir bemerken, daß jede Geschwindigkeit, die einem sich bewegenden Körper einmal mitgeteilt ist, solange starr beibehalten wird, bis die äußeren Ursachen der Beschleunigung oder

Verzögerung entfernt werden; eine solche Bedingung ist nur auf horizontalen Ebenen gegeben. Bei Flächen, die abwärts geneigt sind, ist immer eine Ursache der Beschleunigung gegenwärtig, während es bei schräg aufwärts gerichteten Flächen Verzögerung gibt; daraus folgt, daß eine Bewegung entlang einer horizontalen Fläche unaufhörlich ist. Denn wenn die Geschwindigkeit gleichmäßig ist, kann

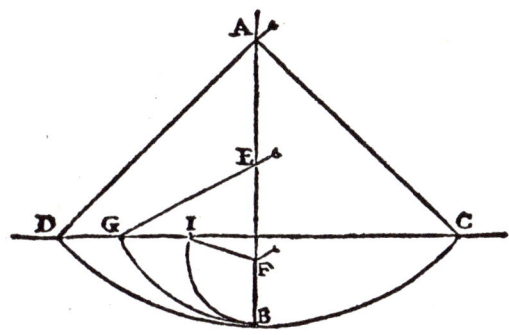

Abb. 19 *Galileis Beweis der Trägheit am Pendel. Aus* Discorsi e dimostrazione matematiche intorno a due nuove scienze, Bologna, 1655 (1. Ed. Leyden 1638), *Dritter Tag.*

sie nicht verringert, verlangsamt oder gar ausgelöscht werden. Wenngleich nun jede Geschwindigkeit, die ein Körper im natürlichen Fall erworben haben mag, permanent andauert, so muß doch noch an etwas anderes erinnert werden: Wenn nämlich ein Körper, nachdem er eine nach unten geneigte Fläche hinabgerollt ist, auf eine aufwärts gerichtete Fläche gelenkt wird, so existiert in dieser letzten Fläche schon eine Ursache der Verzögerung. Denn dieser Körper ist auf jeder Ebene einer natürlichen Beschleunigung nach unten unterworfen. Also haben wir hier die Überlagerung zweier verschiedener Zustände, nämlich der Geschwindigkeit, die im voraufgehenden Fall erworben wurde und, wenn sie allein wirksam wäre, den Körper gleichförmig bis ins Unendliche bewegen würde, und der Geschwindigkeit, die allen Körpern gemeinsam ist und aus einer natürlichen Abwärtsbewegung resultiert.«

Er hatte schon in *Zwei Grundsysteme* gezeigt, daß die unaufhörliche Bewegung ein Grenzfall ist, der in einer idealen, reibungslosen Welt erreichbar wäre, weil die Beschleunigung und Verzögerung auf der nach oben bzw. unten abgeschrägten Fläche mit der Annäherung der Flächen an die Horizontale allmählich nach Null strebt. Dann besteht der *impeto*, das Moment, das ein Körper durch seine Bewegung erwirbt, unbegrenzt weiter. Damit wurde die Bewegung nicht mehr als ein Vorgang aufgefaßt, der eine der Wirkung angemessene Ursache erfordert, sondern bedeutete, wie Ockham geahnt hatte, einfach einen Beharrungszustand des bewegten Körpers, der unverändert andauert, bis eine Kraft auf ihn einwirkt. Kraft konnte deshalb definiert werden als etwas, was Geschwindigkeit nicht erzeugt, sondern *ändert*, entweder nach dem Zustand der Ruhe oder dem der gleichförmigen Bewegung. Wenn zwei Kräfte auf einen Körper einwirken, so ist jede unabhängig von der anderen. Zu praktischen Zwecken nahm Galilei an, daß bei Fortfall einer äußeren Kraft die gleichförmige Bewegung geradlinig verlaufe; das machte es ihm möglich, die Flugbahn eines Geschosses theoretisch zu berechnen. In *Zwei neue Wissenschaften*, Dritter Tag, zeigt er, daß der Weg eines Geschosses, das sich mit konstanter, von der Kanone erworbener Geschwindigkeit horizontal und mit konstanter Beschleunigung abwärts bewegt, eine Parabel darstellt und daß die Reichweite auf einer horizontalen Ebene am größten ist, wenn der Aufstiegswinkel 45° beträgt. Einen besseren Beweis der Überlegenheit des Theoretikers, der unbeobachtete Resultate im voraus errechnen konnte, über den reinen Empiriker, der nur die bereits beobachteten Tatsachen festzustellen vermochte, konnte es gar nicht geben. Galilei sagte:

»Die Kenntnis einer einzigen Tatsache, erworben durch die Entdeckung ihrer Ursachen, macht den Verstand bereit, andere Tatsachen ohne Rückgriff auf Experimente zu erkennen und zu verstehen; genauso ist es im vorliegenden Fall, wo der Autor allein durch Argumente schlüssig beweist, daß die größte Reichweite bei einem Erhebungswinkel von 45° erzielt wird. Damit demonstriert er, was vielleicht nie als Erfahrungstatsache beobachtet worden ist, daß nämlich bei anderen Abschüssen jene, die den Winkel von 45° über- oder unterschreiten, bei gleichen Abweichungen gleiche Reichweiten haben.«

Noch emphatischer klingt die Behauptung Salviatis in *Zwei Grund-*

systeme, Zweiter Tag: »Ich bin – ohne Beobachtung – sicher, daß die Wirkung so eintreten wird, wie ich gesagt habe, weil sie so eintreten muß.«

Der Begriff des Beharrungsvermögens ist bei Galilei sicherlich implicite vorhanden. Newton wurde durch ihn in die Lage versetzt, die Mechanik des 17. Jahrhunderts von Erde und Himmel auszubauen, aber Galilei wurde sich des Trägheitsgesetzes noch nicht vollständig bewußt. Er erforschte die geometrischen Eigenschaften der Körper in der realen Welt, und dort war es eine empirische Beobachtung, daß Körper zum Mittelpunkt der Erde fallen. So betrachtete er, der pythagoreischen Theorie folgend, die Schwerkraft als das natürliche Streben von Körpern, zum Mittelpunkt der Zusammenballung von Materie, in der sie sich befinden, vorzudringen. Schwere war den Körpern als physikalische Eigenschaft eingeboren; sie war der Ursprung der Bewegung, des *momento.* Einer bestimmten Grundauffassung blieb Galilei sein Leben lang treu; sie findet sich schon in dem Dialog *De Motu:* daß nämlich die Schwerkraft die wesentlichste und universalste Eigenschaft aller materiellen Körper ist. Indem er seine physikalischen Untersuchungen auf irdische Körper beschränkte, konnte er zur Bestimmung bevorzugter Richtungen im Raum den Mittelpunkt der Erde nehmen, obwohl der Raum selbst leere, allseitige Ausdehnung war. Die einzigen »natürlichen« Eigenschaften, die er den Körpern beließ, waren ihre Schwere und ihr der Trägheit gleichzusetzender »innerer Widerstand« gegenüber der Veränderung bei einer Bewegung. »Natürliche Schwerkraft« war die einzige Kraft, die er gelten ließ. Seine Version des Trägheitsgesetzes bestand in der Darlegung dieser Ansichten, wie im Dritten Tag von *Zwei neuen Wissenschaften* zu lesen ist:

»Genauso, wie ein schwerer Körper oder ein System von Körpern sich nicht aus sich selbst aufwärts bewegen oder von dem gemeinsamen Mittelpunkt, dem alle schweren Dinge zustreben, abweichen kann, ist es auch für jeden schweren Körper unmöglich, aus sich selbst irgendeine andere Bewegung zu vollziehen als die eine, die ihn dem vorhergenannten gemeinsamen Zentrum näher bringt. Darum wird der Körper auf der Horizontalen, worunter wir eine Fläche verstehen, die in jedem Punkt gleichen Abstand von diesem gemeinsamen Mittelpunkt hat, kein Bewegungsmoment *(impeto)* irgendwelcher Art haben.«

In der realen Welt muß dann die »Fläche«, auf der eine Bewegung unaufhörlich weiterläuft, die Oberfläche einer Kugel mit dem Mittelpunkt im Erdzentrum sein. So sagt er in *Zwei Grundsysteme*, Zweiter Tag:

»Eine Fläche, die weder geneigt noch ansteigend ist, müßte in all ihren Teilen gleichen Abstand vom Mittelpunkt haben ... Dann ist ein Schiff, das sich auf ruhiger See vorwärts bewegt, ein solcher beweglicher Gegenstand, der eine weder geneigte noch ansteigende Oberfläche entlangläuft; wenn nun alle äußeren und zufälligen Hindernisse wegfielen, würde es dann in der Lage sein, sich auf einen einmal empfangenen Impuls hin unaufhörlich und gleichmäßig zu bewegen? Körpern, die integrale Teile eines in bestmöglicher Ordnung begründeten Universums sind, ist natürlicherweise nur die Kreisbewegung angemessen; über geradlinige Bewegung läßt sich höchstens das eine sagen, daß sie von Natur aus nur dann bei Körpern und ihren Teilen vorkommt, wenn diese sich außerhalb ihres natürlichen Ortes, also in ›Unordnung‹ befinden und daher einer Wiederherstellung ihres natürlichen Zustandes auf dem kürzesten Wege dringend bedürfen. Daraus, so scheint mir, sollte man vernünftigerweise schließen, daß zur Erhaltung der vollkommenen Ordnung unter den Teilen des Universums gesagt werden muß: Bewegbare Körper sind nur im Kreise bewegbar; Körper, die sich nicht in einer Kreisbahn bewegen, sind mit Notwendigkeit unbewegbar, weil nichts anderes als Ruhe oder Kreisbewegung zur Erhaltung der Ordnung geeignet ist.«

Mit diesem Bewegungsbegriff konnte Galilei erklären, daß die einmal erworbene Kreisbewegung der Himmelskörper beibehalten werden muß. Darüber hinaus sagte er, es sei unmöglich zu beweisen, ob der reale Weltraum endlich oder unendlich ist. So enthielt sein Universum Körper mit unabhängigen physikalischen Eigenschaften, die ihre Bewegungen im realen Raum beeinflußten. Derselbe Gedankengang läßt sich aus einer Bemerkung in *Zwei Grundsysteme* ersehen: eine schwerelose Kanonenkugel würde in gerader Linie horizontal weiterfliegen, aber in der Welt des Realen, wo Körper Gewicht haben, verläuft die beibehaltene Bewegung der Körper im Kreise. Für praktische Berechnungen, z. B. bei seiner Arbeit über die Flugbahn eines Geschosses, blieb er bei der Voraussetzung, daß die Bewegung geradlinig fortgesetzt wird. Aber auf Grund seiner Bewegungsauffassung konnte er sagen, daß die Himmelskörper in der Kreisbewegung beharren. Er brauchte ihre Bewegung nicht mit Schwerkraftanziehung zu erklären.

Die geistige Wandlung, die den »toskanischen Künstler« soviel Mühe gekostet und ihn dennoch nicht ganz an das Ziel gebracht hatte, die Physik auf die Mathematik zu reduzieren, ermöglichte es seinen Nachfolgern, die »Geometrisierung« der Welt als offenbar zu erkennen. Cavalieri gab die Schwerkraft als eingeborene physikalische Eigenschaft willig auf; er sagte, sie sei wie jede andere Kraft eine Folge äußerer Einwirkung. Evangelista Torricelli (1608–1647) sah in der Schwerkraft eine Körperdimension ähnlich ihren geometrischen Dimensionen. Giordano Bruno (1548–1600), der die scholastische Diskussion über eine Vielzahl von Welten und die Unendlichkeit des Raumes weiterführte, hatte erkannt, daß Kopernikus mit seiner Behauptung, jeder beliebige Punkt könne als Mittelpunkt des Universums angenommen werden, die absoluten Richtungen abgeschafft hatte (vgl. Seite 400 ff.). Er hatte den Gedanken populär gemacht, daß der Raum tatsächlich grenzenlos und darum jeder bevorzugten natürlichen Richtung fremd sei. Der französische Philosoph und Mathematiker Pierre Gassendi (1592–1655), dessen Vorgänger im 16. Jahrhundert, ganz im Gegensatz zu den Italienern, gern die stetige Menge in der Geometrie der physikalischen Ausdehnung gleichsetzten, identifizierte den Raum der realen Welt mit dem abstrakten, homogenen, unendlichen Raum der euklidischen Geometrie. Er hatte von Demokrit und Epikur gelernt, den Raum als Leere zu begreifen, und von Kepler, die Schwerkraft als eine Gewalt von außen anzusehen (vgl. Seite 423 f.). In seinem Werk *De Motu Impresso a Motore Translato* (veröffentlicht 1642) erklärte er, ein Körper müsse sich für immer in gerader Linie weiterbewegen; denn ein aus sich selbst bewegter Körper sei im leeren Raum der Schwerkraft nicht unterworfen, und dieser Raum sei für die in ihm enthaltenen Körper völlig indifferent, was man vom Raum des Aristoteles und dem, was bei Galilei davon übriggeblieben sei, nicht sagen könne. Damit betonte Gassendi zum erstenmal explizite, daß die Bewegung, die ein Körper auf unbegrenzte Zeit beizubehalten strebt, geradlinig verläuft und daß zu einer Änderung der Geschwindigkeit oder der Richtung das Einwirken einer Kraft von außen notwendig ist. Als erster gab er auch bewußt den Begriff des *Impetus* als Ursache der Bewegung auf.

So wurde mit der vollständigen Geometrisierung der Physik das Trägheitsprinzip selbstverständlich.

Vorgänger von Gassendi in der Formulierung dieses Prinzips, nicht in dessen Veröffentlichung, war René Descartes (1596–1650) in seinem Buch *Le Monde*, das geraume Zeit vor 1633 begonnen wurde. Aber wenn auch Descartes beanspruchen kann, der erste gewesen zu sein, der das Trägkeitsprinzip voll und deutlich zum Ausdruck brachte, so muß doch ein fundamentaler und letztlich verhängnisvoller Unterschied zwischen seinen und Galileis Verfahrensweisen betont werden: Galilei kam zu seiner noch unvollständigen Definition durch Deduktion von einem Prinzip der Erhaltung des Bewegungsmoments, das sich auf physikalische Überlegungen stützte; Descartes begründete die vollständige Definition mit einer rein metaphysischen Annahme von Gottes Macht, die Bewegung aufrechtzuerhalten. Descartes hatte ursprünglich *Le Monde* als System der Himmelsmechanik auf kopernikanischer Grundlage beabsichtigt. Als nun Galilei 1633 wegen einer ähnlichen Darlegung in *Zwei Grundsysteme* verurteilt wurde, verlor er den Mut und ließ den Plan fallen; das unvollständig gebliebene Werk wurde erst 1664 nach dem Tode des Autors veröffentlicht. Seine Gedanken zur Mechanik, die *Le Monde* enthält, erschienen zusammengefaßt 1644 in *Principia Philosophiae*. Er trieb die Behauptung, der einzige objektive Aspekt der Natur sei der mathematische, auf die Spitze, was Galilei noch unmöglich gewesen war, und sagte, die Materie sei einfach als Ausdehnung zu verstehen (vgl. Seite 536 f.)! Gott habe dem Universum, als er es in unendlicher Ausdehnung erschuf, auch die Bewegung gegeben. Darum sei die ganze Naturwissenschaft Messung und Mathematik*, jede Veränderung sei nichts als Ortsbewegung. Die Bewe-

---

* »Damit es mir möglich sei, alles, was ich ableiten will, durch Demonstration zu beweisen, akzeptiere ich in der Physik kein einziges Prinzip, das nicht auch in der Mathematik gültig ist. Diese Prinzipien sind hinreichend, weil alle Naturphänomene mit ihrer Hilfe zu erklären sind.« *Principia Philosophiae* II, 64. Will man aber die Mathematik heranziehen, um physikalische Vorgänge zu erklären, so ist das notwendige Erfordernis, daß »alle Dinge, die abgeleitet werden, ganz und gar mit der Erfahrung übereinstimmen müssen.« *Principia Philosophiae* III, 46. Innerhalb der augustinisch-platonischen Tradition nahm Descartes also eine ähnliche Stellung ein wie Grosseteste und Roger Bacon.

gung, als etwas Reales, könne im Ganzen weder zu- noch abnehmen, sondern nur von einem Körper auf den anderen übertragen werden. Das Universum laufe also stetig ab wie eine Maschine, und jeder Körper beharre in einem Zustand geradliniger Bewegung, der geometrisch einfachsten Form, die Gott ihm am Anfang gab, wenn nicht eine Kraft von außen auf ihn einwirke. Nur ein leerer Raum sei den Körpern gegenüber indifferent. Da Descartes das aristotelische Prinzip anerkannte, daß Ausdehnung wie andere Attribute nur in Verbindung mit irgendeiner Substanz existieren kann, war der Raum für ihn nicht eine Leere, ein Nichts, sondern er mußte ein *plenum* sein. Darum war in der realen Welt nur eine *Tendenz* zu stetiger geradliniger Geschwindigkeit möglich. Für Descartes war die reale Welt einfach verwirklichte Geometrie; Bewegung verstand er als geometrische Übersetzung, bei der die Zeit wie auch der Raum eine geometrische Dimension darstellt. Daraus ergab sich der große Fehler, daß er absolut nicht fertigbrachte, die Bewegungsquantität zu messen, und dadurch am wesentlichen Inhalt des Problems von der Erhaltung des Moments vorbeiging. Die immer in gerader Linie verlaufende Bewegung war die Bewegung eines Augenblickes, rein kinematisch aufgefaßt, ohne irgendwelche nichtgeometrische Trägheitseigenschaften.

Mit dieser Theorie war für Descartes das Problem der Kurvenbewegung von Planeten nicht gelöst. Er hatte die Fernwirkung abgelehnt, genauso wie alle Ursachen der Abweichung vom Beharrungszustand der Bewegung außer der mechanischen Berührung, darum konnte es eine Theorie der Schwerkraftanziehung für ihn nicht geben. Er versuchte also, die Tatsachen durch Wirbel im *plenum* zu erklären. Die ursprüngliche Ausdehnung bestand seiner Ansicht nach aus Blöcken von Materie; jeder von diesen drehte sich mit großer Geschwindigkeit um seinen Mittelpunkt. Die sich daraus ergebende Abnützung erzeugte dann drei Arten von sekundärer Materie, charakterisiert durch Leuchtkraft (Sonne und Sterne), Durchsichtigkeit (interplanetarer Raum usw.) oder Undurchdringlichkeit (Erde). Die Partikel dieser Materie sind keine Atome; sie sind vielmehr unendlich teilbar, und ihre geometrischen Formen zeigen ihre verschiedenartigen Eigenschaften an. Sie sind alle in Berührung miteinander, so daß Bewegung nur dadurch eintreten kann, daß in einer Aufeinanderfolge jedes das nächste verdrängt und so ein Wirbel erzeugt wird, bei dem die Bewegung durch mechanischen Druck weitergegeben wird. Solche Wirbel tragen die Himmelskörper im Kreise rund. Mechanischer Druck galt auch als das Mittel der Fortpflanzung z. B. von Licht und Magnetismus. Dieses *plenum*, der Äther, der in seinen Wesenszügen von Gilbert und Kepler stammte, war darum erfüllt von physikalischen Eigenschaften – zu denen auch das zählte, was später »Masse« genannt wurde –, die nichts mit Geometrie zu tun hatten.

Die Wirbeltheorie zeigt, was das Empirische anbelangt, Descartes' schwächste Stelle; Newton bewies später in der *Principia Mathematica* (1687), daß Keplers Gesetz der planetarischen Bewegung daraus niemals hervorgehen konnte, daß sie also durch die Beobachtung widerlegt wird (vgl. Seite 429 f.). Die Kosmologie Descartes' stellt gewiß einen Fortschritt in der Mathematik und der mathematischen Technik der Physik dar; entwickelt wurde sie weitgehend aus nicht-mathematischen Grundlagen und steht damit in auffallendem Gegensatz zu Galileis Erforschung physikalischer Probleme. Galilei ging von der scholastischen Physik aus und erreichte seine Erfolge, indem er das Bewegungsproblem von den physikalisch-kausalen Elementen befreite; zur Dynamik kam er über die Kinematik. Seine leidenschaftliche Anteilnahme an der neuen Astronomie lenkte ihn zwar auf das Kosmologische hin; dennoch blieb er bei der Methode, jedes individuelle Problem für sich zu lösen, empirisch herauszufinden, welche Gesetze sich in der natürlichen Welt tatsächlich kundtun, ehe er an die Aufgabe ging, sie zu einem Ganzen zusammenzufassen. Descartes schätzte Galileis kinematische Einzelbeschreibungen sehr; nur fand er, seinem Werk gehe eine ganzheitliche Sicht der Physik ab, und seine Methode der Abstraktion sei gerade in dem Punkte mangelhaft, wo Galilei sie so wirkungsvoll eingesetzt hatte: in der Abwendung vom Problem der physikalischen Ursachen. In Anmerkungen zu Galileis kurz vorher erschienenem Werk *Diskurse, zwei neue Wissenschaften betreffend* versuchte Descartes 1638 seine eigene Position zu charakterisieren, er schrieb an Mersenne:

»Ich will diesen Brief beginnen mit dem, was mir an Galileis Buch auffällt. Im allgemeinen philosophiert er besser als der Durchschnitt, weil er so gründlich wie möglich die Irrtümer der Schulen vermeidet und die Gegenstände der Physik mit mathematischen Methoden untersucht. Darin stimme ich voll und ganz mit ihm überein; ich glaube, es gibt absolut keinen anderen Weg, die Wahrheit zu entdecken. Aber mir scheint, er leidet fortgesetzt an Zerstreuungen und hört nicht auf, Dinge zu erklären, die in jeder Hinsicht belanglos sind. Das zeigt, daß er sie nicht geordnet untersucht hat, daß er, ohne die letzten Ursachen der Natur in Betracht zu ziehen, lediglich nach Gründen für gewisse Einzelwirkungen suchte und daß er so ohne Fundament gebaut hat.«

Einen Monat später schrieb er wieder:

»Was die Aussagen anbetrifft, die Galilei über die Waage und den Hebel gemacht hat, so muß ich sagen, er erklärt sehr gut, was vorgeht *(quod ita fit)*, aber nicht, warum es geschieht *(cur ita fit)*, wie ich es in meinen *Principia* getan habe.«

Descartes war nicht der einzige, der mit Galileis Ansicht, seine Methoden erfaßten die Gesamtheit der physikalischen Probleme, nicht einverstanden war. Manche Physiker, besonders in Frankreich, z. B. Fermat, Mersenne und Roberval, teilten seine Vorbehalte. Descartes selber übertrug die entgegengesetzte Verfahrensweise über die mathematische Beschreibung hinaus auf physikalische Ursachen und die Natur der Dinge; er konstruierte kühn ein vollständiges System der Naturwissenschaften, das von der Physiologie und Psychologie über die Chemie bis zur Physik und Astronomie alles umfaßte, und schrieb damit einen neuen *Timaios*. Gerade dadurch bekamen seine Gedanken den einzigartigen, größten Einfluß auf die Geschichte der Wissenschaft im 17. Jahrhundert. Sie schufen die allgemeine Denkrichtung sogar bei denen, die – wie Newton – gegenüber dem kartesischen System im einzelnen sehr kritisch waren. Descartes ging als Philosoph an die Physik heran. Damit ist nicht gesagt, daß er die Funktion der Experimente nicht richtig eingeschätzt oder selbst gar keine Versuche gemacht hätte; er hat bestimmt experimentiert (vgl. Seite 470 f., 484 f.). Was aber bewirkte, daß er das wissenschaftliche Denken seiner Zeit beherrschte und in kühnem Schwung zumindest etwas Umfassendes und Bleibendes schuf, dem man widersprechen konnte, war seine philosophische Methode und die Universalität, die er für ihre grundlegenden Resultate beanspruchte. Als Gegenstand seiner philosophischen Methode sah er die Suche nach den einfachsten Elementen an, aus denen die Welt besteht, nach »einfachen Naturen«, die auf nichts Einfacheres zurückgeführt werden können und darum keine logischen Definitionen haben; bei dieser Suche sollte rational analytisch vorgegangen werden (vgl. Seite 535 f.). In der physikalischen Welt fand er diese einfachsten Elemente in Ausdehnung und Bewegung. »Wenn ich mich nicht täusche«, schrieb er in Le Monde, »so können nicht nur diese vier Qualitäten [Hitze, Kälte, Nässe, Trockenheit], sondern auch alle anderen, sogar alle Formen unbelebter Körper, erklärt werden, ohne daß für ihre Materie etwas anderes vorauszusetzen ist als Bewegung, Größe, Gestalt und die Anordnung ihrer Teile.« Aus diesen »einfachen Naturen« und aus rein metaphysischen Prinzipien, die sich zum Teil auf die Vollkommenheit und Güte Gottes beziehen, leitete er dann die Gesetze ab, denen die Welt des Realen unterworfen ist. Er gab zu, daß diese Schlußfolgerungen im einzelnen falsch sein können und verzichtete auf den Versuch, die komplizierte beobachtete Welt mit ihren vielen unbekannten Variablen auf mathematische Gesetze zurückzuführen. Daraus erklärt sich der weitgehend qualitative Charakter von Le Monde und Principia Philosophiae. Aber an der Richtigkeit seiner allgemeinen Ziele und Schlüsse zweifelte er niemals.

Die fundamentalste allgemeine Schlußfolgerung der mechanistischen Philosophie Descartes' war die, daß alle natürlichen Phänomene am Ende, wenn sie genügend analysiert sind, auf eine einzige Art von Veränderung, die Ortsbewegung, reduziert werden können; diese Annahme gewann im 17. Jahrhundert den allerstärksten Einfluß. Zusammen mit der daraus folgenden Korpuskulartheorie und der Lehre von der universalen Wirkweise des physischen Kontaktes gab sie dem 17. Jahrhundert eine neue Naturauffassung anstelle der qualitativen »Formen« oder »Naturen« des Aristoteles; die Forscher empfingen einen neuen regulativen Impuls, die Form physikalischer und physiologischer Theorien zu bestimmen. Die kartesische Philosophie stand im Mittelpunkt der meisten Kontroversen um Newton und seine Lehre; Principia Mathematica verfolgte zwar die gleichen allgemeinen Ziele wie die Principia Philosophiae, war aber großenteils als Polemik gegen das kartesische System im einzelnen und die Methoden, aus denen es hervorgegangen war, gedacht. Nicht nur in der Philosophie der Naturwissenschaft war der Einfluß Descartes' spürbar. Christian Huygens (1629–1695) verdankte ihm das Erwachen seiner naturwissenschaftlichen Neigungen und entfernte sich nie ganz von der übernommenen Denkweise. Und mit dem Begriff der kinetischen Energie, der bei Leibniz in der vis viva dunkel angedeutet ist und im 19. Jahrhundert voll entwickelt wurde, kann Descartes behaupten, einen wesentlichen Beitrag zur Dynamik geleistet zu haben.

Die Geschichte des Kartesianismus beginnt erst um die Mitte des 17. Jahrhunderts und gehört in dieses Buch nur insofern hinein, als sie uns daran erinnert, daß neben der Denkrichtung, die ihren Höhepunkt in Galileis Abstraktionsmethode und beschreibender Analyse der Bewegung hatte, eine andere stand, die nicht so bereitwillig die Physik von der Erforschung der Natur und den Ursachen der Dinge trennte, nicht einmal zeitlich. Was das Trägheitsprinzip anbelangt, so schuf nicht Descartes, sondern Galilei den Bewegungsbegriff, auf dem Huygens, Newton und andere die klassische Mechanik des 17. Jahrhunderts aufbauten. Die dynamischen Untersuchungen dieser Mathematiker führten zwar zur Aufdeckung einer Reihe von Prinzipien, deren Verbindung miteinander damals nicht immer klar verstanden wurde, z. B. Fallgesetz, Begriffe der Trägheit, Kraft und Masse, Parallelogramm der Kräfte, Äquivalenz von Arbeit und Energie; in Wirklichkeit brachten sie aber nur eine einzige fundamentale Entdeckung: das experimentell begründete Prinzip, daß Beschleunigungen durch das Verhalten von Körpern zueinander bestimmt werden, wobei das Verhältnis der verschiedenen von ihnen erzeugten Beschleunigungen konstant ist und nur von einem Wesensmerkmal der Körper selbst abhängt, der Masse. Es war eine nur durch Beobachtung zu erfahrende Tatsache, daß zwei geometrisch gleichwertige Körper sich verschieden bewegen, wenn sie mit anderen Körpern der gleichen Art in identische Beziehung gebracht werden. Wo Galilei vor der realen Welt Halt gemacht hatte und Descartes, von abstrakten Prinzipien ausgehend, diese Eigenart des Physikalischen in Wirbeln verbarg, machte Newton aus den Erfahrungstatsachen eine exakte mathematische Reduktion der Masse. Die relative Masse zweier solcher Körper wurde gemessen durch das Verhältnis der beiderseitigen Beschleunigungen. Dann konnte er Kraft definieren als das, was einen Körper aus dem Zustand der Ruhe oder der gleichförmigen geradlinigen Bewegung aufstört; die zwischen zwei Körpern wirkende Kraft, z. B. die Schwerkraft, ist das Produkt aus der Masse jedes einzelnen und seiner eigenen Beschleunigung. Beharrung in der Bewegung stellt einen idealen Grenzfall dar, den Bewegungszustand eines Körpers, auf den kein anderer einwirkt.

Das Problem war ein großes Rätsel gewesen für alle, die das aristotelische Bewegungsgesetz gefragt hatten, warum Körper verschiedener Masse bei Fortfall des Widerstandes durch das Medium mit der gleichen Beschleunigung zur Erde fallen; es fand seine Lösung in der Unterscheidung von Masse, die den Körper mit innerem Widerstand ausrüstet, und Gewicht, das durch Einwirkung der Schwerkraft von außen erzeugt wird. Gewichtsunterschiede können durch proportionale Unterschiede der Masse genau ausbalanciert werden. Und die gleiche Masse hat unterschiedliches Gewicht je nach ihrer Entfernung vom Erdmittelpunkt. Als Newton diese Gedanken verallgemeinerte, waren endlich die alten Probleme der Beschleunigung frei fallender Körper und der fortgesetzten Bewegung bei Wurfgeschossen gelöst. Und als die gleichen Prinzipien mit der universalen Gravitationstheorie noch einmal ins Himmelsgewölbe getragen wurden, war Buridans Sehnsucht erfüllt, und die Bewegungen der Himmelskörper, die Kepler korrekt beschrieben hatte, waren mit den vertrauten Phänomenen in einem einzigen System der Mechanik vereint. Es war wie eine gewaltige Erleuchtung: Der Kosmos des Aristoteles, diese hierarchisch geordnete, endliche Welt mit ihren irreduzibel verschiedenen »Naturen« war endgültig zerstört. Die Prinzipien der neuen Mechanik, die Galilei als erster aufgedeckt hatte, rechtfertigten sich nun durch ihren Erfolg.

ASTRONOMIE UND NEUE MECHANIK

Das ptolemäische System galt seit seinem Bekanntwerden im Abendland als eine geometrische Erfindung, die für Berechnungen brauchbar war; trotzdem machte sich allmählich das Bedürfnis nach einem astronomischen System bemerkbar, mit dem man sowohl die Phänomene »retten« als auch die »wirklichen« Bahnen der Gestirne durch den Weltraum beschreiben konnte. Seit dem 13. Jahrhundert waren mit jeder Beobachtung und Revision von Tabellen außer dem dringenden Wunsch nach einer Kalenderreform auch die praktischen Forderungen der Astrologie und der Schiffahrt verbunden gewesen. Regiomontanus war 1475, ein Jahr vor seinem Tode, zu Beratungen über den Kalender nach Rom gerufen worden; sein Werk war bei den portugiesischen und spanischen Seefahrern im Gebrauch. Einige mittelalterliche Gelehrte, wie Oresmius und Nikolaus von Kues, hatten neben das geometrische System als Alternative eine Beschreibung der physikalischen »Wirklichkeit« gestellt; zu Beginn des 16. Jahrhunderts entwickelte der Italiener Celio Calcagnini (1479 bis 1541) eine vage Theorie der Erdrotation. Sein Landsmann Girolamo Fracastoro (1483–1553) machte den Versuch, das System der konzentrischen Kreise ohne Epizykel wieder aufleben zu lassen. Nikolaus Kopernikus (1473–1543) war es dann, der ein System ausarbeitete, das einerseits das ptolemäische als Rechenapparat zu ersetzen und andrerseits die physikalische »Wirklichkeit« darzustellen vermochte; zugleich »rettete« es die übrigen Phänomene, z. B. den Monddurchmesser, der nach dem ptolemäischen System monatlichen Abweichungen von nahezu hundert Prozent unterworfen war.

Kopernikus erhielt seine Ausbildung zuerst in Krakau, dann in Bologna, wo er die Rechte studierte und zugleich mit dem Professor für Astronomie Domenico Maria Novara (1454–1504) zusammenarbeitete. Später ging er nach Rom, nach Padua, wo er Medizin studierte, und nach Ferrara zur Vervollständigung seines Rechtsstudiums. Den Rest seines Lebens verbrachte er in Frauenberg in Ostpreußen als Kleriker, Doktor und Diplomat. Dort erfand er ein Schema, das zur Basis einer Währungsreform wurde. Etwa um die Mitte seines von Arbeit erfüllten Lebens begann er die Astronomie zu reformieren; dabei stützte er sich zwar auf ein paar Beobachtungen, ging aber im großen und ganzen als Mathematiker an die Sache heran. Er stellt das großartigste Beispiel eines Mannes dar, der altbekannte Tatsachen auf völlig neue Weise betrachtet. Die Voraussetzungen dazu entnahm er hauptsächlich den *Epitome in Almagestum* (1496 gedruckt) von Peurbach und Regiomontanus und der lateinischen Übersetzung des *Almagest* von Gerard von Cremona, die 1515 in Venedig gedruckt wurde. Novara, einer der führenden Platoniker, hatte in ihm den Wunsch geweckt, die Beschaffenheit des Universums in einfachen mathematischen Beziehungen zu begreifen. So machte er sich daran, sein neues System aufzubauen.

Martianus Capella hatte dafür gesorgt, die Theorie des Heraklit, daß Merkur und Venus sich um die Sonne drehen, während die Sonne sich mit den übrigen Himmelskörpern um die Erde dreht, für die nächsten Jahrhunderte zu erhalten. Heraklides soll auch bereits angenommen haben, daß die Erde sich täglich um ihre Achse dreht. Kopernikus nun sprach nicht nur der Erde eine tägliche Umdrehung zu; er nahm an, daß das ganze System der Planeten, eingeschlossen die Erde, sich um eine feststehende Sonne im Mittelpunkt drehe. Seine Theorie war 1532 im Manuskript fertig ausgearbeitet; er zögerte aber, sie zu veröffentlichen, wohl aus Furcht, man könne sie absurd finden. Man hatte ihn bereits 1531 auf der Bühne lächerlich gemacht, und seine Besorgnis wäre sicherlich verstärkt worden, wenn er die Kommentare von so verschiedenen Persönlichkeiten wie Francesco Maurolyco und Martin Luther gehört hätte. »Dieser Narr«, sagte Luther, »möchte die ganze Astronomie umkehren.« Schließlich gab Kopernikus eine kurze Zusammenfassung heraus *(Commentariolus)*, von der der Papst erfahren haben muß: 1536 forderte der Kardinal Nikolaus von Schönberg ihn auf, der gelehrten Welt seine Theorie vorzutragen. Georg Joachim (Rheticus), ein Wittenberger Professor (von dem bekannt ist, daß er zum erstenmal die trigonometrischen Funktionen direkt auf den Winkel statt auf den Kreisbogen bezog), reiste 1539 nach Frauenberg, um das Manuskript des Kopernikus zu studieren; 1540 publizierte er eine Arbeit darüber, seine *Narratio Prima de Libris Revolutionum.* Das Werk des Kopernikus war also vielfach angekündigt, als es 1543 unter dem Titel *De Revolutionibus Orbium Coelestium* in Nürnberg erschien; er widmete es Papst Paul III. Sein praktischer Wert erwies sich, als Erasmus Reinhold (1551) daraus die *Preußischen Tabellen* errechnete, die allerdings unter der Ungenauigkeit der kopernikanischen Angaben litten. Das galt besonders für die Zahlen, die in *De Revolutionibus* für die Länge eines Jahres als Grundlage der Kalenderreform Papst Gregors XIII. vorgeschlagen wurden; benutzt wurden sie in Wirklichkeit nicht. Kopernikus betrachtete die Erdumdrehung als eine physikalische Tatsache und nicht als eine bloße mathematische Übereinkunft – trotz eines vorsichtigen Vorwortes von Andreas Osiander, in dem das Gegenteil behauptet wurde. So waren mit *De Revolutionibus* die Probleme abgesteckt, die bis zu Newton die ganze physikalische Wissenschaft beschäftigen sollten.

Die kopernikanische Revolution bedeutete nicht mehr, als daß die Tagesbewegung der Himmelskörper zur Drehung der Erde um ihre Achse, ihre jährliche Bewegung zur Drehung der Erde um die Sonne in Beziehung gebracht wurde. Außerdem wurden mit Hilfe der wohlbekannten Begriffe Exzentrizität und Epizykel die sich daraus ergebenden astronomischen Folgerungen erarbeitet.

Mit der Annahme einer jährlichen Bewegung der Erde gewann Kopernikus einen großen strategischen Vorteil über die mittelalterlichen Diskussionen einer reformierten Astronomie; sie erst eröffnete den Weg zu der rein mathematischen Entwicklung eines neuen Systems. Oresmius z. B. hatte die Erde sich um ihre Achse drehen lassen, und dennoch blieb sein System geozentrisch. In der Mathematik des geozentrischen Systems gab es gewisse Eigentümlichkeiten, deren sich Kopernikus wohl bewußt war: Die Konstanten von Epizykel und Deferent waren bei den unteren Planeten (Merkur und Venus) umgekehrt gegenüber den oberen; die Periode der Sonnenbahn erschien in jeder der Berechnungen der fünf Planeten (vgl. Abb. 20). Kopernikus hat über die einzelnen Schritte, die ihn zum heliozentrischen System führten, nichts berichtet. Im Vorwort zu *De Revolutionibus* beschreibt er nur, daß er sich gedrängt fühlte, einen neuen Modus zur Berechnung der Gestirnbahnen zu erdenken, weil die Mathematiker unter sich uneins waren und mit den verschiedensten Begriffen arbeiteten: konzentrische Bahnen, exzentrische Bahnen, Epizykel. Daraus schloß er, es müsse einen grundlegenden Fehler geben.

»Als ich dann diese Unsicherheit der traditionellen Mathematik gegenüber der Ordnung der Gestirnsbewegungen am Himmelsgewölbe überdachte, war ich sehr enttäuscht, daß die Philosophen, die doch andere Dinge des Himmelsgewölbes so hervorragend erforscht haben, keine zuverlässigeren Erklärungen über den Mechanismus des Universums fanden, der, wie wir wissen, von dem größten Künstler und Herrn der Ordnung begründet ist. Aus diesem Grunde gab ich mich daran, die Bücher all dieser Philosophen, die ich mir verschaffen konnte, noch einmal zu lesen, um herauszufinden, ob irgendeiner von ihnen auf die Idee gekommen sei, daß die Bewegung der Gestirne anders sei, als die akademischen Mathematiker annehmen.«

Auf diesem Wege kam er zu den griechischen Theorien über die zweifache Bewegung der Erde, um ihre eigene Achse und um die Sonne. Diese entwickelte er weiter nach dem Beispiel seiner Vorgänger, die keinerlei Bedenken gehabt hatten, Kreise jeder Art einzusetzen, wenn diese nötig waren, den »Augenschein zu retten«.

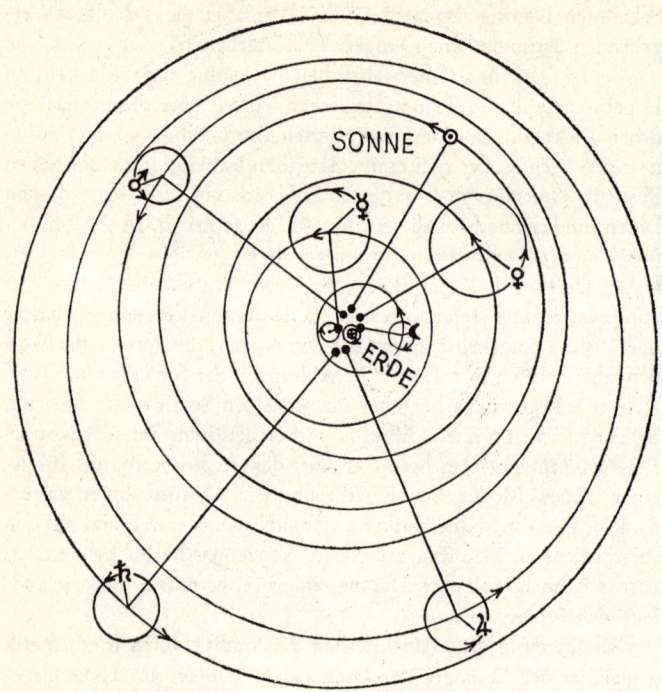

Abb. 20 A, B *Vergleich des ptolemäischen (A) mit dem kopernikanischen System (B) (vgl. Abb. 2 und 3). Das ptolemäische System war im wesentlichen eine Zusammenstellung von unabhängigen Schemata für jeden Himmelskörper; die relativen Perioden der Umdrehung hatten aber eine traditionelle Ordnung der Bahnen zur Folge. Kopernikus drehte die Positionen der Erde und der Sonne um, gelangte dadurch zu den relativen mittleren Entfernungen der Planeten von der Sonne und konnte die Beziehungen zwischen den Epizykeln und Deferenten der unteren Planeten (Merkur und Venus) und der oberen erklären (Tabelle Seite 404). Die Bewegung der Erde entlang ihrer Bahn, wie sie das kopernikanische System darstellt, wird im ptolemäischen System erzeugt einmal durch die Sonnenbahn, zum andern durch den Deferenten jedes der unteren Planeten (wobei die Bahn des Planeten als Epizykel erscheint) und durch den Epizykel jedes der oberen Planeten (wobei hier die Bahn des Planeten durch den Deferenten dargestellt wird). Es ist unmöglich, diese Punkte durch Maßstabzeichnung im Dia-*

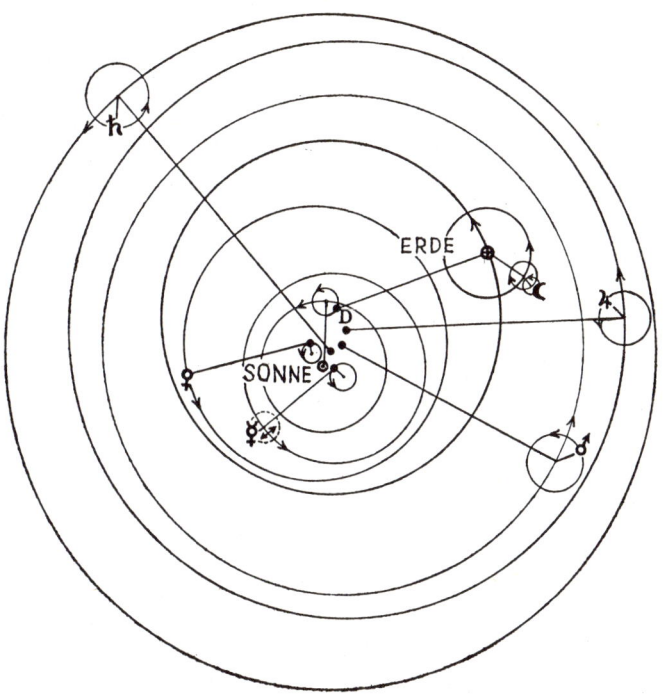

gramm deutlich zu zeigen. Die Positionen der Mittelpunkte von Planetenbahnen, die im ptolemäischen System relativ zur Sonnenbahn sind, im
kopernikanischen relativ zur Sonne selber, werden angezeigt durch die
Pünktchen an den inneren Enden der Deferentenradien, d. h. der großen
Kreise. Als seine größte technische Leistung betrachtete Kopernikus die
Elimination des fragwürdigen ptolemäischen Äquanten, die ihm gelang,
indem er die Planetenbewegungen nicht auf die zentrale Sonne, sondern
auf den Mittelpunkt (D) der Erdbahn bezog, der sich seinerseits auf zwei
weiteren Kreisen um die Sonne bewegte. Dadurch ergaben sich aber Ungenauigkeiten in der Breitenbestimmung der Planeten, besonders des Mars;
erst Kepler machte wirklich die Sonne zum Beziehungspunkt für die Planetenbahnen. Ptolemäus hatte den Merkur besonders behandelt; er ließ
den Mittelpunkt seines Deferenten in einer anderen Kreisbahn rotieren.
Daran hielt auch Kopernikus fest; zusätzlich ließ er aber in einem einzigartigen Verfahren den Planeten auf dem Durchmesser seines Epizykels os-

A Ptolemäisches System

	Verhältnis der Radien (entspricht der mittler. Entfernung von der Sonne im kopernikanischen System)	Winkelgeschwindigkeit (Grade pro Tag)	Heutige Wertbezeichnung der mittleren Geschwindigkeit von Gestirnen (Grade pro Tag)
	Epizykel / Deferent	Epizykel	
Erde ⊕			
Mond ☾			
Merkur ☿	0,3708	4,09233	4,09234
Venus ♀	0,7794	1,60214	1,60213
Sonne ☉		0,98536 (Sonnenbahn)	0,98561 (Erdbahn)
	Deferent / Epizykel	Deferent	
Mars ♂	1,5206	0,52406	0,52403
Jupiter ♃	5,2167	0,08312	0,08309
Saturn ♄	9,2336	0,03349	0,03346

B Kopernikanisches System

	Mittlere Entfernung von der Sonne, ausgedrückt im Verhältnis zum Erdabstand	Heutige Wertbezeichnung	Periode des Umlaufs um die Sonne (Tage)
Sonne ☉			
Mond ☾		0,00257 (von der Erde)	27,33 (um die Erde)
Merkur ☿	0,3763	0,3871	88
Venus ♀	0,7193	0,7233	225
Erde ⊕	1,0000	1,0000	365,25
Mars ♂	1,5198	1,5237	687
Jupiter ♃	5,2192	5,2028	4332
Saturn ♄	9,1743	9,5389	10760

zillieren oder zittern, anstatt ihn die Kreisbahn durchmessen zu lassen. Durch eine einfache geometrische Konstruktion (die hier nicht wiedergegeben ist) läßt sich zeigen, daß jede Verwicklung, die in das eine System hineinkommt, wenn man »den Augenschein retten« will, für das andere passend gemacht werden kann, so daß die beiden Systeme in der Darstellung des Winkels, unter dem ein Planet von der Erde aus gesehen wird, äquivalent werden können. Sie unterscheiden sich in ihren Ausdehnungsbereichen der theoretischen Möglichkeiten für die unteren Planeten (Merkur und Venus), und diese Unterschiede können einen empirischen Test liefern, nach dem man zwischen ihnen wählen kann. Im kopernikanischen System, aber nicht im ptolemäischen, können die unteren Planeten auf der Seite der Sonne fern von der Erde erscheinen (im ptolemäischen ist das nicht möglich, weil sie sich innerhalb der Sonnenbahn befinden); ihre größten Winkelentfernungen von der Sonne werden erreicht, wenn Erde–Planet –Sonne einen rechten Winkel bilden. Nur sie können vollständige Phasen zeigen wie der Mond. Galilei bestätigte diese Schlußfolgerungen des Kopernikus mit Hilfe seines Fernrohrs (vgl. Seite 416, 436). Man kann jedoch das ptolemäische System so zurechtbiegen, daß es dieselben Schlüsse ergibt: Man läßt die Epizykel von Merkur und Venus um die Sonne rotieren. Das hatte schon Heraklides von Pontus (vgl. Seite 85) vorgeschlagen, und Tycho Brahe übertrug es auf das ganze Planetensystem (Seite 411 f.). (Nachgezeichnet nach William D. Stahlmanns Diagrammen in Galileo Galilei, Dialogue on the Great System of the World, revidierte Übersetzung von Giorgio de Santillana, Chicago 1953, Seite XVI f.)

»Bei dieser Gelegenheit«, schrieb er, »begann ich auch über eine Bewegung der Erde nachzudenken. Und wie andere sich vor mir erlaubt hatten, bestimmte Kreise zur Erklärung der Sternbewegungen anzunehmen, so glaubte ich – so absurd der Gedanke schien –, es wäre auch mir der Versuch gestattet, ob nicht unter der Voraussetzung irgendeiner Erdbewegung bessere Erklärungen der Gestirnbahnen zu finden wären. Und so habe ich mit Hilfe der Bewegungen, die ich im Folgenden der Erde zuschreibe, schließlich nach langen und sorgfältigen Untersuchungen herausgefunden: Bezieht man die Bewegungen der anderen Planeten auf die Erdumdrehungen und berechnet die Bahn jedes Sterns, so folgen daraus nicht nur die Phänomene mit Notwendigkeit, auch die Ordnung und Größe der Sterne, all ihre Bahnen und das ganze Himmelsgewölbe fügen sich so ineinander, daß in keinem Teil eine Abweichung erfolgen kann, ohne alles übrige, ja das ganze Universum in Unordnung zu bringen.«

»Darum«, fährt er in Buch 1, Kap. 10, fort: »schäme ich mich nicht, daran festzuhalten, daß alles, was unterhalb des Mondes ist, mit dem Erdmittelpunkt eine gewaltige Bahn um die Sonne beschreibt; sie ist das Zentrum der Welt. Aber die Ausdehnung der Welt ist so groß, daß die Entfernung der Erde von der Sonne zwar im Vergleich zu den anderen Planetenbahnen in etwa geschätzt werden kann, jedoch gleich nichts ist, wenn man sie mit der Sphäre der Fixsterne vergleicht. Und ich glaube, es ist einfacher, das zuzugeben, als seinen Geist durch eine endlose Menge von Kreisen verwirren zu lassen, was alle die tun müssen, die daran festhalten, daß die Erde Mittelpunkt der Welt ist. So groß ist die Weisheit der Natur, daß sie nichts Überflüssiges oder Nutzloses hervorbringt, wohl aber oft viele Wirkungen aus einer Ursache erzeugt. Wenn all das schwierig und fast unbegreiflich ist oder der Meinung vieler widerspricht, so werden wir es, wenn es Gott gefällt, klarer als die Sonne machen, wenigstens für die, die etwas von Mathematik verstehen. Das erste Prinzip, daß das Ausmaß der Bahnen durch die Umdrehungszeit meßbar ist, bleibt also unbestritten; dann sieht die Ordnung der Sphären, von der äußersten her begonnen, folgendermaßen aus: Die erste und höchste Sphäre ist die der Fixsterne, in der sie selber mit allen anderen enthalten sind; sie ist unbewegbar, denn sie ist der Ort des Universums, auf den sich Bewegung und Orte aller anderen Sterne beziehen. Einige glauben, daß auch sie sich irgendwie verändere [das bezieht sich auf die Präzession, das Vorrücken des Frühlingspunktes]; wir aber, die wir die Erdbewegung ableiten, werden etwas anderes als Ursache dieses Phänomens bezeichnen. Als Nächstes folgt der Planet Saturn, der seinen Umlauf in dreißig Jahren vollendet, dann Jupiter mit einer Umlaufzeit von zwölf Jahren, dann Mars, der in zwei Jahren seine Bahn durchläuft. Der vierte Platz innerhalb der Ordnung kommt der jährlichen Umdrehung zu, also der Erde mit der Mondbahn als Epizykel. An fünfter Stelle wandert die Venus mit einer Periode von neun Monaten, an sechster Merkur mit der Umlaufzeit von acht Tagen. Aber in der Mitte von allen steht die Sonne. Denn wer wollte in diesem wunderschönen Tempel die Lampe anderswo hinsetzen als dorthin, wo sie zur gleichen Zeit das Ganze erleuchten kann? Sie wird ja von vielen nicht unzutreffend das Licht der Welt genannt, von anderen die Seele oder der Beherrscher der Welt. Trismegistos nennt sie den sichtbaren Gott, Sophokles in der

Elektra die Allsehende. So sitzt die Sonne wirklich auf einem königlichen Thron und lenkt die kreisende Sternfamilie.«

Zweierlei Folgerungen ergaben sich aus den Überlegungen des Kopernikus, physikalische und geometrische. Die tägliche Erdumdrehung stieß auf aristotelische und ptolemäische Einwände physikalischer Art, die auf der Theorie der natürlichen Bewegungen basierten und »losgelöste Körper«, einen in die Luft geworfenen Pfeil oder Stein und den starken Ostwind betrafen (vgl. Seite 313 ff.). Kopernikus begegnete ihnen in derselben Weise wie Oresmius, indem er die Kreisbewegung als die natürliche erklärte und sagte, die Luft teile die Bewegung der Erde auf Grund ihrer gemeinsamen Natur, vielleicht auch auf Grund der Reibung. Er hielt daran fest, daß fallende und steigende Körper eine zweifache Bewegung vollziehen, eine kreisende, wenn sie sich an ihrem natürlichen Ort befinden, und eine geradlinige, wenn sie sich von diesem entfernen oder zu ihm zurückkehren. Der Einwand gegen dieses Argument lautete: Wenn Körper in der einen Richtung eine natürliche Kreisbewegung ausführen, dann müssen sie einen Widerstand, analog der Schwere, gegen die Bewegung in der anderen Richtung haben. Eine Antwort darauf konnte erst die Mechanik Galileis bringen, ähnlich wie bei dem Argument, daß die Erde durch die Gewalt, die wir heute Zentrifugalkraft nennen, zerrissen werden müsse; Kopernikus bemerkte dazu nur, das wirke sich noch schlimmer auf die enorme Himmelssphäre aus, wenn sie rotiere.

Der jährlichen Bewegung der Erde in einem exzentrischen Kreis um die Sonne widersprachen die Kritiker des Kopernikus aus drei wissenschaftlichen Gründen. Erstens entstehe dadurch ein Konflikt mit der aristotelischen Theorie der natürlichen Bewegungen, die voraussetze, daß der Mittelpunkt der Erde mit dem Mittelpunkt des Universums zusammenfalle. Kopernikus antwortete darauf, Schwerkraft sei ein örtliches Phänomen, in dem sich die Tendenz der Materie jedes astronomischen Körpers ausdrücke, sphärische Massen zu bilden; damit schloß er sich Oresmius und Nikolaus von Kues an, gab allerdings die Theorie des Gleichgewichts leichter und schwerer Körper auf. Der zweite Einwand ging vom Fehlen beobachtbarer Parallaxen der Sterne, d. h. Unterschiede in den Positionen der Sterne, aus. Kopernikus machte dafür die ungeheure Entfernung der Sternensphäre von der Erde im Vergleich mit den Dimensionen der

Erdumlaufbahn verantwortlich. Der dritte Einwand erwies sich wiederum als ein Bremsblock, bis Galilei den Bewegungsbegriff von Grund auf umwandelte; damit war der Einwand dann hinfällig geworden. Für die Aristoteliker stand fest, daß jeder Elementarkörper eine einzige natürliche Bewegung hatte; Kopernikus schrieb der Erde drei Arten von Bewegung zu: die beiden zuvor erwähnten, die den Auf- und Niedergang der Himmelskörper, ferner die Bahn der Sonne entlang der Ekliptik, die Rückwärtsbewegungen und Stellungen der Planeten erklärten; eine dritte sollte die Tatsache erklären, daß die Erdachse, ungeachtet der jährlichen Bewegung, immer auf den gleichen Punkt der Himmelssphäre zeigt. Mit dieser dritten Bewegung sollte zugleich das Vorrücken der Äquinoktien und deren täuschendes »Schwanken« verständlich gemacht werden.

Die Sonne und die Himmelssphäre, die Umgrenzung des endlichen Universums beharren also bei Kopernikus in Ruhe; mit Hilfe der gewöhnlichen Exzentrik, der Deferenten und Epizykel erklären sich dann die an Mond, Sonne und Planeten beobachteten Bewegungen als vollkommen gleichförmige Kreisbewegungen. Zu der mathematischen Seite dieses Ergebnisses bemerkt Neugebauer in *Exakte Wissenschaften im Altertum* (1957, S. 204) folgendes: »Der allgemeine Glaube, daß das heliozentrische System des Kopernikus eine wesentliche Vereinfachung des ptolemäischen Systems bedeute, ist offensichtlich falsch. Die Wahl des betreffenden Systems hat keinerlei Wirkung auf die Struktur des Modells, und die kopernikanischen Modelle selber erfordern doppelt so viele Kreise wie die ptolemäischen; außerdem sind sie weit weniger elegant und anpaßbar.« An mathematischen Beiträgen lieferte Kopernikus – nach Neugebauer – hauptsächlich drei. Er erhellte die Schritte, die von der Beobachtung zum Parameter führen, und bewirkte damit eine methodologische Verbesserung; mit seinem System schuf er ein Kriterium zur Feststellung relativer Entfernungen zu den Planeten; und er gab die eigentliche Lösung des Problems der Breitenbestimmung. Dagegen brachte sein Glaube an das imaginäre Schwanken der Äquinoktien unnötige Komplikationen mit sich, und die Tatsache, daß er den Mittelpunkt der Erdbahn zum Zentrum aller Planetenbewegungen machte, verursachte beträchtliche Fehler bei der Berechnung des Planeten Mars. Außerdem verließ er sich auf viele alte, ungenaue Daten. Diesen Fehler berichtigte Tycho Brahe (1546–1601), der zeigte, daß die Schwankungen einzig auf Irrtümern bei der Beobachtung beruhen; und Johann Kepler (1571–1630) baute dann, ausgehend von Tycho Brahes Ergebnissen, sein System von der Bahn des Mars aus auf.

Kopernikus hatte ein mathematisches System geschaffen, das zumindest so genau war wie das ptolemäische, mit mathematischen Vor- und Nachteilen. Theoretisch und qualitativ war es einfacher, denn er konnte nun mit einer einzigen Erklärung zahlreiche verschiedene Merkmale der Planetenbewegung erhellen, die im ptolemäischen System willkürlich und ohne Verbindung erschienen. Er konnte die Rückwärtsbewegungen und Stellungen der Planeten als scheinbare Bewegungen aufdecken, die auf einer einzigen Bewegung der Erde beruhen, und eine einfache Erklärung für die verschiedenartigen, den einzelnen Planeten eigenen Bewegungen liefern. Im 16. Jahrhundert hielt man es auch für wertvoll, daß er die Zahl der erforderlichen Kreise herabgesetzt hatte; er benutzte deren 34. Kopernikus rühmte sich ferner dessen, daß die von ihm angenommenen Bewegungen der Erde nicht mit der Physik, d. h. der Physik des Aristoteles, in Konflikt gerieten. All diese Argumente zugunsten des heliostatischen Systems waren negativ und außerdem dazu bestimmt, verständlich zu machen, daß er die aristotelische Physik wie Oresmius in einem Sinne interpretieren mußte, der von der Auffassung der meisten seiner Zeitgenossen sehr verschieden war. Es ist darum auch nicht überraschend, daß er viele von ihnen nicht überzeugen konnte. Wie also rechtfertigte Kopernikus seine Neuerungen vor sich selbst und vor der Öffentlichkeit; wieso wurde daraus später eine so starke, so leidenschaftliche Aufforderung an Kepler und Galilei? Zum Teil liegt die Antwort sicherlich in dem Neuplatonismus, der ihnen allen gemeinsam war. In dem oben angeführten Abschnitt aus *De Revolutionibus*, Buch 1, Kap. 10, rechtfertigt Kopernikus sein neues System durch einen Hinweis auf seine (qualitative, nicht quantitative) Einfachheit und auf die besondere Position, die es der Sonne gibt. Die Biographien von Kepler und Galilei zeigen – auch in der Art, wie sie diese und andere Argumente gebrauchen –, daß auch sie sich zunächst aus ihren metaphysischen Anschauungen heraus dem heliozentrischen System zugewandt haben und erst später Argumente fanden, es auch physikalisch zu rechtfertigen.

Das kopernikanische System sprach zunächst drei Interessengruppen an. Die Alfonsinischen Tafeln waren nicht zufriedenstellend. Sie waren überholt und entsprachen durchaus nicht den beobachteten Positionen der Sterne und Planeten; außerdem differierten sie gegenüber Ptolemäus um das Vorrücken der Äquinoktien und fügten an seine neunte Sphäre noch weitere Sphären an. Diese Abweichungen bedeuteten eine Beleidigung für die Humanisten, die fest glaubten, in den klassischen Schriften sei die Vollendung der Wissenschaft enthalten. Darum wandten sich alle praktischen Astronomen, gleich welcher Hypothese über die Erdumdrehung sie anhingen, den Preußischen Tafeln des 16. Jahrhunderts zu, die nach dem kopernikanischen System berechnet waren, wobei zu bemerken ist, daß diese in Wirklichkeit kaum genauer sind. Einige Humanisten sahen in Kopernikus den Wiederhersteller der klassischen Reinheit des Ptolemäus. Eine andere Gruppe von Autoren, wie Benedetti, Bruno und Pierre de la Ramée oder Petrus Ramus (1515–1572), erblickte in dem kopernikanischen System einen Knüppel, mit dem Aristoteles zu schlagen war. Schließlich gab es Forscher wie Tycho Brahe, William Gilbert (1540–1603), Kepler und Galilei, die die volle Bedeutung von *De Revolutionibus* erkannten und versuchten, Beobachtung, geometrische Beschreibung und physikalische Theorie zu einer Einheit zusammenzufassen. Dem Fehlen einer solchen Vereinheitlichung ist es zuzuschreiben, daß bis zum Ende des 16. Jahrhunderts zwar jeder die Preußischen Tafeln benutzte, aber keiner in der aristotelischen Theorie Fortschritte machte. Tycho Brahes Beitrag war die Feststellung, daß ein solcher Fortschritt sorgfältiger Beobachtung bedürfe, und die Verwirklichung dieser Beobachtung.

Tycho Brahe arbeitete hauptsächlich in Uraniborg in Dänemark, wo der König für ihn ein Observatorium hatte erbauen lassen. Als erstes verbesserte er die im Gebrauch befindlichen Instrumente. Er vergrößerte sie, konstruierte z. B. einen Quadranten mit einem Radius von 19 Fuß und einen Himmelsglobus mit einem Durchmesser von fünf Fuß und verbesserte die Methoden des Anvisierens und der Gradeinteilung. Er bestimmte auch die Fehler seiner Instrumente, gab die Genauigkeitsgrenzen seiner Beobachtungen an und bedachte die Auswirkungen der atmosphärischen Brechung bei der scheinbaren Position der Himmelskörper. Vor Tycho wurden Beobachtungen gewöhnlich durch Zufall und gelegentlich gemacht; daher war es noch nicht zu einer gründlichen Reform der antiken Angaben gekommen. Tycho machte regelmäßige und systematische Beobachtungen, deren Fehlerquellen er kannte, und so enthüllten sich ihm Probleme, die bis dahin in all den Ungenauigkeiten verborgen geblieben waren.

Als im November 1572 ein neuer Stern im Sternbild der Kassiopeia erschien, der bis 1574 dort verblieb, stand Tycho Brahe vor dem ersten neuen Problem. Die wissenschaftliche Meinung erlitt durch dieses Ereignis einen gewaltigen Schock. Tycho versuchte, die Parallaxe des Sterns zu bestimmen; sie war so klein, daß der Stern jenseits der Planeten im Grenzbereich der Milchstraße stehen mußte. Damit war die Veränderlichkeit der Himmelssubstanz definitiv bewiesen – wenn er selbst das auch nie ganz wahr haben wollte. Kometen waren seit den Tagen des Regiomontanus regelmäßig beobachtet worden; aber erst Tycho Brahe konnte mit seinen verbesserten Instrumenten zeigen, daß der Komet von 1577 jenseits der Sonne stand und daß er auf seiner Bahn die feste Himmelssphäre – falls diese existierte – durchlaufen haben mußte. Er trennte sich von der platonischen Vorstellung und nahm die Kometenbahnen nicht kreisförmig, sondern oval an. Die aristotelische Theorie behauptete, Kometen seien Manifestationen in der Luft. Nun wäre es durchaus möglich gewesen, mit Instrumenten, die seit dem Altertum zur Verfügung standen, zu zeigen, daß Kometen die unveränderliche Welt jenseits *des Mondes* durchdringen; aber solche Beobachtungen wurden erst im 16. Jahrhundert gemacht. 1557 hatte Jean Pena, königlicher Mathematiker zu Paris, aus optischen Gründen behauptet, einige Kometen ständen jenseits des Mondes und hätten also die Sphären des Feuers und der Planeten hinter sich gelassen. Er glaubte, daß die Luft sich bis zu den Fixsternen ausdehne. Tycho ging noch weiter und verwarf sowohl die aristotelische Theorie der Kometen als auch die der festen Sphären. Zur gleichen Zeit bewirkte die Entdeckung von Land, über die ganze Erdkugel verstreut, daß andere Naturphilosophen, wie z. B. Cardano, die Theorie der konzentrischen Sphären von Erde und Wasser aufgaben, die auf der aristotelischen Lehre vom natürlichen Ort und von der Bewegung beruhte. Land und Meer bildeten für sie nur noch eine einzige Sphäre.

Tycho Brahe lieferte die Beobachtungstatsachen, auf denen sich eine genaue geometrische Beschreibung der Bewegungen am Himmel aufbauen konnte; andrerseits brachten ihn physikalische und biblische Schwierigkeiten dazu, die Drehung der Erde abzulehnen. Er bedachte nicht, daß Kopernikus die aristotelischen Einwände widerlegt hatte. Außerdem war man, bevor die Erfindung des Fernrohrs enthüllt hatte, daß die Fixsterne, ungleich den Planeten, als leuchtende Punkte und nicht als Scheiben erscheinen, allgemein der Ansicht, daß Fixsterne in reflektiertem Licht leuchteten und daß ihre Größe an der Helligkeit zu messen sei. Darum schloß Tycho Brahe aus dem Fehlen beobachtbarer jährlicher Parallaxen, das kopernikanische System setze Sterne mit unglaublich großem Durchmesser voraus. Er schuf ein eigenes System (1588), in dem Mond, Sonne und Fixsterne um eine feststehende Erde rotieren, während alle fünf Planeten sich um die Sonne drehen. Das war dem kopernikanischen System geometrisch gleichwertig, vermied aber, was er als dessen physikalischen Fehler ansah, und zog Nutzen aus seinen eignen Beobachtungen. Sein System blieb während der ersten Hälfte des 17. Jahrhunderts ein Gegenstück zu Kopernikus (oder Ptolomäus). Und als Tycho Brahe sein Werk Kepler vermachte, der gekommen war, um mit ihm zusammenzuarbeiten, bat er ihn, dieses System zur Interpretation seiner Daten zu benutzen.

Kepler tat noch mehr als das. Michael Mästlin (1550–1631), unter dem er seine Studien begann, hatte wie Tycho Brahe die Bahn des Kometen von 1577 berechnet; er erklärte, das kopernikanische System sei allein dafür verwendbar. Kepler blieb bei dieser Meinung. Er war auch stark beeinflußt von der pythagoreischen Lehre. Die Vision einer abstrakten Harmonie, in der er die Welt geschaffen glaubte, blieb ihm in all der Plackerei arithmetischer Berechnungen, zu denen er durch seine astronomischen Forschungen und seinen Beruf als Astrologe gezwungen war. Sein Leben lang war er auf der Suche nach einem einfachen mathematischen Gesetz, das die räumliche Verteilung der Sternenbahnen und die Bewegungen der Sterne im Sonnensystem miteinander verbinden könnte. Nach zahlreichen Versuchen kam er auf den Gedanken (veröffentlicht 1596 in *Mysterium Cosmographicum*), daß jeder der Räume zwischen den Planetenbahnen, von Saturn bis Merkur, einem der fünf regelmäßigen Körper, der »platonischen Körper«, entspreche: Kubus, Tetraeder, Dodekaeder, Ikosaeder und Oktaeder. Er mußte nun zeigen, daß es notwendig sechs Planeten gab, und nicht mehr, und daß ihre Bahnen nur den relativen Umfang haben konnten, der aus ihrer Umlaufzeit um die Sonne zu errechnen war. So versuchte er darzulegen, daß die fünf regelmäßigen Körper den sechs Umlaufbahnen anzupassen waren, so daß jede Bahn dem gleichen Körper einbeschrieben werden konnte, dem die nächste Bahn umbeschrieben wurde. Dann begab er sich zu Tycho Brahe, der inzwischen nach Prag gekommen war, weil er nur von ihm die korrekten Werte für die mittleren Entfernungen und Exzentrizitäten erhalten konnte, die seine Theorie bestätigen sollten. Stattdessen mußte er sie jedoch fallenlassen; in seiner mathematischen Vision erblickte er aber die Begründung der himmlischen Harmonie durch Tychos Daten. Nachdem er die Umlaufbahn des Mars nach den drei geläufigen Theorien, der des Ptolemäus, des Kopernikus und des Tycho Brahe, ausgearbeitet hatte, erkannte er, daß Kopernikus die Sache unnötig kompliziert hatte, weil er nicht die Ebenen aller Planetenbahnen durch die Sonne gehen ließ. Selbst wenn man das tat, ergab sich noch ein Fehler von acht bis neun Minuten im Bogen der Marsbahn, der nicht auf Ungenauigkeiten in den Daten zurückzuführen war. Er sah sich dadurch gezwungen, die Voraussetzungen, daß Planetenbahnen kreisförmig und Bewegungen der Planeten gleichförmig sind, aufzugeben. Seine beiden ersten Gesetze formulierte er so: 1. Planeten bewegen sich auf einer Ellipsenbahn, in deren einem Brennpunkt die Sonne steht; 2. jeder Planet bewegt sich nicht gleichförmig, sondern so, daß eine Linie, die seinen Mittelpunkt mit dem der Sonne verbindet, in gleichen Zeitabschnitten gleiche Flächen bestreicht (*Astronomia Nova aitiologetos, seu Physica Coelestis tradita commentariis de motibus stellae Martis ex observationibus G. V. Tychonis Brahe*, 1609 – Pl. VII).

In Wirklichkeit entdeckte Kepler das zweite Gesetz zuerst. Eine der Schwierigkeiten, die ihm begegneten, war die beträchtliche Geschwindigkeitsveränderung beim Umlauf des Mars um seine Bahn. Er lief um so schneller, je näher er der Sonne kam. Zuerst wollte Kepler diese Veränderung mathematisch fassen, indem er den von Kopernikus verworfenen Äquanten wieder einführte. Aber er fand heraus, daß es gar keinen Äquanten gibt, der die genaue Berechnung aller Beobachtungen erlaubt. Sein Nachweis, daß die gleichen Veränderungen auf der Umlaufbahn der Erde stattfinden, bewies mathematisch die Ähnlichkeit dieser Bewegung mit der anderer Planeten. Nun hieß für ihn das Problem: ein Theorem finden, das die Ge-

schwindigkeit der Rotation eines Planeten in jedem Punkt einer exzentrischen Bahn mit seiner Entfernung von der Sonne verknüpft. Er
löste es durch eine Integration, die zeigte, daß die Aufenthaltsdauer
eines Planeten auf einem sehr kleinen Bogen seiner Bahn proportional seiner Entfernung von der Sonne ist. Da er von der physikalischen Vorstellung einer Kraft oder *virtus*, die von der Sonne ausgeht und die Planeten bewegt, zu dem Problem gekommen war, ergab sich, daß die bewegende Kraft umgekehrt proportional der Entfernung von der Sonne sein mußte. Also war die bewegende Kraft
umgekehrt proportional der Aufenthaltsdauer eines Planeten auf
einem Bogen seiner Bahn – eine Folgerung, die völlig im Einklang
stand mit der dynamischen Voraussetzung des Aristoteles, daß Geschwindigkeit einer bewegenden Kraft bedarf.

Im Verlaufe dieser Berechnungen und der Überprüfung der nach
Tycho Brahes Daten vorausgesagten Positionen kamen Kepler allmählich die – revolutionierenden – Zweifel, ob die Planetenbahnen
wirklich kreisförmig seien. Er entschloß sich 1604, die Kreisbahnen
aufzugeben; in seiner *Astronomia Nova*, Teil 3, Kap. 40, schrieb er:

»Mein erster Irrtum war es, die Planetenbahn als vollkommenen
Kreis anzunehmen, und dieser Fehler raubte mir um so mehr Zeit,
als er mit der Autorität aller Philosophen gelehrt wurde und in sich
mit der Metaphysik übereinstimmt.«

Die Tatsache, daß Kepler dahin kam, mit dem »Zauber der Kreisförmigkeit« (nach Koyré) zu brechen, Galilei dagegen nicht, zeigt
einen interessanten Gegensatz im Wesen ihrer platonischen Anschauungen. Galilei leugnete den ontologischen Unterschied zwischen
geometrischen Figuren und materiellen Körpern; so weit wie möglich sah er die physikalische Welt als verwirklichte Geometrie; das
machte es ihm schwer, den bevorzugten Status der Kreisförmigkeit
in Physik und Astronomie abzulehnen, in Mathematik und Ästhetik
aber beizubehalten (vgl. Seite 373 f., 390 f.). Kepler dagegen hielt sich
an den ontologischen Unterschied zwischen idealer Form und materieller
Realisation; darum konnte er, ohne seiner platonischen Metaphysik
Gewalt anzutun, von der Kreisförmigkeit abgehen, wie es die empirischen Daten erforderten. Er argumentierte so: Himmelskörper *qua*
Körper müssen von der vollkommenen Kreisbahn abweichen, weil
ihre Bewegungen nicht das Werk des Geistes, sondern der Natur
sind, der »natürlichen und animalen Fähigkeiten« der Planeten, die

ihren eigenen Neigungen folgen *(Epitome Astronomiae Copernicanae,* Buch 4, Teil 3, Kap. 1, 1620).

Wiederum ausgehend von physikalischen Ursachen der Planetenbewegung, vermutete Kepler zunächst, die nicht-kreisförmige Bahn sei eiförmig als Resultat zweier unabhängiger Bewegungen; die eine durch die *virtus* der Sonne verursacht, die andere durch eine eigene *virtus,* erzeugt in der gleichförmigen Rotation des Planeten auf einem imaginären Epizykel. Kepler sah sich außerstande, mit den verschiedenen eiförmigen Kurven, die er ausprobierte, mathematisch fertig zu werden; darum versuchte er es mit der Ellipse als Annäherungskurve, deren Geometrie von Apollonios vollständig ausgearbeitet war. Er entdeckte, daß die Ellipse genau für sein Flächengesetz paßte; dies war ein empirischer Schluß, dem er später durch die oszillierende Bewegung, das »Zittern« des Planeten auf dem Durchmesser seines Epizykels, eine physikalische Erklärung zu geben versuchte (vgl. Abb. 20, Merkur).

Nach zehnjähriger weiterer Arbeit kam er zu seinem dritten Gesetz, das 1619 in *Harmonice Mundi* veröffentlicht wurde: (3) Die Quadrate der Umlaufzeiten (p_1, p_2) von zwei beliebigen Planeten sind proportional den dritten Potenzen ihrer mittleren Entfernungen (d_1, d_2) von der Sonne (C), das heißt : $\left[\dfrac{p_1^2}{p_2^2} = \dfrac{d_1^3}{d_2^3} . \right]$ Nach diesem Gesetz war Kepler seit dem Beginn seiner Laufbahn auf der Suche gewesen, am Ende entdeckte er es fast zufällig. Er hatte Vergleichsreihen der Augenblicksgeschwindigkeiten, der Umlaufzeiten und der Entfernungen verschiedener Planeten aufgestellt, kam aber nicht zu eindeutigen Formeln. Schließlich versuchte er auch noch, die Potenzen dieser Zahlen zu vergleichen und entdeckte, daß die in seinem »dritten Gesetz« genau zur empirischen Wirklichkeit paßten.

Ohne die Arbeiten der Griechen, insbesondere des Apollonios, über Kegelschnitte hätten diese Gesetze kaum formuliert werden können. Maurolyco hatte daran weitergearbeitet, auch Kepler selber in einem Kommentar zu Witelo (1604). Bei der Ableitung seines zweiten Gesetzes führte Kepler die Neuerung ein, durch Umdrehung einer gegebenen Kurve um eine Achse eine Fläche als aus einer unendlichen Zahl von Linien entstanden zu betrachten (vgl. Seite 362). Zur Integration, die das zweite Gesetz erfordert, benutzte er eine ähnliche Methode wie Archimedes, als er den Wert von π bestimmte. Dem praktischen Astronomen kamen auch die vielen Verbesserungen in den Rechenmethoden zu Hilfe, einmal der systematische Gebrauch von Dezimalbrüchen, den Stevin eingeführt hatte, aber vor allem die Entdeckung der Logarithmen durch John Napier (1550 bis 1617), die 1614 zuerst veröffentlicht wurden. Anschließend wurden von anderen Mathematikern Tafeln für trigonometrische Funktionen und Logarithmen zur natürlichen Basis *e* errechnet. William Oughtred erfand 1622 den Rechenschieber. Kepler machte sich manche dieser Neuerungen zunutze, um die praktischen Ergebnisse seiner und Tycho Brahes Arbeit für die Rudolphinischen Tafeln zu ordnen, die 1627 erschienen.

Mit Keplers drei Gesetzen hatte das alte Problem eines astronomischen Systems, das zugleich die Phänomene »retten« und die »wirklichen« Bahnen der Himmelskörper durch den Weltraum beschreiben konnte, schließlich seine Lösung gefunden. Von einer »dritten Bewegung« der Erde (nach Kopernikus) war seither nicht mehr die Rede; da es keine himmlischen Sphären gab, wurden die Phänomene, die so erklärt werden sollten, einfach der Tatsache zugeschrieben, daß die Erdachse in allen Positionen parallel zu sich selbst bleibt. Die unabhängige Erfindung des Teleskops (mit etwa dreißigfacher Vergrößerung) durch Galilei lieferte die Bestätigung für die »kopernikanische« Theorie. Galilei stellte die Entfernung fest, in der eine gespannte Schnur von bekannter Dicke die Fixsterne gerade verfinstert, und zeigte damit, daß sie nicht von so unglaublich großen Dimensionen waren, wie Tycho Brahe vermutet hatte; dieser war von der Annahme ausgegangen, Helligkeit sei proportional der Größe, und zu seiner Folgerung gekommen, weil die Fixsterne in einer Entfernung, die so groß war, daß keine Parallaxe auftrat, noch die Helligkeit aufwiesen, die tatsächlich zu beobachten war. Galilei löste auch Teile der Milchstraße in Einzelsterne auf; er bestätigte die Behauptung des Kopernikus, die Venus müsse auf Grund ihrer Position innerhalb der Erdbahn vollständige Phasen wie der Mond haben. Auch der andere untere Planet Merkur hat vollständige Phasen, während der Mars nur partielle aufweist (Abb. 20). 1631 beobachtete Pierre Gassendi den von Kepler vorausgesagten Durchgang des Merkur quer über die Sonnenscheibe und stellte fest, daß seine Umlaufbahn zwischen Sonne und Erde liegt. 1639 wurde der

Durchgang der Venus von dem englischen Astronomen Jeremiah Horrocks (1619–1641) beobachtet. Galilei beschrieb in *Sidereus Nuncius* (1610) die Gebirge des Mondes und die vier Satelliten des Jupiter, die er als ein Modell des kopernikanischen Sonnensystems ansah (Tafel XLVII). Später beobachtete er die Mißgestalt des Saturn (sein Teleskop konnte die Ringe nicht auflösen); es gelang ihm nachzuweisen, daß die scheinbaren Größen von Mars und Venus gemäß der kopernikanischen Hypothese den Entfernungen dieser Körper von der Erde entsprechen. Seine Beobachtung der Sonnenflecken, mit deren Hilfe er die Umlaufzeit abschätzte, lieferte den Beweis gegen die aristotelische Theorie der Unveränderlichkeit. Sonnenflecken wurden auch von Johann Faber und von dem Jesuiten Christoph Scheiner (1611) beschrieben; dieser konstruierte später ein Teleskop mit all den Verbesserungen, die Kepler angeregt hatte.

Die theoretische Astronomie des frühen 17. Jahrhunderts hatte sich also praktisch ergeben aus dem abwechselnden Einsatz von Hypothese und Beobachtung, wie er seit Kopernikus üblich war. Kepler gibt im ersten Teil seines Lehrbuches *Epitome Astronomiae Copernicanae* (1618) einen Bericht über seine Auffassung von Philosophie und von den Methoden der Astronomie: Die Astronomie müsse ausgehen von Beobachtungen, die mit Hilfe von Meßinstrumenten in Längen und Zahlen übersetzt werden, damit sie geometrisch, algebraisch und arithmetisch bearbeitet werden können. Als Nächstes müsse man Hypothesen aufstellen, die beobachtete Beziehungen in geometrischen Systemen zusammenfassen und damit »den Augenschein retten«. Schließlich erforsche die Physik die Ursachen der Phänomene, die in einer Hypothese miteinander in Beziehung gebracht worden sind; es müsse auch Übereinstimmung mit den metaphysischen Prinzipien bestehen. Sinn der ganzen Untersuchung sollte es sein, die wirklichen Planetenbewegungen und ihre Ursachen herauszufinden, die bislang noch in »Gottes Pandekten« verborgen waren, aber von der Wissenschaft aufgedeckt werden müßten.

In Wirklichkeit war Keplers Leistung weit mehr als nur die Entdeckung der echten Gesetze der Planetenbewegungen. Er schuf die Grundlagen einer neuen physikalischen Kosmologie, in die diese Gesetze hineinpaßten. Daß er dieses Werk nicht vollendete, beweist die außerordentliche Schwierigkeit des Problems; gelöst wurde es erst, als Newton Keplers Planetengesetz mit der Ergänzung durch

Galileis Dynamik in dem Gesetz von der universalen Gravitation zusammenfaßte. Für dieses Gesetz lieferte Kepler sowohl einen positiven Beitrag als auch die Richtungsangabe für die Forschung. Wie Francis Bacon in seiner Kritik an Kopernikus (*Novum Organum*, Buch 2, Aphorismus 36) berichtet, hatte sich allgemein die im Vorwort zu *De Revolutionibus* ausgesprochene Ansicht durchgesetzt, das heliostatische System sei »erfunden und angenommen worden, um die Berechnungen abzukürzen und zu erleichtern«; es brauche darum aber wörtlich und physikalisch nicht zu stimmen. »Es gibt keinen zwingenden Grund, diese Hypothesen für richtig oder sogar für die Wahrheit überhaupt zu halten«, hatte Osiander in dem erwähnten Vorwort geschrieben, »eines genügt: Sie sollen eine Berechnung ermöglichen, die mit den Beobachtungen übereinstimmt.« Kepler entdeckte als erster, daß Kopernikus diese Worte gar nicht geschrieben hatte. Er lehnte sie scharf ab und betonte, es sei Sinn und Ziel der Forschung, herauszufinden, wie sich die Planeten in Wirklichkeit bewegen, und nicht nur wie, sondern auch warum sie sich so bewegen und nicht anders, »so daß ich in einer physikalischen oder sogar metaphysischen Beweisführung die Bewegung der Sonne der Erde selber zuschreiben kann – wie Kopernikus es mathematisch bewiesen hat« (Vorwort zu *Mysterium Cosmographicum)!*

Als Kepler die drei Gesetze der Planetenbewegung fand, war er eigentlich auf der Suche nach etwas weit Höherem: nach der *harmonice mundi*, die in der Planetenbewegung und in der Musik, einer wirklichen »Sphärenmusik«, offenbar wird. Sein Ziel war eine metaphysische Erforschung der hinter den sichtbaren Erscheinungsformen verborgenen Harmonien, die sich in rein numerischen Beziehungen ausdrücken und die, wie er glaubte, die Natur der Dinge bestimmen. Ein Leser, der mit der Eigenart Keplerscher Gedankengänge nicht vertraut ist, könnte in der Unmenge seiner schwierigen Schriften, voller Fragen, die sich auf das Wesen der Dreifaltigkeit, die himmlische Harmonie, das Verhältnis der göttlichen Erkenntnis zur menschlichen, die Astronomie, beziehen, eine fast unverständliche Matrix sehen, in die irgendwie auch wissenschaftliche Kostbarkeiten eingebettet sind. Aber das hieße die innere Organisation seines Denkens völlig falsch verstehen und einen Zugang zu dem vielleicht wichtigsten Element jedes echten wissenschaftlichen Denkens verfehlen: die

Brücke von Intuition und Phantasie, die sich über den logischen Abgrund zwischen den direkten Resultaten der Beobachtung und der Theorie, die diese Ergebnisse erklären soll, spannt. Die Brücke in Keplers Geist ist gebaut aus den in metaphysischen Überlegungen vorgeformten Urteilen, die auch zu seiner Wissenschaft gehören. Seine Vorstellung vom Universum entwickelte sich in Analogie zu den Beziehungen zwischen den göttlichen Personen in der Dreifaltigkeit und ist Teil eines theologischen Glaubensbekenntnisses. Zu Keplers Voraussetzungen gehörte aber auch dieses: daß die wahre Struktur und die Harmonien des Weltalls durch die Beobachtung zu verifizieren sind. Das wird deutlich in einer Kontroverse mit dem englischen Rosenkreuzler Robert Fludd (vgl. Seite 479 f.). Kepler schrieb nach seinem ersten Besuch bei Tycho Brahe (1600) in einem Brief an seinen Freud Herwart von Hohenburg:

»Ich hätte meine Suche nach den Harmonien der Welt schon abgeschlossen, wenn Tychos Astronomie mich nicht derart fasziniert hätte, daß ich fast außer mir geriet; immer noch frage ich mich, was denn in dieser Richtung noch mehr getan werden könnte. Einer der wichtigsten Gründe für meinen Besuch bei Tycho war, wie Du weißt, der dringende Wunsch, von ihm korrektere Zahlen für die Exzentrizitäten zu bekommen, damit ich mein *Mysterium* und das eben erwähnte *Harmonice* im Vergleich überprüfen kann. Denn diese Überlegungen a priori dürfen der experimentellen Erfahrung nicht widersprechen; sie müssen vielmehr mit ihr übereinstimmen.«

Bei diesem Kriterium der empirischen Bestätigung zog er auch die Rangordnung unter den Bestätigungen in Betracht; z. B. sagte er, die kopernikanische Hypothese sei »richtiger« als die ptolemäische, denn sie allein könne die Planeten nach ihren Umlaufzeiten um die Sonne ordnen. Keplers Gesetze der Planetenbewegung und seine Versuche, diese zu beweisen, waren also sozusagen herausgemeißelt aus seinen vorgefaßten neuplatonischen metaphysischen Vorstellungen; und zwar durch eine möglichst strikte Anwendung quantitativer Methoden und empirischer Testverfahren. Das macht ihn zu einem so interessanten Beispiel wissenschaftlichen Denkens, weit entfernt von dem, was die Nüchternheit einer positivistischen Interpretation erwarten ließe.

Kernpunkt von Keplers metaphysischer Überzeugung war die Existenz archetypischer Ideen im Geiste Gottes von Ewigkeit her; sie waren verlebendigt einerseits in der sichtbaren Natur, andererseits im menschlichen Geist. Unter ihnen war die Geometrie der Archetyp der physikalischen Schöpfung und dem menschlichen Geist eingeboren. So schrieb er 1599 an Herwart von Hohenburg:

»Gottes sind in der ganzen materiellen Welt die Gesetze, Zahlen und Beziehungen von besonderer Feinheit und schön gefügter Ordnung ... Wir wollen also gar nicht versuchen, mehr über die himmlische und immaterielle Welt herauszufinden, als Gott uns enthüllt hat. Jene Gesetze sind dem menschlichen Geist erfaßbar; er hat uns nach seinem Ebenbild erschaffen, so daß wir an seinen Gedanken teilhaben können. Denn was gibt es im menschlichen Geist außer Zahlen und Größen? Nur diese können wir in der rechten Weise verstehen, und – wenn die Ehrfurcht uns das zu sagen erlaubt – in dieser Hinsicht ist unter Verstand von gleicher Art wie der göttliche, zumindest sofern wir in unserm sterblichen Leben etwas davon zu begreifen vermögen. Nur Narren fürchten, wir wollten den Menschen damit Gott gleich machen; denn Gottes Ratschläge sind unerforschlich, seine materielle Schöpfung ist es aber nicht.«

Zu dieser Auffassung gesellte sich die antike Lehre von den *signatura rerum*, den Zeichen der Dinge, nach der die äußere Form eines Dinges dazu angetan ist, auf bestimmte Eigenschaften und eine Ebene der Wirklichkeit zu verweisen, die nicht direkt sichtbar sind. So beschreibt er in *Mysterium Cosmographicum* ausführlich das sichtbare Weltall als Zeichen oder Bild der Trinität, das die vollkommenste aller Formen, die Kugelgestalt, besitzt: Der Mittelpunkt stellt den Vater dar, die äußere Oberfläche den Sohn, und der Radius, der im gleichen Verhältnis zum Mittelpunkt wie zur Oberfläche steht, den Heiligen Geist*. Als Gott das sichtbare Universum nach diesem geometrischen Symbolismus schuf, setzte er in das Zentrum einen Körper, der in seiner Ausstrahlung von Kraft und Licht ein Bild des Vaters ist: die Sonne. Nach dem Beispiel früherer neuplatonischer Kosmologien, z. B. der des Grosseteste (vgl. Seite 70 f.), sah Kepler alle natürlichen Kräfte von Körpern ausströmen und eine Kugelform bilden; so wurde für ihn in Analogie mit der Kraft, die vom Vater ausgeht, die Sonne zu dem Instrument, das dem Kosmos und allem, was

---

* Eine ähnliche Symbolik findet man in etwas anderer Anordnung im Keltischen Kreuz des Mittelalters.

zu ihm gehört, sichtbare Gestalt und Leben gibt, ein Universum schafft, in dem alles belebt ist. Die *anima motrix*, die »bewegende Seele« der Sonne, schickt die Planeten durch ihre Kreisbahnen, bewegt auch die Kometen mit einer Geschwindigkeit, die von ihrer Kraft auf die betreffende Entfernung hin abhängig ist. Man hat gelegentlich gesagt, Kepler sei darum ein überzeugter »Kopernikaner« geworden, weil er an das Problem der Planetenbewegung mit dieser Vorstellung von Archetypen heranging*. Sicher ist, daß er die *animae motrices* als physikalische Bewegungskräfte niemals aufgab, sogar dann nicht, als die Beobachtungstatsachen des Tycho Brahe ihn zwangen, von der Kreisförmigkeit der Bahnen abzusehen. Diese Kausalbegriffe waren ihm ständige Führer in seinen mathematischen Untersuchungen; ermutigt durch die neuen Entdeckungen William Gilberts auf dem Gebiete des Magnetismus, benutzte er sie immer wieder.

Gilbert war Hofarzt der Königin Elisabeth; sie gewährte ihm eine Rente, damit er seiner Forschung leben konnte. Er interessierte sich für Astronomie, seine Hauptleistung bestand aber darin, das Gebiet des Magnetismus und der Elektrizität, soweit es damals erforschbar war, systematisch durchzuarbeiten. Gilberts *De Magnete* (1600) enthält einige Messungen, ist aber sonst völlig unmathematisch, das auffallendste Beispiel der Unabhängigkeit von experimentellen und mathematischen Traditionen im 16. Jahrhundert (vgl. Seite 371). Seine Methoden übernahm er von Petrus Peregrinus, dessen Werk 1558 im Druck erschienen war, und von Kompaßmachern wie Robert Norman; dieser, ein Seemann im Ruhestand, hatte 1581 ein Buch *The Newe Attractive* veröffentlicht, in dem er seine selbständige Entdeckung der magnetischen Inklination beschreibt. Zum erstenmal hatte Georg Hartmann 1544 davon berichtet. Gilbert erweiterte das Werk des Peregrinus und zeigte, daß Stärke und Aktionsbereich eines gleichförmigen Magnetsteins proportional seiner Größe sind. Er wies auch nach, daß der Inklinationswinkel einer frei aufgehängten Magnetnadel sich mit dem Breitengrad ändert. Peregrinus hatte die Nadellinien auf einem kugelförmigen Magneten als Längenkreise eingezeichnet, deren Schnittpunkte er Pole nannte. Gilbert schloß aus der Richtung der Magneten in bezug auf die Erde, daß

* Vgl. C. G. Jung und W. Pauli, *The Interpretation of Nature and the Psyche*, London, 1955.

diese selber ein großer Magnet sei, dessen Pole mit den geographischen Polen zusammenfallen. Zur Bekräftigung zeigte er, daß Eisenerz in genau der Richtung magnetisiert wird, in der es in der Erde liegt. So wurden die Eigenschaften von Magnetsteinen und Kompässen in ein allgemeines, umfassendes Prinzip eingeschlossen (Tafel II).

Gilbert untersuchte auch elektrifizierte Körper, die er *electrica* nannte. Nicht nur Bernstein, auch andere Stoffe, wie Glas, Schwefel und einige kostbare Steine, zogen, nachdem sie gerieben worden waren, kleine Dinge an; er stellte mit Hilfe einer leichten Metallnadel, die auf einem Punkt balancierte, fest, ob ein Körper »elektrisch« war. Während der Magnetstein nur magnetisierbare Stoffe anzog und in bestimmten Orientierungen ordnete, aber durch Eintauchen in Wasser, durch Papier- oder Leinenschirme völlig unbeeinflußt blieb, zogen elektrifizierte Körper alles an, häuften es zu formlosen Massen zusammen und waren durch Untertauchen und durch Schirme zu beeinflussen. Niccolo Cabeo (1585–1650) beobachtete später, daß Körper wegflogen, nachdem sie zuerst angezogen worden waren; Sir Thomas Browne sagte, sie werden abgestoßen.

Gilberts Empirismus reichte nur bis zu den Tatsachen, die er festgestellt hatte. Mit Hilfe einer Waage widerlegte er die alte Geschichte, die Cardano geglaubt hatte, daß nämlich Eisen durch Magnetisieren an Gewicht zunehme; seine Erklärungen des Magnetismus und der Elektrizität sind zwar nicht unvereinbar mit den Tatsachen, gehen aber nicht aus diesen hervor. Sie waren eigentlich Umarbeitungen der Theorie des Averroës von den »magnetischen Species« zu einer Art von neuplatonischem Animismus. Er ging von dem Prinzip aus, daß ein Körper nicht handeln kann, wo er nicht ist, daß also jede materielle Einwirkung nur durch Kontakt erfolgen kann; dann behauptete er, wenn eine Einwirkung über eine Entfernung zu bemerken sei, müsse eine materielle »Ausdünstung« dafür verantwortlich sein. Solch eine Ausdünstung, glaubte er, werde durch die Reibungswärme in einem Körper freigemacht. Diese Erklärung sollte nicht für magnetische Wirkung gelten; diese konnte durch Materie hindurchgehen, konnte also nicht auf einer materiellen Ausdünstung beruhen; die Bewegung eines Eisenstückes zum Magneten hin glich vielmehr der einer selbstbeweglichen Seele. Allerdings erweiterte er die Theorie der Ausdünstungen zur Erklärung der Erdanziehung für fallende Körper; hier war die Atmosphäre gleich der

Ausdünstung. Ohne Einzelheiten anzugeben, schrieb er die – von ihm geglaubte – tägliche Erdumdrehung der magnetischen Energie zu, die geordneten Bewegungen der Sonne und der Planeten dem Aufeinanderwirken ihrer Ausdünstungen.

Kepler interessierte sich auch für Magnetismus, und Gilberts Werk regte ihn an, dieses Phänomen zur Erklärung der Physik des Weltalls zu verwerten. Dabei nahm er den geläufigen aristotelischen Begriff der Bewegung als Vorgang, der das ständige Einwirken einer bewegenden Kraft erfordert, an. Als junger Mann hatte er sich unter Scaliger die averroistische Doktrin von Intelligenzen, die die Himmelskörper bewegen, zu eigen gemacht, aber später ging er davon ab, weil er nur mechanische Ursachen in Betracht ziehen wollte. Er erklärte die tägliche Umdrehung der Erde um ihre Achse mit dem *impetus*, den Gott ihr bei der Erschaffung verliehen habe. Aber wie Nikolaus von Kues identifizierte er diesen *Impetus* mit der Erdseele (anima) und setzte damit etwas ein, das einer Intelligenz gleichkam. Dieser *impetus* konnte seiner Meinung nach nicht verderben, denn nach der pythagoreischen Theorie der Schwerkraft konnte die Kreisbewegung ohne weiteres als die natürliche Bewegung der Erde angesehen werden. Als Antwort auf die traditionellen Einwände gegen eine tägliche Erdumdrehung führte er Gilberts Anregungen weiter aus. Er sah Linien, elastische Kraftketten, die er für magnetisch hielt, radial von der *anima motrix* der Erde ausgehen, den Mond und alle von der Oberfläche hoch geschleuderten Körper rund um die Erde tragen. Ähnliche Linien, von den *animae motrices* des Jupiter und Saturn ausgehend, tragen deren Satelliten im Kreis, und Linien von der Sonne aus tragen das ganze Planetensystem so, wie die Sonne sich um ihre Achse dreht.

Diese Theorie einer magnetischen Kraft, die mit zunehmender Entfernung abnimmt, so daß die Geschwindigkeit eines Planeten auf seiner Bahn sich umgekehrt verhält wie seine Entfernung von der Sonne, führte Kepler zu seinem zweiten Gesetz. Die Rotation der Sonne, die ihre Magnetlinien in einem Wirbel schwingt, bewegt die Planeten im Kreis. Die Abweichung auf eine elliptische Bahn erklärte er mit den Schwankungen durch Anziehung und Abstoßung ihrer Pole. Wie die bewegende Kraft der Sonne magnetisch war, so gab es auch eine Analogie zwischen Magnetismus und Gravitation. Schwerkraft war die Tendenz verwandter Körper, sich zu vereinen, und wenn nicht die Bewegungskraft Mond und Erde in ihren Bahnen trüge, müßten sie zusammenstoßen, sich in einem dazwischenliegenden Punkt treffen. Dieses letzte war ein ganz neuer Gedanke.

Keplers physikalisches System eröffnete den Weg zur Zusammenfassung der Dynamik der Himmelskörper mit der terrestrischen Dynamik, die Newton gelang. Und zwar war es wesentlich der keplerische Gedanke, daß ein Satellit durch *zwei* Kräfte in seiner Bahn gehalten wird: einmal die gegenseitige radiale Anziehung mit dem Zentralkörper und zum anderen die Bewegungskraft der *anima motrix*, die ihn seitwärts zwingt. Keplers Arbeiten in dieser Richtung begannen mit der Weiterentwicklung des pythagoreischen Schwerkraftbegriffes. Oresmius, Kopernikus, Gilbert und Galilei hatten allesamt die aristotelische Auffassung von der Schwerkraft als einer Tendenz, sich auf einen bestimmten Ort hin zu bewegen, abgelehnt und statt dessen Schwerkraft als die Neigung verwandter Körper, sich zu vereinen, begriffen; und mehr als ein Schriftsteller des Mittelalters war auf die Analogie zu dem Magnetismus gekommen, ehe Gilbert sich ausführlich damit befaßte. Kepler meinte nun, diese Neigung sei verursacht durch eine wirkliche Anziehung *(virtus tractoria)* von außen durch diesen oder jenen Körper. Neu war, daß er die Anziehung (sowohl bei der Gravitation als auch beim Magnetismus) *gegenseitig* nannte und sie in dynamischer Form ausdrückte. Er schrieb in der Einführung zu seiner *Astronomia Nova:*

»Wenn zwei Steine nahe zusammen an einem beliebigen Ort des Universums außerhalb der Kraftsphäre eines dritten verwandten Körpers gebracht würden, so müßten sie wie zwei magnetische Körper an einem zwischen ihnen liegenden Punkte zusammenkommen, wobei jeder sich so weit auf den andern zubewegt, wie die Masse *(moles)* des andern zu seiner eigenen proportional ist.«

Indem er Erde und Mond als verwandte Körper erklärte, fuhr er fort:

»Würden Mond und Erde nicht, jeder in seiner Bahn, festgehalten durch ihre animalischen und andern gleichwertigen Kräfte, so würde die Erde zum Mond aufsteigen um ein Vierundfünfzigstel der Entfernung zwischen ihnen, und der Mond würde um dreiundfünfzig Teile des Weges zur Erde absteigen; und sie würden sich vereinen, immer vorausgesetzt, daß die Substanz beider von ein und derselben Dichtigkeit ist.«

Daß die Anziehungskraft des Mondes tatsächlich bis zur Erde reicht, schloß er aus den Gezeiten; als ihre Ursache nahm er an, daß der Mond die Wassermassen an sich ziehe, wie schon Grosseteste vorausahnend gesagt hatte. Das wiederum erinnert uns an die Beharrlichkeit des Fortdauerns von Gedankenkomplexen, die mit dem Neuplatonismus kamen (vgl. Seite 122 f.). Kepler nahm als wahrscheinlich an, daß eine noch viel stärkere Kraft von der Erde zum Mond und darüber hinaus wirke.

Der Keplersche Gravitationsbegriff war nur für die Erde und den Mond anwendbar; Kepler hielt z. B. Sonne und Planeten nicht für verwandte Körper, die einander anziehen. Er übersah auch die kosmologische Bedeutung des von ihm formulierten photometrischen Gesetzes, das die Intensität des Lichtes auf die Entfernung von der Lichtquelle, z. B. der Sonne, bezieht. In der Einführung zu seiner *Astronomia Nova* legt er noch einmal seine übereinstimmend »realistische« Philosophie der Wissenschaft und den ganzen Komplex neuplatonischer Assoziationen dar, der an allen Entwicklungsstufen der »Kosmologie des Lichtes« klebt (vgl. Seite 71, 97 ff., 122 f.); er beschreibt den Verlauf seiner Untersuchungen über die Bewegungskräfte, die die Planeten im Kreise schwingen:

»Ich beginne damit, daß ich erkläre, ich will in diesem Werk Astronomie betreiben nicht auf der Basis erdichteter Hypothesen *(hypotheses fictitiae)*, sondern auf der Basis physikalischer Ursachen, und zu diesem Zweck halte ich es für notwendig, stufenweise vorzugehen. Die erste Stufe war der Nachweis, daß die Exzentrizitäten der Planeten sich im Sonnenkörper treffen. Als nächstes bewies ich durch Deduktion, daß – da die festen Sphären, wie Tycho Brahe gezeigt hat, nicht existieren – der Sonnenkörper Quelle und Sitz der Kraft ist, die alle Planeten um die Sonne kreisen läßt. Ich zeigte gleicherweise, daß die Sonne das folgendermaßen vollbringt: Sie verbleibt am gleichen Ort, rotiert aber dennoch wie auf einer Turmspitze und sendet in Wirklichkeit von ihrem Körper aus eine immaterielle Species *(species)* durch die ganze Breite der Welt, analog der immateriellen Species ihres Lichtes.

Diese Species kreist wegen der Rotation des Sonnenkörpers in der Form eines sehr schnellen Wirbels, der sich über die ganze ungeheure Weite des Universums erstreckt, die Planeten mit sich reißt und sie im Kreise schwingt mit einer Vehemenz *(raptus)*, die intensiver oder schwächer ist, je nachdem ob die Dichte dieser *Species* entsprechend dem Gesetz ihres Fließens *(effluxus)* größer oder geringer ist.«

Das Zusammenwirken der einzelnen Beweger der Planeten mit diesem gemeinsamen Beweger erzeugt dann die Abweichung von der Kreisform. So weit, so gut. Kepler hatte zum erstenmal die Frage gestellt, was denn die Planeten bewegt, wenn die Sphären nicht existieren.

In seinem Buch *Ad Vitellionem Paralipomena* (1604) hatte er dargelegt: Wenn das Licht oder andere Kräfte *(virtus species)* sich von ihrer Quelle aus kugelförmig ausbreiten, so nimmt ihre Stärke mit dem wachsenden Flächeninhalt der Kugeloberfläche ab, d. h. proportional zum Quadrat des Radius. In *Epitome astronomiae Copernicanae* (Buch 4, Teil 2, Kap. 3; 1620) dagegen betont er, dieses photometrische Gesetz lasse sich nicht auf die bewegende Kraft der Sonne anwenden, die in *einfacher* Proportion zur Entfernung abnehme. Es gelte nur für das Licht der Sonne. Er argumentierte so: Das Sonnenlicht breitet sich in Kugelform aus, so daß seine Intensität abnimmt entsprechend dem Flächenzuwachs an der Oberfläche; die Bewegungskraft der Sonne breitet sich dagegen nur in der *Ebene* jeder Planetenbahn aus, nimmt also ab mit der linearen Zunahme des Kreisumfanges. Ganz bestimmt war er weit davon entfernt, die *Anziehungskraft* zwischen Sonne und Planeten in Betracht zu ziehen.

Kepler gleicht Galilei darin, daß auch er Elemente für ein einheitliches Prinzip der Kosmologie sammelte, dessen Notwendigkeit er klar sah, zu dessen Verwirklichung er aber nicht kam. Ihre beiderseitigen Unterlassungen ergänzen sich auf seltsame Weise und bereiten dennoch in seltsamer Symmetrie die Synthese Newtons vor. Weder Galilei noch Kepler hat das dynamische Problem der Planeten wirklich begriffen. Galilei glaubte wie Kopernikus, die Planetenumdrehungen seien eine »natürliche« Bewegung, d. h. sie erforderten keinen Beweger von außen und könnten allein aus Gründen der Ordnung angenommen werden. Daran konnte Galilei festhalten, weil er von Keplers Nachweis der elliptischen Bahnen, den er sicherlich kannte, nichts wissen wollte. Ob das aus metaphysischen oder ästhetischen Gründen geschah, oder einfach – wie er 1614 – schrieb –, weil Keplers Schrift »so dunkel war, daß der Autor anscheinend selbst nicht wußte, worüber er redete« – jedenfalls blieb er dabei, die Planeten in Kreisbahnen wandern zu sehen (vgl. Seite 390). Er gab nicht zu, daß die Planeten Kräfte irgendwelcher Art, laterale oder zentripetale, benötigten, um in ihrer Bahn gehalten zu werden. Weil Galilei also von Keplers Gesetzen nichts wissen wollte, übersah er auch, daß die wirkliche Himmelsgeometrie jedes sphärische Modell umwarf, und darum verfehlte er das Problem, wie nun eigentlich die Planeten in ihren elliptischen Bahnen gehalten werden.

Keplers Versuch, dieses Problem zu lösen, wurde hinwiederum zunichte gemacht, weil er die volle Bedeutung des Trägheitsprinzips nicht begriff, das Galilei schon 1612 in seinem zweiten *Brief über die Sonnenflecken** deutlich, aber unvollständig festgestellt hatte. Kepler blieb bei der Annahme, daß fortgesetzte gleichförmige Bewegung eine fortgesetzte Bewegungskraft erfordert, die *species motrix* oder *virtus motoria*, die der Sonne entströmt. Sie schwingt die Planeten lateral in der Runde; darum bedarf es für ihn keiner Zentripetalkraft, die verhindert, daß sie in Richtung der Tangente aus der Bahn geschleudert werden. Die universale Bedeutung des Modells, das er selber für Erde und Mond geschaffen hatte, blieb ihm verborgen.

Wie unsicher Kepler sich in der Auseinandersetzung mit den großen Problemen, an die er sich gewagt hatte selber fühlte, zeigt sich in seiner nach jedem Versagen veränderten Haltung gegenüber wissenschaftlicher Beweisführung**. Nachdem er festgestellt hatte, daß die Planetentheorie in *Mysterium Cosmographicum* nicht mit den Tatsachen übereinstimmte, gab er die Meinung auf, daß eine Erklärung dann befriedigend sei, wenn sie im Chaos der Beobachtungen mathematische Harmonien zu entdecken vermöge; er wandte sich einer mechanischen Auffassung des Universums zu, die ihm als regulativer und heuristischer Führer zu den Untersuchungen dienen sollte, die dann in *Astronomia Nova* niedergelegt wurden. Schon der Titel dieses Werkes ist bezeichnend: *Die neue Astronomie oder Physik der Himmel, erforscht auf der Basis des Kausalitätsgesetzes*

* Galileis Brief ist 1612 geschrieben und 1613 veröffentlicht worden. Kepler führte das Wort *inertia* (Trägheit) in die Physik ein, meinte aber damit einen inneren Widerstand gegen die Bewegung, die Neigung, aus der Bewegung wieder in die Ruhe zu kommen.

** Vgl. Gerald Holton, »Johannes Kepler's universe: its physics and mathematics«, *American Journal of Physics*, XXIV (1956); A. Koyré, »L'œuvre astronomique de Kepler«, XVIIe Siècle, 1956, Nr. 30.

und entwickelt in Analysen der Marsbewegungen auf Grund von Beobachtungen durch Tycho Brahe. Während der Vorbereitung dieses Werkes schrieb er 1605 an Herwart von Hohenburg:

»Ich bin sehr beschäftigt mit der Untersuchung der physikalischen Ursachen. Mein Ziel dabei ist es, zu zeigen, daß die himmlische Maschine nicht einem göttlichen Organismus zu vergleichen ist, sondern vielmehr einem Uhrwerk . . ., insofern nämlich, als fast alle die mannigfachen Bewegungen mit Hilfe einer einzigen, einfachen magnetischen Kraft ausgeführt werden, wie im Falle eines Uhrwerks alle Bewegungen durch ein einziges Gewicht verursacht sind. Darüber hinaus zeige ich, wie diese physikalische Überlegung durch Berechnung und Geometrie darzustellen ist.«

Auch die physikalische Theorie der *species motrix*, die der Sonne entströmt (dargelegt in *Astronomia Nova*) erwies sich am Ende als ein empirischer Fehlschlag, denn es wurde beobachtet, daß die scheinbare Geschwindigkeit der Sonnenbewegung, die man mit Hilfe der Sonnenflecken messen zu können glaubte, mit der der Planeten nicht übereinstimmte. Für sein nächstes Werk gab sich Kepler mit der Vorstellung von mathematischer Harmonie als Kriterium einer ausreichenden Erklärung zufrieden; in *Harmonice Mundi* kündigte er sein Drittes Gesetz an, ohne den geringsten Versuch zu machen, es aus mechanischen Prinzipien abzuleiten. Diese seine Vorstellung von »Harmonie« bedeutete zweierlei. Erstens war z. B. das Zweite Gesetz harmonisch zu nennen, weil es die Flächengeschwindigkeit als Konstante darstellt. So gewiß bei Ptolemäus die konstante Winkelgeschwindigkeit abstrakter und der unmittelbaren Beobachtung ferner war als die direkt beobachtbare, konstante lineare Geschwindigkeit des Aristoteles, ebenso gewiß ist die Konstanz oder Uniformität bei der Flächengeschwindigkeit Keplers von einem noch höheren Grade der Abstraktion. Die zweite Bedeutung von Keplers Harmonie bezieht sich auf die »Tauglichkeit« oder »Richtigkeit« der Struktur des Universums, z. B. den »richtigen Platz« der Sonne im Mittelpunkt. Es scheint, daß zwischen den beiden Bedeutungen kein logischer Zusammenhang besteht, sondern daß beide heuristische und regulative Funktionen im Gesamtwerk Keplers haben.

Kepler und Galilei versuchten beide, den traditionellen Einwänden gegen die Erdumdrehung zu begegnen, und darüber hinaus Argumente zu finden, die für die Drehung der Erde sprachen; aber weil

sie nur Ausschnitte des Gesamtbildes zu sehen vermochten, über-
zeugten sie die meisten Zeitgenossen nicht. Die magnetischen Ketten
z. B., mit denen Kepler die Mondbewegung erklärte, machen jede Bewegung von Wurfgeschossen unmöglich. Galilei war bei der Verteidigung der Erdbewegung in einer etwas besseren Position. Mit
seinem *impeto*-Begriff und dem Zusammenwirken von *impeti* konnte
er nachweisen, daß das Argument der »losgelösten Körper« seine
Prämissen verloren hatte. Solche Körper behalten die Geschwindigkeit bei, die sie von der rotierenden Erde empfangen haben, wenn
sie nicht gezwungen werden, sich anders zu verhalten, sagt er in
seinem *Dialog, die zwei Grundsysteme der Welt, das ptolemäische
und das kopernikanische, betreffend* (der Titel ist bezeichnend, weil
er seine Gleichgültigkeit gegenüber Tycho Brahe und Kepler verrät).
Es blieb der mechanische Einwand gegen die »kopernikanische«
Theorie, der der »Zentrifugalkraft«, bestehen. Galilei erklärte, diese
hänge nicht von der linearen Geschwindigkeit eines Punktes auf der
Erdoberfläche, sondern von der Winkelgeschwindigkeit der Umdrehung ab; daher sei sie auf der Erde nicht größer als auf einem kleineren Körper, der sich in 24 Stunden einmal umdreht. Im Vergleich
zur Schwerkraft sei sie kaum nennenswert. In Wirklichkeit hängt
die Zentrifugalkraft ebenso von der linearen wie von der Winkelgeschwindigkeit ab, wie Huygens als erster zeigen sollte. Der Beweis
der Erdumdrehung blieb eines der Hauptziele Galileis in seinen dynamischen Arbeiten; dennoch war am Ende trotz all seiner Bemühungen das einzige, was er zu zeigen vermochte, dieses: daß die
Umdrehung der Erde zumindest genauso plausibel ist wie ihr Verharren im Ruhezustand.

Newton brachte schließlich durch einen ausdrücklich uneinge-
schränkten, universalen Vergleich der Körper auf der Erde mit denen
im Weltraum die Synthese seiner *Principia Mathematica* (1687) zustande. Er faßte Galileis Gesetze über fallende Körper und Wurfgeschosse und das vervollständigte Trägheitsprinzip mit Keplers
Gesetzen über Planetenbewegung und dem vervollständigten Gravitationsbegriff zusammen (Seite 386–392). Dann konnte er beim
Vergleich eines Planeten mit einem Wurfgeschoß die Vorwärtsbe-
wegung beider auf das Beharrungsvermögen zurückführen, die Abweichung von der geradlinigen Flugbahn auf die Schwerkraft. Ein
Planet war also nichts anderes als ein Flugkörper, der durch seine

Geschwindigkeit daran gehindert wird, auf die Erde zu fallen, so daß seine Flugbahn eine Ellipse statt einer Parabel darstellt*. Newton zeigte, daß die Fallbeschleunigung des Mondes in seiner elliptischen Umlaufbahn um die Erde gleich ist der Beschleunigung, die Galileis Gesetz vom freien Fall genügt; das gleiche gilt für die Planetenbahnen um die Sonne. Er leitete Keplers Drittes Gesetz von seinem Gesetz der allgemeinen Gravitation ab**. Weiterhin legte er dar, daß es für die ungeheuer große Sonne dynamisch unmöglich ist, sich um die winzige Erde zu drehen, daß vielmehr ein zentraler Körper sich mit seinem Satelliten um ihren gemeinsamen Schwerkraftsmittelpunkt drehen muß, der beim Sonnensystem innerhalb der Sonnenoberfläche liegt. So gelang ihm, was Galilei und Kepler nicht fertiggebracht hatten: nicht nur die Argumente gegen die Erdumdrehung zu widerlegen, sondern auch die zwingende Beweiskraft der Argumente, die dafür sprechen, darzutun. Sie sind zwingend im Rahmen eines allgemeinen Systems der Dynamik, das sich in allen andern erprobten Beobachtungsbereichen bestätigt hat. Zum erstenmal war damit ein entscheidendes Kriterium geschaffen, nach dem das eine Rechensystem einem anderen vorzuziehen war, das innerhalb der Grenzen der Astronomie Voraussagen mit gleicher Genauigkeit machte. Was war alles vorausgegangen seit den Tagen der Griechen: Astronomen waren durch ihre Beobachtungen gezwungen worden, die konzentrischen Sphären des Aristoteles zugunsten der physikalisch unerklärlichen mathematischen Epizykel und Exzentrizitäten aufzugeben; aus Beobachtungen hatte sich die Zweiteilung zwischen physikalischer Erklärung der Himmelsbewegungen und mathematischen Möglichkeiten ihrer Voraussage ergeben, die Zweiteilung zwischen der physikalischen Kosmologie des Aristoteles und der mathematischen Astronomie des Ptolemäus, die das ganze Mittelalter durchzieht! Nun vollzog sich die Wahl zwischen den alternativen Systemen so, daß gezeigt wurde, welches von ihnen mit einem größeren Beobachtungsbereich vereinbar war. Das war Newtons große Leistung, das dynamische Kriterium, an dem Galilei und Kepler vorgearbeitet hatten, operationsfähig zu machen, zum erstenmal die

---

* Diese Flugbahn wurde mit dem Abschuß des Sputnik am 4. Okt. 1957 experimentell erreicht.

** und umgekehrt; vgl. Seite 440, Fußnote.

Erklärung und die Mittel der Voraussage zusammenzubringen. Von den gleichen grundlegenden physikalischen Axiomen der Bewegungs- und Gravitationsgesetze aus waren die Schritte, die zur *Erklärung* der Bewegungen von Körpern führen, genau die gleichen wie die, die zur *Voraussage* ihrer Bewegungen gegangen werden mußten. So ging die Kosmologie als eine Wissenschaft von »Naturen«, die unabhängig von jeder Berechnung waren und sich jeder Voraussage entzogen, in der Synthese von Mathematik und Physik auf (vgl. Seite 65 f., 82 f., 530 f.).

Eine Schwierigkeit für das heliozentrische System von seiten der Beobachtung, mit der Galilei nicht hatte fertigwerden können, war das Fehlen von Stern-Parallaxen. Es wurde 1838 von F. W. Bessel zum erstenmal bei dem Stern 61 im Schwan beobachtet; schon 1725 hatte James Bradley bei der Ausschau nach Parallaxen festgestellt, daß die Fixsterne innerhalb des genauen Zeitraums von einem Erdenjahr kleine Ellipsen beschreiben und daß Sterne von den Polen der Ekliptik bis zur Ekliptik Figuren beschreiben, die in wachsendem Maße weniger kreisförmig, mehr geraden Linien angenähert sind. Das war ein überzeugender Beweis für die Bewegung der Erde in einer Ellipse um die Sonne; aber Bradley erkannte, daß es sich nicht um parallaktische Ellipsen, sondern um Abweichungsfiguren handelte, die darauf zurückzuführen sind, daß die Erde sich in dem einen Teil ihrer Bahn dem von den Sternen ausgehenden Licht nähert, in dem anderen Teil davon entfernt.

Galilei kam in philosophische Konflikte mit gewissen zeitgenössischen Theologen, weil er von einer einheitlichen mathematisch-physikalischen Kosmologie träumte; welche Kämpfe er sonst mit der römischen Inquisiton auszutragen hatte, auch der Verlauf seines Prozesses, gehört eher in die Geschichte der Politik und der in diesem Falle reichlich finsteren Gerichtspraxis der römischen Kirche als in die Geschichte der Naturwissenschaft. Dennoch ist es bezeichnend, daß es ein theologisches Problem war, das Verhältnis zwischen astronomischer Theorie und der Heiligen Schrift, zwischen einer auf wissenschaftlicher Beweisführung gestützten Kosmologie und einer, die als Gottes Offenbarung galt, an der sich der Kampf um die Wahrheit der »realistischen« Wissenschaftsauffassung, die Galilei und Kepler vertraten, entzündete. Oresmius hatte schon zuvor die Stellen der Heiligen Schrift angeführt, die – wörtlich genommen – falsch sein mußten, wenn die neue Kosmologie buchstäblich und physikalisch richtig war (vgl. Seite 316 f.). Josuas Befehl am Abend der Schlacht von Gideon: »Sonne, stehe still über Gideon, und Mond, bewege dich nicht im Tale von Ajalon; und die Sonne stand still, und der Mond bewegte sich nicht...« (Josua X, 12, 13) impliziert, daß die Sonne sich bewegt. Andere Stellen widersprachen dem anderen wesentlichen kopernikanischen Postulat, daß die Erde sich bewegt. Z. B. heißt es im Psalm 93: »Die Welt ist so fest gesetzt, daß sie nicht bewegt werden kann.« Wenn man nun die verschiedensten mathematischen und praktischen Vorteile der neuen Astronomie zugab, wozu jedermann gewillt war, dann gab es zwei Wege, einen Konflikt zu vermeiden. Der eine war, von einer wörtlichen Interpretation der Schrift abzusehen; das hatten schon die Kirchenväter – wenn auch mit gebührender Vorsicht – praktiziert, wo die Gelegenheit es erfordert hatte. Der andere Weg bedeutete, die Wahrheit der Naturwissenschaft herabzusetzen, die Theorie der Astronomie nicht als eine Erkenntnis der realen physikalischen Welt, einer Welt von vielleicht abstrakten, aber als wahr erkennbaren Gesetzen anzusehen, sondern als eine passende Erdichtung zum Zwecke der Berechnungen, »bloß ein poetischer Einfall, ein Traum, eine Schimäre«, wie Galilei 1618 in einem Brief an Leopold von Österreich ironisch bemerkte.

Galilei schrieb 1615 auf den Rat einiger klerikaler Freunde einen offenen *Brief an Christina von Lothringen, Großherzogin von Toscana*, in dem er seine Position öffentlich darlegte, um der bösen Nachrede entgegenzuwirken, daß er ein Ungläubiger sei, aber auch, um die kirchlichen Behörden vor dem verhängnisvollen Fehler zu bewahren, das kopernikanische System aus theologischen Gründen zu verurteilen. Er berief sich auf die Autorität des heiligen Augustinus, der erklärt hatte, Gott sei der Verfasser nicht nur eines großen Buches, sondern zweier, des Buches der Natur und der Heiligen Schrift. Die Wahrheit soll man in beiden studieren, wenn auch mit verschiedenem Ergebnis. Das Buch der Natur ist in der Sprache der Mathematik geschrieben; die Ergebnisse sind in physikalischen Theorien ausgedrückt. Die Heilige Schrift dagegen enthält keine physikalische Theorie, sondern offenbart uns unsere sittliche Bestimmung. So oft sie sich auf natürliche Phänomene bezieht, spricht sie die Sprache, die jeder versteht, in volkstümlichen Bildern, ohne den An-

spruch zu erheben, daß sie in ihrer wortwörtlichen Bedeutung als
physikalische Tatsachen gewertet werden. Er betonte, daß die Heilige Schrift immer in manchen Punkten als eine Darstellung in
Gleichnissen verstanden worden sei; wenn z. B. von dem Auge, der
Hand, dem Zorn Gottes gesprochen werde, sei eine wörtliche Interpretation einer Häresie gleichzusetzen. Es wäre dem Verstand und
der Tradition zuwider, durch eine wörtliche Interpretation der Heiligen Schrift die Wahrheit von Feststellungen verdunkeln zu wollen,
die entweder direkte Sinneserfahrungen oder notwendige Folgerungen aus diesen Erfahrungen ausdrücken.

»Mir scheint«, schreibt Galilei in seinem Brief an die Großherzogin,
»wir sollten in der Diskussion von Naturproblemen nicht von der
Autorität der Bibeltexte ausgehen, sondern von der Sinneserfahrung
und von notwendigen Beweisführungen *(dalle sensate experienze
e dalle dimostrazione necessarie)*. Denn die Heilige Schrift und die
Natur gehen gleicherweise aus dem göttlichen Wort hervor, die eine
als Diktat des Heiligen Geistes, die andere als gehorsamste Voll-
streckerin von Gottes Befehlen. Zudem ist es der Heiligen Schrift erlaubt (da sie sich dem Verständnis aller Menschen zuneigt), manche
Dinge – soweit es die reine Wortbedeutung angeht – scheinbar abweichend von der absoluten Wahrheit zu sagen. Aber die Natur ist
andrerseits unerklärlich und unwandelbar; sie überschreitet nie die
Grenzen der Gesetze, die ihr auferlegt sind, so als ob es sie nicht
kümmere, ob ihre dunklen Gründe und Wirkweisen dem Verstehen
des Menschen greifbar sind oder nicht. Es ist klar, daß jene Dinge,
natürliche Wirkungen betreffend, die entweder die Erfahrung der
Sinne uns vor Augen stellt oder notwendige Demonstrationen uns
beweisen, auf keinen Fall auf Grund von Schrifttexten, die wahrscheinlich etwas ganz anderes meinen, in Frage gestellt oder gar verurteilt werden dürfen. Denn ein Ausdruck der Heiligen Schrift ist
nicht an strikte Bedingungen gebunden wie jede Wirkung in der
Natur; und Gott offenbart sich nicht weniger herrlich in den Wirkungen der Natur als in den heiligen Worten der Schrift.

Natürlich«, schließt er, »ist es nicht die Absicht des Heiligen Geistes, uns Physik oder Astronomie zu lehren oder uns zu zeigen, ob
die Erde sich bewegt oder nicht. Diese Fragen sind theologisch neu-
tral; wir sollten jedoch den heiligen Text respektieren und, wo es
angebracht ist, die Ergebnisse der Wissenschaft benutzen, um seine

Bedeutung zu erkennen.« Die Absicht des Heiligen Geistes in der Heiligen Schrift sei es, wie er mit einer geistvollen, Kardinal Baronio zugeschriebenen Bemerkung sagt, uns zu lehren, »wie wir uns dem Himmel zu bewegen sollen, nicht wie die Himmel sich bewegen«.

»Wenn das zugegeben wird«, fährt er fort, »und wenn es außerdem stimmt, daß von zwei Wahrheiten nicht die eine der anderen widersprechen kann, dann ist es die Aufgabe eines gewissenhaften Interpreten, zu versuchen, zum wahren Sinn der heiligen Texte vorzudringen; er wird zweifellos mit jenen natürlichen Schlußfolgerungen übereinstimmen, die Sinneserfahrung und Beweisführung zunächst *ausgemacht* und gesichert haben. Es ist allerdings, wie bereits gesagt, manchmal der Fall, daß die Heilige Schrift aus festgestellten Gründen Deutungen über den Sinn der Worte hinaus zuläßt. Zudem sind wir nicht in der Lage zu wissen, ob alle Interpreten aus göttlicher Inspiration reden (wenn das der Fall wäre, gäbe es keine Meinungsverschiedenheiten bei ihnen bezüglich desselben Textes). Ich meine, es wäre ein Akt großer Vorsicht, wenn man jedem verbieten würde, die Texte der Heiligen Schrift zu usurpieren, wenn man – soweit es möglich ist – jeden zwingen würde, diese oder jene natürliche Schlußfolgerung für wahr zu halten, auch wenn eines Tages die Sinne und die Beweisgründe das Gegenteil behaupten. Denn wer wollte der Intelligenz und der Erfindungsgabe des Menschen Grenzen vorschreiben? *(E chi vuol por termine alli umani ingegni?)* Wer wollte behaupten, daß alles, was in der Welt erfahrbar und erkennbar ist, bereits entdeckt und erkannt sei? Vielleicht jene, die bei anderer Gelegenheit (mit Recht) bekennen, daß *ea qua scimus sunt minima pars earum quae ignoramus* [der Dinge, die wir wissen, wenige sind im Vergleich mit denen, die wir nicht wissen]. Aus dem Munde des Heiligen Geistes selbst ist uns kundgetan, daß *Deus tradidit mundum disputationi eorum, ut non inveniat homo opus quod operatus est Deus ab initio ad finem* [Gott ihnen die Welt zum Streitgespräch gab, so daß der Mensch herausfinde, was Gott vom Anfang bis zum Ende bewirkt hat – Ecclesiastes, III, 11]. Wir dürfen, meine ich, einem solchen Ausspruch nicht widersprechen und damit das freie Philosophieren über Dinge der Welt und der Natur abbrechen, als ob sie alle schon gefunden und klar erkannt wären.«

Galilei, ein Weltmann, überzeugter Katholik und leidenschaftlicher Naturphilosoph, wegen seines genialen Verstandes und seiner

geistvollen Konversation beliebter und verwöhnter Gast an aristokratischen Tafeln, wußte genau, wie stark politische Entscheidungen,
seien sie kirchlich oder weltlich, ihrem Wesen nach die *Bequemlich-
keit und den Frieden* der Behörden stören können. Mit prophetischer
Voraussicht seiner eigenen zukünftigen Schwierigkeiten betonte er
nachdrücklich den Unterschied zwischen den Bedingungen einer Mei-
nungsänderung in juristischen oder kommerziellen Dingen und einer
Änderung wissenschaftlicher Auffassungen*. »Ich möchte jene weisen und vorsichtigen Väter bitten, mit allem Fleiß den Unterschied
zu betrachten, der zwischen einer beweisbaren Erkenntnis und einer
Erkenntnis, die Meinungen zuläßt, besteht: Wenn sie im Geiste
wohl erwägen, mit welcher Gewalt notwendige Schlußfolgerungen
ihre Annahme erzwingen, so mögen sie sich um so mehr dessen bewußt werden, daß es nicht in der Macht derer liegt, die sich zu den
demonstrativen Wissenschaften bekennen, ihre Meinungen nach
Lust und Laune zu ändern und sich einmal auf diese, ein andermal
auf jene Seite zu stellen. Sie mögen bedenken, daß ein großer Unterschied besteht, ob man einem Mathematiker, einem Philosophen be-
fiehlt oder über einen Kaufmann, einen Anwalt verfügt; daß die bewiesenen Schlüsse, die Dinge der Natur und der Himmel berühren,
nicht mit der gleichen Leichtigkeit verändert werden können wie
Meinungen darüber, ob etwas legal ist oder nicht, in einem Vertrag,
einer Miete, einem Wechselgeschäft.«

* Vgl. Francis Bacon, *Advancement of Learning* (1605): »Doch kann es
denen, die die Wahrheit und nicht die Vorherrschaft einer Lehrmeinung
suchen, nur von großem Nutzen erscheinen, mehrere Meinungen bezüglich
der Begründung der Natur vor sich zu sehen: nicht, als ob aus diesen Theorien irgendeine exakte Wahrheit zu erwarten wäre! Wie die gleichen
Phänomene in der Astronomie zu erklären sind mit der Astronomie der
Tagesbewegungen, mit den besonderen Bewegungen der Planeten, ihren
Exzentrizitäten und Epizykeln, und gleicherweise mit der Theorie des Kopernikus, der annahm, daß die Erde sich bewegt (und die Berechnungen
stimmen indifferent für beide), so entsprechen Gesicht und Ausblick der
Erfahrung oft Theorien und Philosophien; die wirkliche Wahrheit zu finden erfordert einen anderen Grad von Strenge und Aufmerksamkeit.« Er
fügte hinzu: »So manche sagen, die Meinung des Kopernikus bezüglich
der Erdumdrehung, die von der Astronomie selbst nicht korrigiert werden
kann, weil sie keinem der Phänomene widerspricht, könne doch durch die
Naturphilosophie korrigiert werden.«

Galilei glaubte, es müsse auf Grund von Beobachtungen und neuen dynamischen Theorien möglich sein zu beweisen, daß das heliozentrische System eine notwendige Schlußfolgerung aus den Gegebenheiten ist. Mit seinem Teleskop hatte er in Jupiter und seinen Satelliten ein Modell des Sonnensystems erblickt; er hatte die große jährliche Variation in den Durchmessern von Venus und Mars gemessen. Seine Beobachtungen der Venusphasen hatten bestätigt, was sich nach dem kopernikanischen System voraussagen ließ: daß die inneren Planeten, und nur sie, vollständige Phasen aufweisen wie der Mond, von der Erde aus gesehen (Abb. 20). Es gibt, sagte er, »manche andere sinnliche Wahrnehmungen, die niemals mit dem ptolemäischen System übereinstimmen können, die aber gewichtige Argumente für das kopernikanische sind«. Es gibt einige natürliche Dinge, über die menschliche Wissenschaft uns »irgendeine wahrscheinliche Meinung und plausible Vermutung mitteilen kann, aber kaum eine sichere und bewiesene Erkenntnis. Aber es gibt andere, über die wir durch Experimente, lange Beobachtungen und zwingende Beweisführungen eine unbezweifelbare Gewißheit besitzen, oder doch zuversichtlich glauben, besitzen zu können; z. B., ob die Erde oder die Sonne sich bewegt oder nicht, ob die Erde kugelförmig oder anders gestaltet ist.«

Galilei führt seine ernsthafte Verteidigungsrede fort: Wenn die kopernikanische Theorie oder die spezielle Meinung, daß die Erde sich dreht, verboten und als Widerspruch zum katholischen Glauben erklärt würde, ohne daß man die Astronomie als Ganzes verbiete, so könnte das nur einen großen Skandal verursachen. Es könnte nur zum Schaden der Seelen dienen, wenn man ihnen »Gelegenheit gibt, eine Behauptung bewiesen zu sehen, an die zu glauben später als Sünde erklärt wird. Und was würde das Verbot der ganzen Wissenschaft anderes bedeuten als eine öffentliche Verächtlichmachung von hundert Texten der Heiligen Schrift, die uns lehren, daß der Ruhm und die Größe des allmächtigen Gottes in all seinen Werken wunderbar zu erkennen und in dem aufgeschlagenen Buch des Himmels zu lesen sind?« Es würde allem widersprechen, was wir von Gottes Absichten wissen, der dem Menschen seine herrlichen Geistesgaben und seinen forschenden Verstand gegeben hat. Galilei warnt die Theologen davor, die Gläubigen in die verwirrende Situation zu bringen, daß sie als wahr glauben müssen, was ihre Sinne und die wissen-

schaftlichen Beweise sie als falsch erkennen lassen, und daß sie eine
Sünde begehen, wenn sie glauben, was ihr Verstand ihnen überzeugend als richtig erklärt. Er stellt sogar heraus, daß das geostatische System mit dem Wortsinn der Heiligen Schrift nicht überein-
stimme. Wenn z. B. Josuas Befehl an die Sonne wortwörtlich gemeint
gewesen wäre, so müßte er ihn, diesem System entsprechend, an den
Ersten Beweger gerichtet haben; denn durch das Anhalten von Sonne
und Mond allein würde er das ganze himmlische System gestört
haben; aber es spreche kein Anzeichen dafür, daß er das getan habe.
Die Assoziation von aristotelischer Kosmologie und ptolemäischer
Astronomie mit der Sprache der Theologie war nicht nur rein zufällig, sondern auch ganz und gar nicht vollständig.

Galilei schrieb in der kompromißlosen Sprache des wissenschaftlichen Realismus. Er glaubte an eine objektive Welt unveränder-
licher Gesetze, die unabhängig von den Erfindungen der Menschen
existiert, an eine wahre Welt, die zu entdecken – durch scharfsinnige
theoretische Beweisführung, aber dennoch mit Gewißheit – Gegenstand der Wissenschaft ist. »Nichts ändert sich jemals in der Natur,
um sich der Einsicht und den Bewegungen des Menschen anzupassen«, schrieb er 1633 an seinen Freund Elia Diodati. Er neigte dazu,
der Welt der Natur mathematisch zu begegnen; in der Astronomie
aber verstand er sich besser mit den mittelalterlichen »Physikern«
als mit den »Mathematikern« und begnügte sich nicht damit, einfach
die »Phänomene zu retten«. Wie Thomas von Aquin setzte er eine
richtige physikalische Theorie voraus, eine wirkliche physikalische
Substanz als Ursache der Phänomene (vgl. Seite 79 f.). War die reale
physikalische Welt aber eine abstrakte Struktur aus wirklichen
mathematischen, die Natur der physikalischen Substanz bestimmenden »Primärqualitäten« und deren Gesetzen, dann mußte das System
von Theorien zur Bestätigung dieser Gesetze notwendig für die
ganze Reihenfolge von Phänomenen einheitlich nach gleichen mathematischen Prinzipien formuliert werden. Gerade die Zusammen-
hanglosigkeit unter den bestehenden Bewegungslehren, z. B. zwischen der ptolemäischen Astronomie und der aristotelischen Kosmologie und zwischen deren qualitativ verschiedenen Bewegungsarten,
empfand Galilei als wenig zufriedenstellend. Salviati sagt in *Zwei
Grundsysteme*, Dritter Tag: »Es ist wahr, Hauptziel der echten
Astronomen ist es, nur für die Erscheinungsformen der Himmels-

körper Gründe zu finden, diesen und den Bewegungen der Gestirne solche Strukturen und Kreisgebilde anzupassen, daß die Bewegungen, die sich aus diesen Berechnungen ergeben, eben diesen Erscheinungsformen entsprechen; dabei haben sie wenig Skrupel, Anomalien zuzulassen, die sich in anderer Hinsicht als sehr lästig erweisen können.« Am ptolemäischen System kritisierte er besonders, daß »es einen rein arithmetischen Astronomen zwar zufriedenstellen könnte, nicht aber den philosophischen Astronomen«, d. h. den, der auch Naturwissenschaftler ist. Er fügt aber hinzu, Kopernikus habe »sehr wohl verstanden, daß, wenn man die Erscheinungen am Himmel mit von der Natur aus falschen Voraussetzungen erklären kann, das mit richtigen Annahmen noch leichter zu tun ist«.

Charakteristisch für Galileis Philosophie der Wissenschaft war die besondere Form seiner Überzeugung, er liefere in seiner neuen mathematischen Wissenschaft eine Methode, das wirkliche Buch der Natur zu lesen; das kommt deutlich in der Kontroverse über die kopernikanische Theorie zum Ausdruck. Er war des festen Glaubens, Naturauffassungen könnten als notwendig bewiesen werden, die experimentelle Bestätigung einer Theorie könne diese mit »unbezweifelbarer Gewißheit« sichern. In *Zwei neue Wissenschaften* schildert er, wie eine Untersuchung mit einer »hypothetischen Annahme« eröffnet wird, und sagt, sie könne bedingungsweise genommen werden »als ein Postulat, dessen absolute Wahrheit sich erweisen wird, wenn wir finden, daß die Schlußfolgerungen daraus dem Experiment entsprechen und mit ihm übereinstimmen«. Diese Sprache spricht er nicht nur, wenn er das kinematische Gesetz des freien Falles zur Tatsache erklärt, sondern auch, wenn er sich zur kopernikanischen Theorie äußert. So wiederholt er z. B. das Argument, diese sei ökonomischer als die ptolemäische, und bedient sich ihrer dabei in einem ganz anderen als dem konventionellen Sinn. Die Natur selbst ist es, die »das, was sie mit wenigem leisten kann, nicht mit vielem tut!« (*Zwei Grundsysteme*, Zweiter Tag).

Es war Galileis grundlegender Beitrag zur kosmologischen Debatte, daß er erkannte, mit der neuen Trägheitsdynamik ein neues, genaues physikalisches Kriterium zur Hand zu haben. Indem er alle Bewegung, gleichermaßen im Weltraum wie auf der Erde, so behandelte, daß sie durch ein einziges System der Dynamik erklärbar war, wollte er in diesem System die Erklärung mit den Möglichkeiten der Voraussage von Bewegungen verschiedener Art vereinen. Im Trägheitsgesetz erblickte er eine höhere Theorie, mit der die geozentrische Theorie unvereinbar und nur die heliozentrische vereinbar war. Sein eigener Versuch, dieses dynamische Kriterium zu gebrauchen, ging fehl, weil er weder das Trägheitsgesetz ganz verallgemeinerte, noch die wirkliche Geometrie des heliozentrischen Systems, wie Kepler sie dargelegt hatte, erkannte; freilich war es dieses Kriterium, durch das schließlich die Entscheidung fiel.

Aber im Jahre 1615 war Galilei noch nicht so weit, das dynamische Argument für die kopernikanische Theorie mit allem Nachdruck zu betonen. Eigentlich war es die Schwierigkeit, notwendige Wahrheiten über Erfahrungsdinge in jedem Einzelfall zu beweisen, die den Gegenstreich des kirchlichen Hauptakteurs in der Debatte herausforderte. Das war Kardinal Robert Bellarmine (1542–1621). Er hatte in seiner Jugend Astronomie studiert; ihm war die unglückselige Aufgabe zuteil geworden, die Entscheidung zu fällen, die Giordano Bruno 1600 auf den Scheiterhaufen brachte*. Seine Politik gegenüber Galilei war zweifellos von der Überzeugung bestimmt, daß ein solcher Vorfall sich nicht noch einmal ereignen dürfe. Er war über siebzig Jahre alt und wünschte die Dinge seines Amtes in Frieden zu ordnen. Um dem Konflikt zwischen Astronomie und Bibel zu entgehen, schlug er Galilei gegenüber den zweiten möglichen Weg ein: die Schlußfolgerungen der Naturwissenschaften abzuschwächen, die neue Astronomie nur als »wahrscheinliche Meinung und plausible Vermutung« und keineswegs als »unbezweifelbare Gewißheit« zu akzeptieren. Und das sollte in einer Form geschehen, in der die wörtliche Auslegung der Heiligen Schrift und die aristotelische Kosmologie in ihrer durch einen historischen Zufall bedingten Ehe ungestört blieben. Vor der Tatsache, daß diese Verbindung in mancher Hinsicht weniger eine Ehe als einen Sündenzustand bedeutete, schloß

---

* Giordano Bruno scheint nicht wegen seiner Verteidigung des kopernikanischen Systems angeklagt worden zu sein. Nach Lynn Thorndike, *History of Magic and Experimental Science*, Bd. 6, S. 427: »Ausgenommen die Ermahnung, die man ihm am 24. Mai 1597 gab, er solle so müßige Vorstellungen wie die einer Vielzahl und Unendlichkeit von Welten aufgeben, scheint das, was am meisten gegen ihn sprach, der Abfall von seinem Orden, seine langjährige Verbindung mit Häretikern und seine fragwürdige Haltung gegenüber der Inkarnation und der Trinität gewesen zu sein.«

er die Augen. Bellarmines Argumente hatten primär im wesentlichen Verfahrensweisen zum Ziel und waren in ihrer Anwendbarkeit beschränkt; dennoch läßt sich nicht leugnen, daß sie mit Erfolg einen philosophischen Standpunkt gegen Galilei verteidigten. Die Philosophien beider repräsentieren eine klassische Gegenüberstellung von Gegenspielern, eine Antithese in der Auffassung von Entdeckungen und Erfindungen der theoretischen Wissenschaft, die zugleich antik, von zäher Lebensdauer und leicht mißzuverstehen ist.

Die scholastischen Logiker hatten sehr wohl begriffen, daß Phänomene die Hypothesen, die sie »retten« und erklären müssen, nicht eindeutig bestimmen können; denn aus sehr verschiedenen Prämissen lassen sich gleiche Schlüsse ziehen, und die experimentelle Verifizierung des Folgenden erlaubt keine sichere Aussage über das Vorausgegangene. Dieses Prinzip, im 13. und 14. Jahrhundert in Oxford entwickelt, war im 16. Jahrhundert in der Schule der Logik in Padua zu einem Gemeinplatz geworden (vgl. Seite 261 f.). Als typisch ist eine Feststellung des Agostino Nifo zu bezeichnen. Er hatte in seinem Kommentar zur *Physik* des Aristoteles unterschieden zwischen den logischen Prozessen des Entdeckens und des Beweisens und hatte die Gewißheit der Mathematik, bei der Prämissen und Schluß vertauschbar sind, dem mutmaßlichen Charakter der Erkenntnis von Ursachen in der Naturwissenschaft gegenübergestellt*. In *De Caelo et Mundo Commentaria*, Venedig 1553, Buch 2, schrieb Nifo über die Bewertung astronomischer Hypothesen:

»In einer guten Beweisführung folgt die Wirkung mit Notwendigkeit aus der angenommenen Ursache, und diese muß in Hinsicht auf die beobachtete Wirkung als notwendig angenommen sein. Wenn man nun Exzentrizitäten und Epyzikel annimmt, so ist es sicher, daß der Augenschein bestätigt wird. Nicht aber stimmt die Umkehrung mit Notwendigkeit, daß, wenn die Erscheinungsformen gegeben sind, die Exzentrizitäten und Epyzikel existieren müssen. Das stimmt nur vorläufig, und zwar so lange, bis eine bessere Erklärung gefunden ist, die sowohl die Phänomene bedingt als auch von ihnen gefordert wird. Also befinden sich alle die Männer im Irrtum, die sich

---

* Viele Gelehrte, auch Descartes und Newton, setzten ihren Ehrgeiz daran, die Naturwissenschaft in dieser Hinsicht so weit wie möglich der Mathematik anzugleichen; vgl. Seite 537, 553 f.

bei einem natürlichen Phänomen, das sich aus vielen Ursachen ereignen kann, für eine einzige Ursache entscheiden.«

Diese logische Doktrin benutzte Bellarmine, um Galileis Argumenten für die neue Astronomie die Zähne auszuziehen; Gelegenheit dazu bot ihm der Brief eines Landsmannes von Galilei, des Karmelitermönchs Paolo Antonio Foscarini; dieser hatte sich der Meinung Galileis angeschlossen, daß das kopernikanische System als eine physikalische Tatsache und nicht als ein bloßes Rechenschema anzusehen sei, und hatte gezeigt, wie die einschlägigen Schriftstellen damit in Einklang gebracht werden könnten. Bellarmines Antwort, ebenfalls 1615 geschrieben, wies den Vorschlag Foscarinis zurück.

»Mir scheint«, schrieb er, »Euer Ehrwürden und Herr Galilei handeln vorsichtig, wenn Sie sich damit begnügen, hypothetisch *(ex suppositione)* und nicht absolut zu sprechen. Ich war immer der Meinung, auch Kopernikus habe das getan. Zu sagen, daß unter der Voraussetzung der Erdumdrehung und des Sonnenstillstandes alle Erscheinungen am Himmel besser zu erklären sind als mit der Theorie der Exzentrizitäten und Epizykel, heißt, mit lobenswertem, gesundem Menschenverstand sprechen und gar nichts riskieren. Eine solche Redeweise genügt für einen Mathematiker. Wenn man aber behauptet, die Sonne stehe in Wirklichkeit im Mittelpunkt des Universums, rotiere nur um ihre eigene Achse, ohne von Ost nach West zu wandern, und die Erde befinde sich im dritten Himmel (d. h. in der dritten Sphäre, vgl. Tafel XLV) und drehe sich mit größter Geschwindigkeit um die Sonne, dann ist das eine sehr gefährliche Haltung, dazu geeignet, nicht nur alle scholastischen Philosophen und Theologen aufzustören, sondern auch durch Widerspruch zur Heiligen Schrift unseren heiligen Glauben zu beleidigen. Euer Ehrwürden haben deutlich gezeigt, daß es mehrere Wege gibt, das Wort Gottes auszulegen, nur haben Sie diese Methoden auf keine bestimmte Stelle angewandt. Hätten Sie alle zitierten Texte nach der Methode Ihrer Wahl interpretiert, so würden Sie in die allerernstesten Schwierigkeiten geraten sein.

Sie werden wissen, daß das Konzil von Trient verbietet, die Heilige Schrift in einer Weise auszulegen, die der gemeinsamen Auffassung der heiligen Väter widerpricht... Man kann nicht sagen, hier handele es sich nicht um eine Glaubensangelegenheit; vielleicht ist es keine Sache des Glaubens *ex parte objecti*, was den Gegenstand betrifft, sicher ist es eine Glaubenssache *ex parte dicentis*, im Hinblick auf den, der es verkündet ...

Gäbe es wirklich einen Beweis dafür, daß die Sonne im Mittelpunkt des Weltalls steht, daß die Erde im dritten Himmel kreist, die Sonne sich nicht um die Erde, sondern die Erde sich um die Sonne dreht – dann müßten wir mit großer Umsicht daran gehen, Schriftstellen zu erklären, die das Gegenteil zu lehren scheinen, und lieber zugeben, daß wir sie nicht verstehen, als eine Meinung für falsch zu erklären, deren Richtigkeit bewiesen ist. Was mich selbst angeht, so werde ich nicht glauben, daß es solche Beweise gibt, bis man sie mir vorführt. Ein Beweis, der unter der Voraussetzung, daß die Sonne im Mittelpunkt des Universums und die Erde im dritten Himmel steht, die Erscheinungen am Himmel bestätigt, ist noch nicht der Beweis dafür, daß die Sonne wirklich im Mittelpunkt und die Erde im dritten Himmel steht. Die erste Art von Beweis kann, so glaube ich, gefunden werden, für die zweite Art habe ich die ernstesten Zweifel, und im Zweifelsfalle sollten wir uns an die von den heiligen Vätern verbürgte Auslegung der heiligen Texte halten.«

Bellarmine hatte die technischen Einzelheiten von *De Revolutionibus* offensichtlich nicht begriffen; er hatte aber Osianders vorsichtige Einleitung gelesen. Das kopernikanische System sollte einfach als mathematische Hypothese zur Aufstellung von Berechnungen angesehen werden. Als solche war es 1582 für den Gregorianischen Kalender benutzt worden. Galileis Hinweise auf die Schriftinterpretation, explizite eine Darlegung der Lehren von Augustinus und den Kirchenvätern, waren an sich in Rom gut aufgenommen worden. Fragwürdig daran war nur die Vorsicht des Laien, der es unternimmt, Theologen in ihren eigenen Angelegenheiten zu belehren. Was in den Beratungen der Kongregation des Heiligen Offiziums, vor die die kopernikanische Angelegenheit gekommen war, bei weitem überwog, war Bellarmines philosophische Diplomatie und die des Osiander, eines lutherischen Pfarrers. Die römischen Autoritäten waren zweifellos zum Teil bemüht, den Text der Heiligen Schrift vor endlosen privaten Auslegungen nach protestantischem Muster zu bewahren. Auf jeden Fall gingen sie auf Sicherheit. Galileis persönliche Intervention in Rom war insofern nützlich, als sie ihn selbst von dem völlig unbegründeten und böswillig verbreiteten Verdacht der Häresie und Blasphemie reinigte; aber er überzeugte keinen von der Richtigkeit der kopernikanischen Theorie. Am 24. Februar 1616 legten die theologischen Experten, die Beurteiler des Heiligen Offiziums, ihren berühmten Bericht vor. Sie erklärten, daß die Behauptung, »die Sonne ist Mittelpunkt der Welt und ohne jede Ortsveränderung« »töricht und philosophisch absurd« sei, »formell häretisch insofern, als sie ausdrücklich den Lehren der Heiligen Schrift an manchen Stellen widerspricht, sowohl nach der wörtlichen Deutung als auch der gemeinsamen Darlegung und Deutung der heiligen Väter und Doktoren«; die Behauptung, »die Erde ist nicht Mittelpunkt der Welt und nicht unbeweglich, sie bewegt sich als Ganzes und dreht sich außerdem täglich um sich selbst«, sei wert, »die gleiche Note in Philosophie zu erhalten und sei, als theologische Wahrheit betrachtet, zumindest ein Glaubensirrtum«. Am 3. März veröffentlichte die Indexkongregation ein Dekret, das *De Revolutionibus* von Kopernikus bis zur Berichtigung verbot. Es ist wohl der Intervention des Kardinals Maffeo Barberini, des späteren Papstes Urban VIII. zuzuschreiben, daß die Kongregation einen Unterschied zwischen wissenschaftlicher Hypothese und theologischer Auslegung machte und es ablehnte, *De Revolutionibus* ganz und gar zu verbieten. Die »Korrekturen« beliefen sich auf sehr kleine Änderungen, die allerdings herausstellten, daß es sich nur um eine Hypothese handle. 1620 wurde die Erlaubnis ausgesprochen, das Buch zu lesen. Übrigens war das Verbot niemals so, daß die kopernikanische Theorie formell häretisch genannt wurde; es gab wohl genug Zeitgenossen, die die Feinheiten der Unterscheidung nicht bemerkten und verständlicherweise meinten, es sei an dem. Foscarinis Buch über die Interpretation der Heiligen Schrift wurde um dieselbe Zeit absolut verboten. Galilei wurde nicht mit Namen genannt, obwohl er in Wirklichkeit die Zentralfigur und das Opfer dieses Dramas war. Er scheute die Öffentlichkeit nicht und war während dieses ganzen römischen Winters schonungslos in seiner Verteidigung der neuen Astronomie gewesen. »Wir haben einen Herrn Galilei hier, der oft in Versammlungen von Neugierigen die Geister durch die Meinung des Kopernikus verwirrt, die er für richtig hält«, schreibt ein gewisser Römer, Monsior Querengo (in einem Brief, der in der nationalen Ausgabe von Galileis Werken in Florenz veröffentlicht ist). »Er diskutiert oft mit fünfzehn oder zwanzig Gästen, die ihn heftig angreifen, einmal in diesem Hause, ein andermal in jenem. Aber er ist so gut ausgerüstet, daß er sie alle auslacht. Die Neuartigkeit seiner Ansichten verhindert zwar, daß er die Leute überredet, dennoch beweist er die Eitelkeit der meisten Argumente, mit denen seine Gegner ihn zu Fall bringen wollen. Besonders am Montag vollbrachte er im Hause des Federico Ghisilieri wunderbare Kunststücke. Was mir am meisten dabei gefiel, war die Art und Weise, wie er die Gegengründe, bevor er darauf antwortete, ausweitete und selbst mit neuen, scheinbar unwiderleglichen Gründen bestärkte, ehe er sie dann schließlich zunichte machte und seine Gegner um so mehr der Lächerlichkeit preisgab.« In dem Drama, um das soviel philosophische Tinte vergossen worden ist, spielte sicherlich die einfache Tatsache der Persönlichkeit eine große Rolle. Nach dem Dekret schrieb Querengo einen anderen Brief, in dem sich die unverbindliche Meinung des Mannes von Welt ausdrückt. »Die Dispute des Herrn Galilei haben sich in alchimistischen Rauch aufgelöst, seitdem das Heilige Offizium erklärt hat, jeder, der diese Ansichten stütze, sage sich öffentlich von den unfehlbaren Dogmen der Kirche los. Da stehen wir nun am Ende wieder sicher auf einer festen Erde und brauchen nicht mit ihr durch den Weltraum zu fliegen wie Ameisen, die auf einem Ballon krabbeln.«

Es gibt zwei Dokumente, die angeblich beschreiben, was Galilei nach der Entscheidung der Kongregation des Heiligen Offiziums mitgeteilt wurde. Nach einer Bescheinigung, die ihm von Bellarmine überreicht wurde, gab man ihm lediglich das Dekret zur Kenntnis mit der Erklärung, daß die kopernikanischen Thesen der Heiligen Schrift widersprechend seien und »folglich weder behauptet noch verteidigt werden dürfen«. Aber nach einem möglicherweise falschen, in den Inquisitionsbericht eingeschobenen Memorandum wurde Galilei von Bellarmine warnend auf »den Irrtum der vorher geäußerten Meinungen hingewiesen und ermahnt, sie aufzugeben. Und unmittelbar danach« wurde ihm von dem Generalkommissar des Heiligen Offiziums in Gegenwart von Bellarmine und anderen Zeugen »im Namen Seiner Heiligkeit des Papstes und der ganzen Kongregation des Heiligen Offiziums befohlen, die Meinung aufzugeben, daß die Sonne Mittelpunkt der Welt und unverrückbar sei und daß die Erde sich bewege. Sie dürfe in Zukunft weder behauptet noch gelehrt noch in irgendeiner Weise in Wort oder Schrift verteidigt werden; andernfalls würde ein Verfahren des Heiligen Offiziums gegen ihn angestrengt werden; welchen gerichtlichen Befehl der besagte Galilei annahm und zu befolgen versprach.« Der Unterschied zwischen den beiden Versionen sollte in Galileis Prozeß 1633 von Bedeutung sein.

Galilei wartete auf eine Gelegenheit, den Beweis für eine Ansicht zu erbringen, die er mit guten, wenn auch nicht schlüssigen Gründen für richtig hielt. Diese kam 1623 mit der Wahl Maffeo Barberinis, eines Florentiners, eines Freundes der Künste, der wie Galilei Mitglied der Academia dei Lincei war, zum Papst Urban VIII. Galilei hatte alle Argumente, die *gegen* die Bewegung der Erde vorgebracht worden waren, widerlegt. Darüber hinaus kam er zu dem Schluß, daß Ebbe und Flut nur zu erklären waren, wenn man eine doppelte Bewegung der Erde annahm: die um ihre eigene Achse und die um die Sonne. Keplers Gravitationstheorie akzeptierte er nicht, weil er nicht an eine Anziehung über eine Entfernung weg glaubte. Statt dessen gab er eine Erklärung, die sich auf die Beibehaltung des Bewegungsmomentes der See stützte. Es war sein Wunsch, darzutun, daß die Gezeitenbewegungen mit der Annahme der täglichen und jährlichen Erdbewegung beweisbar sind und daß die Existenz jener Umdrehungen durch die Existenz der Gezeiten bewiesen wird. Dieses war der Hauptbeweis der Dynamik, zu dem alle vorausgegangenen Diskussionen über Dynamik hinführten, und der schließlich den Höhepunkt im *Dialog, die zwei Hauptsysteme der Welt betreffend,* Vierter Tag (1632), darstellte. Er trug nicht viel dazu bei, Galileis Zeitgenossen zu überzeugen; erst in Verbindung mit den späteren Arbeiten von Huygens und Newton wurde es möglich, der Sache auf den Grund zu gehen und den Trugschluß in dem genialen Argument Galileis zu erkennen.

Galileis Hoffnungen auf eine echte Wiederbelebung der kopernikanischen Frage erfüllten sich nicht. Urban stimmte der Veröffentlichung einer neuen Diskussion über den Gegenstand nur unter der Bedingung zu, daß er hypothetisch bleiben müsse. Der Standpunkt der Kirche hatte sich seit Bellarmines Zeit in Wirklichkeit nicht geändert. Wie sehr er sich von dem Galileis unterschied, läßt sich aus der Rede am Ende des *Dialogs* ersehen, in der Galilei dem Simplicio die Meinungen in den Mund legt, die er nach päpstlicher Instruktion aufgeben sollte. Bei der Diskussion der Frage, ob es möglich sei,

die Bewegung der Erde schlüssig zu beweisen, fragt Simplicio, ob
Gott nicht in seiner unendlichen Weisheit und Macht die Gezeiten
durch etwas anderes hätte verursachen können als durch das, was
Galilei meine. »Ich halte mir immer eine höchst solide Lehre vor
Augen, die ich einst von einer hervorragenden und gelehrten Person
gehört habe, vor der unsereiner nur schweigen kann«, erklärt er.
»Ich weiß, du möchtest mir antworten, Gott könne das sicherlich
getan haben und Er hätte vielerlei Weisen gewußt, es zu tun, die
über unsere geistigen Möglichkeiten hinausgehen. Daraus schließe
ich geradenwegs: Wenn das so ist, dann wäre es eine unbegreifliche
Kühnheit, die göttliche Macht und Weisheit auf irgendeine unserer
eigenen Phantasien beschränken zu wollen« *(fantasia particolare)*.
Salviati antwortet: »Eine wunderbare und wahrlich engelhafte Lehre,
wohl stimmend zu einer anderen, auch göttlichen Lehre, die uns zwar
das Recht zugesteht, über den Aufbau des Universums zu streiten
(vielleicht, damit die Arbeit des menschlichen Geistes nicht beschnit-
ten wird oder gar einschläft), aber hinzufügt, daß wir das Werk
Seiner Hände nicht erkennen können.«

Das Argument von Gottes Allmacht, das im 13. Jahrhundert dien-
lich gewesen war, die Naturwissenschaft von den Beschränkungen des
Aristotelismus zu befreien, hatte sich als Bumerang erwiesen*. Galileis Standpunkt war dieser: das Argument stimme zweifellos; den-

---

* Vgl. Leibnizens Brief an den Abbé Conti vom November oder Dezember
1715, der sich auf Newtons natürliche Theologie bezieht, die Gegenstand
einer Kontroverse mit Samuel Clarke war: »Und die Tatsache, daß wir
noch nicht genau und im einzelnen wissen, wie die Schwerkraft oder die
magnetische Kraft erzeugt werden, gibt uns nicht das geringste Recht,
daraus scholastische okkulte Eigenschaften oder Wunder zu machen. Aber
sie gibt uns noch weniger das Recht, die Weisheit und Macht Gottes ein-
zugrenzen und Ihm ein *sensorium* oder etwas Ähnliches anzudichten« *(Recueil de diverses Pièces sur la Philosophie, la Religion Naturelle, l'Histoire,
les Mathematiques, etc. par Mrs. Leibnitz, Clarke, Newton, et autres Au-
tuers célèbres*, ed. Des Maiseaux, Amsterdam, 1720, II, 9).

»Glaubwürdigkeit ist schädlich, Unglaubwürdigkeit ebenfalls: ein wei-
ser Mann tut darum gut daran, alles zu versuchen, um festzuhalten, was
anerkannt ist, niemals die Macht Gottes zu begrenzen und der Natur keine
Schranken aufzuerlegen« (Boerhaave, *A New Method of Chemistry*, London,
1741).

noch sei er interessiert daran, herauszufinden, wie Gott nun *wirklich* die Welt erschaffen habe.

Wenn er also überhaupt einen Beweis der kopernikanischen Theorie veröffentlichen wollte, ohne direkt gegen die kirchliche Autorität vorzugehen, so war das ohne eine gewisse Wortklauberei nicht möglich. Der allgemeine Befehl des Dekrets von 1616 bestand noch. Was zu Galileis Verderben führte, war seine falsche Einschätzung des Risikos, wobei gesagt werden muß, daß damit die Aktion, die gegen ihn unternommen wurde, keineswegs gerechtfertigt ist. Er traf alle Vorsichtsmaßnahmen, unterstützt von seinen Freunden: dem Meister der apostolischen Kanzlei, dem höchsten Verantwortlichen für die Erteilung von Lizenzen und dem Sekretär des Papstes, um die Herausgabe des *Dialogs* mit allen offiziellen Genehmigungen zu sichern. Vom Erzbischof von Florenz erhielt er das *Imprimatur;* wohl scheint es einige Verwirrung unter den verschiedenen Autoritäten gegeben zu haben, die ihm alle gewogen waren. Auf Anweisung des Papstes hatte Galilei ein Vor- und ein Nachwort hinzugefügt, die erklärten, daß die Argumente nur als vermutlich und hypothetisch anzusehen seien. Aber die ganze Diskussion zwischen Vor- und Nachwort verriet eine entgegengesetzte Absicht und machte die Kasuistik dieser Erklärung offenbar. Mit einigem Recht beschuldigte Papst Urban darum Galilei, er habe ein ihm selber gegebenes Versprechen nicht gehalten. Daraufhin klagte ihn die Römische Inquisition an, dem gerichtlichen Befehl, erteilt in dem Memorandum von 1616, nicht gehorcht zu haben, indem er nur vorgebe, die verurteilte Lehre »als eine Hypothese« darzustellen *(quamvis hypothetice)*. Galilei leugnete, einen solchen Befehl überhaupt zu kennen. Nach Verhandlungen, die alles andere als straff geführt worden waren, wurde er für schuldig befunden, wobei drei von zehn Kardinal-Richtern ihre Unterschrift verweigerten. Am 22. Juni 1633 zwang man ihn, im Kloster der Dominikaner von Santa Maria sopra Minerva dem Glauben an die verurteilten kopernikanischen Thesen abzuschwören. Der *Dialog* wurde verboten. Der berühmte Satz *Eppus si muove* (Und sie bewegt sich doch!) erscheint zum erstenmal in der Unterschrift zu einem Porträt Galileis, das in seinem Todesjahr gemalt ist. Es ist unwahrscheinlich, daß er diese Worte gemurmelt haben sollte, als er sich nach einer so demütigend vollständigen Unterwerfung von den Knien erhob. Was seine leibliche Behandlung während des Gerichtsverfahrens betrifft, so war allem Anschein nach das Schlimmste, was er zu erleiden hatte, die Gefangenschaft in bequemen Unterkünften. Schlimmer war für ihn, daß er für den Rest seines Lebens auf seinen Bauernhof in den Hügeln südlich von Florenz verbannt wurde. Aber sein wirkliches Leiden war ganz anderer Art. Galilei hatte durch Erfahrung gelernt, zu unterscheiden zwischen der Wahrheit und dem Verhalten derer, die im Interesse der Wahrheit zu handeln behaupteten. Aber es ging fast über das Maß des Ertragbaren, von den Autoritäten der Kirche, an deren Lehren er glaubte und der er dienen wollte, gedemütigt zu sein. Der Triumph der »Ignoranz, der Ehrfurchtslosigkeit, des Betruges und der Hinterlist«, wie er das Gerichtsverfahren später nannte, war ein ebenso unnötiger wie unerwünschter Abschluß der geistvollen Forschungsarbeit christlicher Philosophen der Naturwissenschaft.

Das Dekret gegen die kopernikanischen Thesen und die Verurteilung Galileis brachten die Katholiken für mehr als ein ganzes Jahrhundert in eine schwierige Lage; sie konnten aber nicht verhindern, daß in Italien und anderen katholischen Ländern hervorragende Arbeit in der praktischen Astronomie geleistet wurde und daß die nichtverbotenen Zweige der Naturwissenschaft sich weiterentwickelten. Galilei selbst, nun schon ein alter Mann, setzte seine Arbeiten über Mechanik fort und vollendete seinen *Dialog, zwei neue Wissenschaften betreffend,* der sein bedeutendster Beitrag auf diesem Gebiet ist. Er ließ ihn aber in Holland erscheinen (1638). Sogar in der theoretischen Astronomie ging die Arbeit hinter einer Fassade von gescheiten Spitzfindigkeiten weiter. Zum Beispiel ging Alfonso Borelli 1660 genau nach dem Buchstaben des Dekrets vor, indem er die Theorie der Himmelsmechanik auf Jupiter und seine Satelliten beschränkte, offensichtlich aber beabsichtigte, sie auf Erde und Mond anzuwenden. Ein weiteres merkwürdiges Ergebnis des Dekrets war die Herausgabe von Newtons *Principia* (1639–1642) mit einem Kommentar der Minoritenpatres Le Sœur und Jacquier, die das Newtonsche Weltsystem als »hypothetisch« darstellen; die *Principia* waren ursprünglich in den *Philosophical Transactions of the Royal Society* als mathematischer Beweis des kopernikanischen Systems angekündigt worden. Für das »freie Philosophieren über die Dinge der Welt und der Natur«, das Galilei so sehr am Herzen gelegen hatte, war die Atmosphäre bestimmt nicht günstig. Richelieu unternahm einen Versuch, die kopernikanischen Thesen durch die Sorbonne verurteilen zu lassen, hatte aber keinen Erfolg damit. Es wurde entschieden, daß es sich um eine Sache der Philosophie und nicht der Autorität handle. Als Descartes, damals schon ein recht nervöser Philosoph, in Holland, wo er lebte, von der Verurteilung Galileis hörte, nahm er explizite dessen Haltung an, sich hinter der Philosophie zu verbergen, und wurde – nach dem Ausspruch von Maxime Leroy – der »philosophe au masque«. Im November 1633 schrieb er aufgeregt an Mersenne, der die Veröffentlichung von *Le Monde* betrieb, um Neues über die Affäre der kopernikanischen Theorie zu erfahren: »Und ich bekenne, wenn sie falsch ist, dann sind die ganzen Grundlagen meiner Philosophie es ebenfalls; denn sie ist ohne Zweifel aus ihnen hergeleitet.« Als er erfuhr, was sich ereignet hatte, schrieb er weitere Briefe an Mersenne, in denen er bat, *Le Monde* zurückzuziehen.

»Sie wissen zweifellos, daß Galilei vor kurzem von den Inquisitoren in Haft genommen wurde und daß seine Ansicht über die Bewegung der Erde als Irrlehre verurteilt worden ist. Nun möchte ich Ihnen darlegen, daß alle Dinge, die ich in meiner Abhandlung erklärt habe, darunter auch diese Ansicht von der Bewegung der Erde, so sehr voneinander abhängen, daß es genügt, eines davon als falsch zu erkennen, um zu wissen, daß alle vorgebrachten Gründe hinfällig sind. Und obwohl ich dachte, sie beruhten auf ganz sicheren und evidenten Beweisen, so möchte ich doch um nichts in der Welt gegen die Autorität der Kirche daran festhalten. Ich weiß wohl, man könnte sagen, daß eine Sache, die von den römischen Inquisitoren entschieden worden ist, damit noch nicht zu einem verpflichtenden Glaubensartikel wird, sondern daß zunächst das Konzil befragt werden muß. Aber so sehr bin ich nicht in meine eigenen Gedanken verliebt, daß ich mich auf solche Einschränkungen berufen möchte, nur um an ihnen festzuhalten. Ich möchte in Frieden leben und das Leben fortsetzen, das ich mit dem Motto begonnen habe: *Bene vixit, bene qui latuit* [Der lebt wohl, der sich aus der Sichtweite heraushält]. Dabei gebe ich gerne zu, daß ich glücklich bin, von der Furcht befreit zu sein, mehr Bekanntschaften machen zu müssen, als mir lieb ist, und gar nicht traurig, die Zeit und Sorge, die ich auf das Schreiben verwandte, verschwendet zu haben ... Ich habe eine Notiz über die Verurteilung Galileis gelesen, die am 20. September 1633 in Lüttich gedruckt ist; darin kommen die Worte vor: *quamvis hypothetice a se illam proponi simularet* [er gab vor, seine Behauptungen als Hypothesen zu präsentieren]. Darnach scheinen sie sogar die Anwendung dieser Hypothesen in der Astronomie zu verbieten ... Aber da ich nirgendwo gelesen habe, daß diese Zensur vom Papst oder vom Konzil autorisiert ist, sondern nur von einer einzelnen Kongregation von Kardinal-Inquisitoren, gebe ich nicht alle Hoffnung auf, daß mit dieser Sache etwas Ähnliches passiert wie mit den Antipoden, die auch schon einmal mehr oder weniger verboten waren. Dann könnte im Laufe der Zeit auch mein Buch *Le Monde* wieder das Licht der Welt erblicken. Auf diesen Umstand hin werde ich all meine geistigen Fähigkeiten einsetzen müssen.«

Als Descartes schließlich im Jahre 1644 seine Kosmologie in *Principia Philosophiae* veröffentlichte, geschah es unter dem Deckmantel der Darbietung seiner physikalischen Theorien als Fiktionen (vgl. Seite 549). »Was ich geschrieben habe, möchte ich lediglich als eine Hypothese genommen wissen, die vielleicht der Wahrheit sehr fern ist.« Mit seiner Definition der Bewegung als *bloßer* Übertragung von der Nähe einer Gruppe von Körpern auf die Nähe einer anderen Gruppe konnte er jede Bewegung als völlig relativ annehmen; denn jede Gruppe von Körpern konnte damit willkürlich als ruhender Bezugspunkt gewählt werden. Das gab ihm die Möglichkeit zu der formellen Erklärung, die Erde befinde sich in Ruhe. Was das antikopernikanische Dekret den Physikern aufgezwungen hatte, war tief in die Seele Descartes' eingedrungen, und das trug ihm den Spott Newtons ein. Dieses Dekret mitsamt dem theologischen Beiwerk ist für die mehr »positivistische« Gedankenrichtung des 17. Jahrhunderts in weit stärkerem Maße verantwortlich zu machen, als manchmal angenommen wird.

Descartes hatte den bedeutsamen Punkt erkannt, daß die kopernikanischen Thesen ohne päpstliche Ratifizierung nicht formell zu Irrlehren, dem Glauben widersprechend, erklärt worden waren. Gassendi wies auf dieselbe Tatsache hin. Sogar der Generalkommissar Vincenzo Maculano da Firenzuola, der die Verhandlungen gegen Galilei geführt hatte, gab gegenüber dem benediktinischen Schüler und Freund Galileis, Benedetto Castelli, zu, daß astronomische Fragen nicht durch die Heilige Schrift entschieden werden können; denn diese ist nur um Fragen des Heils bemüht. In den folgenden Jahrzehnten wiesen zahlreiche Jesuiten auf denselben Punkt hin wie Descartes und Gassendi. Zum Beispiel verfaßte der französische Jesuit Honoré Fabri 1661 eine Schrift zur Verteidigung der geozentrischen Bibelstellen und sagte darin: Wenn jemals schlüssige Beweisgründe gefunden würden, so zweifle er nicht daran, daß die Kirche dann erklären würde, diese Stellen müßten »im bildlichen Sinne« verstanden werden. Erst 1757 annulierte Papst Benedikt XIV. das antikopernikanische Dekret. 1893 gab Papst Leo XIII. eine öffentliche Ehrenerklärung für Galilei ab, indem er seine Enzyklika *Providentissimus Deus* auf den exegetischen Prinzipien aufbaute, die Galilei vorgeschlagen hatte; den Fundamentalismus Bellarmines und der Richter des Heiligen Offiziums verwarf er.

1908 machte Pierre Duhem in seinem *Essai sur la notion de théorie physique de Platon et Galilei (Annales de philosophie chrétienne*, Bd. 8, Seite 584 f., 588) die berühmte Bemerkung, die letzten Entwicklungen in der Physik hätten gezeigt, daß »die Logik auf der Seite Osianders, Bellarmines und Urbans VIII. war und nicht auf der Keplers und Galileis; die ersteren haben die eigentliche Bedeutung der experimentellen Methode erkannt, die letzteren haben sie mißverstanden ...«

»Angenommen, die Hypothesen des Kopernikus könnten alle bekannten Erscheinungsformen erklären; daraus könnte man schließen, daß sie möglicherweise wahr sind, nicht aber, daß sie mit Notwendigkeit stimmen. Denn um diesen letzten Schluß zu legitimieren, müßte man beweisen, daß kein anderes System erdenkbar ist, das die Erscheinungsformen genauso gut erklärt. Dieser letzte Beweis ist aber niemals geführt worden.«

Damit verwies Duhem auf den entscheidenden Punkt, den er in *La Théorie Physique: son object, sa structure* (1914) noch weiter ausführt: daß nämlich das Experiment niemals eine Theorie als unwiderleglich ausweisen kann. Mit der Einführung des dynamischen Kriteriums für die Wahl zwischen zwei Theorien, die mit gleicher Genauigkeit die »Erscheinungsformen am Himmel retten«, hatte Galilei einen Test zur Erprobung einer Theorie durch die Reichweite ihrer Anwendbarkeit geschaffen. Das stellte auch Duhem fest. Dieses Testverfahren ist aber vielleicht der Nachweis dafür, daß Galilei und Kepler gezeigt haben, wie man bei der *Widerlegung* einer astronomischen Theorie vorzugehen, und daß Newton die geozentrische

Hypothese tatsächlich widerlegt hat*. Hierbei kann die Nichtbestätigung einer Sache durch das Experiment es notwendig machen, auch das Voraufgehende abzulehnen, ihre Verifizierung dagegen braucht das Vorausgehende nicht unbedingt zu bestätigen. Auch wenn man von Duhems irriger Auslegung Bellarmines in bezug auf die »positivistische« Interpretation der Wissenschaft absieht, läßt sich sagen, daß die Ansicht, die beiden rivalisierenden Theorien seien nichts als alternative Rechenschemata, Galileis Testverfahren bestimmt nicht überleben wird.

J. H. Newman, der spätere Kardinal, schrieb 1844 in seinem *Sermons chiefly on the Theory of Religious Belief*: »Wäre unser Bewegungssinn nur ein zufälliges Ergebnis unserer Sinnesorgane, so stimmt keine der Behauptungen, und zugleich sind beide wahr; keine ist philosophisch richtig, beide sind es im Hinblick auf gewisse praktische Zwecke innerhalb des Systems, auf das sie sich beziehen.« Natürlich wollte Newman keine Revolution der Logik bewirken, er wollte eine Schwierigkeit in theologischen Kontroversen behandeln. Etwas Ähnliches geht manchmal vor sich, wenn behauptet wird, Einsteins Relativitätstheorie habe Galileis Problem bedeutungslos gemacht, weil Bewegung und Ruhe nur in Beziehung auf ein gebräuchliches Richtmaß definiert werden können; demnach kann man mit gleicher Berechtigung eine stationäre Erde wie eine stationäre Sonne annehmen, je nachdem, worauf man sich bezieht. Aber für die allgemeine Relativität ist es genauso sinnvoll, zu sagen, daß die Erde sich dreht, wie es für Galilei und Newton war. Um ein mittelalterliches Beispiel zu nehmen: Von der Erde läßt sich sagen, sie drehe sich, wie man von einem Mühlstein sagen kann, daß er sich dreht: er rotiert in bezug auf alle lokalen Trägheitssysteme. In diesem Sinne ist die Bewegung der Erde ein Streitfall. Eine sophistische logische Interpretation der Wissenschaft sieht sich unvermeidlich der Tatsache gegenübergestellt, daß eine theoretische Analyse durchaus echte physikalische Entdeckungen machen kann; Galileis Behauptung allerdings, eine Theorie, die nach seinen Prinzipien verifiziert ist, stelle eine »notwendige« Wahrheit dar, muß als ein Beweis dafür angesehen werden, daß er selbst noch der Gefangene eines allzu simplen euklidischen Modells der Physik war.

* Vgl. Karl R. Popper, "Three views of human knowledge" in *Contemporary British Philosophy*: Personal Statements (3. Reihe), London, 1956.

EXPERIMENT UND MESSUNG IN DER PHYSIOLOGIE

Die quantitative Methode, die Galilei mit soviel Erfolg in der Mechanik angewandt hatte und die in der Astronomie Triumphe feiern sollte, war auch für einen anderen Zweig der Wissenschaft, die experimentelle Physiologie, im 17. Jahrhundert von großer Bedeutung.

Schon Galilei hatte bei der Untersuchung der Stärke und Zusammenhaltkraft von Stoffen gezeigt, daß – wenn das Gewicht in der dritten Potenz zunimmt – die Fläche des Querschnittes, von der die Stärke abhängt, sich nur um das Quadrat der linearen Dimension vergrößert. Es mußte also eine definitive Grenze für die Größenausdehnung von Landtieren geben; sie konnten nicht größer sein, als ihre Glieder zu tragen und ihre Muskeln zu bewegen vermochten. Tiere im Wasser, das einen Teil ihres Gewichtes trägt, können dagegen enorme Größen erreichen.

Einer der ersten, die Galileis Methoden auf physiologische Probleme anwandten, war sein Kollege Santorio Santorii, Professor der Medizin in Padua (1561–1636). Er beschrieb eine Anzahl von Instrumenten, wie z. B. ein Pulsimeter, ein kleines Pendel zur Messung des Pulsschlages, und ein Fieberthermometer. Dieses benutzte er, um bei den Patienten die Wärme des Herzens durch die Wärme der ausgeatmeten Luft zu messen, von der man annahm, daß sie aus dem Herzen käme. Er baute auch Instrumente, um im Munde oder in der Hand die Temperatur zu messen. Seine Methode ging dahin, zu beobachten, um wieviel die Flüssigkeit im Thermometer sank, während das Pulsimeter zehn Pulsschläge verzeichnete. Dieses hängt nun nicht allein von der Temperatur des Patienten ab, sondern auch von der Geschwindigkeit der peripheren Zirkulation, die bei Fieber ansteigt. Darum war Santorios Messung wahrscheinlich eine ausgezeichnete Fieberindikation. In einem seiner Werke, *De Medicina Statica* (1614), beschreibt er ein Experiment, das zur Grundlage der modernen Stoffwechselforschung wurde. Er verbrachte Tage auf einer riesigen Waage und wog sorgfältig alle Nahrung und alle Exkremente; er glaubte dann, der Körper verliere an Gewicht durch »unsichtbares Schwitzen«.

Die Wende in der Physiologie war im wesentlichen das Werk William Harveys (1578–1657). Nach abgeschlossenem Studium in Cambridge verbrachte Harvey fünf Jahre in Padua unter Hieronymo

Fabrizio von Aquapendente (1537–1619), der Galileis Mitarbeiter und sein Arzt war. Dort lernte Harvey von seinem verehrten Lehrer die vergleichende Methode schätzen. Viele seiner eigenen Untersuchungen in der vergleichenden Anatomie sind im englischen Bürgerkrieg verlorengegangen; aber in den beiden noch vorhandenen Büchern betont er die Bedeutung der vergleichenden Anatomie sowohl um ihrer selbst willen als auch für die Klärung der Struktur und Physiologie des Menschen. Er untersuchte die Herzen vieler Wirbeltiere: Eidechsen, Frösche und Fische, und vieler wirbelloser: Schnecken, kleine durchsichtige Garnelen und Insekten. Bei Insekten beobachtete er das pulsierende Rückengefäß mit einem Vergrößerungsglas. In Padua war zu jener Zeit Galilei Professor an der dortigen Universität; aber Harvey und Galilei scheinen einander niemals begegnet zu sein, und Harvey erwähnt Galilei in seinen Werken überhaupt nicht. Dennoch kann Harveys Methode, die Erforschung biologischer Vorgänge auf Probleme zu beschränken, die durch Messung und Experiment zu lösen waren, durchaus von dem großen Mechaniker erlernt sein. Auf jeden Fall atmete er dieselbe Luft; in Sachen der Logik berief er sich zwar ausschließlich auf Aristoteles, aber wie Galilei bietet er in seinem bedeutendsten Werk eine vollendete praktische Darlegung der Methode der »Resolution und Composition«.

Harveys Aufzeichnungen für Vorlesungen, die er am Royal College of Physicians 1615–1616 in London hielt (veröffentlicht 1886 als *Prelectiones Anatomiae Universalis*), zeigen, daß er damals schon durch Experiment und Überlegung auf den Gedanken der allgemeinen Blutzirkulation gekommen war. Schon seine Vorgänger hatten einiges darüber entdeckt; aber keiner vor ihm hatte erkannt, daß die Schwierigkeiten, die sich aus Galens Auffassung von der Bewegung des Blutes ergaben, eine Revision der gesamten Theorie notwendig gemacht hatten. Harveys Originalität lag wie die Galileis in seiner Fähigkeit, bekannte Tatsachen von einem völlig neuen Gesichtspunkt aus zu sehen. Die Anatomie des Gefäßsystems war in der Hauptsache seit Galens Zeit bekannt und Harveys unmittelbaren Vorgängern genauso geläufig wie ihm selber. Daß er Galens Ansicht von einer vollkommenen Trennung des arteriellen und venösen Systems (vgl. Seite 162 f.) ablehnte, geschah nicht aus rein anatomischen Gründen. Seine Revision erfolgte auf Grund einer völligen Umwälzung der physiologischen Theorie. Als diese einmal bewerkstelligt war, paßten alle anatomischen Strukturen in das neue Schema.

Problematisch erschienen Harvey verschiedene Behauptungen Galens: 1. daß in der Leber das venöse Blut ständig aus der Nahrung zubereitet wird; 2. daß es von der Leber aus in den Adern zu allen Teilen des Körpers gebracht wird; 3. daß nur ein kleiner Bruchteil davon ins Herz geht, von der rechten Herzkammer in die linke eindringt und dort in arterielles Blut verwandelt wird (hierbei ergab sich die Frage nach der Existenz von Poren in dem die Herzkammern trennenden Septum und der Existenz eines Lungenkreislaufes); 4. daß das arterielle Blut in der Diastole aus dem Herzen gezogen wird; 5. daß Luft und Abfallstoffe sich in den Venen in beiden Richtungen bewegen. Im ersten Punkt stellt sich die Frage nach der Menge und der Geschwindigkeit des Blutes im Durchfließen der Gefäße, in den übrigen die der Strömungsrichtung und der Arbeit des Herzens. Keiner von Harveys Vorgängern hatte mehr als einen einzelnen isolierten Punkt zum Gegenstand seiner Überlegungen gemacht.

Leonardo da Vinci hatte festgestellt, daß das Herz ein Muskel ist, und sehr schöne Zeichnungen davon gemacht. Mit Nadeln, die er durch die Brustwand stach, hatte er die Herzbewegungen bei Schweinen verfolgt; er hatte Modelle zur Darstellung der Herzklappentätigkeit konstruiert. Seine Ansichten über die Bewegung des Blutes waren aber ganz und gar galenisch; außerdem ist nicht bekannt, ob seine anatomischen Modelle überhaupt von Einfluß waren, wie etwa seine mechanischen (Tafel LI). Ein französischer Arzt, Jean Fernel, scheint als erster 1542 beobachtet zu haben, daß – im Gegensatz zu den zeitgenössischen Lehrmeinungen – die Arterien an Größe *zunehmen*, wenn die Herzkammern sich zusammenziehen, und zwar deshalb, weil das Blut (mit komprimierten Gasen) in sie hineinströmt. Aber im großen und ganzen äußert Fernel nur Gedanken, die vor Harvey allgemein geläufig waren: daß die Bewegung des Herzens primär mit der abkühlenden Wirkung der Atmung zusammenhänge; wobei die Ursache des Herz- und Pulsschlages im Sinne Galens gegen Aristoteles gedeutet wurde. 1543 verkündete Vesal, er habe keine Poren im Septum feststellen können; die Vertiefungen im Septum habe er untersucht und herausgefunden, daß »keine dieser Vertiefungen von der rechten zur linken Herzkammer durchdringt (zumindest dem Gefühl nach)« (Tafel XIX). In der zweiten

Ausgabe seines Buches *De Fabrica* (1555) (vgl. Seite 504 f.) äußert er sich noch bestimmter über das Fehlen von Poren: »Ich zögere nicht im geringsten, was die Funktion des Herzens in dieser Hinsicht angeht*.«

Eine ähnliche Vermutung hatte schon im 13. Jahrhundert der ägyptische (oder syrische) Arzt Ibn al-Nafis al-Quarashi ausgesprochen, zusammen mit der Ansicht, daß das Herz ein Muskel sei und nicht drei, sondern zwei Kammern habe. Ibn al-Nafis hatte – gegen die Meinung von Galen und Avicenna – behauptet, es gebe keinen Durchgang durch das Septum; darum müsse das venöse Blut, um von der rechten in die linke Herzkammer zu kommen, erst durch die arterielle Vene (Lungenarterie) in die Lunge fließen, sich dort ausbreiten und mit der vorhandenen Luft mischen, dann durch die venöse Arterie (Lungenvene) in die linke Herzkammer zurückströmen. Sein Werk scheint im Abendland nicht bekannt geworden zu sein**; die Theorie des Lungenkreislaufs erschien hier zum erstenmal in einer theologischen Diskussion des Katalanen Miguel Serveto (1511–1553); er erwähnte, ein Teil des Blutes fließe über die Lunge von der rechten Herzkammer in die linke und wechsle dort die Farbe. Ein anderer Teil ging seiner Ansicht nach durch das Septum

* Im 16. Jahrhundert ging die allgemeine Ansicht dahin, Galen habe festgestellt, daß das Blut durch diese Poren von der rechten in die linke Herzhälfte ströme. Das war auch Avicennas Ansicht (vgl. *Canon medicinae* III, XI, 1; Venedig 1608, I. 669 f.), obwohl Galens Schriften die Möglichkeit offen lassen, daß einiges Blut auch durch die Lungen fließe (vgl. Seite 162). In diesem Sinne hat Harvey wohl Galen interpretiert: »Seit Galen, dem großen Fürsten unter den Ärzten, scheint es klar, daß das Blut durch die Lungen fließt von der arteriellen Vene (Lungenarterie) in die feinen Verzweigungen der venösen Arterie (Lungenvene), angetrieben durch den Herzschlag und die Bewegungen von Lunge und Brustkorb« (*De Motu Cordis*, Kap. 7). Zumindest gab Harvey Galen die Ehre, daß er durch seine Beschreibung der Herzklappen und des Ineinanderübergehens von Arterien und Venen in der Lunge den klaren Beweis für den Lungenkreislauf geliefert habe. Allerdings machte er sich lustig über die Vorstellung, daß ein Strom von »rußigen Abfallstoffen« durch die Mitralklappen von der linken Herzkammer in die Lungen zurückfließen könnte.
** 1547 wurde eine lateinische Übersetzung (Andrea Alpago) von Ibn al-Nafis' großem Kommentar zu Avicennas *Canon* in Venedig veröffentlicht, aber seltsamerweise fehlt darin der Abschnitt über den Lungenkreislauf.

hindurch. Serveto war in der Hauptsache theologisch interessiert; wahrscheinlich stammen diese Überlegungen aus irgendeiner anderen Quelle. Allerdings hatte er tatsächlich Anatomie studiert und war zur selben Zeit wie Vesal in Paris ein Schüler des Johannes Günther von Andernach gewesen. Bis jetzt gibt es keinen Beweis dafür, daß er oder der Paduaner Anatom Realdo Colombo (1516–1559) etwas von Ibn al-Nafis gewußt hätte. Einige Scholaren haben behauptet, Serveto habe Colombo zu seiner Meinung über den kleinen Blutkreislauf inspiriert. Andere dagegen sagten im Hinblick auf den merkwürdigen Zusammenhang, in dem Serveto diese Entdeckung geäußert hat, es sei wahrscheinlicher, daß die Beeinflussung andersherum stattgefunden habe. Es ist sogar möglich, daß Colombo den Gedanken eines Lungenkreislaufes von Vesal selbst übernommen hat; denn er war in Padua dessen Schüler gewesen. Colombo erwähnte nicht nur die Möglichkeit eines Lungenkreislaufes in *De Re Anatomica* (1559), er stützte seine Vermutung auch durch Experimente. Wie Fernel stellte er fest, daß die Systole des Herzens (Zusammenziehung) eine *Ausdehnung* der Arterien zur Folge hat und daß auf die Diastole (Ausdehnung) eine Kontraktion der Arterien erfolgt. Er zeigte weiter, daß die vollständige Schließung der Mitralklappe das Hineinströmen in die Lungenvene verhindert. Beim Öffnen dieser Vene fand er keine Luft – wie nach Galen zu erwarten gewesen wäre –, sondern Blut; er schloß daraus, das Blut müsse von der Lunge aus (wo er die Farbänderung bemerkte) durch die Lungenarterie zur linken Herzkammer fließen. Wie Serveto glaubte er, ein Teil des Blutes dringe auch durch das Septum hindurch. Beide hielten auch an der Meinung Galens fest, daß das Blut in der Leber gebildet werde. So hatte keiner von ihnen eine richtige Vorstellung vom Blut; Colombo, der beobachtet hatte, daß die Durchblutung des Gehirns mit der der Arterien synchron ist, kam dennoch nicht auf den Gedanken, es könne ein allgemeines Kreislaufsystem geben.

Dasselbe gilt für Colombos Schüler Juan Valverde, der 1554 eine Schilderung des kleinen Kreislaufs gab. Valverde scheint sich nicht für den Entdecker dieses Vorgangs gehalten zu haben; einige Scholaren vermuteten, Serveto habe ihn beeinflußt, weil er wie dieser Blut und Luft in der Lungenvene vorhanden glaubte. Andere dagegen meinten, er habe den Gedanken des Lungenkreislaufes von Colombo übernommen. Wahrscheinlich ist Colombos Abhandlung, die 1559 posthum veröffentlicht wurde, vor der Valverdes geschrieben. Mit Sicherheit hielt Colombo sich selber für den Entdecker des neuen, bis dahin unbekannten Gedankens.

Der holländische Astronom Volcher Coiter (1534–1576) machte weitere Herzexperimente. Er unternahm eine vergleichende Untersuchung der lebenden Herzen von Katzen, Hühnern, Vipern, Eidechsen, Fröschen und Aalen und beobachtete, daß die Vorkammern sich vor den Herzkammern zusammenziehen und daß das Herz sich in der Systole verlängert, in der Diastole verkürzt. Er zeigte auch, daß ein isoliertes Stück des Herzmuskels weiterschlägt.

Auch der italienische Physiologe und Botaniker Andrea Cesalpino (1519–1603) hatte schon gewisse Beobachtungen über die Bewegung des Blutes gemacht. In seinem Werk *Quaestionum Peripateticarum* (1571) sagt er, das Herz zwinge bei der Kontraktion Blut in die Aorta, und bei der Ausdehnung empfange es Blut aus der *vena cava*. In seinen *Quaestionum Medicarum* (1593), Buch 2, Frage 17, erklärt er:

»Das Durchströmen des Herzens ist von der Natur so geregelt, daß ein Strom von der *vena cava* aus in die rechte Herzkammer fließt, und von daher geht der Weg in die Lunge. Von der Lunge aus gibt es einen anderen Zugang zur linken Herzkammer, und von daher geht der Weg in die Aorta; an der Mündung der Gefäße sind bestimmte Membranen so angebracht, daß ein Rückfluß verhindert wird. Es gibt also so etwas wie eine Dauerbewegung von der *vena cava* durch Herz und Lunge in die Aorta, wie ich in meinen *Quaestionum Peripateticarum* geschildert habe. Wenn wir überlegen, daß im Zustand des Wachseins eine Bewegung der natürlichen Wärme nach außen, d. h. zu den Sinnesorganen hin, stattfindet und im Zustand des Schlafens eine entgegengesetzte Bewegung nach innen, d. h. zum Herzen hin erfolgt, dann müssen wir erkennen, daß im wachen Zustand sehr viel Blut und Atem von den Arterien beansprucht wird. Denn durch sie geschieht der Zugang zu den Nerven. Andrerseits kehrt im Schlaf die animalische Wärme durch die Venen ins Herz zurück, nicht durch die Arterien, weil der von der Natur geschaffene Eingang in das Herz die *vena cava* und nicht die Aorta ist. Denn im Schlaf wandert die Eigenwärme von den Arterien in die Venen durch einen Vereinigungsprozeß, den man Anastomose nennt, und von dort aus in das Herz.«

Damit wollte er die Beobachtung erklären, daß eine abgebundene Vene auf der vom Herzen abgewandten Seite anschwillt. Aber seinen Darstellungen fehlt die Klarheit und Genauigkeit; in seinem letzten Werk (1602–1603) stellt er sogar ausdrücklich fest, das Blut fließe vom Herzen *vorwärts* sowohl durch die Venen als auch durch die Arterien. Er gebraucht zwar das Wort *circulatio*, meint aber damit eine Hin- und Herbewegung wie beim Steigen und Fallen einer Flüssigkeit, so wie bei der chemischen Destillation Verdampfung und Kondensation abwechseln. Den allgemeinen Kreislauf verstand er nicht besser als Colombo, Serveto oder Valverde; oder auch Carlo Ruini, der 1598 in einer Abhandlung über die Anatomie des Pferdes den Lungenkreislauf beschrieb; oder Fabrizio, der 1603 erste klare und richtige Zeichnungen von den Ventilklappen der Venen verfertigte, wobei er glaubte, ihre Funktion sei es, der Schwerkraft entgegenzuwirken und Blutansammlung in Händen oder Füßen zu verhindern. (Diese Ventilklappen waren 1545 von Charles Estienne [vgl. Seite 502] und nachher von mehreren Anatomen beschrieben worden, aber keiner hatte ihre wahre Funktion erkannt.)

Die Lehre von dem geschlossenen Blutkreislaufsystem wurde von William Harvey tatsächlich zum erstenmal vorgebracht und 1628 in seiner *Exercitatio Anatomica de Motu Cordis et Sanguinis in Animalibus* veröffentlicht. Erste Kenntnis von dieser großen Entdeckung geben aber schon die *Prelectiones;* von dort aus läßt sich zeigen, wie Harvey dazu gekommen ist.

Robert Boyle berichtet 1688 von einer Unterhaltung, die dreißig Jahre zuvor stattgefunden hatte, allerdings zwanzig Jahre nach der Veröffentlichung von *De Motu Cordis,* worin Harvey selbst seine Theorie mit den Ergebnissen der großen italienischen Tradition der anatomischen Forschung in Verbindung bringt. »Ich erinnere mich«, schreibt Boyle, »daß ich unseren berühmten Harvey in dem einzigen Gespräch, das ich mit ihm hatte (und das kurz vor seinem Tode stattfand), fragte, was ihn auf den Gedanken eines Blutkreislaufs gebracht hätte; er antwortete mir, er habe bemerkt, daß die Klappen in so vielen Venen des Körpers derart angeordnet sind, daß sie einen freien Fluß des Blutes zum Herzen möglich machen, aber den Rückfluß des venösen Blutes verhindern. Da habe er sich gedacht, die so fürsorgliche Natur könne das nicht ohne Absicht so eingerichtet haben; keine Absicht scheine aber wahrscheinlicher als die, daß das

Blut, das wegen der dazwischen angebrachten Klappen nicht durch die Venen zu den Gliedmaßen kommen kann, durch die Arterien laufen und durch die Venen zurückkehren sollte, die seinen Lauf in dieser Richtung nicht behindern« (Boyle, *Works*, 1772, Bd. 5, S. 247).

Vor kurzem tauchte der Gedanke auf, Harveys Theorie des allgemeinen Blutkreislaufs sei nur eine natürliche Fortentwicklung der Arbeiten seiner Vorgänger über den Lungenkreislauf. Diese Annahme ist aber nirgendwo in Harveys Schriften begründet; wohl ist in der Methode die italienische Tradition klar ersichtlich. Harvey selbst zeigt uns, daß die große Erleuchtung ihm beim Gebrauch der vergleichenden Methode kam; daß er bis zu ihren Konsequenzen vorstoßen konnte, liegt daran, daß er den Wert von Experiment und Messung begriffen hatte. Das alles wurde in Padua seit Jahren gelehrt; aber erst die richtige Anwendung dieser Methode hob ihn als originalen Forscher aus der Menge der übrigen heraus. Das ist deutlich zu erkennen, wenn man ihn mit den anderen Anatomen vergleicht, die den Lungenkreislauf diskutiert haben. Keiner von ihnen hatte jemals die grundlegende Behauptung Galens in Frage gestellt, daß nämlich die Venen mit der rechten Herzseite ein System bilden, dessen Zentrum die Leber ist, und die Arterien mit der linken Herzseite ein anderes, in Struktur und Funktion ganz verschiedenes System darstellen. Zwischen beiden liegt die Lunge, die durch das venöse Blut aus der rechten Herzkammer ihre Nahrung bekommt und aus der Luft das Prinzip zur Umwandlung des venösen Blutes in das arterielle der linken Herzkammer empfängt; die Lunge dient auch zur Kühlung und Reinigung des Herzens. Sie hatten sich alle um die Lösung eines einzigen Problems bemüht, das sich aus Galens System als solchem ergibt: wie im menschlichen Körper das Blut von der rechten Hälfte des Herzens in die linke kommt. Harvey hatte außer dem Menschen eine ganze Reihe von rotblütigen Tieren, aber auch Tiere wie Garnelen, Insekten und Schnecken untersucht; er erkannte, daß der Mensch nur einen Teil des Gesamtproblems darstellt. Bei Fischen, die keine Lungen haben, bei Fröschen, Kröten, Schnecken und Eidechsen, die nur eine einzige Herzkammer besitzen, und auch bei Embryonen von Lungentieren gab es das erste Problem überhaupt nicht. Im 6. Kapitel von *De Motu Cordis* schreibt er: »Die übliche Praxis der Anatomen, allein auf Grund der Sektion von menschlichen Leichen den allgemeinen Aufbau des tierischen Körpers dogmatisch zu verkünden, ist fragwürdig. Man kann doch nicht nach dem Studium eines einzigen Staates ein allgemeines System der Politik aufstellen oder behaupten, man wisse über die gesamte Landwirtschaft Bescheid, wenn man ein einziges Feld untersucht hat. Allgemeine Schlüsse aus einer einzigen Feststellung zu ziehen, ist verhängnisvoll.« »Wären die Anatomen nur mit der Sektion von niederen Tieren ebenso vertraut gewesen wie mit der des menschlichen Körpers – all das, was sie bislang in der Verlegenheit des Zweifels belassen hat, hätte sie meiner Meinung nach längst von jeder Schwierigkeit befreien können.«

Hauptgegenstand in Harveys Beweisführung – weit davon entfernt, eine Fortsetzung der Arbeit seines Vorgängers zu sein – war es, eine Schlußfolgerung zu zeigen und in Experiment und zusätzlichem Beweis zu erhärten, die Galens Ansicht über den Weg des Blutes und die Funktion des Herzens diametral entgegengesetzt war. Dabei spielt die Frage des Lungenkreislaufs nur eine sekundäre Rolle; er diskutierte sie ausdrücklich nur einmal in einem Brief, den er 1651 an Paul Marquard Slegel in Hamburg schrieb. Harveys Selbständigkeit des Denkens war größer als die Summe alles dessen, was seine Vorgänger zusammengetragen hatten. Er war seit Galen der erste, der es unternahm, »ein allgemeines System der Politik« in Fragen der Anatomie und Physiologie zu schaffen. Als erster bot er eine Theorie, die alle Kreislaufsysteme der Tiere und Embryonen in einem allgemeinen Schema zusammenfaßte. So erklärt er selber in *De Motu Cordis* und in den sich daraus ergebenden Kontroversen. Indem er ein Gegenstück zu der zentralen Doktrin des Galen lieferte, riß er einen gänzlich neuen Komplex von Fragen der allgemeinen Physiologie auf.

In den *Prelectiones* ebenso wie in *De Motu Cordis* zeigt sich, daß Galens Behauptung, das Blut trete in der Diastole aus dem Herzen aus, und seine Erklärung des arteriellen Pulsschlages die ersten Zweifel in Harvey erweckten. Die Beweisführung in den *Prelectiones* ist ziemlich die gleiche wie in den ersten acht Kapiteln von *De Motu*. Beide beginnen mit einer Zerlegung des Problems in seine Teile, damit aus den Wirkungen die Ursache entdeckt werden kann. Nachdem er die Schwierigkeiten in Galens Theorie analysiert hat, wobei viele Beobachtungen anderer zitiert werden, konzentriert er sich darauf, die Tätigkeit des Herzens in der Systole, das Wesen des

Pulsschlages und das daraus folgende stetige Fließen des Blutes durch das Herz bei den verschiedensten Tieren und Embryonen als Resultat des kontinuierlichen Herzschlags nachzuweisen. Die *Prelectiones* schließen mit einer Darlegung der Hypothese des geschlossenen Blutkreislaufs, ähnlich wie das 8. Kapitel von *De Motu Cordis*. Vermutlich hörte an dieser Stelle die Diskussion in seiner Vorlesung auf; denn er demonstrierte die Anatomie des Brustkorbs im ganzen, und das mußte an einem Tage beendet sein, weil es keine Konservierungsmittel gab. Die übrigen Kapitel von *De Motu Cordis* stellen deutlich einen weiteren Abschnitt dar, der in etwa der »Composition« in der Beweisführung entspricht. Er beschreibt die Erprobung seiner Hypothese durch drei aus ihr folgende Konsequenzen, bestätigt sie definitiv im 14. Kapitel und fügt weiteres Beweismaterial zu.

Seine Beweisführung beginnt damit, daß er die Zusammenziehung des Herzens als eine Muskelkontraktion darstellt, die mit den Vorkammern beginnt und auf die Herzkammern übergeht; deren Zusammenziehung bewirkt dann die Ausweitung der Arterien. Im Widerspruch zu den Auffassungen Aristoteles' und Galens hielt er das Herz für eine wirkliche Druckpumpe. Das setzt voraus, daß es ein Strömen des Blutes von den Venen durch das Herz in die Arterien gibt, wobei der Rückfluß durch die Anordnung der Herzklappen unmöglich gemacht wird. Würde die Lungenarterie durchstochen, so müßte nach der Kontraktion der rechten Herzkammer Blut in einem Strahl austreten; wäre die Aorta durchlöchert, so folgte auf die Kontraktion der linken Herzkammer ein Strom von ausfließendem Blut; die beiden Herzkammern kontrahieren und erweitern sich im Einklang miteinander. Im Fötus ist die Struktur des Herzens und der Gefäße bestimmt durch eine Umgehung der Lunge, die noch nicht funktioniert. Harvey sagt, das Blut aus der *vena cava* fließe durch eine Öffnung, das *foramen ovale*, in die Lungenvene und dann über die linke Herzkammer in die Aorta. (In Wirklichkeit öffnet sich das *foramen ovale* direkt in die linke Vorkammer.) Das Blut, das in die Lungenvene eintritt, werde durch den fötalen *ductus arteriosus* in die Aorta befördert. So arbeiten die beiden Herzkammern als ein einziges, und die Bedingungen der Embryonen bei Tieren mit Lungen entsprechen denen der erwachsenen Tiere ohne Lungen, wie z. B. den Fischen. In den erwachsenen Tieren mit Lungen kann das Blut nicht mehr durch die fötalen Durchgänge fließen, weil diese geschlossen sind; es muß über das Lungengewebe gehen, um von der rechten Herzhälfte in die linke zu gelangen.

Bau und ständiges Schlagen des Herzens brachten Harvey zu dem Schluß, daß der hindurchgehende Blutstrom nicht nur in einer einzigen Richtung erfolgt, sondern auch stetig ist. Daraus folgt weiter, daß es sowohl im Körper als auch in der Lunge einen Übergang von den Arterien zu den Venen geben muß; denn sonst wären die Venen bald ausgetrocknet, und die Arterien müßten unter dem Druck des ständig nachfließenden Blutes platzen. Damit war Harvey unvermeidlich zu der Hypothese gelangt, die er im 8. Kapitel von *De Motu Cordis* ausspricht:

»Ich begann darüber nachzudenken, ob es sich nicht möglicherweise um *eine Bewegung im Kreis* handeln könnte. Später fand ich, daß das stimmt; und ich sah schließlich, daß das Blut durch den Schlag der linken Herzhälfte aus dem Herzen herausgedrückt und durch die Arterien sowohl frei in den Körper als auch in alle seine Teile getrieben wird; gleicherweise wird es in der Zusammenziehung der rechten Herzkammer durch die arterielle Vene (Lungenarterie) in die Lunge befördert. Durch die Venen kehrt es in die *vena cava* und damit in die rechte Herzkammer zurück, genauso wie es von der Lunge durch die venöse Arterie (Lungenvene) in die linke Herzkammer zurückkehrt.«

Nun ging Harvey dazu über, seine Hypothese zu überprüfen; zunächst machte er eine Anzahl von Deduktionen, die, wenn sie experimentell verifiziert werden konnten, sowohl die Hypothese selbst bestätigen als auch die entgegengesetzte Galens (daß das Blut in der Leber aus verdauter Nahrung ständig produziert wird) endgültig widerlegen mußten. Wenn das Blut ununterbrochen in einer Richtung durch das Herz fließt, so läßt sich aus der Kapazität des Herzens und der Anzahl der Herzschläge errechnen, daß innerhalb einer Stunde mehr als das ganze Gewicht des Körpers durch das Herz von den Venen zu den Arterien gepumpt wird. Daß das Blut tatsächlich ununterbrochen nur in der Richtung von Venen zu Arterien durch das Herz fließt, bewies er durch weitere Experimente. Er präparierte zu seiner experimentellen Untersuchung die Blutgefäße einer Schlange; die *vena cava* wurde mit einer Pinzette abgeklemmt: das Herz trocknete aus und wurde blaß; auf ähnliche Weise wurde die Aorta verschlossen: das Herz schwoll an und wurde tiefrot. Das entsprach der

Anordnung der Klappen. Als zweites zeigte er durch Abbindeversuche, daß dieselbe Menge Blut, die das Herz durchfließt, durch die Arterien zur Peripherie des Körpers gedrückt wird, daß dort das Blut im gleichen ununterbrochenen Strom weiterfließt, nur diesmal von den Arterien zu den Venen. In den Gliedmaßen liegen die Arterien tief, die Venen nahe der Oberfläche. Eine mäßig feste Binde um den Arm muß die Venen zusammendrücken, die Arterien aber nicht. Er stellte fest, daß er damit eine Blutüberfüllung der Hand erreichte. Eine sehr feste Binde unterbrach den Pulsschlag und die Blutversorgung der Hand vollständig; keine Anschwellung der Hand wurde beobachtet. Schließlich zeigte er, daß das Blut in den Venen zum Herzen zurückkehrt. Anatomische Untersuchungen hatten ergeben, daß die Ventilklappen in den Venen so angeordnet sind, daß das Blut nur zum Herzen hin fließen kann; diese Tatsache hatte Fabrizio nicht erkannt. Harvey band einen Arm mäßig fest ab: die Venen schwollen an, »Knoten« bildeten sich an den Stellen, wo die Ventilklappen liegen (Tafel LII). Drückte man unterhalb der Klappe das Blut aus der Vene heraus, indem man mit dem Finger in peripherer Richtung entlang der Vene fuhr, so blieb das entleerte Stück flach. Er schloß daraus: die Ventilklappe verhindert, daß das Blut zurückfließt. Das erhärtete er durch andere Experimente der gleichen Art. Im 14. Kapitel von *De Motu Cordis* ist seine definitive Schlußfolgerung zu lesen:

»Alles, verstandesmäßige Überlegung und sichtbarer Beweis, zeigt, daß das Blut durch die Tätigkeit der Herzkammern Lunge und Herz durchfließt, daß es sich über alle Teile des Körpers verteilt und seinen Weg durch die Poren des Fleisches in die Venen findet, dann durch die Venen aus den äußeren Bezirken zur Mitte fließt, aus den dünnen in die dickeren Venen und von diesen in die *vena cava* und die rechte Herzvorkammer. Und das geschieht in solch einer Quantität, mit solch einem Ausstoß in die Arterien und Rückfluß durch die Venen, wie durch die Nahrungsaufnahme gar nicht zu beschaffen und zur bloßen Ernährung gar nicht erforderlich ist. Darum muß man mit Notwendigkeit schließen, daß das Blut in einem Kreislauf durch den Tierkörper getrieben wird und sich in unaufhörlicher Bewegung befindet. Das ist der Akt, die Funktion, die das Herz durch sein Schlagen ausübt, der alleinige und einzige Zweck seiner Bewegung und Kontraktion.«

Harveys Abhandlung erschien in Frankfurt, wo schon damals alljährlich eine Buchmesse stattfand, und wurde so in weiten Kreisen bald bekannt. Trotz der Kritik einiger wohlbestallter Professoren, z. B. Jean Riolan in Paris, wurde seine Theorie besonders von jüngeren Anatomen gut aufgenommen. Es ist oft so, daß eine neue Generation fundamentale Wandlungen besser zu schätzen weiß, vielleicht deshalb, weil sie für eine neue Lehre bereit ist und diese ihr gar nicht revolutionär vorkommt. John Aubrey schrieb über Harvey: »Ich habe ihn sagen hören, daß nach dem Erscheinen seines Buches über den Blutkreislauf seine Praxis stark zurückging und die gewöhnlichen Leute ihn für verrückt hielten. Alle Ärzte waren gegen ihn und beneideten ihn; manche schrieben gegen ihn, wie z. B. Dr. Primige, Paracisanus und andere. Mit viel Lärm war es dann in etwa zwanzig bis dreißig Jahren von allen Universitäten der Welt akzeptiert. Und wie Mr. Hobbes in seinem Buch *De Corpore* sagt: ›Er ist vielleicht der einzige Mann, der lange genug lebte, um noch zu Lebzeiten seine eigene Doktrin anerkannt zu sehen!‹«

Harveys Theorie war wie eine Erleuchtung für die Physiologie und rückte sie in den Mittelpunkt des Interesses aller Biologen. Seine Abhandlung bot das Modell einer Methode. Nach ihm ließen die abstrakten Diskussionen über das Wesen des Lebens oder der Eigenwärme allmählich nach und machten der empirischen Untersuchung der Tatsache, wie nun der Körper wirklich arbeitet, Platz. Er selbst hatte den Übergang des Blutes von den Arterien zu den Venen irgendwie im unklaren gelassen; seine Theorie war erst dann vollkommen bewiesen, als Malpighi 1661 unter dem Mikroskop das Blut durch die Kapillaren einer Froschlunge fließen sah. Um dieselbe Zeit arbeiteten Jean Pecquet und Thomas Bartholin über das Lymphsystem. Pecquet hatte in Harveys letzten Lebensjahren die Milchgänge beobachtet, Gefäße, die den Chylus (emulgiertes Fett) vom Dünndarm in die Venen transportieren. Das bedeutete eine wichtige Ergänzung der Theorie Harveys, die der betagte Physiologe selber aber ablehnte, und zwar auf Grund der vergleichenden Anatomie, die sein eigenes Werk ermöglicht hatte. Er konnte in Vögeln und Fischen keine Spur von Milchgängen entdecken. An Dr. R. Morrison schrieb er: »Ich sehe auch keinen Grund, warum der Weg, auf dem der Chylus bei dem einen Tier befördert wird, nicht bei allen Tieren derselbe sein sollte. Und wenn ein Kreislauf des Blutes dazu notwendig ist, wie tatsächlich erwiesen ist, so sehe ich keine Notwendigkeit, noch etwas anderes zu erfinden.« Seine besondere Fähigkeit für theoretische Verallgemeinerungen, die ihn zu seinen großen Entdeckungen gebracht hatte, machte ihn zugleich blind gegenüber der scheinbaren Inkonsequenz der wirklichen Tatsachen.

Die Erforschung des Blutes, des Trägers von Nahrung und Sauerstoff, war geeignet, die Grundlagen der Physiologie zu schaffen; der Aufhellung seiner Mechanik durch Harvey folgten im 17. Jahrhundert die Untersuchungen von Boyle, Hooke, Lower und Mayow über das chemische Problem der Atmung; sie waren die ersten, die es mit dem allgemeinen Problem der Verbrennung in Verbindung brachten.

Harvey selbst hat die Funktion des Atmens nie verstanden. Wenn wir seine Ansichten über den Zweck des Kreislaufs betrachten, so müssen wir uns zuerst in eine Naturphilosophie versenken, die mit moderner Physiologie nichts zu tun hat, in eine Welt von Fragen, die weit über das hinausreichen, was Harvey mit seiner Theorie des Blutkreislaufs positiv beantworten konnte und was in die moderne Physiologie eingegangen ist.

Die Naturphilosophie einer anderen Zeit als der unseren, dieser ganze Komplex von Voraussetzungen und Vorstellungen, dem eine einzelne Erklärung zu seiner Zeit durchaus genügen kann, wird manchmal von zweitrangigen Autoren deutlicher gekennzeichnet als von den großen Neuerern; denn deren Originalität formt ja gerade die Gedankenwelt um, in die sie hineingeboren wurden. Einer der ersten Zeitgenossen Harveys, der seine Theorie annahm, war der Londoner Arzt, Alchimist und Rosenkreuzler Robert Fludd; auch von ihm sind einige Schriften in Frankfurt erschienen. Fludd sah in der großen Entdeckung seines »Freundes, Kollegen und Landsmannes, der nicht nur in der Anatomie wohl bewandert ist, sondern auch in den tiefsten Geheimnissen der Philosophie« *(Integrum Morborum Mysterium,* 1631), nicht den Beginn einer neuen Physiologie, vielmehr den Nachweis von etwas ganz anderem: der Übereinstimmung zwischen dem Mikrokosmos des Körpers und dem Makrokosmos der himmlischen Sphären; eine Bestätigung, daß der Lebensgeist sein Gepräge von dem Planetensystem und dem Tierkreis, von der Kreisbewegung himmlischer Körper, die die Welt regieren, empfangen hat.

Harvey war ein empirischer Forscher, kühl, klar und rational bis auf den Grund seiner Seele; dennoch war er durchaus bereit, das Kompliment seines Freundes anzunehmen. Im 8. Kapitel von *De Motu Cordis*, aus dem bereits zitiert wurde, wie er auf den Gedanken des Blutkreislaufs kam, baut er die Bewegung des Blutes in ein allgemeines Weltbild ein. Für den echten Schüler Paduas war dieses Weltbild aristotelisch. »Die Autorität des Aristoteles liegt immer mit solchem Gewicht auf mir, daß ich mich niemals unbedachterweise von ihr lösen kann«, sagte er später in *De Generatione Animalium* (exercitatio 11). Grundlegend für die Naturphilosophie des Aristoteles war der Gedanke, daß die Kreisbewegung der Himmelskörper das Vorbild darstellt, nach dem die Bewegungen der Körper auf der Erde, insbesondere des Mikrokosmos lebender Organismen, streben. Aristoteles hatte das Herz zum Hauptorgan des Körpers, zum Ursprung des Blutes und der Gefäße ernannt. Harvey schildert, wie das Blut vom Herzen aus mechanisch durch den ganzen Körper gepumpt wird, und setzt dann den Blutkreislauf gleich dem Kreislauf des Wassers in der Natur: unter der Sonnenhitze steigt es als Dampf von der feuchten Erde auf und kehrt als Regen zu ihr zurück; so erzeugt es Generationen von Lebewesen. Weiterhin ist der Blutkreislauf für ihn gleich dem Jahreszyklus des Wetters mit der Annäherung der Sonne an die Erde und ihrem Rückzug. Beide »wetteifern – wie Aristoteles sagt – mit der Kreisbewegung der Himmelskörper«.

»Und so in aller Wahrscheinlichkeit geschieht es auch durch die Bewegung des Blutes mit dem Körper. Alle Teile werden ernährt, erwärmt und lebendig gemacht durch das wärmere, luftigere, ich möchte sagen: nahrhafte Blut; und dieses wird in der Berührung mit den Teilen abgekühlt, verdickt und sozusagen erschöpft, so daß es zu seinem Ursprung, dem Herzen, zurückkehrt als zu seiner Quelle, dem innersten Tempel des Körpers, um dort seine Vollkommenheit und Kraft wiederzugewinnen. Hier wird es durch die natürliche Wärme wieder flüssig gemacht, kraftvoll, brennend, ein Schatz des Lebens, es wird mit Geist getränkt, und man könnte sagen: mit Balsam. Und wieder wird es von dort ausgesandt, und das alles geschieht durch die Bewegung, den Schlag des Herzens. Folglich ist das Herz der Anfang des Lebens, die Sonne des Mikrokosmos, wie die Sonne ihrerseits das Herz der Welt genannt werden könnte. Denn durch die

Kraft *(virtus)* und das Schlagen des Herzens wird das Blut bewegt, bereitet und zum Leben erweckt *(vegetatur)* ... Denn das Herz ist in der Tat die Vollkommenheit des Lebens, der Ursprung aller Tätigkeit.«

Diesen Glauben an ein kosmologisches Musterbild, in dem der Blutkreislauf seinen Platz hat, teilte Harvey mit einem anderen Aristoteliker: Cesalpino. Wie Harvey sah Cesalpino in der Erneuerung des Blutes zur »Vollkommenheit« den Zweck seines Durchganges durch das Herz; wie Harvey beschrieb auch er den Zyklus von Erwärmen und Verdampfen im Herzen mit nachfolgender Abkühlung und Verdichtung in den äußeren Körperteilen, entsprechend dem chemischen Zyklus der Destillation. Diese Feststellungen, die Analogie des Mikrokosmos und des Makrokosmos, die Vorherrschaft von Zyklen in der Natur, die besondere Auszeichnung des Kreises, waren tatsächlich Gemeinplätze, die in den verschiedensten Formen in allen aristotelischen, alchimistischen, paracelsischen und neuplatonischen Schriften jener Zeit auftauchten. Sie stecken z. B. in der symbolischen Embryologie des Peter Severinus (1571) und des Johann Marcus Marci von Kronland (1635). Harvey selbst kehrte in *De Generatione Animalium* (1651) zu ihnen zurück: In seiner Theorie der »Epigenesis« beschreibt er das Kommen und Gehen neuer Generationen im Zyklus des Wechsels vom undifferenzierten Samen zur ersten differenzierten Materie, dem Blut, bis zu dem voll differenzierten Erwachsenen und zurück zum Samen, der die neue Generation bildet.

Diese philosophische Konzeption der Zyklen schließt die beiden Bereiche von Harveys Werk zusammen (vgl. Seite 512 f.). Hier haben wir einen Fall, der zeigt, daß wir zum Verständnis einer neuen Entdeckung oder Erklärung und der besonderen Form, in der sie geboten wird, über die rein empirischen Gründe, auf denen sie ruht, weit hinausschauen müssen. Niemals bestimmen die Gründe allein die Erwartungen des Forschers, die Richtung seines Interesses und seine Vision. All das ist unvermeidlich Produkt einer Theorie, in Harveys Fall das Produkt von unbewiesenen ontologischen Annahmen über die Welt, aus denen seine Naturphilosophie bestand. Aber der Unterschied zwischen einem wissenschaftlichen Denker wie Harvey und einem bloßen Spekulanten wie Fludd liegt darin, daß er seine Theorien wirksamen empirischen Erprobungen unterzog. Darin nahm er

Fludd gegenüber dieselbe Haltung ein wie Kepler. Bis zum Ende seines Lebens leugnete Harvey, daß das Blut in den Lungen eine wesentliche Umwandlung erfahren könnte. Er hielt daran fest, daß es im Körper abgekühlt werde, und glaubte an die Richtigkeit der traditionellen Meinung, der Atem kühle es besonders ab. Aber diese Frage trennte er von der *Tatsache* des Blutkreislaufs. In der *Second Disquisition to Jean Riolan* (1649) schreibt er: »Ich gebe zu, ich bin der Meinung, daß es unsere erste Pflicht ist, uns zu erkundigen, ob eine Sache existiert oder nicht, ehe wir fragen, wozu sie da ist.« Harveys große Stärke als Meister der experimentellen Methode, seine Überlegenheit über alle zeitgenössischen Biologen, lag darin, daß er zweifellos zweierlei besaß: Phantasie, die ihn zum großen Entdecker und Theoretiker machte, und Verstand, der ihm zeigte, wie er seine Theorien in genauen, quantitativen Experimenten erproben konnte.

In Descartes, dem Mitbegründer der modernen Physiologie, überwogen die theoretischen Fähigkeiten. Er hatte in seinem *Discours de la Méthode* (1637) die Hoffnung ausgesprochen, es möge ihm gelingen, die Regeln zu finden, mit denen er die Medizin so reformieren könnte, wie er es bei den übrigen Naturwissenschaften versucht hatte. Als einer der ersten stimmte er Harveys Entdeckung des Blutkreislaufs zu, wenngleich er die Pumptätigkeit des Herzens nicht begriff; er glaubte immer noch, die Lebenswärme bewirke die Herztätigkeit. Descartes nahm für sich selbst in Anspruch, Entdecker des Herzmechanismus zu sein; den Ruhm aber, den Blutkreislauf entdeckt zu haben, ließ er einem *médecin d'Angleterre*« (*Discours*, Teil 5). Er dachte, die Lebenswärme des Herzens sei der Grund dafür, daß es sich in der Verdampfung des bei der Kontraktion angesaugten Blutes ausdehne, daß die Erweiterung des Herzens in der Diastole das Blut durch die Arterien in den Körper und in die Lunge schicke, wo es sich abkühle, verflüssige, um dann ins Herz zurückzukehren und den Zyklus erneut zu beginnen. Damit hatte er – im Gegensatz zu Galen und Harvey (vgl. Seite 163, 538 f.) – die aristotelische Erklärung zu neuem Leben erweckt. Und das ist merkwürdig: ein Mann, der von sich behauptet, er habe sich von allen überkommenen Vorurteilen befreit, sollte den alten, schon vor einem Jahrhundert widerlegten Irrtum wiederholen, das Blut ströme in der Diastole aus dem Herzen aus; sein physiologisches System sollte als

Ganzes so sehr dem Galens und Aristoteles' gleichen. Man darf Descartes Leistung nicht nach solchen Einzeldingen beurteilen; gewiß hätte er sie nie geäußert, wenn sie ihn irgendwie unsicher gemacht hätten. Sein großer Wurf war die eine umfassende Theorie: Der Körper ist eine Maschine; alle seine Tätigkeiten lassen sich mit denselben physikalischen Prinzipien und Gesetzen erklären, die für die unbelebte Welt gelten. Er benutzt zwar Ausdrücke wie »Geist«; sie bedeuten aber einfach Materie und gehorchen allgemeinen mechanischen Gesetzen. Von den besonderen Geistern und Prinzipien, von denen in der alten Physiologie jede einzelne Funktion ausging, war nichts übriggeblieben. Die Naturphilosophie, das System von Analogien zu Naturzyklen und zur Sonne, innerhalb dessen Harvey ausarbeitete, wie Herz und Blut sich bewegen, war für weitergehende Forschungen nicht zu gebrauchen. Dagegen ermöglichte Descartes' Mechanismus unmittelbar ein fruchtbares Arbeiten. Descartes hatte die *Ursache* des Herzschlages nicht begriffen; trotzdem machte er aus dieser Frage einen Beweisgrund gegen Harvey, weil er zeigen wollte, daß auch hier nur bekannte mechanische Gesetze wirksam sind; das Schlagen des Herzens sollte als ein Phänomen erscheinen, das innerhalb des allgemeinen Systems der Mechanik erwartet werden konnte.

»Aber damit jene, die nichts von der Beweiskraft der Mathematik wissen und nicht gewohnt sind, echte Gründe von bloßen Vermutungen zu unterscheiden, nicht wagen, das Gesagte ungeprüft abzulehnen, möchte ich bedacht wissen, daß die hier erklärte Bewegung eine notwendige Folge der besonderen Anordnung der Teile ist, die das Auge allein am Herzen beobachten kann, eine Folge der Wärme, die mit den Fingern zu fühlen ist, und der Natur des Blutes – wie sie die Erfahrung lehrt. Genauso folgt die Bewegung der Uhr aus der Kraft, der Stellung und der Gestalt ihrer Gegengewichte und Räder.«

In dieser Darlegung seiner mechanistischen Theorie lieferte Descartes explizite einen noch größeren Beitrag zur Physiologie, weil er sich der Ausdrucksweise einer der fruchtbarsten in der Wissenschaft bekannten *Methoden* bediente: der Methode des theoretischen Modells. Descartes war ebenso ein Theoretiker der wissenschaftlichen Methode wie der Physik und der Physiologie; er war sich also genau dessen bewußt, was er tat. Er war es, der die Methode des physikalischen und chemischen Modells zu dem wirksamen Werkzeug der

Analyse machte, das seither in der physiologischen Forschung eine so gewaltige Rolle spielt. Sein »homme-machine« war ein theoretischer Körper, den er aus den bekannten Prinzipien der Physik so zu konstruieren versuchte, daß er die physiologischen Phänomene wirklich lebender Körper von ihm ableiten konnte. In seinen *Primae Cogitationes circa Generationum Animalium* erwog er sogar die Grundfrage von Maschinen, die Maschinen zeugen. Seine Physiologie war aristotelisch und galenisch, aber sie war Galen und Aristoteles *more geometrica demonstrata* (geometrisch bewiesen).

Zudem war Descartes auf diesem Gebiete durchaus nicht unwissend: er hatte mehrere Jahre lang Anatomie studiert. *La Dioptrique* erschien zusammen mit dem *Discours* als Teil der Exemplifikation seiner Methode; er leistete damit einen fundamentalen Beitrag zur Physiologie des Sehens.

»Ich bin entschlossen, alle die Leute hier ihren Disputen zu überlassen«, sagt er im 5. Teil des *Discours*, »und nur von dem zu sprechen, was sich in einer neuen Welt ereignen würde, wenn Gott heute irgendwo in imaginären Räumen genügend Materie erschüfe, um eine solche aufzubauen; wenn Er die Bestandteile der Materie dann auf die verschiedenste Weise durcheinanderschüttelte, so daß ein Chaos entstände, von dessen Unordnung sich nur Dichter eine Vorstellung machen können – und danach täte Er nichts mehr und ließe der Natur ihren Lauf, so daß alles sich vollzöge nach den Gesetzen, die Er geschaffen hat.« Über die Maschinentheorie des lebenden Körpers, die er von diesen Gesetzen ableiten zu können behauptete, sagt er: »Das wird nicht allzu seltsam für die sein, die mit der Vielfalt von Bewegungen der verschiedenen Automaten vertraut sind, der Bewegungsmaschinen, die von der Industrie fabriziert werden, und zwar aus recht wenigen Bestandteilen, verglichen mit der großen Mannigfaltigkeit der Knochen, Muskeln, Nerven, Arterien, Venen und der übrigen Teile jedes tierischen Körpers. Diese Personen werden den Körper als eine Maschine ansehen, die von der Hand Gottes gemacht und unvergleichlich besser geordnet und zu Bewegungen geeignet ist als jede Maschine menschlicher Erfindung.«

In seiner Abhandlung *L'Homme*, die einen Teil von *Le Monde ou Traité de la Lumière* bildet (1633 vollendet, 1662 posthum veröffentlicht), gibt er eine ausführliche Schilderung dieses theoretischen Körpers:

»Ich setze voraus, daß der Körper nichts ist als eine Statue, eine Maschine aus Lehm. Wir kennen Uhren, künstliche Brunnen, Mühlen und andere ähnliche Maschinen, die von Menschen gemacht sind und dennoch die Kraft haben, sich auf verschiedene Weise selbst zu bewegen. Mir scheint, ich kann mir gar nicht so viele Arten von Bewegungen darin vorstellen, wie Gottes Hand vermutlich geschaffen hat, und auch nicht so viele kunstvolle Dinge, daß es deren nicht noch mehr geben könnte... Nun möchte ich euch bitten, alle die Funktionen zu betrachten, die ich dieser Maschine beilege: Verdauen der Nahrung, Schlagen des Herzens und der Arterien, Ernährung und Wachstum der Gliedmaßen, Atmung, Wachen und Schlafen; die Eindrücke von Licht, Schall, Geruch, Geschmack, Wärme und anderem auf die Organe der äußeren Sinne; der Eindruck von Ideen auf Verstand und Phantasie; die Aufbewahrung dieser Ideen durch Einprägung in das Gedächtnis; die inneren Bewegungen der Gelüste und Leidenschaften; und schließlich die äußeren Bewegungen aller Glieder, die sinnvoll und gut auf die Sinnesreize antworten, wie auch auf die Leidenschaften und Eindrücke des Gedächtnisses, so daß sie in vollkommenster Weise einen wirklichen Menschen nachahmen. Ich betone, ihr sollt bedenken, daß alle diese Funktionen der Maschine natürlicherweise aus der Anordnung ihrer Teile folgen, nicht mehr und nicht weniger als die Bewegungen einer Uhr oder anderer Automaten aus der Anordnung ihrer Gewichte und Räder. Zu ihrer Erklärung ist es keineswegs notwendig, eine vegetative oder sensitive Seele oder ein anderes Prinzip des Lebens und der Bewegung heranzuziehen; es genügt ihr Blut und ihr Geist, in Bewegung gesetzt durch die Wärme des Feuers, das ständig in ihrem Herzen brennt und das seiner Natur nach nicht im geringsten verschieden ist von allen Feuern in unbelebten Körpern.«

In Descartes' Theorie besitzt der Körper des Menschen eine rationale Seele. Der Verstand ist eine Denksubstanz ohne Ausdehnung, der Körper eine ausgedehnte Substanz ohne Denkvermögen; darum behaupteten einige seiner Kritiker und Schüler, wie z. B. Gassendi und Malebranche, diese beiden Substanzen könnten keinerlei Berührung miteinander haben. Descartes jedoch betonte, daß sie durch ein Organ, und nur durch dieses, aufeinander einwirken: die Zirbeldrüse im Gehirn (vgl. Tafel LIV, LIII; Seite 158 ff., 542). Ein Grund für die Auswahl der Zirbeldrüse lag sicherlich darin, daß sie das einzige nicht paarig angelegte Organ im Bereiche des Gehirns ist. Darum scheint sie geeignet, auf alle Teile des Körpers gleichmäßig einzuwirken. Descartes behauptete, die Höhlung, in der die Zirbeldrüse hängt, sei erfüllt von dem Lebensgeist, der im Herzen aus dem Blut destilliert werde; durch Poren in der inneren Oberfläche dieser Höhle dringe der Lebensgeist in die Nerven ein, die er sich als feine Hohlröhren vorstellte. Jeden Nerv glaubte er von zahlreichen, sehr feinen Fäden durchzogen, von denen jeder mit einem Ende an einer kleinen Öffnung der Pore festsitzt, wo der Nerv die innere Oberfläche des Gehirns erreicht. Die gesamte Nervenfunktion hing allein von der Kontrolle des Fließens jenes rein materiellen Lebensgeistes in Gehirn und Nerven ab, genauso wie die Orgelmusik ausschließlich von der Kontrolle der Luft in den Pfeifen abhängt.

Wenn z. B. Licht, das von einem Gegenstand außerhalb kommt, auf die Netzhaut trifft, so stößt es eine entsprechende Reihe von Fäden im Sehnerv an. Diese öffnen ihrerseits die entsprechenden Poren an der Innenfläche des Gehirns wie Drähte eines Klingelzuges. Das Bild der Netzhaut wird so in dem Muster der geöffneten Poren reproduziert und in den Lebensgeist an der Oberfläche der Zirbeldrüse eingezeichnet. Dort wird es unmittelbar von der rationalen Seele aufgenommen, die auf diese Weise eine Wahrnehmung des Objekts erfährt. Dem Verstand wird also ein Zeichen der Außenwelt vorgestellt, nicht das Ding als solches.

Wenn andrerseits die Seele eine bestimmte Tätigkeit erstrebt, so wirkt sie auf den Körper ein, indem sie die Zirbeldrüse so bewegt, daß diese den Lebensgeist zu den Poren lenkt, die sich in die zu den Muskeln führenden Nerven hinein öffnen. Der Lebensgeist wirkt auf den Muskel am Ende des Nervs, indem er hineinfließt und ihn zum Anschwellen bringt; dadurch wird das Glied oder der betreffende Körperteil bewegt.

Mit Hilfe dieses hypothetischen Modells konnte Descartes für viele bekannte neurologische und physiologische Phänomene eine mechanische Erklärung anbieten; z. B. für die koordinierte Kontrolle einer Tätigkeit wie das Gehen, an dem viele verschiedene Muskeln beteiligt sind, aber auch für Gemütsbewegungen, Vorstellungsbilder, die ohne äußere Objekte entstehen, Einschlafen und Aufwachen, Träume und Erinnerungen, die er als die physikalischen Spuren auf dem Wege des Lebensgeistes ansah. Seine Erklärung des Sehens und des Auges ist besonders bemerkenswert wegen der gründlichen Kontrolle durch Beobachtung und Experiment, verbunden mit einer mathematischen Analyse der betreffenden optischen Phänomene.

Im Gegensatz zum Menschen waren Tiere für ihn Automaten und sonst nichts. Sie waren zwar viel komplizierter, aber einen prinzipiellen Unterschied zwischen ihnen und den aus menschlichem Erfindungsgeist erbauten Automaten sah er nicht. In einem Brief an den Marquis von Newcastle vom 23. November 1646 schrieb er: »Keine unserer äußeren Tätigkeiten kann den, der sie nachprüft, versichern, daß unser Körper mehr ist als eine Maschine, die sich bewegt, die aber auch einen denkenden Verstand hat – außer Worten und anderen Zeichen, die im Hinblick auf irgendwelche, sich darbietende Gegenstände ohne jede Leidenschaft ausgeführt werden.« Im *Discours* hatte er dasselbe geäußert. Die Laute der Tiere deuten nicht auf einen kontrollierenden Verstand hin; wir sollten uns durch ihr scheinbar sinnvolles Verhalten nicht täuschen lassen.

»Ich weiß wohl, daß Tiere manche Dinge besser verrichten als wir, aber ich bin darüber nicht erstaunt; denn auch das ist ein Beweis dafür, daß sie durch Naturgewalt und wie aufgezogene Federn handeln – wie eine Uhr, die uns die Tageszeit besser ansagt, als unser eigenes Urteil es könnte. Und wenn Schwalben im Frühling wiederkehren, handeln sie zweifellos wie ein Uhrwerk. Alles, was Honigbienen tun, ist von gleicher Art.«

So wandelte Descartes die mechanischen Prinzipien, die Harvey zu seiner Methode gemacht hatte, in eine komplette Naturphilosophie um. Und wie er den Empirismus Galileis nicht beachtet hatte, übersah er auch den englischen Physiologen. Alle drei aber gaben ihren Nachfolgern die Anregung zur Mechanisierung der Biologie. Die iatromechanische Schule übernahm den Grundsatz, biologische Phänomene ausschließlich durch »mathematische Prinzipien« zu erforschen. Der Magen war eine Retorte, die Venen und Arterien hydraulische Röhren, das Herz eine Feder, die Eingeweide Siebe und Filter, die Lunge ein Blasebalg und die Muskeln und Knochen ein System von Stricken, Stützbalken und Flaschenzügen. Eine solche Auffassung deckte viele Probleme auf, die durch die nun anerkannten mathematischen und experimentellen Methoden zu erforschen waren. Besonders erfolgreich waren sie bei der Untersuchung der Mechanik des Skeletts und des Muskelsystems, wie Giovanni Alfonso Borelli in seinem Buch *Über die Bewegung der Tiere* (1680) darlegt. Aber bald verstieg sich die ganze Richtung zu naiven Extremen: sie versimpelte die Vielschichtigkeit und Mannigfaltigkeit der physiologischen, besonders der biochemischen Vorgänge. Zudem wurden bei der Ausschließlichkeit des kartesischen Mechanismus biologische Phänomene, die nicht unmittelbar auf ihn zugeschnitten waren, einfach beiseite gelegt, insbesondere die scheinbare Zweckmäßigkeit tierischen Verhaltens (z. B. der Nestbau der Vögel) und die ganze Frage der Anpassung der Teile und Funktionen des Körpers aneinander und des ganzen Körpers an seine Umgebung. Diese Probleme beschäftigten weiterhin die Naturforscher, z. B. John Ray (1627 bis 1704); sie wurden zu einem wichtigen Element der natürlichen Theologie, weil sie auch Physikern wie Boyle und Newton bewiesen, was Ray im Titel seines Buches ausdrückt: *The Wisdom of God manifested in the Works oft the Creation* (1693) [die Weisheit Gottes, offenbart in den Werken der Schöpfung]. In der Physiologie bewirkten sie eine Rückkehr zu mehr vitalistischen Erklärungen; es bedeutet eine Huldigung gegenüber dem theoretischen Genius Descartes', daß die Frage von Vitalismus oder Mechanismus bis ins 20. Jahrhundert hinein in der philosophischen Ausdrucksweise diskutiert wird, die er und seine Kritiker im 17. Jahrhundert geschaffen haben.

INSTRUMENTE, MASCHINEN UND MATHEMATISCHE METHODEN

Im Verlaufe des 17. Jahrhunderts wurden Experiment und Mathematik so eng miteinander verkettet, daß ein Fall wie der William Gilberts, der seine experimentelle Forschung fast ohne Mathematik bewerkstelligt hatte, am Ende des Jahrhunderts unbegreiflich gewesen wäre. Kausalbeziehungen wie die von Gilbert entdeckten, konnten nicht einmal von Galilei mathematisch ausgedrückt werden, aber man glaubte fest, daß es nur eine Frage der Zeit sei, bis dieses Problem bewältigt wäre, und daß dies weitgehend von der Entwicklung genauerer Meßinstrumente abhänge.

Eines der Instrumente, die Galilei verbesserte, war die Uhr. Am Ende des 15. Jahrhunderts gab es in Nürnberg die ersten Uhren mit Federn statt Gewichten; damit war die Erfindung von tragbaren Uhren, wie z. B. den »Nürnberger Eiern«, möglich geworden. Der Gebrauch der Feder warf ein neues Problem auf; denn die Kraft, die die aufgezogene Feder ausübte, verringerte sich in dem Maße, wie sie sich lockerte. Zur Überwindung dieser Schwierigkeit erfand man verschiedene Dinge; das erfolgreichste war – um die Mitte des 16. Jahrhunderts – die sogenannte »Spindel« oder »Schnecke« des Schweizers Jakob Zech. Das Prinzip dieser Erfindung bestand darin, daß das Federgehäuse allmählich spitz zulief; wenn die Feder sich lockerte, wurde der Kraftverlust kompensiert durch eine Zunahme der Hebelwirkung, die sich daraus ergab, daß die Feder sich nach und nach in die breiteren Teile des Gehäuses schob. Es war jedoch noch nicht möglich, eine Uhr zu konstruieren, die während eines längeren Zeitraumes genau ging. Dabei wurde der Wunsch nach einer solchen Uhr immer dringender, besonders für die Meeresschiffahrt, die seit dem Ende des 15. Jahrhunderts einen gewaltigen Aufschwung genommen hatte. Die einzige praktische Methode zur Bestimmung geographischer Längen war abhängig von der Möglichkeit, (nach der Sonne) die Zeit auf dem Schiff genau zu vergleichen mit der eines festgesetzten Punktes auf der Erdoberfläche, z. B. Greenwich. Diese Möglichkeit war mit der Einführung des Pendels als regulierendem Mechanismus geschaffen. In Taschenuhren diente die Unruhe demselben Zweck. 1582 hatte Galilei entdeckt, daß ein Pendel isochrom schwingt; später erkannte er, daß diese Tatsache beim Bau der Uhren verwendbar sein könnte. Die erste genaugehende Uhr wurde 1657 ganz unabhängig von Galileis Anregung von Huygens erfunden. Das Navigationsproblem allerdings konnte erst im 18. Jahrhundert endgültig gelöst werden durch Erfindungen, die sowohl die unregelmäßigen Schiffsbewegungen als auch die Temperaturschwankungen kompensierten.

Die Bedürfnisse der Navigation und der Reisen verhalfen noch einer weiteren Art der Messung im 16. und 17. Jahrhundert zu vielfacher Verbesserung, den Landkarten. Die sensationellen Reisen von Bartholomeus Diaz um das Kap der Guten Hoffnung im Jahre 1486, von Christoph Kolumbus, der 1492 Amerika entdeckte, von Vasco da Gama, der 1497 auf dem Seewege Indien erreichte, und vieler anderer Seefahrer auf der Suche nach der Nordwest- oder Nordostpassage hatten eine neue Welt in das abendländische Bewußtsein gerückt; sie hatten aber auch genaue Karten und Methoden zur Fixierung einer Position zur dringenden Notwendigkeit gemacht. Wesentlichstes Erfordernis für die Kartierung der Erdkugel war eine lineare Messung des Meridianbogens; denn es gab bis zum 18. Jahrhundert nur wenige astronomische Schätzungen der geographischen Breite und praktisch keine einzige für die Länge. Im 16. und 17. Jahrhundert hatten die mittelalterlichen Bestimmungen der Bogengrade verschiedene Verbesserungen erfahren; aber die erste genaue Zahl gab erst der französische Mathematiker Jean Picard in der zweiten Hälfte des 17. Jahrhunderts. Trotz der ungenauen Zahlen für den Bogengrad hatte sich die Kartographie seit dem Ende des 15. Jahrhunderts beträchtlich weiterentwickelt. Das lag in erster Linie an einem wiederauflebenden Interesse für die Karten in Ptolomäus' *Geographie* (vgl. Seite 205). Ptolomäus hatte die Notwendigkeit einer genauen Positionsbestimmung betont; seine Karten weisen ein vollständiges Netz von Parallelen und Meridianen auf. Im 16. Jahrhundert stellte man Seekarten von viel begrenzteren Bezirken her als im Mittelalter. Der Kompaß diente zur Bestimmung des Meridians; die Tatsache der magnetischen Abweichung je nach dem Längengrad war bekannt und wurde dabei berücksichtigt. Petrus Apianus (oder Bienewitz) verfertigte 1520 eine der ersten Karten von Amerika; 1524 schrieb er eine Abhandlung über kartographische Methoden, und in einem weiteren Werk, *Cosmographicus Liber*, veröffentlichte er eine Liste der Breiten- und Längengrade vieler bekannter Orte auf der Welt und die Karten dazu (Tafel LV). Ein anderer Kartograph des 16. Jahrhunderts, Gerard de Cremer oder, wie er sich nannte, Mercator aus Löwen erfand 1569 die nach ihm benannte Projektion, die heute noch im Gebrauch ist. Sie zeigt die sphärische Erde in zweidimensionaler Zeichnung. Mercator experimentierte auch mit anderen Projektionsarten; er maß jede seiner Karten entweder persönlich nach, z. B. die Karte Flanderns, oder verglich die Informationen verschiedener Forschungsreisender kritisch. Ebenso sorgfältig arbeiteten andere Kartographen des 16. Jahrhunderts, z. B. Ortelius, der Geograph des Königs von Spanien, und Philip Cluvier, der über die historische Geographie Deutschlands und Italiens schrieb.

In diesen Fragen bekundeten die Regierungen und Verwaltungsbeamten das größte Interesse an der Naturwissenschaft. Auch ergab sich ein enger Kontakt zwischen Universitätswissenschaftlern und Mathematikern auf der einen Seite und Handwerkern, Instrumen-

tenbauern und Seefahrern auf der andern Seite. Die fortschrittlichste
Einrichtung auf diesem Gebiet war zweifellos die schon länger bestehende *Casa de Contracion*, die große Navigationsschule in Sevilla, die einen der Schiffsmeister des englischen Forschungsreisen-
den Richard Chancellor so gewaltig beeindruckte. Aber sogar in
einem Land wie England, das um die Mitte des 16. Jahrhunderts In-
strumentenbauer und Lotsen vom Kontinent herüberholte, um seine
eigene Rückständigkeit zu beheben, half privater Unternehmungs-
geist, das zu tun, was unterblieben war, weil die Regierung sich nicht
dafür interessierte. Von der zweiten Hälfte des Jahrhunderts an waren Mathematiker wie Robert Recorde, John Dee, Thomas und Leonard Digges, Thomas Hood (Regierungsbeamter der Königin Elisabeth), Henry Briggs (Lehrer am Gresham College in London) ernsthaft bemüht, die mathematische Ausbildung, besonders der Hand-
werksmeister, zu verbessern; sie gaben sogar praktischen Unterricht
in den neuen Navigationsmethoden. John Dee wurde z. B. beauftragt, Martin Frobishers Schiffsführer zu instruieren, bevor dieser
1576 auf seine erste Reise ging. Thomas Digges fuhr mehrere Monate zur See, um die neuen Methoden vorzuführen. Thomas Harriot
begleitete Sir Walter Raleighs Kolonisten 1585 als »mathematischer
Praktiker« und Berater nach Virginia.

Von wesentlicher Bedeutung für exakte Landkartierung waren genaue Überprüfungsmethoden; sie wurden im 16. und 17. Jahrhundert merklich verbessert. Der Gebrauch von Astrolab, Quadrant und
Kreuzstab zur Messung von Höhe und Abstand war schon im Mittelalter geläufig; im 16. Jahrhundert zeigten Tartaglia und andere,
wie eine Position zu bestimmen und Land zu vermessen war. Im
späten 15. und frühen 16. Jahrhundert entstanden sehr genaue, mit
einer Windrose versehene Karten von Lothringen, dem Elsaß und
dem Rheintal, auf denen die Straßen nach Meilen markiert waren;
beachtlich sind darunter die von Waldseemüller von Straßburg (1511).
Man glaubt, daß diese Karten mit Hilfe eines primitiven Theodoli-
ten, des Polimeters, hergestellt sind. Die Methode der Aufteilung
einer Fläche in Dreiecke, mit der von einer genau gemessenen Grund-
linie aus ohne sonstige direkte Messungen ein ganzes Land vermessen werden kann, wurde zum erstenmal von dem flämischen Kartographen Gemma Frisius im Jahre 1533 angewandt. In England fertigten Saxton am Ende des 16. Jahrhunderts und Norden zu Beginn

des 17. Jahrhunderts die ersten genauen Landkarten an. Eine wichtige Frage, die jahrelang nicht geklärt werden konnte, war die Festsetzung eines gemeinsamen ersten Meridians. Englische Kartographen wählten im 17. Jahrhundert Greenwich; aber erst 1925 wurde der Meridian von Greenwich als allgemeiner Null-Meridian anerkannt.

Das erste Instrument zur Wärmemessung scheint irgendwann zwischen 1592 und 1603 von Galilei erfunden worden zu sein; aber unabhängig davon haben drei andere Forscher um die gleiche Zeit ein Thermometer, Thermoskop, Kalenderglas oder Wetterglas konstruiert. Galen hatte Wärme und Kälte auf einer Zahlenskala dargestellt; im 16. Jahrhundert war der Gedanke einer Gradeinteilung der Wärme und Kälte in der gesamten medizinischen und naturphilosophischen Literatur zu finden (vgl. Seite 333), obwohl man immer noch nichts anderes als die Sinneswahrnehmung zur Abschätzung der Temperatur hatte. Solche Gradskalen, etwa die von acht Graden für jede der beiden Qualitäten, wurden bei den ersten Thermometern verwandt. Diese Instrumente waren an sich Abwandlungen antiker griechischer Erfindungen. Philo von Byzanz und Hero von Alexandria haben beide Experimente über die Ausdehnung der Luft durch Wärme beschrieben (vgl. Seite 272 f., Fußnote); es gab lateinische Übersetzungen ihrer Werke. Die Übersetzung von Heros *Pneumatica* ist im 16. Jahrhundert zweimal gedruckt worden. Die ersten Thermometer bestanden aus einem kugelförmigen Glasgefäß, dessen Hals in Wasser getaucht wurde. Erhitzte man die Kugel, so wurde Luft aus ihr herausgedrückt; beim Abkühlen stieg das Wasser im Hals an. Der Flaschenhals war mit einer Gradmarkierung versehen, daran wurde die Temperatur abgelesen, je nachdem ob die Luft in der Kugel sich zusammenzog oder ausdehnte und das Wasser auf- oder abstieg. (Heute wissen wir, daß der Wasserstand sich auch dem atmosphärischen Druck entsprechend verändert.)

Daß Galilei als erster ein solches Instrument erfunden haben soll, ist nur aus dem Zeugnis seiner Zeitgenossen zu erfahren; in keinem seiner bekannten Werke findet sich eine Andeutung darüber. Die erste Schilderung dieses Thermometers erschien 1611 in einem Kommentar zu Avicenna, verfaßt von dem Philosophen Santorio Santorii, der es zu klinischen Zwecken benutzte. Ein ähnliches Instrument, wahrscheinlich eine Abwandlung von Philos Apparat, gebrauchte einige Jahre später Robert Fludd, um die kosmischen Wirkungen von Licht und Dunkelheit, von Wärme und Kälte nachzuweisen, Wetterbedingungen anzugeben und Temperaturschwankungen zu messen. Ein anderer Zeitgenosse, der Holländer Cornelius Drebbel (1572–1634), scheint der Erfinder eines neuen Thermometertyps gewesen zu sein; an jedem Ende einer Röhre war eine versiegelte Hohlkugel angebracht. Das Instrument arbeitete in der Weise, daß die verschiedene Lufttemperatur in den Kugeln gefärbtes Wasser in der Röhre hin- und herbewegte.

Diese Luftthermometer wurden im 17. Jahrhundert zu verschiedenen Zwecken gebraucht, hauptsächlich aber in der Medizin. So benutzte J. B. van Helmont ein Thermometer des offenen Typs zur Feststellung der Körpertemperatur. Alle waren ungenau, und der offene Typ zeigte sich besonders empfindlich gegen Veränderungen des atmosphärischen Druckes. Der französische Chemiker Jean Rey baute es 1632 zu einem Wasserthermometer um, das an der Ausdehnung und Zusammenziehung von Wasser anstelle der Luft die Temperatur maß. Aus technischen Schwierigkeiten verzögerte sich der Bau eines genau stimmenden Thermometers bis ins 18. Jahrhundert hinein.

Die Freude an Messungen förderte auch die Erfindung eines Instrumentes, das geeignet war, das Gewicht der Luft festzustellen. Auch dafür soll Galilei den ersten Anstoß gegeben haben. Beobachtungen wie die, daß Wasser aus der Wasseruhr nicht ausläuft, wenn man das obere Loch zuhält, wurden seit dem 13. Jahrhundert entweder mit Roger Bacons »universaler Kontinuität« oder mit dem leeren Raum erklärt. Galilei glaubte nicht, wie die Aristoteliker, an die Unmöglichkeit der Existenz eines luftleeren Raumes; er stellte das erste künstliche Vakuum her, indem er einen Kolben aus einem luftdicht abgeschlossenen Zylinder herauszog. Wie Ägidius von Rom schrieb er den sich ergebenden Widerstand der »Kraft des Vakuums« zu. Als er erfuhr, daß eine Pumpe das Wasser nicht über 32 Fuß anhebt, glaubte er darin die Grenze dieser Kraft zu erblicken. Auf den Gedanken, diese Phänomene mit dem atmosphärischen Gewicht in Verbindung zu bringen, kam er nicht. 1643 wurde auf Torricellis Anregung hin folgendes gezeigt: Wenn man ein langes, an einem Ende geschlossenes Rohr mit Quecksilber füllte und umgekehrt mit dem offenen Ende in ein Gefäß mit Quecksilber stellte, so stieg die Qecksilbersäule in der Röhre weniger als eine Wassersäule, die von einer Pumpe hochgezogen wurde, und zwar proportional der größeren Dichtigkeit des Quecksilbers. Der luftleere Raum über der Quecksilbersäule wurde als »Torricellisches Vakuum« bekannt; Torricelli schrieb die beobachtete Wirkung dem Gewicht der Luft zu. Sein Apparat wurde zu dem allgemein bekannten Heberbarometer. Seine Schlußfolgerungen bestätigten sich, als unter Pascals Leitung ein Barometer auf die Spitze des Puy de Dome gebracht wurde. Der Barometerstand nahm mit ansteigender Höhe ab, d. h. mit dem Gewicht der darauf lastenden Atmosphäre.

Die Möglichkeit, ein Vakuum herzustellen, brachte eine Reihe von Forschern des 16. und 17. Jahrhunderts auf den Gedanken, eine brauchbare Dampfmaschine zu konstruieren. Die ersten Dampfmaschinen wurden in Wirklichkeit nicht durch die Expansionskraft des Dampfes angetrieben, sondern durch den atmosphärischen Druck, der entstand, nachdem der Dampf im Zylinder kondensiert war. Manche Forscher, z. B. de Caus (1615) und Branca (1629), schlugen auch vor, eine Turbine nach dem Muster Heros von Alexandria zu benutzen, d. h. einen Dampfstrahl, der auf ein Flügelrad gerichtet ist. Das wichtigste praktische Problem, das mit Hilfe von Dampfmaschinen gelöst werden sollte, war das Pumpen von Wasser. Die Aufgabe, die immer tieferen Bergwerke von Wasser freizuhalten, wurde im 16. und 17. Jahrhundert zu einem sehr ernsten Problem. Agricola beschreibt in *De Re Metallica* verschiedene Typen von Pumpen, die im frühen 16. Jahrhundert dazu verwendet wurden: eine Kette von Schöpfeimern, die durch eine mit der Hand gedrehte Kurbel betätigt wurde; eine durch ein Wasserrad in Gang gesetzte Saugpumpe, mit einem Umsteuerungshebel für den Kolben und Rohren aus hohlen Baumstämmen, die mit Eisenbändern verklammert waren; eine Kraftpumpe mit Kurbelantrieb; ein Kettenapparat, bei dem die Eimer durch Roßhaarballen ersetzt waren und die Kraft von Menschen in einer Tretmühle oder von Pferden am Göpel geliefert wurde. Man brauchte Pumpen auch, um Wasser für Springbrunnen hochzuziehen und Städte zu versorgen. Augsburg erhielt sein Wasser durch eine Reihe von archimedischen Schrauben, die durch eine Antriebswelle bewegt wurden und das Wasser bis in die Spitze von Türmen hochpumpten; von dort wurde es auf Rohre verteilt. London wurde nach 1582 durch eine Kraftpumpe des deutschen Erfinders Peter Morice mit Wasser versorgt, die durch ein Flutrad in der Nähe der London Bridge angetrieben wurde, und später durch Pumpen mit Pferdeantrieb. Pumpen versorgten Paris und andere Städte, sie setzten auch die Springbrunnen in Versailles und Toledo in Betrieb. Schon um die Mitte des 16. Jahrhunderts hatte Cardano Methoden zur Erzeugung eines Vakuums durch kondensierten Wasserdampf überlegt; 1560 regte G. B. della Porta (1536–1605) an, zum Hochpumpen des Wassers einen Apparat nach diesem Prinzip zu bauen. 1663 machte der Marquis von Worcester erneut diesen Vorschlag. Die erste Dampfmaschine mit Zylinder und Kolben wurde von dem französischen Maschinenbauer Denis Papin entworfen; er hatte mit Boyle zusammengearbeitet und erfand die Verdichtungspumpe und den Dampfkessel, den »Dampftopf«, wie er ihn nannte, mit einem Sicherheitsventil. Er entwarf auch einen mit Dampf angetriebenen Wagen. Eine brauchbare Dampfmaschine nach dem Prinzip der Dampfkondensation von Thomas Savery wurde 1698 patentiert; sie diente dazu, mehrere Häuser mit Wasser zu versorgen und mindestens ein Bergwerk vom Wasser zu befreien. Als Papin davon hörte, entwarf er 1707 einen Hochdruckkocher mit eingebauter »Feuermaschine«, ferner ein Dampfschiff mit Schaufelrädern. Nach der Idee seines Entwurfes baute Thomas Newcomen wenig später seine atmosphärische Druckmaschinen. Auch James Watts Maschinen waren ursprünglich atmosphärische Druckmaschinen. Erst gegen Ende des 18. Jahrhunderts wurden Maschinen erfunden, bei denen die Expansionskraft des Wasserdampfes bei hohem Druck zum Antrieb ausgenutzt wurde.

Das Torricellische Vakuum wurde als eine endgültige Widerlegung der aristotelischen Argumente gegen die Existenz eines leeren Raumes angesehen, der »von der Natur verabscheut wird«. Die Argumente des Aristoteles gegen den leeren Raum, die sich aus seinem Bewegungsgesetz ergaben, waren schon von Galilei weggefegt worden. Aber Aristoteles selber hatte manchmal Argumente gegen den leeren Raum im Sinne des »Nicht-Seins« mit Argumenten z. B. gegen das Fehlen eines Widerstand leistenden Mediums durcheinandergeworfen. Manche seiner Kritiker im 17. Jahrhundert machten es genauso. Das Torricellische Vakuum war nicht eine ontologische Leere, so wie Descartes und andere sie nicht akzeptieren konnten. Es war ein Raum, der – zumindest theoretisch – keine Luft oder ähnliche Materie enthielt. Spätere Physiker waren nicht so empfindlich gegenüber metaphysischen Spitzfindigkeiten, wie Descartes es gewesen war. Dennoch glaubten sie irgendeine Art von *plenum* postulieren zu müssen. Und das spielt in der Physik bis ins 20. Jahrhundert hinein eine vielgestaltige Rolle. Torricelli zeigte, daß das Licht sich im Vakuum fortpflanzt, und die Physiker des 17. Jahrhunderts füllten den leeren Raum mit einem Medium, dem Äther, in dem Schwerkraft, Magnetismus und Licht sich fortpflanzen sollten. Descartes versuchte, den Magnetismus durch Wirbel zu erklären, die – wie Averroes' *species magnetica* – durch den einen Pol des Magneten eintreten und ihn durch den anderen Pol wieder verlassen. Sie wirken auf Eisen, meinte er, weil der Widerstand seiner Partikel gegen das Fließen es zum Magneten hinzieht (Tafel LVII)! Nichtmagnetisierbare Stoffe bieten einen solchen Widerstand nicht.

Auch Instrumente zur besseren Beobachtung wurden im 17. Jahrhundert konstruiert, darunter das Teleskop und das zusammengesetzte Mikroskop. Die Fortpflanzung des Lichtes galt für die meisten Optiker des 16. Jahrhunderts noch als erklärt durch die »Species«-Theorie, die mit den geometrischen Diskussionen dieser Zeit durchaus in Einklang stand. Der erste Versuch einer geometrischen Analyse der Linsen und des Auges war der des Maurolyco. Er verneinte die Ansicht, daß der Sitz des Sehens in den Linsen zu suchen sei, das umgekehrte Bild aber konnte er nicht verstehen. Eigentlich hatte Averroës zum erstenmal die Funktionen der Linsen und der Netzhaut erkannt; aber das scheint vergessen worden zu sein, bis der Anatom Felix Plater (1536–1614) es erneut betonte. Die Anatomen Realdo Colombo und Hieronymo Fabrizio zeichneten als erste die Linse im vorderen Augenabschnitt und nicht, wie die Zeit zuvor, in der Mitte. Kepler wies zum erstenmal in seinem Kommentar zu *Witelo* (1604) nach, daß die Lichtstrahlen durch Hornhaut und Linse gesammelt werden und ein wirkliches, umgekehrtes Bild auf der Netzhaut erzeugen.

Schon die Araber hatten eine geeignete Methode eingeführt, Sterne zu isolieren, indem sie sie durch ein Rohr betrachteten. Mit der Verbreitung von Brillen hatte das Handwerk des Linsenschleifens sich in zahlreichen Zentren hoch entwickelt. Bahnbrechend für Kombinationen von Spiegeln und vielleicht auch Linsen war – anscheinend inspiriert von Roger Bacon – die Arbeit des englischen Mathematikers Leonard Digges und seines Sohnes Thomas; sie bauten aber ihre Apparate auf einem Gerüst ohne Rohre auf. In Italien scheint um 1590 eine Art Fernrohr mit Linsen konstruiert worden zu sein. Jedenfalls wird berichtet, daß ein holländischer Brillenmacher namens Janssen 1604 ein italienisches Modell, das mit jenem Datum gezeichnet war, kopiert habe. Und der Bericht gibt der etwas dunklen Schilderung Portas (1589) von einer Kombination konvexer und konkaver Linsen Recht. Aus irgendeinem Grunde erfuhr Galilei nur von den holländischen Instrumenten; er baute dann sein Fernrohr und sein zusammengesetztes Mikroskop mit Hilfe seiner wissenschaftlichen Kenntnisse über die Lichtbrechung*. Ganz verstand er dieses Phänomen nicht; Kepler gibt in seiner *Dioptrica* (1611) eine verständlichere Theorie. Galileis Kombination von Konvex- und Konkavlinsen wurde später durch Kombinationen von Konvexlinsen ersetzt; im Laufe der Zeit konnte man auch Regeln ausarbeiten, nach denen Brennweiten und Öffnungen zu bestimmen waren. Das richtige Gesetz der Lichtbrechung, daß das Verhältnis zwischen den Sinus der Einfalls- und Brechungswinkel eine Konstante ist, die von den jeweiligen Medien abhängt, wurde wenige Jahre vor 1626 von einem andern Holländer, Willibrord Snell (1591–1626), gefunden. Formuliert wurde es, wahrscheinlich zuerst unabhängig davon, von Descartes, in dessen *Dioptrique* es 1637 zum erstenmal veröffentlicht wurde.

Descartes wollte die physikalische Natur des Lichtes in eine strengere mathematische Form fassen, als seine Vorgänger es getan hatten. In Übereinstimmung mit seinen eigenen mechanischen Prinzipien behauptete er, das Licht bestehe aus Partikeln des *Plenums* und werde durch mechanischen Druck eines Partikels auf den andern fortgepflanzt. Farbe, glaubte er, sei abhängig von der Drehgeschwindigkeit der Partikel. Als er »Snells Gesetz« veröffentlichte, dekla-

---

* Als der Franzose Jean Tarde 1614 Galilei besucht hatte, berichtete er: »Galilei erzählte mir, das Rohr eines Teleskops zum Betrachten der Sterne sei nicht mehr als zwei Fuß lang; wenn man aber sehr nahe, wegen ihrer Kleinheit dem bloßen Auge kaum erkennbare Objekte gut beobachten wolle, so müsse das Rohr zwei- oder dreimal länger sein. Er sagte mir, er habe mit diesem langen Rohr Fliegen betrachtet, die so groß wie Lämmer aussahen, ganz und gar mit Haaren bedeckt waren und mit sehr spitzen Nägeln versehen, mit denen sie sich festhalten, wenn sie mit dem Kopf nach unten über Glas spazieren.« (Galilei, *Opere*, Ed. Naz. Bd., 19, S. 589.)

rierte er es als eine Ableitung aus seiner eigenen Auffassung von der mechanischen Natur des Lichtes; in *Météores* (1637) bediente er sich dieses Gesetzes zur Erklärung zweier Phänomene des Regenbogens: des hellen Kreisbogens und der Farben. Theoderich von Freibergs Diagramme des ersten und zweiten Bogens, die die wesentliche Tatsache der inneren Reflexion des Sonnenlichtes in den Regentropfen zeigen, waren 1514 in Erfurt gedruckt worden. Antonio de Dominis hatte 1611 einen etwas unklaren Bericht über eine ähnliche Erklärung gegeben (vgl. Seite 106 ff.). Dieser war Descartes sicherlich bekannt, wenn er nicht sogar Theoderichs Diagramme kannte. Weil er aber über das Gesetz der Lichtbrechung und der Optik im allgemeinen verfügte, war seine Behandlung des Gegenstandes der seiner Vorgänger weit überlegen. Er gab nicht nur eine vollständige Darstellung der Brechung und Reflexion der Strahlen in den Wassertropfen, die den Regenbogen verursachen, er zeigte auch, daß die Strahlen, die in einem Winkel von etwa 41 Grad abweichend von ihrer ursprünglichen Richtung ins Auge fallen, viel dichter sind als die aus andern Richtungen kommenden und so den Regenbogen erzeugen. Er brachte die Farben in Verbindung mit unterschiedlicher Brechbarkeit, die er wiederum mit seiner Theorie der rotierenden Partikel erklärte. Einige Zeit später wies John Marcus Marci von Kronland (1595–1667) nach, daß Strahlen einer gegebenen Farbe durch ein zweites Prisma nicht weiterzerlegt werden. Weder Descartes noch Marcus vermochten eine passende Theorie der Farbe zu erdenken; das konnte erst geschehen, als ihre Prismenversuche durch Newton wiederholt erweitert wurden, abermals mit einem absolut überlegenen theoretischen Verständnis der Frage. Die Arbeiten von Descartes, Newton, Hooke und Huygens über das Licht ermöglichten die Konstruktion tauglicher Mikroskope und Teleskope. Aber die Brauchbarkeit dieser Instrumente war etwas eingeschränkt, weil die chromatische Aberration nicht beseitigt werden konnte; sie wurde größer und lästiger, je stärker die Linsen wurden. Bei den Teleskopen löste man das Problem der starken Vergrößerung dadurch, daß man Konkavspiegel statt Linsen verwandte. Aber ein wirklich gutes Mikroskop zu bauen war erst im 19. Jahrhundert möglich.

CHEMIE

Der Fortschritt in der Chemie, so wie er etwa um die Mitte des 17. Jahrhunderts erreicht war, ist mehr ein Ergebnis von Experiment und Beobachtung allein als von einer mathematischen Interpretation der Tatsachen. Die Ausbreitung der Alchimie, die Verfolgung rein praktischer Zwecke sowie Malerei und Bergbau hatten im 14. und 15. Jahrhundert eine ziemliche Vertrautheit mit chemischen Apparaten mit sich gebracht. Darunter befand sich auch die Waage; aber dieses Instrument war nicht – wie Cusanus angeregt hatte – zur *inventio*, zur Entdeckung, eingesetzt worden und hatte darum auch nichts zur Entwicklung einer quantitativen Chemie beigetragen. In der pharmazeutischen und medizinischen Praxis begann der Gebrauch von mineralischen Medikamenten sich durchzusetzen. Während der ersten Jahrzehnte des 16. Jahrhunderts tauchte die bizarre Gestalt des Philippus Aureolus Theophrastus Bombastus von Hohenheim, der sich Paracelsus nannte, auf (1493–1541). Dieser hatte die neuen Medikamente gründlich studiert und gab damit der Chemie einen bemerkenswerten Aufschwung. Er war ein geschickter Experimentator, der der chemischen Wissenschaft zur Erkenntnis einiger neuer Tatsachen verhalf. Zum Beispiel stellte er fest, daß Vitriole aus Metallen, Alaune aus einer »Erde« herzuleiten sind. Die Theorie der Chemie bereicherte er um den Begriff der *tria prima:* Schwefel, Quecksilber und Salz. Die Araber hatten Schwefel und Quecksilber als die Hauptbestandteile der Metalle angesehen; Paracelsus dagegen hielt Schwefel (Feuer, das entzündbare Prinzip), Quecksilber (Luft, das schmelzbare und flüchtige Prinzip) und Salz (Erde, das nicht brennbare und nicht flüssige Prinzip) für die direkten Bestandteile aller stofflichen Substanzen. Die letzten Teile der Materie, aus denen die *tria prima* selbst zusammengesetzt waren, waren die vier aristotelischen Elemente. Er veranschaulichte seine Theorie mit dem Bild des brennenden Holzes, das Flammen und Rauch entwickelt und Asche zurückläßt.

Den stärksten Einfluß übte Paracelsus dadurch auf die Chemie aus, daß er sagte, ihre Hauptaufgabe sei es, chemische Stoffe zum Gebrauch als Heilmittel zu bereiten und zu reinigen – und nicht, Metalle umzuwandeln, obgleich er das für möglich hielt. Nach seiner Zeit war die Chemie ein wesentlicher Bestandteil der medizinischen

Ausbildung geworden; fast ein Jahrhundert lang teilte man die Ärzte ein in Paracelsisten (oder »Spagyristen« = Goldmacher) und Herbalisten, die an den alten pflanzlichen Heilmitteln festhielten. Die ersteren waren oft recht kühn in ihren Behandlungsmethoden, was für den Patienten verhängnisvoll sein konnte. Die Chemie gewann jedoch einiges durch die Iatrochemie (medizinische Chemie); das ist zu ersehen aus der klaren und systematischen Darstellung ihrer Techniken und Substanzen in der *Alchymia* (1597) des Andreas Libavius (1540–1616). Sein Buch zeigt den Fortschritt in der Sammlung von Tatsachen während des 16. Jahrhunderts; andere Aspekte sind in den praktischen Handbüchern des Vanoccio Biringuccio (1480 bis 1539), des Agricola und des Bernard Palissy (1510–1590) behandelt.

Die ersten ernsthaften Verbesserungen in der Methode, die sich auf die chemische Analyse der Materie als solcher bezog, stammen von Johann Baptista van Helmont. Nach einem Studium in Löwen und einer reichen Heirat ließ sich van Helmont nieder, um nur noch der karitativen Praxis seines Berufes und der Forschung in seinem Laboratorium nachzugehen. Seine Schriften veröffentlichte er nicht; sie wurden nach seinem Tode von seinem Sohn gesammelt und unter dem Titel *Ortus Medicinae* herausgegeben. 1662 erschien eine englische Übersetzung: *Oriatrike or Physick Refined*. In van Helmonts Empirismus zeigt sich der Einfluß der praktischen Chemie seiner Vorgänger, aber auch der des Nominalismus und des augustinischen Platonismus – trotz der Angriffe, die er gegen die Schulen richtete. Für ihn waren die Quellen der menschlichen Erkenntnis göttliche Erleuchtung und Sinneserfahrung. »Die einzigen Mittel, Wissenschaft zu erlangen, sind Beten, Suchen und Anklopfen«, sagt er im 6. Kapitel von *Oriatrike*, dem Traktat *Logica Inutilis*. Im Studium der Natur gab es für ihn echte *inventio* oder Neuentdeckung nur durch »bare Beobachtung« konkreter und meßbarer Objekte.

»Denn wenn jemand mir *lapis Calaminaris* zeigt oder die Zubereitung von *Cadmia* oder *Brasse Oare* oder das, was in Kupfer enthalten ist, oder Mischung und Gebrauch von *Aurichalum* oder Kupfer und Gold, was ich alles zuvor noch nicht kannte, so lehrt, beweist und vermittelt er mir Kenntnisse von Dingen, über die ich früher in Unkenntnis war.«

Die Logik der Schulphilosophen konnte allerdings nicht zu solchen

Entdeckungen führen. In sich selbst ist »die logische Erfindung ein bloßes Wiederaufnehmen dessen, was zuvor schon bekannt war«. Der Forscher wird, nachdem er seine Beobachtungen gemacht hat, durch die *ratio*, das ist die formale Logik und Mathematik, zu einer Erkenntnis der wirkenden Prinzipien geführt, die in Wirklichkeit der aristotelischen substantiellen Form analog sind; sie sind die Quelle des beobachteten Verhaltens. Aber, sagt er, wenn eine solche Beweisführung nicht von Intuition oder Erleuchtung begleitet ist, so bleiben ihre Schlußfolgerungen immer ungenau.

Van Helmont machte diese Erkenntnistheorie zur Grundlage einer vorgeschlagenen Erziehungsreform. In *Oriatrike*, Kap. 7, erklärt er mit Bezug auf die Lehren des Aristoteles und des Galen:

»Sicherlich wünschte ich, daß in einer so kurzen Lebensspanne der Frühling junger Menschen nicht mit solchen Bagatellen und nicht mehr mit lügnerischen Sophistereien getrübt würde. Was sie aber lernen sollten in diesen unnützen drei Jahren und in dem ganzen Zeitraum von sieben Jahren, das ist Arithmetik, die mathematische Naturwissenschaft, die Elemente des Euklid, und außerdem Geographie mit den Seen, Flüssen, Quellen, Bergen, Provinzen und Mineralien. Und gleicherweise die Eigenschaften und Bräuche von Nationen, Gewässern, Pflanzen, lebenden Geschöpfen, Mineralien und Orten. Dazu den Gebrauch des Zirkels und des Astrolabiums. Und dann führt sie zum Studium der Natur, laßt sie die ersten Anfänge von Körpern lernen und unterscheiden ... Und alles das nicht etwa durch nackte Beschreibung in Worten, sondern durch handfeste Vorführung des Feuers. Denn wahrlich, die Natur bemißt ihre Werke durch Destillieren, Befeuchten, Trocknen, Reinigen im Glühen, Auflösen, durch genau die gleichen Mittel, mit denen wir in Gläsern die Vorgänge nachvollziehen. So erwirbt der Künstler in der Umwandlung der Tätigkeiten der Natur deren Vermögen und Kenntnis von ihr.«

Van Helmont glaubte an zwei »erste Anfänge« von Körpern. Er hatte das Weidenholzexperiment des Cusanus (vgl. Seite 334 f.) durchgeführt, und das hatte ihn davon überzeugt, daß der letzte innere Bestandteil materieller Substanzen Wasser ist. Das wirkende Prinzip zur Verteilung des Wassers und zum Aufbau des spezifischen konkreten Dinges ist ein »Ferment« oder ein »Samenanfang«, durch göttliches Licht (oder himmlischen Einfluß) in der Materie erzeugt. Dieses Licht bringt den »*archeus*«, die Wirkursache, die das Ferment befähigt, den »Samen« aufzubauen, der sich dann zu einem Stein, einem Metall, einer Pflanze oder einem Tier entwickelt. Im 4. Kapitel von *Oriatrike* heißt es:

»Denn die seminale Wirkursache enthält die Typen oder Muster oder Dinge, die aus sich selbst geschehen, die Gestalt, Bewegungen, Stunde, Beziehungen, Neigungen, Fähigkeiten, Gleichstellungen, Proportionen, Störung, Gebrechen und alles, was so unter die Aufeinanderfolge von Tagen fällt, sowohl bei dem Geschäft der Erzeugung als auch der Erhaltung.«

Seine Körper sind der »Idee« des *archeus* entsprechend konstruiert. Bei der Zeugung von Tieren baut der *archeus faber* aus dem männlichen Samen epigenetisch den Embryo auf mit den Stoffen, die der weibliche Samen liefert. Indessen ist der Same organischen Ursprungs zur Zeugung nicht unentbehrlich; wenn der *archeus* auf ein passendes Ferment einwirkt, können vollkommene Tiere entstehen. Van Helmont glaubte fest, daß die Eltern als Wirkursache der Nachkommenschaft fraglich sind. Die »natürliche Gelegenheit« produziert den Samen, aber die eigentliche Wirkursache ist Gott. Diese Theorie war der der »Occasionalisten« ähnlich (vgl. Seite 542). Für van Helmont gab es nur zwei Ursachen für das Zustandekommen natürlicher Ereignisse: die materielle und die bewirkende.

Er erklärte, es gebe spezifische Fermente und *archei* im Magen, in der Leber und in anderen Teilen des Körpers zur Kontrolle ihrer Funktionen; seine Vorstellungen darüber waren im wesentlichen galenisch. Er sah also in der Krankheit eine fremde Wesenheit, die ihre Lebensweise, ihren *archeus*, der des Patienten aufzwingt. Dieser von ihm noch weiterentwickelte Gedanke machte ihn zum Pionier der Ätiologie und pathologischen Anatomie. Er übertrug die Lehre, daß die Kenntnis der Fermente aus der Beobachtung ihrer materiellen Wirkung abzuleiten sei, auf die Praxis und war so in der Lage, manchen galenischen oder anderen Prinzipien spezielle Funktionen zuzuweisen. Er zeigte die Säureverdauung, die »Fermentation« im Magen und die Neutralisation durch die Galle. Dieses, sagte er, seien die ersten beiden Fermentationen der Nahrung auf ihrem Weg durch den Körper. Die dritte finde in den Eingeweiden statt, die vierte im Herzen, wo das rote Blut durch Beifügung des Lebensgeistes gelblich werde. Die fünfte sei die Umwandlung des arteriellen Blutes in Lebensgeist, die hauptsächlich im Gehirn geschehe, die sechste die Erzeugung des ernährenden Prinzips in jedem Körperteil aus dem Blut. Van Helmont nahm auch schon etwas Ähnliches wie das Prinzip der spezifischen Nervenenergie vorweg; er sagte nämlich, der der Zunge mitgeteilte Lebensgeist erkläre die Geschmacksempfindung, könne aber das Tastgefühl im Finger nicht bewirken.

In der reinen Chemie machte van Helmont systematisch von der Waage Gebrauch und demonstrierte die Erhaltung der Materie, die seiner Ansicht nach durch sekundäre Ursachen nicht zerstört werden kann. So erkannte er eine Reihe von Tatsachen, z. B.: Verwandelt man eine bestimmte Menge von Kieselerde in Wasserglas, behandelt dieses dann mit Säure, so ergibt die ausgefällte Kieselsäure bei Erhitzung das ursprüngliche Gewicht der Kieselerde. Metalle, die in einer der drei Hauptsäuren aufgelöst sind, können wiedererhalten werden. Wenn ein Metall ein anderes aus einer Salzlösung ausfällt, so geschieht das nicht, wie Paracelsus geglaubt hatte, durch Transmutation. Am bedeutendsten war wohl seine Arbeit über Gase. Er selber leitete das Wort »Gas« aus dem griechischen *chaos* ab. Mehrere mittelalterliche und spätere Forscher hatten die Existenz wässeriger und erdiger »Ausdünstungen«, ähnlich der Luft, anerkannt. Van Helmont war der erste, der die verschiedenen Arten von Gasen wissenschaftlich erforschte. Seine Arbeit wurde durch den Mangel an geeigneten Apparaten zum Auffangen von Gasen gewaltig erschwert. Unter den verschiedenen Gasen, die er erwähnte, waren: ein *gas carbonium*, das beim Verbrennen von Holzkohle entweicht (Kohlendioxyd, aber auch Kohlenmonoxyd); ein *gas sylvester*, das bei der Gärung des Weines entsteht, aber auch aus Mineralwasser entweicht, oder wenn man ein Carbonat mit Essigsäure behandelt, man findet es auch in gewissen Höhlen, es löscht die Flamme (Kohlendioxyd); ein rotes, giftiges Gas, das er auch *gas sylvester* nennt, entweicht, wenn Scheidewasser auf Metalle wie Silber einwirkt (Stickstoffoxyd); und ein entzündbares *gas pingue*, das sich bei der trockenen Destillation organischer Stoffe bildet (eine Mischung von Wasserstoff, Methan und Kohlenmonoxyd). Van Helmont interessierte sich auch für die Atmung, deren Zweck er nicht wie Galen in der Abkühlung, sondern in der Erhaltung der animalischen Wärme erblickte, die dadurch bewirkt werden soll, daß ein Ferment in der linken Herzkammer das arterielle Blut in Lebensgeist verwandelt.

In den ersten Jahrzehnten des 17. Jahrhunderts experimentierten andere Chemiker mit Gasen in Verbindung mit den Phänomenen der Verbrennung. Nach der anerkannten Theorie bedeutete Verbrennung die Zerlegung zusammengesetzter Substanzen unter Verlust des entzündlichen »öligen« Prinzips, dargestellt durch »Schwefel«. Brennen mußte demnach Gewichtsverlust zur Folge haben. Es wurden indessen in dieser Sache viele Beobachtungen gemacht, die völlig neue Vorstellungen entwickelten. Schon Philo (vgl. Seite 273, Fußnote) hatte den Versuch mit der »eingeschlossenen Verbrennung« beschrieben: ein Kerze wird in einem Glase angezündet, das umgekehrt in ein Gefäß mit Wasser gestülpt wird; Francis Bacon verwies auf dieses Experiment und nannte es allgemein bekannt. Die Araber und die Chemiker des 16. Jahrhunderts hatten auch schon gewußt, daß Metalle durch Glühen schwerer werden. 1630 begründete Jean Rey seine Ansicht, die bestimmbare und begrenzte »Zunahme« an Gewicht, die er nach dem Glühprozeß an Blei und Zinn festgestellt hatte, könne nur von der Luft kommen; diese habe sich mit der glühenden Masse vermischt und sich an ihre kleinsten Partikel geheftet. Er glaubte außerdem, daß alle Elemente, eingeschlossen das Feuer, Gewicht besitzen, das durch chemische Veränderungen hindurch bewahrt bleibt. Natürlich waren diese Tatsachen und Überlegungen nicht mit der Theorie des »öligen« Prinzips in Einklang zu bringen. Als dieses dann zu »Phlogiston« weiterentwickelt wurde, war es als negatives Gewicht anzusehen. Erst gegen Ende des 18. Jahrhunderts brachte man Verbrennung mit Oxydation zusammen; dies war dann die Zentralfrage der chemischen Revolution, die mit Lavoisier und seinen Zeitgenossen einsetzte.

Die Universalität der Mechanik, die mit den Erfolgen der Mathematik einherging, drang durch die Entwicklung der Atomtheorie auch in die Chemie ein. Naturphilosophen wie Bruno, der sich für die Existenz natürlicher, physikalischer *minima* eingesetzt hatte, führten die scholastischen Diskussionen dieses Problems weiter. Durch Francis Bacon gewann es an Bedeutung, denn dieser – obschon er später seine Meinung änderte – bejahte zuerst die Atome; er sagte auch, Wärme sei ein Zustand, der durch Vibration von Korpuskularteilchen hervorgerufen werde. Galilei meinte, eine Veränderung der Substanz »kann durch eine einfache Umstellung der Teile« erfolgen. Die erste Anwendung der Atomtheorie auf die Chemie geschah durch den Holländer Daniel Sennert (1572–1637). Sennert behauptete, Substanzen, die dem Werden und Vergehen unterworfen sind, müßten aus einfachen Körpern zusammengesetzt sein, aus denen sie sich aufbauen und in die sie wieder zerfallen. Diese einfachen Körper waren physikalische, nicht rein mathematische *minima*, in Wirklichkeit Atome. Er nahm vier Arten von Atomen an, entsprechend den aristotelischen Elementen, und Elemente zweiter Ordnung, die sich aus der Verbindung aristotelischer Elemente untereinander bilden. Atome, wie z. B. Gold in einer Säurelösung und Quecksilber in Sublimat, behalten seiner Meinung nach ihre Individualität, so daß die ursprünglichen Stoffe aus Verbindungen wiedergewonnen werden können. Ähnliche Vorstellungen hatte Joachim Jung (1587–1657), durch den sie später Robert Boyle (1627 bis 1691) bekannt wurden.

Auch Descartes trug seinen Teil zur Atomtheorie bei, wenn er auch nicht an unteilbare physikalische *minima* glaubte. Er versuchte, seine mechanistischen Prinzipien auf die Chemie auszudehnen, indem er die Beschaffenheit der verschiedenen Substanzen auf die geometrische Gestalt ihrer erdigen Aufbaupartikel zurückführte. Z. B. vermutete er, die Partikel ätzender Substanzen wie Säuren seien gleich scharfgeschliffenen Klingen, während die der Öle verzweigt und biegsam seien. Diese Gedanken griff später John Mayow (1643 bis 1679) auf; durch den *Cours de Chymie* (1675) von Nicolas Lémery (1645–1715) wurden sie allen Chemikern vertraut. Gassendi machte 1649 die Atome des Epikur breiten Volksschichten bekannt, betonte jedoch, sie existierten nicht von Ewigkeit her, sondern seien mit ihren charakteristischen Fähigkeiten von Gott erschaffen. Seinen Glauben an die Existenz eines leeren Raumes begründete er mit Torricellis Experimenten, und wie Descartes verband er chemische Eigenschaften mit der Gestalt der Atome. Er glaubte, auch in der Verbindung zu *moleculae* oder *corpuscula* Mechanismen wie Haken und Ösen zu erkennen. Gassendis System war Gegenstand eines englischen Werks von Walter Charleton (1654), dem Leibarzt Karls II., einem der ersten Fellows der Royal Society. Das Mikroskop reizte zum Entdecken der Atomgrößen an, und Charleton schloß aus Phänomenen wie Verdunstung und Löslichkeit, daß das kleinste mikroskopisch erkennbare Teilchen zehnhunderttausend Millionen unsichtbare Partikel enthalte. Durch Charleton wurde die Atomtheorie

um die Mitte des 17. Jahrhunderts in England wohlbekannt. Boyle
und Newton übernahmen sie und formten die empirischen Ergebnisse van Helmonts gemäß den mechanischen Prinzipien um. So begab sich schließlich die Chemie, wie zuvor die Physik, auf den Kurs,
zu einer mathematischen Wissenschaft reduziert zu werden. Die
Vollendung dieses Prozesses wurde unvermeidlich, nachdem das
»Verbindungsgewicht« gefunden war und Dalton im frühen 19. Jahrhundert die Ergebnisse in seiner Atomtheorie zusammengefaßt hatte.

BOTANIK

Bis in die Mitte des 17. Jahrhunderts beschränkte sich die botanische
Forschung auf das Sammeln und Klassifizieren von Tatsachen; sie
war von der Revolution des wissenschaftlichen Denkens fast unbe-
rührt geblieben. Noch im 20. Jahrhundert entzieht sich die Botanik,
wie viele andere Zweige der Biologie, der mathematischen Behandlung. Die Theorie der organischen Evolution, die einzige, in der die
belebte Welt schließlich eine universale Erklärung fand, ging aus
logischen, nicht aus mathematischen Abstraktionen hervor.

Das doppelte Interesse der Mediziner an der beschreibenden Botanik und an der Anatomie, das bis ins 16. Jahrhundert anhielt,
brachte es mit sich, daß diese beiden Zweige der Biologie zuerst, und
zwar ausschließlich von Medizinern, entwickelt wurden. An manchen
Orten, z. B. in Montpellier, war es üblich, im Sommer Botanik und
im Winter Anatomie zu studieren. Die ersten Bücher über wissenschaftliche Botanik, die gedruckt wurden, sind fast alle Kräuterbücher. Die besten unter ihnen, der lateinische *Herbarius* (1484), der
wahrscheinlich im Manuskript schon länger existierte, und der deutsche *Herbarius* (1485), sind Sammlungen klassischer, arabischer und
mittelalterlicher lateinischer Autoren; sie bringen aber außerdem
auch Beschreibungen und Illustrationen lokaler, z. B. deutscher
Pflanzen. Rufinus, der beste aller bekannten Pflanzenkenner des
Mittelalters, scheint jedoch vergessen worden zu sein.

Außer dem medizinischen Interesse an der Bestimmung von Pflanzen zu Heilzwecken teilten die Gelehrten des 16. Jahrhunderts mit
den Lexikographen das humanistische Interesse, Pflanzen zu identifizieren, die in den soeben gedruckten lateinischen Ausgaben von

Plinius (1469), Aristoteles (1476), Dioskurides (1478) und Theophrast (1483) erwähnt waren. Mehr als ein humanistischer Naturforscher – der Schweizer Conrad Gesner ist ein typisches Beispiel dafür – begann, zu textkritischen Zwecken die bei den Klassikern erwähnten Pflanzen und Tiere im eigenen Lande zu suchen und zu identifizieren. Daraus entwickelte sich ein Interesse an der örtlichen Flora und Fauna um ihrer selbst willen. Wie außerordentlich groß die Bemühungen Gesners und anderer Naturforscher um Pflanzen, Tiere und Gesteine in der Mitte des 16. Jahrhunderts waren, zeigt sich in ihrer umfangreichen Korrespondenz über diesen Gegenstand. Darin sind Beschreibungen von Expeditionen, Übersendungen von Beispielsexemplaren, Zeichnungen und Schilderungen enthalten. Bald stellte man fest, was Albertus Magnus und Rufinus schon früher gewußt hatten, daß außer den bei den Klassikern verzeichneten Geschöpfen noch viele andere existierten. Die Begrenzungen der Klassik fielen endgültig, als aus der Neuen Welt und aus dem Osten die Kenntnis von einer neuen Flora und Fauna, von neuen Nahrungs- und Heilmitteln nach Europa kam. Nun wurden Pflanzen und Tiere um ihrer selbst willen beschrieben, gezeichnet und mit ihren volkstümlichen Namen genannt, ohne daß man sich auf die Klassik bezog.

Das erste Ergebnis dieser botanischen Betriebsamkeit, die in Deutschland, den Niederlanden, Frankreich und Italien am größten war, bestand darin, die Zahl der bekannten Pflanzen zu vergrößern. Für verschiedene Bezirke wurden Listen der örtlichen Flora und Fauna hergestellt. Botanische Gärten, bis dahin nur von Klöstern und seit dem 14. Jahrhundert von einigen Schulen der Medizin angepflanzt, wurden nun auch in anderen Universitätsstädten angelegt, z. B. in Padua (1545), Bologna (1567), und Leyden (1577). In Bologna hatte Aldrovandi, dann Cesalpino die Leitung, in Leyden de l'Ecluse. Weitere botanische Gärten entstanden in Paris (1620), Oxford (1622) und anderswo. Das Verfahren, getrocknete Pflanzen zu konservieren, »Gärten zu trocknen«, das zuerst in Italien angewandt wurde, erlaubte jetzt, auch in den Wintermonaten Botanik zu betreiben. Zu dieser Zeit veröffentlichte der portugiesische Botaniker Garcia da Orta ein Buch über indische Pflanzen in Goa (1663), der Spanier Nicolas Monardes gab die ersten Beschreibungen von *el tabaco* und anderen amerikanischen Pflanzen heraus (1569–1571).

In der Schule des Nordens, die rein floristisch interessiert war, ist eine stetige Weiterentwicklung der Botanik von den »vier Vätern« der deutschen Botanik bis zu Gaspard Bauhin zu verfolgen. Die ursprüngliche Absicht aller Mitglieder dieser Schule bestand darin, einfach eine Möglichkeit zu schaffen, um einzelne Wild- und Kulturpflanzen zu bestimmen und von ähnlichen zu unterscheiden. Das brachte eine Konzentration auf genaue Beschreibungen und Illustrationen mit sich. Das Kräuterbuch von Otto Brunfels, dem ersten der deutschen »Väter« (1530), wurde von Hans Weiditz aus der Schule Albrecht Dürers illustriert; seine Bilder sind weit besser als die pedantischen, traditionellen Beschreibungen. Mit Hieronymus Bock (1539) und Valerius Cordus (1561) begann auch der Text allmählich besser zu werden. In Illustration und Beschreibung wurden die leicht erkennbaren äußeren Dinge festgehalten, wie Form und Anordnung von Wurzeln und Zweigen, Gestalt der Blätter, Farbe und Form der Blüten (Tafel LXVIII). Es bestand kein Interesse für eine vergleichende Morphologie der Pflanzenteile. Zum Beispiel bezieht sich das botanische Wörterbuch des dritten der deutschen »Väter«, Leonhard Fuchs (1542), fast nur auf solche allgemeinen Merkmale. Und die ersten Versuche einer Klassifikation, z. B. die von Bock und dem Niederländer Rembert Dodœns (1552), gehen zum größten Teil von künstlichen Merkmalen aus, wie Genießbarkeit, Duft und medizinische Eigenschaften.

Die Aufgabe, individuelle Formen zu beschreiben, schloß notwendig ein, daß man sie von nahe verwandten Formen unterscheiden konnte; so ergab sich von selbst ein Verständnis für »natürliche Verwandtschaft«. Gesner, dessen botanisches Werk leider erst lange nach seinem Tode erschien und darum seine Zeitgenossen wenig oder gar nicht beeinflussen konnte, unterschied mehrere Arten einer Gattung, z. B. Enzian. Er scheint auch als erster den diagnostischen Charakter von Blüte und Frucht erkannt zu haben. Andere, wie Dodœns und Charles de l'Ecluse (1576), waren primär daran interessiert, Ordnung in ihre Arbeiten zu bringen; aber sie stellten auch innerhalb jeder künstlichen Einteilung Pflanzen zusammen, die, wie wir heute sagen, zu natürlichen Gruppen gehören. Diese Praxis wurde von Matthias de Lobel (1571) noch weiterentwickelt; seine Klassifikation ist im wesentlichen auf der Struktur der Blätter aufgebaut. Sie erreichte ihren Höhepunkt in Gaspard Bauhin (1560 bis 1624), Professor der Anatomie in Basel. Wie genau und treffend seine Beschreibungen sind, zeigt das Beispiel der Rübe, die er *Beta Cretica semine acullato* nannte, wie in seinem Buch *Prodomus Theatri Botanici* (1627) zu lesen ist:

»Aus einer kurzen, spitz zulaufenden, aber keineswegs faserigen Wurzel entspringen mehrere etwa 18 Zoll lange Stengel; sie ziehen sich über den Boden, sind zylindrich und gefurcht; in der Nähe der Wurzel werden sie allmählich weiß und haben einen leichten flaumigen Überzug; sie breiten sich in lauter kleinen Zweigen aus. Die Pflanze hat nur wenige Blätter, die denen der *Beta nigra* ähnlich sehen, nur sind sie kleiner und haben lange Blattstiele. Die Früchte sieht man in großer Zahl nahe der Wurzel wachsen; von dort breiten sie sich entlang dem Stengel bis fast zu jedem Blatt aus. Sie sind rauh, knotig und trennen sich in drei gebogene Teile. Deren Höhlung enthält ein Korn von der Gestalt des *Adonis*-Samens; es ist leicht gerundet und endet in einer Spitze; bedeckt ist es mit einer doppelten rötlichen Haut; die innere umschließt einen weißen, mehligen Kern.«

Während Fuchs über etwa 500 Pflanzen berichtet, beträgt die Anzahl derer, die Bauhin beschreibt, mehr als 6000. Er benutzte systematisch eine binomiale Nomenklatur (Doppelbenennung); allerdings war dieses System nicht von ihm erfunden; es erscheint schon in einem Manuskript der *Circa Instans* aus dem 15. Jahrhundert. In seinem Buch *Pinax Theatri Botanici* (1628) gibt er eine vollständige Aufstellung aller Synonyme, die von früheren Botanikern benutzt worden waren. Bei der Aufzählung der Pflanzen geht er so vor, wie schon de Lobel es getan hatte: von den weniger vollkommenen Formen, wie Gräsern und Liliengewächsen, über zweikeimblättrige Kräuter zu Sträuchern und Bäumen. Wie de Lobel unterscheidet er zwischen Einkeimblättrigen und Zweikeimblättrigen und ordnet Pflanzen nach Familien, wie z. B. Cruciferen, Umbelliferen, Papilionaceen, Labiaten, Compositen usw. Diese Gruppierungen beruhen aber auf instinktiv begriffenen Ähnlichkeiten in Form und Habitus. Eine bewußte Anerkennung der vergleichenden Morphologie gab es noch nicht, ebensowenig konnte ein System auf dem Verständnis und der Analyse morphologischer Merkmale aufbauen. Das, worum es der Schule des Nordens vor allem ging, war eine Anhäufung von immer mehr empirischen Beschreibungen; gegen Ende des 17. Jahrhunderts konnte John Ray (1682) 18000 Arten benennen.

Der Mann, der in diesen Wust von Einzelkenntnissen so etwas wie rationale Ordnung hineinbrachte, war Andreas Cesalpino, Professor der Medizin zuerst in Pisa, dann in Rom, wo er Leibarzt des Papstes Clemens VIII. war. Cesalpino brachte nicht nur das floristische Wissen des Pflanzenkenners mit, sondern auch ein großes Interesse an einer vertieften Morphologie der einzelnen Pflanzenteile und einen aristotelischen Geist, der das Allgemeine hinter dem Besonderen zu sehen verstand. Sein Versuch, die »wirklichen« oder »substantiellen« Verwandtschaften im Pflanzenreich zu erklären (*De Plantis*, 1583), geht aus von dem aristotelischen Prinzip, daß die Endursache der vegetativen Tätigkeit die Ernährung ist; die Fortpflanzung der Arten bedeutet dann nur eine Ausdehnung der Ernährung. In seinen Tagen war die Rolle des Blattes in der Ernährung der Pflanze noch unbekannt; man nahm an, die Nährstoffe würden mit Hilfe der Wurzeln aus dem Boden aufgesaugt und durch die Leitbahnen den Stengel hinaufgetragen, um Früchte hervorzubringen. Zentrum der Lebenswärme war, entsprechend dem Herzen des tierischen Körpers, das Mark. Cesalpino glaubte, daß im Mark auch die Samen erzeugt würden. Das Zusammenwirken von männlichen und weiblichen Blütenteilen bei der Fortpflanzung war noch nicht entdeckt; er sah die Blüte nur als ein System von Schutzhüllen um den Samen an, vergleichbar den Embryonalhäuten von Tieren. So teilte er die Pflanzen nach der Natur der nährstofftragenden Stengel in Holzpflanzen und Kräuter ein, dann innerhalb dieser Gruppen weiter nach den fruchttragenden Organen. Hier begann er mit den Pilzen, von denen er glaubte, daß sie keinen Samen hätten, sondern aus verwesenden Stoffen spontan erzeugt würden, und kam über die Farne, die sich durch eine Art »Wolle« fortpflanzen, zu Pflanzen mit echten Samen. Diese klassifizierte er nach Anzahl, Stellung und Gestalt der Fruchtteile mit Untereinteilungen, die Wurzel, Stengel und Blatt berücksichtigten. Merkmale wie Farbe, Geruch und medizinische Eigenschaften betrachtete er als zufällig.

Cesalpinos Bemühen um eine »natürliche« Klassifikation auf Grund seiner Prinzipien war im Endergebnis kläglich. Die Unterscheidung von Einkeimblättrigen und Zweikeimblättrigen war bei ihm weniger klar als bei den Pflanzensammlern; unter den fünfzehn von ihm benannten Klassen entsprach nur eine, die der Umbelliferen, dem, was heute als natürliche Gruppe anerkannt werden würde. Dennoch verrät sein System beachtliche Kenntnisse; es baut sich auf klaren Prinzipien auf, die zwar falsch sind, aber die ersten waren, die überhaupt von den Botanikern seiner Zeit in das Pflanzenstudium hineingenommen wurden. Seine Nachfolger hatten nun etwas, woran sie arbeiten konnten. Der erste, der Cesalpinos Gedanken kritisierte und weiterentwickelte, war Joachim Jung (1587–1657), ein deutscher Medizinprofessor, der wahrscheinlich während seiner Studienzeit in Padua die Anregung dazu bekommen hatte. Jung hielt an der Vorstellung fest, daß die Ernährung als fundamentale vegetative Funktion anzusehen sei und die Einteilung in Arten auf Grund der Fortpflanzung zu erfolgen habe. Außerordentlich fortschrittlich für seine Zeit war er darin, daß er morphologische Fragen diskutierte, die ganz von der Physiologie losgelöst waren.

Theophrast, dessen *Historia Plantarum* durch Theodor von Gaza (1483) ins Lateinische übersetzt worden war, hatte bereits morphologische Beschreibungen der äußeren Pflanzenteile von der Wurzel bis zur Frucht verfaßt. Außerdem hatte er von der »Homologie« der Blütenhüllen gesprochen, die Entwicklung von Samen beobachtet und in gewissem Maße zwischen einkeimblättrigen und zweikeimblättrigen Pflanzen unterschieden. Seine Interessen beschränkten sich keineswegs auf die Morphologie. Er hatte versucht, die Beziehung zwischen Bau und Funktion, Lebensweise und geographischer Verbreitung zu erkennen, die Befruchtung der Dattelpalme zu beschreiben und die Gallwespen-Befruchtung der Feige zu verstehen, deren Blüte jedoch von Valerius Cordus bestimmt wurde. Theophrast hatte auch die ersten kümmerlichen Anfänge einer Nomenklatur geschaffen. Es gab praktisch keine Weiterentwicklung auf diesem Gebiet, bis Jung erneut morphologische Beschreibungen und Unterscheidungen brachte.

Jungs genaue Definition der Pflanzenteile, bei denen er sich der logischen Feinheiten der späten Scholastiker und seiner eigenen mathematischen Fähigkeiten bediente, bedeuten die Begründung der späteren vergleichenden Morphologie. Zum Beispiel definierte er den Stengel als denjenigen Teil der Pflanze oberhalb der Wurzel, der sich so aufwärts streckt, daß Rücken, Vorderseite und Seitenteile nicht zu unterscheiden sind, während bei einem Blatt die Oberflächen der dritten Dimension (abgesehen von Länge und Breite), in der es sich vom Ursprungspunkt aus erstreckt, voneinander verschieden sind.

Ober- und Unterfläche eines Blattes sind also verschieden eingerichtet; diese Tatsache, zusammen mit der anderen, daß Blätter im Herbst vom Baum fallen, ermöglicht es, zusammengesetzte Blätter von Zweigen zu unterscheiden. Die Botaniker waren noch nicht bereit, diesen Anregungen zu folgen; deshalb hatten Jung und Cesalpino keinen Einfluß auf ihre Zeitgenossen, die immer noch mit ganzer Energie empirische Beschreibungen verfaßten. Erst am Ende des 17. Jahrhunderts erkannten sie erneut die Notwendigkeit eines »natürlichen« Klassifikationssystems und machten sich daran, es auf dem Untergrund der vergleichenden Morphologie aufzubauen. Als Höhepunkt dieser Bemühungen ist das System Linnés (1707–1778) anzusehen. Linné wußte, was er Cesalpino und Jung verdankte, und sagte es auch. Als die »natürliche« Klassifikation dann selbst nach einer Erklärung rief, wurde ihr die Antwort von der Evolutionstheorie gegeben.

ANATOMIE, VERGLEICHENDE MORPHOLOGIE
UND EMBRYOLOGIE DER TIERE

Die großen Fortschritte in der Anatomie und Zoologie des 16. und 17. Jahrhunderts beruhten – wie in der Botanik – auf einer größeren Genauigkeit der Beobachtungen und hatten wenig mit Mathematik zu tun. Die Botanik des 16. Jahrhunderts begann mit der Identifikation von Heilpflanzen, die Anatomie mit Untersuchungen, die die Arbeit von Chirurgen und Künstlern erleichtern sollten. Die praktischen Erfordernisse des Chirurgen waren gute topographische Beschreibungen; vergleichende Morphologie interessierte ihn kaum. Die Maler und Bildhauer, von denen viele das Skalpell in die Hand nahmen, z. B. Andrea Verrocchio (1435–1488), Andrea Mantegna († 1516), Leonardo da Vinci, Dürer, Michelangelo (1475–1564) und Raffael (1483–1520), brauchten wenig mehr als gewisse Kenntnisse der äußeren Anatomie, der Knochen und Muskeln. Im Laufe des Jahrhunderts wuchs jedoch das praktische Interesse an Funktionsfragen und am Bau und den Gewohnheiten der Tiere. Die Künstler selbst leisteten mit ihren glänzenden, neuartig gestalteten anatomischen Illustrationen einen nicht geringen Beitrag zu dieser Entwicklung. Leonardo da Vinci ist der Künstler, der seine anatomischen Übungen am glaubwürdigsten dargelegt hat. Seine Studien gehen, wie in der Mechanik, weit über die praktischen Bedürfnisse seines Handwerks hinaus. Er plante sogar ein Lehrbuch der Anatomie in Zusammenarbeit mit dem Professor Marcantonio della Torre aus Pavia (um 1483–1512), der leider starb, ehe das Buch geschrieben war. Leonardo arbeitete nach vorhandenen Lehrbüchern und wiederholte manche der alten Fehler; z. B. zeichnete er die Linsen in die Augenmitte (Tafel LIX). Sein Ausspruch, er sei immer der Erfahrung gefolgt, muß in dem gleichen Sinne verstanden werden wie manche Erklärungen seiner Vorgänger. Er machte selbständige Beobachtungen in der menschlichen und der vergleichenden Anatomie und führte physiologische Experimente durch, die manchmal fruchtbar, immer aber genial waren. Als einer der ersten machte er Reihensektionen. Tiere, die er als seine Forschungsobjekte nennt, sind *Gordius*, Motten, Fliegen, Fische, Frösche, Krokodile, Vögel, Pferd, Ochse, Schaf, Bär, Löwe, Hund, Katze, Fledermaus und Affe. Seine besten Zeichnungen sind die von Knochen und Muskeln, auch die von Hand und Schulter sind klar und sehr genau. Er fertigte Modelle aus Knochen und Kupferdraht an und stellte fest, daß die Kraft des Bizeps von der Art und Weise seiner inneren Befestigung in bezug auf die Hand abhängt. Er verglich die Gliedmaßen von Mensch und Pferd, wobei er herausfand, daß das Pferd ein Zehengänger ist. Weiterhin studierte er Flügel und Fuß des Vogels, die Mechanik des Fliegens, die Arbeit des Zwerchfells bei der Atmung und Ausscheidung. Er untersuchte Herz und Blutgefäße und machte gute Zeichnungen von der Plazenta einer Kuh; dabei war es ihm allerdings nicht klar, ob die mütterlichen und die fötalen Blutgefäße in direkter Verbindung stehen oder nicht. Eines seiner genialsten Kunststücke war die Herstellung von Wachsabgüssen der Hirnhöhlen. Er machte auch Versuche mit dem Rückenmark des Frosches und kam zu dem Schluß, dieses Organ sei das »Zentrum des Lebens«.

Leonardo bereicherte die Biologie wie auch die Geologie um noch weitere Entdeckungen: mit Hilfe von Muscheln, die im Binnenland gefunden waren, gab er der Theorie Alberts von Sachsen über die Formation der Gebirge neue Erklärungen (vgl. Seite 124 f.). »Warum«, fragte er, »finden wir die Knochen von großen Fischen, Austern und Korallen und viele andere Muscheln und Gehäuse von Seeschnecken auf den hohen Gipfeln von Bergen in der Nähe des Meeres, genauso wie wir sie in der flachen See finden*?«

Das Interesse an lokalen Fragen der Geologie war in Italien seit dem 13. Jahrhundert wach; Leonardos geologische Überlegungen beruhen auf seinen eigenen Beobachtungen an der Meeresküste, in den Alpen und an Alpenflüssen, an den Flüssen der Toscana, besonders am Arno. Fossilien waren, anerkannten Theorien zufolge, nicht die Überreste von Lebewesen, sondern Zufälle oder »Spiele« der Natur oder durch den Einfluß der Gestirne spontan erzeugt; Leonardo lehnte diese Auffassung ab; er erblickte in ihnen organische Überreste, die durch die Sintflut von irgendwo herangetragen sind. Dagegen übernahm er Avicennas Theorie der Fossilbildung, die er von Albertus Magnus gelernt hatte. Er betrachtete die Anordnung der Schalen in den Ablagerungen: koloniebildende Formen wie Austern, andere Muscheln in Gruppen und solitäre Formen, so wie sie lebend am Strand gefunden werden, verklebt mit Krabbenscheren, mit den Schalen anderer Arten, vermischt mit Knochen und Zähnen von Fischen in einem gewaltigen Durcheinander. All das brachte ihn zu der Annahme, daß Fossilien die Überreste von Tieren sind, die früher an einer Stelle zusammen gelebt haben, wie die Meerestiere jetzt noch leben. Die Berge, auf denen die Muscheln gefunden werden, müssen früher Meeresboden gewesen sein, der heute noch wie damals höher steigt durch die Ablagerung von Geröll und Schlamm der Flüsse.

»Muscheln, Austern und andere ähnliche Tiere, die im Meeresschlamm entstehen, zeugen von den Veränderungen der Erde rund um das Zentrum unserer Elemente. Das wird so bewiesen: Große Flüsse sind immer trübe wegen der Erde, die durch die Reibung des Wassers am Grund und an den Ufern aufgewühlt wird; und das stört die Oberfläche der Ablagerungen, die aus Muschelschalen besteht; diese liegen oben auf dem Meeresschlamm; sie wurden dort erzeugt, als das Salzwasser sie bedeckte, und diese Ablagerungen werden von Zeit zu Zeit mit ungleich dicken Lagen von Schlamm neu bedeckt, oder sie werden von den Flüssen und Strömen ins Meer getragen. So verblieben diese Schalen tot und eingemauert in die Schlammschichten, die sich so hoch erhoben, daß sie vom Meeresgrund bis zur

---

* J. P. Richter, *The Literary Works of Leonardo da Vinci*, 2. Aufl., Oxford 1939, Bd. 2, S. 175.

Oberfläche anstiegen. Heute liegen sie so hoch, daß sie Hügel und hohe Gebirge bilden; und die Flüsse, die die Seiten dieser Gebirge abtragen, decken die Muschelablagerungen auf. So steigt die gemäßigte Seite der Erde ständig an, und die Antipoden rücken dem Erdmittelpunkt näher, und die alten Meeresgründe sind zu Gebirgszügen geworden*.«

Die Chirurgie des 15. Jahrhunderts erhielt neue Impulse durch die Drucklegung von Celsus' Werk *De Medicina* (1487). Alexander Achillini (1463–1512) bot in seinem Kommentar zu Mondino mit der Beschreibung der Gehörknöchelchen im Mittelohr und des Gallenganges und seines Eintrittes in den Zwölffingerdarm eine erste anatomische Entdeckung. Der deutliche Einfluß der naturalistischen Kunst auf die Illustration in der Anatomie wird zuerst in dem italienischen Werk *Fasciculo di Medicina* (1493) sichtbar; Berengario da Carpi († 1550), Professor der Chirurgie in Bologna, ließ als erster Zeichnungen zur Illustration seines Textes drucken. Berengario beschrieb in seinem Kommentar zu Mondino auch eine Reihe eigener Beobachtungen. Er bewies durch Experimente, daß die Niere kein Sieb ist; wenn er nämlich mit einer Spritze heißes Wasser hineinbrachte, so schwoll sie nur an und ließ kein Wasser passieren. In ähnlicher Weise zeigte er, daß die Blase eines neunmonatigen ungeborenen Kindes außer den Harnporen keine Öffnungen hat. Er glaubte nicht an die Existenz des *rete mirabile* (Wundernetz) beim Menschen; über den Wurmfortsatz des Blinddarms, die Thymusdrüse und anderes gab er erste klare Berichte; er hatte eine bestimmte Vorstellung von der Tätigkeit der Herzklappen und prägte den Ausdruck *vas deferens*. Ein weiterer Chirurg dieser Zeit mit guten anatomischen Kenntnissen war Nikolaus Massa, der 1536 ein Buch veröffentlichte. Die ersten gedruckten Illustrationen (1545), die das Nervensystem, das ganze venöse oder arterielle System zeigen, waren von Charles Estienne (1503–1564) aus der bekannten französischen Druckerfamilie. Er zeichnete auch Blutgefäße in die Knochensubstanz, bemerkte die Venenklappen und untersuchte das Gefäßsystem, indem er Luft in die Gefäße einführte. Es gibt noch ein weiteres Werk des frühen 16. Jahrhunderts, eine Abhandlung (1541) von Giambattista Canano (1515–1579), das die Fortschritte der ver-

---

* Richter, Bd. 2, Seite 146 f.

gangenen Jahrzehnte deutlichmacht; darin zeigt er jeden Muskel einzeln in seiner Beziehung zu den Knochen.

Neben dieser Zunahme an Kenntnissen in der Anatomie gab es im 16. Jahrhundert auch rein empirische Fortschritte in der praktischen Chirurgie. Für den Feldscher war es eines der größten Probleme, wie er Schußwunden behandeln sollte. Sie wurden zunächst für vergiftet gehalten und mit Öl ausgebrannt; die Resultate waren schrecklich. Ambroise Paré (1510–1590) gab als einer der ersten dieses Verfahren auf. Er erzählt in seinem faszinierenden Buch *Voyages en Divers Lieux,* wie er nach der Schlacht von Turin 1537 – er stand im Dienste Franz I. von Frankreich – so viele Verwundete zu behandeln hatte, daß ihm das Öl ausging. Am nächsten Morgen mußte er mit Erstaunen feststellen, daß es den Männern, die er nicht hatte behandeln können, viel besser ging als denen, deren Wunden er ausgebrannt hatte; daraufhin änderte er sein Verfahren. Er berichtet auch ausführlich über die Behandlung von Knochenbrüchen und Verrenkungen, über Bruch- und andere Operationen. Im Norden Europas lag die Chirurgie noch weithin in den Händen von verhältnismäßig ungebildeten Badern und Steinschneidern, wenn auch manche von diesen eine bemerkenswerte Geschicklichkeit zeigten. Der wandernde Steinschneider Pierre Franco z. B. führte als erster Operationen aus zur Entfernung von Steinen aus der Galle. In Italien lag die Chirurgie in den Händen von Anatomen mit Universitätsbildung, wie z. B. Vesal und Hieronymo Fabrizio; sie zog darum Nutzen aus der Vertiefung des akademischen Wissens. Die plastische Chirurgie, die es schon im 15. Jahrhundert gegeben hatte, wurde im 16. Jahrhundert von dem Bologneser Gaspere Tagliacozzi fortgeführt; er stellte eine verlorene Nase wieder her, indem er ein Stück Haut vom Arm überpflanzte, wobei er das eine Ende erst dann vom Arm löste, wenn das aufgepfropfte Stück angewachsen war.

Diese Anatomen und Chirurgen setzten die Praxis ihrer Vorgänger fort und erweiterten sie; eine andere Gruppe von Ärzten dagegen strebte – wie das auch in anderen Wissenschaften geschah – zur Antike zurück. Die ersten humanistischen Ärzte waren literarisch Gebildete, aber keine Anatomen; unter ihnen sind zu nennen: Thomas Linacre (um 1460–1524), Leibarzt Heinrichs VIII., Erzieher der Prinzessin Mary, Gründer und erster Präsident des *College of Physicians,* und Johannes Günther (1487–1574), der in Paris Vesal, Ser-

veto und Rondelet zu seinen Schülern zählte. Sie regten die neuen
lateinischen Übersetzungen von Galen und Hippokrates an und arbeiteten selbst daran mit. So erschienen zahlreiche Ausgaben der
neuen und alten Übersetzungen vom Ende des 15. Jahrhunderts an.
Ihr Bemühen galt viel mehr den Texten dieser Autoren als der direkten Beobachtung; Mondino war ihnen fragwürdig, nicht so sehr weil
er sich zur Natur in Widerspruch setzte, sondern weil er mit Galen
nicht übereinstimmte. Sie begannen auch einen heftigen Kampf gegen die latinisierte arabische Terminologie des Mondino, die von
ihnen dann »gereinigt« wurde, indem sie arabische Wörter durch
klassisches Latein oder Griechisch ersetzten und die heute noch benutzte anatomische Terminologie schufen.

In dieser Atmosphäre praktischer Beobachtung, humanistischer
Vorurteile und literarischer Forschung begann der Vater der modernen Anatomie, der Niederländer André Vésale aus Brüssel, Andreas
Vesalius (1514–1564), sein Werk. Beide Richtungen kommen darin
zum Ausdruck. *De Humani Corporis Fabrica* (1543) kann als ein
Versuch angesehen werden, sowohl den Wortlaut als auch den Maßstab Galens wiederherzustellen. Vesal folgt darin Galen und anderen, nicht genannten Autoren in manchen ihrer Irrtümer und auch
in ihren richtigen Beobachtungen. Er versetzt die Linse in die Augenmitte, wiederholt Mondinos Irrtum über die Fortpflanzungsorgane,
stellt die Niere als Sieb dar und zieht aus dem Studium der Niere
einige Schlußfolgerungen für die Anatomie des Menschen – ein Verfahren, dessentwegen er Galen heftig kritisierte. In bezug auf die
Physiologie unterscheidet er sich in kaum einer Hinsicht von Galen.
Er teilt den Blick seines griechischen Meisters für die Erhellung der
Lebensfunktion in der anatomischen Struktur. Wie Galen sah er in
der Funktion eines Organs die Endursache seiner Struktur und mechanischen Tätigkeit, also die Erklärung für sein Vorhandensein.
Seine anatomische Forschung war streng theologisch inspiriert; und
auch Vesal betrachtete den menschlichen Körper als das Produkt
göttlichen Handwerks. Das erklärt zu einem guten Teil die Leidenschaft, mit der er seine Sektionen betrieb. Die wirklich revolutionäre
Bedeutung von *De Fabrica* (Tafel LXVIII) liegt in seinen Illustrationen. Es gibt außer den unveröffentlichten Zeichnungen Leonardos
keine, die sich mit diesen Illustrationen vergleichen lassen. Zusammen
mit jenen bieten sie eine großartige Demonstration der engen Be-

ziehungen zwischen beschreibender Biologie und naturalistischer Kunst. Aber die Bilder in *De Fabrica* sind mehr als Naturalismus; diese erstaunlichen Reihendarstellungen von Muskelsektionen sind zugleich eine Detailzeichnung der Beziehungen von Struktur und Funktion der Muskeln, Sehnen, Knochen und Gelenke – und ein Totentanz, ein Drama, gespielt von einem Leichnam am Galgen, vor dem Hintergrund einer Gebirgslandschaft. Es ist nicht eindeutig festgestellt, wessen Werk die Illustrationen in *De Fabrica* und dem zusammen damit in Basel 1543 veröffentlichten Begleitband *Epitome* eigentlich sind. Aber es ist so gut wie sicher, daß sie aus der Werkstatt Tizians stammen und daß sich unter den Künstlern, die unter der Überwachung des Meisters daran arbeiteten, Vesal selbst befand.

Das Werk des Vesal enthält die bei weitem detailliertesten und ausführlichsten Beschreibungen und Illustrationen aller Körpersysteme und -organe, die je veröffentlicht worden sind. Unvergleichlich ist insbesondere die Darstellung und Zeichnung der Muskeln und Knochen; er bringt aber auch eine große Anzahl neuer Beobachtungen über Venen, Arterien und Nerven, erweitert die Erforschung des Gehirns – wenn er auch das *rete mirabile* noch nicht ganz ablehnt – und zeigt, daß sich ein steifes Haar nicht durch die vermuteten Poren des Septums stoßen läßt. Er wiederholt einige von Galens Experimenten an lebenden Tieren und zeigt z. B., daß ein Durchschneiden des Schlundnervs den Verlust der Stimme zur Folge hat, daß ein Nerv nicht eine Hohlröhre ist – wie Physiologen noch bis ins 18. Jahrhundert hinein glaubten – und daß ein Tier, dessen Brustwand durchbohrt ist, am Leben bleibt, wenn man die Lunge mit einem Blasebalg aufpumpt.

Es gibt einen Zeitgenossen des Vesal, der, wären seine anatomischen Bilder sogleich nach ihrer Fertigstellung 1552 und nicht erst 1714 veröffentlicht worden, mit ihm in erster Reihe gestanden hätte als Begründer der modernen Anatomie: der Römer Bartolomeo Eustachio (1520–1574). Er führte das Studium anatomischer Abweichungen, besonders der Nieren ein und machte hervorragende Zeichnungen von Gehörknochen, Bronchien und Blutgefäßen in der Lunge, von dem sympathischen Nervensystem und der Luftröhre.

Das Schicksal wollte es, daß Vesal und nicht Eustachio der Anatomie sein Zeichen aufprägte. Er machte Padua zum Zentrum seiner Wissenschaft in der Zeit seiner Professur von 1537–1544; dann wurde er Leibarzt Kaiser Karls V. Ein großer Teil der folgenden Geschichte der Anatomie ist die Geschichte seiner Schüler und Nachfolger. Als erster ist sein Assistent Realdo Colombo zu nennen (um 1516–1559); er demonstrierte im Experiment den Lungenkreislauf des Blutes. Ihm folgte Gabriel Fallopio (1523–1562); der die Ovarien und die nach ihm benannten *tuba fallopiae* (Eileiter), die Bogengänge des Ohres und andere Strukturen beschrieben hat. Fallopios eigene Schüler erweiterten die Tradition des Vesal in Padua zum Studium der vergleichenden Anatomie. In der Zwischenzeit waren aber auch anderswo gleichgerichtete Interessen wachgeworden.

Manche Forscher, die sich für die ersten gedruckten Plinius-Ausgaben oder für die lateinischen Übersetzungen der zoologischen Werke von Aristoteles begeistert hatten, entwickelten sich von humanistischen Lexikographen zu Naturforschern. Ein gutes Beispiel dafür ist William Turner (um 1508–1568). Sein Buch über Vögel ist im großen und ganzen eine Zusammenfassung, bringt aber auch einige volkstümliche Legenden und enthält ganz neue Beobachtungen. So begann die Zoologie des 16. Jahrhunderts mit einer Glosse über die Klassiker, die sich in zunehmendem Maße zu einer Naturbeschreibung wandelte. Als Gerüst für diese Entwicklung diente das Klassifikationssystem des Aristoteles, das von Albertus Magnus übernommen worden war und von dem Oxforder Scholaren und Doktor Edward Wotton 1522 wieder aufgestellt wurde.

Neben den Vögeln zogen zuerst die Fische die Aufmerksamkeit an. Berichte über örtliche Fischvorkommen, z. B. im Meer bei Rom und Marseille und in Flüssen wie der Mosel, erschienen in der ersten Hälfte des 16. Jahrhunderts. Aber die wissenschaftliche Erforschung der Meerestiere begann erst mit dem Werk *De Aquatilibus* (1533) des französischen Naturforschers Pierre Belon (1517–1564). Belon war durch Berichte über eine Reise ins östliche Mittelmeer bekannt geworden, die ihm zu interessanten biologischen Beobachtungen verholfen hatte. Er betrachtete die Meerestiere in ökologischer Sicht; seine »Aquatilien« waren die Fische der »Köche und Lexikographen« und umfaßten Tintenfische und Wale ebenso wie Fische. Er lieferte den ersten Beitrag zu einer modernen vergleichenden Anatomie. Drei Walarten sezierte und verglich er; dabei stellte er fest, daß sie durch Lungen atmen. Außerdem verglich er ihre Herzen und Knochengerüste mit denen des Menschen. Er zeichnete den Tümmler, wie er mit der Nabelschnur an der Plazenta festhängt, und den Delphin mit neugeborenen Jungen, die noch von den Embryonalhüllen umgeben sind. Er verfaßte auch eine vergleichende Studie über die Anatomie der Fische; in einem anderen kleinen Buch *Histoire Naturelle des Oiseaux* (1555), in dem er gewisse natürliche Vogelgruppen intuitiv richtig zusammenstellt, zeichnete der die Skelette eines Menschen und eines Vogels nebeneinander, um die morphologischen Entsprechungen zu zeigen (Tafel LXI). Bei einem anderen Franzosen, Guillaume Rondelet (1507–1566), Professor der Anatomie in Montpellier und wahrscheinlich »der Arzt, unser ehrenwerter Meister Rondibilius« von Rabelais (der auch dort Medizin studiert hatte), findet sich eine ähnlich heterogene Sammlung von Wassertieren in seiner *Histoire Naturelle des Poissons* (1554–1555). Dies war ebenfalls ein wertvolles Werk. Er zeigt darin die anatomischen Unterschiede im Atmungs-, Ernährungs-, Gefäß- und Fortpflanzungssystem der kiemen- und lungenatmenden Wassertiere und zeichnet den lebendgebärenden Delphin neben dem eierlegenden Hai. Große Mühe verwandte er darauf, die morphologische Entsprechung zwischen den Teilen des Fisch- und Säugetierherzens herauszufinden. Weiterhin diskutierte er die vergleichende Anatomie der Kiemen, die er als abkühlende Organe ansah, wiewohl er auch feststellte, daß Fische in einem Gefäß ohne Luftzufuhr ersticken müssen. Die Schwimmblase der Knochenfische, die er entdeckte, hielt er für eine Art Lunge. Noch ein weiteres heterogenes Werk über Wassertiere von H. Salviani (1514–1572) erschien um die gleiche Zeit (1554); interessant sind darin die ausgezeichneten zoologischen Illustrationen, die den Einfluß der zeitgenössischen Kunst verraten.

Zeitgenosse der obengenannten Schriftsteller war auch der in vielen Wissenschaften bewanderte Naturforscher Conrad Gesner. Er wollte nach dem Muster von Albertus Magnus oder Vincent de Beauvais (den er zitierte) eine Enzyklopädie der Beobachtungen all seiner Vorgänger von Aristoteles bis zu Belon und Rondelet zusammenstellen. Bei dieser Arbeit kam er auch zu eigenen Beobachtungen und wurde infolge seiner ausgedehnten Korrespondenz ein Anreger für viele andere. In dem zoologischen Teil seines Werkes, der *Historia Animalium* (1551–1558) scheint er sich über die Klassifikation so im unklaren gewesen zu sein, daß er die Tiere in alphabetischer Reihenfolge ordnet. In anderen Werken, die Auszüge aus der *Historia* enthalten, stellt er sie nach dem aristotelischen System zusammen, wobei er nur die Insekten ausläßt. Was an Material über Insekten vorhanden war, wurde von Gesner, Wotton und Thomas Penny (um 1530–1588) gesammelt und schließlich als *Theatrum Insectorum* des Thomas Mouffet 1634 veröffentlicht. Mouffets »Insekten« waren die des Aristoteles: Tausendfüßler, Spinnentiere, verschiedene Arten von Würmern und auch die heutigen Insektenarten. Sein Buch enthält eine Reihe ganz neuer Beobachtungen, von denen die meisten wohl Penny zu verdanken sind. Gesners Arbeit als Enzyklopädist und Zoologe wurde fortgesetzt von Ulysses Aldrovandi (1522–1605), Professor der Naturgeschichte in Bologna. Er schrieb das erste Buch über Fische, das keine andere Wassertierarten enthält.

Sowohl Gesner als auch Aldrovandi fertigten im Verlauf ihrer enzyklopädischen Arbeiten Kataloge von Fossilien, »gestalteten Steinen« an, von denen es im 16. Jahrhundert mehrere Sammlungen gab; eine davon befand sich im Vatikan und war von Papst Sixtus V. zusammengestellt. Die Fossilien dieser Sammlung waren zumeist Stachelhäuter, Weichtierschalen und Fischskelette. Die Frage ihres Ursprungs erregte viel Interesse. Die Meinungen darüber waren bis ins 18. Jahrhundert hinein sehr geteilt; es war auch nicht leicht, in manchen Fossilien die organische Herkunft zu erkennen. Wer glaubte, sie seien nicht organischen Ursprungs, erklärte sie mit Theorien wie Einfluß der Gestirne oder Erzeugung durch unterirdische Dämpfe. Selbst unter denen, die sie für organische Überreste hielten, glaubten einige, sie seien durch die Sintflut auf die Berge gespült worden. Die Theorie, daß Organismen an derselben Stelle zu Fossilien geworden sind, an der sie einst gelebt haben, steht in allen Schriften des Albertus Magnus zu lesen. Girolamo Fracastoro (1483–1533) schloß sich dieser Ansicht an, ebenso Agricola, der glaubte, der Versteinerungsprozeß sei auf einen *suceus lapidesceus* zurückzuführen; damit meinte er vielleicht die Ausfällung aus einer Säure. Der französische Töpfer Bernard Palissy, der durch Cardano von Leonardos Ansichten über diese Frage erfahren hatte, ging ihr nach und kam so weit, daß er die Bedeutung fossiler Formen für die vergleichende Morphologie begriff. Er bedauerte, daß Belon und Rondelet nicht auch fossile Fische so gut beschrieben und gezeichnet hatten wie die lebenden Formen; das hätte ein gutes Bild davon gegeben, welche Fischarten in diesen Gebieten zu der Zeit gelebt haben, als die Steine, die sie heute umschließen, erstarrten. Er sammelte selbst Fossilien, stellte die Identität einer Reihe von Formen, wie z. B. Seegurken und Austern, mit den heute lebenden fest und unterschied sogar Meeres-, Süßsee- und Flußvarietäten. Im Gegensatz zu diesen kühnen Auffassungen ließ Gesner sich zwar einige Fossilien als versteinerte Tiere gefallen, betrachtete die anderen aber als Produkte *sui generis* der Erde. Er versuchte sie zu klassifizieren und nahm dabei als Kriterien ihre Form, die Dinge, denen sie ähnlich sahen, usw. Aldrovandi sah in den Fossilien keine Überreste normaler lebender Formen, sondern unvollständige Tiere, bei denen die Urzeugung nicht vollständig gelungen war.

Die Embryologie, ein anderes Teilgebiet der Biologie, blieb von den Entwicklungen des 16. Jahrhunderts nicht ausgeschlossen. Aldrovandi ließ sich von Aristoteles und Albertus Magnus anregen, die Entwicklung des Huhnes durch Öffnen von Eiern in regelmäßigen Zeitabständen zu verfolgen. Dazu leitete er auch seinen holländischen Schüler Volcher Coiter an, der, bevor er sich in Nürnberg niederließ, ebenfalls unter Fallopio, Eustachio und Rondelet studiert hatte. Er war also der echte geistige Sohn des Vesal und der erste, der die vergleichende Methode übernahm. In dem Huhn, das er nach aristotelischem Muster beobachtete, entdeckte er das Blastoderm; er überließ es aber Aldrovandi zu erklären, wie die Eier aus dem Ovarium in die Eileiter gelangen, und bemerkte nicht, daß die Eierstöcke der Vögel den »weiblichen Hoden« der Säugetiere homolog sind. Das Wachstum des menschlichen Embryonalskelettes studierte er systematisch und stellte fest, daß vor den Knochen Knorpelbildungen vorhanden sind. Auch die vergleichende Anatomie aller Wirbeltiertypen außer den Fischen unterzog er einer systematischen Untersuchung. Dabei betonte er die Unterschiede stärker als die Homologien und verrät damit, daß er das Wesen der vergleichenden Methode nicht ganz begriffen hat. Aber seine Vergleiche, die er zudem selbst sehr schön illustrierte, gehen über den normalen Bereich hinaus. Am erfolgreichsten war er in der Behandlung und im Vergleich vieler Knochengerüste, vom Frosch bis zum Menschen. Er verfaßte auch eine vergleichende Studie über lebende Herzen. Er versuchte, den Bau der Säugetierlunge im Vergleich mit den einfacheren Organen von Fröschen und Eidechsen zu erklären, und bemerkte die Unterschiede in ihren Atmungsmechanismen. Außerdem gelangen ihm einige anatomische Einzelentdeckungen; die der dorsalen und ventralen Nervenwurzeln ist vielleicht die bedeutendste unter ihnen. Und schließlich versuchte er, Säugetiere nach anatomischen Einteilungsgründen zu klassifizieren.

Fallopios Nachfolger in Padua, Hieronymo Fabrizio, der zur selben Zeit wie Galilei dort lehrte, übertrug die vergleichende Methode systematisch auf die Embryologie. Fabrizio lieferte manchen Beitrag zur Entwicklung der Anatomie. Seine embryologische Methode war wie die seines Schülers Harvey im Prinzip aristotelisch. Er glaubte allerdings, daß die Mehrzahl der Tiere nicht spontan, sondern in »Eiern« erzeugt worden sei; er machte gute Zeichnungen von den letzten Stadien der Entwicklung des Huhnes (Tafel LXII A, Tafel LXII B). Außerdem untersuchte er sorgfältig die Embryonalentwicklung vieler Wirbeltiere. Dabei widmete er den Embryonalhäuten besondere Aufmerksamkeit und bestätigte die Behauptung des Julius Caesar Arantius (1564), daß das foetale wie das mütterliche Gefäßsystem zwar in engem Kontakt mit der Plazenta steht, daß es aber keinen direkten Übergang von dem einen zum anderen gibt. Er berichtete auch über andere bereits bekannte Strukturen in Verbindung mit dem embryonalen Blutgefäßsystem, z. B. den *ductus arteriosus* und das *foramen ovale* (entdeckt von Botallus, 1564). Die Venenklappen waren schon vielen Anatomen bekannt; er lieferte die ersten klaren und der Wirklichkeit entsprechenden Bilder von ihnen, die Harvey später zur Illustration seiner Bücher verwandte. In seinen vergleichenden Studien suchte Fabrizio zusammenzustellen, was den verschiedenen Wirbeltieren gemeinsam ist und was sie spezifisch unterscheidet. Er erkannte, daß jedes Sinnesorgan seine eigene Funktion hat und keine andere ausüben kann; den Linsen gab er ihre richtige Stellung im Auge, glaubte aber immer noch, daß sie der Sitz des Sehens seien. Er analysierte die Mechanik der Fortbewegung und verglich die Möglichkeiten des Innenskleletts der Wirbeltiere mit denen des Außenskeletts der Gliederfüßler. An Würmern beobachtete er, daß sie sich durch abwechselnde Zusammenziehung ihrer Längs- und Ringmuskeln fortbewegen; er untersuchte auch das Verhältnis zwischen Schwerpunkt und Körperhaltung bei Vögeln. Aber all diese Probleme konnten erst in entsprechender Weise gelöst werden, als Borelli (1680) mit Galileis Mechanik an sie heranging.

Fabrizios vergleichende Methode wurde noch weitergetrieben durch seinen früheren Diener und Schüler Giulio Casserio (1561–1616), der sein Nachfolger in Padua wurde. Casserio wird als ein tüchtiger Handwerker geschildert, dem viel daran lag, die Maschine des menschlichen Körpers im Vergleich zu der niederer Tiere zu erklären. Seine Untersuchungen teilte er wie Galen ein in die Gebiete: Bau, Tätigkeit und Gebrauch (Funktion). Er begann mit der Beschreibung der Beschaffenheit des Menschen im Embryonal- und im Erwachsenenzustand, und dann betrachtete er in derselben Weise eine lange Reihe von Tieren. Diese Methode zeigt sich deutlich in seiner Studie über die Organe der Lauterzeugung und des Hörens; dabei beschrieb er die lauterzeugenden Organe der Zikaden und die Gehörknochen vieler Landwirbeltiere. Außerdem entdeckte er das innere Ohr des Hechtes.

Casserios Nachfolger Adriaan van der Spieghel (1578–1625) war der letzte in der großen Tradition Paduas; seine größte Leistung war die Verbesserung der anatomischen Terminologie. Nach seiner Zeit nahm die Biologie der Tiere als solche einen eigenen Enwicklungsweg. Sein Zeitgenosse in Pavia, Gasparo Aselli (1581–1626), fand die Milchgänge bei der Sektion eines Hundes, der gerade zuvor eine fetthaltige Mahlzeit gehabt hatte. Milchgänge sind Lymphgefäße, die über die Halsvene die durch die Darmwand absorbierten Fettstoffe in den Blutstrom führen. Aselli glaubte allerdings, sie verliefen vom Darm zur Leber. Marc Aurelio Severino (1580–1656), ein Schüler des antiaristotelischen Philosophen Campanella in Neapel, stellte aus Verehrung für seinen Meister eine Abhandlung über vergleichende Anatomie zusammen und gab ihr den Titel *Zootomia Democritae* (1645). Darin erkannte er die Einheit aller Wirbeltiere, einschließlich der Menschen, an. Den Menschen betrachtete er als den »Archetypus«, aus göttlichem Entwurf hervorgegangen. Unterschiede innerhalb der Einheit sah er als Unterschiede in der Funktion an. Er entdeckte das Herz der höheren Krebse, sezierte und mißverstand das der Tintenfische, erkannte die Atemfunktion der Fischkiemen, erfand die Methode, Blutgefäße durch Injektion eines sich verfestigenden Mediums zu untersuchen, und empfahl den Gebrauch des Mikroskops. Er schrieb zeitlich später als Harvey, litt aber an allen Irrtümern der Vorgänger Harveys.

Die Anatomen des 16. Jahrhunderts hatten es als ihr Ziel betrachtet, den Bau des menschlichen und tierischen Körpers zu erforschen, zu beschreiben und zu vergleichen; außerdem hatten sie versucht, die Resultate durch eine zoologische Klassifikation miteinander in Beziehung zu setzen und die Mannigfaltigkeit tierischer Formen zu begreifen. So begründeten sie das Werk, das zur Evolutionstheorie führen sollte. Aber ihre physiologischen Vorstellungen waren vage, ungenau und unkoordiniert, zudem gingen ihre Schlußfolgerungen nicht aus einer kritischen und umfassenden Betrachtung der Tatsachen hervor. Ihre Ansichten über biologische Funktionen waren von der Vergangenheit übernommen und standen in keinem Verhältnis zu ihren anatomischen Entdeckungen. Erst William Harvey vermochte diese Dinge miteinander zu verbinden (vgl. S. 453 ff.).

Auch in der Embryologie leistete Harvey Bedeutendes. Er ist zwar wegen seiner Arbeiten auf diesem Gebiet stark kritisiert worden; in Wirklichkeit führte er dort dieselben Prinzipien ein, die er mit soviel Erfolg zur Analyse des weniger schwierigen Problems des Blutkreislaufes angewandt hatte. Zu seinen positiven Beiträgen zur vergleichenden Embryologie gehören viele Einzelbetrachtungen über die Plazenta, die endgültige Anerkennung der Keimscheibe auf der Dottermembran als Ursprung des Hühnerembryos und gründliche Überlegungen über Wachstum und Differenzierung. Bedeutsam war seine Bemerkung in *Exercitationes de Generatione Animalium (1651)*, exercitatio 62: »Das Ei ist der allen Tieren gemeinsame Beginn des Lebens.« Es gibt einen ähnlichen Ausspruch von Albertus Magnus (vgl. Seite 151); dieser nahm mit Sicherheit bei den Eiern als solchen, den *ova*, eine Urzeugung an, Harvey drückt sich in diesem Punkt, besonders in *De Motu Cordis*, nicht eindeutig klar aus, so daß die Meinungen darüber, ob er das gleiche annahm oder nicht, auseinandergehen. Aus einigen Stellen läßt sich definitiv schließen, daß er glaubte, alle Pflanzen und Tiere pflanzten sich durch »Samen« fort, die in Eltern der gleichen Art erzeugt sind, wenn diese »Samen« auch manchmal so klein sein können, daß man sie nicht sieht. In *De Generatione Animalium* erklärt er: »Manche Tiere, insbesondere Insekten, entstehen aus Samen, die so klein sind, daß sie unsichtbar sind (wie Atome, die durch die Luft fliegen), die vom Winde hin und her geweht und zerstreut werden; trotzdem glaubt man diese Tiere durch Urzeugung oder durch Zersetzung entstanden, weil ihre Eier nirgends zu sehen sind.« Francesco Redi, der als erster die Urzeugung der Insekten experimentell widerlegte (1668), verstand Harvey in diesem Sinne. Harvey hat das Wesen des *ovum* nicht erkannt, er verwechselte Insekteneier mit Larven und Puppen, Säugetiereier mit kleinen Embryonen in ihrer Membran, dem Chorion. Dennoch waren seine Ideen, die in dem *omne vivum ex ovo* auf der Titelseite seines Buches gipfelten, dazu angetan, seine Nachfolger zu weiterer Forschung anzuregen.

Harvey lehnte aus eigenen Beobachtungen heraus sowohl die aristotelische als auch die galenische Theorie der Befruchtung ab. Nach Aristoteles' Ansicht enthält der Uterus eines befruchteten Weibchens Samen und Blut, nach Galen eine Mischung von männlichen und weiblichen Samen. Harvey sezierte Hirsche aus dem königlichen Wildpark in Hampton Court und konnte bei ihnen Monate nach der Begattung keinen sichtbaren Beweis der Empfängnis finden. Es war sein Pech, daß bei Hirschen diese Dinge besonders gelagert sind. Aber auch bei anderen Tieren, wie Hunden und Kaninchen, konnte er tagelang nichts erkennen. Daraus schloß er, das männliche Tier übe auf das weibliche einen immateriellen Einfluß (ähnlich dem der Gestirne oder Magneten) aus, der das Ei zur Entwicklung bringe. Auch die Bildung von Eiern in den Follikeln wurde erst nach Harvey entdeckt; trotzdem kann man ihn als den Begründer der »ovistischen« Theorie des 17. Jahrhunderts betrachten, nach der der ganze Embryo weiblicher Herkunft war. Als Leeuwenhoek mit seinem Mikroskop das Spermatozoon entdeckt hatte (1677), beanspruchten die »Animaculisten« das gleiche für den männlichen Anteil. Die sich daraus ergebende Kontroverse setzte sich durch das ganze 18. Jahrhundert fort.

Eine andere embryologische Auseinandersetzung entspann sich über Epigenese und Präformation; Harveys Nachfolger setzten all ihre Energien dabei ein. Er selber hatte sich, wenigstens bei Tieren mit Blut, für die Epigenese ausgesprochen. Entwicklung war für ihn Neuentstehung von Strukturen auf dem Weg vom Embryo zur erwachsenen Form. Dagegen glaubten die späteren Ovisten und Animaculisten, die Endform werde durch »Evolution«, durch Entfaltung von Teilen erreicht, die schon im Keim vollständig vorhanden sind. Das paßte besser zu den mechanistischen Vorstellungen ihrer Zeit. Ein Jahr nach Harveys Tode verkündete Gassendi eine Theorie des panspermatischen Präformismus, die auf seiner Atomtheorie beruht.

Einige Zeit vorher hatte schon Descartes eine noch vollständigere mechanistische Theorie der Biologie ausgearbeitet (vgl. Seite 469 ff.).

Diese Untersuchungen über Fortpflanzungsvorgänge bewirkten, daß es zu der Keimtheorie in bezug auf Krankheiten kam. Wirklich verstanden wurde dies erst zu Pasteurs Zeit im 19. Jahrhundert. Im frühen 16. Jahrhundert gab es eine Theorie, daß Krankheiten durch die Übertragung von Samen, *seminaria*, verursacht werden können; sie stammte von Fracastoro. Von ihm stammt auch der Name Syphilis und eine Beschreibung dieser Krankheit, die 1495 zum erstenmal in virulenter Form in Neapel aufgetreten war. Die Stadt war damals von spanischen Truppen besetzt und wurde von den Soldaten Karls VIII. von Frankreich belagert. Fracastoro legte seine Krankheitstheorie in *De Contagione* (veröffentlicht 1546) dar und wiederholte dort die bereits bekannten Tatsachen, daß die Krankheit durch direkten Kontakt, durch Kleider und Gebrauchsgegenstände übertragen werden könne, aber auch durch Ferninfektion wie die Schwarzen Pocken und die Pest (vgl. Seite 224 ff.). Zur Erklärung einer solchen Fernwirkung brachte er die alte Theorie der »Multiplikation der Species« leicht abgewandelt vor: Während des Fäulnisprozesses, der mit der Krankheit verbunden ist, werden durch Ausatmung und Verdunstung winzige Ansteckungspartikel abgegeben, die »pflanzen ihresgleichen fort« durch die Luft, das Wasser oder andere Medien. Wenn sie in einen anderen Körper eindringen, breiten sie sich in ihm aus und bewirken die Fäulnis desjenigen der vier Körpersäfte, dem sie am engsten verwandt sind.

Fracastoro scheint als erster auch den Typhus erkannt zu haben. Die Gewohnheit, sorgfältige Krankenberichte zu verfassen, wie sie seit dem 13. Jahrhundert in den *Consilia* und den Pestakten zu lesen sind, lieferte im 16. Jahrhundert eine Reihe von guten Krankheitsbeschreibungen, z. B. der des epidemischen Fiebers von John Caius (1552). Diese Praxis wurde im 17. Jahrhundert noch erweitert, so z. B. durch den ausgezeichneten klinischen Bericht des Francis Glisson aus dem Jahre 1650 über die Rachitis, die Krankheitsgeschichte des Königs James I. von Theodore Turquet von Mayerne und die ausführliche Beschreibung der Masern, der Gicht, Malaria, Syphilis, Hysterie und anderer Krankheiten von Thomas Sydenham (1624 bis 1689). Man bestand jetzt auf der Beobachtung; allzu leichte Erklärungen waren verdächtig, und so nahm das empirische Wissen zu, die empirischen Behandlungsmethoden verbesserten sich. Bis auf den heutigen Tag ist die Medizin eine weitgehend empirische Kunst geblieben. Schon Anfang des 16. Jahrhunderts, wenn nicht früher, behandelte man Syphilis mit Quecksilber, und seit dem 17. Jahrhundert diente die Chinarinde, aus der Chinin hergestellt wird, zur Behandlung der Malaria. Sie war von einem Jesuiten aus Peru nach Europa gebracht worden und wurde als »Jesuitenrinde« bekannt. Abschließend muß aber betont werden, daß eine klare Einsicht in die Infektionskrankheiten, wie überhaupt in die Ursachen der funktionalen und organischen Störungen des Körpers, sich erst aus dem langsamen Anwachsen fundamentaler biologischer und physiologischer Kenntnisse im 18. und 19. Jahrhundert ergeben konnte.

PHILOSOPHIE DER WISSENSCHAFT UND NATURAUFFASSUNG IN DER NATURWISSENSCHAFTLICHEN REVOLUTION

Die Naturwissenschaft des Abendlandes war einen weiten Weg gegangen, seit Adelard von Bath Erklärungen aus natürlichen Ursachen gefordert hatte und seit sich innerhalb des im 13. und 14. Jahrhundert vorherrschend aritstotelischen Systems wissenschaftlichen Denkens die experimentelle und mathematische Methode zu entwickeln begonnen hatte. Bis zum 17. Jahrhundert hatte sich ein Wandlungsprozeß in den experimentellen und mathematischen Techniken vollzogen, und so ging es mit atemberaubender Schnelligkeit ein ganzes Jahrhundert hindurch weiter. Um eine Wissenschaft als Beispiel zu nehmen: Die Astronomie war 1600 kopernikanisch, noch nicht einmal vollständig; 1700 war sie Newtonsche Astronomie, gestützt von der eindrucksvollen Struktur der Mechanik Newtons. Dennoch waren die Aussagen der Sprecher der neuen Naturwissenschaft über Ziele und Methoden merkwürdig ähnlich denen ihrer Vorgänger im 13. und 14. Jahrhundert, die tatsächlich auch als Sprecher der modernen Wissenschaft auf einer früheren Stufe ihrer Geschichte bezeichnet werden können. Sie waren merkwürdig ähnlich – mit einem Unterschied.

Francis Bacon z. B. drückte das utilitaristische Ideal in Worten aus, die denen des 13. Jahrhunderts fast gleich waren, bis hinunter

zu der besonderen Wertschätzung der induktiven Methode. Bacon
sagt in dem Vorwort seiner *Great Instauration:* »Ich arbeite daran,
die Grundlagen zu schaffen, nicht für eine Sekte oder Doktrin, sondern für Nutzen und Macht des Menschen.« Zweck der Naturwissenschaft ist es, Macht über die Natur zu erringen – Gegenstand der
neuen Methode, das Terrain wiederzugewinnen, das im Sündenfall
verlorengegangen ist. In der Vergangenheit war die Wissenschaft
statisch, während die mechanischen Künste voranschritten; denn in
der Wissenschaft war die Beobachtung vernachlässigt worden. Nur
durch Beobachtung können Kenntnisse über die Natur erworben
werden; nur Wissen führt zur Macht. Das Wissen, nach dem der
Naturwissenschaftler strebt, ist Kenntnis der »Form«, die die beobachteten Wirkungen hervorruft. Kenntnis der Form verleiht Herrschaft über sie und ihre Eigenschaften. Und darum war es die Aufgabe von Bacons neuer Methode, zu zeigen, wie man zur Kenntnis
der Form gelangen kann. In *Novum Organum* (1620), Buch 1, Aphorismus 3, erklärt Bacon: »Menschliches Wissen und menschliche Macht
sind eines; denn wo die Ursache nicht bekannt ist, kann die Wirkung
nicht hervorgerufen werden. Will man der Natur befehlen, so muß
man ihr gehorchen; und was im Überlegen als Ursache gilt, das gilt
im Tun als Regel.« Was er mit der »Form« eines Körpers oder Phänomens meint, das erklärt er weiter im Buch 2, Aphorismen: »Denn
obwohl in der Natur nichts existiert außer individuellen Körpern,
die rein individuelle Akte nach einem festgelegten Gesetz vollziehen,
so ist doch in der Philosophie dieses gleiche Gesetz, mitsamt seiner
Erforschung, Entdeckung und Erklärung, die Begründung des Wissens ebenso wie des Tuns. Dieses Gesetz mit seinen Klauseln meine
ich, wenn ich von Formen spreche; der Name ist gebräuchlich und
vertraut, darum wähle ich ihn.«

Der Schlußsatz dieses Zitats ist eine Warnung; denn es ist durchaus möglich, daß Bacon mit seiner täuschend scholastischen Redeweise einen Sinn zu verbergen sucht, der weit entfernt ist von der
»substantiellen Form« und den wirklichen Qualitäten der scholastischen »Naturen«. Wir werden auch daran gemahnt, daß eine Geschichte der naturwissenschaftlichen Methoden nicht nur die logischen Verfahren, die der Naturphilosoph beschreibt und anwendet,
einzubeziehen hat, sondern auch – und ohne das ist gar nichts zu
verstehen – die tatsächlichen Probleme, auf die das Verfahren ange-

wendet wird, und die gemachten Voraussetzungen bezüglich der Art
von Erklärung, die herauskommen soll. Es ist z. B. unmöglich, den
wesentlichen Punkt in Grossetestes oder Ockhams Diskussionen
über wissenschaftliche Methoden zu sehen, wenn man den Zusammenhang mit der Naturphilosophie nicht kennt, auf den sie sich beziehen. Galileis und Keplers Analysen der wissenschaftlichen Methode zielen auf die besonderen kinematischen und dynamischen
Probleme ab, die sie zu lösen trachteten; nur in Verbindung damit
und mit den Gesetzen, die sie zu entdecken erwarteten, läßt sich ihr
Standpunkt erkennen.

Wissenschaftliche Verfahren sind Methoden, Fragen über Phänomene zu beantworten; die Fragen definieren die Phänomene und bezeichnen die darinliegenden Probleme. Vieles, was über derartige
Gegebenheiten gefragt wird, ist einfach festgelegt durch die technischen Verfahren, seien sie mathematisch oder experimentell, die im
Gebrauch sind oder entwickelt werden. Aber die Form, in der die Fragen gestellt werden, die Richtung und Ausdehnung, die ihnen auf
der Suche nach einer Antwort gegeben wird, hängt immer weitgehend
von der Philosophie und Naturauffassung des Fragenden ab, von
seinen metaphysischen Voraussetzungen oder »regulativen Glaubenssätzen«. Denn diese bestimmen seine Auffassung von dem wirklichen Gegenstand seiner Forschung und von der Richtung, in der
die hinter den Erscheinungen verborgene Wahrheit zu suchen ist.
Diese bestimmen oft genug, was ein Forscher als wesentlich in einem
Problem ansieht. Sie regen seine wissenschaftliche Phantasie an, wie
bei Kepler und Galilei zu sehen ist; sie können auch abgrenzen, was
er in einer Erklärung für zulässig hält. Im Laufe einer wissenschaftlichen Untersuchung können sich natürlich die wissenschaftlichen
Voraussetzungen ändern; sie können durch Beobachtungen widerlegt werden, wie Newton die Voraussetzung der Kreisförmigkeit aller Bewegungen am Himmel widerlegte. Oder sie können in sich
empirisch nicht widerlegbar sein, wie die scholastische Vorstellung
von den »Naturen« oder der Glaube, daß alle Phänomene auf Materie und Bewegung zu reduzieren sind. Solche Auffassungen werden allein durch erneutes Überdenken fallengelassen oder umgewandelt. Aber ganz ohne vorgefaßte Meinungen über objektive
Theorien philosophischer Art hat es noch nie Naturwissenschaft gegeben.

In der Geschichte der Naturwissenschaft haben sich aus vorgefaßten Ideen über die Art der Gesetze oder theoretischen Wesenheiten, die zur Erklärung der Phänomene entdeckt werden sollen, viele der fruchtbarsten Theorien entwickelt. Die Geschichte der Forschung besteht in weitem Ausmaß aus nichts anderem als dem Gebrauch der scharfen Werkzeuge Mathematik und Experiment, um aus diesen Vorurteilen eine Theorie herauszumeißeln, die genau auf die Gegebenheiten paßt. Ein gutes Beispiel dafür ist die Atomtheorie. Im 17. Jahrhundert eine gedankliche Vorwegnahme, wurde sie 1808 von John Dalton auf eine exakte empirische Form reduziert. Was die wissenschaftliche Methode angeht, so kann die ganze Zeitspanne vom 13. bis 17. Jahrhundert als eine Periode angesehen werden, in der die Funktionen sowohl der experimentellen Prinzipien der Bestätigung, Widerlegung und Wechselbeziehung als auch der mathematischen Techniken immer mehr dazu verwandt wurden, die Naturphilosophien auf exakte Naturwissenschaft zu reduzieren (vgl. Seite 246 f.). Zum Beispiel wurde die neuplatonische Naturphilosophie mit ihrer geometrischen Auffassung der letzten »Form« der Dinge durch Grossetestes Philosophie des Lichtes zum erstenmal wissenschaftlich bedeutungsvoll. Grosseteste selber brachte es trotz seiner Analyse der Logik der Experimentalwissenschaft fertig, seine aus dem Neuplatonismus abgeleiteten Erklärungen nur lose den Gegebenheiten anzuhängen, wenn sie ihnen nicht sogar widersprachen. Es waren die mehr technisch und weniger philosophisch interessierten Forscher dieser Zeit, die – stärker von Euklid und Archimedes beeinflußt als von Plato und Aristoteles – in der Praxis mit empirischer Genauigkeit arbeiteten. Erst als die technischen Verfahren durch Galilei und Kepler voll entfaltet waren, wich der Neuplatonismus einer exakten Naturwissenschaft.

In genau solch einer kritischen Situation befand sich Francis Bacon, als er seine induktive Methode »zur Auffindung von Formen« erdachte. Mit »Form« meinte Bacon dabei etwas ganz Spezifisches: geometrische Struktur und Bewegung. Der ihm als reinem Empiriker selbstverständliche Gedanke, ohne vorgefaßte Meinungen und Hypothesen ans Werk zu gehen, ist in seinem Hauptwerk über wissenschaftliche Methode, dem *Novum Organum*, keineswegs durchgeführt; etwas näher kommt er ihm in den endlosen Tabellen der »Natur- und Experimentalgeschichte« der *Sylva Sylvarum*. Bacon ist ein Philosoph mit klarem Blick für die Funktion des empirischen Prinzips, aber fast ohne jedes technische Verfahren, das notwendig wäre, Probleme zu lösen oder sie auch nur in naturwissenschaftlich bezeichnender Weise zu formulieren.

Natürlich wollte er mit seinem *Novum Organum* das *Organum* des Aristoteles ersetzen. Vergleicht man es aber mit den verschiedensten Auffassungen von wissenschaftlicher Methode in klassischer und moderner Zeit, so zeigt sich deutlich, daß Bacons Methode viel mehr mit der des Aristoteles gemein hat als die postulierende Methode von Archimedes und Galilei. Sie basiert mehr auf der Analyse der Materie als auf der Idealisierung der Mechanik; ihr Ziel ist es, die Zusammensetzung der Körper zu erkennen. Es ist bezeichnend, daß eine große Anzahl seiner Beispiele aus dem Gebiet der Chemie genommen sind. Aber wer Ausschau nach den Vätern seiner Methode hält, sieht schnell, daß sie von Demokrit und Plato abstammt (vgl. Seite 244, 371 f.).

Die geläufige Ansicht, gegen die sich Bacon mit anderen zeitgenössischen Verteidigern der »neuen Philosophie« wandte, war die, daß Phänomene mit den qualitativen substantiellen Formen und den Qualitäten, aus denen die »Naturen« der Scholastiker gebildet sind, erklärt werden können. Die Naturphilosophen dieser Periode, die darin keine Hilfe sahen, glichen ihre Philosophie der neuen Naturwissenschaft an und entwickelten einen mehr mathematischen Begriff der »Form«, der auf dem Atomismus Demokrits, Epikurs und Heros beruhte (vgl. Seite 29 ff., Fußnote, Seite 272 ff., Fußnote). Galilei und Kepler dagegen unterschieden zwischen den primären wirklichen, geometrischen Qualitäten, die zu den Körpern gehören, und den sekundären subjektiven Qualitäten, die durch Einwirkung der Körper auf die Sinnesorgane hervorgerufen werden (vgl. Seite 531 f.). Bacon war einer der ersten neuzeitlichen Denker, der alle Ereignisse allein auf Materie und Bewegung zurückführen wollte. In seinen *Cogitationes de Natura Rerum* hatte er geschrieben: »Die Lehre des Demokrit über Atome ist entweder wahr oder brauchbar zur Demonstration.« Sein Vorschlag zur »Entdeckung der Form« in *Advancement of Learning* (1605) war eine Frage nach der Erklärung der Eigenschaften von Körpern, aber er gab zu, daß sich das zu weit vom Experiment entferne. Sein Ziel war es, die Forschung nicht auf den Atomen, sondern auf Induktion aufzubauen. Im *Novum Organum,*

Buch 2, Aphorismus 8, sagt er: »Wir werden nur zu wirklichen Partikeln kommen, so wie sie tatsächlich existieren.« Diese bilden eine »latente Konfiguration« der Form, der Sicht verborgen, aber auffindbar durch induktive Beweisführung. Ihre Bewegung bewirkt den »latenten Prozeß«; Veränderung in der Bewegung erzeugt verschiedene offenbare Wirkungen in der »Natur«, womit er jeden Typ von bemerkbaren Ereignissen meint, wie z. B. Wärme, Licht, Magnetismus, Planetenbewegung, Gärung. So erweist sich seine vorgefaßte Meinung über die Art von Wesenheit, zu der seine induktive Analyse vorstoßen soll, als ebenso definitiv wie die der Scholastiker über wissenschaftliche Methode: Sie diskutierten die Zerlegung von Körpern in die vier aristotelischen Elemente und Ursachen oder die einer Krankheit in eine von vielen vorgedachten Arten einer Gattung (vgl. Seite 249, 261 ff.). Und Bacon beschreibt die Form, wie er sie auffaßt, in einer Ausdrucksweise, in der die Scholastiker von den vier aristotelischen Ursachen, den notwendigen und hinreichenden Bedingungen zur Erzeugung einer beobachteten Wirkung reden. »Denn«, so sagt er, »die Form einer Natur ist so beschaffen, daß bei gegebener Form die Natur unfehlbar folgen muß.« So kam er dazu, mit den Methoden von Übereinstimmung oder Vorhandensein, von Verschiedenheit oder Abwesendsein und der damit verbundenen Veränderlichkeit auf die Suche nach der Form zu gehen.

Bacons Methode geht nach dem Muster der induktiven und deduktiven Verfahrensweisen seiner mittelalterlichen Vorgänger vor. Die Theorie der Induktion verdankt ihm die klare und sehr detaillierte Herausstellung: erstens der Methode zur Erlangung der Definition »allgemeiner Natur« oder Form durch Sammeln und Vergleichen von Beispielen, zweitens der Methode zur Elimination falscher Formen (was wir heute Hypothesen nennen würden) durch »Exklusion«, wie er es nannte. Das ist analog zu Grossetestes Methode der *falsificatio*. Bacon sagt in *Novum Organum*, Buch 1, Aphorismus 95:

»Wer mit der Wissenschaft umgeht, ist entweder ein Mann des Experiments oder ein Mann des Dogmas. Die Männer des Experiments sind wie die Ameise: sie sammeln nur und verbrauchen. Die Denker gleichen Spinnen, die aus ihrer eigenen Substanz Spinngewebe machen. Aber die Biene steht zwischen beiden. Sie sammelt ihr Material von den Blumen des Gartens und des Feldes, verwandelt und verdaut es aber aus eigener Kraft. Nicht ungleich diesem ist

die wahre Aufgabe der Philosophie; denn sie verläßt sich weder
allein noch hauptsächlich auf die Geisteskraft; sie nimmt auch nicht
die Materie, die sie aus der Naturgeschichte und aus mechanischen
Experimenten sammelt, und häuft sie, so wie sie kommt, im Gedächtnis auf; sie lagert sie vielmehr verändert und verdaut im Verstand.
Darum wäre vieles zu erhoffen von einer engeren und reineren Bin-
dung zwischen diesen beiden Fähigkeiten, der experimentellen und
der rationalen (wie sie noch niemals geschaffen worden ist) ... Darum (Buch 2, Aphorismus 10) umfassen meine Anleitungen zur Interpretation der Natur zwei grundsätzliche Dinge: wie aus Erfahrung Axiome abzuleiten und zu formen sind und wie aus den Axiomen neue Experimente herzuleiten sind.«

Der erste Schritt zur Entdeckung einer Form bedeutet eine rein
empirische Sammlung von Beispielen des Phänomens, der »Natur«,
die erforscht werden soll. Zur Veranschaulichung sowohl seiner Methode als auch der Arten von Dingen, die erforscht werden sollen,
nennt er das wohlbekannte Beispiel von der »Form der Wärme«. In
Novum Organum, Buch 2, Aphorismus 10, sagt er: »Wir müssen
eine *Natürliche und Experimentelle Geschichte* vorbereiten.« Mit dem
nächsten Schritt vollzieht er das, was er eine neue Art von Induktion
nennt; sie war bis dahin nur teilweise von Plato angewendet worden. Die gebräuchliche Art von Induktion »durch einfache Aufzählung« gründet sich im allgemeinen auf zu wenig Tatsachen und ist
»der Gefahr eines widersprechenden Moments« ausgesetzt ... Aber
die Induktion, die für die Auffindung und Demonstration in den
Wissenschaften und Künsten brauchbar sein soll, muß die Natur
durch echte Ablehnungen und Ausschließungen analysieren und
dann, nach einer genügenden Menge von Negativem, zu einem
Schluß der bestätigenden Momente kommen.« Für diese »echte und
legitime« Induktion müssen die Beobachtungen in drei »Tabellen
und Anordnungen von Ereignissen« klassifiziert werden. Die erste
ist eine Tabelle von »Wesen und Vorhandensein« oder Übereinstimmung mit allen Ereignissen, bei denen die gesuchte Form (z. B.
Wärme) vorhanden ist; die zweite ist eine Tabelle von »Abweichung
oder Fehlen in unmittelbarer Nähe« mit allen Ereignissen, bei denen
die Wirkungen der gesuchten Form nicht beobachtet werden; die
dritte ist eine Tabelle von »Graden oder Vergleich« mit Veränderungen in den beobachteten Wirkungen der gesuchten Form, entweder

an ihr oder an anderen Subjekten. Induktion besteht in nichts anderem als der Durchsicht dieser Tabellen. Bacon sagt in *Novum Organum*, Buch 2, Aphorismus 15/16:

»Das Problem ist, in einer Nachprüfung der Beispiele im ganzen und im einzelnen eine solche Natur zu finden, wie sie mit der vorhandenen Natur immer gegeben oder nicht gegeben ist, mit ihr sich immer vermehrt oder verringert. Die erste Arbeit der echten Induktion, soweit sie die Findung von Formen erstrebt, ist darum die Ablehnung, der Ausschluß der verschiedenen Naturen, die in einem beliebigen Beispiel, wo die gegebene Natur vorhanden ist, nicht gefunden werden – oder die in einem beliebigen Beispiel, wo die gegebene Natur fehlt, gefunden werden – oder die in einem beliebigen Beispiel wachsend gefunden werden, während die gegebene Natur abnimmt, oder abnehmend, wenn die gegebene Natur wächst. Dann aber, wenn Ablehnung und Ausschluß entsprechend erfolgt sind, bleibt am Grunde, nachdem alle billigen Meinungen sich in Rauch aufgelöst haben, eine Form übrig, die positiv, solide, wahr und gut definiert ist.«

Von der Basis dieses nicht entfernten Restes aus startet dann der Forscher zu »einem Versuch der Naturinterpretation auf positivem Wege«. Die erste Station auf diesem Wege ist die »erste Lese«, eine Arbeitshypothese. »So«, sagt er, »erscheint beim Überblicken aller Ereignisse im ganzen und im einzelnen die Natur der Bewegung als das, von dem die Wärme ein Sonderfall ist . . . Wärme selber, ihr eigentliches Wesen, ist Bewegung und nichts anderes.« Von dieser Hypothese werden neue Folgerungen abgeleitet und durch weitere Beobachtungen und Experimente überprüft, bis schließlich nach wiederholter, abwechselnder Beobachtung und Elimination die »echte Definition« gefunden ist; sie gibt Kenntnis von der Wirklichkeit hinter den beobachteten Wirkungen, von dem richtigen Gesetz mit all seinen Klauseln. Die »Form eines Dinges«, sagt er in *Novum Organum*, Buch 2, Aphorismus 13, »ist das eigentliche Ding selbst, und das Ding unterscheidet sich von der Form nicht anders als das Scheinbare vom Wirklichen, das Äußere vom Inneren oder das Ding in bezug auf den Menschen von dem Ding in bezug auf das Universum«.

Die Form ist für Bacon immer irgendeine mechanische Anordnung; Induktion schließt das Qualitative und das Wahrnehmbare aus, zu-

rück bleibt die geometrische Feinstruktur und Bewegung. Die Form
der Wärme ist Bewegung von Partikeln, die Form der Farbe eine
geometrische Anordnung von Linien. Zu Bacons Zeit bedeutete sogar
das Wort »Natur« selbst mechanische Eigenschaften, die *natura na-
turata* der Renaissance. Das spontane Belebungsprinzip, die *natura
naturans* des Leonardo da Vinci oder des Bernardino Telesio (1508
bis 1588), war praktisch verschwunden.

Die Auffindung der Form war das Ziel der »Experimente des Lichtes«, die die erste Stufe der Wissenschaft ausmachen, aber »diese
Zwillingsobjekte, menschliches Wissen und menschliche Macht, sind
in Wirklichkeit eines; es ist die Unkenntnis der Ursachen, die das
Versagen im Tun bewirkt« *(Great Instauration)*.

Der letzte Zweck der Naturwissenschaft ist Macht über die Natur. Bacon sagt in *Novum Organum*, Buch 1, Aphorismus 73 und 124:

»Früchte und Werke sind möglicherweise Garantien und Sicher-
heiten für die Wahrheit der Philosophien ... Also sind Wahrheit
und Nützlichkeit ganz dasselbe: und Werke als solche sind von größerem Wert als Bürgen der Wahrheit denn als Beitrag zu den An-
nehmlichkeiten des Lebens.«

Wenn Bacon so die Endursachen von der Naturwissenschaft ausschließt, so nicht darum, weil er nicht an sie glaubt, sondern weil er
sich eine angewandte Teleogie in der Art einer angewandten Physik
nicht vorstellen kann. Er glaubt, daß die Menschheit einen gewaltigen Zuwachs an Macht und materiellem Fortschritt erlangen kann,
wenn sie seiner »experimentellen Philosophie« folgt. Das bringt er in
Novum Organum, Buch 1, Aphorismus 109, zum Ausdruck:

»Es gibt also genug Grund zu der Hoffnung, daß im Schoße der
Natur noch viele sehr nützliche Geheimnisse liegen, die allem, was
wir heute kennen, weder verwandt noch parallel sind und völlig
außerhalb des Bereiches unserer Phantasie liegen, deshalb auch noch
nicht entdeckt sind.«

Er glaubt auch, daß die höchste Leistung jenes Wissenschaftszwei-
ges, den er in »*Advancement of Learning*« als »natürliche Magie«
bezeichnet, die Umwandlung der Elemente sein wird.

Bacons Utilitarismus und Empirismus war von viel größerem Einfluß auf seine Anhänger, als die Richtlinien seiner induktiven Methoden es waren, wenngleich auch diese in England ihre Wirkung hatten. Sogar Harvey erklärt an einer Stelle *(De Generatione*, exercita-

tio 25), er wolle »nach den Worten des gelehrten Lord Verulam ›in unsere zweite Lese eintreten‹ . . .« Den größten Einfluß hatte Bacon auf die Royal Society. Seine Beschreibung eines Forschungsinstituts in *New Atlantis* (1627 posthum veröffentlicht) war die Anregung zu den verschiedensten Plänen für wissenschaftliche Forschungsanstalten, die sich schließlich in der Gründung der Royal Society realisierten. Unter Bacons Einfluß widmeten sich die Mitglieder von Anfang an experimentellen Untersuchungen; ihr Ziel war es, nicht nur die Naturwissenschaft zu fördern, sondern auch das praktische Wissen, das für Handel, Gewerbe und Industrie von Nutzen war. In *Advancement of Learning* erklärt Bacon, das wahre Ziel wissenschaftlichen Tuns sei der »Ruhm des Schöpfers und die Erleichterung des menschlichen Lebens«. In der zweiten Verfassungsurkunde der Royal Society, die am 22. April 1663 das Große Siegel erhielt und heute noch gilt, ist niedergelegt, daß die Forschungen ihrer Mitglieder »dazu dienen sollen, durch die Autorität der Experimente in der Wissenschaft von den natürlichen Dingen und nützlichen Künsten zum Ruhme Gottes des Schöpfers und zum Fortschritt der menschlichen Rasse beizutragen«. Die englische Regierung forderte die Mitglieder der Royal Society auf, Probleme wie die Praxis der Schiffahrt und des Bergbaus zu erforschen; sie selber erblickten in der Technologie ein Mittel zur Verstärkung der empirischen Grundlagen der Naturwissenschaft (vgl. Seite 356). Diese Betonung der Nützlichkeit der Wissenschaft machte Bacon zum Helden d'Alemberts und der französischen Enzyklopädisten des 18. Jahrhunderts.

Typisch für die Beurteilung Bacons ist die Meinung, die Thomas Sprat in seiner *History of the Royal Society* (1667) äußert; er nennt seine Schriften die beste »Verteidigung der Experimentalphilosophie und die besten Richtlinien, die notwendig sind, sie zu fördern«. Zur gleichen Zeit sagt er aber auch, Bacons Naturgeschichte sei nicht nur manchmal ungenau, er scheine auch lieber alles zu nehmen, was kommt, anstatt auszuwählen, und lieber aufzuhäufen statt zu registrieren. Ein typisches Beispiel dafür bietet die Suche nach der Form der Wärme, bei der die Beispiele von warmen Federn bis zu den Sonnenstrahlen rangieren, von »heißem« Pfeffer bis zum »Brennen« der Hände im Schnee. Bacons Einfluß führte sicherlich oft zu einem blinden Empirismus, aber das ist noch typischer für einen Mann wie Robert Hooke, der wirklich mit Bacons Methoden arbeitete und sie in seinem *General Scheme* (veröffentlicht in den *Posthumous Works*, 1705) zu erklären versucht. Nur war er ein zu guter Experimentator, Mathematiker und Ausdenker von Hypothesen, als daß er sich von Bacons Anweisungen irgendwie hätte beschränken lassen.

Der einzige Naturforscher dieser Periode, der sich als absoluter Baconanhänger sah, war Boyle: »von der Natur dazu bestimmt, zum Ruhme des großen Verulam aufzusteigen«, wie der *Spectator* 1712 über ihn schrieb. »Durch zahllose Experimente erfüllte er in großem Maßstab jene Pläne und Umrisse der Naturwissenschaft, die sein Vorgänger skizziert hatte.« Boyle war von außerordentlichem Einfluß auf Newton und das 18. Jahrhundert, dem er Bacons Empirismus, seine Abneigung gegen Systeme, seine Betonung des Primats des Experimentes über die Theorie weitergab. Bezeichnend ist der *Proemial Essay* in seinen *Physiological Essays* (1661). Er bestärkt den Empirismus Bacons gegenüber dem kartesischen Rationalismus und der spekulativen Entwicklung von Systemen ohne jeden experimentellen Beweis. Er schreibt darin: »Mir scheint schon seit langem ein Hindernis, und nicht das kleinste, für den wirklichen Fortschritt der wahren Naturphilosophie darin zu liegen, daß Männer so eifrig Systeme von ihr aufbauen und sich verpflichtet fühlen, entweder ganz zu schweigen oder nur dann zu schreiben, wenn sie ein ganzes Gebäude der Physiologie umreißen können.« Aber Boyles Werk und zeitgenössischer Ruf sind deshalb besonders aufschlußreich, weil sie von dem Einfluß zeugen, den ein oft vergessenes Charakteristikum Bacons gehabt hat: seine Naturphilosophie. Boyle war ebensowenig wie Bacon aller Theorie völlig abgeneigt; man erblickt in ihm richtiger den »Wiederhersteller der mechanistischen Philosophie« in England, wie sein Verleger Peter Shaw im 18. Jahrhundert schreibt*. Er selbst schreibt in *Producibleness of Chymical Principles* (1769), einem Anhang zur zweiten Auflage des *Sceptical Chymist:* »Wenn ich auch manchmal Gelegenheit hatte, wie ein Skeptiker zu reden, bin ich doch weit davon entfernt, zu dieser Sekte zu gehören, von der ich glaube, daß sie der Naturphilosophie mit kaum weniger Vorurteilen entgegentritt als der Gottheit selber.«

Tatsächlich war Boyle – weit davon entfernt, ein skpetischer Em-

---

* Vgl. M. Boas, »The establishment of the mechanical philosophy«, *Osiris*, 1952, Band 10.

piriker zu sein – nur zu bereit, Hypothesen als Arbeitshilfe zu benutzen. Im Vorwort seines Buches *Mechanical Origin . . . of . . . Qualities* verteidigt er die »Korpuskulardoktrin« und schreibt dazu: »Denn der Nutzen einer Hypothese besteht darin, daß sie eine verständliche Darlegung der Ursachen von Wirkungen oder der betrachteten Phänomene ermöglicht, ohne daß die Naturgesetze oder andere Phänomene gekreuzt werden; je zahlreicher und je vielfältiger die Partikel sind, von denen einige durch die benannte Hypothese erklärbar sind und andere ihr entsprechen oder doch zumindest nicht widersprechen, desto wertvoller ist die Hypothese, und desto wahrscheinlicher ist sie richtig. Denn es ist viel schwieriger, eine Hypothese zu finden, die nicht richtig ist, zu der aber viele Phänomene passen, besonders wenn sie verschiedener Art sind, als eine, zu der nur wenige passen.« Aber er schließt: »Wenn ich im folgenden Theorien und Vermutungen äußere, so beabsichtige ich darum nicht, mich der Freiheit zu begeben, sie entweder umzuändern oder andere an ihre Stelle zu setzen, falls ein weiterer Fortschritt in der Geschichte der Qualitäten bessere Hypothesen oder Erklärungen anbietet.« In einem unvollendeten und nicht gedruckten Traktat mit dem Titel *Requisites of a Good Hypothesis* macht er einen Unterschied zwischen einer »guten Hypothese«, die die größte Anzahl von Tatsachen ohne Widerspruch erklärt, und einer »ausgezeichneten Hypothese«, die die einzige Erklärung überhaupt ist oder zumindest einzigartig gut ist. Eine solche Hypothese muß nicht nur Voraussagen ermöglichen, sondern ganz bestimmte Voraussagen, die es möglich machen, sie einem experimentellen Test zu unterwerfen. Das Fragment ist es wert, im Wortlaut zitiert zu werden:

The Requisites of a good Hypothesis are:
    That it be Intelligible.
    That it neither Assume nor Suppose anything Impossible, unintelligible, or demonstrably False.
    That it be consistent with itself.
    That it be fit and sufficient to Explicate The *Phaenomena*, especially the chief.
    That it be, at least consistent, with the rest of the *Phaenomena* it particularly relates to, and do not contradict any other known *Phaenomena* of nature, or manifest Physical Truth.

The Qualities and Conditions of an *Exellent Hypothesis* are:

That it be not *Precarious,* but have sufficient Grounds in the nature of the Thing itself or at least be well recommended by some Auxiliary Proofs.

That it be the *Simplest* of all the good ones we are able to frame, at least containing nothing that is superfluous or Impertinent.

That it be *only* Hypothesis that can Explicate the Phaenomena; or at least, that do[e]s Explicate them so well.

That it enable a skilful Naturalist to foretell future Phaenomena by their Congruity or Incongruity to it; and expecially the events of such Experim'ts as are aptly devis'd to examine it, as Things that ought, or ought not, to be consequent to it.

Die Requisiten einer guten Hypothese sind:

daß sie verständlich ist;

daß sie Unmögliches, Unverständliches und nachweislich Falsches weder annimmt noch voraussetzt;

daß sie mit sich selbst übereinstimmt;

daß sie zur Erklärung der Phänomene, besonders der hauptsächlichen, geeignet und ausreichend ist;

daß sie mit den übrigen Phänomenen, auf die sie sich im einzelnen bezieht, zumindest übereinstimmt und keinem bekannten Naturphänomen oder keiner offenbaren physikalischen Wahrheit widerspricht.

Die Eigenschaften und Bedingungen einer *ausgezeichneten Hypothese* sind:

daß sie nicht prekär ist, sondern ausreichende Gründe in der Natur des Dinges selbst hat oder zumindest durch Hilfsbeweise gut empfohlen ist;

daß sie die *einfachste* aller guten ist, die wir aufstellen können, und nichts enthält, was überflüssig oder nicht zur Sache gehörig ist;

daß sie die *einzige* Hypothese ist, die die Phänomene erklären kann oder sie wenigstens so gut erklärt,

daß sie einen geschickten Naturforscher befähigt, zukünftige Phänomene je nach ihrer Übereinstimmung oder Nichtübereinstimmung mit ihr vorauszusagen, besonders die Ereignisse solcher Experimente, die tunlichst geeignet sind, sie zu überprüfen, als Dinge, die ihre Folgen sein müssen oder nicht sein dürfen*.

Das Problem Boyels war das Problem Bacons und anderer Zeitgenossen: sie sahen sich der wissenschaftlichen Nutzlosigkeit der aristotelischen Lehre von den »Naturen« gegenübergestellt. Boyle schreibt im Vorwort zu *Mechanical Origin . . . of . . . Qualities:* »Wenn durch eine bloße Änderung der inneren Anordnung und Struktur eines Körpers eine permanente Qualität, die sich aus seiner substantiellen Form ergeben soll, oder ein inneres Prinzip zerstört und vielleicht auch unmittelbar durch eine neue mechanisch erzeugbare Qualität ersetzt wird; wenn, so sage ich, dieses in einem unbelebten Körper geschieht . . ., so spricht ein solches Phänomen nicht wenig für jene Hypothese, die lehrt, daß diese Qualitäten durch bestimmte Zusammenhänge und andere ihnen anhaftende mechanische Eigenschaften der kleinen Teile eines Körpers bedingt sind und folglich ausgelöscht werden, wenn jene notwendige Modifikation zerstört wird.« Die Sammlung der zahlreichen, weitschweifigen Aufsätze, die das Produkt einer vierzig Jahre währenden Liebe zur Naturphilosophie darstellen, verrät ein einziges Ziel, durch das Experiment zu einer Erklärung der Eigenschaften eines Körpers zu kommen, eine universale Theorie der Materie zu entwickeln auf denselben verständlichen Prinzipien wie die neue Mechanik. Mit seiner Analyse des »Ursprungs von Formen und Qualitäten« meint Boyle genau dasselbe wie Bacon mit der »Auffindung von Formen«. Gegenstand seiner »Korpuskularphilosophie«, die weder atomistisch noch kartesisch, sondern nach dem Muster Bacons entwickelt ist, war die Erklärung aller offenbaren Eigenschaften von Körpern durch die beiden Prinzipen der Materie und der Bewegung, durch Größe, Gestalt und Bewegung von Partikeln, wie sie sich in ausgedehnten Experimenten gezeigt hatten. Diese Form einer mechanistischen Philosophie wurde bestärkt durch Boyles experimentelle Herstellung eines Vakuums und durch seine Experimente über die Luft. Die stark em-

---

* Boyle Papers, Bd. 37, unterschiedlich, in der Bibliothek der Royal Society of London. Es gibt mehrere Versionen mit geringfügigen Verschiedenheiten; vgl. M. Boas, »La méthode scientifique de Robert Boyle«, *Revue d'histoire des sciences,* 1956, Bd. 9; R. S. Westfall, »Unpublished Boyle papers relating to scientific method«, *Annals of Science* 1956, Bd. 12.

pirische Ausrichtung seines Denkens zeigt sich z. B. darin, daß er
nicht bereit war, an die *Ursache* der Elastizität der Luft heranzugehen, nachdem er ihre quantitativen Merkmale im »Boyleschen Gesetz« festgelegt hatte. Eine Parallele dazu ist in der Einstellung Edme
Mariottes (der dieses Gesetz auch formuliert hat) und bei Pascal zu
finden. Boyle war immer mehr als sorgfältig darauf bedacht, die
vielen einzelnen Hypothesen, die er im Laufe seiner Forschungsarbeit aufstellte, im Experiment zu prüfen und zu veranschaulichen.
Aber die Form dieser einzelnen Hypothesen, die Art der darin enthaltenen theoretischen Seinsbestände war bestimmt durch eine Naturphilosophie, die nicht zu widerlegen war, weil sie als ein »regulativer Glaubenssatz« all seinem wissenschaftlichen Denken zugrunde
lag. Es war der Glaube an einen universalen Mechanismus, der Bacon und Descartes beseelt hatte und der bald weissagend fruchtbar
werden sollte in der Weltmaschine Newtons. So schrieb Boyle in *Excellency and Grounds of Mechanical Hypothesis* (1674): »Eben
durch diese Tatsache, daß die mechanischen Prinzipien universal und
darum auf so vieles anwendbar sind, sind sie jeder anderen Hypothese gegenüber eher geneigt, sie einzuschließen, als genötigt, sie
auszuschließen; das ist in der Natur begründet.«
  Das Streben nach einer gewissen Kenntnis der Natur, das Francis
Bacons Werk über die Methode inspirierte, hatte in Wirklichkeit seit
Augustinus, oder besser seit Plato, die ganze rationalistische Tradition des abendländischen Denkens geprägt mit seinem Glauben,
daß das, was gewiß ist, auch die echte Wirklichkeit ist. Es war auch
das Grundmotiv aller Wissenschaft im 17. Jahrhundert und der
Grund, warum dieses Jahrhundert so überzeugt an Methoden glaubte. Am Ende des 17. Jahrhunderts erhob sich in dem neuen Empirismus von John Locke (1632–1704) die Kritik gegen diese aristotelische Form der Behauptung, daß Eigenschaften den wirklichen,
bestehenden Substanzen innewohnen. Aber bis dahin glaubten alle
Forscher fest, daß sie durch die einzelnen Phänomene hindurch und
hinter ihnen die dem Verstand erfaßbare Struktur der wirklichen
Welt erblickten. Und darum war es ihnen so äußerst wichtig, eine
Methode zu haben, die die Entdeckung dieser wirklichen Welt erleichtern und die Gewißheit des Ergebnisses garantieren konnte. Die
gleiche Leidenschaft für die Methode ist in der ganzen Naturwissenschaft zu sehen: in den zahlreichen »Methoden« der Botaniker auf

der Suche nach einem »natürlichen« System der Klassifikation gegenüber einem bloß künstlichen, in der experimentellen und in der mathematischen Methode der Chemiker und Physiker.

Um die Mitte des 17. Jahrhunderts nahm jeder Naturphilosoph,
der ausging, diese reale physikalische Welt zu finden, fest an, daß
das, was er finden würde, etwas Mathematisches sein müßte. Galilei
legte die methodologischen Erfordernisse für seine mechanistische
Philosophie durch seine ausdrückliche kinematische Behandlung der
Bewegung und seine klare Ablehnung jeder aristotelischen »Natur«
und Ursachen fest (vgl. Seite 321, 378 ff.). Er beschrieb sehr klar,
auf welchen Begriff von Natur seine Methoden hinzielten (Il Saggiatore, vgl. Seite 374). In De Caelo Buch 2, Kapitel 7, diskutiert er
die Bemerkung des Aristoteles, daß »Bewegung die Ursache der
Wärme ist«, und schreibt:

»Zunächst möchte ich vorschlagen, das, was wir Wärme nennen,
einer Prüfung zu unterziehen. Wenn meine sehr ernsten Zweifel
nicht trügen, so ist der allgemein anerkannte Begriff der Wärme
weit von der Wirklichkeit entfernt, weil man in ihm eine Qualität
vermutet, die dem Ding, das wir als warm empfinden, wirklich innewohnt. Ich bilde mir aber erst dann eine bestimmte Ansicht über ein
Stück Materie oder eine körperliche Substanz, wenn ich die Notwendigkeit fühle, Begrenzungen festzustellen, die ihm diese oder
jene Gestalt geben; daß es im Verhältnis zu anderen groß oder klein
ist, daß es an diesem oder jenem Orte, in dieser oder jener Zeit ist;
daß es einen anderen Körper berührt oder nicht berührt; daß es einzeln oder zu wenigen oder zu vielen ist; und daß ich es durch keine
Anstrengung meiner Einbildungskraft von jenen Qualitäten (condi-
zioni) loslösen kann. Aber ich fühle keinerlei Notwendigkeit, es unbedingt nur in Begleitung von Bedingungen wie weiß oder rot, bitter
oder süß, klangvoll oder schweigend, gut oder schlecht riechend zu
verstehen. Im Gegenteil: Hätten die Sinne diese Eigenschaften nicht
wahrgenommen, wären Verstand und Einbildungskraft vielleicht
überhaupt nicht auf sie gekommen. Darum behaupte ich, daß Geschmack, Geruch, Farbe usw. auf seiten des Objekts, dem sie inne-
zuwohnen scheinen, nichts anderes sind als bloße Namen, daß sie
nur in dem sensitiven Körper existieren, so daß sie verschwinden,
sobald das lebendige Wesen (animale) fortgenommen wird. Wir
haben ihnen aber spezielle Namen gegeben, die sie von anderen pri-

mären und realen Qualitäten *(accidenti)* unterscheiden, und möchten uns selbst überreden, daß sie ebenso real existieren wie diese ... Ich kann meine Auffassung an einem Beispiel klarmachen. Ich streiche mit der Hand zuerst über eine Marmorstatue, dann über einen lebenden Menschen. Die Tätigkeit der Hand ist die gleiche bei beiden Körpern, d. h. die Primärqualitäten Bewegung und Berührung sind gleich, denn wir nennen sie nicht mit verschiedenen Namen. Aber der lebende Körper, der ein solches Tun erleidet, empfindet Verschiedenes *(affezioni)*, je nachdem welcher Teil berührt wird. Wird er z. B. unter den Fußsohlen berührt, in den Kniekehlen oder in der Achselhöhle, so hat er neben dem allgemeinen Gefühl der Berührung noch eine andere Empfindung, der wir einen besonderen Namen gegeben haben: Kitzel. Es ist unser eigenes Gefühl und gehört in keiner Weise zu der Hand. Mir scheint, es wäre ein schwerer Fehler, zu sagen, die Hand habe neben Bewegung und Berührung in sich noch eine von diesen verschiedene Fähigkeit, nämlich Kitzelfähigkeit, so daß der Kitzel eine Eigenschaft wäre, die der Hand innewohnt. Ein kleines Stück Papier oder eine Feder, die leicht über einen beliebigen Teil unseres Körpers gezogen werden, üben an sich überall dieselbe Tätigkeit aus: sie bewegen sich und berühren. Aber in uns löst die Berührung zwischen den Augen, auf der Nase, unter den Nasenflügeln einen fast unerträglichen Kitzel aus; an anderen Teilen spüren wir sie kaum. Nun ist dieser Kitzel allein in uns, nicht in der Feder, und wenn der lebendige, sensitive Körper entfernt wird, würde er nur noch ein Name sein *(un puro nome)*. Ich glaube, viele Eigenschaften *(qualità)*, die natürlichen Körpern beigegeben sind, wie Geschmack, Geruch, Farbe und andre, haben eine ähnliche, aber keine größere Existenz.«

Im weiteren bezieht er in einer Korpuskulartheorie der Materie jeden der vier Sinne auf die vier traditionellen Elemente. Tastgefühl entspricht der Erde, Geschmack dem Wasser, Geruch dem Feuer, Gehör der Luft. Der fünfte Sinn, das Sehen, entspricht dem Lichtäther. So löst sich die Erde ständig in minimale Partikel *(paricelle minime)* verschiedener Art auf. Einige von ihnen, die sich auf der Zungenoberfläche ansiedeln, durchdringen das Gewebe, wenn sie sich in Feuchtigkeit aufgelöst haben, und erzeugen die Geschmacksempfindung; sie ist angenehm oder unangenehm, je nachdem, ob es wenige oder viele sind, ob sie sich langsam oder schnell bewegen. Ähnliches gilt für Geruch und Gehör. »Aber«, schließt er, »ich behaupte, es existiert in den Körpern außer Größe, Gestalt, Anzahl und schnellen oder langsamen Bewegungen nichts, was in uns Geschmacks-, Geruchs- oder Gehörsempfindung hervorruft. Würden Ohren, Zunge und Nase entfernt, so blieben Gestalt, Zahl und Bewegung, aber es gäbe keine Gerüche, keinen Geschmack und keine Töne; diese sind, wie ich glaube, außerhalb von lebenden Wesen nichts als Namen, genauso wie Kitzel nichts als ein Name ist, wenn Achselhöhle und Nasenhaut entfernt werden.« Von der Beziehung des Sehens zum Licht sagt er abschließend: »Von dieser Sinnesempfindung und den damit verbundenen Dingen verstehe ich nur sehr wenig, und da ich nicht die Zeit habe, dieses Wenige zu erklären oder auch nur zu skizzieren, schweige ich lieber.«

In diesem berühmten Abschnitt umreißt Galilei eine echte mechanistische Philosophie der Natur. Er kombiniert die Unterscheidung Demokrits zwischen der wahrnehmbaren Welt der Sinneserscheinungen (die Aristoteles für die wirkliche hielt) und der begrifflichen Welt der Primärqualitäten – mit einer Korpuskulartheorie der Materie, die er von Hero von Alexandria übernommen hat (vgl. Seite 29 ff., Fußnote; Seite 272 ff., Fußnote); dann bietet er eine Erklärung der offenbaren physikalischen Eigenschaften auf Grund der Merkmale ihrer einzelnen Partikel. Diese faßt er dynamisch auf, indem er ihre wechselnde Bewegung in Betracht zieht und eine Anlehnung an die Partikel der mathematischen Gesetze anstrebt, so wie es sich in der Behandlung der Bewegung makroskopischer Körper als erfolgreich erwiesen hat.

Galileis letztes wissenschaftliches Ziel, die wirkliche Struktur der physikalischen Welt zu erkennen, das Buch der Natur in der Sprache der Mathematik zu lesen, zeigt sich deutlich nicht nur in seinen Kontroversen über die kopernikanische Theorie, sondern in allem, was er über die Philosophie der Wissenschaft geschrieben hat (vgl. Seite 367 f., 432 f.). Sicherlich zielt es auf die Schaffung einer quantitativen und empirisch bewiesenen Verbindung zwischen den realen, aber nicht beobachtbaren Entitäten, die durch die Primärqualitäten definiert sind, und den beobachtbaren Eigenschaften hin, deren Ursachen diese Entitäten sind. Galilei selbst schuf auch in seiner »resolutiv-compositiven« Methode das wirksame Mittel zur Darlegung und Herstellung einer solchen Verbindung. Aber die Taktik, exemplifiziert in seiner kinematischen Behandlung der Bewegung, seine Methode, ein Problem in Einzelfragen zu zerbrechen und dann Schritt für Schritt vorzugehen – all das bedeutet, daß Galilei selbst niemals soweit gekommen ist, seine mechanistische Philosophie zu einer wissenschaftlichen Begründung weiterzuentwickeln, zu einer Theorie, die deduktiv mit der Aussage der Gegebenheiten in Verbindung steht. Tatsächlich wäre es bei dem damaligen Stand der wissenschaftlichen Erkenntnis eine übereilte Spekulation gewesen, eine solche Entwicklung systematisch zu versuchen. Galilei zog es vor, darin das letzlich zu erstrebende Ziel seines empirischen Fortschrittes zu sehen.

Descartes war der erste, der nicht nur die mechanistische Philosophie als universale Begründung aller physikalischen Phänomene erklärte, sondern auch versuchte, das im einzelnen auszuführen. Ihm fehlte Galileis wissenschaftliche Spitzfindigkeit und sein Sinn für empirische Tatsachen; so kritisierte er Galileis Behandlung der Bewegung und sagte, dieser habe mathematische Beschreibungen ohne philosophische Basis und darum ohne Begründung geliefert (vgl. Seite 395). Descartes wurde durch seinen zuversichtlichen philosophischen Rationalismus, seine klare Vorstellung von einer universalen Philosophie der Natur als Endziel der Wissenschaft in Bereiche der Spekulation hineingezogen, vor denen viel bessere Wissenschaftler gezögert hatten. Aber gerade diese spekulative Übereilung wurde zum Ursprung seines einzigartig bedeutsamen Beitrags zum Aufbruch der Naturwissenschaft. Seine kühne, alles umfassende Konzeption vom Universum als einem integrierten Ganzen, erklärbar durch universale mechanistische, gleicherweise auf Organismen und tote Materie, auf mikroskopische Partikel und Himmelskörper anwendbare Prinzipien, verschaffte den folgenden Generationen von Naturphilosophen – Astronomen, Physikern, Chemikern, Physiologen – ein Programm. Er gab ihnen eine Hypothese, ein Modell, woran sie arbeiten konnten. Der Kartesianismus war in der Mitte des 17. Jahrhunderts zur herrschenden Naturphilosophie geworden; er brachte auch philosophische Probleme an den Tag, die der mechanistischen Philosophie, die als die ganze Wahrheit und nichts als die Wahrheit galt, innewohnen. Sogar als Descartes' Theorie der Methode und seine Metaphysik abgelehnt wurden, behielt seine Physik den übermächtigen Einfluß, in der Royal Society ebenso wie in der

Académie des Sciences. Jedes neue System hatte seinen Weg gegen diesen Einfluß anzutreten. Und selbst die berühmteste Alternative, das System Newtons – gegen das sich in Frankreich ein Widerstand der Kartesianer erhob, der erst von Maupertuis (1698–1759) und Voltaire (1694–1778) überwunden wurde –, beruhte auf demselben Programm: die alles umfassenden Gesetze der Kosmologie zu finden. Es hatte Erfolg, weil es diesen kartesischen Grundgedanken mit weithin überlegener empirischer Genauigkeit durchsetzte. Das allgemeine Programm des kartesischen Mechanismus blieb selbst dann noch führend in der Forschung, als es in Einzelheiten schon widerlegt war; seine allgemeinen Begriffe erwiesen sich als hervorragend anpaßbar an die Erfordernisse experimenteller Resultate, z. B. in der Physiologie, in den Lichttheorien von Hooke und Huygens und in der späteren Geschichte von Descartes' *matière subtile*, dem den Raum erfüllenden Äther (vgl. Seite 393 f.).

Grundlage von Descartes' Naturphilosophie war seine Einteilung der geschaffenen (d. h. von Gott zu unterscheidenden) Wirklichkeit in zwei einander ausschließende und gesammelt erschöpfende Wesenheiten oder »einfache Naturen«: Ausdehnung und Denken. Dazu kam seine Auffassung von Methode, die dazu bestimmt war, ihm eine gewisse Kenntnis von dieser Wirklichkeit zu vermitteln. Es ist bezeichnend, daß Descartes in seiner ersten Veröffentlichung wissenschaftlicher Resultate, die als Beispiele für die Anwendung einer ganz bestimmten wissenschaftlichen Methode gelten sollen, an mittelalterlichen Naturphilosophen wie Grosseteste oder Roger Bacon erinnert. Der epochemachende Band, den er 1637 herausgab, trägt den vollen Titel: *Discours de la Méthode pour bien conduire sa raison, et chercher la vérité dans les sciences. Plus la Dioptrique, les Météores et la Géometrie, qui sont des essais de cette Méthode.* Die Tatsache, daß zwei dieser Abhandlungen die Optik behandeln und daß sein frühester kosmologischer Aufsatz den Untertitel *Traité de la Lumière* trägt, verrät ebenso ein gut Teil von Descartes' geistiger Herkunft. Vor diesen Werken hatte er aber schon zwischen 1619 und 1628 seine abgerundetste Arbeit über die Methode verfaßt, seine *Regulae Directionem Ingenii*, die allerdings erst 1701, nach seinem Tode, gedruckt wurde. Sein mit Sicherheit rationaler Zugang zur Wissenschaft kann durch nichts deutlicher aufgewiesen werden als durch die innere Anordnung seines Gesamtwerks.

In Regel IV der *Regulae* schreibt er: »Unter Methode verstehe ich eine Gruppe bestimmter und leichter Regeln; wer ihnen gehorcht, wird erstens niemals etwas Falsches für wahr nehmen. Zweitens wird er gleichmäßig, Schritt für Schritt, ohne geistige Überanstrengung voranschreiten, bis er zur Kenntnis von allem und jedem gelangt ist, das sein geistiges Fassungsvermögen nicht übersteigt.« In Regel V fährt er fort: »Die Methode als Ganzes besteht aus der Ordnung und Reihenfolge der Objekte, auf die unsere Aufmerksamkeit gerichtet werden muß, wenn wir eine Wahrheit finden wollen. Und wir gehen dann genau nach der Methode vor, wenn wir einbegriffene und verborgene Wahrheiten Schritt für Schritt auf einfachere reduzieren, um dann von der intuitiv erfaßten einfachsten aus dieselben Stufen wieder aufzusteigen bis zur Erkenntnis aller anderen.«

Man muß bei Descartes' Methode unterscheiden zwischen der Anwendung in der Philosophie und der Anwendung in der Naturwissenschaft. In der Philosophie sollten die Regeln für die Analyse der Erfahrungstatsachen dazu dienen, den Verstand für einen intuitiven Akt bereitzumachen, durch den die »einfachen Naturen« begriffen werden – ähnlich dem, den Aristoteles am Ende der *Zweiten Analytik* beschreibt. »Einfache Naturen« waren z. B. Denken, Ausdehnung, Zahl, Bewegung, Sein, Dauer – selbstverständliche »klare und einfache Ideen«, die auf nichts Einfacheres zurückzuführen und darum nicht logisch zu definieren sind. Zweck der Regeln war es, die Gegebenheiten für diesen Akt der Intuition auszuwählen und zu ordnen; sie stellten eine Form von Induktionen dar, die das Prinzip der Elimination einschloß. Es war Descartes' philosophisches Ziel, von der Erfahrung beginnend, die »einbegriffenen und verborgenen Wahrheiten« zurückzuführen auf solche, die entweder selbstverständlich sind (einfache Naturen) oder bereits vorher als Folgerungen aus selbstverständlichen Wahrheiten erkannt worden sind. Danach ist es möglich, die Erfahrungsgegebenheiten in ihrer Gesamtheit zu erklären, indem man zeigt, daß sie aus den entdeckten »einfachen Naturen« abzuleiten sind. Descartes war überzeugt, daß er in seiner Suche nach den »einfachen Naturen«, aus denen sich die geschaffene Welt aufbaut, erfolgreich gewesen war. Die letzte Substanz von allem war für ihn entweder *res extensa* oder *res cogitans*. In *Principia Philosophiae*, Teil 1, Prinzip 53, schreibt er: »Wenn auch jedes beliebige Attribut ausreicht, um uns Kenntnis von der Substanz zu vermitteln, so gibt es doch immer eine Haupteigenschaft der Substanz, die ihre Natur und ihr Wesen bestimmt und von der alle anderen abhängen. So bestimmt die Ausdehnung in Länge und Breite und Tiefe die Natur der körperlichen Substanz; der Gedanke bestimmt die Natur der denkenden Substanz. Denn alles übrige, was zum Körper gehört, setzt Ausdehnung voraus und ist nur ein Modus dieses ausgedehnten Dinges; gleicherweise ist alles, was wir im Verstand finden, die vielfältige Reihe von Formen des Denkens. So können wir z. B. die Gestalt nur in einem ausgedehnten Ding erfassen und die Bewegung nur im ausgedehnten Raum. Phantasie, Gefühl und Wille existieren nur in einem denkenden Wesen; ohne es können wir sie nicht erkennen. Wohl können wir, im Gegenteil, Ausdehnung ohne Gestalt und Bewegung, denkende Wesen ohne Phantasie und Gefühl erfassen, und Ähnliches gilt für die anderen Attribute.«

Im 2. Teil, Sektion 4, betont er die Identität von Materie und Ausdehnung noch nachdrücklicher: »Die Natur der Materie, des Körpers im allgemeinen, besteht nicht darin, daß er ein Ding ist, das fest, schwer oder farbig ist oder unsere Sinne auf irgendeine Weise reizt, sondern allein darin, daß er eine Substanz ist, die Länge, Breite und Tiefe besitzt ... Seine Natur besteht einfach darin, eine Substanz mit Ausdehnung zu sein.« Dann sind die sekundären Eigenschaften subjektiv; nur Ausdehnung und Bewegung haben objektive Existenz. Und alle in der Materie beobachteten Eigenschaften gehen zurück auf die unter dem Einfluß der Bewegung stattfindende Differenzierung der Originalmaterie in Partikel von verschiedener Gestalt, Form, Bewegung und darauf folgender Zusammenballung in Körpern. Descartes war so ängstlich bemüht, die substantiellen Formen und alle angeborenen realen Eigenschaften – »okkulte Eigenschaften« – zu verbannen, daß er sogar den Gedanken ausschloß, Körper seien von Natur aus mit Gewicht ausgestattet. Er kritisierte Galilei, weil dieser angenommen hatte, Schwerkraft sei eine angeborene Eigenschaft, und weil er nicht versucht hatte, sie zu erklären (vgl. Seite 394 f.). Er selbst erklärte die Schwerkraft durch die *Matière subtile*, den Äther, der in dem *Plenum* von Materie, identisch mit Ausdehnung, mechanisch wirkt. In diesem *Plenum* geschieht alles durch Berührung; damit war die Möglichkeit eines Vakuums ausgeschlossen und die Grundlage für seine Theorie der Wirbel geschaffen. Auch die »okkulte Kraft« der Fernanziehung war aus dem Wege geräumt. Als Descartes die Anwendung seiner Methode auf die Naturwissenschaft zum erstenmal vorschlug, war er sich seines Erfolges so sicher wie in der Philosophie. In der »universalen Mathematik«, die er in den *Regulae* umreißt, wiederholt sich die Struktur seines philosophischen Systems, die durch die »einfachen Naturen« bedingt ist. Sie sollte die ganze physikalische Welt umfassen und sich alle Einzelwissenschaften unterordnen. Innerhalb dieses Schemas würde dann die unveränderliche Ursache, die unveränderliche Verbindung zwischen dem *datum* der Erfahrung und dem *quaesitum* der Theorie zu entdecken sein. Das allerdings wäre eine vollkommene Einigung von Aussage und Erklärung – wenn es nur bewiesen werden konnte.

Descartes' wissenschaftliche Methode war eine Variante der schon bekannten doppelten Prozedur von Analyse und Synthese, von Resolution und Composition. Gegenstand der wissenschaftlichen Erforschung war die Zurückführung der komplexen Probleme, die die Erfahrung bietet – Descartes nennt sie in einer etwas aristotelisch gefärbten Sprache »zusammengesetzt *a parte rei*« – auf spezifische Teilprobleme zur quantitativen Lösung. Dann konnte die komplexe Situation theoretisch wiederhergestellt werden; erklärt wurde sie durch Deduktion von den gefundenen Elementen und Gesetzen, die sie hervorgebracht hatten. Die erste Stufe der Analyse führte zu einer Klassifikation der gegebenen Erfahrungstatsachen; auf dieser Grundlage stellte der Forscher dann hypothetische »Vermutungen« über die Ursache auf. Dieses war erforderlich, weil die Komplexität der Natur einen direkten Weg zur Wahrheit nötig macht. Die nächste Stufe bestand in der Ableitung der sich aus den Hypothesen ergebenden empirischen Konsequenzen und in der Elimination falscher Vermutungen. Dazu diente Bacons Methode des *experimentum*, der *instantia crucis*, die mit den Methoden von Übereinstimmung, Verschiedenheit und begleitender Veränderung arbeitet. Die »Zusammengesetztheit« der Theorie zeigte die wahre Ursache auf, wenn sie vollkommen mit der »Zusammengesetztheit« der Dinge übereinstimmte. So erklärte die Theorie die Tatsachen, und die Tatsachen bewiesen die Theorie (vgl. Seite 263, 440, 553 f.). Descartes nennt dieses reziproke Verfahren eine »Demonstration«: »Wenn ein paar Dinge, von denen ich am Anfang von *Dioptrique* und *Météores* sprach, auf den ersten Blick verärgern sollten, weil ich sie Hypothesen nenne und mir an ihrem Beweis nicht viel gelegen scheint, so bitte ich darum, das Ganze geduldig und aufmerksam noch einmal zu lesen; dann wird hoffentlich mein anfängliches Zögern Zufriedenheit auslösen. Denn mir scheinen in jenen Abhandlungen die Beweisgründe so wechselseitig verknüpft zu sein, daß die letzten durch die ersten, die ihre Ursachen sind, bewiesen werden, während die ersten ihrerseits durch die letzten, die ihre Wirkungen sind, bewiesen werden. Man darf nicht glauben, daß ich hier etwas begehe, was die Logiker einen Zirkelschluß nennen. Denn da die Erfahrung die meisten Wirkungen mit einem Höchstmaß an Sicherheit ausstattet, dienen die Ursachen, die ich aus ihnen ableite, nicht so sehr zur Feststellung ihrer Existenz als vielmehr zu ihrer Erklärung. Im Gegensatz dazu wird die Existenz der Ursachen durch die Wirkungen festgestellt.«

Ein »augustinischer Platoniker« im Stile Grossetestes und Roger Bacons fand Gewißheit nur in der göttlichen Erleuchtung – Descartes fand sie allein in dem Glauben, daß das vollkommenste aller Wesen ihn nicht täuschen würde. Gestützt auf diese Garantie schrieb er am 27. Mai 1638 in einem Brief an Mersenne: »Es gibt nur zwei Möglichkeiten, das, was ich geschrieben habe, zu widerlegen: entweder durch Experimente oder Gründe zu beweisen, daß die Dinge, die ich vorausgesetzt habe, falsch sind, oder zu zeigen, daß das, was ich aus ihnen ableite, nicht abgeleitet werden kann.« Leider setzte sich Descartes bei allzu vielen Gelegenheiten einer Widerlegung auf Grund gerade dieser Argumente aus, wie Newton mit besonderem Vergnügen gezeigt hat (vgl. Seite 394).

Descartes' ganzer Prozeß der Forschung mit Hilfe von Vermutungen setzte die mechanistische Philosophie als Grundlage der Erklärung – verschieden von der bloßen Angabe oder Summe von Tatsachen – voraus. Für Descartes mußten solche Erklärungen immer das Endziel der wissenschaftlichen Untersuchung sein, denn nur sie verknüpften die besonderen Erfahrungsphänomene mit den »einfachen Naturen«, die letztlich die Welt bedingen und darum auch die letzte Erklärung für alle Phänomene liefern. So kam es, daß Descartes dadurch, daß er die Naturwissenschaft in dieses philosophische Gerüst einbaute, in gewissem Sinne die letzte Frage stellen mußte, ehe er die erste beantwortet hatte.

Ähnliches zeigt sich in seiner Einstellung zu Harvey. Im *Traité de*

L'Homme überlegt er, wie das Blut sich nach rein mechanischen Gesetzen verhalten könnte, und führt dabei Harveys Entdeckung des Blutkreislaufes an; aber die Darstellung der Diastole und Systole des Herzens lehnt er aus dem Grunde ab, daß Harvey, selbst wenn seine Tatsachen sich als richtig erweisen sollten, die Ursache der Herzkontraktion nicht erklärt habe. Descartes' eigene Erklärung des Herzschlags verwirft sowohl Harveys als auch Galens Auffassung und hält sich erneut an die aristotelische Ansicht vom Herzen als dem Zentrum der Lebenswärme, die den Ausstoß des Blutes aus dem Herzen verursacht, indem sie es zum Kochen bringt und damit *ausdehnt* (vgl. Seite 469 f.). Später *(Déscription du Corps Humain,* 1684, veröffentlicht 1672) gibt er zu, daß *»une expérience fort apparente«,* wie er nach der Vivisektion eines Kaninchenherzens annahm, Harveys Auffassung von der Bewegung des Herzens bestätigen könnte. Aber er fügt hinzu: »Dennoch zeigt das nur, daß Beobachtungen oft zu Täuschungen führen können, wenn wir nicht genügend alle Ursachen untersuchen, die ihnen zugrunde liegen können.« Harveys Theorie stimmte vielleicht mit vielen der Phänomene überein, aber »das schließt die Möglichkeit nicht aus, daß alle die gleichen Wirkungen auch aus einer anderen Ursache erfolgen können, nämlich der Ausdehnung des Blutes, wie ich sie beschrieben habe. Damit wir entscheiden können, welche dieser beiden Ursachen die richtige ist, müssen wir weitere Beobachtungen machen, die unmöglich mit beiden übereinstimmen können.« Ein *experimentum crucis,* das eine von beiden widerlegen würde, sollte die Wahl zwischen den rivalisierenden Hypothesen bestimmen.

Wesentlichster Gegenstand der Methode Descartes' war es also – in der Naturwissenschaft wie in der Philosophie –, in der Endanalyse durch lange Deduktionsketten die Verbindung zwischen der letzten ontologischen Wirklichkeit, den »einfachen Naturen«, und den vielen Einzelerfahrungen auseinanderzulegen. In diesem Glauben an ein letztlich ontologisches Ziel der naturwissenschaftlichen Forschung stimmt Descartes tatsächlich mit platonisierenden Physikern wie Galilei und Kepler überein. Descartes unterscheidet sich von diesen stärker empirischen Zeitgenossen nicht in der Ausrichtung auf ein letztlich ontologisches Ziel hin, wohl aber durch das viel kleinere Maß an empirischer Vorsicht, mit dem er es zu erreichen strebte.

In der extremen und systematischen Form, die Descartes der mechanistischen Philosophie gab, bot er eine umfassende metaphysische und kosmologische Alternative zur aristotelischen Philosophie. Diese mechanische Philosophie warf eine Reihe von philosophischen Problemen auf, die den Charakter der Erkenntnislehre und der Metaphysik dieser Periode, aber auch der Philosophie der Wissenschaft bestimmten. Locke griff z. B. die Lehre von der Subjektivität der »sekundären« Qualitäten auf und baute sie in seine Erkenntnistheorie ein. Nach dieser sind nicht die Dinge in der Außenwelt die eigentlichen Objekte unserer Erkenntnis, sondern Erfahrungsdinge, so wie sie durch die Sinne aufgenommen und durch den Verstand geordnet sind. Es ist hier nicht der Ort, Lockes Erkenntnistheorie zu diskutieren, interessant ist nur, daß ausgerechnet der »Restaurator« der mechanistischen Philosophie, Robert Boyle, herausstellte, daß die Primärqualitäten, die geometrischen Begriffe, mit deren Hilfe die mathematische Physik die Erfahrung ordnet und interpretiert, nicht weniger geistig seien als die sekundären Qualitäten. Wenn eine Gruppe Anspruch auf Realität erheben könne, so hätten beide den gleichen Anspruch. Ähnlich lautet die Kritik George Berkeleys (1685–1753).

Eine ganze Kette von Problemen ergab sich aus Descartes' absoluter Identifikation von Materie und Ausdehnung, die auf den kompromißlosen Ausschluß aller nur möglichen angeborenen Eigenschaften hinzielt. Hauptgegenstand der Kontroversen zwischen Huygens, Leibniz und Newtons Anhängern bilden die Schwierigkeiten, die sich daraus für die Physik ergaben, z. B. in der Erklärung der Schwerkraft, in der Bestimmung dessen, was in der fortgesetzten Bewegung beibehalten wird. Hier haben wir eine gute Illustration des metaphysischen Ursprungs mancher naturwissenschaftlicher Begriffe, die erst später für die Erfordernisse einer quantitativen Genauigkeit zurechtgeschnitten worden sind (vgl. Seite 396). Der totale Ausschluß der aktiven Prinzipien in den Dingen, die den scholastischen »Naturen« entsprechen, schuf Schwierigkeiten allgemeiner Art für die ganze Lehre von der Kausation. Streng genommen wurde jede »sekundäre« Kausation (d. h. Kausation außerhalb der direkten Einwirkung Gottes) damit unmöglich; einige von Descartes' Anhängern stellten das fest. Andere Schriftsteller, z. B. Gassendi und Sir Kenelm Digby (1603–1665), suchten mit diesem allgemeinen Problem fertigzuwerden, indem sie zu einer Form des Atomismus zurückkehrten und mit einiger Verwirrung den Atomen selber die Wirkursächlichkeit zuschrieben. Eine etwas andere Lösung für das ganze Problem bot Leibniz mit seiner Monadenlehre. Diese Lösungen sollten in der Biologie eine große Rolle spielen; dort hatte die kartesische Lehre von der Materie große Verwirrung gestiftet, weil sie lebende Organismen absolut ausschließt. Maupertuis und Buffon (1707–1788) versuchten, auf Grund mechanischer Prinzipien Phänomene, wie die Anpassung der Teile eines Organismus in ihren Funktionen an die Bedürfnisse des Ganzen, die teleologischen Erscheinungsformen der Embryoalentwicklung und des tierischen Verhaltens zu erklären. Dabei wandelten sie die Partikel, in denen die Kausalität steckte, zu »*molécules organisées*« um. Maupertuis spricht sehr klar aus, daß mechanische Begriffe, die so formuliert sind, daß sie nur eine begrenzte Anzahl anorganischer Phänomene erklären, sich als ungeeignet erweisen, wenn sie auf Phänomene bezogen werden, für die sie nicht erdacht sind. Biologische Phänomene scheinen sowohl aktive Prinzipien als auch Teleologie zu erfordern. Er bietet darum eine Erklärung im Sinne einer vorausgehenden Bewegung von Partikeln, deren Verhalten das Ziel vorwegnimmt, auf das sie sich hinbewegen, und auch die Funktionen, die von Organen ausgeübt werden, die sie bilden. Mit dieser Form der Erklärung schuf Maupertuis die erste systematische Evolutionstheorie; zum erstenmal diskutierte er in diesem Zusammenhang die Entstehung von Ordnung aus Unordnung durch das Wirken des Zufalls.

In der Frage des Zusammenwirkens von Körper und Geist, von ausgedehnter und denkender Substanz, die absolut verschieden sind, enthüllte sich das Problem, das in der mechanistischen Philosophie einfach nicht zu behandeln war; dabei hat es die gesamte Naturphilosophie der Naturwissenschaftler, insbesondere der Physiologen, seit dem 17. Jahrhundert aufs tiefste berührt. Für die aristotelische Philosophie gab es streng genommen kein Leib-Seele-Problem; denn die Seele, der *animus* der Scholastiker, der den Geist einschließt (vgl. Seite 159, Fußnote), war die »Form« des Menschen und bestimmte die Natur der psycho-physischen Einheit genauso, wie die Form eines unbelebten Körpers dessen Natur bestimmt. Das Problem erhob sich mit der mechanistischen Auffassung des Körpers. Joseph Glanvill schrieb pathetisch in *The Vanity of Dogmatizing* (1661): »Wie der reine Geist mit diesem Erdklumpen vereinigt ist – das ist ein Knoten, der für die gefallene Menschheit zu schwer zu lösen ist.«

Descartes setzt sich mit der Frage grundsätzlich auseinander *(Traité de l'Homme, Les Passions de l'Ame, Principia Philosophiae)*; seine Formulierungen sind klar und verständlich. Er geht aus von dem Unterschied zwischen Geist (Fühlen, Denken) und Materie (im mechanistischen Sinne) und entscheidet aus philosophischen Gründen, daß es ein Zusammenwirken beider im menschlichen Körper gibt. Der Hauptgrund für diesen Schluß lautet: Wir können die Realität der Tatsache nicht leugnen, daß z. B. der Körper Macht zu haben scheint, in uns Sinnesempfindungen und Gefühle zu erzeugen; sonst müßten wir Gott als Betrüger ansehen, und das steht im Widerspruch zu seiner Vollkommenheit. Es gibt auch keinen vernünftigen Grund, es zu leugnen. Darum sucht Descartes nach einem geeigneten physiologischen Mechanismus, der die Verbindung zwischen Körper und Geist herstellen kann; er findet ihn in der Zirbeldrüse (vgl. Seite 472f.).

Die Kritiker dieser Theorie, von Gassendi angefangen, stellten klar heraus, daß jeder Berührungspunkt zwischen der ausgedehnten, nichtdenkenden Substanz und der nichtausgedehnten, denkenden Substanz durch Definition ausgeschlossen sei. Das führte zu einer Überprüfung des Wortlauts in Descartes' Formulierung der Theorie des Zusammenwirkens und zum Entstehen von drei neuen Lösungsversuchen: Parallelismus, Materialismus und Phänomenalismus. Zwischen diesen vier Möglichkeiten schaukelt das Problem seitdem hin und her.

Die erste Alternative zu Descartes' Theorie war die Form des Parallelismus, die als »Okkasionalismus« bekannt ist. Sie wurde in der Hauptsache von Geulincx (1625–1669) und Nicolas Malebranche (1638–1715) entwickelt. Diese Lehre schreibt alles kausale Wirken Gott zu. Wenn ein Ereignis *A* ein anderes Ereignis *B* zu bewirken scheint, so ist folgendes geschehen: *A* hat Gott die Gelegenheit gegeben, *B* hervorzurufen. So kann ein physikalischer Vorgang, der sich im Körper ereignet, wohl scheinbar eine Sinnesempfindung im Geist erzeugen, ein Willensakt kann scheinbar eine Bewegung hervorrufen, in Wirklichkeit gibt es eine Kausalverbindung dieser Ereignisse nur in Gott, der beide erzeugt. Gewöhnlich folgt Gott in Seinem Wirken festen Regeln, darum ist es den Naturphilosophen möglich, allgemeine Naturgesetze zu formulieren. Diese Haltung entspricht in etwa der Ockhams (vgl. Seite 267 f.).

Die materialistische Lösung des Leib-Seele-Problems sieht so aus:

Geistige Phänomene lassen sich ohne Ausnahme auf die Gesetze zurückführen, die das Verhalten der Materie regeln; so ist die theoretische Einheit zu erreichen, nach der die Wissenschaft strebt. Thomas Hobbes (1588–1679) war der erste unter den neuzeitlichen Autoren, der eine materialistische Theorie dieser Art vorbrachte. Es ist nur natürlich, daß dem Materialismus von Anfang an das Motiv eigen war, die eine Hälfte der kartesischen Dualität zu einem System antitheologischer Metaphysik zu entwickeln, die das Banner der Wissenschaft schwingt. In den Händen der »Physiologisten« der Französischen *Encyclopédie*, La Mettrie, D'Holbach, Condorcet und Cabanis wurde der Mensch zur Maschine. Bewußtsein war ein Sekret des Gehirns, wie die Galle ein Sekret der Leber ist; physikalische und physiologische Gesetze, wie sie sie verstanden, waren die Norm auch für die Gesetze des Geistes, der Geschichte und des historischen Fortschritts der Gesellschaft. Diese Auffassungen der französischen Naturphilosophen des 18. Jahrhunderts, die in gerader Linie von der mechanistischen Philosophie Descartes' und der Physik Newtons abstammen, sind ihrerseits die direkten Vorfahren der materialistischen Lehren des 19. Jahrhunderts, der Evolutionstheorie von Charles Darwin und ihrer Ausweitung auf die Theorie des Fortschritts.

Die phänomenalistische oder idealistische Lösung zielt darauf hin, den kartesischen Dualismus zu entfernen, indem nicht Dinge der Außenwelt, die durch die Sinne erfahren werden, als primäre Objekte der Erkenntnis anerkannt werden, sondern die Sinneserfahrungen als solche. Die physikalische Welt wird also als eine geistige Konstruktion aus diesen Erfahrungen betrachtet, die nur im Geiste existent ist. Berkeley erklärt mit Recht, der einzige Geist, von dem man das wirklich sagen könne, sei der Geist Gottes. Für diese Lehre ist es charakteristisch, daß sie im Gegensatz zum Materialismus weitgehend von dem Motiv beseelt ist, die Theologie zu retten vor den Schlußfolgerungen der Naturwissenschaft und der mechanistischen Philosophie mancher Schriftsteller, die aus entgegengesetzten Motiven handeln.

Die ganze Entwicklung der Philosophie in ihrem Verhältnis zur Naturwissenschaft und der Philosophie der Wissenschaft ist eigentlich nur zu verstehen in dem größeren Zusammenhang der Religion, insbesondere der Theologie dieser Periode. Zweifellos brachte der

Dualismus der mechanistischen Philosophie ein Gefühl kalter Isolierung des menschlichen Geistes – der doch die Schönheit kannte, das Gewissen und die einfachen Freuden der sekundären Qualitäten – in einer unmenschlichen Unendlichkeit von Materie, in Bewegung mit sich. »Also ist der Mensch jenes große und wahrhaftige Amphibium«, rief Thomas Browne im kraftvollen Stil des Barocks aus (*Religio Medici*, 1643), »dessen Natur darauf angelegt ist, nicht nur wie andere Geschöpfe in verschiedenen Elementen, sondern in geteilten und voneinander geschiedenen Welten zu leben.« Das spiegelt sich wider in der Empfindsamkeit, die sicherlich auch einen Teil der sogenannten »Krise des Gewissens« bildet, zu der die Revolution der Wissenschaft den Anstoß gab. Es gab aber spezifisch theologische Doktrinen, deren praktischer Einfluß auf die zeitgenössische Philosophie wahrscheinlich weit bedeutender war. Descartes z. B., der mit unbezweifelbarer Aufrichtigkeit handelte, hatte immer die Lehre von der Transsubstantiation scharf im Auge, während er seine Theorie der Materie und der materiellen Veränderung entwickelte. Als er von Galileis Verurteilung auf Grund strengster Auslegung gewisser Bibeltexte hörte, war er bereit – mit weniger unbezweifelbarer Aufrichtigkeit –, seine ganze Philosophie zu ändern (vgl. Seite 449 f.).

Wenn man sich an die geistige Bewegung erinnert, die mit dem Bekanntwerden der aristotelischen Philosophie im 13. Jahrhundert im Abendland entstand (vgl. Seite 51–61, 269 f.), dann sieht man die Stellung Galileis und Descartes' gegenüber der zeitgenössischen Theologie in weit hellerem Licht. Das aristotelische System kam in Begleitung der avverroistischen Lehren: daß das Universum eine notwendig bestimmte Emanation des göttlichen Geistes ist, nicht eine freie Schöpfung Seines Willens, wie die christliche Theologie lehrt; daß die letzten rationalen Ursachen der Dinge in Gottes Geist vom menschlichen Verstand erkannt werden können; daß Aristoteles diese Ursachen tatsächlich gefunden hat, so daß das Universum notwendig so sein muß, wie er es beschrieben hat, und nicht anders sein kann. Mit Hilfe der christlichen Lehren von der Unergründlichkeit und der absoluten Allmacht Gottes befreiten die Theologen und Philosophen des 13. Jahrhunderts die rationale und empirische Frage nach den Gesetzen, die die Natur tatsächlich offenbart, von dieser absoluten Unterwerfung unter ein metaphysisches System. Der Preis dieser Befreiung war jedoch eine kaum weniger anspruchsvolle Unterwerfung unter die geoffenbarten christlichen Lehren, insbesondere die von der Wahrheit der Heiligen Schrift in Wort und Interpretation. Galilei war ebenso wie Oresmius bereit, diesen Preis zu zahlen, nur nicht in der Währung, die man ihm anbot. Was er zurückwies, war in Wirklichkeit die Währung des Oresmius; dieser hatte in seiner Sorge, den Inhalt der Offenbarung vor jeder möglichen Bedrohung von seiten des Verstandes zu bewahren, die Lehre von Gottes absoluter Allmacht dazu benutzt, den rationalen Gehalt der Wissenschaft völlig zu zerstören. Die beobachteten Gesetzmäßigkeiten der Welt wurden zu bloßen Regelmäßigkeiten von Tatsachen, und die Gesetze, die sie auszudrücken vermochten, waren an ihrem stärksten Punkt bloße Möglichkeiten, an ihrem schwächsten nichts als konventionelle Abmachungen für Berechnungen und Wechselbeziehungen.

Die Währung, die Galilei zurückwies, als sie ihm von Bellarmine und Papst Urban VIII. angeboten wurde, machte Descartes schnellstens zu seiner eigenen. Zu Beginn seiner philosophischen und naturwissenschaftlichen Forschungen waren seine Schriften voll Zuversicht, daß es ihm gelingen werde, zu wahren und letzten Erklärungen zu gelangen. Nach 1633 wurde er der »philosophe au masque«. Er zog Le Monde zurück, und in der revidierten Version seines Systems, die er 1644 in Principia Philosophiae veröffentlichte, steht die berühmte Erklärung, daß seine wissenschaftlichen Theorien nur als Fiktionen zu betrachten seien. »Ich möchte, daß das, was ich geschrieben habe, einfach als eine Hypothese angesehen wird, die vielleicht weit von der Wahrheit entfernt ist; aber da ich das nun getan habe, glaube ich dennoch, daß es von Nutzen sein wird, wenn nämlich alles, was davon abgeleitet wird, vollständig mit der Beobachtung übereinstimmt. Wenn das eintritt, dann ist es in der Praxis ebenso nützlich, als wenn es wahr wäre, weil wir es in derselben Weise gebrauchen können, um die Ursachen dahin zu bringen, daß sie die gewünschten Wirkungen hervorrufen« (Teil 3, Sektion 44). »Ich setze hier einige Dinge voraus, von denen ich glaube, daß sie nicht stimmen« (Sektion 45). Zum Beispiel glaubte er, wie die christliche Religion es verlangte, Gott habe die Welt im Anfang als ein Ganzes erschaffen, und das sei bei Gottes Allmacht vernünftig. Aber manchmal könnten wir die allgemeine Natur der Dinge besser verstehen, wenn wir Hypothesen annähmen, die wir nicht wörtlich für wahr hielten, z. B. daß alle Organismen aus Samen hervorgehen – »obgleich wir wissen, daß sie nicht auf diese Weise erzeugt sind –, wenn wir die Welt nur so beschreiben sollen, wie sie ist, oder besser: so wie wir glauben, daß sie erschaffen wurde.« »Daß sie falsch sind, braucht nicht zu verhindern, daß das, was man aus ihnen ableiten kann, richtig ist« (Sektion 47).

Die diplomatische Vorsicht, die sich in diesen Aussagen verrät, die Vorsicht Ockhams, Osianders, Bellarmines, ist nicht primär auf die Auslegung der theoretischen Formulierungen in der Naturwissenschaft gerichtet, sondern auf deren Duldung durch die christliche Theologie. Sie war bemüht darzutun, daß die mechanistische Philosophie nicht unbedingt eine antitheologische Metaphysik zu entwickeln brauche, ja, daß die Naturwissenschaft gar nicht in der Lage sei, überhaupt eine Metaphysik hervorzubringen. In Descartes' philosophischem Gesamtbild nimmt diese aus Vorsicht angenommene diplomatische Haltung einen seltsamen Platz ein. Sie schuf eine Ausweichklausel, mit der die naturwissenschaftliche Praxis weitergehen konnte, sogar im Angesicht theologischer Wahrheiten, denen sie zu widersprechen schien.

Das Gedankengut des 17. Jahrhunderts spiegelt in vielen Aspekten dieselbe Tendenz, Schwierigkeiten zu vermeiden durch eine möglichst vollkommene Loslösung der naturwissenschaftlichen Probleme aus theologischen und metaphysischen Entwicklungen. Ein Beispiel dafür bietet der Okkasionalismus: Gottes Wille ist unerforschlich, darum bleibt dem Okkasionalisten als eigentlicher Gegenstand der Naturforschung nur Beobachtung und Zuordnung.

Für viele Naturforscher dieser Periode, z. B. Mersenne, Pascal, Roberval, Mariotte, ist es charakteristisch, daß sie es überhaupt ablehnten, nach den »Ursachen« zu forschen; gleicherweise verlegte sich die Royal Society mit Nachdruck auf das Experimentieren, weil umstrittene Gebiete bewußt vermieden werden sollten. Dieselbe Taktik verrät Boyle in *The Excellency and Grounds of the Mechanical Hypothesis* (*Werke*, abgekürzt von Peter Shaw, 1725, Bd. 1, S. 185): »Die Philosophie, für die ich plädiere, umfaßt nur rein körperliche Dinge; sie unterscheidet zwischen den ersten Ursprüngen der Dinge und dem darauf folgenden Lauf der Natur und lehrt, daß Gott... diese Regeln der Bewegung geschaffen hat, diese Ordnung der körperlichen Dinge, die wir Naturgesetze nennen. Nachdem nun das

Universum einmal von Gott entworfen ist, die Naturgesetze geschaffen sind und alles durch seine immerwährende Gegenwart und seine allgemeine Vorsehung aufrechterhalten wird..., werden die Phänomene in der Welt durch die mechanischen Eigenschaften der Teile der Materie physikalisch erzeugt.«

Im weiteren geschichtlichen Verlauf war keine dieser Bemühungen, theologische Konflikte zu vermeiden, auf eigenem Gebiet erfolgreich. Der Fortschritt der Naturwissenschaft begünstigte den Aufstieg der materialistischen Metaphysik, die ihrer Definition nach antitheologisch ist, naiv zwar, aber dennoch von großem Einfluß im 18. und 19. Jahrhundert. Der Gott der Naturforscher, Boyles z. B., das »intelligente und machtvolle Wesen« Newtons, gab bei den Deïsten im 18. Jahrhundert dem Christentum keinerlei Vorrang oder Einzigartigkeit mehr gegenüber anderen Religionen. Am zersetzendsten wirkte die »fiktionalistische« und »konventionalistische« Haltung Descartes' und Berkeleys, die durch säkularisierte Philosophen wie David Hume (1711–1776) und Immanuel Kant (1724–1804) eine gleichermaßen antirationale wie antitheologische Lehre entstehen ließ. Diese Haltung ,die sich allgemein durchsetzte, konnte nicht mehr als Verteidigung der Theologie gegenüber der Naturwissenschaft angesehen werden; sie wurde sogar zu einer Bedrohung für jede Erkenntnis, ob es sich nun um rationale oder geoffenbarte Wahrheiten handelte. Der Weg war frei für den ausdrücklich antitheologischen und antimetaphysischen Positivismus von Auguste Comte (1798–1857) und John Stuart Mill (1806–1873), für den Agnostizismus von T. H. Huxley, charakteristisch in der philosophischen Vielschichtigkeit des 19. Jahrhunderts. Weder Galilei noch Descartes würde Freude gehabt haben an dem, was aus ihrem geistigen Werk geworden war; in gewissem Sinne haben aber beide es vorausgeahnt.

Es wäre irreführend, wenn man den Eindruck belassen würde, daß die ganze naturwissenschaftlich-philosophische Diskussion des 17. und 18. Jahrhunderts um die richtige Haltung zur Theologie gegangen wäre. Das eigentliche Problem der Philosophen war das Verhältnis der naturwissenschaftlichen Erkenntnis zu den allgemeinen Möglichkeiten der Erkenntnis. Seit Descartes ist die Rechtfertigung von naturwissenschaftlichen Voraussetzungen, Verfahrensweisen und Schlüssen zu einem wesentlichen Teil des allgemeinen Erkenntnisproblems geworden, das sowohl die Frage nach der Auffindung von

Erklärungen in der Naturwissenschaft als auch die nach den Möglichkeiten einer rationalen Theologie umfaßt. Alle großen Philosophen nach Descartes, insbesondere Leibniz, Berkeley, Kant und Mill, trugen ihr Teil zur Philosophie der Wissenschaft bei und waren selbst stark beeinflußt von ihrer Analyse des wissenschaftlichen Denkens.

Nicht weniger bedeutsam waren die Diskussionen der Naturwissenschaftler selber, sowohl für die allgemeine philosophische Atmosphäre, wie sie durch die Naturwissenschaft geworden war, als auch für die Philosophie der Wissenschaft. Sie sind eigentlich nur in einem größeren philosophischen Zusammenhang zu verstehen, haben aber doch ihren klar abgegrenzten Gegenstand. Philosophen waren primär an dem Verhältnis der Naturwissenschaft zum allgemeinen Erkenntnisproblem interessiert, Naturforscher interessierten sich primär für spezifische Probleme, die ihnen im Verlaufe ihrer wissenschaftlichen Arbeiten begegneten, und deren Verhältnis zur Philosophie der Wissenschaft. Es gab eine Reihe von Fragen darunter, die für die naturwissenschaftlichen Ergebnisse nicht wesentlich waren. Es ist zum Beispiel nicht unbedingt notwendig, das Leib-Seele-Problem zu diskutieren, wenn man die Physiologie des Gehirns und der Sinnesorgane erforschen will, oder sich zu fragen, ob und wieweit die Annahme einer Formulierung zulässig ist, wenn man die Gesetze der Planetenbewegung ermitteln will. Dennoch war es notwendig, daß auch die Naturforscher sich mit solchen Problemen befaßten. Zweifellos läßt sich die Spaltung, die sich auf Grund der verschiedenen Gegenstandsbereiche im 20. Jahrhundert zwischen Philosophie der Wissenschaft der Naturforscher auf der einen Seite und der Philosophen auf der anderen Seite ergeben hat, in ihren Anfängen schon im 17. Jahrhundert erkennen. Jede Richtung neigte dazu, die Schriften der anderen zu ignorieren; so versteifte sich die Teilung praktisch in allen europäischen Erziehungssystemen im 19. Jahrhundert – zum wachsenden Nachteil beider Seiten.

Alle Diskussionen der Naturforscher des 17. Jahrhunderts über Philosophie der Wissenschaft betrafen die Beziehung spezifischer Theorien für die Voraussage besonderer Phänomene zur mechanistischen Naturphilosophie, die den Anspruch machte, alle physikalischen Erklärungen in ihrer Ausdrucksweise wiederzugeben. Ein ähnliches Problem gab es im Verhältnis der naturwissenschaftlichen Theorien des 13. und 14. Jahrhunderts zur aristotelischen Naturphilosophie. Als die Royal Society 1662 ihre erste Verfassung bekommen hatte und die Académie des Sciences 1666 gegründet war, hatten die verschiedenen Haltungen diesem Problem gegenüber sich auf die beiden vorherrschenden Richtungen der Philosophie der Wissenschaft konzentriert: den von Bacon und Galilei inspirierten Empirismus und Experimentalismus mit seiner eingewurzelten Abneigung gegen Systeme – und den kartesischen Rationalismus mit seiner vereinheitlichenden Tendenz, universale Prinzipien auf jeden Aspekt der physikalischen Welt anzuwenden. Die Mehrheit der englischen Naturphilosophen neigte zur erstgenannten Haltung; die zweite fand ihre Anhänger zumeist in Holland und Frankreich. Aber kein Naturphilosoph dieser Zeit konnte sich dem Einfluß beider entziehen. Die englische experimentelle Schule gab – insbesondere durch Boyle und Newton – der Philosophie der Wissenschaft, wie sie von Naturforschern aufgefaßt wurde, den charakteristischsten Ausdruck. Boyle und Newton waren wie Galilei davon überzeugt, daß die Naturwissenschaft durch ihre Theorien echte Erkenntnisse über eine reale, objektive natürliche Welt vermittelt. Die Entdeckung von Erklärungen und wirklichen Ursachen blieb zwar ihr Endziel; dabei verfolgten sie aber hartnäckig den Kurs, scharf zu unterscheiden zwischen experimentell ermittelten Gesetzen, die genaue Voraussagen erlaubten, und Annahmen der geltenden Naturphilosophie. Sie waren stets bereit, naturphilosophische Details, besonders solche wie die von Descartes angefügten, beiseite zu legen. Sie wandten sich sowohl gegen die Auffassung, naturwissenschaftliche Theorien seien bloß Fiktionen oder Rechenschemata, als auch gegen die Neuscholastik, in der die weniger bedeutenden Anhänger Descartes' sein mechanistisches System zusammengepreßt hatten. Ihr wirklicher Beitrag zur Philosophie der Wissenschaft ihrer Zeit und aller folgenden Perioden war die systematische Anwendung des experimentellen Prinzips der Bestätigung und Widerlegung zur klaren Unterscheidung der verschiedenen Behauptungen, die in einem naturwissenschaftlichen System stecken. William Wotton charakterisiert in seinen *Reflections upon Ancient and Modern Learning* (1694) diese experimentelle Schule: »Und darum, damit man nicht denkt, ich nähme jede plausible Bemerkung eines geistvollen Philosophen irrtümlich als eine Neuentdeckung in der Natur, muß ich darum bitten, sich meiner früheren Unterscheidung zwischen *Hypothesen* und *Theorien* zu erinnern. Ich halte die verschiedenen *Hypothesen* von *Des Cartes*, *Gassendi* oder *Hobbes* nicht für Bereicherungen der wirklichen Erkenntnis, denn sie können ja Schimären sein und amüsante Bemerkungen, die geeignet sind, arbeitende Köpfe zu unterhalten. Ich führe nur solche Doktrinen an, die sich aus glaubwürdigen Experimenten und klaren Beobachtungen ergeben; und nur solche Schlußfolgerungen, die sich als unmittelbare und offenbare Resultate aus diesen Experimenten und Beobachtungen ergeben: Das ist das, was man gewöhnlich unter Theorien versteht.«

Newton, der anerkannte Meister der Experimentalphilosophie, war es, der das Verhältnis zwischen den empirischen Elementen eines naturwissenschaftlichen Systems und den hypothetischen Elementen einer Naturphilosophie am klarsten beurteilte. Er schrieb keine systematische Philosophie der Naturwissenschaft; aber wie Galilei wurde er durch die Auseinandersetzungen um seine Farbentheorie zu Diskussionen über die Methode der Naturwissenschaft gezwungen. Die kartesischen Kritiker, insbesondere Huygens und Leibniz, nannten seine Theorien beschreibend, aber nicht erklärend. Dadurch, daß seine Behauptungen immer im Zusammenhang mit dieser Kontroverse und in Beziehung zu spezifischen Problemen vorgebracht wurden, haben sie zu großen Mißverständnissen geführt. Es zeigt sich jedoch in ihnen deutlich eine stetige Linie. Huygens Kritik an seiner »*New Theory about Light and Colours*«, erschienen in den *Philosophical Transactions of the Royal Society* (1671–1672), forderte ihn zu einer Diskussion heraus. In der anschließenden Kontroverse bezog Newton zum erstenmal die für ihn charakteristische Position. Zuerst stellte er fest, daß seine Frage nach den Gesetzen der Phänomene von jeder Frage nach den sie erzeugenden Ursachen oder mechanischen Verfahren unabhängig sei; zweitens, daß die Frage nach einer Erklärung erst dann mit einiger Aussicht auf Erfolg gestellt werden könne, wenn die Phänomenalgesetze experimentell als die zu erklärenden Gegebenheiten bestätigt seien; und drittens, daß kein experimentell festgestelltes Gesetz dadurch widerlegt werden könne, daß eine Hypothese über die Ursachen ihm widerspreche. Am 2. Juni 1672 schrieb er einen Brief an Henry Oldenburg, den Sekretär der Royal Society (Samuel Horsleys Ausgabe von Newtons Werken, 1728, Bd. 4, Seite 314 f.) und erklärte darin: »Denn die beste und sicherste Methode des Philosophierens scheint es zu sein, zumindest eifrig die Eigenschaften der Dinge zu erforschen und sie durch das Experiment zu bestätigen, dann erst Hypothesen zu ihrer Erklärung zu suchen. Denn Hypothesen sollten dazu da sein, die Eigenschaften der Dinge zu erklären, nicht aber, sie im voraus bestimmen zu wollen – es sei denn, sie wären eine Hilfe beim Experimentieren. Wenn jeder Vermutungen über die Wahrheit von Dingen anbringen kann, bloß weil Hypothesen möglich sind, so sehe ich nicht, wie überhaupt irgend etwas in irgendeiner Wissenschaft bestimmt werden kann; denn es ist immer möglich, neue Hypothesen zu ersinnen, eine nach der anderen, die zu immer neuen Verwicklungen führen. Deshalb meine ich, man sollte sich der Hypothesen und der trügerischen Argumente enthalten, man sollte ihre Widerstandskraft brechen, man sollte zu einer reiferen und allgemeineren Erklärung kommen.« Diese Punkte griff er noch einmal auf bei der Verteidigung seiner Gravitationstheorie (Frage 31 der *Opticks*) und in den Regeln der Beweisführung in der Philosophie, besonders in Regel IV (1726) am Anfang des dritten Buches der *Principia*.

Von dieser äußerst vernünftigen Position aus brachte Newton Klarheit in das ganze Gebiet der wissenschaftlichen Methode und der Logik und schuf eine Verfahrensweise, die kritisch und fruchtbar ist in der Behandlung des Verhältnisses zwischen Gegebenheiten und Phänomenalgesetzen einerseits und Hypothesen über Ursachen andrerseits. Mit dieser Verfahrensweise zeigte er, wie mechanistische Hypothesen äußerst brauchbare Führer in der Forschung sein können, ohne in die Irre zu führen. Er täuschte sich nie über ihren hypothetischen Charakter; wo andere eine einzige Erklärung anzubringen pflegten und sie gegen alle Einwände verteidigten, ließ er eine ganze Reihe von Hypothesen aufmarschieren, z. B. beim Äther als Erklärung für Licht, Schwerkraft, Kohäsion, elektrische und magnetische Anziehung. Dabei war er weit davon entfernt, die Entdeckung der wirklichen Vorgänge in der Natur, der Ursachen der Phänomenalgesetze, aus der Kompetenz der Naturwissenschaft auszuschließen. Newton sah sie vielmehr so ernstlich als den letzten Gegenstandsbereich der Naturforschung an, daß er forderte, die Suche nach den Ursachen müsse ebenso rigoros durchgeführt werden wie die nach den Gesetzen als solchen. »Es gibt darum Kräfte in der Natur, die bewirken, daß die Partikel der Körper infolge einer sehr starken Anziehung zusammenkleben. Und es ist die Aufgabe der Experimental-

philosophie, sie herauszufinden« (*Opticks*, Frage 31). Der berühmte
Aphorismus *hypotheses non fingo* ist, wie Koyré betont hat, nicht
gegen Hypothesen gerichtet, sondern gegen kartesische Fiktionen.
Den Titel *Principia Mathematica* wählte er wahrscheinlich, um seine
Polemik gegen Descartes' *Principia Philosophiae* direkt zu kennzeichnen. Descartes' Kritik an Galilei, er habe keine Erklärungen
geliefert, wies Newton mit Galileis eigenen, von ihm vervollständigten wissenschaftlichen Methoden zurück.

Newton sah in den Naturgesetzen bestimmt nicht nur Mittel der
Vorausberechnung. Sie sind in den Phänomenen niedergeschrieben;
der direkten Einsicht sind sie nicht offen, sondern sie müssen durch
geeignete mathematische und experimentelle Analysen aus den Phänomenen als »Folgerungen« oder »Ableitungen« herausgesucht werden. In diesem Sinne – nämlich, daß er auf der Suche nach richtigen
Erklärungen war – hatte Newton denselben Gegenstandsbereich wie
Aristoteles und alle seine geistigen Nachkommen. Aber die aristotelischen »Naturen« boten Erklärungen, die mit Naturgesetzen nichts
zu tun hatten. Diese Kluft war die Veranlassung der ganzen Auseinandersetzung vom 13.Jahrhundert an, die schließlich dazu führte,
daß die aristotelische Physik durch die mathematische und mechanistische Naturphilosophie ersetzt wurde. Newton schrieb über die
aristotelischen »Naturen« (und sprach dabei Galilei nach):

»Solche okkulten Eigenschaften bringen die Entwicklung der Naturphilosophie zum Stillstand und sind deshalb in den vergangenen
Jahren abgelehnt worden. Uns sagen, daß jede Species von Dingen mit einer verborgenen spezifischen Qualität ausgestattet ist,
durch die sie handelt und ihre offenbaren Wirkungen hervorbringt,
heißt aber überhaupt nichts sagen: Aber zwei oder drei allgemeine
Bewegungsprinzipien aus den Phänomenen ableiten und uns nachher sagen, wie die Eigenschaften und Tätigkeiten aller körperlichen
Dinge aus jenen manifesten Prinzipien folgen, das würde einen
großen Schritt vorwärts in der Philosophie bedeuten, auch wenn die
Ursachen dieser Prinzipien noch nicht entdeckt wären. Und darum
habe ich keine Bedenken, die obenerwähnten Bewegungsprinzipien
vorzuschlagen, die von sehr allgemeinem Umfang sind, und ihre
Ursachen einer späteren Entdeckung zu überlassen.«

Newton behandelte die Hypothesen über Ursachen mit den gleichen rigorosen quantitativen Methoden wie die Gesetze; dadurch

wollte er den Weg zum Endziel der ganzen experimentellen Schule der Naturphilosophie anzeigen: der Vereinigung von erklärender Theorie und Naturgesetz in einem einzigen theoretischen System. Wenn so, mit Hilfe seiner Gesetze der Bewegung und der Gravitation, das Problem der Dynamik makroskopischer Körper auf der Erde und am Himmel gelöst war, dann »wünschte ich, wir könnten auch die übrigen Naturphänomene durch die Art der Beweisführung von mechanischen Prinzipen ableiten; denn viele Gründe bringen mich zu der Vermutung, daß sie alle von bestimmten Kräften abhängen, durch welche die Körperpartikel aus bisher unbekannten Ursachen entweder einander anziehen und sich in regelmäßigen Figuren zusammenballen oder einander abstoßen und auseinanderweichen. Da diese Kräfte unbekannt sind, haben die Philosophen bislang die Erforschung der Natur vergebens versucht; aber ich hoffe, die hier niedergelegten Prinzipien werden etwas Licht in diese oder eine bessere Methode der Philosophie bringen« (Vorwort der ersten Ausgabe von *Principia*).

Zwei weitere Stellen zeigen, wie seine Wissenschaft in ihrer logischen Struktur die lange Tradition fortsetzt, die sich über Galilei und die mittelalterlichen Vertreter der resolutiv-compositiven Methode bis zu den griechischen Geometern zurück erstreckt (vgl. Seite 248 f.). Er schreibt:

»Wie in der Mathematik, so sollte auch in der Naturphilosophie die Erforschung schwieriger Dinge durch die Methode der Analyse immer der Methode der Composition vorausgehen. Diese Analyse besteht darin, Experimente und Beobachtungen zu machen, durch Induktionen allgemeine Schlüsse aus ihnen zu ziehen und Einwände gegen diese Schlüsse nur dann zuzulassen, wenn sie sich aus Experimenten oder aus anderen sicheren Wahrheiten ergeben. Denn Hypothesen sind in der experimentellen Philosophie außer Betracht zu lassen*. Und wenn der Induktionsbeweis aus Experimenten und Beobachtungen auch keine Demonstration allgemeiner Schlüsse ist, so ist er doch die beste Art von Beweisführung, die die Natur der Dinge erlaubt, und kann um so beweiskräftiger sein, je allgemeiner die Induktion ist. Wenn keine Ausnahme unter den Phänomenen zu finden ist, kann der Schluß sogar allgemein ausgesprochen werden.

---

* Das heißt: Hypothesen im Sinne expliziter Fiktionen.

Ereignet sich aber einige Zeit später irgendeine Ausnahme im Experiment, so kann der Schluß unter Erwähnung solcher Ausnahmen ausgesprochen werden. Durch diese Art von Analyse schreiten wir vom Zusammengesetzten zu den Bestandteilen und von den Bewegungen zu den Kräften, die sie hervorrufen; und allgemein von den Wirkungen zu ihren Ursachen und von besonderen Ursachen zu allgemeineren, bis schließlich die Beweisführung bei der allgemeinsten endet. Das ist die Methode der Analyse: Und die Synthese besteht darin, die gefundenen und zu Prinzipien erklärten Ursachen vorauszusetzen und mit ihnen die aus ihnen hervorgehenden Phänomene zu erklären und die Erklärungen zu beweisen« (*Opticks*, Frage 31).

In einer Antwort an Roger Cotes, der die zweite Ausgabe der *Principia* (1713) für den Druck durchsah, versuchte Newton seine Ansicht über die notwendige Unterscheidung der verschiedenen Behauptungen in einem wissenschaftlichen System noch deutlicher zu erhellen. Er wollte den Satz *hypotheses non fingo* näher erklären und schrieb: »... wie in der Geometrie das Wort Hypothese nicht so weit gefaßt wird, daß es auch die Axiome und Postulate einschließt, so darf es auch in der Experimentalphilosophie nicht in so weitem Sinne verstanden werden, daß es die letzten Prinzipien oder Axiome einbezieht, die ich die Gesetze der Bewegung nenne. Diese Prinzipien sind von Phänomenen abgeleitet und durch Induktion verallgemeinert, welches die höchste Beweisstufe ist, die eine Behauptung in dieser Philosophie haben kann. Und das Wort Hypothese wird hier von mir gebraucht, weil ich nur eine Behauptung kennzeichnen will, die kein Phänomen ist, auch nicht von einem Phänomen abgeleitet wurde, sondern ohne jeden experimentellen Beweis angenommen oder vorausgesetzt ist.«

In einem Falle scheint Newton gemeint zu haben, Gesetze (oder Prinzipien) seien im strengwörtlichen Sinne »von Phänomenen abgeleitet«: Wie Keplers Planetengesetz aus den Gesetzen der Bewegung und dem Gravitationsgesetz abgeleitet sein können, so – glaubte er – könnte das letztere auch aus Keplers Drittem Gesetz (das die Phänomene beschreibt) abgeleitet sein. In Wirklichkeit verwechselte er dabei das allgemeinere Gesetz mit dem weniger allgemeinen. Seine anderen Feststellungen zeigen, wie klar er erkannte, daß die Beziehung zwischen einem Gesetz und den gegebenen Phänomenen davon überhaupt nicht berührt wird. Bei der Suche nach Gewißheit in der Wissenschaft stellt die reziproke Beziehung ein Ideal dar, das der Mathematik entnommen ist. Newtons Unterscheidungen verraten die »euklidische« Auffassung von der Struktur der theoretischen Wissenschaft, die aus einer langen, ererbten Tradition stammt. Ihr Zweck war es, ausdrücklich festzustellen, in welchem Maße die letzten Prinzipien einer Wissenschaft und einer Erklärung bewiesen genannt werden können. Newton hatte viele Kontroversen durchzustehen, die seine Erklärungen der Farbe und der Planetenbewegung ihm eingebracht hatten. In allen war es seine Verfahrensweise, einerseits alle Hypothesen, die explizite als Fiktionen erklärt wurden, zurückzuweisen und andrerseits Hypothesen aller Art als Einwände gegen experimentell erwiesene Gesetze zu benutzen, gegen die es nur Einwände gab, die dem experimentellen Nachweis widersprachen oder die logisch unzusammenhängend waren. So kam er am Ende zu dem Schluß: »In der Experimentalphilosophie müssen wir Behauptungen, die durch allgemeine Induktion *(per inductionem collectae)* erschlossen sind – und ungeachtet aller gegenteiligen Hypothesen, die nur erdacht werden können –, so lange als ganz oder beinahe wahr ansehen, bis andere Phänomene auftreten, durch die sie entweder noch genauer stimmend oder anfällig für Ausnahmen erscheinen. Wir müssen der Regel folgen, daß Hypothesen dem Induktionsbeweis nicht auszuweichen brauchen« (3. Ausgabe der *Principia*, Buch 3, Regel IV).

Eine weitere bekannte Stelle aus dem Vorwort zu Huygens *Traité de la Lumière* (1690) offenbart, wie weit die Beweisführung in der neuen Physik des 17. Jahrhunderts sich von der griechischen Auffassung des geometrischen Beweises entfernt hatte. Anstatt zur Rechtfertigung von Schlüssen zu zeigen, daß sie die notwendigen, aus letzten, axiomatischen Prinzipien abgeleiteten Folgen sind, war man nur daran interessiert, die theoretischen Prinzipien als solche durch ihre beobachtbaren Folgen zu rechtfertigen. Es wird versichert, diese Überprüfung durch die Folgen ergebe keine Gewißheit, sondern nur Wahrscheinlichkeit. Die Wahrscheinlichkeit, daß eine Theorie richtig ist, wächst mit der Zahl und Reihe der Bestätigungen, besonders in der Voraussage neuer Phänomene. Es wird behauptet, diese Methode mache es uns möglich, die Ursachen der Ereignisse zu entdecken. Huygens schreibt: »Man findet hier eine Art

Beweis, der keine so große Gewißheit bringt wie der geometrische und tatsächlich von dem der Geometer sehr verschieden ist. Denn sie beweisen ihre Behauptungen durch sichere, unwiderlegliche Prinzipien, während hier die Prinzipien durch die von ihnen abgeleiteten Folgen überprüft werden. Die Natur des Gegenstandes erlaubt keine andere Behandlung. Dennoch ist es möglich, auf diese Weise einen Grad von Wahrscheinlichkeit zu erlangen, der oft kaum geringer ist als volle Gewißheit. Das tritt ein, wenn die Folgen unserer angenommenen Prinzipien vollkommen mit den beobachteten Phänomenen übereinstimmen, besonders wenn solche Bestätigungen zahlreich sind, aber vor allem, wenn wir neue Phänomene erdenken und voraussehen, die aus den Hypothesen folgen müßten, und unsere Erwartungen erfüllt sehen. In der folgenden Abhandlung sind, wie ich glaube, alle diese Nachweise der Wahrscheinlichkeit zu finden; das sollte eine sehr kräftige Bestätigung des Erfolges meiner Untersuchung sein. Und ich glaube, es ist kaum möglich, daß die Dinge nicht fast genauso sind, wie ich sie dargestellt habe. Ich wage darum zu hoffen, daß diejenigen, die Freude daran haben, die Ursachen der Dinge zu entdecken, und die die Wunder des Lichtes schätzen können, sich für die mancherlei Gedanken darüber interessieren werden.«

Zwei Jahrhunderte lang glaubten die meisten Naturwissenschaftler, Newton habe die Einigung von Voraussage und Erklärung, nach der alle suchten, gefunden. Aber schon unter seinen frühesten Kritikern waren einige, die seinen Optimismus, die Naturwissenschaft könne überhaupt »Ursachen« aufdecken, nicht teilten. Newton selbst hatte den wirklich existierenden, scharfen empirischen Unterschied zwischen Erkenntnis der Gesetze und Erkenntnis der Ursachen, wie ihn die Naturphilosophie seiner Zeit sah, mit allem Nachdruck betont. Einige Philosophen des 18. Jahrhunderts besannen sich auf die Schlußfolgerung der scholastischen Logiker von Grosseteste bis Nifo und Zabarello, daß die Beobachtungstatsachen nicht einzig und allein die Theorie bestimmen können, die sie erklärt; sie begannen in den Resultaten der Naturforschung weniger Neuentdeckungen über die Natur, als vielmehr Produkte angewandter Denkmethoden zu sehen.

Der scharfsinnigste unter den zeitgenössischen Kritikern Newtons war Berkeley; er nimmt in seinem Werk *De Motu* (1721) vieles von Machs berühmter Analyse Newtonscher Grundvoraussetzungen vorweg. Eine Beweisführung, ähnlich der der mittelalterlichen Logiker, brachte Berkeley zu dem Schluß, daß weder Newtons System noch irgendeine andere naturwissenschaftliche Theorie Auskunft über die »Natur der Dinge« geben oder die Ursachen der Phänomene feststellen könne. Ein solches physikalisches System kann nur eine »mathematische Hypothese« sein; es bestimmt einfach die »Regeln«, nach denen die Phänomene in ihrer Verknüpfung gefunden werden können und mittels derer sie vorauszusagen sind. Berkeley erklärte, Newtons Auffassungen vom absoluten Raum, von der Zeit und der Relativität aller Bewegungen seien durch nichts gerechtfertigt.

Hume, der Ockham des 18. Jahrhunderts, ging sogar noch weiter als Berkeley, indem er behauptete, die Naturwissenschaft sei irrational, und Erklärung sei, streng genommen, unmöglich. Da die empirischen Gegebenheiten nicht ihre eigenen Erklärungen mitbringen und keinen Anlaß zum Glauben an Kausalität geben, da er auch keine anderen Gründe zu erblicken vermochte, schloß er, daß es nichts Objektives in kausaler Notwendigkeit gebe, sondern nur regelmäßiges Zusammentreffen von Umständen und Aufeinanderfolgen. In seiner *Inquiry concerning Human Understanding*, Sektion 4, erklärt er: »Mit einem Wort also, jede Wirkung ist ein Ereignis, das von seiner Ursache verschieden ist. Sie könnte deshalb nicht in der Ursache gefunden werden, und ihre erste Erfindung oder Erfassung, *a priori*, muß völlig willkürlich sein.«

Eine ähnliche »nominalistische« Ansicht über biologische Kategorien oberhalb der Arten wurde von Buffon (1704–1788) und anderen Biologen in ihrer Kritik an Linnés »realistischem« Klassifikationssystem entwickelt. Buffon erklärte, die Natur enthalte nur Individuen; die Art, definiert als eine Gruppe von untereinander fruchtbaren Individuen, sei eine echte Kategorie, aber die »Familie« und die höheren Kategorien seien bloße Namen.

Durch Humes Kritik aufgeschreckt wurde Kant, der jedoch fest an die Wahrheit von Newtons System glaubte, zu dessen Erweiterung er selbst einen Beitrag als Physiker lieferte. Kant stimmte der Naturwissenschaft Newtons nur um den Preis zu, daß er leugnete, sie habe eine reale Welt der Natur hinter der Welt der Erscheinungen entdeckt. Er sah sich auch verpflichtet, die Möglichkeit einer rationalen Erkenntnis Gottes zu leugnen, obwohl er fest an Gott glaubte. Die Wissenschaft Newtons konnte Kant deshalb als eine echte Naturwissenschaft anerkennen, weil er selbst die Natur als solche als die Welt der Phänomene ansah, so wie sie unserem sich anpassenden Geist erscheint. Er betrachtete die wissenschaftlichen Theorien als Produkte der Methoden ordnender Erfahrung, die von unserer geistigen Struktur diktiert sind. Auf Grund dieser Struktur glaubte Kant, der Naturforscher gehe mit bestimmten notwendigen Prinzipien, die in Euklids Behauptungen explizite formuliert sind, an die Natur heran; er setzte diese Prinzipien notwendig in all seinem Wissen und in jeder Theorie voraus, mit der er seine Erfahrungen zu ordnen versuchte. Hier haben wir das Spiegelbild einer philosophischen Situation, die sich durch den Erfolg der wissenschaftlichen Revolution ergeben hat, gesehen mit den Augen eines Geistes, der die Vorgänge der theoretischen Konstruktion scharf zu sehen vermochte.

»Als Galilei seine Kugeln die schiefe Fläche mit einer von ihm selbst gewählten Schwere herabrollen, oder Torricelli die Luft ein Gewicht, was er sich zum voraus dem einer ihm bekannten Wassersäule gleich gedacht hatte, tragen ließ, oder in noch späterer Zeit Metalle in Kalk und diesen wiederum in Metall verwandelte, indem er ihnen etwas entzog und wiedergab: so ging allen Naturforschern ein Licht auf. Sie begriffen, daß die Vernunft nur das einsieht, was sie selbst nach ihrem Entwurfe hervorbringt, daß sie mit Prinzipien ihrer Urteile nach beständigen Gesetzen vorangehen und die Natur nötigen müsse, auf ihre Fragen zu antworten, nicht aber sich von ihr gleichsam am Leitbande gängeln lassen müsse; denn sonst hängen zufällige, nach keinem vorher entworfenen Plane gemachte Beobachtungen gar nicht in einem notwendigen Gesetze zusammen, welches doch die Vernunft sucht und bedarf. Die Vernunft muß mit ihren Prinzipien, nach denen allein übereinkommende Erscheinungen für Gesetze gelten können, in einer Hand, und mit dem Experiment, das sie nach jenem ausdachte, in der anderen, an die Natur gehen, zwar um von ihr belehrt zu werden, aber nicht in der Qualität eines Schülers, der sich alles vorsagen läßt, was der Lehrer will, sondern eines bestallten Richters, der die Zeugen nötigt, auf Fragen zu antworten, die er ihnen vorlegt. Und so hat sogar Physik die so vorteilhafte Revolution ihrer Denkart lediglich dem Einfalle zu verdanken, demjenigen, was die Vernunft selbst in die Natur hineinlegt, gemäß, dasjenige in ihr zu suchen (nicht ihr anzudichten), was sie von dieser lernen muß und wovon sie für sich selbst nichts wissen würde.

Hierdurch ist die Naturwissenschaft allererst in den sicheren Gang einer Wissenschaft gebracht worden, da sie so viel Jahrhunderte durch nichts weiter als ein bloßes Herumtappen gewesen wäre.« (*Kritik der reinen Vernunft* (1781), Vorwort zur zweiten Auflage*.)

Alle nachfolgenden Philosophien der Wissenschaft im 19. und 20. Jahrhunderts sind in der einen oder anderen Weise von den Doktrinen geformt, die sich von Francis Bacon, Galilei und Descartes bis Kant entwickelt haben. Es war zum Beispiel ein kleiner Schritt von Kants Meinung, daß Theorien nicht von der Natur abgelesen, sondern in sie hineingelesen werden, zu Auguste Comtes Behauptung, das wirkliche Endziel der Naturwissenschaft sei nicht Erkenntnis, sondern Macht (vgl. Seite 544 f.). Comte griff nur die eine Seite von Bacons *Great Instauration* auf, als er in seinem *Cours de la Philosophie Positive* (1830), Première Leçon, erklärte, Gegenstand der Naturwissenschaft sei »*savoir, pour prévoir*«, in Wirklichkeit: Voraussage zum Zweck der Kontrolle. Das setzt nur Kenntnis der empirischen Folgen voraus; darüber hinaus nach Erkenntnis der Natur der Dinge zu fragen, ist nicht nur unnütz, es bedeutet auch, nach

* Diese Stelle bezeichnet eine bestimmte Position in der Parallelentwicklung der Natur- und Denkvorstellung. Zumindest seit Francis Bacon hatten Philosophen und Naturwissenschaftler die Natur reduziert auf Materie in Bewegung, und etwas später hatten sie über die Verbindung von Eindrücken und Ideen nachzudenken begonnen. Das Verhalten von Körper und Geist ist durch äußere Ereignisse bestimmt. Kant befaßt sich in seinen vorkritischen und kritischen Schriften mit dem Problem Mechanismus – Organismus. In der Kritik der teleologischen Urteilskraft (*Kritik der Urteilskraft*, 1790, Teil 2), einem glänzenden Beitrag zur Philosophie der Biologie, verweist er auf die prinzipielle Unmöglichkeit, die Tatsachen der organischen Ganzheit mechanistisch zu erklären, wenn auch alle Teile der Ganzheit mechanistisch analysiert werden können. Er schließt nun, daß ein lebender Organismus kein bloßes Aggregat aus beziehungslosen mechanistischen Bestandteilen ist, sondern ein System funktionell aufeinander bezogener Teile, die durch ein Ganzheitsprinzip zusammengehalten werden. Analog gibt er in der *Kritik der reinen Vernunft* dem Verstand ein Prinzip, mit dem er die Verbindung von Eindrücken und Ideen nach eigenem Plan bestimmen kann. In beiden Fällen liegt die Betonung auf der aktiv kontrollierenden Rolle des innewohnenden Prinzips, und damit führt Kant wieder so etwas wie den aristotelischen Materie-Form-Begriff ein, im Gegensatz zu der mechanistischen Philosophie des 17. Jahrhunderts.

etwas Unerreichbarem zu fragen. Comtes Freund John Stuart Mill entwarf sein eigenes System einer naturwissenschaftlichen Methode, um sichere Mittel zur Feststellung solcher empirischen Verbindungen zu beschaffen. Dagegen wurde Kants Darstellung einer naturwissenschaftlichen Forschung, die nicht nur Zerlegung der Natur ist, sondern ein Prozeß aktiven Fragens im Lichte vorausempfangener Prinzipien, von William Whewell benutzt, um – im Widerspruch zu Comte und Mill – die Rolle der »Ideen« und Hypothesen in der Naturforschung mit Nachdruck zu betonen. Mills jüngste Kritiker haben mit einem Rückgriff auf das »argumento ex suppositione« und die »resolutiv-compositive« Methode Galileis dasselbe geltend gemacht, indem sie die »hypothetisch-deduktive« Struktur der Naturwissenschaft hervorhoben. Der »Konventionalismus« des 20. Jahrhunderts, ein direktes Ergebnis innerer Entwicklungen in der Physik, der zur Preisgabe einiger Grundprinzipien Newtons und zur nichteuklidischen Geometrie führte, ist ein Fortschritt gegenüber der Position Kants und zugleich eine Rückkehr zu einer früheren Position. Nachdem die Physik selber es schließlich aufgegeben hat, an der Notwendigkeit Euklidischer Prinzipien festzuhalten, ist – besonders unter dem Einfluß von Mach, Henry Poincaré und Duhem – die Überzeugung im Wachsen, daß jedes theoretische System zum Ordnen und In-Beziehung-Setzen von Erfahrungen verwendbar ist, wenn es logisch zusammenhängend und experimentell zu verifizieren ist. Diese Gruppe von Forschern hat also die Wahl des Systems, abgesehen von diesen Überprüfungen, einfach zu einer Sache der Übereinkunft und der persönlichen Neigung gemacht. Und zwar geschah das hauptsächlich in der Behandlung eines modernen Problems der Astronomie, wobei sie an die lange Kette von Versuchen, den Zustand der theoretischen Astronomie vor Kepler – von Simplicius bis zu Bellarmine – verständlich zu machen, erinnerten.

Als im Abendland das philosophische Abenteuer begann, die Suche nach einer Möglichkeit, die Welt, wie wir sie erfahren, rational zu verstehen, verkündeten Hesiods Musen: »Wir können manche erdachten Geschichten erzählen, die das Kleid der Wahrheit tragen, wir können aber auch die Wahrheit sagen, wenn wir wollen.« Ohne die Gabe des Orakels zu besitzen, haben die Männer, die seit den Tagen der Griechen das Abenteuer zu bestehen hatten, diese philosophische Unterscheidung gemacht und dabei nicht nur nach der

Wahrheit gesucht, sondern auch nach den Prinzipien, die es ermöglichen, Wahres vom Falschen zu unterscheiden. Das Problem, Kriterien zur Unterscheidung richtiger Erklärungen von falschen zu finden, ist die beherrschende Frage der Wissenschaft gewesen, seitdem die Griechen den ersten entscheidenden Schritt in der Kosmologie gemacht haben, wo sie nach Erklärungen ausschauten, die mit den Mitteln der Voraussage deduktiv verbunden waren. Mit diesem Schritt begründeten sie die wissenschaftliche Tradition des Abendlandes, im Gegensatz z. B. zur babylonischen Astronomie, in der es eine totale Trennung gab zwischen hochentwickelten technologischen Voraussagen und den Mythen, die zu ihrer Erklärung dienten. Die Griechen suchten Erkenntnis, aber auch Nutzen; darum begann die abendländische Naturwissenschaft als eine philosophische Arbeit, die anders war als die Technologie des Ostens, die keine Wissenschaft kannte, anders aber auch als die Technologie des Westens, die angewandte Wissenschaft ist.

Es war in diesem grandiosen Unternehmen unvermeidlich, daß die Auffassungen von Wahrheit in der Wissenschaft unter dem Druck der inneren Probleme und der philosophischen Kritik Wandlungen durchzumachen hatten. Aber über die Verschiedenheit dieser Auffassungen und der tatsächlichen wissenschaftlichen Leistungen hinweg ist doch von Platos Zeit bis zur Gegenwart die Philosophie der Wissenschaft in immer gleicher Weise vorgegangen. Die hier behandelte geschichtliche Periode ist die beste Veranschaulichung dafür. Sie scheint eine verwirrende Fülle von metaphysischen und theologischen Gedanken zu bieten; aber selbst diese haben sich als nützlich erwiesen, zunächst in der Herausbildung eines Systems rationaler Erklärungen und schließlich in den großen theoretischen Formulierungen der Zeit Keplers und Galileis. Der schöpferische Prozeß originaler Neuentdeckungen und -erfindungen wird immer geheimnisvoll sein, der Einsicht so wenig offen wie die Naturgesetze. Die Geschichte der Wissenschaft vermag uns in philosophischer Erhellung zu zeigen, daß das Denken der großen, bewunderten Erneuerer nach einem anderen Muster geordnet ist als das unsere: Es umgreift einen Komplex von nichtempirischen Konzeptionen und »regulativen Glaubenssätzen«, die – so fremd sie uns sind – Theorien von größter Voraussage- und Erklärungskraft aufzubauen imstande waren. In dieser Erhellung erkennen wir auch, daß der Schein trügt. Die Kriterien der Verifikation und die Gegenstandsbereiche, auf die sie sich beziehen, haben in der ganzen abendländischen Tradition ihre wesentliche Kontinuität bewahrt.

Die Intuition, die Theorien als wahr erkennt, sie aber immer der Prüfung durch das Experiment unterzieht und so die naturwissenschaftliche Tradition beherrscht, wird in Pascals *Pensées* (395) charakterisiert: »*Nous avons une impuissance de prouver, invincible à tout le dogmatisme. Nous avons une idée de la verité, invincible à tout le pyrrhonisme.*« »Wir haben eine Ohnmacht, zu beweisen, die der ganze Dogmatismus nicht überwinden kann. Wir haben eine Idee der Wahrheit, die der ganze Skeptizismus nicht besiegen kann.« Die philosophische Meinung ist – schwankend zwischen Intuition und rationalen Gründen, zwischen Phantasie und Experiment – immer hin- und hergeworfen zwischen den Extremen des Skeptizismus und des Rationalismus. Entweder hat der Anspruch, die letzte Wirklichkeit entdeckt zu haben, jeder weiteren Forschung Halt geboten, oder die Behauptung, daß rationale Erkenntnis überhaupt nicht möglich ist, hat die Naturwissenschaft zu einer irrationalen Technologie degradiert. »Denn wer will der Verstandeskraft und der Erfindungsgabe des Menschen Grenzen vorschreiben?« sagt Galilei, der wissenschaftliche Realist, im Jahre 1615. »Wer will behaupten, daß alles, was in der Welt wahrnehmbar und erkennbar ist, bereits entdeckt und erkannt sei?« Im Verlaufe der Entwicklung eines Pragmatismus, der jeden Fall für sich nach seinem Verdienst beurteilt und es ablehnt, durch seine eigene Konstruktion eingegrenzt zu werden, wirft die Geschichte der Revolution der Wissenschaft ein bezeichnendes Licht auf das Wesen der Wissenschaft an sich, aber auch auf alle anderen Aspekte des modernen europäischen Denkens, die sich aus der jeweiligen Einstellung zu ihren Methoden und Schlüssen ergeben haben.

Bibliographie

Eine vollständige Bibliographie zu geben ist unmöglich. Die Zahl der Titel ist auf die für jeden Gegenstand brauchbarsten Bücher und auf jüngst erschienene Artikel beschränkt worden, die für dieses Buch herangezogen wurden. Damit sollen nur Richtlinien für weitere Informationen gegeben werden. Die Liste ist so weit wie möglich auf Werke in englischer, französischer und deutscher Sprache beschränkt, doch bei einigen wesentlichen Themen war es natürlich notwendig, diese Grenzen zu überschreiten. Für jeden, der tiefer in die Geschichte der Naturwissenschaften eindringen möchte, steht ein umfangreicher bibliographischer Apparat zur Verfügung. Das grundlegende bibliographische Werk ist G. Sarton, *Introduction to the History of Science*, Baltimore 1927–47, 3 vols. in 5, das den Gegenstand bis zum Ende des 14. Jahrhunderts verfolgt und sowohl die östlichen als die westlichen Kulturen zu umfassen sucht. Dieses Werk wird ergänzt durch die kritischen Bibliographien, die seit 1913 in regelmäßigen Abständen in *Isis* (Cambridge, Mass.) erscheinen. Zwei äußerst nützliche bibliographische Arbeiten sind ferner: G. Sarton, *A Guide to the History of Science*, Waltham, Mass., 1952; und F. Russo, *Histoire des sciences et des techniques.* Bibliographie *(Actualités scientifiques et industrielles*, No. 1204), Paris 1954. Nützlich ist auch H. Guerlac, *Science in Western Civilization. A Syllabus*, New York 1952. Ein unentbehrlicher Führer durch das Handschriftenmaterial der mittelalterlichen Periode ist L. Thorndike und P. Kibre, *A Catalogue of Incipits of Mediaeval Scientific Writings in Latin*, Cambridge, Mass., 1937; fortgeführt von Thorndike in »Additional incipits of mediaeval scientific writings in Latin«, *Speculum* XIV (1939); »More incipits of mediaeval scientific writings in Latin«, ibid., XVII (1942). Sachdienlich sind auch die laufend erscheinenden Spezialbibliographien, z.B. I. M. Bochenski (Herausgeber), *Bibliographische Einführungen in das Studium der Philosophie* XVII, *Philosophie des Mittelalters*, von F. van Steenberghen, Bern 1950; W. Artelt, *Index zur Geschichte der Medizin, Naturwissenschaft und Technik*, München und Berlin ab 1953, I ff.; A. C. Klebs et E. Droz, *Remèdes contre la peste. Facsimiles, notes et liste bibliographique des incunables sur la peste (Documents scientifiques du 15e siècle*, I), Paris 1925; M. D. Knowles, »Some recent advance in the history of medieval thought«, *The Cambridge Historical Journal* IX (1947); G. E. Mohan, »Incipits of logical writings of the XIIIth — XVth centuries«, *Franciscan Studies* (St. Bonaventure, N. Y.), N. S. XII (1952).

Die hauptsächlichsten Zeitschriften, außer *Isis*, sind: *Osiris* (Brügge), *Annals of Science* (London), *Archives internationales d'histoire des scien-*

ces, Fortsetzung von *Archeion* (Paris), und *Revue d'histoire des sciences* (Paris). Spezielle Zeitschriften für die Geschichte der Medizin, der Mathematik, der Technologie etc. werden in Sartons *Guide* und von Russo aufgeführt. Artikel über die Geschichte der Naturwissenschaften erscheinen auch im *Journal of the History of Ideas* (Lancaster, Pa., und New York), und für die Philosophie der Naturwissenschaft gibt es *The British Journal for the Philosophy of Science* (Edinburgh und London). Wichtig sind auch die Serien von Monographien, die insbesondere der Veröffentlichung von Texten dienen. Für die mittelalterliche Periode unentbehrlich sind die *Beiträge zur Geschichte der Philosophie des Mittelalters* (Münster), *Études de philosophie médiévale* (Paris), und *Mediaeval Studies* (Toronto).

Die brauchbarste allgemeine Geschichte der Naturwissenschaften ist *Histoire générale des Sciences*, publiée sous la direction de René Taton, I, *La Science Antique et Médiévale* (des origines à 1450), Paris 1957; zwei weitere Bände sind angekündigt, die das Thema bis zur Gegenwart behandeln sollen. Wertvoll ist auch M. Daumas (Herausgeber), *Histoire de la Science*, Paris 1957 (Encyclopédie de la Pléiade). Von den zahlreichen anderen allgemeinen Geschichten der Naturwissenschaften seien noch genannt: Sir W. C. Dampier, *A History of Science*, 4th ed., Cambridge 1949; Aldo Mieli, *Panorama general de historia de la ciencia*, Buenos Aires 1945–50, 4 Bde.; C. Singer, *A Short History of Science*, Oxford 1941; W. P. D. Wightman, *The Growth of Scientific Ideas*, Edinburgh 1950. Weitere werden in Sartons *Guide* und von Russo aufgeführt. Eine wertvolle Sammlung von Artikeln aus dem *Journal of the History of Ideas* ist in *Roots of Scientific Thought* abgedruckt, hrsg. von P. P. Wiener und A. Noland, New York 1957; eine weitere wertvolle Sammlung von Originalmaterial ist J. R. Newman, *The World of Mathematics*, New York 1956, 4 vols. Einige der älteren allgemeinen Geschichten sind immer noch brauchbar, besonders A. de Candolle, *Histoire des sciences et des savants depuis deux siècles*, Genf 1873; R. Caverni, *Storia del metodo sperimentale in Italia*, Florenz 1891–1900, 6 Bde.; G. Cuvier, *Histoire des sciences naturelles*, complétée par M. de Saint-Agy, Paris, 1831–45, 5 vols.; J. B. Delambre, *Histoire de l'astronomie ancienne*, Paris 1817, *Histoire de l'astronomie au moyen âge*, Paris 1819; G. Libri, *Histoire des sciences mathématiques en Italie, depuis la renaissance des lettres jusqu'à la fin du dix-septième siècle*, Paris 1838–41, 2 vols.; J. É. Montucla, *Histoire des mathématiques*, neu hrsg. von J. de Lalande, Paris 1799–1802, 4 Bde.; W. Whewell, *History of the Inductive Sciences*, 2nd ed., London 1847, *History of Scientific Ideas*, London 1858, und seine Schriften über die Philosophie der Naturwissenschaft (s. unter Kapitel VI, Philosophie der Naturwissenschaft etc.). Studien über zwei der größten neueren Historiker der Naturwissenschaften sind erschienen in *Archeion* XIX (1937) über Pierre Duhem und in der *Revue d'histoire des sciences*

VII (1954) über Paul Tannery. Es gibt keine allgemeine Geschichte, die sämtliche Perioden und sämtliche Aspekte des naturwissenschaftlichen Denkens und der Technologie gleich ausreichend behandelt. Allgemeine Werke über bestimmte Perioden und Kulturen sind unter Kapitel I und II und in den allgemeinen Abschnitten der folgenden Kapitel aufgeführt. Spezialstudien über griechische, arabische und mittelalterliche lateinische Philosophie, Naturwissenschaft und Technik sind unter den entsprechenden Überschriften unter Kapitel III und IV vom ersten Teil und Kapitel I vom zweiten Teil angegeben.

ERSTER TEIL

KAPITEL I

DIE WISSENSCHAFT IM CHRISTLICHEN ABENDLAND
BIS ZUR RENAISSANCE DES 12. JAHRHUNDERTS

ANTIKE PHILOSOPHIE UND NATURWISSENSCHAFT: Unentbehrlich für das Studium des naturwissenschaftlichen Denkens im mittelalterlichen Abendland ist die Kenntnis sowohl der antiken griechischen als auch der mittelalterlichen arabischen Naturwissenschaft und Philosophie. Die letztere wird unter Kapitel II besprochen. Der Charakter des griechischen naturwissenschaftlichen Denkens tritt deutlicher hervor auf dem Hintergrund des Denkens im alten Ägypten und Mesopotamien, für das im folgenden einige Hinweise gegeben werden sollen: J. H. Breasted, *The Edwin Smith Surgical Papyrus*, Chicago 1930; *The Dawn of Conscience*, New York 1933; H. and H. A. Frankfort, J. A. Wilson and T. Jakobsen, *Before Philosophy: the Intellectual Adventure of Ancient Man; an essay on speculative thought in the Ancient Near East*, London (Pelican Books) 1949 (zuerst veröffentlicht Chicago 1946); O. Neugebauer, *The Exact Sciences in Antiquity*, 2nd ed., Providence, R. I., 1957; H. J. J. Winter, *Eastern Science*, London 1952. Eine ausgezeichnete Untersuchung über die antike Naturwissenschaft im allgemeinen, mit französischer Übersetzung von Texten und einer nützlichen Bibliographie, ist P. Brunet et A. Mieli, *Histoire des Sciences: Antiquité*, Paris 1935. Hervorragende kurze Studien über griechische Naturwissenschaft sind: M. Clagett, *Greek Science in Antiquity*, New York 1956; J. L. Heiberg, *Mathematics and Physical Science in Classical Antiquity*, Oxford 1922; A. Reymond, *Histoire des sciences exactes et naturelles dans l'antiquité grécoromaine*, Paris 1924 (Englische Übersetzung London 1927); cf. L. Bourgey, *Observation et expérience chez les médecins de la collection Hippocratique*, Paris 1953; auch W. A. Heidel, *The Heroic Age of Science:*

the conceptions, ideals, and methods of science among the ancient Greeks,
Baltimore 1933 – eine verständnisvolle Analyse mit Betonung der biologi-
schen Wissenschaften; S. Sambursky, *The Physical World of the Greeks,*
London 1956 – interessant wegen der Darstellung des stoischen Denkens.
Eine ausgezeichnete Textsammlung in Übersetzungen ist M. R. Cohen and
I. E. Drabkin, *A Source Book in Greek Science,* New York 1948. Weiteres
Quellenmaterial in Übersetzungen in der Loeb Classical Library (London
und Cambridge, Mass.) und in der Collection Budé (Paris), die u. a. grundlegende Werke von Plato, Aristoteles, dem Corpus Hippocraticum, Galen,
den griechischen Mathematikern, Lukrez enthalten. Brauchbares Quellenmaterial und Kommentare bieten auch die speziellen Untersuchungen unter
Kapitel III und IV und die folgenden: A. H. Armstrong, *An Introduction to
Ancient Philosophy,* 2nd ed. London 1949; E. Brehier, *Histoire de la Philosophie* I, Paris 1943; J. D. Burnet, *Early Greek Philosophy,* 4th ed., London 1930 – ein grundlegendes Werk; R. G. Collingwood, *The Idea of Nature,* Oxford 1945; F. M. Cornford, *The Unwritten Philosophy and other
Essays,* Cambridge 1950, *Principium Sapientiae: the origins of Greek philosophical thought,* Cambridge 1952; B. Farrington, *Science in Antiquity,*
London 1936, *Greek Science,* London 1944–49. 2 vols.; J. L. Heiberg, *Mathematics and Physical Science in Classical Antiquity,* London 1922; H. I.
Marrou, *Histoire de l'éducation dans l'antiquité,* Paris 1950 – sehr nützlich; P. M. Schuhl, *Essai sur la formation de la pensée grecque: introduction historique à l'étude de la philosophie platonicienne,* 2ᵉ éd. Paris 1949.

NATURWISSENSCHAFTLICHES DENKEN IM FRÜHEN MITTELALTER: Außer
den unter den Allgemeinen Abschnitten Kapitel II und III angeführten
Werken sind zu nennen: Adelardus von Bath, *Quaestiones Naturales,* ed.
M. Müller *(Beitr. Ges. Philos. Mittelalt.,* XXXI, 2), Münster 1923; R. Baron, »Hugonis de Sancto Victore *Practica Geometriae*«, *Osiris* XII (1956);
E. Brehaut, *An Encyclopaedist of the Dark Ages: Isidore of Seville,* New
York 1912; A. Clerval, »L'enseignement des arts liberaux à Chartres et à
Paris dans la première moitié du XIIᵉ siècle d'après l'*Heptateuchon* de Thi-
erry de Chartres«, *Congrès scientifique international des catholiques, Paris
1888,* Paris 1889, II, *Les Écoles de Chartres,* Paris 1895; *Congrès inter-
national Augustinien, Paris 1954,* tome III, *Actes,* Paris 1955; G. W. Coop-
land, *Nicole Oresme and the Astrologers,* Liverpool 1952; O. G. Darling-
ton, »Gerbert the teacher«, *American Historical Review* LII (1947); E.
Gilson, *Introduction à l'étude de S. Augustin,* 2. éd. Paris 1943; R. M.
Grant, *Miracle and Natural Law in Graeco-Roman and Early Christian
Thought,* Amsterdam 1952; J. H. G. Grattan and C. Singer, *Anglo-Saxon
Magic and Medicine. Illustrated specially from the semipagan text »Lac-
nunga«,* London 1952; C. W. Jones (Editor), *Bedae Opera de Temporibus,*

Cambridge, Mass., 1943 – für die Frühgeschichte des *computus* und des Kalenders; G. H. T. Kimble, *Geography in the Middle Ages*, London 1938; H. Lattin, »Astronomy: our views and theirs«, in *Symposium on the Tenth Century (Medievalia et Humanistica*, Fasc. IX), Boulder, Colorado, 1955; R. McKeon, *Selecting from Medieval Philosophers*, London 1929, I; L. C. MacKinney, *Early Medieval Medicine*, Baltimore 1937, »Medical ethics and etiquette in the early middle ages«, *Bulletin of the History of Medicine*, XXVI (1952); H. I. Marrou, *St. Augustin et la fin de la culture antique*, 2. éd. Paris 1938; »*Retractatio*«, 1949, *St. Augustin et l'augustinisme*, Paris 1955; E. C. Messenger, *Evolution and Theology*, London 1931; *A Monument to St. Augustin*, compiled by T. F. B[urns]., London 1930; J. M. Parent, *La Doctrine de la création dans l'école de Chartres*, Paris und Ottawa 1938; J. F. Payne, *English Medicine in the Anglo-Saxon Times*, Oxford 1904; A. C. Pegis, »The mind of St. Augustin«, *Medieval Studies* VI (1944); H. Pope, *Saint Augustine of Hippo*, London 1937; F. Saxl und H. Meier, *Verzeichnis astrologischer und mythologischer illustrierter Handschriften des lateinischen Mittelalters*, Bd. 1 und 2 (Hamburg 1915, 1927) von Saxl, Bd. 3 (London 1953) von Saxl und Meier, hrsg. von H. Bober; M. Schedler, *Die Philosophie des Macrobius und ihr Einfluß auf die Wissenschaft des christlichen Mittelalters (Beitr. Ges. Philos. Mittelalt., XIII, 1)*, Münster 1916; C. Singer, »The scientific views and visions of Saint Hildegard of Bingen«, in *Studies on the History and Method of Science*, Oxford 1917, I, *From Magic to Science*, London 1928; C. u. D. Singer, »The origin of the medical school of Salerno, the first European university«, *Essays on the History of Medicine presented to Karl Sudhoff*, ed. C. Singer and H. E. Sigerist, Oxford und Zürich 1924; L. Spitzer, »Classical and Christian ideas of world harmony«, *Traditio* II (1944), IV (1946); W. H. Stahl, *Macrobius. Commentary on the Dream of Scipio*, translated with introduction and notes, New York 1952; C. Stephenson, »In praise of medieval thinkers«, *Journal of Economic History* VIII (1948) – über Gerbert; A. Hamilton Thompson, *Bede: His Life, Times, and Writings*, Oxford 1935 – sehr nützlich; C. C. J. Webb, *Studies in the History of Natural Theology*, Oxford 1915; T. O. Wedel, *The Mediaeval Attitude toward Astrology*, New Haven and London 1920; K. Werner, »Die Kosmologie und Naturlehre des scholastischen Mittelalters mit spezieller Beziehung auf Wilhelm von Conches«, *Sitzungsberichte der kaiserlichen Akademie der Wissenschaften zu Wien*, philos.-hist. Klasse LXXV (1873); T. Whittaker, *Macrobius, or Philosophy, Science and Letters in the Year 400*, Cambridge 1923; H. A. Wolfson, *The Philosophy of the Church Fathers*, Cambridge, Mass., 1956.

KAPITEL II

GRIECHISCH-ARABISCHE NATURWISSENSCHAFTEN
UND ABENDLÄNDISCHES DENKEN

Eine kurze und doch ausreichende Geschichte des ARABISCHEN NATUR-
WISSENSCHAFTLICHEN DENKENS gibt es nicht. Skizzen sind zu finden in
A. Mieli, *Panorama general de historia de la ciencia II: La época medieval, Mundo islámico y occidente christiano*, Buenos Aires 1946, *La science
arabe et son rôle dans l'évolution scientifique mondiale*, Leiden 1938; H.
J. J. Winter, *Eastern Science*, London 1952. Unentbehrlich für Bibliographie
und Hinweise sind Sarton, *Introduction*, und C. Brockelmann, *Geschichte
der arabischen Literatur*, Weimar u. Berlin 1898–1902, 2 Bde., Supplement,
Leiden 1937–1942, 3 Bde.; 2. Aufl. Leiden ab 1943. Spezialuntersuchungen
sind unter Kapitel III, IV und im zweiten Teil unter Kapitel I aufgeführt,
außerdem sind zu nennen: S. M. Afnan, *Avicenna: his life and works*,
London 1958; A. J. Arberry (Editor), *The Legacy of Persia*, Oxford 1953;
Sir T. Arnold and A. Guillaume (Editor), *The Legacy of Islam*, Oxford
1931; *The Encyclopaedia of Islam*, ed. M. T. Houtsma *et alii*, Leiden und
London 1908–1938, 4 vols. und Supplement, neu hrsg. von J. H. Kramers,
H. A. R. Gibb, E. Lévi-Provençal und J. Schacht, ab 1954; P. K. Hitti, *History of the Arabs*, 4th ed. London 1949; M. Meyerhof, »Von Alexandrien
nach Bagdad«, *Sitzungsberichte der preußischen Akademie der Wissenschaften zu Berlin*, philos.-hist. Klasse, 1930 – für die Übersetzungen aus
dem Griechischen ins Arabische, »A sketch of Arab science«, *Journal of the
Egyptian Medical Association* XIX (1936); De Lacy O'Leary, *How Greek
Science Passed to the Arabs*, London 1948.

HEBRÄISCHE PHILOSOPHIE: E. R. Bevan und C. Singer (Herausgeber), *The
Legacy of Israel*, Oxford 1927; Isaak Husik, *A History of Medieval Jewish
Philosophy*, Philadelphia 1946; G. Vadja, *Introduction à la pensée juive du
moyen âge (Études de philos. médiévale XXXV)*, Paris 1947; H. A. Wolfson, *Cresca's Critique of Aristotle*, English translation, text, and commentary, Cambridge, Mass., 1929.

INDISCHES NATURWISSENSCHAFTLICHES DENKEN: S. R. Das, »Scope and
development of Indian astronomy«, *Osiris* II (1936); B. Datta and A. N.
Singh, *History of Hindu mathematics. A source book*, Lahore 1935–38,
2 vols.; G .T. Garatt (Editor), *The Legacy of India*, Oxford 1937; A. B. Keith,
Indian Logic and Atomism, Oxford 1921; P. Ray, *History of Chemistry in
Ancient India*, Calcutta 1956; Sir B. Seal, *The Positive Sciences of the
Ancient Hindus*, London 1915; D. E. Smith and L. C. Karpinski, *The Hin-

du-Arabic System of Numerals, Boston 1911; H. R. Zimmer, *Hindu Medicine*, Baltimore 1948.

CHINESISCHE NATURWISSENSCHAFT UND TECHNIK: S. unter Kapitel IV, Bauwesen etc., Industrielle Chemie und Medizin, und J. T. Neddham, *Science and Civilisation in China*, Cambridge ab 1954, I ff.

ALLGEMEINE GESCHICHTE DER MITTELALTERLICHFN NATURWISSFNSCHAFT: Wichtige Nachschlagewerke sind Sarton, *Introduction*, und L. Thorndike, *A History of Magic and Experimental Science*, New York 1923–58, 8 vols. Unentbehrlich ist auch P. Duhem, *Le Système du Monde*, Paris 1913–56, 7 vols., ein klassisches Werk. Einen sehr brauchbaren Überblick gibt E. J. Dijksterhuis, *De Mechanisierung van het Wereldbeeld*, Amsterdam 1950 (Englische Übers., Oxford, in Vorbereitung). Diese Werke umfassen sowohl die antike als auch die mittelalterliche Naturwissenschaft. Für die allgemeine Geschichte der mittelalterlichen Philosophie gibt es: B. Brehier, *Histoire de la philosophie*, Paris 1943, I et Fasc. supplémentaire II, *La Philosophie Byzantine par B. Tatakis*, 1949; F. C. Copleston, *A History of Philosophy*, London 1946–53, 3 vols.; E. Gilson, *La Philosophie au moyen âge*, 2e éd. Paris 1944, *History of Christian Philosophy in the Middle Ages*, London 1955; F. Ueberweg und B. Geyer, *Grundriß der Geschichte der Philosophie* II, 11. Aufl. Berlin 1928 – unentbehrlich zum Nachschlagen; M. de Wulf, *Histoire de la philosophie médiévale*, 6e éd. vol. I, II Löwen und Paris 1934–36 (Englische Übersetzung London 1938), vol. III Löwen und Paris 1947 – mit nützlichen Bibliographien. S. auch die im Folgenden und unter Kapitel III und im zweiten Teil unter Kapitel I aufgeführten Werke.

Für verschiedene ANDERE ASPEKTE DER PERIODE sind zu empfehlen: M. Bloch, *La société féodale*, Paris 1939/40, 2 vols. – ein ausgezeichneter allgemeiner Überblick; L. Bréhier, *Le monde byzantin*, Paris 1947, 3 vols.; *The Cambridge Economic History of Europe*: Vol. 1, *The Agrarian Life of the Middle Ages*, ed. J. H. Clapham and Eileen Power, Cambridge 1941, vol. 2, *Trade and Industry in the Middle Ages*, ed. M. Postan and E. E. Rich, Cambridge 1952; *The Cambridge Medieval History*, ed. C. W. Previté-Orton and Z. N. Brooke, Cambridge 1911–36, 8 vols.; J. Coppens, *L'histoire critique de l'ancien Testament*, Tournai und Paris 1938; C. Dawson, *Medieval Essays*, 2nd ed. London 1953; J. de Ghellinck, *Le Mouvement théologique du XIIe siècle*, 2e éd. Brügge 1948; C. H. Haskins, *The Renaissance of the Twelfth Century*, Cambridge, Mass., 1928; J. Huizinga, *The Waning of the Middle Ages*, London 1924; J. M. Hussey, *Church and Learning in the Byzantine Empire, 867–1185*, Oxford 1937; S. d'Irsay, *Histoire des universités*, Paris 1933–35, 2 vols.; M. L. W. Laistner, *Thought and Letters in Western Europe, 500–900 A. D.*, 2nd ed. London 1957; R. Latouche, *Les Origines de l'économie Occidentale*, Paris 1956; E. Lesné, *Histoire de la propriété ecclésiastique en France*, IV–V, Paris 1938–40 – über Schulen, Bibliotheken etc. bis zum Ende des 12. Jahrhunderts; F. Lot, *La Fin du monde antique et les débuts du moyen âge*, 2ᵉ éd. Paris 1956 (Englische Übers. von P. und M. Leon, London 1931); L. J. Paetow, *The Arts Course at Medieval Universities*, Urbana, Ill., 1910; G. Paré, A. Brunet et P. Tremblay, *La Renaissance du XIIᵉ siècle; les écoles et l'enseignement*, Paris und Ottawa 1933; H. Pirenne, *Economic and Social History of Medieval Europe*, transl. by I. E. Clegg, London 1936, *Histoire économique de l'Occident médiéval*, Paris 1951; A. L. Poole (Herausgeber), *Mediaeval England*, Oxford 1958; H. Rashdall, *The Universities of Europe in the Middle Ages*, 2nd ed. by F. M. Powicke and A. B. Emden, Oxford 1936, 3 vols.; B. Smalley, *The Study of the Bible in the Middle Ages*, 2nd ed. Oxford 1952; R. W. Southern, *The Making of the Middle Ages*, London 1953 – eine ausgezeichnete und verständnisvolle Einführung; B. Spicq, *Esquisse d'une histoire de l'exégèse latine au moyen âge*, Paris 1944; H O. Taylor, *The Medieval Mind*, 4th ed. London 1938, 2 vols.; J. W. Thompson, *The Literacy of the Laity in the Middle Ages*, Berkeley 1939.

Für die ÜBERSETZUNGEN INS LATEINISCHE und ihren Einfluß geben wertvolle Hinweise: Rashdall, *Universities*; Sarton, *Introduction*; Ueberweg-Geyer, *Grundriß* II; de Wulf, *Philosophie médiévale*. Ein unentbehrliches Nachschlagewerk ist G. Lacombe, *Aristoteles Latinus*, Rom 1939; cf. L. Minio-Paluello, »Analytica posteriora ...«, *Aristoteles Latinus* IV, 2, 3, Brügge und Paris 1953–54. Nützlich für einen allgemeinen Überblick, doch vorwiegend literarisch eingestellt sind R. R. Bolgar, *The Classical Heritage and its Beneficiaries*, Cambridge 1954; Sir J. E. Sandys, *A History of Classical Scholarship*, 3rd ed. Cambridge 1904, I. Für Detailstudien sind außer den unter Kapitel III, Allgemeiner Abschnitt, erwähnten Werken zu nennen: M. Alonso Alonso, Artikel in *Al-Andalus* (Madrid), 1943–49; H. Bédoret, Artikel in *Revue néoscolastique de philosophie*, 1938; D. J. Allan, »Mediaeval versions of Aristotle, *De Caelo*, and of the Commentary of Simplicius«, *Medieval and Renaissance Studies* II (1950); A. Birkenmajer, »Le rôle joué par les médecins et les naturalistes dans la réception d'Aristote au XIIᵉ et XIIIᵉ siècles«, *La Pologne au VIᵉ congrès international des sciences historiques, Oslo 1928*, Warschau 1930; D. A. Callus, »Introduction of Aristotelean Learning to Oxford«, *Proceedings of the British Academy* XXIX (1943); Marshall Clagett, »Medieval mathematics and physics: a check-list of microfilm reproductions«, *Isis* XLIV (1953), und andere Artikel in *Isis* (1952–55) und *Osiris* (1952–54), hauptsächlich über die Euklid- und Archimedes-Übersetzungen; M. B. Foster, »The Christian doctrine of the creation and the rise of modern natural science«, *Mind*,

N. S. XLIII (1934), »Christian theology and modern natural science of nature«, *Mind*, N. S. XLIV (1935), XLV (1936); M. Grabmann, *Forschungen über die lateinischen Aristoteles-Übersetzungen des III. Jahrhunderts (Beitr. Ges. Philos. Mittelalt. XVII, 5–6)*, Münster 1916; C. H. Haskins, *Studies in the History of Mediaeval Science*, 2nd ed. Cambridge, Mass., 1927; R. W. Hunt, »English learning in the late twelfth century«, *Transactions of the Royal Historical Society*, 4th series, XIX (1936), »The Introductions to the »Artes« in the twelfth century«, in *Studia Mediaevalia in honorem admodum Reverendi Petri Raymondi Josephi Martin, O. P., S. T. M.*, Brügge 1948; E. M. Jamison, *Admiral Eugenius of Sicily: His Life and Work*, Oxford 1957; R. Klibansky, *The Continuity of the Platonic Tradition during the Middle Ages: Outlines of a Corpus Platonicorum Aevi*, London 1939; H. Liebeschütz, *Mediaeval Humanism in the Life and Writings of John of Salisbury (Studies of the Warburg Institute, ed. F. Saxl, XVII)*, London 1950; J. C. Russell, »Hereford and Arabic science in England about 1175–1200«, *Isis* XVIII (1932); T. Silverstein, »Daniel of Morley, English cosmologist and student of Arabic science«, *Mediaeval Studies* (1948); H. O. Taylor, *The Classical Heritage of the Middle Ages*, New York 1901; G. Théry, »Notes indicatrices pour s'orienter dans l'étude des traductions médiévales« in *Mélanges Joseph Maréchal*, Brüssel 1950, II; J. W. Thompson, »The introduction of Arabic science into Lorraine in the tenth century«, *Isis* XII (1929); F. Van Steenberghen, *Aristote en Occident. Les Origines de l'Aristotélisme parisien*, Löwen 1946 (Engl. Übers. Löwen 1955); M. Steinschneider, *Die europäischen Übersetzungen aus dem Arabischen, bis Mitte des 17. Jahrhunderts (Sitzungsberichte der kaiserlichen Akademie der Wissenschaften, Wien, philos.-hist. Klasse CXLIX, 4, CLI, 1)*, Wien 1904/5; C. B. Vandewalle, *Roger Bacon dans l'histoire de la philologie*, Paris 1929; R. de Vaux, »La première entrée d'Averroës chez les Latins«, *Revue des sciences philosophiques et théologiques* XII (1933), »Notes et textes sur l'avicennisme latin aux confins des XIIe–XIIIe siècles«, *Bibliothèque thomiste* XX (1934); A. van der Vyver, »Les étapes du développement philosophique du haut moyen âge«, *Revue belge de philologie et d'histoire* VIII (1929), »Les premières traductions latines (Xe–XIe siècles) de traités arabes sur l'astrolabe«, *Ier Congrès international de géographie historique, Bruxelles 1931*, II, *Mémoires*, »Les plus anciennes traductions latines médiévales (Xe–XIe siècles) de traités d'astronomie et d'astrologie«, *Osiris* I (1936), »L'évolution scientifique du haut moyen âge«, *Archeion* XIX (1937); R. Walzer, »Arabic transmission of Greek thought to mediaeval Europe«, *Bulletin of the John Rylands Library*, Manchester XXIX (1945); M. C. Welborn, »Lotharingia as a center of Arabic and scientific influence in the XI Century«, *Isis* XVI (1931); S. D. Wingate, *The Mediaeval Latin Versions of the Aristotelian Scientific Corpus*, London 1931; F. Wüstenfeld, *Die Übersetzungen arabischer Werke in das Lateinische seit dem XI. Jahrhundert* (Abhandlungen der Königlichen Gesellschaft der Wissenschaften zu Göttingen XXII, 3), Göttingen 1877.

KAPITEL III

DAS NATURWISSENSCHAFTLICHE GEDANKENSYSTEM DES 13. JAHRHUNDERTS

ALLGEMEIN: Ausgezeichnete allgemeine Einführungen in den Aristotelismus geben: J. M. Le Blond, *Logique et méthode chez Aristote*, Paris 1939; A. Mansion, *Introduction à la physique aristotélicienne*, 2. éd. Louvain 1946, *Le jugement d'existence chez Aristote*, Paris 1939; Sir W. D. Ross, *Aristotle*, 3rd ed. London 1937; J. de Tonquèdec, *Questions de cosmologie et de physique chez Aristote et Saint Thomas*, Paris 1950. Für die Philosophie der Naturwissenschaft gibt es die detaillierte Untersuchung von A. C. Crombie, *Robert Grosseteste and the Origins of Experimental Science, 1100–1700*, Oxford 1953, mit umfangreicher Bibliographie. Für die eingehendere Beschäftigung mit dem naturwissenschaftlichen Denken des 13. Jahrhunderts und seinen griechischen und arabischen Quellen: Albertus Magnus, *Opera Omnia*, ed. P. Jammy, Lyon 1651, 21 vols., revidiert von A. Borgnet, Paris 1890–99, 38 vols.; Thomas von Aquin, *Opera Omnia iussu impensaque Leonis XIII P. M. edita*, Rom 1882–1930, 15 vols.; Aristoteles, *Complete Works*, translated into English under the editorship of J. A. Smith and W. D. Ross, Oxford 1908–31, 2 vols.; Ibn Sina (Avicenna), *Livre des directives et remarques*. Traduction avec introduction et notes, par A. M. Goichon, Paris 1951; Roger Bacon, *Opera Quaedam Hactenus Inedita*, ed. J. S. Brewer (Rolls Series), London 1859, *Opus Majus*, ed. J. H. Bridges, Oxford 1897, I–II, London 1900, III (mit *De Multiplicatione Specierum*) (Englische Übersetzung des *Opus Majus* von R. B. Burke, Philadelphia 1928, 2 vols.), *Opera Hactenus Inedita*, ed. R. Steele, Oxford 1909 bis 1940, 16 Fasc. (enthält die meisten der nicht von Brewer und Bridges herausgegebenen naturwissenschaftlichen Schriften); L. Baur, *Die Philosophie des Robert Grosseteste* (Beitr. Ges. Philos. Mittelalt., XVIII, 4–6), Münster 1917; L. Brunschwig, *Le Rôle du Pythagorisme dans l'évolution des idées* (Actualités scientifiques et industrielles, No. 446), Paris 1937; D. A. Callus (Herausgeber), *Robert Grosseteste, Scholar and Bishop*, Oxford 1955; M. H. Carré, *Realists and Nominalists*, Oxford 1946; M. D. Chenu, *La théologie comme science au XIIIe siècle*, 2e éd., Paris 1943; F. M. Cornford, *Plato and Parmenides*, London 1939; T. Crowley, *Roger Bacon: the problem of the soul in his philosophical commentaries*, Löwen und Dublin 1950;

H. C. Dales, »Robert Grosseteste's *Commentarius in octo Libros physico-
rum Aristotelis*«, *Medievalia et Humanistica*, XI, (1957); S. C. Easton,
Roger Bacon and his Search for a Universal Science, Oxford 1952; A. Forest,
F. Van Steenberghen, M. de Gandillac, *Le Mouvement doctrinal du XIe au
XIVe siècle (Histoire de l'Église*, fondée par A. Fliche et V. Martin; dirigée
par A. Fliche et E. Jarry XIII), Paris 1951; A. Garreau, *Saint Albert le
Grand*, Paris 1932; L. Gauthier, *Ibn Rochd (Averroës)*, Paris 1948; A. M.
Goichon, *La philosophie d'Avicenne et son influence en Europe médiévale*,
Paris 1944; M. Grabmann, *Die Geschichte der scholastischen Methode*, Frei-
burg im Breisgau 1909–11, 2 Bde., *Mittelalterliches Geistesleben*, München
1926–36, 2 Bde., *Der hl. Albert, der Große. Ein wissenschaftliches Charak-
terbild*, München 1932, *Bearbeitungen und Auslegungen der aristotelischen
Logik (Abhandlungen der preußischen Akademie der Wissenschaften*, phi-
los.-hist. Klasse, V), Berlin 1937; Robert Grosseteste, *Die philosophischen
Werke*, ed. L. Baur *(Beitr. Ges. Philos. Mittelalt.*, IX), Münster 1912; G.
von Hertling, *Albertus Magnus (Beitr. Ges. Philos. Mittelalt.*, XIV, 5–6),
Münster 1914; R. Hooykaas, »Science and theology in the middle ages«,
Free University Quarterly (Amsterdam), III (1954); S. d'Irsay, »Les scien-
ces de la nature et les universités médiévales«, *Archeion* XV (1933); K. H.
Laurent et M. J. Congar, »Essai de bibliographie Albertinienne«, *Revue
thomiste*, N. S. XIV, 1931; A. G. Little (editor), *Roger Bacon Essays*, Oxford 1914, »The Franciscan school at Oxford in the thirteenth century«,
Archivum Franciscanum Historicum, XIX (1926), »Roger Bacon«, *Proceedings of the British Academy*, XIV (1928), *Franciscan Letters, Papers and
Documents*, Manchester 1943; A. O. Lovejoy, *The Great Chain of Being*,
Cambridge, Mass., 1933; C. K. McKeon, *A Study of the Summa Philosophiae of the Pseudo-Grosseteste*, New York 1948; R. McKeon, »The em-
piricist and experimentalist temper in the middle ages: a prolegomena to
the study of medieval science«, *Essays in Honor of John Dewey*, New
York 1929, *Selections from Medieval Philosophers*, New York 1929–30,
2 vols.; P. Mandonnet, *Siger de Brabant et l'averroisme latin au XIIIe
siècle*, Fribourg 1899; A. J. O. S. Mariétan, *Problème de la classification
des sciences d'Aristote à S. Thomas*, Paris 1901; H. Ostlander (Hrsg.),
*Studia Albertina. Festschrift für Bernhard Geyer zum 70. Geburtstage
(Beitr. Ges. Philos. Mittelalt.*, Supplementband IV), Münster 1952; A.
Gonzalez Palencia, *Alfarabi, Catálogo de las Ciencias*, Madrid 1932; G.
Quadri, *La philosophie arabe dans l'Europe médiévale des origines à Averroës*, Paris 1947; R. Robinson, *Plato's Earlier Dialectics*, 2nd ed., Oxford
1953; Sir W. D. Ross, *Plato's Theory of Ideas*, Oxford 1951; J. C. Russell,
*Dictionary of Writers of Thirteenth Century England (Bulletin of Institute
of Historical Research*, III), London 1936; H. C. Scheeben, *Albert der Große:
zur Chronologie seines Lebens (Quellen und Forschungen zur Geschichte*

des Dominikanerordens in Deutschland, XXVII), Vechta 1931, »Les Écrits d'Albert le Grand d'après les catalogues«, *Revue thomiste,* N. S. XIV (1931); L. Schütz, *Thomas-Lexikon,* Paderborn 1895; D. E. Sharp, *Franciscan Philosophy at Oxford,* 1930, »The *De ortu scientiarum* of Robert Kilwardby (* 1279)«, *The New Scholasticum,* VIII (1934); F. Van Steenberghen, »La littérature albertino-thomiste (1930–1937)«, *Revue néoscolastique de philosophie,* XLI (1938), *Siger de Brabant d'après ses oeuvres inédits,* II, »Siger dans l'histoire de l'Aristotélisme« *(Les Philosophes Belges,* XIII), Louvain 1942; J. Stenzel, *Plato's Method of Dialectic,* transl. and ed. by D. J. Allan, Oxford 1940; A. E. Taylor, *Platonism and Its Influence,* London 1925; P. A. Walz, A. Pelzer *et alii,* »Serta Albertina«, *Angelicum* (Rom), XXI (1944); G. M. Wickens (dito.), *Avicenna: Scientist and Philosopher,* London 1952.

KOSMOLOGIE UND ASTRONOMIE: Duhem, *Système du Monde,* ist immer noch das grundlegende Werk. Ferner sind hier zu nennen: Roger Bacon, *Opera Hactenus Inedita,* ed. R. Steele, Oxford 1926, VI ff. für Arbeiten über den Kalender; J. D. Bond, »Richard Wallingford (1292?–1335)«, *Isis,* IV (1922); F. J. Carmody, »The planetary theory of Ibn Rushd«, *Osiris,* X (1952), *Al Bitruji de motibus celorum. Critical edition of the Latin translation of Michael Scot,* Berkeley, Calif., 1952; F. M. Cornford, *Plato's Cosmology. The Timaeus of Plato translated with a running commentary,* London 1937; J. B. J. Delambre, *Histoire de l'astronomie au moyen âge,* Paris 1818 – einschließlich der arabischen Astronomie; J. Drecker, »Hermannus Contractus. Über das Astrolab«, *Isis* XVI (1931); J. L. E. Dreyer, *A History of Planetary Systems from Thales to Kepler,* Cambridge 1906 (wieder abgedruckt als *A History of Astronomy ...,* New York 1953) – ein ausgezeichneter Überblick, »Medieval astronomy«, in *Studies in the History and Method of Science,* ed. C. Singer, Oxford 1921, II; P. Duhem, »Essai sur la notion de théorie physique de Platon à Galilée«, *Annales de philosophie chrétienne,* VI (1908) (wieder abgedruckt Paris 1908); R. T. Gunther, *Early Science in Oxford,* Oxford 1923, II, 1929, V, *The Astrolabes of the World,* Oxford 1932; W. Hartner, »The principle and use of the astrolabe« in *A Survey of Persian Art,* ed. A. U. Pope, London und New York 1939, III – die beste Beschreibung der Benutzung des Astrolabs in englischer Sprache, »The Mercury horoscope of Marcantonio Michiel of Venice«, in *Vistas in Astronomy,* ed. A. Beer, London und New York 1955; Sir Thomas Heath, *Aristarchus of Samos, the Ancient Copernicus,* Oxford 1913 – eine Geschichte der griechischen Astronomie bis Aristarch, *Greek Astronomy,* London 1932; F. Kaltenbrunner, *Die Vorgeschichte der gregorianischen Kalenderreform (Sitzungsberichte der kaiserlichen Akademie der Wissenschaften,* philos.-hist. Klasse, LXXXII), Wien 1876; L. O. Kattsoff,

»Ptolemy and scientific Method«, *Isis* XXXVIII (1947); H. Michel, »Le Rectangulus de Wallingford précédé d'une note sur le Torquetum«, *Ciel et Terre*, Brüssel, No. 11–12 (1944), *Traité de l'astrolabe*, Paris 1947 – grundlegend; J. M. Millás-Vallicrosa, *Estudios sobre Azarquiel*, Madrid und Granada 1943–50 – über das Astrolab; O. Neugebauer, »The origin of the Egyptian calendar«, *Journal of Near Eastern Studies* I (1942), »The history of ancient astronomy: problems and methods«, *Journal of Near Eastern Studies* IV (1945) (in erweiterter Form wieder abgedruckt in *Publication of the Astronomical Society of the Pacific* XLVIII, 1946), »The early history of the astrolabe. Studies in ancient astronomy IX«, *Isis* XL (1949) – eine wichtige Untersuchung, *The Transmission of Planetary Theories in Ancient and Medieval Astronomy*, Scripta Mathematica, New York 1955; M. A. Orr, *Dante and the Early Astronomers*, 2nd ed. London 1956; D. J. Price and R. M. Wilson, *The Equatorie of the Planetis*, Cambridge 1955; Claude Ptolémée, *Composition mathématique, traduite* pour la première fois du grec en français, ... par M. Halma, Paris 1813–16, 2 vols. (wieder abgedruckt Paris 1927), Ptolemy, *The Almagest*, translated by R. C. Taliaferro (*Great Books of the Western World* XVI), Chicago 1952; G. V. Schiaparelli, *Scritti sulla storia della astronomia antica*, Bologna 1925 – bahnbrechende Untersuchungen; E. L. Stevenson, *Terrestrial and Celestial Globes*, New Haven, Conni, 1921, 2 vols.; H. Suter, *Die Mathematiker und Astronomen der Araber und ihre Werke (Abhandlungen zur Geschichte der mathematischen Wissenschaften* X), Leipzig 1900, »Nachträge und Berichtigungen ...« (ibid. XIV, 1902) – grundlegend; F. Sherwood Taylor, »Mediaeval scientific instruments«, *Discovery* XI (1950); L. Thorndike, *The Sphere of Sacrobosco*, Chicago 1949, *Latin Treatises on Comets. Between 1238 and 1368 A. D.*, Chicago 1950; M. C. Wellborn, *Calendar Reform in the Thirteenth Century*, University of Chicago, unveröffentlichte Dissertation, 1932; P. W. Wilson, *The Romance of the Calendar*, New York 1937; J. K. Wright, »Notes on the knowledge of latitudes and longitudes in the middle ages«, *Isis* V (1923); E. Zinner, »Die Tafeln von Toledo«, *Osiris* I (1936).

METEOROLOGIE UND OPTIK: Crombie, *Robert Grosseteste*, ist die umfangreichste Arbeit über mittelalterliche Optik. S. auch unter Kapitel IV, Medizin, und im zweiten Teil unter Kapitel II, Wissenschaftliche Instrumente. Weitere Einzeluntersuchungen: C. Baeumker, *Witelo, ein Philosoph und Naturforscher des XIII. Jahrhunderts (Beitr. Ges. Philos. Mittelalt.*, III, 2), Münster 1908; H. Bauer, *Die Psychologie Alhazens (Beitr. Ges. Philos. Mittelalt.*, X, 5), Münster 1911; A. Birkenmajer, »Études sur Witelo, I–IV«, *Bulletin international de l'Académie Polonaise des Sciences et des Lettres* (Krakau), Classe d'hist. et de philos., Années 1918, 1920, 1922; C. B.

Boyer, »Aristotelian references to the law of reflection«, *Isis* XXXVI (1946), »Robert Grosseteste on the rainbow«, *Osiris* XI (1954); Euklid, »The Optics of Euclid«, transl. by H. E. Burton, *Journal of the Optical Society of America* XXXV (1945); G. Hellmann, *Neudrucke von Schriften und Karten über Meteorologie und Erdmagnetismus*, Nr. XII–XV, Berlin 1899–1904 – über Wettervorhersage und Optik, »Die Wettervorhersage im ausgehenden Mittelalter (XII. bis XV. Jahrhundert)« *(Beiträge zur Geschichte der Meteorologie VIII)*, Berlin 1917; D. Kaufmann, *Die Sinne. Beiträge zur Geschichte der Physiologie und Psychologie im Mittelalter aus hebräischen und arabischen Quellen*, Leipzig 1884; E. Krebs, *Meister Dietrich (Theodoricus Teutonicus de Vriberg). Sein Leben, seine Werke, seine Wissenschaft (Beitr. Ges. Philos. Mittelalt.*, V. 5–6), Münster 1906; A. Lejeune, *Euclide et Ptolémée. Deux stades de l'optique géométrique grecque d'après les sources antiques et médiévales*, Brüssel 1957, *L'Optique de Claude Ptolémée dans la version latine d'après l'arabe de l'Emir Eugène de Sicile*, ed. A. Lejeune, Löwen 1956; G. Sarton, »The tradition of the optics of Ibn al-Haitham«, *Isis* XXIX (1938), XXXIV (1942–43); A. Sayili, »The Aristotelian explanation of the rainbow«, *Isis* XXX (1939); F. M. Shuja, *Cause of Refraction as explained by the Moslem Scientists*, Delhi 1936; Theodoricus Teutonicus de Vriberg, *De Iride*, Hrsg. J. Würschmidt *(Beitr. Ges. Philos. Mittelalt.*, XII, 5–6), Münster 1914; E. Wiedemann: eine wichtige Artikel-Reihe über arabische Optik, zum größten Teil veröffentlicht in *Annalen der Physik und Chemie, Sitzungsberichte der preußischen Akademie der Wissenschaften zu Berlin*, philos.-hist. Klasse, und *Archiv für die Geschichte der Naturwissenschaften und der Technik*, 1890–1930 – s. Sarton, *Introduction* I. 722–23 und H. J. Seemann, »Eilhard Wiedemann«, *Isis* XIV (1930); H. J. J. Winter, »The optical researches of Ibn al-Haitham«, *Centaurus* III (1954).

MECHANIK: H. Carteron, *La notion de force dans le système d'Aristote*, Paris 1923; M. Clagett, *The science of Mechanics in the Middle Ages*, Madison Wisc. (im Druck) – eine unentbehrliche Studie, mit Texten und Kommentar; F. M. Cornford, *The Laws of Motion in the Ancient World*, Cambridge 1931; I. E. Drabkin, »Notes on the laws of motion in Aristotle«, *American Journal of Philology* LIX (1938); R. Dugas, *Histoire de la mécanique*, Neuchâtel 1950 (englische Übersetzung New York 1955) – mittelalterliche Mechanik, zum großen Teil nach Duhem; P. Duhem, *Les Origines de la Statique*, Paris 1905–6, 2 vols. – unentbehrlich; B. Ginzburg, »Duhem and Jordanus Nemorarius«, *Isis* XXV (1936); E. A. Moody and M. Clagett, *The Medieval Science of Weights*, Madison 1952 – ein kritisches Quellen-Buch; P. Tannery, *Mémoires scientifiques*, publiées par J. L. Heiberg, V, »Sciences exactes au moyen âge« (1887–1921), Toulouse und

Paris 1922; H. J. J. Winter, Artikel über arabische Physik in *Endeavour*
IX–X (1950–51).

MAGNETISMUS: H. D. Harradon, »Some early contributions to the history
of geomagnetism I«, *Terrestrial Magnetism and Atmospheric Electricity*
XLVIII (1943), mit einer englischen Übersetzung der *Epistola* des Petrus
Peregrinus; E. O. von Lippmann, *Geschichte der Magnetnadel bis zur Erfindung des Kompasses* [gegen 1300], *Quellen und Studien zur Geschichte
der Naturwissenschaften und der Medizin III, 1)*, Berlin 1932; A. C. Mit-
chell, »Chapters in the history of terrestrial magnetism«, *Terrestrial Magnetism and Atmospheric Electricity* XXXVII (1932), XLII (1937), XLIV
(1939); P. F. Mottelay, *Bibliographical History of Electricity and Magnetism*, London 1922; Petrus Peregrinus Maricurtensis, *De Magnete*, Hrsg. G.
Hellmann, *Neudrucke von Schriften und Karten über Meteorologie und
Erdmagnetismus* X, Berlin 1898; Petrus Peregrinus, *The Epistle, Concerning
the Magnet*, done into English by S. P. Thompson, London 1902; E.
Schlund, »Petrus Peregrinus von Maricourt: sein Leben und seine Schriften«, *Archivum Franciscanum Historicum* IV (1911), V (1912) – eine er-
schöpfende Untersuchung; Li Shu-hua, »Origine de la boussole«, *Isis*
XLV (1954); S. P. Thompson, »Petrus Peregrinus de Maricourt and his
Epistola de Magnete«, *Proceedings of the British Academy* II (1905–6).

GEOLOGIE: F. D. Adams, *The Birth and Development of the Geological
Sciences*, Baltimore 1938 (wieder abgedruckt New York 1954); Avicenna,
De Congelatione et Conglutinatione Lapidum, ed. E. J. Holmyard et D. C.
Mandeville, Paris 1927; P. Duhem, *Études sur Léonard de Vinci* II, Paris
1909; K. Klauck, »Albertus Magnus und die Erdkunde«, in *Studia Albertina*, Hrsg. H. Ostlender *(Beitr. Ges. Philos. Mittelalt., Supplementband* IV),
1952.

CHEMIE: K. C. Bailey, *The Elder Pliny's Chapters on Chemical Subjects*,
edited, with translation and notes, London 1929–32, 2 vols.; P. E. M.
Berthelot, *Les origines de l'alchimie*, Paris 1885, *Collections des anciens
alchimistes grecs*, texte et traduction, 3 vols., Paris 1888 – grundlegende
Quellen, *La chimie au moyen âge*, Paris 1893, 3 vols.; H. H. Dubs, »The
beginnings of alchemy«, *Isis* XXXVIII (1947); D. I. Duveen, *Bibliotheca
alchemica et chemica* – ein mit Anmerkungen versehener Katalog von gedruckten Büchern über Alchemie, Chemie und verwandte Gegenstände,
London 1949; M. Eliade, *Forgerons et Alchimistes*, Paris 1956; R. J. Forbes, *Bitumen and Petroleum in Antiquity*, Leiden 1936 – für »Griechisches
Feuer« etc., *A Short History of the Art of Distillation*, Leiden 1948; W.
Ganzenmüller, *L'Alchimie au moyen âge*, traduit de l'allemand par G.

Petit-Dutaillis, Paris, ohne Datum (Deutsche Ausgabe Paderborn 1938); E. J. Holmyard, *Makers of Chemistry*, Oxford 1931, *Alchemy*, London (Pelican Books), 1957 – ein ausgezeichneter Überblick; P. Kraus, »Djabir«, *Encyclopaedia of Islam*, Leiden and London 1938, Supplement, *Jabir ibn Hayyan*, Cairo, Impr. de l'Institut français d' archéologie orientale, 1942–43, 2 vols.; P. Kraus und S. Pines, »al-Razi«, *Encyclopaedia of Islam*, Leiden und London 1936, III; E. O. von Lippmann, *Entstehung und Ausbreitung der Alchemie*, 2 Bände, Berlin 1919–31, Robert P. Multhauf, »John of Rupescissa and the origin of medical chemistry«, *Isis* XLV (1954), »The significance of distillation in Renaissance medical chemistry«, *Bulletin of the History of Medicine* XXX (1956); J. R. Partington, »Albertus Magnus on alchemy«, *Ambix* I (1937); M. Plessner, »The place of the *Turba Philosophorum* in the development of alchemy«, *Isis* XLV (1954) – eine sehr nützliche Besprechung der neueren Arbeiten über die Geschichte der Alchemie; J. F. Ruska, *Tabula Smaragdina; ein Beitrag zur Geschichte der hermetischen Literatur*, Heidelberg 1926, *Turba Philosophorum, ein Beitrag zur Geschichte der Alchemie (Quellen und Studien zur Geschichte der Naturwissenschaften und der Medizin I)*, Berlin 1931; J. A. Stillman, *The Story of Early Chemistry*, New York 1924; F. Strunz, *Geschichte der Naturwissenschaften im Mittelalter*, Stuttgart 1910; F. Sherwood Taylor, »A survey of Greek alchemy«, *Journal of Hellenic Studies* I (1930), »The Origin of Greek alchemy«, *Ambix* I (1937), »The evolution of the still«, *Annals of Science* V (1945), *The Alchemists*, New York 1949 – mit einer wertvollen kurzen Bibliographie; F. A. Yates, »The art of Ramón Lull (1232 bis ca. 1316). An approach to it through Lull's theory of the elements«, *Journal of the Warburg and Courtauld Institutes* XVII (1954).

BIOLOGIE: Botanik, Zoologie, Anatomie, Physiologie: außer dem Folgenden vgl. unter Kapitel IV, Landwirtschaft und Medizin. P. Aiken, »The animal history of Albertus Magnus and Thomas of Cantimpré«, *Speculum* XXII (1947); Albertus Magnus, *De Vegetabilibus*, Hrsg. C. Jessen, Berlin 1867, *De Animalibus*, Hrsg. H. Stadler *(Beitr. Ges. Philos. Mittelalt.* XV bis XVI)*, 1916–20, *Quaestiones super de Animalibus*, Hrsg. E. Filthaut *(Opera Omnia,* ed. Institutum Alberti Magni Coloniense, B. Geyer Praeside, XII)*, Münster 1955; Anonymus Londinensis, *Medical Writings*, ed. W. H. S. Jones, Cambridge 1947; A. Arber, *Herbals*, Cambridge 1938, *The Natural Philosophy of Plant Form*, Cambridge 1950; H. Balss, *Albertus Magnus als Zoologe*, Stuttgart 1947; H. S. Bennett, »Science and information in English writings of the 15th century«, *Modern Language Review* XXXIX (1944); A. Biese, *The Development of the Feeling for Nature in the Middle Ages and Modern Times*, London 1905; M. De Bouard, »Encyclopédies médiévales«, *Revue des questions historiques* CXII (1930); G. S. Brett, *A History* *of Psychology*, London 1912–21, 3 vols.; A. J. Brock, *Greek Medicine*, London 1929; J. V. Carus, *Geschichte der Zoologie*, München 1872; A. C. Crombie, »Cybo de Hyères: a 14th century zoological artist«, *Endeavour* XI (1952); A. Delorme, »La morphogénèse d'Albert le Grand dans l'embryologie scolastique«, *Revue thomiste*, N. S. XIV (1931); A. Fellner, *Albertus Magnus als Botaniker*, Wien 1881; D. Fleming, »Galen on the motions of the blood in the heart and lungs«, *Isis* XLVI (1955); H. W. K. Fischer, *Mittelalterliche Pflanzenkunde*, München 1929; A. Fonahn, *Arabic and Latin Anatomical Terminology* (Norwegian Acad., hist.-philos. Klasse, 1921, No. 7), Christiania 1922; Kaiser Friedrich II., *De Arte Venandi Cum Avibus*, Hrsg. C. A. Willemsen, Leipzig 1942; Galen, *Opera Omnia*, Hrsg. C. G. Kühn, Leipzig 1821–33, 20 Bde., *On the Natural Faculties*, translated by A. J. Brock (Loeb Classical Library), London und New York 1916, *On Anatomical Procedures*, translation ... with introduction and notes by C. Singer, London 1956; R. W. T. Gunther, *The Herbal of Apuleius Barbarus*, Oxford 1925, *The Greek Herbal of Dioscorides*, Oxford 1934; W. A. Heidel, *Hippocratic Medicine, Its Spirit and Method*, New York 1941; D. Jalabert, »La flore gothique: ses origines, son évolution du XIIe au XVe siècles«, *Bulletin monumental* XCI (1932); K. F. W. Jessen, *Botanik der Gegenwart und Vorzeit in kulturhistorischer Entwicklung*, Leipzig 1864, Waltham, Mass., 1948; W. H. S. Jones, *Philosophy and Method in Ancient Greece (Bull. of the History of Medicine*, Suppl. VIII), Baltimore 1946; S. Killermann, *Die Vogelkunde des Albertus Magnus*, 1270–80, Regensburg 1910, »Das Tierbuch des Petrus Candidus, 1460«, *Zoologische Annalen* VI (1914); E. O. von Lippmann, *Urzeugung und Lebenskraft*, Berlin 1933; G. Loisel, *Histoire des ménageries de l'antiquité à nos jours*, Paris 1913, I; T. E. Lones, *Aristotle's Researches into Natural Science*, London 1912; É. Mâle, *L'Art religieux du 13e siècle en France*, 3e éd. Paris 1910 (Englische Übersetzung von D. Nussy, London 1913); E. H. F. Meyer, *Geschichte der Botanik*, Königsberg 1857, IV; L. L. F. Moncourier, *L'École médicale d'Alexandrie*, Bordeaux 1931; Claus Nissen, *Die botanische Buchillustration. Ihre Geschichte und Bibliographie*, Stuttgart 1951–52, 2 Bde., *Die illustrierten Vogelbücher*, Stuttgart 1953; H. Ostlender (Herausgeber), *Studia Albertina (Beitr. Ges. Philos. Mittelalt., Supplementband IV)*; N. Pevsner, *The Leaves of Southwell*, London 1945; A. Platt, »Aristotle on the heart« in *Studies in the History and Method of Science*, ed. Singer, Oxford 1921, II; E. S. Russell, *Form and Function*, London 1916; G. Senn, *Die Entwicklung der biologischen Forschungsmethode in der Antike und ihre grundsätzliche Förderung durch Theophrast von Eresos*, Aarau 1933 – sehr wichtig; C. Singer, *Greek Biology and Greek Medicine*, Oxford 1922, »Greek biology and its relation to the rise of modern biology«, in *Studies in the History and Method of Science II, The Evolution of Anatomy*, London 1925 (wieder abgedruckt als *A Short History of Anatomy and Physiology from the Greeks to Harvey*, New York 1957); F. Strunz, *Albertus Magnus*, Wien und Leipzig 1926; K. Sudhoff, *Ein Beitrag zur Geschichte der Anatomie im Mittelalter, speziell der anatomischen Graphik, nach Handschriften des 9. bis 15. Jahrhunderts (Studien zur Geschichte der Medizin IV)*, Leipzig 1908, illustrierte Artikel über mittelalterliche Anatomie und Embryologie im *Archiv für Geschichte der Medizin IV* (1910), VII (1913); W. Sudhoff, »Die Lehre von den Hirnventrikeln in textlicher und graphischer Tradition des Altertums und Mittelalters«, ibid., VII (1913); H. O. Taylor, *Greek Biology and Medicine*, London 1923; Sir D'Arcy W. Thompson, *On Aristotle as a Biologist*, Oxford 1913; L. Thorndike and F. S. Benjamin (editors), *The Herbal of Rufinus*, Chicago 1945; G. Verbeke, *L'Evolution de la doctrine du pneuma du stoïcisme à St. Augustin*, Paris 1945; J. Walsh, »Galen's writings and influences inspiring them«, *Annals of Medical History* VI (1934), VII (1935), VIII (1936), IX (1937); Lynn White, jr., »Natural science and naturalistic art in the middle ages«, *American Historical Review* LII (1947); T. H. White, *The Book of Beasts*, New York 1954 – Englische Übersetzung eines Bestiariums aus dem 12. Jahrhundert; E. Wickersheimer, »L' ›Anatomie‹ de Guido da Vigevano«, *Archiv für Geschichte der Medizin* VII (1913), *Anatomies de Mondino dei Luzzi et de Guido de Vigevano*, Paris 1926, mit Illustrationen; J. Wimmer, *Deutsche Pflanzenkunde nach Albertus Magnus*, Halle 1908; C. A. Wood and M. F. Fyfe, *The Art of Falconry ... of Frederick II*, Stanford 1943; Conway Zirkle, »The inheritance of acquired characters and the provisional hypothesis of pangenetics«, *American Naturalist* LXIX (1935), LXX (1936), »The early history of the idea of the inheritance of acquired characters of pangenesis«, *Transactions of the American Philosophical Society* XXXV (1946).

KAPITEL IV

TECHNIK UND NATURWISSENSCHAFT
IM MITTELALTER

ALLGEMEIN: A. E. Berriman, *Historical Metrology, A new analysis of the archaeological and historical evidence relating to weights and measures*, New York 1953; M. Bloch, »Les ›inventions‹ médiévales«, *Annales d'histoire économique et sociale* VII (1935); P. Boissonade, *Le Travail dans l'Europe chrétienne au moyen âge (5e–15e siècles)*, Paris 1921, *Life and Work in Medieval Europe*, transl. by Eileen Power, London 1927; J. Delevsky, »L'évolution des sciences et les techniques industrielles«, *Revue d'histoire économique et sociale* XXV (1939); F. M. Feldhaus, *Die Technik der Vorzeit, der geschichtlichen Zeit und der Naturvölker,* Leipzig und Berlin 1914, *Die Technik der Antike und des Mittelalters,* Potsdam 1931; R. J. Forbes, *Man the Maker,* New York 1950; A. T. Geoghegan, *The Attitude towards Labor in Early Christianity and Ancient Culture (Catholic University of American Studies in Christian Antiquity* No. 6), Washington D. C. 1945; Bertrand Gille, »Les développements technologiques en Europe de 1100 à 1400«, *Cahiers d'histoire mondiale* III (1956); W. Hallock and H. T. Wade, *Outlines of the Evolution of Weights and Measures and the Metric System,* New York 1960; Lefebvre des Noettes, »La ›nuit‹ du moyen âge et son inventaire«, *Mercure de France* CCXXXV (1932); L. Mumford, *Technics and Civilization,* London 1934; J. U. Nef, *War and Human Progress. An essay on the rise of industrial civilization,* London 1950; A. Neuburger, *The Technical Arts and Sciences of the Ancients,* London 1930; L. F. Salzmann, *English Life in the Middle Ages,* Oxford 1926; C. Singer, E. J. Homyard, A. R. Hall and T. I. Williams (editors), *A History of Technology,* Oxford ab 1954, 5 vols. – das grundlegende Werk; A. Uccelli et alii, »La Storia della Tecnica«, in *Enciclopedia Storica delle Scienze e delle loro Applicazione,* Mailand 1944, II; A. P. Usher, *A History of Mechanical Inventions,* 2nd ed., Cambridge, Mass., 1954; James C. Webster, *The Labors of the Months in Antique and Mediaeval Art to the End of the Twelfth Century,* Evanston 1938; Lynn White, jr., »Technology and invention in the Middle Ages«, *Speculum* XV (1940) – mit einer ausgezeichneten Bibliographie.

BILDUNG UND TECHNOLOGIE: Vgl. die unter Kapitel I, II, III aufgeführten Werke von Clerval, Crombie, Grabmann (1900–11), Hunt, d'Irsay, Paré et alii, Gonzaléz Palencia, Rashdall, Sharp (1934); ferner R. Baron, »Sur l'introduction en Occident des termes ›geometria theoretica et practica‹«, *Revue d'histoire des sciences* VIII (1955); G. Beaujouan, *L'interdépendance entre la science scolastique et les techniques utilitaires (XIIe, XIIIe, et XIVe siècles),* Conférence du Palais de la Découverte, Paris 1957; B. Gille, *Esprit et civilisation technique au moyen âge,* Conférence du Palais de la Découverte, Paris 1952; Theophilus the Presbyter, *Diversarum Artium Schedula,* Latin text and English transl. by R. Hendrie, London 1847 (Französische Übers. von C. de l'Escalopier, Paris 1843).

MUSIK: Willi Apel, »Early history of the organ«, *Speculum* XXIII (1948); R. d'Erlanger, *La musique arabe,* Paris 1930–39, 4 vols.; H. E. Farmer, *The Influence of Music: From Arabic Sources,* London 1926, *History of Arabian Music to the Thirteenth Century,* London 1929, *Historical Facts for the Arabian Musical Influence,* London 1930, *Al-Farabi's Arabic-Latin Writings on Music (A Collection of Oriental Writers on Music* II), Glasgow 1934;

G. Reese, *Music in the Middle Ages*, London 1941; K. Schlesinger, *Oxford History of Music*, Oxford 1929.

ACKERBAU UND VIEHZUCHT: D. Bois, *Les plantes alimentaires chez tous les peuples à travers les âges*, Paris 1927/28, 2 vols.; Sir Crisp, *Medieval Gardens*, London 1924; H. C. Darby, *The Medieval Fenland*, Cambridge 1940; Lord Ernle, *English Farming, Past and Present*, 5th ed. edited by Sir A. D. Hall, London 1936; M. L. Gothein, *A History of Garden Art*, transl. by Mrs. Archer-Hind, London 1928; N. B. S. Gras, *A History of Agriculture in Europe and America*, New York 1925; Lefebvre des Noettes, *L'Attelage, le cheval de selle à travers les âges*, Paris 1931, 2 vols.; L. Moulé, *Histoire de la médecine vétérinaire*, Paris 1891–1911, 4 parts; Eileen Power, *The Wool Trade in English Medieval History*, Oxford 1941; Sir F. Smith, *The Early History of Veterinary Literature*, London 1919, I.

BAUEN, DRUCKEN, MASCHINEN UND INSTRUMENTE: das reichhaltigste Material bei Usher, *History of Mechanical Inventions*; cf. unter Kapitel VI; außerdem: A. S. Blum, *La route du papier*, Grenoble 1946; Pierce Butler, *The Invention of Printing in Europe*, Chicago 1940; T. F. Carter, *The Invention of Printing in China and its Spread Westwards*, 3rd ed., revised by L. Carrington Goodrich, New York 1955; E. M. Carus-Wilson, »An industrial revolution in the 13th century«, *Economic History Review* XII (1941); M. Destrez, *La Pecia*, Paris 1936; B. Gille, »Le machinisme au moyen âge«, *Actes du VIe Congrès international d'Histoire des Sciences, Amsterdam 1950*, Paris 1953; D. Hunter, *Papermaking*, 2nd ed., London 1947; D. Knoop and G. P. Jones, *The Mediaeval Mason*, Manchester 1933; V. Mortet et P. Deschamps, *Recueil de textes relatifs à l'histoire de l'architecture*, Paris 1911–29, 2 vols.; Douglas C. McMurtrie, *The Book. The Story of Printing and Bookmaking*, 3rd ed., New York 1938; E. Panofsky, *Gothic Architecture and Scholasticism*, Latrobe, Pa., 1951; P. Pelliot, *Les débuts de l'imprimerie en Chine*, Paris 1953; A. Ruppel, *Johannes Gutenberg. Sein Leben und sein Werk*, 2. Aufl., Berlin 1947; C. L. Sagui, »La meunerie de Barbegal (France) et les roues hydrauliques chez les anciens et au moyen âge«, *Isis* XXXVIII (1948); E. A. Thompson (ed. and transl.), *A Roman Reformer and Inventor. Being a new test of the Treatise De rebus bellicis*, Oxford 1952; Villard de Honnecourt, *Kritische Gesamtausgabe des Bauhüttenbuches, MS fr. 19093 der Pariser Nationalbibliothek*, Hrsg. H. R. Hahnloser, Wien 1935; E. E. Viollet-Le-Duc, *Dictionnaire raisonné de l'architecture française du XIe au XVIe siècle*, Paris 1854–68, 10 vols.; G. H. West, *Gothic Architecture in England and France*, London 1927; E. Zinner, »Aus der Frühzeit der Räderuhr. Von der Gewichtsuhr zur Federzugsuhr«, *Abhandlungen Deutsches Museum* XXII (1954).

KARTEN UND GEOGRAPHIE: R. Almagia, »Quelques questions au sujet des cartes nautiques et des portulans d'après les recherches récentes«, *Actes du Ve Congrès international d'Histoire des Sciences, Lausanne 1947*, Paris 1948; L. Bagrow, »The origin of Ptolemy's *Geographia*«, *Geografiska Annaler*, Stockholm, XXVII (1945); *Geschichte der Kartographie*, Berlin 1951; C. R. Beazley, *The Dawn of Modern Geography*, London 1897–1906, 3 vols.; Lloyd A. Brown, *The Story of Maps*, London 1951; A. Cortesão, *The Nautical Chart of 1424 and the Early Discovery and Cartographical Representation of America*, Coimbra 1954; M. Destombes, *Cartes catalanes du XIVe siècle* (Rapport de la commission pour la bibliographie des cartes anciennes, Fascicule I), Paris 1952; D. B. Durand, »The earliest modern maps of Germany and Central Europe«, *Isis* XIX (1933), *The Vienna-Klosterneuburg map corpus of the fifteenth century. A study in the transition from medieval to modern science*, Leiden 1952; *Four Maps of Great Britain by Matthew Paris*, London 1928; K. Kretschmer, *Die italienischen Portolane des Mittelalters*, Berlin 1909; D. J. Price, »Medieval land surveying and topographical maps«, *Geographical Journal* CXXI (1955); E. L. Stevenson, *Portolan Charts, their origin and characteristics*, New York 1911; R. V. Tooley, *Maps and Map-Makers*, London 1949; R. Vaughan, *Matthew Paris*, Cambridge 1958; J. K. Wright, *Geographical Lore at the Time of the Crusades*, New York 1925.

INDUSTRIELLE CHEMIE, BERGBAU, METALLURGIE, FEUERWAFFEN: Cf. oben unter Kapitel III; ferner: G. Agricola, *De Re Metallica*, Englische Übersetzung von H. C. und L. H. Hoover, New York 1950; *Bergwerk- und Probierbüchlein*, übersetzt von A. E. Sisco und C. S. Smith, New York 1949 – Schriften aus dem 16. Jahrhundert über Bergbau, Geologie und Metallproben; Vanoccio Biringuccio, *Pirotechnica*, transl. by C. S. Smith and M. Gnudi, New York 1943; Lazarus Erker's *Treatise on Ores and Assaying*, transl. from the German edition of 1580 by A. E. Sisco and C. S. Smith, Chicago 1951; R. J. Forbes, *Metallurgy in Antiquity*, Leiden 1950, »Metallurgy and technology in the middle ages«, *Centaurus* III (1953); L. C. Goodrich and Feng Chia-Sheng, »The early development of firearms in China«, *Isis* XXXVI (1946); E. B. Haynes, *Glass*, London 1948; H. W. L. Hime, *The Origin of Artillery*, London 1915; J. B. Hurry, *The Wood Plant and its Dye*, London 1930; R. P. Johnson, »Compositiones variae«, in *Illinois Studies in Language and Literature* XXIII (1939); J. U. Nef, »Mining and metallurgy in medieval civilisation«, in *The Cambridge Economic History* II; J. R. Partington, *Origins and Development of Applied Chemistry*, London 1935; B. Rathgen, *Das Geschütz im Mittelalter*, Berlin 1928; T. A. Rickard, *Man and Metals*, New York 1932, 2 vols.; E. Salin et A. France-Lanord, *Le Feu à l'époque mérovingienne*, Paris 1943; L. F. Salzmann, *English Industries in the Middle Ages*, Oxford 1923; C. Singer, *The Earliest Chemical Industry*, London 1949; D. V. Thompson, jr., *The Materials of Medieval Painting*, London 1936; E. Turrière, »Le développement de l'industrie verrière d'art depuis l'époque vénitienne jusqu'à la fondation des verreries d'optique«, *Isis* VII (1925); Wang Ling, »On the invention and use of gunpowder and firearms in China«, Isis XXXVII (1947).

MEDIZIN: Außer den unter Kapitel III aufgeführten Werken: Sir T. C. Allbutt, *The Historical Relations of Medicine and Surgery to the End of the Sixteenth Century*, London 1905; W. R. Bett (ed.), *A Short History of Some Common Diseases*, Oxford 1934; E. Bock, *Die Brille und ihre Geschichte*, Wien 1903; E. G. Browne, *Arabian Medicine*, Cambridge 1821; A. M. Campbell, *The Black Death and Men of Learning*, New York 1931; D. Campbell, *Arabian Medicine and its Influence on the Middle Ages*, London 1926, 2 vols.; A. Castiglioni, *History of Medicine*, transl. by E. B. Krumbhaar, 2nd ed. New York 1947 – sehr nützlich; K. Chiu, »The introduction of spectacles into China«, *Harvard Journal of Asiatic Studies* I (1936); H. P. Cholmeley, *John of Gaddesden and the Rosa Medicinae*, Oxford 1912; C. Creighton, *History of Epidemics in Great Britain*, Cambridge 1891–94, 2 vols.; P. Diepgen, »Die Bedeutung des Mittelalters für den Fortschritt in der Medizin«, in *Essays Presented to Karl Sudhoff*, ed. Singer and Sigerist, Oxford und Zürich 1924, *Geschichte der Medizin ... I. Band: Von den Anfängen der Medizin bis zur Mitte des 18. Jahrhunderts*, Berlin 1949; Cyril Elgood, *A Medical History of Persia and the Eastern Caliphate*, New York 1951; P. L. Entralgo, *Mind and Body. Psychosomatic pathology: a short history of the evolution of medical thought*, London 1955; Fielding H. Garrison, *An Introduction to the History of Medicine*, 4th ed., Philadelphia 1929 – mit viel bibliographischem Material; J. Grier, *A History of Pharmacy*, London 1937; O. Cameron Gruner, *A Treatise on the Canon of Medicine of Avicenna*, incorporating a translation of the first book, London 1930; D. Guthrie, *A History of Medicine*, Edinburgh 1945 – mit einer nützlichen Bibliographie; J. F. K. Hecker, *The Epidemics of the Middle Ages*, transl. by Babington, London 1859; L. F. Hirst, *The Conquest of Plague*, Oxford 1953; T. Husemann, »Die Schlafschwämme und andere Methoden der allgemeinen und örtlichen Anästhesie im Mittelalter«, *Deutsche Zeitschrift für Chirurgie* XLII (1896), »Weitere Beiträge ...« ibid., LIV (1900); D. D'Irsay, »The Black Death and the mediaeval universities«, *Annals of Medical History* CII (1925); E. Kremers and G. Udang, *History of Pharmacy*, Philadelphia 1940; M. Laignel-Lavastine, *Histoire générale de la médicine, de la pharmacie, de l'art dentaire et de l'art vétérinaire*, Paris 1934–36, 2 vols.; R. A. Leonardo, *A History of Surgery*, New York

1942; D. P. Lockwood, *Ugo Benzi, medieval philosopher and physician, 1376–1439*, Chicago 1951; E. R. Long, *History of Pathology*, Baltimore 1928; C. A. Mercier, *Leper Houses and Mediaeval Hospitals*, London 1915; Maître Henri de Mondeville, *Chirurgie*, traduction française avec des notes, une introduction et une biographie par E. Nicaise, Paris 1893; M. Neuburger, *History of Medicine*, transl. by E. Playfair, London 1910–25, 2 vols.; Johannes Noll, *The Black Death. A chronicle of the plague*, transl. by C. H. Clarke, London 1926 (Deutsche Ausgabe Potsdam 1924); G. H. Oliver, *History of the Invention and Discovery of Spectacles*, London 1913; Petrus Hispanus, *Die Ophthalmologie*, Hrsg. A. M. Berger, München 1899; W. A. Pussey, *The History and Epidemiology of Syphilis*, Baltimore 1933; Rhazes, *A Treatise on the Smallpox and Measles*, transl. by W. A. Greenhill, London 1848 (ed. E. C. Kelly, New York 1939); E. Rieseman, *The Story of Medicine in the Middle Ages*, New York 1935; M. von Rohr, »*Aus der Geschichte der Brille*«, *Beiträge zur Geschichte der Technik und Industrie* XVII (1927), XVIII (1928), »*Gedanken zur Geschichte der Brillenherstellung*«, *Forschungen zur Geschichte der Optik (Beilagehefte zur Zeitschrift für Instrumentenkunde, Berlin)* II (1937); E. Rosen, »*Did Roger Bacon invent glasses?*« *Archives internationales d'histoire des sciences* XXXIII (1954), »*The invention of eyeglasses*«, *Journal of the History of Medicine* XI (1956) – eine wichtige kritische Untersuchung; E. Sachs, *The History and Development of Neurological Surgery*, New York 1952; H. E. Sigerist, »*Die Geburt der abendländischen Medizin*«, in *Essays Presented to Karl Sudhoff*, ed. Singer and Sigerist, Oxford und Zürich 1924, »*On Hippocrates*«, *Bulletin of the Institute of the History of Medicine* II (1934), 190–214, *Civilisation and Disease*, Cornell 1943, *A History of Medicine*, New York ab 1951, I ff.; C. Singer, »*Steps leading to the invention of the first optical apparatus*«, in *Studies in the History and Method of Science* II, *A Short History of Medicine*, Oxford 1928; K. Sudhoff, *Tradition und Naturbeobachtung in den Illustrationen medizinischer Handschriften und Frühdrucke vornehmlich des 15. Jahrhunderts*, Leipzig 1907, Über den *Tractatus pestilentiae*, *Archiv für Geschichte der Medizin* V (1912), *Beiträge zur Geschichte der Chirurgie im Mittelalter; graphische und textliche Untersuchungen in mittelalterlichen Handschriften (Studien zur Geschichte der Medizin X–XII)*, Leipzig 1914–18, »*Pestschriften aus den ersten 150 Jahren nach der Epidemie des schwarzen Todes 1348*«, *Archiv für Geschichte der Medizin* IX (1916), XVII (1925); O. Temkin, *The Falling Sickness. A history of epilepsy from the Greeks to the beginnings of modern neurology*, Baltimore 1945; C. J. S. Thompson, *The History and Evolution of Surgical Instruments*, New York 1942; E. A. Underwood (editor), *Science, Medicine and History, Essays … in honour of Charles Singer*, Oxford 1953; R. Verrier, *Études sur Arnald de Villeneuve*, Leiden 1947;

J. J. Walsh, *Medieval Medicine*, London 1920; C. E. A. Winslow, *Man and Epidemics*, Princeton 1952.

ZWEITER TEIL

KAPITEL I

METHODEN UND FORTSCHRITTE IN DER NATURWISSENSCHAFT DES SPÄTEN MITTELALTERS

PHILOSOPHIE UND NATURWISSENSCHAFTLICHE METHODE IM ALLGEMEINEN: Für umfassende wissenschaftliche Studien über die naturwissenschaftliche Methodik seien genannt Crombie, *Robert Grosseteste and the Origins of Experimental Science 1100–1700*, Oxford 1953, und J. H. Randall, jr., »The development of scientific method in the school of Padua«, *Journal of the History of Ideas*, I (1940). Vergleiche auch P. Duhem, »Essai sur la notion de théorie physique...«, *Annales de philosophie chrétienne*, VI (1908), und *La théorie physique*, Paris 1914 – alles bahnbrechende Untersuchungen mit etwas positivistischer Tendenz. Andere Arbeiten über die griechische und die im 13. Jahrhundert konzipierte Methode und Philosophie der Naturwissenschaften sind in der Bibliographie zu den Kapiteln I, II und III nachgewiesen (vor allem in der Einführung und in den Abschnitten über Biologie, Kosmologie und Astronomie), weitere Hinweise folgen weiter unten. Über Mathematik und Mechanik, Astronomie, experimentelle Physiologie und allgemeine Begriffsbildung in Wissenschaft und Methodik folgen Literaturnachweise in Kapitel II im zweiten Teil. Weitere Erörterungen, auch über den philosophischen Hintergrund, enthalten N. Abbagnano, *Guglielmo di Ockham*, Lanciano 1931; L. Baudry, »Les rapports de Guillaume d'Occam et de Walter Burleigh«, *Archives d'histoire doctrinale et littéraire du moyen age*, IX (1934), *Le tractatus de principiis theologiae attribué à G. d'Occam (Etudes de philos. médiévale*, XXIII), Paris 1936, *Guilleaume d'Occam: sa vie, ses oeuvres, ses idées sociales et politiques (Etudes de philos. médiévale*, XXXIX), Paris 1949, I; Arbeiten von P. Boehner, G. E. Mohan und A. C. Pegis, sowie verschiedene Artikel über William of Ockham in den *Franciscan Studies*, N. S. I–XI (1941–45), *Traditio*, I–IV (1943–46) und im *Speculum*, XXIII (1948); P. Boehner, *Medieval Logic. An outline of its development from 1250 to c. 1400*, Manchester 1952; R. Carton, *L'Expérience physique chez Roger Bacon (Etudes de philos. médiévale*, II) Paris 1924; ferner vier Arbeiten von A. C. Crombie über die Geschichte der naturwissenschaftlichen Methode in *Discovery*, London, XIII–XIV (1952–53); C. Curry, *Chaucer and the Me-*

dieval Sciences, New York 1926; Nicolas de Cués, *Oeuvres choisis*, trad.
de M. de Gandillac, Paris 1942; Nicholaus Cusanus, *Of Learned Ignorance*,
transl. by F. G. Heron, with an introduction by D. J. B. Hawkins, London
und New Haven 1954; A. Edel, *Aristotle's Theory of the Infinite*, New
York 1934; M. Patronnier de Gandillac, *La philosophie de Nicolas de Cués*,
Paris 1941; E. Gilson, *The Unity of Philosophic Experience*, London 1938,
Reason and Revelation in the Middle Ages, New York 1938; R. Guelluy,
Philosophie et théologie chez Guillaume d'Ockham, Löwen und Paris 1947;
W. H. Hay, »Nicolaus Cusanus: The structure of his philosophy«, *The Phi-
losophical Review*, New York LXI (1952); V. Heynck, »Ockham Literatur
1919–1949«, *Franziskanische Studien*, XXXII (1950); A. Koyré, »Les origines de la science moderne«, *Diogène*, No. 16 (1956); G. de Lagarde, *La
naissance de l'esprit laïque au déclin du moyen âge*, Paris 1934–46, 6 vols.;
J. Lappe, *Nicolaus von Autrecourt. Sein Leben, seine Philosophie, seine
Schriften (Beitr. Ges. Philos. Mittelalt.*, VI, 2), 1908; E. Longpré, *La philosophie du B. Duns Scotus*, Paris 1926; R. McKeon, *Selections from Medieval Philosophers*, New York 1930, II, »Aristotle's conception of the
development and the nature of scientific method«, *History of Ideas*, VIII
(1947); A. Maier, »Zu einigen Problemen der Ockhamforschung«, *Archivum Franciscanum Historicum*, Florenz XLVI (1953); A. Mansion, »L'induction chez Albert le Grand«, *Revue néo-scolastique*, XIII (1906); G. de
Mattos, »L'intellect agent personnel dans les premiers écrits d'Albert le
Grand et de Thomas d'Aquin«, *ibid.*, XLIII (1940); K. Michalski, »Les courants philosophiques à Oxford et à Paris pendant le XIVe siècle«, *Bulletin
international de l'Académie polonaise des sciences et des lettres (Craco-
vie)*, Classe d'hist. et de philos., 1920, »Les sources du criticisme et du
scepticisme dans la philosophie du XIVe siècle«, *ibid.*, 1922, »Les courants
critiques et sceptiques dans la philosophie du XIVe siècle, *ibid.*, 1925;
P. Minges, *Joannis Duns Scoti Doctrina Philosophica et Theologica*, Berlin 1930, 2 Bde.; E. A. Moody, *The Logic of William Ockham*, New York
1935, *Truth and Consequence in Medieval Logic*, Amsterdam 1953; William of Ockham, »The Centiloquium attributed to . . .«, ed. P. Boehner,
Franciscan Studies, N. S. I (1941), II (1942), *Summa Logicae*, ed. P. Boehner (Franciscan Institute Publications text series No. 2), St. Bonaventure,
N. Y. und Löwen 1951–54, 2 vols., *Philosophical Writings*, ed. Boehner,
Edinburgh 1957; J. R. O'Donnell, Texte von und Studie über Nicholas
d'Autrecourt in *Mediaeval Studies*, I (1939), IV (1942); C. v. Prantl, *Geschichte der Logik im Abendlande*, Leipzig 1855–70 4 Bde.; H. Rashdall,
»Nicholas de Ultricuria, a medieval Hume«, *Proceedings of the Aristotelian Society*, N. S. VII (1907); H. Scholz und H. Schweitzer, *Die sogenannten Definitionen durch Abstraktion (Forschungen zur Logistik und
zur Grundlegung der exakten Wissenschaften*, ed. H. Scholz, Heft III),

Leipzig 1935; L. Thorndike, *Science and Thought in the 15th Century*, New York 1929, »Dates in intellectual history: the 14th century«, *J. History of Ideas*, VI (1945), Suppl. I; S. C. Tornay, *Ockham, Studies and Selections*, La Salle, III., 1938; E. Vansteenberghe, *Le Cardinal Nicolas de Cués (1401–1464)*, Paris 1920; J. R. Weinberg, *Nicolaus of Autrecourt*, Princeton 1948.

MATHEMATIK: Archimedes, *Works*, ed. in modern notation with introductory chapters by T. L. Heath, Cambridge 1897, New York 1953 (in Englisch), *Les œucres complètes*, traduit du grec en français avec une introduction et des notes, Paris 1921; W. W. Rouse Ball, *A Short Account of the History of Mathematics*, 3rd ed., London 1901; G. Beaujouan, »L'enseignement de l'arithméthique élémentaire à l'université de Paris aux XIIIe et XIVe siècles: de l'abaque à l'algorisme«, *Hommage à Millás-Vallicrosa*, Barcelona 1956, I; O. Becker und J. E. Hofmann, *Geschichte der Mathematik*, Bonn 1951; C. B. Boyer, *The Concepts of the Calculus*, New York 1939, *History of Analytic Geometry*, New York 1956 (Nachdruck der Artikel aus *Scripta Mathematica*); L. Brunschwig, *Les étapes de la philosophie mathématique*, 3e éd., Paris 1929 – grundlegend für die mathematische Methodik; F. Cajori, *A History of Mathematical Notations*, London 1929; M. Cantor, *Vorlesungen über Geschichte der Mathematik*, Leipzig 1900, II; E. J. Dijksterhuis, *Archimedes*, Kopenhagen 1956 – sehr brauchbar; Euclid, *Elements*, Englisch transl. and introduction by Sir T. L. Heath, Cambridge 1926, 3 vols. – ausgezeichnet für die geometrische Methodik; Sir T. L. Heath, *A History of Greek Mathematics*, 2 vols., Oxford 1921, *Mathematics in Aristotle*, Oxford 1949 – ausgezeichnete Studie über die Methodik; G. F. Hill, *The Development of Arabic Numerals in Europe*, Oxford 1915; J. E. Hofmann, *A History of Mathematics*, New York 1957 (Übers. der *Geschichte der Mathematik*, Berlin 1953, I); G. Libri, *Histoire des sciences mathématiques en Italie*, Paris 1938–41, 4 vols.; Gino Loria, *Storia delle matematice*, Turin 1929–33, 3 vols.; P. H. Michel, *De Pythagore à Euclide. Contribution à l'histoire des mathématiques préeuclidiennes*, Paris 1950; D. E. Smith, *History of Mathematics*, New York 1958; Dirk J. Struik, *A Concise History of Mathematics*, New York 1948, 2 vols.; Suter, *op. cit.* unter Kap. III, Kosmologie und Astronomie; P. Tannery, *Mémoires scientifiques*, V., *Sciences exactes au moyen âge*, publiés par J. L. Heiberg, Toulouse und Paris 1922; K. Vogel (Hrsg.), *Die Practica des Algorismus Ratisbonensis*, München 1954; H. Wieleitner, *Geschichte der Mathematik*, Berlin 1939, 2 Bde.; H. G. Zeuthen, *Histoire des mathématiques dans l'antiquité et le moyen âge*, Paris 1902.

PHYSIK IM SPÄTEN MITTELALTER: Die grundlegenden Studien sind von M. Clagett, *The Science of Mechanics in the Middle Ages*, Madison, Wisc.;

P. Duhem, *Système du Monde* und *Etudes sur Léonard de Vinci*, Paris 1906–13, 3 séries; und A. Maier, *Zwei Grundprobleme der Scholastischen Naturphilosophie*, Rom 1951 (2. Aufl. von *Das Problem der intensiven Größe*..., 1939, und *Die Impetustheorie*..., 1940), *An der Grenze von Scholastik und Naturwissenschaft*, Essen 1943, *Die Vorläufer Galileis im 14. Jahrhundert*, Rom 1949, *Metaphysische Hintergründe der spätscholastischen Naturphilosophie*, Rom 1955, *Zwischen Philosophie und Mechanik*, Rom 1958. Nützliche Zusammenfassungen sind M. Clagett, »Some general aspects of physics in the middle ages«, *Isis*, XXXIX (1948), und aus demselben Jahre Duhem, »Physics – History of«, in *Catholic Encyclopedia*, New York 1911; auch R. Dugas, *Histoire de la mécanique*, Neuchâtel 1950, die jedoch Maiers grundlegende Forschungen nicht einbezieht. Siehe auch unter Kapitel III, Mechanik.

MATERIE, RAUM, GRAVITATION, DYNAMIK: C. Bailey, *The Greek Atomists and Epicurus*, Oxford 1928; E. Borchert, *Die Lehre von der Bewegung bei Nikolaus Oresme (Beitr. Ges. Philos. Mittelalt.,* XXXI, 3), 1934; Thomas of Bradwardine, *Tractatus de Proportionibus*, ed. with English translation and introduction by H. L. Crosby, jr., Madison, Wisc., 1955; J. Bulliot, »Jean Buridan et le mouvement de la terre. Question 22ᵉ du Second Livre du ›De Coelo‹«, *Revue de Philosophie*, XXV (1914); Johannes Buridanus, *Questiones super libris quattuor de Caelo et Mundo*, ed. E. A. Moody, Cambridge, Mass., 1942; M. D. Chenu, »Aux origines de la science moderne«, *Revue des sciences philosophiques et théologiques*, XXIX (1940); M. Clagett, *Giovanni Marliani and the late Medieval Physics (Columbia University Studies in History, Economics and Public Law,* No. 483), New York 1941, »The Liber de motu of Gerard of Brussels and the origins of kinematics in the West«, *Osiris*, XII (1956), 73–175; Nicolaus von Cues, *Vom Globusspiel (De Ludo Globi)*, übersetzt und mit Einführung und Anmerkungen versehen von E. von Bredow *(Schriften des Nicolaus von Cues,*... in deutscher Übersetzung herausgegeben von E. Hofmann, XIII), Hamburg 1952; A. G. Drachmann, *Ktesibios, Philon and Heron. A Study in Ancient Pneumatics*, Kopenhagen 1948; P. Duhem, *Le mouvement absolu et le mouvement relatif*, Nachdruck aus *Revue de la Philosophie*, XI–XIV (1907–09), »Roger Bacon et l'horreur du vide«, *Roger Bacon Essays*, ed. Little, Oxford 1914; D. B. Durand, »Nicole Oresme and the mediaeval origins of modern science«, *Speculum*, XVI (1941); E. Faral, »Jean Buridan: Notes sur les manuscrits, les éditions et le contenu de ses ouvrages«, *Archives d'histoire doctrinale et littéraire du moyen âge*, XV (1946); J. E. Hofmann, »Zum Gedenken an Thomas Bradwardine«, *Centaurus*, I (1951); A. Koyré, »Le vide et l'espace infini au XIVᵉ siècle«, *Archives d'histoire doctrinale et littéraire du moyen âge*, XXIV (1949);

K. Lasswitz, *Geschichte der Atomistik vom Mittelalter bis Newton*, 2. Aufl., Leipzig 1926, 2 Bde. – immer noch die beste Geschichte der Atomistik in diesem Zeitraum; A. Maier, »Die Anfänge des physikalischen Denkens im 14. Jahrhundert«, *Philosophia Naturalis*, I (1950), »Die Subjektivierung der Zeit in der scholastischen Philosophie«, ibid., »Die naturphilosophische Bedeutung der scholastischen Impetustheorie«, *Scholastik*, XXX (1955); C. Michalski, »La physique nouvelle et les différents courants philosophiques au XIVe siècle«, *Bull. internat. de l'Acad. polonaise des sciences et des lettres*, Classe d'hist. et de philos., 1927; E. A. Moody, »Ockham, Buridan and Nicholas of Autrecourt«, *Franciscan Studies*, N. S. VII (1947), »Ockham and Aegidius of Rome«, ibid., IX (1949), »Galileo and Avempace«, *J. History of Ideas*, XII (1951); S. Moser, *Grundriß der Naturphilosophie bei Wilhelm Occham (Philosophie und Grenzwissenschaften, IV, 2–3)*, Innsbruck 1932; William of Ockham, *The Tractatus de Successivis*, ed. P. Boehner (Franciscan Inst. Publ. I), St. Bonaventure, N. Y. 1944; Nicole Oresme, *Le livre du ciel et du monde*, ed. A. D. Menut und A. J. Denomy, *Mediaeval Studies*, III–V (1941–43); O. Pederson, *Nicole Oresme og haus naturfilosfiske system*, Kopenhagen 1956; S. Pines, *Beiträge zur islamischen Atomenlehre*, Berlin 1936, »Les précurseurs musulmans de la théorie de l'impetus«, *Archeion*, XXI (1938), »Etudes zur al-Zamân Abu'l Barakât al Bahdâdî«, *Revue des études juives*, CIII (1938); H. Shapiro, »Motion, time and place according to William of Ockham«, *Franciscan Studies*, XVI (1956); A. G. van Melsen, *From Atomos to Atom*, Pittsburgh, Pa., 1952; J. A. Weisheipl, »The concept of nature«, *The New Scholasticism*, XXVIII (1954), »Nature and compulsory movement«, ibid., XXIX (1955), »Space and gravitation«, ibid.

MATHEMATISCHE PHYSIK: In Ergänzung bereits genannter Werke wären zu nennen: T. B. Birch, »The theory of continuity of William of Ockham«, *Philosophy of Science*, III (1936); C. B. Boyer, »The invention of analytic geometry«, *Scientific American*, CLXXX (1949), »Early contributions to analytic Geometry«, *Scripta Mathematica*, XIX (1953); R. Caverni, *Storia del Methodo Sperimentale in Italia*, Florenz 1891–98, 5 vols.; M. Clagett, »Richard Swineshead and the late mediaeval physics«, *Osiris*, IX (1950); J. L. Coolidge, »Originis of analytic geometry«, *Osiris*, I (1936); C. Cusanus, *The Idiot in Four Books*, London 1650; Nicolaus de Cusa, *Idiota de staticis experimentis*, ed. L. Baur (Opera Omnia, V), Leipzig 1937, *De Staticis Experimentis*, transl. by Henry Viets, *Annals of Medical History*, IV (1922); S. Günther, »Die Anfänge und Entwicklungsstadien des Coordinatenprinzips«, *Abhandlungen der Naturhistorischen Gesellschaft zu Nürnberg*, VI (1877); E. Hoffman, »Das Universum des Nikolaus Cusanus«, *Sitzungsberichte der Heidelberger Akademie der Wissenschaften*, Philos.-hist. Klasse,

1929–30, Heidelberg 1930, 3 Abh.; H. P. Lattin, »The eleventh century MS Munich 14 336; its contribution to the history of coordinates, of logic, of German studies in France«, *Isis*, XXXVIII (1948); A. Maier, »Der Funktionsbegriff in der Physik des 14. Jahrhunderts«, *Divus Thomas*, Freiburg XIX (1946), »La doctrine de Nicolas d'Oresme sur les ›Configurationes intensionum‹«, *Revue des Sciences philosophiques et théologiques*, XXXII (1948); J. Uebinger, »Die philosophischen Schriften des Nikolaus Cusanus«, *Zeitschrift für Philosophie und philosophische Kritik*, CIII (1894), CV (1895), CVII (1896); H. Wieleitner, »Der ›Tractatus de latitudinibus formarum‹ des Oresme«, *Bibliotheca Mathematica*, XIII (1913), »Über den Funktionsbegriff und die graphische Darstellung bei Oresme«, ibid., XIV (1914); Curtis Wilson, »Pomponazzi's criticism of Calculator«, *Isis*, XLIV (1953), *William Heytesbury: Medieval Logic and the Rise of Mathematical Physics*, Madison, Wisc., 1956.

NATURWISSENSCHAFTEN UND DIE LITERARISCHE RENAISSANCE DES 15. JAHRHUNDERTS: Vergleiche Bolgar and Sandys, *op. cit.*, Vol. I, Chapter II, und H. Baron, »Towards a more positive evaluation of the 15th-century Renaissance«, *J. History of Ideas*, IV (1943); H. S. Bennett, *English Books and Readers, 1475–1557. Being a study in the history of the book trade from Caxton to the incorporation of the Stationers' Company*, London 1952; J. Burckhardt, *Die Kultur der Renaissance in Italien*, Köln 1956; E. Cassirer, P. O. Kristeller and J. H. Randall jr., *The Renaissance Philosophy of Man*, Chikago 1948; D. V. Durand, »Tradition and innovation in 15th century Italy«, *J. History of Ideas*, IV (1943); W. K. Ferguson, *The Renaissance in Historical Thought*, Cambridge, Mass., 1948 – eine sehr gründlich durchgearbeitete historiographische Untersuchung mit ausführlicher Bibliographie; G. D. Hadzsits, *Lucretius and his Influence*, London 1935; F. R. Johnson and S. V. Larkey, »Science«, *Modern Language Quarterly*, II (1941); R. F. Jones, *The Triumph of the English Language*, Stanford 1953 – eine Arbeit über die kulturellen Einflüsse auf die Volkssprache im 16. Jahrhundert; Pearl Kibre, *The Library of Pico della Mirandola*, New York 1936, »Intellectual interests reflected in libraries of the 14th and 15th centuries«, *J. History of Ideas*, VII (1946); A. C. Klebs, »Incunabula scientifica et medica«, *Osiris*, IV (1937); P. O. Kristeller, *Studies in Renaissance Thought and Letters*, Rom 1956 – sehr wichtig; P. O. Kristeller and J. H. Randall jr., »Study of Renaissance philosophy«, *J. History of Ideas*, II (1941); G. Sarton, »The scientific literature transmitted through the incunabula«, *Osiris*, V (1938), *The Appreciation of Ancient and Medieval Science during the Renaissance (1450–1600)*, Philadelphia 1955, *Six Wings. Men of Science in the Renaissance*, Bloomington, Ind., 1957; Lynn Thorndyke, »A highly specialized medieval library«, *Scriptorium*, VII

1935; H. Weisinger, »The idea of the Renaissance and the rise of modern science«, *Lychnos* (1946–47), »English origins of the sociological interpretation of the Renaissance«, *J. History of Ideas*, XI (1950), »English treatment of the relationship between the rise of science and the Renaissance, 1740–1840«, *Annals of Science*, VII (1951); G. P. Winship, *Printing in the Fifteenth Century*, Philadelphia 1940.

KAPITEL II

REVOLUTION DES NATURWISSENSCHAFTLICHEN DENKENS IM 16. UND 17. JAHRHUNDERT

ALLGEMEINES: Zur Einführung dienen H. Butterfield, *The Origins of Modern Science*, London 1949 – eine anregende Skizze; A. R. Hall, *The Scientific Revolution 1500–1800*, London 1954; H. T. Pledge, *Science Since 1500*, London 1939; und W. P. D. Wightman, *The Growth of Scientific Ideas*, Edinburgh 1950. Sehr wertvolle Informationen enthalten die älteren Arbeiten von Caverni, Libri, Montucla und Whewell, ebenso A. Mieli, *Panorama general de historia de la ciencia*, Buenos Aires 1945–50, 4 vols.; L. Thorndike, *History of Magic and Experimental Science*, New York 1941–58, vols. V–VII, und A. Wolf, *A History of Science, Technology and Philosophy in the 16th and 17th Centuries*, revised by D. McKie, London 1951; ebenso Henry Crew, *The Rise of Modern Physics*, 2nd ed., Baltimore 1935. Wertvolle Zusammenstellung von Quellen und vielseitige, teilweise aber auch ungenaue Informationen enthalten R. T. Gunther, *Early Science in Oxford*, 14 vols., Oxford 1923–45, und *Early Science in Cambridge*, Oxford 1937. Zur Auswahl von Quellen in englischer Übersetzung sind nützlich: Sir W. C. Dampier-Whetham and M. D. Whetham, *Cambridge Readings in the Literature of Science*, Cambridge 1928; ebenso die im Verlag McGraw-Hill erschienenen Quellen-Bücher für *Astronomie*, hrsg. v. H. Shapley und H. E. Howarth, 1929, für *Mathematik*, hrsg. v. D. E. Smith, 1929, für *Physik*, hrsg. v. W. F. Magie, 1935, für *Geologie*, hrsg. v. K. F. Mather, 1939, für *Biologie der Tiere*, hrsg. von T. S. Hall, 1951, und für *Chemie*, hrsg. von H. M. Leicester und H. S. Klickstein, 1952.

WISSENSCHAFTLICHES DENKEN IN EINER ZEIT DES SOZIALEN UMBRUCHS: P. Allen, »Scientific studies in the English universities of the seventeenth century«, *J. History of Ideas*, X (1949); J. Bertrand, *L'académie des sciences et les académiciens de 1666 à 1793*, Paris 1869; T. Birch, *History of the Royal Society*, London 1756, 4 vols.; H. Brown, *Scientific Organizations in Seventeenth Century France (1620–1680)*, Baltimore 1934, »The utilitarian motive in the age of Descartes«, *Annals of Science* (1936); F. Brunot, *Histoire de la langue française*, Paris 1930, VI, I, *Le mouvement des idées et les vocabulaires techniques* (fasc. 2, »La langue des sciences«); J. N. D. Bush, *English Literature in the Earlier Seventeenth Century, 1600–60 (Oxford History of English Literature*, V), Oxford 1945; G. N. Clark, *Science and Social Welfare in the Age of Newton*, Oxford 1937, *The Seventeenth Century*, Oxford 1947; A. C. Crombie, *Oxford's Contribution to the Origins of Modern Science*, Oxford 1954, *Early Modern Europe from about 1450 to about 1720*, London 1957 – eine sehr aufschlußreiche Skizze; F. de Dainville, »L'enseignement des mathématiques dans les Collèges Jésuites de France du XVIᵉ au XVIIᵉ siècle«, *Revue d'Histoire des Sciences*, VII (1954); A. Favaro, »Documenti per la storia dell' Accademia dei Lincei«, *Bulletino di bibliografia e di storia delle scienze*, XX (Rom 1887); L. P. V. Febvre, *Le problème de l'incroyance au XVIᵉ siècle*, Paris 1947; A. J. George, »The genesis of the Académie des Sciences«, *Annals of Science*, III (1938); H. Grossmann, »Die gesellschaftlichen Grundlagen der mechanistischen Philosophie und die Manufaktur«, *Zeitschrift für Sozialforschungen*, IV (1935); H. Hauser, »Science et philosophie après le concile de Trente«, *Scientia*, LVII (1935); Paul Hazard, *La crise de la conscience européenne (1690–1715)*, Paris 1935, 3 vols. – sehr informativ; R. Hooykaas, »Science and reformation«, *Cahiers d'histoire mondiale*, III (1956); W. E. Houghton, »The history of trades«, *J. History of Ideas*, II (1941), »The English virtuoso in the seventeenth century«, ibid., III (1942); J. Jacquot, »Thomas Harriot's reputation for impiety«, *Notes and Records of the Royal Society*, IX (1952); F. R. Johnson, »Gresham College: precursor of the Royal Society«, *J. History of Ideas*, I (1940); R. F. Jones, *Ancients and Moderns*, St. Louis 1936; J. E. King, *Science and Rationalism in the Government of Louis XIV, 1661–1683*, Baltimore 1949; P. H. Kocher, *Science and Religion in Elizabethan England*, San Marino, Cal., 1953; R. Lenoble, *Marin Mersenne et l'origine du mécanisme*, Paris 1943 – sehr bedeutend; S. F. Mason, »The Scientific Revolution and the Protestant Reformation«, *Annals of Science*, IX (1953); R. K. Merton, »Science, technology and society in 17th-century England«, *Osiris*, IV (1938); J. V. Nef, *Industry and Government in France and England, 1540–1640*, Philadelphia 1940; L. S. Olschki, *Geschichte der neusprachlichen wissenschaftlichen Literatur*, Heidelberg 1919 bis 1927, 3 Bde.; M. Ornstein [Bronfenbrenner], *The Role of Scientific Societies in the Seventeenth Century*, Chikago 1938 – ein ausgezeichneter Überblick; L. Pastor, *The History of the Popes*, transl. E. Graf, London 1937, 1938, XXV, XXIX; P. Smith, *A History of Modern Culture*, London 1930–34, 2 vols.; T. Sprat, *A History of the Royal Society of London*, London 1667; R. H. Syfret, »The Origins of the Royal Society«, *Notes and Records of the Royal Society*, V (1948), »Some early reactions to the

Royal Society«, ibid., VII (1950), »Some early critics of the Royal Society«, ibid., VIII (1950); T. O. Taylor, *Thought and Expression in the Sixteenth Century*, New York 1920, 2 vols.; G. H. Turnbull, »Samuel Hartlib's influence on the early history of the Royal Society«, *Notes and Records of the Royal Society*, X (1953); J. L. Vives, *On Education*, transl. by F. Watson, Cambridge 1913; A. von Martin, *Sociology of the Renaissance*, London 1945; C. R. Weld, *A History of the Royal Society*, London 1848, 2 vols.; B. Willey, *The Seventeenth Century Background*, London 1934; Louis B. Wright, *Middle Class Culture in Elizabethan England*, Chapel Hill, N. C., 1935; E. Zilsel, »Problems of empiricism: experiment and manual labour«, *International Encyclopaedia of Unified Science*, ed. O. Neurath, 1941, II, VIII, »The sociological roots of science«, *American J. of Sociology*, XLVII (1942), »The genesis of the concept of physical laws«, *The Philosophical Review*, LI (1942), »The genesis of the concept of scientific progress«, *J. History of Ideas*, VI (1945).

MATHEMATIK UND MECHANIK: Einen ausgezeichneten Überblick gibt R. Dugas, *La mécanique au XVIIe siècle*, Neuchâtel 1954. In Ergänzung dazu, neben den zu Kapitel III und Kapitel I vom zweiten Teil genannten Werken, benutze man A. Armitage, »The deviation of falling bodies«, *Annals of Science*, V (1948); Isaac Beeckman (1588–1637), *Journal*, ed. Cornelius de Waard, Den Haag 1953; A. E. Bell, *Christian Huygens and the Development of Science in the Seventeenth Century*, London 1947; S. Brodetsky, *Sir Isaac Newton*, London 1927 – eine nützliche Übersicht; L. Brunschwig, *Les étapes de la philosophie mathématique*, Paris 1947; E. A. Burtt, *The Metaphysical Foundations of Modern Physical Science*, London 1932 (Neuausgabe New York 1955); F. Cajori, *A History of Mathematics*, New York 1924, *A History of Physics*, 2nd ed., New York 1929; A. Carli und A. Favaro, *Bibliografia Galileiana (1568–1895)*, Rom 1896; E. Cassirer, »Mathematische Mystik und mathematische Naturwissenschaft«, *Lychnos* (1940), »Galileo's Platonism«, *Studies and Essays . . . offered . . . to George Sarton*, ed. M. F. Ashley Montague, New York 1947; I. B. Cohen, »Galileo's rejection of the possibility of velocity changing uniformly with respect to distance«, *Isis*, XLVII (1956); Julian L. Coolidge, *A History of Geometrical Methods*, Oxford 1940; Lane Cooper, *Aristotle, Galileo, and the Tower of Pisa*, New York 1935; A. C. Crombie, »Galileo's ›Dialogue Concerning the Two Principal Systems of the World‹ ?«, *Dominican Studies*, III (1950); R. Depau, *Simon Stevin*, Brüssel 1942 (Studie und französ. Übersetzung des Textes); René Descartes, *Œuvres*, ed. Ch. Adam et P. Tannery, Paris 1897 bis 1913, 12 vols.; E. J. Dijksterhuis, *De mechanisering van het Wereldbeeld*, Amsterdam 1950; F. Enriques, *Le Matematiche nella storia e nella cultura*, Bologna 1938; Galileo Galilei, *Opere*, ed. naz. von A. Favaro, Florenz,

1890–1909, 21 vols.; A. R. Hall, *Balistics in the Seventeenth Century*, Cambridge 1952; L. R. Heath, *The Concept of Time*, Chikago 1936; Christian Huygens, *Œuvres complètes*, ed. Société hollandaise des sciences, Den Haag 1888–1950, 22 vols.; A. Koyré, *Etudes galiléennes (Actualités scientifiques et industrielles*, nos. 852–54), Paris 1939 – sehr wichtig, »Galileo and Plato«, *J. History of Ideas*, IV (1943), »The significance of the Newtonian Synthesis«, *Archives internationales d'histoire des sciences*, XXIX (1950), »An experiment in measurement«, *Proceedings of the American Philosophical Society*, XCVII (1953), »A documentary history of the problem of fall from Kepler to Newton«, *Transactions of the American Philosophical Society*, N. S. XLV. 4 (1955), »Pour une édition critique des œuvres de Newton«, *Revue d'histoire des sciences*, VIII (1955), »L'hypothèse et l'expérience chez Newton«, *Bulletin de la Société française de Philosophie*, I (1956); R. Lämmel, *Galileo Galilei und sein Zeitalter*, Zürich 1942 – eine ausgezeichnete Untersuchung; R. Lenoble, *Marin Mersenne et l'origine du mécanisme*, Paris 1943; *Leonardo da Vinci et l'expérience scientifique au XVIe siècle* (Colloques internationaux du Centre national de la Recherche Scientifique), Paris 1953; W. H. Macaulay, »Newton's theory of kinetics«, *Proceedings of the American Mathematical Society*, III (1897); E. Mach, *The Science of Mechanics*, transl. by T. J. McCormack, La Salle, Ill., 1942; R. Marcolongo, »Lo sviluppo della meccanico sino ai discepoli di Galileo«, *Atti della Reale Accademia dei Lincei*, XIII (1920); M. Mersenne, *Correspondance*, ed. Mmes. Paul Tannery, Cornelis de Waard und René Pintard, Paris 1932–55, 4 vols.; G. Milhaud, *Descartes Savant*, Paris 1921; A. Mieli, »Il tricentenario dei ›Discorsi e dimostrazioni matematiche‹ di Galileo Galilei«, *Archeion*, XXI (1938) – eine kritische Beurteilung von Duhem, etc.; P. Mouy, *Le développement de la physique cartésienne, 1646–1712*, Paris 1934; Sir Isaac Newton, *Mathematical Principles of Natural Philosophy and his System of the World*, Motte's transl. revised by F. Cajori, Berkeley, Cal., 1946; L. Olschki, »The scientific personality of Galileo«, *Bulletin of the History of Medicine*, XII (1942); O. Ore, *Cardano: The Gambling Scholar*, Princeton 1953; G. Sarton, »Simon Stevin of Brughes«, *Isis*, XXI (1934); J. F. Scott, *The Scientific Work of René Descartes*, London 1952; W. B. Parsons, *Engineers and Engineering in the Renaissance*, Baltimore 1931; D. E. Smith, *A History of Mathematics*, Boston 1923–25, 2 vols.; Simon Stevin, *The Principal Works*, ed. E. J. Dijksterhuis, vol. I, »Mechanics«, Amsterdam 1955; E. W. Strong, *Procedures and Metaphysics*, Berkeley 1936; F. Sherwood Taylor, *Galileo and the Freedom of Thought*, London 1938 – die beste kurze Studie in Englisch über Galileo ausschließlich als Naturwissenschaftler; H. J. Webb, »The science of gunnery in Elizabethan England«, *Isis*, XLV (1954); P. P. Wiener, »The tradition behind Galileo's methodology«, *Osiris*, I (1936).

ASTRONOMIE: In Ergänzung der bereits im vorhergehenden Abschnitt und der zu Kapitel III genannten Werke wären hier zu nennen: G. Abetti, *The History of Astronomy*, transl. from the Italian *Storia dell' Astronomia* by Betty Burr Abetti, New York 1952; E. J. Aiton, »Galileo's theory of the tides«, *Annals of Science*, X (1954); D. C. Allen, *The Star-crossed Renaissance*, Durham, N. C., 1941 – für die Astrologie; A. Armitage, *Copernicus*, London 1938, »The cosmology of Giordano Bruno«, *Annals of Science*, VI (1948), »›Borell's Hypothesis‹ and the rise of the celestial mechanics«, ibid.; C. Baumgardt, *Johannes Kepler: Life and Letters*, New York 1951; A. Berry, *Short History of Astronomy*, London 1896; G. Bigourdan, *L'astronomie, évolution des idées et des méthodes*, Paris 1911; I. Bouiliau, *Astronomia Philolaica*, Paris 1645; C. B. Boyer, »Notes on epicycles and the ellipse from Copernicus to Lahire«, *Isis*, XXXVIII (1947); J. Brodrick, *The Life and Work of Blessed Robert, Cardinal Bellarmine, 1542–1621*, London 1928; W. W. Bryant, *Kepler*, New York 1920; Tommaso Campanella, »The Defence of Galileo of Thomas Campanella, transl. and ed. by McColley, *Smith College Studies in History*, Northampton, Mass., XX (1938); Max Caspar, *Johannes Kepler*, 2. Aufl., Stuttgart 1950; N. Copernicus, *De Revolutionibus Orbium Coelestium Libri VI*, Nürnberg 1543, Amsterdam 1943 (Englische Übersetzung von C. G. Wallis, *Great Books of the Western World*, XVI, Chikago 1952 – z. T. ungenau, *De la Révolution des orbes célestes*, übersetzt von A. Koyré, Paris 1934); A. C. Crombie, *Galilée devant les critiques de la postérité* (Les Conférences au Palais de la Découverte, Série D, No. 45), Paris 1957; H. Dingle, Aufsätze in *The Scientific Adventure*, London 1952; J. L. E. Dreyer, *Tycho Brahe*, Edinburgh 1890, *History of Planetary Systems*, Cambridge 1906 (Neuausgabe als *A History of Astronomy . . .*, New York 1953); A. Favaro, *Galileo Galilei e l'Inquisizione. Documenti del processo Galileiano . . .*, Florenz 1907; J. A. Gade, *The Life and Times of Tycho Brahe*, Princeton 1947; K. von Gebler, *Galileo Galilei and the Roman Curia*, transl. Mrs. G. Sturge, London 1879; B. Ginsburg, »The scientific value of the Copernican induction«, *Osiris*, I (1936); E. Goldbeck, *Keplers Lehre von der Gravitation*, Halle 1896; S. Greenberg, *The Infinite in Giordano Bruno*, with a translation of his dialogue *Concerning The Cause, Principle, and One*, New York 1950; W. Hartner, »The Mercury Horoscope of Marcantonio Michiel of Venice. A study in the history of renaissance astrology and astronomy«, *Vistas in Astronomy*, ed. A. Beer, London 1955, I; C. D. Hellman, *The Comet of 1577: its Place in the History of Astronomy*, New York 1944; G. Holton, »Johannes Kepler's universe: its physics and metaphysics«, *American Journal of Physics*, XXIV (1956); Max Jammer, *Concepts of Space: the history of theories of space in physics*, Cambridge, Mass., 1954, *Concepts of Force*, Cambridge, Mass., 1957; F. R. Johnson, »The influence of Thomas Digges on the progress of modern astronomy in sixteenth-century England«, *Osiris*, I (1936), *Astronomical Thought in Renaissance England*, Baltimore 1937, »Astronomical textbooks in the sixteenth century«, *Science, Medicine and History*, ed. E. A. Underwood, Oxford 1953, I; F. R. Johnson and S. V. Larkey, »Thomas Digges, the Copernican System, and the idea of the infinity of the Universe in 1576«, *Huntington Library Bulletin* (San Marino, Cal.), V (1934), »Robert Recorde's mathematical teaching and the anti-Aristotelian movement«, ibid., VII (1935); C. G. Jung and W. Pauli, *The Interpretation of Nature and the Psyche*, London 1955 (Deutsche Ausgabe: Zürich 1952) – Pauli enthält einen interessanten Aufsatz über Kepler; *Johann Kepler, 1571–1630. A Tercentenary Commemoration of his Life and Work*, Baltimore 1931 – mit Bibliographie; Johannes Kepler, *Gesammelte Werke*, Hrsg. W. von Dycht und M. Caspar, München 1938; A. Koyré, *Philosophical Review*, LII (1943) – über Keplers Konzeption von der Trägheit der Masse, »La mécanique céleste de J. A. Borelli«, *Revue d'histoire des sciences*, V (1952), »La gravitation universelle de Kepler à Newton«, *Actes du VIe Congrès international d'histoire des sciences*, Amsterdam 1950, Paris 1953, »L'œuvre astronomique de Kepler«, *XVIIe siècle*, Paris, No. 30 (1956); T. S. Kuhn, *The Copernican Revolution*, Cambridge, Mass., 1957 – sehr nützlich; G. McColley, »The 17th-century doctrine of a plurality of worlds«, *Annals of Science*, I (1936); A. Mercati, *Il sommario del processo di Giordano Bruno (Studie e Testi*, CI), Rom 1942; H. Metzger, *Attraction universelle et religion naturelle chez quelques commentateurs anglais de Newton*, Paris 1938; S. I. Mintz, »Galileo, Hobbes, and the circle of perfection«, *Isis*, XLIII (1952); M. H. Nicholson, *The Breaking of the Circle. Studies in the effect of the »New Science« upon seventeenth-century poetry*, Evanston, Ill., 1950; W. Norlind, »Copernicus and Luther: a critical study«, *Isis*, XLIV (1953); E. Panofsky, *Galileo as a Critic of the Arts*, Den Haag 1954 – über Galilei und Kepler; Pastor, *History of the Popes*, London 1937, 1938, XXV, XXIX; S. P. Rigaud, *Supplement to Dr. Bradley's Miscellaneous Works, with an account of Harriot's astronomical papers*, Oxford 1833; E. Rosen, *Three Copernican Treatises*, New York 1939, »The Ramus-Rheticus Correspondence«, *J. History of Ideas*, I (1940), »Maurolyco's attitude toward Copernicus«, *Proceedings of the American Philosophical Society*, CI (1957), »Galileo's misstatements about Copernicus«, *Isis*, XLIX (1958); G. de Santillana, *The Crime of Galileo*, Chikago 1955 (*Le procès de Galilée*, Paris 1956) – die neueste Abhandlung über den Streit zwischen Galilei und der katholischen Kirche; D. Shapeley, »Pre-Huygenian observations of Saturn's rings«, *Isis*, XL (1949); D. W. Singer, *Giordano Bruno, His Life and Thought*, New York-London 1950; A. J. Snow, *Matter and Gravity in Newton's Physical Philosophy*, London 1926; D. Stimpson, *The Gradual Acceptance of the Copernican Theory*, New York 1917; James Winny (ed.),

The Frame of Order. An Outline of Elizabethan beliefs taken from treatises of the late sixteenth century, London 1957; E. Wohlwill, *Galilei und sein Kampf für die kopernikanische Lehre*, Hamburg und Leipzig 1909; R. Wolf, *Geschichte der Astronomie*, München 1877; H. Zaiser, *Kepler als Philosoph*, Stuttgart 1932; E. Zilsel, »Copernicus and mechanics«, *J. History of Ideas*, I (1940); E. Zinner, *Die Geschichte der Sternkunde*, Berlin 1931, *Entstehung und Ausbreitung der kopernikanischen Lehre (Sitzungsberichte der physik.-mediz. Sozietät zu Erlangen)*, Erlangen 1943.

MAGNETISMUS, ELEKTRIZITÄT UND OPTIK: In Ergänzung zu den im Kapitel III und in dem nächsten Abschnitt aufgeführten Werken sind hier zu nennen: C. B. Boyer, »Kepler's explanation of the rainbow«, *American Journal of Physics*, XVIII (1950), »Descartes and the radius of the rainbow«, *Isis*, XLIII (1952); Gajori, *A History of Physics*, New York 1929; William Gilbert, *De Magnete Magnetisque Corporibus et de Magno Magnete Tellure*, London 1600 (Englische Übersetzung von P. F. Motteley unter dem Titel *On the Lodestone and Magnetic Bodies and on the Great Magnet the Earth*, London 1893); N. H. de V. Heathcote, »Guerick's sulphur globe«, *Annals of Science*, VI (1950); J. Itard, »Les lois de la réfraction de la lumière chez Kepler«, *Revue de Histoire des Sciences*, X (1957); D. J. Korteweg, »Descartes et les manuscripts de Snellius«, *Revue de Métaphysique et de Morale*, Paris, IV (1896); P. Kramer, »Descartes und das Brechungsgesetz des Lichtes«, *Abhandlungen zur Geschichte der Mathematik*, IV (1882); G. Leisegang, *Descartes' Dioptrik*, Meisenheim am Glan 1954; Sir Isaac Newton, *Opticks*, 4th edition, London 1730 (Neuausgabe, London 1931, New York 1952); R. E. Ockenden, »Marco Antonio de Dominis and his explanation of the rainbow«, *Isis*, XXVI (1936); E. Panofsky, *Albrecht Dürer*, 3rd ed., Princeton 1943, 2 vols.; C. E. Papanastassiou, *Les théories sur la nature de la lumière de Descartes à nos jours*, Paris 1935; M. Roberts and E. R. Thomas, *Newton and the Origin of Colours*, London 1934 (enthält einen Nachdruck von Newtons »New Theory about Light and Colours«, *Philosophical Transactions of the Royal Society*, VI, 1671–72); D. H. D. Roller, »The *De Magnete* of William Gilbert«, *Isis*, XIV (1954), D. H. D. Roller (ed.) *The Development of the Concept of the Electric Charge. Electricity from the Greeks to Coulomb (Harvard Case Histories in Experimental Science*, ed. J. B. Conant, VIII), Cambridge, Mass., 1954; V. Ronchi, *Histoire de la Lumière*, Paris 1956, *Optics: The Science of Vision*, New York 1957; L. Rosenfeld, »La théorie des couleurs de Newton et des adversaires«, *Isis*, IX (1927), »Marcus Marcis Untersuchungen über das Prisma und sein Verhältnis zu Newton's Farbentheorie«, *Isis*, XVII (1932); J. F. Scott, *The Scientific Work of René Descartes*, London 1952; R. Suter, »A biographical sketch of Dr. William Gilbert of Colchester«,

Osiris, X (1952); D. M. Turner, *Makers of Science: Electricity and Magnetism*, Oxford 1927; J. A. Vollgraff, »Snellius' notes on the reflection and refraction of rays«, *Osiris*, I (1936); E. T. Whittacker, *A History of Theories of Ether and Electricity*, Edinburgh 1951, I; E. Zilsel, »The origins of William Gilbert's scientific method«, *J. History of Ideas*, II (1941).

WISSENSCHAFTLICHE INSTRUMENTE: Zusätzlich zu den in dem vorhergehenden Abschnitt und zu Kapitel III, Astronomie und Optik, und Kapitel IV, Bauten etc. und Medizin, genannten Werken sind hier zu erwähnen: M. K. Barnett, »The development of thermometry and the temperature concept«, *Osiris*, XII (1956); M. Bishop, *Pascal, the life of genius*, Baltimore 1936; L. C. Bolton, *Time Measurement*, London 1924; R. S. Clay and T. S. Court, *The History of the Microscope*, London 1832; A. Danjou et A. Couder, *Lunettes et Télescopes*, Paris 1935; M. Daumas, *Les instruments scientifiques aux XVIIe et XVIIIe siècles*, Paris 1953; C. D. Waard, *L'expérience barométrique. Ses antécédents et ses explications*, Thouars 1936; A. N. Disney, C. F. Hill and W. E. W. Baker, *Origin of the Telescope*, London 1955; Henri Michel, »Les tubes optiques avant le télescope«, *Ciel et Terre*, Brüssel, LXX (1954); J. W. Olmsted, »The application of telescopes to astronomical instruments«, *Isis*, XL (1949); L. D. Patterson, »The Royal Societiy's standard thermometer«, *Isis*, XLIV (1953); V. Ronchi, *Galileo e il cannocchiale*, Udine 1942, »Du *De Refractione* au *De Telescopio* de G. B. Della Porta«, *Revue d'Histoire des Sciences*, VII (1954); E. Rosen, *The Naming of the Telescope*, New York 1947, »When did Galileo make his first telescope?«, *Centaurus*, II (1951), »Did Galileo claim he invented the telescope?«, *Proceedings of the American Philosophical Society*, XCVII (1954); C. Singer, E. J. Holmyard, et alii, *History of Technology*, Oxford 1957, III, Kapitel von D. J. Price und H. Alan Lloyd; F. Sherwood Taylor, »The origin of the thermometer«, *Annals of Science*, V (1942); R. W. Symonds, *A History of English Clocks*, London 1947.

NAVIGATION UND KARTOGRAPHIE: Den bei Kapitel IV genannten Werken ist hinzuzufügen J. Delevsky, »L'invention de la projection de Mercator et les enseignements de son histoire«, *Isis*, XXXIV (1942); N. H. de V. Heathcote, »Christopher Columbus and the discovery of magnetic variation«, *Science Progress* (1932), »Early nautical charts«, *Annals of Science*, I (1936); J. E. Hofmann, »Nicolaus Mercator (Kauffmann), sein Leben und Wirken, vorzugsweise als Mathematiker«, *Akademie der Wissenschaften und der Literatur in Mainz*, Abh. der math.-naturwiss. Klasse, No. 3, Wiesbaden, 1950; G. H. T. Kimble, *Geography in the Middle Ages*, London 1938; S. Lorant (ed.), *The New World. The first pictures of America made by John White and Jacques le Moyne*, New York 1946 (enthält Harriot's

Brief and True Report); S. E. Morrison, *Admiral of the Ocean Sea, a life of Christopher Columbus*, Boston, Mass., 1942, 2 vols.; A. P. Newton, *Travel and Travellers of the Middle Ages*, London 1926; E. G. R. Taylor, *Tudor Geography, 1485–1583*, London 1930, *Late Tudor and Early Stuart Geography, 1583–1650*, London 1934, *The Mathematical Practitioners of Tudor and Stuart England*, Cambridge 1954; L. C. Wroth, *The Way of a Ship. An essay on the literature of navigation*, Portland, Me., 1937.

ALLGEMEINE BIOLOGIE: E. Callot, *La renaissance des sciences de la vie au XVIe siècle*, Paris 1951; H. Daudin, *Les méthodes de la classification et l'idée de série en botanique et en zoologie de Linné à Lamarck (1740 bis 1790)*, Paris 1926; P. G. Fothergill, *Historical Origins of Organic Evolution*, London 1952; E. Guyénot, *Les sciences de la vie aux 17e et 18e siècles*, Paris 1941; E. Nordenskiöld, *The History of Biology*, London 1929; C. Singer, *A Short History of Biology*, 2nd ed., London 1950.

EXPERIMENTELLE PHYSIOLOGIE: In Ergänzung zu den bei Kapitel III genannten Werken: Marie Thérèse d'Alverny, »Avicenne et les médecins de Venise«, *Medioevo e Rinascimento studi in onore di Bruno Nardi*, Florenz 1955; J. P. Arcieri, *The Circulation of the Blood and Andrea Cesalpino of Brezzia*, New York 1945; R. H. Bainton, *Michel Servet, hérétique et martyr, 1511–1553*, Genf 1953 – eine bibliographische Studie; E. Bastholm, *The History of Muscles Physiology*, English transl. by W. E. Calvert, Kopenhagen 1950; H. P. Bayon, »William Harvey, physician and biologist«, *Annals and Science*, III (1938), IV (1939) – eine grundlegende Untersuchung; B. Becker (ed.), *Autour de Michel Servet et de Sébastien Castellion*, Haarlem 1953; A. G. Berthier, »Le mécanisme cartésien et la physiologie au 17ème siècle«, *Isis*, II (1914), III (1920); H. Brown, »John Denis and the transfusion of blood, Paris, 1667–68«, *Isis*, XXXIX (1938); G. Canguilhem, *La formation du concept de réflexe aux XVIIe et XVIIIe siècles*, Paris 1955; A. Castiglioni, *The Renaissance of Medicine in Italy*, Baltimore 1934, »Galileo Galilei and his influence on the evolution of medical thought«, *Bulletin of the History of Medicine*, XII (1942); L. Chauvois, *William Harvey*, London und Paris 1957; L. D. Cohen, »Descartes and Henry More on the beast-machine«, *Annals of Science*, I (1936); J. E. Curtis, *Harvey's Views on the Use of the Circulation of the Blood*, New York 1915 – eine aufschlußreiche Untersuchung; Franklin Fearing, *Reflex Action, a study in the history of physiological psychology*, London 1930; D. Fleming, »William Harvey and the pulmonary circulation«, *Isis*, XLVI (1955); Sir M. Foster, *Lectures on the History of Physiology during the Sixteenth, Seventeenth and Eighteenth Centuries*, Cambridge 1901; K. J. Franklin, *A Short History of Physiology*, London 1933, »A survey of the growth of knowledge about certain parts of the foetal car-

dio-vascular apparatus, and about the foetal circulation, in man and
some other animals, Part I: Galen to Harvey«, *Annals of Science*, V
(1941); J. F. Fulton, *Selected Readings in the History of Physiology*, London 1930, *Michael Servetus, humanist and martyr*. With a bibliography of
his works ... by M. E. Stanton, New York 1953; E. Gilson, *Etudes sur le
rôle de la pensée médiévale dans la formation du système cartésien (Etudes
de la philosophie médiévale*, XIII), Paris 1930 – grundlegend; William
Harvey, *Works*, transl. by R. Willis, London 1847, *Prelectiones Anatomiae
Universalis*, ed. Royal College of Physicians, London 1886, *Etude anatomique du mouvement du coeur et du sang chez les animaux*. Aperçu historique et traduction française par Charles Laubry, Paris 1950, *Movement
of the Heart and Blood in Animals*, Latin text and English transl. by K. J.
Franklin, Oxford 1957, »The William Harvey Issue«, *Journal of the History of Medicine*, XII (1957), No. 2; H. E. Hoff and P. Kellaway, »The
early history of the reflex«, *Journal of the History of Medicine*, VII (1952);
K. D. Keele, *Leonardo da Vinci on Movement of the Heart and Blood*,
Philadelphia 1952; G. Keynes, »The history of blood transfusion«, *Science
News* (Penguin Books), III (1947); *Léonard da Vinci et l'expérience scientifique au XVIe siècle*, Paris 1953; R. Lower, *De Corde*, transl. by K. J. Franklin in R. T. Gunther, *Early Science in Oxford*, IX; D. McKie, »Fire and
the Flamma Vitalis: Boyle, Hooke and Mayow«, *Science, Medicine and
History*, ed. E. A. Underwood, Oxford 1953, I; N. S. R. Maluf, »History
of blood transfusion«, *Journal of the History of Medicine*, IX (1954); M.
Meyerhoff, »Ibn An-Nafis (13th century) and his theory of the lesser
circulation«, *Isis*, XXIII (1935); Sir W. Osler, *The Growth of Truth as
Illustrated in the Discovery of the Circulation of the Blood* (Harveyan
Oration), London 1906; C. D. O'Malley, *Michael Servetus*, Philadelphia
1953 – Englische Übersetzung der ausgewählten Schriften mit Einführung;
W. Pagel, »Religious motives in the medical biology of the XVIIth century«, *Bulletin of the Institute for the History of Medicine*, III (1935),
»William Harvey and the purpose of circulation«, *Isis*, XLII (1951), »Giordano Bruno: the philosophy of circles and the circular movement of the
blood«, *Journal of the History of Medicine*, VI (1951), »The reaction to
Aristotle in seventeenth-century biological thought«, *Science, Medicine
and History*, ed. E. A. Underwood, Oxford 1953, I; J. R. Partington, *op. cit.*
unter Chemie; D'Arcy Power, *William Harvey*, London 1897; P. A. Robin,
The Old Physiology in English Literature, London 1911; Sir H. Rolleston,
»The reception of Harvey's doctrine of the circulation of the blood in
England«, in *Essays ... presented to Karl Sudhoff*, ed. C. Singer and H. E.
Sigerist, Oxford und Zürich 1924; K. E. Rothschuh, *Entwicklungsgeschichte
physiologischer Probleme in Tabellenform*, München und Berlin 1952, *Geschichte der Physiologie*, Berlin 1953; Sir Charles Sherrington, *The En-*

deavour of Jean Fernel, Cambridge 1946; C. Singer, *The Discovery of the Circulation of the Blood*, London 1922; N. Kemp Smith, *op. cit.* unter Philosophie der Naturwissenschaft etc.; Nicolaus Steno, *A dissertation of the Anatomy of the Brain ... 1665*, Kopenhagen 1950 (Neuausgabe), Nicolai Stenonis, *Epistolae et epistolae ad eum datae*, ed. G. Scherz and J. Raeder, Hafniae 1952, 2 vols.; W. Sterling, *Some Apostles of Physiology*, London 1902; P. Tannery, »Descartes Physicien«, *Revue de Métaphysique* (1896); O. Temkin, »Metaphors of human biology«, *Science and Civilization*, ed. R. Stauffer, Madison, Wisc., 1949; J. Trueta, »Michael Servetus and the discovery of the lesser circulation«, *Yale Journal of Biology and Medicine*, XXI (1948); F. A. Willins and T. J. Dry, *History of the Heart and the Circulation*, Philadelphia 1948.

CHEMIE: Den bei Kapitel III und IV genannten Werken ist hinzuzufügen: E. Bloch, »Die antike Atomistik in der neueren Geschichte der Chemie«, *Isis*, I (1913–14); T. L. Davis, »Boyle's conception of the elements compared with that of Lavoisier«, *Isis*, XVI (1931); Edward Farber, *The Evolution of Chemistry*, New York 1953; F. W. Gibbs, »The rise of the tinplate industry«, *Annals of Science*, VI (1950), VII (1951); Kurt Goldammer, *Paracelsus. Sozialethische und sozialpolitische Schriften*, Tübingen 1952; J. C. Gregory, *Short history of Atomism from Democritus to Bohr*, London 1931, *Combustion from Heraclitus to Lavoisier*, London 1934; Thomas S. Kuhn, »Robert Boyle and structural chemistry in the seventeenth century«, *Isis*, XLIII (1952); K. Lasswitz, *Geschichte der Atomistik vom Mittelalter bis Newton*, 2 Bde., Leipzig 1906; H. Metzger, *Les doctrines chimiques en France du début du 17e siècle à la fin du 18e siècle*, Paris 1923; R. Multhauf, »Medical chemistry and the Paracelsians«, *Bulletin of the History of Medicine*, XXVIII (1954); L. K. Nash (ed.), *The Atomic-Molecular Hypothesis (Harvard Case Histories in Experimental Science*, ed. J. B. Conant, IV), Cambridge, Mass., 1950, »The origin of Dalton's chemical atomic theory«, *Isis*, XLVII (1956); Henry M. Pachter, *Paracelsus, Magic into Science*, New York 1951; W. Pagel, »The religious and philosophical aspects of van Helmont's science and medicine«, *Bulletin of the History of Medicine* (1944, Supplement 2); Paracelsus, *Selected Writings*, ed. J. Jacobi, New York 1951; J. R. Partington, *A Short History of Chemistry*, London 1937, »Jean Baptista van Helmont«, *Annals of Science*, I (1936), »The origins of the atomic theory«, ibid., IV (1939), »The life and work of John Mayow (1641–1679)«, *Isis*, XLVII (1956); T. S. Patterson, »John Mayow in contemporary setting«, *Isis*, XV (1931); Jean Rey, *Essays*, ed. D. McKie, London 1951; H. E. Sigerist, *Paracelsus in the Light of Four Hundred Years*, New York 1941; G. B. Stones, »The atomic view of matter in the XVth, XVIth and XVIIth centuries«, *Isis*, X (1928); C. M.

Taylor, *The Discovery of the Nature of Air*, London 1923; J. H. White, *History of the Phlogiston Theory*, London 1932.

GEOLOGIE: Der Liste von Kapitel III ist hinzuzufügen: D. R. Rome, »Nicolas Sténon et la ›Royal Society of London‹«, *Osiris*, XII (1956); C. Schneer, »The rise of historical geology in the seventeenth century«, *Isis*, XLV (1954); Nicholaus Steno, *Prodromus . . .*, English transl. by J. G. Winter, New York 1916; H. R. Thompson, »The geographical and geological observations of Bernard Palissy the potter«, *Annals of Science*, X (1954); Karl von Zittel, *History of Geology and Palaeontology*, transl. by M. M. Ogilvie-Gordon, London 1901.

BOTANIK: Den bei Kapitel III genannten Werken ist hinzuzufügen: A. Arber, *Herbals*, Cambridge 1938; W. Blunt, *The Art of Botanical Illustration*, London 1950; C. Demars, »Rembert Dodoens, 29.6.1517 – 10.3.1585«, *IIIe Congrès National des Sciences*, Brüssel 1950; F. G. D. Drewitt, *The Romance of the Apothecaries' Garden at Chelsea*, London 1928; Knut Hagberg, *Carl Linnaeus*, London 1952; R. Hooke, *Micrographia*, London 1665 (abgedruckt in R. T. Gunther, *Early Science in Oxford*, XIII, Oxford 1938); C. E. Raven, *John Ray*, Cambridge 1950, *English Naturalists from Neckam to Ray*, Cambridge 1947; J. Sachs, *History of Botany, 1530–1860*, transl. by H. E. F. Garnsey and I. B. Balfour, Oxford 1890.

ANATOMIE UND ZOOLOGIE: In Ergänzung zu den bei Kapitel III genannten Werken ist nachzutragen: L. Choulant, *History and Bibliography of Anatomic Illustrations*, transl. and annotated by M. Frank, New York 1945; F. J. Cole, *A History of Comparative Anatomy*, London 1944; H. Cushing, *A Bio-Bibliography of Andreas Vesalius*, New York 1943; P. Delaunay, *L'aventureuse existence de Pierre Bellon de Mans*, Paris 1926 (auch in *Revue du seizième siècle*, Paris, IX–XII, 1922–25); C. C. Gillispie, *Genesis and Geology*, Cambridge, Mass., 1951 – Bibliographie über die Entwicklung im 18. Jahrhundert; E. W. Gudger, »The five great naturalists of the 16th century, Belon, Rondelet, Salviani, Gesner, and Aldrovandi: a chapter in the history of ichthyology«, *Isis*, XXII (1943); R. Herrlinger, *Volcher Coiter, 1534–1576 (Beiträge zur Geschichte der medizinischen und naturwissenschaftlichen Abbildung*, I), Nürnberg 1952; H. Hopstock, »Leonardo as anatomist«, *Studies in the History and Method of Science*, ed. Singer, Oxford 1921, II; S. W. Lambert, W. Wiegand, W. M. Ivins, jr., *Three Vesalian Essays*, New York 1952; Leonardo da Vinci, *Notebooks*, arranged, rendered into English and introduced by E. MacCurdy, London 1938, 2 vols., *Literary Works*, ed. J. P. and I. A. Richter, Oxford 1939, 2nd ed., 2 vols.; Willy Ley, *Konrad Gesner, Leben und Werke (Münchener*

Beiträge zur Geschichte und Literatur der Naturwissenschaften, XV–XVI),
München 1929; J. P. Murrich, *Leonardo da Vinci the Anatomist*, Baltimore
1930; C. D. O'Malley and J. B. de C. M. Saunders, *Leonardo da Vinci on
the Human Body, the anatomical, physiological and embryological draw-
ings of Leonardo da Vinci*. With translation, emendations and a biographical introduction, New York 1952; M. F. Ashley Montagu, *Edward Tyson,
M. D., F. R. S., 1650–1708, and the rise of human and comparative anatomy in England* (Memoirs of the American Philosophical Society, XX),
Philadelphia 1943; Vittorio Putti, *Berengario da Carpi*, Bologna 1937; E.
Radl, *Geschichte der biologischen Theorien*, Teil I, Leipzig 1905; E. S. Russell, *Form and Function*, London 1916 – grundlegend für die Geschichte
der vergleichenden Anatomie; J. B. de C. M. Saunders and C. D. O'Malley,
Artikel über Vesalius in *Studies and Essays ... offered to George Sarton*,
ed. M. F. Ashley Montagu, New York 1946, und in *Bulletin of Medical
History*, XIV (1943), *The Illustrations from the Works of Andreas Vesa-
lius of Brussels*, Cleveland und New York 1950; C. Singer and C. Rabin,
A Prelude to Modern Science, Cambridge 1946 – über Vesalius' *Tabulae
Anatomicae Sex; Vesalius on the Human Brain*, translations by C. Singer,
London 1952.

EMBRYOLOGIE UND GENETIK: Den bei Kapitel III erwähnten Werken ist
hinzuzufügen: H. P. Bayon, »William Harvey (1578–1657): his application of
biological experiment, clinical observation and comparative anatomy to
the problems of generation«, *Journal of the History of Medicine*, II (1947);
F. J. Cole, *Early Theories of Sexual Generation*, Oxford 1930; A. C. Crombie, »P. L. M. de Maupertuis, F. R. S. (1698–1759), précurseur du trans-
formisme«, *Revue de Synthèse*, LXXVIII (1957); C. Dobel, *Antony van
Leeuwenhoek and his »Little Animals«*, London 1932; *The Embryological
Treatises of Hieronymus Fabricius*, ed. H. B. Adelmann, New York 1942; A.
van Leeuwenhoek, *Collected Letters*, Amsterdam 1939; A. W. Meyer, *An Analysis of the De Generatione Animalium of William Harvey*, Stanford, Cal.,
1936, »Leeuwenhoek as experimental biologist«, *Osiris*, III (1937), *The Rise
of Embryology*, Stanford, Cal., 1939; J. Needham, *A History of Embryology*,
Cambridge 1934; W. Pagel, »J. B. van Helmont, *De Tempore*, and biological
time«, *Osiris*, VIII (1948); F. Redi, *Opere*, Neapel 1778, Mailand 1809 bis
1811; C. Singer, »The dawn of microscopial discovery«, *Journal of Royal
Microscopial Society*, XXXV (1915).

MEDIZIN: Der bei Kapitel IV und oben gegebenen Liste ist hinzuzufügen:
D. Campbell, »The medical curriculum of the universities of Europe in the
sixteenth century«, *Science, Medicine and History*, ed. E. A. Underwood,
Oxford 1953, I; A. Castiglioni, »The medical school of Padua and the

renaissance of medicine«, *Annals of Medical History*, N. S. VII (1935);
J. D. Comrie, *Selected Works of Thomas Sydenham*, with a short biography, London 1922; P. Delaunay, *La vie médiévale aux 16ième, 17ième et
18ième siécles*, Paris 1935; John F. Fulton, *The Great Medical Bibliographers:
a study in humanism*, Philadelphia 1951; D. A. Wittop Koning (ed.), *Art
and Pharmacy*, Deventer 1950; Ambrose Paré, *The Apology and Treatise*,
transl. by T. Johnson, 1634, ed. G. Keynes, London 1951, *Textes choisis*,
présentés et commentés par L. Delarnelle et M. Sendrail, Paris 1953; G.
Sudhoff, *Aus der Frühgeschichte der Syphilis (Studien zur Geschichte der
Medizin, IX)*, Leipzig 1912.

**PHILOSOPHIE DER WISSENSCHAFTEN UND NATURAUFFASSUNG IM ZEIT-
ALTER DER WISSENSCHAFTLICHEN REVOLUTION:** Vergleiche die bei den
Kapiteln I–III (Philosophie, Astronomie, Mechanik), im zweiten Teil bei
Kapitel I (Philosophie, Materie, Raum etc.) und Kapitel II (Mechanik, Astro-
nomie, Optik, Physiologie) aufgeführten Werke. Für das 17. und 18. Jahr-
hundert gibt es folgende Literatur: H. G. Alexander (ed.), *The Leibniz-
Clarke Correspondence*, Manchester 1956; F. H. Anderson, »The influence
of contemporary science on Locke's methods and results«, *University of
Toronto Studies, Philosophy*, II (1923), *Philosophy of Francis Bacon*, Chi-
kago 1948; E. N. da C. Andrade, »Robert Hooke«, *Proceedings of the Royal
Society A*, CCI (1950); A. Armitage, »René Descartes (1596–1650) and the
early Royal Society«, *Notes and Records of the Royal Society*, VIII (1950);
Sir Francis Bacon, *Works*, ed. J. Spedding, R. L. Ellis and D. D. Heath,
London 1857–59, 7 vols., *Letters and Life*, ed. J. Spedding, London 1861–64,
7 vols.; Amir Mehdi Badi', *L'idée de la méthode des sciences, I, Introduction*,
Paris 1953; W. W. Rouse Ball, *An Essay on Newton's Principia*, London
1893 – enthält Newtons Korrespondenz mit Hooke und Halley; A. G. A.
Balz, *Cartesian Studies*, New York 1951 – sehr nützlich, *Descartes and the
Modern Mind*, New Haven, Conn., 1952; George Berkeley, *De Motu*, in
The Works of George Berkeley, ed. A. A. Luce and T. E. Jessop, IV, London und Edinburgh 1951; M. Boas, »The establishment of the mechanical
philosophy«, *Osiris*, X (1952) – eine sehr brauchbare Monographie, »La
méthode scientifique de Robert Boyle«, *Revue d'histoire des sciences*, IX
(1956); The Honourable Robert Boyle, *Works*, ed. Thomas Birch, London
1744, 5 vols., 2nd ed., 1772, 6 vols.; F. Brandt, *Thomas Hobbes' Mechanical
Conception of Nature*, English transl., London 1928; E. Bréhier, *Histoire
de la philosophie*, Paris 1942/43, I–II; Sir D. Brewster, *Memoirs of Life,
Writings, and Discoveries of Sir Isaac Newton*, Edinburgh 1855 – noch
brauchbar, obwohl der Verfasser oft im Irrtum ist; C. D. Broad, *The Philosophy of Francis Bacon*, Cambridge 1926; L. Brunschwig, *Les étapes de la
philosophie mathématique*, 3e éd., Paris 1929; E. A. Burtt, *The Meta-*

physical Foundations of Modern Physical Science, 2nd ed., London 1932
(New York 1955) – eine grundlegende, bahnbrechende Studie; E. Cassirer,
*Das Erkenntnisproblem in der Philosophie und Wissenschaft der neueren
Zeit*, Berlin 1906/7, I–II, *The Philosophy of the Enlightenment*, Engl.
transl., Princeton 1951 (Deutsche Ausgabe 1932); I. B. Cohen, *Franklin and
Newton (Memoirs of the American Philosophical Society*, XLIII), Phila-
delphia 1956 – sehr informativ; R. G. Collingwood, *The Idea of Nature*,
Oxford 1945; A. C. Crombie, vier Artikel über die Geschichte der natur-
wissenschaftlichen Methode in *Discovery*, XIII–XIV (1952/53), »Newton's
conception of scientific method«, *Bulletin of the Institute of Physics* (1957);
J. H. Dempster, »John Locke, physician and philosopher«, *Annals of Medical History*, IV (1932) – mit Bibliographie; Descartes, *Oeuvres*, ed. C.
Adam et P. Tannery, Paris 1897 – 1913, 12 vols.; M. Espinasse, *Robert
Hooke*, London 1956; B. Farrington, *Francis Bacon, philosopher of industrial science*, New York 1949; Jeremiah S. Finch, *Sir Thomas Browne,
A Doctor's Life of Science and Faith*, New York 1950; H. Fisch, »The
scientist as priest: a note on Robert Boyle's natural theology«, *Isis*, XLIV
(1953); J. F. Fulton, »Robert Boyle and his influence on thought in the
17th century«, *Isis*, XVIII (1932); Galileo, *Opere*, ed. A. Favaro, Florenz
1890–1909, 21 vols.; A. Gewirtz »Experience and the nonmathematical in
the Cartesian method«, *J. History of Ideas*, II (1941) – eine bedeutende Abhandlung; W. J. Greenstreet (ed.), *Isaac Newton, Memorial Volume*, London 1927 – enthält wertvolle Aufsätze über Newtons Vorstellungen; O.
Hamelin, *Le système de Descartes*, 1911; P. Hazard, *La Crise de la conscience européenne*, 1860–1715, Paris 1935; R. Hooke, *Micrographia*, nach-
gedruckt in R. T. Gunther, *Early Science in Oxford*, Oxford 1938, XIII,
Posthumous Works, ed. R. Waller, London 1705, *Diary*, ed. H. W. Robinson and W. Adams, London 1935; H. Hervey, »Hobbes and Descartes in
the light of some unpublished letters of the correspondence between Sir
Charles Cavendish and Dr. John Pell«, *Osiris*, X (1952); M. B. Hesse,
»Action at a distance in classical physics«, *Isis*, XLVI (1955); W. G. His-
cock, *David Gregory, Isaac Newton and their Circle*, Oxford 1937; History
of Science Society, *Isaac Newton*, London 1928 – Abhandlungen verschiedener Wissenschaftler; P. Hoenan, *De origine primorum principiorum
scientiae, Gregorianum*, XIV (1933); J. Jacquet, »Un amateur de science,
ami de Hobbes et de Descartes, Sir Charles Cavendish (1591–1654)«,
Thalés, VI (1949/50), »Thomas Harriot's reputation for impiety«, *Notes
and Records of the Royal Society*, IX (1952), »Notes on an unpublished
work of Thomas Hobbes«, ibid., IX (1952); I. Kant, *Critique of Pure
Reason*, 2nd ed. (1787), transl. by N. Kemp Smith, London 1933, *Critique
of Judgement* (1790), transl. by J. H. Bernard, 2nd ed., London 1914; A.
Koyré, *op. cit.* oben bei Mechanik und *From the Closed World to the*

Infinite Universe, Baltimore 1957 – wichtig; A. Lange, *Geschichte des Materialismus*, 3. Aufl., Leipzig 1873–75, 2 Bde.; M. Leroy, *Descartes social*, Paris 1931; R. I. Markus, »Method and Metaphysics: the origins of some Cartesian presupposition in the philosophy of the Renaissance«, *Dominican Studies*, Oxford, II (1949); G. Martin, *Kant's Metaphysics and Theory of Science*, transl. from the German by P. G. Lucas, Manchester 1955; G. Milhaud, *Descartes Savant*, Paris 1921; L. T. More, *Isaac Newton; a Biography, 1642–1727*, New York 1934, *Life and Works of Robert Boyle*, London 1944; Sir Isaac Newton, »New Theory about Light and Colours, and subsequent correspondance«, *Philosophical Transactions of the Royal Society*, VI (1671/72), VII (1672), VIII (1673), XI (1676), *Principia* – siehe oben bei Astronomie, *Opticks* – siehe oben bei Optik, *Opera*, ed. S. Horsley, London 1782 (enthält die Korrespondenz mit Bentley und Boyle), *Correspondence*, ed. J. Edleston, London 1850, *Theological Manuscripts*, selected and edited with an introduction by H. McLachlan, Liverpool 1950; W. J. Ong, »System, space, and intellect in Renaissance symbolism«, *Bibliothèque d'humanisme et Renaissance*, travaux et documents, XVIII (1956); S. B. L. Penrose, jr., *The Reputation and Influence of Francis Bacon in the Seventeenth Century*, New York 1934; Rohault's *System of Natural Philosophy*, illustrated with Dr. Samuel Clarke's Notes taken mostly out of Sr. Isaac Newton's Philosophy. Done into English by John Clarke, 2nd ed., London 1728/29, 2 vols.; *Royal Society Newton Tercentenary Celebrations*, Cambridge 1947 – wertvolle Aufsätze verschiedener Wissenschaftler; E. Simard, *La nature et la portée de la méthode scientifique exposé et textes choisis de philosophie des sciences*, Quebec und Paris 1956; N. Kemp Smith, *New Studies in the Philosophy of Descartes*, London 1952 – sehr wichtig, *Descartes' Philosophical Writings*, London 1952 – eine nützliche Auswahl; L. Strauss, *The political Philosophy of Hobbes, its Basis and Genesis*, transl. from the German MS by E. M. Sinclair, Oxford 1936; F. Ueberweg, *Grundriß der Geschichte der Philosophie*, III, Die Philosophie der Neuzeit bis zum Ende des 18. Jahrhunderts, 12. Aufl., neubearbeitet von M. Frischheisen-Köhler und W. Moog, Berlin 1924; R. S. Westfall, »Unpublished Boyle papers relating to scientific method«, *Annals of Science*, XII (1956); A. N. Whitehead, *Science and the Modern World*, Cambridge 1926; P. P. Wiener, »The experimental philosophy of Robert Boyle«, *The Philosophical Review*, XLI (1932); B. Willey, *The Seventeenth-Century Background*, London 1934; R. M. Yost, jr., »Sydenham's Philosophy of science«, *Osiris*, IX (1950); »Locke's rejection of hypotheses about sub-microscopic events«, *J. History of Ideas*, XII (1951); D. O. Zöckler, *Geschichte der Beziehungen zwischen Theologie und Naturwissenschaft, mit besonderer Rücksicht auf Schöpfungsgeschichte*, Gütersloh 1877–79, 2 Bde.

608 BIBLIOGRAPHIE

EINE AUSWAHL VERSCHIEDENER NEUERER WERKE ÜBER DIE PHILO-
SOPHIE DER NATURWISSENSCHAFTEN: I. Berlin, »Logical translation«,
Proceedings of the Aristotelian Society, N. S. L. (1949/50); Claude Ber-
nard, *Introduction à l'étude de la médicine expérimentale*, Paris 1865; W.
I. B. Beveridge, *The Art of Scientific Investigation*, London 1950; Max
Black, »The definition of scientific method«, *Science and Civilization*, ed.
R. C. Stauffer, Madison, Wisc., 1949; Max Born, *Natural Philosophy of
Cause and Chance*, Oxford 1949; R. B. Braithwaite, *Scientific Explanation*,
Cambridge 1953; P. W. Bridgman, *The Logic of Modern Physics*, New
York 1928; R. Campbell, *Physics. The Elements*, Cambridge 1920, *What
is Science?*, London 1921, New York 1952 – nützliche Einführung; W. K.
Clifford, *The Commonsense of the Exact Sciences*, 2nd ed., London 1946;
M. R. Cohen and E. Nagel, *An Introduction to Logic and Scientific Method*,
London 1934; A. Compte, *Cours de philosophie positive*, Paris 1830, I;
J. B. Conant, *On Understanding Science, an historical approach*, Oxford
1947; H. Dingle, *The Scientific Adventure*, London 1952; J. M. C. Duhamel,
Des méthodes dans les sciences de raisonnement, Paris 1865–70, 4 vols.;
P. Duhem, *La théorie physique: son objet, sa structure*, Paris 1914; F. En-
riques, *Problems of Science*, transl. K. Royce, Chikago 1924; H. Feigl and
M. Brodbeck, *Readings in the Philosophy of Science*, New York 1953 – eine
wertvolle Sammlung neuerer Dokumente, ergänzt die von Wiener unten
genannte; F. A. von Hayek, »Scientism and the study of society«, *Economica*, N. S. IX (1942), X (1943), XI (1944), *The Counter-Revolution in
Science. Studies in the abuse of reason*, Glencoe, Ill., 1952; A. W. Heathcote, »William Whewell's philosophy of science«, *The British Journal for
the Philosophy of Science*, IV (1954); H. von Helmholtz, *Popular Lectures
on Scientific Subjects*, English transl., London 1895, 2 vols., *Schriften zur
Erkenntnistheorie*, Hrsg. P. Hertz und M. Schlick, Berlin 1921; G. Holton,
Introduction to Concepts and Theories in Physical Science, Cambridge,
Mass., 1942; L. O. Kattsoff, Artikel über die grundsätzliche Methode, *Philosophy of Science*, II (1935), III (1936); F. Kaufmann, *The Methodology
of the Social Sciences*, Oxford 1944; Hans Kelsen, *Society and Nature; a
sociological enquiry*, London 1946; V. Kraft, *Die Grundformen der wissenschaftlichen Methoden (Sitzungsb. d. Akad. d. Wissensch. in Wien*, philos.-
hist. Klasse CCIII, 3), Wien und Leipzig 1925; F. S. Marvin, *Compte, the
Founder of Sociology*, London 1936; James Clerk Maxwell, *Scientific Papers*, ed. W. D. Niven, Cambridge 1890, I; H. Metzger, *Les concepts scientifiques*, Paris 1926; E. Meyerson, *De l'explication dans les sciences*, Paris
1921, 2 vols., *Identité et réalité*, 3e éd., Paris 1926; J. S. Mill, *A System
of Logic*, London 1843, und viele spätere Ausgaben, *Auguste Compte and
Positivism*, 2nd ed., London 1866; T. P. Nunn, *The Aim and Achievements
of Scientific Method*, London 1907; K. Pearson, *The Grammar of Science*,

London 1892; H. Poincaré, *La science et l'hypothèse*, Paris 1920, *Science et méthode*, Paris 1927; K. R. Popper, »The poverty of historicism«, *Economica*, N. S. XI (1944), XII (1945), »A note on Berkeley as precursor of Mach«, *The British Journal for the Philosophy of Science*, IV (1953), »Three views concerning human knowledge«, *Contemporary British Philosophy* (Third Series), London 1956, *The Logic of Scientific Discovery*, London (Englische Übersetzung von *Logik der Forschung*, Wien 1935); F. P. Ramsey, *The Foundations of Mathematics*, London 1931; B. Russell, *Human Knowledge – Its Scope and Limits*, London 1949; Sir C. Sherrington, *Man and his Nature*, Cambridge 1940; P. A. Schilpp (ed.), *Albert Einstein, Philosopher Scientist*, Cambridge, Mass., 1949; L. S. Stebbing, *A Modern Introduction to Logic*, 2nd ed., London 1933; R. Taton, *Causalité, accident et la découverte scientifique*, Paris 1955; S. Toulmin, *Philosophy of Science*, London 1953; W. H. Watson, *On Understanding Physics*, Cambridge 1938; F. Waismann, »Verifiability«, *Proceedings of the Aristotelian Society*, London, Suppl. Vol. XIX (1945), (Nachdruck in *Logic and Language*, ed. A. G. N. Flew, Oxford 1951), »Language strata«, *Logic and Language* (Second Series), ed. A. G. N. Flew, Oxford 1953; W. Whewell, *Philosophy of the Inductive Sciences*, London 1840, 1847, 2 vols., *Novum Organum Renovatum*, 3rd ed., London 1858, *On the Philosophy of Discovery*, London 1860 – dem Standpunkt Mills entgegengesetzt; A. N. Whitehead, *Introduction to Mathematics*, London 1911; P. P. Wiener, *Evolution and the Founders of Pragmatism*, Cambridge, Mass., 1949; P. P. Wiener (ed.), *Readings in Philosophy of Science*, New York 1953 – siehe oben, Feigl und Brodbeck; R. L. Wilder, *Introduction to the Foundations of Mathematics*, New York 1952; J. O. Wisdom, *Foundations of Inference in Natural Science*, London 1952; J. H. Woodger, *Biological Principles*, London 1929, *Biology and Language*, Cambridge 1952.

Register

Heinrich Böll
Einmischung erwünscht
Schriften zur Zeit
1973-1976

Heinrich Bölls vierter Schriftenband umfaßt politische und
literarische Arbeiten – Aufsätze, Kritiken, Reden, Glossen
und Gespräche –, die in den vergangenen vier Jahren, von
Anfang 1973 bis Ende 1976, entstanden sind. »Einmischung
erwünscht«, der Titel eines Aufsatzes, der 1973 in New York
erschien und dort Aufsehen erregte, ist gleichzeitig das Stich-
wort für den gesamten Band, in dem die Position des
Poetischen immer auch zum Politikum wird.

k&w
Verlag Kiepenheuer & Witsch

 **Gebhardt**

Neunte, neu bearbeitete
Auflage, herausgegeben
von Herbert Grundmann
WR 4201–4217

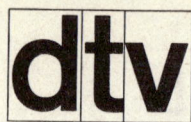

Neue Anthropologie

Neue Anthropologie
Herausgegeben von
Hans-Georg Gadamer
und Paul Vogler
7 Bände
dtv-Thieme
Originalausgabe
4069–4074 und 4148

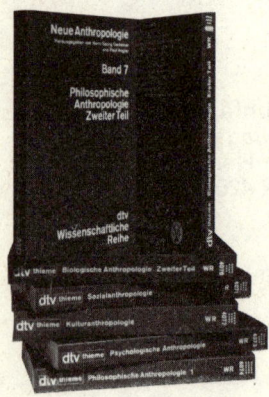

Anthropologie ist Wissenschaft vom Menschen, sie will eine Antwort geben auf Kants Grundfrage der Philosophie: Was ist der Mensch?
Die moderne Anthropologie geht im Sinne eines echten studium universale über die biologischen und philosophischen Ansätze und Entwürfe weit hinaus:
sie versteht sich als Programm aller Wissenschaft überhaupt.
In dem von einem Mediziner und einem Philosophen edierten Werk sind neue Erkenntnisse und Forschungsergebnisse aus den verschiedensten Disziplinen zu einem Gesamtbild des heutigen Wissens vom Menschen zusammengefaßt. Neben bekannten Philosophen, Biologen, Medizinern, Psychologen und Soziologen haben zu dem in seiner Art einmaligen Versuch auch namhafte Techniker, Physiker, Juristen, Theologen, Historiker, Linguisten und Ökonomen aus dem In- und Ausland beigetragen.
Band 1 und 2:
Biologische
Anthropologie
Band 3:
Sozialanthropologie
Band 4:
Kulturanthropologie
Band 5:
Psychologische
Anthropologie
Band 6 und 7:
Philosophische
Anthropologie